集人文社科之思 刊专业学术之声

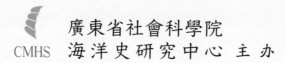

廣東省社會科學院
CMHS 海洋史研究中心 主办

中文社会科学引文索引
（CSSCI）来源集刊
集刊全文数据库
（www.jikan.com.cn）收录

中圈歷史研究院
Chinese Academy of History
学 术 性 集 刊 资 助

【第二十一辑】

海洋史研究

Studies of Maritime History Vol.21

李庆新／主编

社会科学文献出版社
SOCIAL SCIENCES ACADEMIC PRESS (CHINA)

目　录

专题论文

学术述评

专题论文

海洋史研究（第二十一辑）

2023 年 6 月　第 3~28 页

10—13 世纪的海上贸易枢纽三佛齐

——基于印尼海域沉船及贸易物资的考察

胡舒扬[*]

　　唐代以来，中国与域外的交往不断增多，海上交通得到进一步发展。两宋时期，海路成为中外交通的重心，对 10—13 世纪的宋王朝具有重要意义的海外贸易借此繁荣兴盛。地处今印度尼西亚的苏门答腊岛与马来半岛之间的马六甲海峡是连接印度洋和南中国海的重要通道，处在三佛齐及其属国的势力范围内。

　　一般认为，宋代史籍中的"三佛齐"位于苏门答腊岛，在唐代的文献中多记载为"室利佛逝"或"尸利佛誓"，亦作"佛逝"或"佛誓"。[①]关于"三佛齐"名字的由来、地望，在南海交通中的重要性及其在两宋时期与中国的贸易交往和向宋廷朝贡的情况，中外学者已多有研究，总体偏重于文献和碑铭，全洪、李颖明对此作了较为全面的梳理和总结。[②] 20 世纪 90年代以来，印尼海域陆续发现数艘唐宋时期的古代沉船，出水包括陶瓷、金属、玻璃制品等在内的大量实物资料，研究者们分析这些出水材料年代、来源的同时，也将遗迹、遗物背后的时空背景纳入视野，注意到室利佛逝和三

　　*　作者胡舒扬，厦门大学历史与文化遗产学院博士研究生。

　　①　义净著，王邦维校注《大唐西域求法高僧传校注》，中华书局，1988，第 45 页，注释 1。

　　②　全洪、李颖明：《中西海上交通枢纽——古室利佛逝与三佛齐文献研究综述》，广州市文化广电旅游局、广州市文物博物馆学会编《广州文博》13，文物出版社，2020，第 137—161 页。

佛齐在转口贸易中的重要地位，进而讨论贸易形式和船只航线。[①] 本文尝试在前人研究的基础之上，聚焦于三佛齐及其属国的势力范围，增加对两宋时期的鳄鱼岛沉船、林加沉船、爪哇海沉船、惹巴拉沉船和苏门答腊岛部分陆地遗址出土资料的梳理，结合相关文献，分析三佛齐的海上交通地位与贸易商品情况。

一　三佛齐的方位和航路

19 世纪末至 20 世纪中期，中外学者先后通过对音韵学、文献及碑铭材料的分析、梳理和考订，达成一定共识，大多认为室利佛逝的中心在巨港（Palembang），9 世纪下半叶起被带有爪哇背景的山帝王朝所统治，承继其后的三佛齐之中心亦在苏门答腊岛东南部，90 年代的考古材料也印证了巨港一带作为该区域的政权中心，至少从 7 世纪延续至 10 世纪初。[②] 不过，研究者们根据日影推算出的室利佛逝位置却与之不符，其所推算的位置与通常被认为位于爪哇的诃陵都在北纬 6 度附近，[③] 而不在南半球，所以也有观

---

① 相关研究有些主要关注贸易瓷，秦大树结合黑石号沉船、井里汶沉船和其他陆地遗址的出土瓷器讨论 9—10 世纪的海上贸易模式，谈到室利佛逝发挥了集散地和转口港的作用（《中国古代陶瓷外销的第一个高峰：9—10 世纪陶瓷外销的规模和特点》，《故宫博物院院刊》2013 年第 5 期）；李鑫通过对黑石号沉船、印坦沉船、井里汶沉船资料的分析，指出室利佛逝（三佛齐）作为中转港连接了通往印度洋的贸易（《唐宋时期明州港对外陶瓷贸易发展及贸易模式新观察——爪哇海域沉船资料的新启示》，《故宫博物院院刊》2014 年第 2 期）。也有学者着重考察出水的金属类物资，并以此为切入点，分析船只的航线和以三佛齐为中心的海上贸易网络（参见〔英〕杜希德、思鉴《沉船遗宝：十世纪沉船上的中国银锭》，朱隽琪译，荣新江主编《唐研究》第 10 卷，北京大学出版社，2004，第 383—431 页；李旻《十世纪爪哇海上的世界舞台——对井里汶沉船上金属物资的观察》，《故宫博物院院刊》2007 年第 6 期）。

② 全洪、李颖明：《中西海上交通枢纽——古室利佛逝与三佛齐文献研究综述》，第 144—156 页。

③ 《新唐书》卷二百二十二下记载诃陵日影，"夏至立八尺表，景在表南二尺四寸"，高楠顺次郎据此算得的纬度为 6°8′N（参见张礼千《宋代之三佛齐》，《东方杂志》第 44 卷第 11 号，1948，第 46 页），李金明计算得出的数据为 6°45′N（参见李金明《就立表测影的若干数据考订东南亚若干古国的地理位置》，《东南亚》1984 年第 1 期，第 55 页）。其实两位学者的计算方式无异，但高楠氏将赤道至北回归线的度数约作 23.5°且计算有误。《新唐书》室利佛逝传载，"夏至立八尺表，景在表南二尺五寸"，若据此，其纬度应该与诃陵相去不大，祁利尼（G. E. Gerini）推算出的位置大致为 5°50′N（参见 Ir. J. L. Moens, "Srīvijaya, Yāva and Katāha," partial trans. R. J. de Touche, *Journal of the Malayan Branch of the Royal Asiatic Society*, vol. 17, no. 2, January 1940, p. 12）。高桑驹吉认为在《新唐书》对诃陵夏至日影的记载中，南字为北字之误，因为当时的中国人将南、北回归线至赤道（转下页注）

点指出唐代的室利佛逝应在马来半岛①或苏门答腊岛东北部。② 尽管如此，宋代史籍中的"三佛齐"可以看作"室利佛逝"的延续当属无疑，二者有关但不能完全等同。

关于三佛齐的确切位置，即其国都或者说权力中心之所在，学界的观点并不一致。藤田丰八认为三佛齐应在占碑（Jambi），并据义净"（末罗瑜）今改为室利佛逝"的记载和相关航路提出"室利佛逝"曾有两种含义，一指简称"佛逝"的室利佛逝（巨港），一指改名为"室利佛逝"的末罗瑜（占碑），后来又成为苏门答腊岛东岸的总称。③ 张礼千结合国外学者的相关研究，对碑铭材料进行梳理和对比，主张三佛齐源于马来半岛柔佛南端的山帝王朝（871—890 年建国），与中爪哇的山帝王朝（780—870）同出一系，中爪哇的山帝王朝在 9 世纪晚期被东爪哇的统治势力反攻并驱逐，故而有"（阇婆）与三佛齐有仇，互相攻击"之语，室利佛逝则于 871 年为三佛齐所灭，三佛齐从柔佛迁至巨港可能是在 11 世纪早期注辇国征伐海外诸国期间。④ 苏继庼认为所谓"改为室利佛逝"是"改属""改隶"之意，指末罗

（接上页注③）的地带视同一体，伯希和提出或可"以夏至为冬至，而置二尺四寸之表影于表北"，并猜测过去中国人对南、北半球的认知不清晰，东南亚地区又处于赤道附近，可能存在误将冬至的观测当作夏至观测的情况。又据《南海寄归内法传》中"若日南行，则北畔影长二尺三尺，日向北边，南影同尔"的记载，高楠顺次郎推算室利佛逝的位置在 0°28′S，李金明算出的纬度则为 2°54′S。一些研究者认为，由于有的不是实地测量，或立表不正，或缺乏相应知识，唐代所测影长难保准确，不能仅仅依此考订南海诸国之地望。参见李长傅《读阇婆非爪哇考》，《南洋研究》第 3 卷第 4 号，1930，第 124 页；〔法〕伯希和：《交广印度两道考》，冯承钧译，上海古籍出版社，2014，第 261、274 页。

① 蒙士（J. L. Moens）的观点是，古室利佛逝在马来半岛东岸的吉兰丹附近，巨港则是末罗瑜的旧都，古室利佛逝攻占巨港后又迁都到甘巴河（Kampar River）一带，可能在赤道附近的慕阿拉达谷斯（Muara Takus）（参见 Ir. J. L. Moens, "Srīvijaya, Yāva and Katāha," pp. 11-17）。张礼千认为室利佛逝在未迁至苏门答腊岛东南部以前，应在马来半岛（参见张礼千《宋代之三佛齐》，《东方杂志》第 44 卷第 11 号，1948，第 43 页）。谢光、黎道纲也主张室利佛逝曾由马来半岛转向苏门答腊岛，并结合碑铭材料推测其早期的中心在洛坤（参见全洪、李颖明《中西海上交通枢纽——古室利佛逝与三佛齐文献研究综述》，第 149 页）。

② 周运中考订唐代南海诸国地望时认可根据诃陵日影推算出的纬度，认为诃陵在马来半岛西岸的巴生一带，7 世纪晚期改名为室利佛逝的末罗瑜在苏门答腊岛东北部，所谓改名可能是指末罗瑜征服巨港使得两国合并，新都在巨港。参见周运中《唐代南海诸国与广州通夷海道新考》，马明达、纪宗安主编《暨南史学》第 9 辑，广西师范大学出版社，2014，第 119—134 页。

③ 〔日〕藤田丰八：《室利佛逝三佛齐及旧港考》，收录于《中国南海古代交通丛考（上）》，何健民译，山西人民出版社，2015，第 42—60 页。

④ 张礼千：《宋代之三佛齐》，《东方杂志》第 44 卷第 11 号，1948，第 38—46 页。

瑜被室利佛逝统辖，三佛齐为室利佛逝的爪哇语对音，迁都到占碑的时间不早于宋代。[①]

占碑地区的考古发现十分丰富，巴当哈里河（Batang Hari）下游北岸的慕阿拉占碑（Muara Jambi）尤为引人瞩目，这里分布着 11 世纪的佛教建筑群，延伸范围近 10 平方公里，巴当哈里河南岸也发现有砖砌遗迹。慕阿拉占碑周边采集和出土的陶瓷类遗存主要是宋元时期的青瓷、青白瓷残片和褐釉罐，亦见本土陶器，在下游与巴当哈里河交汇的昆佩河（Batang Kumpeh）河岸附近也曾发现砖块遗存和越窑及宋代的瓷器残片。[②] 马金龙（E. Edwards Mckinnon）结合前人研究和实地调查指出，巨港到占碑的海岸线在过去几百年里的变化十分有限，巴当哈里河下游地区的一些居住遗址往往邻近通往入海口的河流，比如下慕阿拉昆佩（Muara Kumpeh Hilir）、科多康迪斯（Koto Kandis）等在 12 世纪之前已经建立，但规模不及它们上游的慕阿拉占碑（可能与末罗瑜有关），巴当哈里河与昆佩河交汇处发现的古船残体和河岸边采集到的一批遗物，包括青瓷、青白瓷、陶器、"开元通宝"铜钱、红玻璃珠，反映出占碑地区与海外的贸易联系以及河道、河港对于连接其内陆腹地的重要性。[③]

到 20 世纪 70 年代，巨港地区尚未发现 13 世纪以前的早期大型遗址，但锡贡堂山（Bukit Seguntang）一带出土过 9 世纪晚期至 10 世纪的青瓷残片。[④] 20 世纪 80 年代末至 90 年代初，巨港的考古工作有所推进，据芒更（Pierre-Yves Manguin）介绍，随着调查和发掘范围的扩大——从锡贡堂山南麓拓展到穆西河（Musi River）北岸、巨港西郊乃至城区，采集和出土了一批遗物，早期的主要包括陶瓷、玻璃器、料珠、铜像、船只残骸等，年代更多地集中于 11 世纪以前，部分中国瓷器的年代早至 8—9 世纪，有的遗址点还发现了木柱洞和砖砌面，炭样测年显示的结果为 650—850 年，阎浮街（Lorong

①　汪大渊著，苏继庼校释《岛夷志略校释》，中华书局，1981，第 142—144 页。

②　E. Edwards Mckinnon and Bernadien Sinta Dermawan, "Further Ceramic Discoveries at Sumatran Sites," *Transactions of the Southeast Asian Ceramic Society*, no. 8, December 1981, pp. 2-17.

③　E. Edwards Mckinnon, "A Brief Note on Muara Kumpeh Hilir: An Early Port Site on the Batang Hari," *SPAFA Digest*, vol. 3, no. 2, 1982, pp. 37-40; "New Data for Studying the Early Coastline in the Jambi Area," *Journal of the Malaysian Branch of the Royal Asiatic Society*, vol. 57, no. 1, 1984, pp. 56-66.

④　E. Edwards Mckinnon and Bernadien Sinta Dermawan, "Further Ceramic Discoveries at Sumatran Sites," pp. 4-5.

Jambu）遗址出土了 10—13 世纪的器物，巴达鲁丁（Badaruddin）博物馆遗址出土中国陶瓷的年代范围更广。芒更认为，巨港西部是室利佛逝建立初期（7 世纪晚期）的中心，至迟在 10 世纪，巨港已是人口稠密、商业繁荣的港市，并一直持续到现代。[1]

整体而言，占碑地区 10—14 世纪的考古遗存数量更多，序列也更完整，作为宋代三佛齐中心的可能性更大，苏门答腊岛东南部的权力中心很有可能是在 10 世纪晚期至 11 世纪由穆西河流域转移到巴当哈里河下游地区。同时也要注意，政治中心的转移并不意味着巨港全然失去贸易中心的地位，从穆西河下游和入海口附近发现有宋代瓷片[2]以及巨港中部巴达鲁丁博物馆遗址出土中国陶瓷年代序列较为完整[3]的情况来看，即便在宋代，巨港仍然在海上贸易中占有一席之地。

《新唐书·地理志》记载的由中国驶向东南亚诸国，继而去往阿拉伯地区的航路是以广州为起点。[4] 唐代赴西域取经求法的高僧义净通过海路前往，也是从广州出发，往返均经过室利佛逝，其他由海路往西域求法的僧人亦多从广州出发，且途经室利佛逝。[5] 10 世纪以前的域外文献对当时阿拉伯商人前往中国的航路也有记载，成书于 9 世纪的《道里郡国志》《中国印度见闻录》《阿巴斯人史》所记航程中的一些地名，比如石叻海（Salahit）、拉密岛（Rami）、楞伽婆鲁斯（Langabalous）等，经考证皆涉及马六甲海峡和苏门答腊岛一带，且航线以广州（广府）为终点。[6]

9 世纪的黑石号沉船（Belitung Wreck）发现于印尼勿里洞岛海域，邻近今苏门答腊岛东南部，属于室利佛逝的势力范围，沉船中发现大量带有伊

① Pierre-Yves Manguin, "Palembang and Sriwijaya: An Early Malay Harbour-City Rediscovered," *Journal of the Malaysian Branch of the Royal Asiatic Society*, vol. 66, no. 1, June 1993, pp. 23–46. 巴达鲁丁博物馆遗址位于苏丹马哈茂德·巴达鲁丁（Sultan Mahmud Badaruddin）博物馆庭院内，此前是荷兰人的居所，18 世纪时曾是皇宫的所在地，后被殖民者拆除、重建。该遗址的堆积厚度达 3 米，划分为 8—10 个地层，有 3 个主要的居住层，较晚的地层属苏丹和荷兰时期，早期地层属室利佛逝时期。出土中国陶瓷的年代从 8—9 世纪延续至 19 世纪，其中约有三分之一属室利佛逝时期。

② Darrell J. Kitchener and Heny Kustiarsih, *Ceramics from the Musi River*, *Palembang*, *Indonesia: Baesd on a Private Collection*, Australian National Centre of Excellence for Maritime Archaeology, 2019, pp. 10–11.

③ Pierre-Yves Manguin, "Palembang and Sriwijaya: An Early Malay Harbour-City Rediscovered," p. 27.

④ 欧阳修、宋祁：《新唐书》卷四十三《地理志》七下，中华书局，1975，第1153页。

⑤ 义净著，王邦维校注《大唐西域求法高僧传校注》，第 247—262 页。

⑥ 李金明：《唐代中国与阿拉伯海上交通航线考释》，《广东社会科学》2011 年第 2 期。

斯兰元素的长沙窑瓷器，表明这批船货是为迎合穆斯林市场制作的，该船目的地应该是波斯湾一带。[①] 黑石号的发现为室利佛逝作为这一时期海上贸易的枢纽提供了实物证据，在随后10—13世纪的跨国海洋贸易中，继室利佛逝而起的三佛齐承袭了货物集散地、中转港的地位，继续发挥海上枢纽的作用，其影响力更为扩大。

在宋代，三佛齐在航路中的重要性进一步凸显，首先可以从文献对海外诸蕃方位的描述中得到反映。周去非在《岭外代答》中说"诸蕃国大抵海为界限，各为方隅而立国"，然后把海外诸蕃国划分为正南、东南、西南三个区域，并指出"国有物宜，各从都会以阜通"，而三佛齐是正南诸国的都会。[②] "三佛齐国"条称："三佛齐国，在南海之中，诸蕃水道之要冲也。东自阇婆诸国，西自大食、故临诸国，无不由其境而入中国者。"[③] 先直接点明三佛齐为水道要冲，再进一步阐释其地理位置的重要性，阇婆本是东南诸国的都会，大食、故临诸国则属于西南诸国的范畴，表明集中在另两个区域的货物最终也要集中到作为正南诸国都会的三佛齐，这一点也体现在周去非对诸国海道的描述中：

> 三佛齐者，诸国海道往来之要冲也。三佛齐之来也，正北行，舟历上下竺与交洋，乃至中国之境。其欲至广者，入自屯门。欲至泉州者，入自甲子门。阇婆之来也，稍西北行，舟过十二子石而与三佛齐海道合于竺屿之下。大食国之来也，以小舟运而南行，至故临国易大舟而东行，至三佛齐国乃复如三佛齐之入中国。[④]

从阇婆和大食来华的海道最终都要在竺屿（即上下竺，今马来西亚柔佛州东海岸外的奥尔岛，Pulau Aur）统合于三佛齐驶往中国的航线。这段材料还显示，这一时期由东南亚来中国，除了从屯门入广州，还可能以泉州为目的地，从甲子门入。

《岭外代答》刊刻于淳熙五年（1178），《诸蕃志》的成书时间则较之

① Michael Flecker, "A Ninth-Century AD Arab or Indian Shipwreck in Indonesia: First Evidence for Direct Trade with China," *World Archaeology*, vol. 32, no. 3, Feburary 2001, pp. 335-354.
② 周去非著，杨武泉校注《岭外代答校注》，中华书局，1999，第74页。
③ 周去非著，杨武泉校注《岭外代答校注》，第86页。
④ 周去非著，杨武泉校注《岭外代答校注》，第126页。

稍晚，为南宋后期，其对三佛齐位置的记述是，"三佛齐，间于真腊、阇婆之间，管州十有五。在泉之正南，冬月顺风月余方至凌牙门"①，以泉州为坐标来描述三佛齐的位置和大致距离，而未提及广州。南宋年间成书的《夷坚志》里有一则泉州海商欲往三佛齐航行而触礁，漂风海岛的故事，谈到去三佛齐"法当南行三日而东"，这名海商后来又在海边遇到因风误抵岸的船只，"亦泉人"。② 结合元祐二年（1087）"泉州增置市舶"③，虽数次罢废但都得以复设等信息④判断，到南宋时期，中国与三佛齐航线的端点已有向东转移的趋势，与此前多在广州发舶和入港有所不同，航线的一端可能更多地连接至泉州。

三佛齐扼水道咽喉，不仅地理位置优越，还通过武力控制往来该区域的船只，使得贸易活动集中于此。《岭外代答》称"蕃舶过境，有不入其国者，必出师尽杀之"⑤。《诸蕃志》也说："若商舶过不入，即出船合战，期以必死，故国之舟辐凑焉。"⑥ 同时，就三佛齐"管州十有五"的记录来看，⑦ 三佛齐在两宋时期的势力应该相当强盛。此外，三佛齐也是当时中国商民走海路去往阿拉伯地区的必经之所，《萍洲可谈》卷二记载，"华人诣大食至三佛齐修船，转易货物，远贾辐凑，故号最盛"⑧。三佛齐处在连接东西方海路的必经之地，提供了港口设施，以便往来船只停靠休整，也在一定程度上影响和控制着该区域的海上交通和贸易活动。

二　印尼海域发现的 10—13 世纪沉船遗址

三佛齐作为这一时期连接南中国海和印度洋海上贸易的重要枢纽，海船

---

① 赵汝适著，杨博文校释《诸蕃志校释》，中华书局，1996，第 34 页。
② 洪迈撰《夷坚志》甲志卷七，何卓点校，中华书局，1981，第 59 页。
③ 李焘：《续资治通鉴长编》卷四六六，中华书局，1992，第 28 册，第 9889 页。
④ 王象之编著《舆地纪胜》卷一百三十，赵一生点校，浙江古籍出版社，2012，第 9 册，第 2941 页。泉州市舶司的设立及罢废后的复设在一定程度上反映了泉州在海外贸易中的地位提升。此外，从中国东南沿海和东南亚海域出水的五代晚期至南宋时期沉船的陶瓷器组合来看，其产地也呈现向福建窑场集中的态势（参见孟原召《华光礁一号沉船与宋代南海贸易》，《博物院》2018 年第 2 期，第 22 页，表 2）。
⑤ 周去非著，杨武泉校注《岭外代答校注》，第 74、86 页。
⑥ 赵汝适著，杨博文校释《诸蕃志校释》，第 36 页。
⑦ 赵汝适著，杨博文校释《诸蕃志校释》，第 34 页。
⑧ 朱彧：《萍洲可谈》，中华书局，1985，第 19 页。

云集，各国商人在此转易货物的繁荣景象也能从考古发现中得到印证。

目前已经披露的发现于印尼海域三佛齐势力范围内的 10—13 世纪沉船主要包括井里汶沉船（Cirebon Wreck）、印坦沉船（Intan Wreck）、鳄鱼岛沉船（Pulau Buaya Wreck）、林加沉船（Lingga Wreck）、爪哇海沉船（Java Sea Wreck）和惹巴拉沉船（Jepara Wreck），分属五代、北宋、南宋三个时段。下文将结合这批五代至两宋时期的沉船资料和《萍洲可谈》《岭外代答》《诸蕃志》等文献记载，进一步分析三佛齐作为这一时期南海贸易枢纽的作用及其与宋代中国的贸易和交往。

（一）五代：井里汶沉船、印坦沉船

井里汶沉船发现于距爪哇海岸 100 海里处，船货构成以陶瓷器为主，包括大批越窑青瓷和一些定窑白瓷、繁昌窑青白瓷，此外还出水了许多玻璃器、金属原料及金属器、香料、宝石等，种类丰富。该船被认为是一艘苏门答腊或爪哇的东南亚本地海船，行驶于印尼各群岛之间。根据沉船出水各类器物的特征，该船的年代大致被定为五代时期。[1] 2007 年刊出的"井里汶沉船出水文物笔谈"专题中，国内外学者已分别对井里汶沉船出水瓷器、细陶器、法器、铜镜、金属物资等进行过考订和分析，并结合相关文献和考古材料讨论了该船的航线和当时的海上贸易。[2]

印坦沉船位于雅加达以北 150 公里的海域，靠近邦加（Bangka）岛，据出水船体被推测为一艘东南亚海船。沉船中发现大量陶瓷，包括青褐釉小罐、越窑青瓷、定窑白瓷、繁昌窑青白瓷以及东南亚细陶器，还出水一定数量的玻璃器、铜块、铅块、锡块和东南亚装饰风格的金属器。[3] 此外，沉船中还发现了 97 件银锭和 145 枚铅币。杜希德（Denis Twitchett）、思鉴（Janice Stargardt）根据银锭和铅币上的铭文判断它们是由南汉政权铸造，结合沉船所出瓷器的特征，推测该船沉没年代在五代晚期至北宋初年，并提出

---

[1]　Lim Yah Chiew, "Five Dynasty Treasures: Chinese Ceramics Found in the Indonesian Cirebon Shipwreck," May 18, 2010, http://www.seaceramic.org.sg/events/synopsis_lyc_lecture18may2010.pdf, accessed on March 29, 2014; See also Musée royal de Mariemont, "The Cargo from Cirebon Shipwreck," http://cirebon.musee-mariemont.be/the-cargo.htm? lng = en, accessed on June 26, 2017.

[2]　参见《故宫博物院院刊》2007 年第 6 期，第 77—154 页。

[3]　Michael Flecker, "Treasure from the Java Sea," *Heritage Asia*, vol. 2, no. 2, December 2004-Feburary 2005, pp. 6-10.

该船的最终目的地极有可能是苏门答腊岛东南部的占碑地区。①

　　井里汶沉船和印坦沉船的大小、年代以及沉没地点都较为接近，所载物资的种类也相似——二者在装载大量中国瓷器的同时，还运载各类金属物资，货物种类庞杂。李旻根据货物来源和船舶结构推测井里汶沉船和印坦沉船的始发地可能就在三佛齐，沉没于载货驶往爪哇的途中，还指出以东南亚为中心的亚洲贸易网络在 10 世纪已经相当成熟。②

　　从这两艘沉船的船货来源分析，瓷器全部来自中国，玻璃器来自西亚及中东地区，以军持为主的细陶器则是东南亚本地所产，表明这一时期三佛齐的海上贸易涉及来自中国、阿拉伯以及东南亚本地的商人。

　　据《诸蕃志》，商人们在占城、真腊、三佛齐、单马令、凌牙斯加、佛啰安、阇婆等东南亚国家，会用瓷器等物来交换象牙、犀角和各类香料。③其中，单马令、凌牙斯加、佛啰安作为三佛齐的属国，④都在三佛齐的势力范围内，其所涉贸易活动也受三佛齐的管控和影响，甚至连"佛啰安"的国主也曾"自三佛齐选差"⑤。《诸蕃志》"单马令"条记载，"本国以所得金银器，纠集日啰亭等国类聚献入三佛齐"⑥，凌牙斯加国、佛啰安国也有"岁贡三佛齐"的记录，⑦表明由于国力强盛，作为海上枢纽的三佛齐本身也接受朝贡。而三佛齐的强盛，很大程度上直接得益于海上贸易带来的巨额利润。《岭外代答》中说三佛齐"地亦产香，气味腥烈，较之下岸诸国，此为差胜"⑧，《诸蕃志》卷上"大食"条中又谈到"本国所产，多运载与三佛齐贸易，贾转贩以至中国"⑨，卷下"脑子"条更指出三佛齐"据诸蕃来往之要津，遂截断诸国之物，聚于其国，以俟蕃舶贸易耳"⑩，结合井里汶沉船和印坦沉船的船货来源，可以说三佛齐在本地可供贸易物资较少和品质

---

① 〔英〕杜希德、思鉴：《沉船遗宝：十世纪沉船上的中国银锭》，朱隽琪译，荣新江主编《唐研究》第 10 卷，第 383—432 页。

② 李旻：《十世纪爪哇海上的世界舞台——对井里汶沉船上金属物资的观察》，《故宫博物院院刊》2007 年第 6 期，第 87 页。

③ 赵汝适著，杨博文校释《诸蕃志校释》，第 9、19、35—36、43—47、55 页。

④ 赵汝适著，杨博文校释《诸蕃志校释》，第 36 页。

⑤ 周去非著，杨武泉校注《岭外代答校注》，第 86 页。

⑥ 赵汝适著，杨博文校释《诸蕃志校释》，第 43 页。

⑦ 赵汝适著，杨博文校释《诸蕃志校释》，第 45、47 页。

⑧ 周去非著，杨武泉校注《岭外代答校注》，第 86 页。

⑨ 赵汝适著，杨博文校释《诸蕃志校释》，第 89 页。

⑩ 赵汝适著，杨博文校释《诸蕃志校释》，第 161 页。

较低的情况下，其利益的获取主要依靠作为中介和枢纽的转口贸易。从这个层面上看，三佛齐作为南海贸易的海上枢纽，所提供的不仅是"水道要冲"的交通之便和"修船"之类的港口设施，很有可能已经主动在跨国的转口贸易中发挥一定的调配作用，影响到转口物资的供给状况。《萍洲可谈》卷二记载"近岁三佛齐国亦榷檀香，令商就其国主售之，直增数倍，蕃民莫敢私鬻，其政亦有术也"①，表明三佛齐对在其地的商民进行管理，还曾对檀香进行官方专营，而不许他们私自交易。这种由官方采买集中到当地的货物，使得市场上的供给大为缩减的做法，很可能造成更广泛的市场范围内供不应求的局面，檀香被囤积居奇，进贡至宋廷或博易时身价更高，明显带有商业操控的意味，某种程度上而言是"善算"②的体现，与其说其施政有术，倒不如说是擅于行商。

（二）北宋：鳄鱼岛沉船、林加沉船

鳄鱼岛沉船发现于苏门答腊岛东南方廖内省林加群岛的鳄鱼岛海域。沉船出水的船货以陶瓷器为大宗，涵盖了碗、盆、瓶、壶、罐、军持等器形，其中绝大部分为中国瓷器，从器物特征来看，主要是宋代广东、福建窑口的产品，也有部分产自景德镇。此外，还发现一定数量的铜块、铁锅等金属器，以及玻璃器和石器。③根据出水瓷器多来自广东西村窑、潮州窑，福建漳平永福窑、漳浦罗宛井窑等华南地区窑口的情况判断，该船的沉没年代在11世纪中后期到12世纪早期，即北宋中晚期至南宋初年。鳄鱼岛沉船出水带有使用痕迹的陶锅、陶灶和具有东南亚风格特征的细陶质地军持，可能是船上人员的生活用品，结合沉船中铁锅、铁刀的包装方式推测，该船很有可能是在三佛齐及其属国范围内开展贸易的商船。④

林加沉船发现于林加岛与苏门答腊岛之间的林加海峡，位置距鳄鱼岛沉船不远，出水部分船板，船货除大批陶瓷器以外，还包括铁片、铁锅、铜锭、铜镯等金属类物资。林加沉船出水瓷器以广东地区笔架山窑、西村窑、

---

①　朱彧：《萍洲可谈》，第19页。
②　朱彧：《萍洲可谈》，第19页。
③　Abu Ridho and E. Edwards McKinnon, *The Pulau Buaya Wreck: Finds from the Song Period*, Jakarta: Himpunan Keramik Indonesia, 1998.
④　胡舒扬：《宋代中国与东南亚的陶瓷贸易——以鳄鱼岛沉船（Pulau Buaya wreck）资料为中心》，上海中国航海博物馆编《人海相依：中国人的海洋世界》，上海古籍出版社，2014，第48—67页。

奇石窑等窑场生产的青白瓷、青瓷和酱釉器为主，它们大多与鳄鱼岛沉船所出瓷器风格相近，发掘者通过陶瓷标本与相关纪年材料的比对并结合出水铜钱铭文、木样的测年，推断该船是一艘在北宋末年沉没的东南亚船只，可能是在从中国驶返印尼海域某个港口的途中失事的。①

从东南亚地区发现类似鳄鱼岛沉船瓷器的情况来看，其在苏门答腊岛东北部、占碑地区、爪哇北岸和南苏拉威西的分布最为集中，② 其中，苏门答腊岛东北部的 Kota Cina 值得注意。马来语中 Kota Cina 是"中国城"的意思，而现在这里的华人据说是 20 世纪的移民。Kota Cina 之名的由来或许与当地的一则传说有关：该贸易点曾由印度人控制，中国人到来后双方发生冲突，印度人失利离开。③ 这则传说透露，中国贸易者曾经到达该地，Kota Cina 的地理位置和当地的考古发现也能印证这一点。一方面，Kota Cina 位于今棉兰港口勿拉湾（Belawan）附近，距马六甲海峡不远，处在三佛齐势力范围之内，是来往于印度洋的必经之地，贸易者在此聚集是可以理解的，符合"诸蕃水道之要冲"④ "远贾辐凑"⑤ 等记载；另一方面，Kota Cina 的考古遗址曾出土包括唐宋时期的铜钱、11—12 世纪的佛像、12—14 世纪的中国陶瓷、中东玻璃器残片在内的各类遗物，⑥ 2012 年又发现了年代为 13 世纪的沉船遗迹，⑦ 表明 Kota Cina 在宋元时期曾是重要的贸易港，从实物角度证明了三佛齐曾是这一时期的海上枢纽，势力范围较大，贸易活动频繁兴盛，至少曾有中国、印度及阿拉伯地区商人在此或经此从事海上贸易。

在远距离的跨国海洋贸易中，一些并非最终目的地的港口遗址中发现的各种遗物也来自不同地区，证明了分段和转口贸易的存在；同一艘船装

---

① Michael Flecker, "The Lingga Wreck: An Early 12th Century Southeast Asian Ship with a Chinese Cargo," *Southeast Asian Archaeological Site Reports*, 2019, https://epress. nus. edu. sg/sitereports/lingga/, accessed on April 15, 2022.

② Abu Ridho and E. Edwards McKinnon, *The Pulau Buaya Wreck: Finds from the Song Period*, pp. 6–63.

③ A. C. Milner, E. Edwards McKinnon and Tengku Luckman Sinar, "A Note on Aru and Kota Cina," *Indonesia*, no. 26, October 1978, p. 3.

④ 周去非著，杨武泉校注《岭外代答校注》，第 86 页。

⑤ 朱彧：《萍洲可谈》，第 19 页。

⑥ A. C. Milner, E. Edwards McKinnon and Tengku Luckman Sinar, "A Note on Aru and Kota Cina," pp. 1–42.

⑦ "Ancient Trinkets Unearthed In Medan," *Jakarta Globe*, February 25, 2012, http://www. thejakartaglobe. com/archive/ancient-trinkets-unearthed-in-medan/500412/, accessed on July 8, 2014.

载有多种来源的物资很可能代表着有多国、多地区的商人搭乘同一艘海船。以上两点可以看作海上贸易中商人们合作的证据，但同时，贸易活动中也必然存在着竞争，甚至有可能衍化为类似前述 Kota Cina 那则传说中的武力冲突。并且，这种武力冲突的发生，不仅限于贸易群体自身，常常还有国家层面的战争。

11 世纪对外进行帝国扩张的南印度朱罗王朝（Chola，注辇国）曾先后征服马尔代夫、斯里兰卡，其中包括重要港口曼泰（Mantai）。① 1025 年，罗金陀罗一世（Rajendra Ⅰ）在进军孟加拉后，发兵袭击三佛齐及其属国。根据朱罗首都坦焦尔（Tanjore）的一处碑文记载，罗金陀罗"派遣舰队乘风破浪，俘获了……干陁利国王"，接着夺取或劫掠了总共 14 个地方（三佛齐及其半岛属国），其中包括"边门珠光宝气，正门装饰着大颗宝石"的巨港，"在战场上英勇作战而无所畏惧"的狼牙修，"战势很可能最凶险"的单马令和"实力强劲，有深海护佑"的吉打。② 三佛齐、狼牙修、单马令等海岛国家的面积是十分有限的，朱罗王朝对之出兵的目的，显然不是单纯的领土扩张，极有可能是因为这些国家的交通位置和它们优渥的贸易环境。因为在 10—13 世纪的海上贸易中，价值和利润较高的商品如香料、象牙、犀角、琉璃、瓷器等都大量集中到三佛齐及其属国。占领和控制这些地方，就意味着控制了这一时期以东南亚为媒介连接起来的东方和西方的海上贸易，影响力相当可观。

事实上，即便在东南亚内部，利益的驱使也会引致冲突，如《诸蕃志》记载三佛齐于"淳化三年告为阇婆所侵"③，"阇婆国"条也称"与三佛齐有仇，互相攻击"④。阇婆由于靠近香料产地马鲁古群岛，"土产胡椒、檀香、丁香、白豆蔻、肉豆蔻、沉香"⑤，在贸易活动中占有货源优势。正如《岭外代答》中所说的"东南诸国，阇婆其都会也"⑥，且其地聚集有象牙、

---

① 曼泰位于斯里兰卡的西北角，该遗址出土过不同时期来自不同国家的陶瓷，经成分分析，其中包括越窑青瓷和伊斯兰锡釉陶器，可能还有中国南方的陶器。参见〔斯里兰卡〕贾兴和（Priyanta Jayasingha）、董豫、王昌燧、温睿《斯里兰卡曼泰（Mantai）遗址出土陶瓷产地的初步分析》，《考古与文物》2006 年第 3 期。
② Lincoln Paine, *The Sea and Civilization: A Maritime History of the World*, New York: Alfred A. Knopf, 2013, p. 281.
③ 赵汝适著，杨博文校释《诸蕃志校释》，第 36 页。
④ 赵汝适著，杨博文校释《诸蕃志校释》，第 55 页。
⑤ 周去非著，杨武泉校注《岭外代答校注》，第 88—89 页。
⑥ 周去非著，杨武泉校注《岭外代答校注》，第 74 页。

犀角、珍珠、檀香、胡椒、苏木等商品，① 说明阇婆是与三佛齐实力相当且有着竞争关系的贸易中转地，这一点从爪哇地区分布有许多类似鳄鱼岛沉船出水宋瓷②的现象中也能得到印证。情况类似的还有"监箆国"，"旧属三佛齐，后因争战，遂自立为王"③。三佛齐国力强盛时使这些国家成为自己的属国，后者则寻找时机脱离其控制甚至进行反攻，都企图在最大限度上壮大实力，以便更多地从海上贸易中获利。为了维护当地的贸易环境，保持自身在海上贸易中的优势，三佛齐会通过朝贡贸易加强与外界的联系，比如频繁地朝贡宋廷，《诸蕃志》"三佛齐"条也记载其"皇朝建隆间凡三遣贡""建佛寺以祝圣寿"④，而宋王朝则对三佛齐的使者进行封赏，如哲宗年间"以三佛齐国进奉副使胡仙为归德郎将，进奉判官地华加罗为保顺郎将"⑤，三佛齐或可因此在贸易活动中保持有利地位。

（三）南宋：爪哇海沉船、惹巴拉沉船

爪哇海沉船和惹巴拉沉船的发现地点在爪哇和苏门答腊岛之间的海域，靠近之前的井里汶沉船、印坦沉船的所在位置。

爪哇海沉船虽未发现明显的船体，但根据凝结物所反映的船舱形态和出水的零散木料，被认为是一艘带有东南亚特征的混合船，可能是在泰国或印尼建造的，船货主体为瓷器和铁，此外也包括青铜像、铜镜、玻璃器、锡锭等其他器物，发掘者结合瓷器风格和出水香料的测年判断沉船年代为 13 世纪中后期，即南宋晚期至元初。⑥ 不过，也有学者注意到爪哇海沉船出水瓷器组合与华光礁一号沉船所出相近，结合部分瓷器的戳印铭文来看，其沉没年代应为南宋早期，⑦ 近年来对出水象牙标本和另外几件香料标本的测年

---

① 赵汝适著，杨博文校释《诸蕃志校释》，第 54—55 页。
② Abu Ridho and E. Edwards McKinnon, *The Pulau Buaya Wreck: Finds from the Song Period*, pp. 10-11, 24-25, 38-41, 44-47, 50-51, 58-59, 62.
③ 赵汝适著，杨博文校释《诸蕃志校释》，第 49—50 页。
④ 赵汝适著，杨博文校释《诸蕃志校释》，第 36 页。
⑤ 李焘：《续资治通鉴长编》卷四百二十一，第 29 册，第 10183 页。
⑥ Michael Flecker, "The Thirteenth-Century Java Sea Wreck: A Chinese Cargo in an Indonesian Ship," *The Mariner's Mirror*, vol. 89, no. 4, November 2003, pp. 388-404.
⑦ 刘未：《中国东南沿海及东南亚地区沉船所见宋元贸易陶瓷》，《考古与文物》2016 年第 6 期，第 67 页。

（包括对旧标本的重新测定）显示它们的年代可能早于13世纪。① 大体而言，爪哇海沉船的年代可以定在南宋时期。

惹巴拉沉船出水有一块长约2.6米的碇石，被认为与泉州海外交通史博物馆展出的碇石类似，该船因而被推断为一艘中国海船，研究者们根据惹巴拉沉船出水大量同安系青瓷和德化碗坪仑窑的青白瓷，结合沉船中铜钱的纪年，判断沉船的年代大致在南宋早中期。②

爪哇海沉船和惹巴拉沉船，一艘带有东南亚特征，另一艘可能是中国海船，表明两宋时期不仅有番商将货物贩运到中国，更有中国商人将瓷器等货品运往三佛齐及其属国。10—13世纪沉船集中发现于这一海域，沉船出水器物种类的丰富程度，也从侧面反映出三佛齐在这一时期跨国海运贸易网络中的重要地位。

三　经三佛齐转易的各类物资

三佛齐作为重要的海上枢纽，印度洋和南中国海两大贸易圈在此交汇，货物云集，宋代史料中不乏相关描述。

《岭外代答》记载："诸蕃国之富盛多宝货者，莫如大食国，其次阇婆国，其次三佛齐国，其次乃诸国耳。"③ 阇婆和三佛齐分别是聚集了东南诸国和正南诸国货物的贸易都会，虽然阇婆的"宝货"多于三佛齐，但它往中国去的话，末段路程仍要并入三佛齐的航线，"与三佛齐海道合于竺屿之下"④，也就是说要先到三佛齐。聚集在三佛齐的各类货物除了少量本地土产外，大量的珍贵商品"皆大食诸番所产，萃于本国"⑤。比如，"（乳香）

---

① Lisa C. Niziolek et al. , "Revisiting the Date of the Java Sea Shipwreck from Indonesia," *Journal of Archaeological Science*：*Reports*，vol. 19，no. 3，June 2018，pp. 781–790.

② Atma Juana and E. Edwards McKinnon，"The Jepara Wreck," 郑培凯主编《十二至十五世纪中国外销瓷与海外贸易国际研讨会论文集》，（香港）中华书局，2005，第126—135页；See also Jujun Kurniawan，"Some Note on the Salvaging Jepara Shipwreck," conference paper for International Symposium Underwater Archaeology in Vietnam and Southeast Asia：Potential and Challenged Issues，Quang Ngai，October 2014。

③ 周去非著，杨武泉校注《岭外代答校注》，第126页。

④ 周去非著，杨武泉校注《岭外代答校注》，第126页。

⑤ 赵汝适著，杨博文校释《诸蕃志校释》，第35—36页。

以象辇之至于大食，大食以舟载易他货于三佛齐，故香常聚于三佛齐"①，
"（金颜香）特自大食贩运至三佛齐，而商人又自三佛齐转贩入中国耳"②。
大食"土地所出，真珠、象牙、犀角、乳香、龙涎、木香、丁香、肉豆蔻、
安息香、芦荟、没药、血碣、阿魏、腽肭脐、硼砂、琉璃、玻璃……"货
品繁多，但路途遥远，大多需要运载到三佛齐及其属国佛啰安转易。③

　　前述发现于印尼海域的六艘沉船的出水主要器物种类可以更为直观地予
以体现（见表1）。

表 1　印尼海域 10—13 世纪沉船出水器物概览

名称	大致年代	出水器物			
		陶瓷	玻璃	金属	其他
井里汶沉船	五代时期	越窑青瓷、定窑白瓷、繁昌窑青白瓷	玻璃珠、玻璃器、毛坯玻璃	银锭、锡锭、锡币、铜镜、铜法器、青铜器具、金饰等	宝石、香料、珍珠、水晶等
印坦沉船	五代晚期至北宋初年	青褐釉小罐、越窑青瓷、定窑白瓷、繁昌窑青白瓷，东南亚细陶	玻璃珠、玻璃器	银锭、铅币、铅块、铜块、锡块、青铜器具、金饰	香料、鹿角、石栗、象牙等
鳄鱼岛沉船	北宋中晚期至南宋初年	广东、福建的青白瓷及酱釉器，景德镇青白瓷，东南亚细陶	玻璃器	铜锭、铜环、铜锣、铁锅、铁片、金属条、金属块等	石磨、石杵
林加沉船	北宋末年	广东的青白瓷、青瓷、褐彩瓷和酱釉器	无	铁片、铁锅、铜锭、铜钱、铜镯、铜环、铜锣、铁钉等	石磨、香料、石栗
爪哇海沉船	南宋时期	景德镇青白瓷，福建青瓷及青白瓷、酱釉器、黑釉瓷，东南亚细陶	玻璃器	铁条、铁锅、铜镜、铜锣、锡锭、青铜像	香料、象牙

---

① 赵汝适著，杨博文校释《诸蕃志校释》，第163页。
② 赵汝适著，杨博文校释《诸蕃志校释》，第167页。
③ 赵汝适著，杨博文校释《诸蕃志校释》，第90页。

续表

名称	大致年代	出水器物			
		陶瓷	玻璃	金属	其他
惹巴拉沉船	南宋早中期	福建青瓷及青白瓷、酱釉器,东南亚细陶	无	铜钱、青铜盘、锡锭、铜锣、铁锅	木盒、石碇

资料来源：秦大树：《拾遗南海　补阙中土——谈井里汶沉船的出水瓷器》,《故宫博物院院刊》2007 年第 6 期；Musée royal de Mariemont, "The Cargo from Cirebon Shipwreck," http://cirebon. musee- mariemont. be/the- cargo. htm? lng = en, accessed on June 26, 2017；Michael Flecker, "Treasure from the Java Sea," pp. 6–10；Abu Ridho and E. Edwards McKinnon, *The Pulau Buaya Wreck*: *Finds from the Song Period*, pp. 6–97；Michael Flecker, "The Lingga Wreck: An Early 12th Century Southeast Asian Ship with a Chinese Cargo"；Michael Flecker, "The Thirteenth-Century Java Sea Wreck: A Chinese Cargo in an Indonesian Ship," pp. 388–404；Atma Juana and E. Edwards McKinnon, "The Jepara Wreck," pp. 126–135。

（一）陶瓷器

已有学者对中国东南沿海和东南亚地区的陆地及水下遗址（涉及本文讨论的部分沉船）出土（水）的宋元瓷器进行过大致的梳理和分析。整体来看，五代至北宋早中期，输往东南亚海域的瓷器仍以越窑青瓷为主，景德镇青白瓷也开始崭露头角；北宋后期，闽广地区的外销瓷窑场迅速发展，青白釉制品占据海外市场的主体；南宋时期，在青白瓷仍占主导的同时，龙泉青瓷和福建仿龙泉青瓷开始兴起。[①] 需要注意的是，龙泉青瓷在东南亚市场中的占比相对有限，并未曾占据主流地位。一方面，龙泉青瓷输入东南亚的时间偏晚，南宋时期才逐渐增加，主要集中在元代至明代早期；[②] 另一方面，福建窑场生产的仿龙泉青瓷在南宋至明代早期就近外销东南亚地区，与龙泉青瓷形成同质化竞争并以低廉的价格挤占市场，为保证利润率，相对高

[①] 刘净贤：《福建仿龙泉青瓷及其外销状况初探》,《故宫博物院院刊》2013 年第 5 期；刘未：《中国东南沿海及东南亚地区沉船所见宋元贸易陶瓷》,《考古与文物》2016 年第 6 期；刘未：《北宋海外贸易陶瓷之考察》,《故宫博物院院刊》2021 年第 3 期；丁雨：《南宋至元代中国青白瓷外销情况管窥》,北京大学中国考古学研究中心、北京大学震旦古代文明研究中心编《古代文明》第 15 卷, 上海古籍出版社, 2021, 第 299—319 页。

[②] 项坤鹏：《浅析东南亚地区出土（水）的龙泉青瓷——遗址概况、分期及相关问题分析》,《东南文化》2012 年第 2 期。

档的龙泉青瓷多被销往更远的西亚和非洲市场。①

就本文所关注的时段和区域而言，南宋时期的爪哇海沉船和惹巴拉沉船，前者未见龙泉青瓷，后者发现的龙泉青瓷极少，两艘沉船出水的青瓷均以福建地区的产品占绝对主导，但大部分属于仿龙泉制品，来自松溪回场窑、连江浦口窑、福清东张窑、莆田庄边窑等窑场。② 宋元时期的龙泉青瓷在苏门答腊岛东北部的 Kota Cina 遗址有一定数量的发现，③ 雅加达湾、廖内群岛和西加里曼丹地区也有出土，④ 但在数量上明显少于同时期的福建瓷器，考虑到 Kota Cina 的位置，不能排除龙泉青瓷经此转销西亚和非洲市场的可能性。

从货物的数量和所占比例来看，陶瓷器是本文讨论的各艘沉船的主要船货，一方面为判定时代、分析贸易面貌提供依据，另一方面也为推测它们的航行方向、参与群体等问题给出了线索。载有大量中国陶瓷表明它们并不是在向中国航行的途中沉没的。换言之，它们要么是在中国的港口载上瓷器后，沿途贸易并航行至三佛齐及其势力范围内沉没；要么是在三佛齐及其属国的某个港口装载上其他船只运来的货物，开展区域内的贸易时沉没。

根据碇石规格被推断为中国海船的惹巴拉沉船是前一种情形的代表，其出水器物的来源相对单纯，瓷器全部来自中国，东南亚的细陶军持（kendi）被认为来自泰国南部的北大年（Patani），非陶瓷类器物比例很小，其中又以中国钱币为主。⑤ 值得注意的是，惹巴拉沉船没有发现玻璃制品，而这一时期出现在贸易活动中的玻璃制品大多产自伊斯兰阿拉伯地区。所以阿拉伯商人可能并未直接参与惹巴拉沉船的贸易，或者说该船是在与印度洋贸易圈

① 刘净贤：《福建仿龙泉青瓷及其外销状况初探》，《故宫博物院院刊》2013 年第 5 期。
② NK Koh, "Fujian and Longquan Trade Ceramics in Jepara Shipwreck," updated on March 20, 2013, http://www.koh-antique.com/jepara/jepara%20wreck.htm, accessed on June 26, 2017.
③ E. Edwards Mckinnon and Bernadien Sinta Dermawan, "Further Ceramic Discoveries at Sumatran Sites," pp. 2-3.
④ Abu Ridho, "Zhejiang Green Glazed Wares Found in Indonesia," in Ho Chuimei ed., *New Light on Chinese Yue and Longquan Wares*: *New Light on Chinese Yue and Longquan Wares*: *Archaeological Ceramics Found in Eastern and Southern Asia*, A. D. 800 - 1400, Hong Kong: Centre of Asian Studies, University of Hong Kong, 1994, pp. 271-272; E. Edwards Mckinnon, "Ancient Shipwrecks in Indonesian Waters: The Ceramics Cargoes," Himpunan Keramik Indonesia, 2001, p. 297, 转引自项坤鹏《浅析东南亚地区出土（水）的龙泉青瓷——遗址概况、分期及相关问题分析》，《东南文化》2012 年第 2 期，第 87 页。
⑤ Jujun Kurniawan, "Some Note on the Salvaging Jepara Shipwreck," pp. 4-6, 10.

衔接和互动前便不幸沉没。后一种情形可以印坦沉船为例。杜希德、思鉴根据出水的银锭和钱币推测该船是一艘从广州贸易返回东南亚的船只，各地的瓷货可汇集于广州的市场。① 然而，不容忽视的一点在于，发掘者提到锡块装载于瓷器之下，即瓷器是在锡块之后装船，说明这批瓷器是在苏门答腊的某个港口为转运而装载的。② 再结合印坦沉船出水器物类别丰富多元的情况来看，它更有可能活跃于三佛齐周边的岛间贸易，是三佛齐作为海上贸易枢纽，连接起这一时期分段相继、纵横交错的海上贸易网络之实证。

（二）金属类物资

除了作为船货主体的瓷器，这些沉船大多还装载有铜、铁、锡等金属类物资。

其中，铜可用来铸造佛像、法器或制造日常器具，沉船中不仅发现有铜锭、铜块之类的原材料，也有作为添加物的锡（青铜为铜锡合金），还有带东南亚特征的铜合金制品，基本可以印证这一点。

鳄鱼岛沉船和林加沉船发现有纯度较高的砖形铜锭，应该是作为原料输往东南亚，这两艘沉船都出水了一批开口的环形铜制品，可能是臂钏或脚环。③ 林加沉船还见尺寸较小的线圈形铜环，发掘者认为是专为孩童制作的。④ 此外，林加沉船、惹巴拉沉船分别出水有数百枚和数千枚宋代铜钱，⑤ 不仅为沉船年代的判定提供了依据，也反映出宋代海外贸易蓬勃发展、商人冒禁逐利的背景下，铜钱外流加剧的情形。《诸蕃志》"阇婆国"条即载，"此番胡椒萃聚，商舶利倍蓰之获，往往冒禁，潜载铜钱博换"⑥。

井里汶沉船出水青铜器类型丰富，包括碗、勺、器座、灯盏、佛像、金刚杵等，大多与佛教或印度教的宗教仪式有关。其中，金刚爱菩萨（Vajraraga）造像与爪哇10世纪末至11世纪初若干遗址里的青铜像类似，

---

① 〔英〕杜希德、思鉴:《沉船遗宝：十世纪沉船上的中国银锭》，第404—405页。

② Michael Flecker, "Treasure from the Java Sea," p. 9.

③ Abu Ridho and E. Edwards McKinnon, *The Pulau Buaya Wreck: Finds from the Song Period*, pp. 76-77; Michael Flecker, "The Lingga Wreck: An Early 12th Century Southeast Asian Ship with a Chinese Cargo".

④ Michael Flecker, "The Lingga Wreck: An Early 12th Century Southeast Asian Ship with a Chinese Cargo," fig. 15.

⑤ Jujun Kurniawan, "Some Note on the Salvaging Jepara Shipwreck," pp. 5, 10; Michael Flecker, "The Lingga Wreck: An Early 12th Century Southeast Asian Ship with a Chinese Cargo".

⑥ 赵汝适著，杨博文校释《诸蕃志校释》，第55页。

星形的油灯以及灯座、灯杆之类在东南亚考古遗址中常有发现，一般认为是在印尼制作并供本地使用的。① 再如，印坦沉船中发现的青铜动物面具和带柄青铜镜，被认为很可能来自爪哇。②

铁及铁制品是三佛齐及其属国所缺乏的物资，需要从外贩入。鳄鱼岛沉船、林加沉船、爪哇海沉船中发现的铁锅、铁片等数量较大，并且都是成摞包装，反映出它们用于贸易的船货性质，爪哇海沉船中成捆包装的铁条则有可能是作为原料输入本地，用来制作工具或武器的。③ 据《诸蕃志》，在三佛齐、佛啰安、阇婆，商人们用铁及铁制品博易。④ 此外，阿拉伯人也观察到，苏门答腊岛西岸的居民对铁器的需求十分强烈，"当船舶一靠近，他们便乘着大小船只蜂拥而来，用琥珀和椰子来换铁器"⑤，有时甚至偷走商人们的铁器。⑥ 由此可见，铁及铁制品作为稀缺物，在印尼海域和三佛齐周边是极受欢迎的商品和物资。

井里汶沉船载有覆斗形锡块、条形锡币和矛形锡器，锡除了和铜一起用来铸造青铜制品或铸币，也在本地的岛间贸易中用于支付，马来半岛至邦加和勿里洞一带锡矿矿藏丰富，沉船里发现的锡应该是来自东南亚本土。⑦ 印坦沉船、鳄鱼岛沉船、惹巴拉沉船也见截顶金字塔形的金属块，⑧ 它们在东

---

① Musée royal de Mariemont, "The Cargo from Cirebon Shipwreck," metalic objects, http：//cirebon. musee-mariemont. be/the-cargo/secondary-cargo/metalic-objects. htm？ lng = en, accessed on June 26, 2017.

② 〔英〕杜希德、思鉴：《沉船遗宝：十世纪沉船上的中国银锭》，第 386 页。

③ Abu Ridho and E. Edwards McKinnon, *The Pulau Buaya Wreck：Finds from the Song Period*, p. 84；Michael Flecker, "The Thirteenth-Century Java Sea Wreck：A Chinese Cargo in an Indonesian Ship," pp. 395 - 396；Michael Flecker, "The Lingga Wreck：An Early 12th Century Southeast Asian Ship with a Chinese Cargo".

④ 赵汝适著，杨博文校释《诸蕃志校释》，第 36、47、55 页。

⑤ 《中国印度见闻录》，穆根来、汶江、黄倬汉译，中华书局，1983，第 5、35—36 页。

⑥ 《中国印度见闻录》，第 8 页。

⑦ 李旻：《十世纪爪哇海上的世界舞台——对井里汶沉船上金属物资的观察》，《故宫博物院院刊》2007 年第 6 期，第 83—85 页。邦加和勿里洞的锡矿到 18 世纪才被大量开采，所以早期的锡锭、锡块等应是来自马来半岛，马来半岛的锡矿场出土的锡锭石范与下文谈到沉船出水锡块的造型基本吻合，也从侧面印证了这一点，参见杨晓春《东南亚海域 10 ~ 14 世纪沉船出水锡锭用途小考》，《海洋史研究》第 13 辑，社会科学文献出版社，2019，第 85—99 页。

⑧ Michael Flecker, *The Archaeological Excavation of the 10th Century Intan Shipwreck*, pp. 81 - 82, fig. 5. 118, 5. 119；Abu Ridho and E. Edwards McKinnon, *The Pulau Buaya Wreck：Finds from the Song Period*, p. 83, fig. 61；Jujun Kurniawan, "Some Note on the Salvaging Jepara Shipwreck," p. 11, fig. 16 (a).

南亚地区 11—14 世纪的考古遗址中并不罕见。① 印坦沉船、惹巴拉沉船出水的确定是锡，鳄鱼岛沉船所出虽然未经成分鉴定，不能断定材质，但极有可能是两个截顶金字塔形拼在一起的形状。② 此类发现与《诸蕃志》中阇婆"以铜、银、鍮、锡杂铸为钱，钱六十准金一两，三十二准金半两""番商兴贩，用夹杂金银"等进行交易，③ 苏吉丹"民间贸易，用杂白银凿为币，状如骰子，上镂番官印记，六十四只准货金一两，每只博米三十升，或四十升至百升，其他贸易悉用是，名曰'阇婆金'"④ 的记载可相对照。印坦沉船出水锡块的顶部确有印记，至少有两种——一种是花纹，一种是 X 形符号，且锡块分为多种尺寸（井里汶沉船亦然），⑤ 与"阇婆金"可购买不同分量米粮的记述不谋而合，说明各种规格的锡块对应着不同的面额，顶端的印记或许也有类似的作用。使用金属货币而不全是单纯的物物交换，进一步说明当时三佛齐势力范围内的岛间贸易十分频繁而且规模可观。

（三）玻璃制品

玻璃制品是海上贸易中经三佛齐转易的另一类重要货物。自汉迄宋，中国与地中海沿岸及伊朗高原先后出现的罗马帝国、萨珊王朝、伊斯兰阿拉伯帝国这三个世界性玻璃生产中心都保持着贸易联系。⑥《诸蕃志》"琉璃"条云："琉璃，出大食诸国。"⑦ 大食国生产的"琉璃"和"玻璃"与其他货物一起被运载到三佛齐贸易，再转贩至中国。⑧ 大秦国是聚集了许多大食番商的"西天诸国之都会"，也产"琉璃"。⑨

印尼海域的 10—13 世纪沉船中，井里汶沉船装载的玻璃制品最为丰富，包括超过 26000 颗玻璃珠、94 块毛坯玻璃、至少 2540 件玻璃器碎片，如此

---

① Michael Flecker, *The Archaeological Excavation of the 10th Century Intan Shipwreck*, Oxford：BAR Publishing, 2002, pp. 81-82; Abu Ridho and E. Edwards McKinnon, *The Pulau Buaya Wreck：Finds from the Song Period*, p. 82; Jujun Kurniawan, "Some Note on the Salvaging Jepara Shipwreck," pp. 10-11.

② 杨晓春：《东南亚海域 10~14 世纪沉船出水锡锭用途小考》，第 92 页。

③ 赵汝适著，杨博文校释《诸蕃志校释》，第 55 页。

④ 赵汝适著，杨博文校释《诸蕃志校释》，第 60 页。

⑤ Michael Flecker, *The Archaeological Excavation of the 10th Century Intan Shipwreck*, p. 82.

⑥ 安家瑶：《中国的早期玻璃器皿》，《考古学报》1984 年第 4 期。

⑦ 赵汝适著，杨博文校释《诸蕃志校释》，第 201 页。

⑧ 赵汝适著，杨博文校释《诸蕃志校释》，第 89—90 页。

⑨ 赵汝适著，杨博文校释《诸蕃志校释》，第 81 页。

规模表明它们具有船货性质。根据化学成分和类型学分析，玻璃珠来自两个玻璃制造区：一是南亚及东南亚，二是中东。毛坯玻璃大小不等，共计34.7千克，有可能是为某地运输的玻璃原料。玻璃器以瓶、壶、罐居多，是伊斯兰阿拉伯地区的产品，总体分素面和带花纹两类，前一类大多粗糙厚重，后一类尺寸较小，相对精致。①

再来看文献中的相关记载，"岁进贡于三佛齐"的细兰国不仅产"红玻璃"，国王的宫殿还"以琉璃为壁"；注辇国也出产"玻璃"和"琉璃"；白达国、吉慈尼国、芦眉国产"碾花琉璃"；商人们在渤泥国以"琉璃珠、琉璃瓶子"作为博易的货品。②此外，大食所产的栀子花和蔷薇水用玻璃瓶贮藏。③《宋史》记录大食国人于雍熙元年（984）进献"琉璃器"，至道元年（995）大食国舶主进贡宋朝的眼药、白砂糖、千年枣等用"琉璃瓶"和"琉璃瓮"装盛。④宋人笔记《铁围山丛谈》记载奉宸库中曾藏有"龙涎香二琉璃缶、玻璃母二大筐"，"玻璃母者，若今之铁滓，然块大小犹儿拳"，据说可能是大食所贡，作者蔡绦还进一步推测"玻璃母，诸珰以意用火煅而模写之，但能作珂子状，青红黄白随其色，而不克自必也"⑤。结合沉船中的发现，大致可以看出：伊斯兰阿拉伯地区有不少国家生产玻璃制品并供日常使用，当地有较高的玻璃制造技术，能制作出带花纹的器物；印度半岛到东南亚地区也使用并生产玻璃制品，部分原材料比如毛坯玻璃之类或因此在区域内中转运输；经朝贡贸易输入中国的玻璃器不仅本身是贸易品，还可用作其他商品的容器，甚至也有碎玻璃作为原料输入中国。玻璃制品经海路自西向东的长距离流转及其在区域内转贩的过程中，三佛齐无疑再次发挥了重要的枢纽作用。

（四）石栗、香料

陶瓷、玻璃、金属之类是能较好地留存至今的考古资料，而香料、丝绸、果实、骨骼等较难保存，在沉船中的发现相对有限，但也有一些侥幸存

① Carolyn Swan Needell，"Cirebon：Islamic Glass from a 10th-Century Shipwreck in the Java Sea，" *Journal of Glass Studies*，vol. 60，2018，pp. 69-113.
② 赵汝适著，杨博文校释《诸蕃志校释》，第51—52、76、109—110、112、116、135—136页。
③ 赵汝适著，杨博文校释《诸蕃志校释》，第171—172页。
④ 脱脱等：《宋史》卷四百九十，中华书局，1971，第14118—14119页。
⑤ 蔡绦撰《铁围山丛谈》卷五，冯惠民、沈锡麟点校，中华书局，1983，第97页。

留。比如，印坦沉船出水的越窑盖盒中发现了香料痕迹，几面青铜镜上的锈迹显示它们原本是包裹在丝绸里的。①

印坦沉船中发现有数千颗石栗（candlenut），② 在林加沉船出水的凝结物中也有少量发现，③ 其果仁可供食用。据曾在马来亚半岛和新加坡生活的作家秦牧回忆，石栗树籽在马来语中叫"峇答力"，当地人将果仁舂碎后当佐料，④ 表明石栗至今在东南亚当地的烹饪中仍经常使用，其果实含油量很高，因原产于马来群岛、爪哇、夏威夷等地，石栗树也被称为"南洋油桐"。⑤ 由于石栗高含油量的果实能被点燃照明，亦被称作"烛果"，其应用甚至扩散到南太平洋地区。比如萨摩亚人会将盛满油的椰壳加上一根灯芯制成的灯和成串的烛果用于夜间照明，而石栗子油在热带地方还常被用作灯油。⑥《南方草木状》对石栗果实也有描述，"其壳厚而肉少，其味似胡桃仁，熟时或为群鹦鹉至，啄食略尽，故彼人极珍贵之，出日南"⑦。可见在东南亚地区，人们很早就认识到石栗果实的食用价值。印坦沉船载有大量石栗，则再次从侧面印证了这应该是一艘东南亚本地船只，同时也反映出海上贸易所涉物品的丰富性。

有趣的是，在近年的全面发掘中，"南海一号"沉船清理出少量石栗种子，尽管在出水植物遗存中的占比很小，⑧ 但足以提示我们注意当时的航海和贸易活动对于人员往来及文化交流的积极意义——"南海一号"作为一艘从中国出发的远洋船只，石栗不太像是输出的货品或物资，更有可能是此次出航时的私人物品或前一趟返航带回的遗留物。那么就需要考虑，宋代海船上是否雇用了东南亚水手，还是说食用石栗之风已经传播到中国的航海人群之中？诸如此类的发现，能让我们更好地将考古资料和文献记录对照

① 〔英〕杜希德、思鉴：《沉船遗宝：十世纪沉船上的中国银锭》，第388—389页。
② Michael Flecker, "Treasure from the Java Sea," p. 9.
③ Michael Flecker, "The Lingga Wreck: An Early 12th Century Southeast Asian Ship with a Chinese Cargo".
④ 秦牧：《"石果"的秘密》，收录于《秦牧全集》第3卷，广东教育出版社，2007，第186页。石栗在马来语中叫 buah keras，印尼语称为 buah kemiri，意为有坚硬外壳的果实，"峇答力"当是其马来语或印尼语的音译。
⑤ 季君勉编著《油桐》，广益书局，1951，第4页。
⑥ 〔美〕乔治·彼得·穆达克：《我们当代的原始民族》，童恩正译，四川民族研究所，1980，第40页；〔日〕田中芳雄：《油脂工业》，高铦译，商务印书馆，1951，第70页。
⑦ 嵇含：《南方草木状》卷下，中华书局，1985，第13页。
⑧ 赵志军：《宋代远洋贸易商船"南海一号"出土植物遗存》，《农业考古》2018年第3期。

分析。

爪哇海沉船发掘过程中发现了 8 件香料，表层为浅棕色软壳，表层以下质地坚硬，呈较深的棕褐色。[①] 经核磁共振波谱法（NMR）分析，这些香料的分子结构与龙脑香科（Dipterocarpaceae）植物的固态分泌物一致，通常被称为达玛脂或达玛胶（dammar），这类树脂的产地主要在今印度至东南亚和澳大利亚一带，而沉船中的香料与印度和日本的样本较为相似，但考虑到沉船中的香料长期处于海水的盐化环境，其外层与内部的熟化程度存在一定区别，目前的研究还不能完全断定这些香料的确切来源。[②] 无独有偶，林加沉船亦出水有数件树脂类材料，经成分分析，也属达玛脂。[③]

龙脑香科植物为乔木，木质部分有树脂，龙脑香（Dryobalanops aromatica Gaertn. f.）属该科，其树脂即冰片。[④] 据《诸蕃志》，三佛齐及其属国单马令和凌牙斯加都出产"脑子"，每年向三佛齐进贡的细兰国和"自三佛齐便风，月余可到"的南毗国以"脑子"为货博易，与三佛齐有竞争关系的阇婆出产"龙脑"。[⑤] "渤泥国"条中则更为详细地记录了当地出产"梅花脑、速脑、金脚脑、米脑"，而且渤泥国与三佛齐之间也有航线，顺风的话约 40 天航程。[⑥] 再据"脑子"条，"脑子出渤泥国，又出宾窣国"，并非三佛齐出产，而是因为三佛齐"据诸蕃来往之要津，遂截断诸国之物，聚于其国"。[⑦] 也就是说，无论出于贸易者的主观意愿，还是迫于三佛齐的实力，贩易龙脑香须经三佛齐中转。

不过，爪哇海沉船中的香料并不能直接比定为龙脑香。按照赵汝适在《诸蕃志》中对龙脑香采制方法和不同等级的说明与介绍，其中最好的是成

[①]　J. B. Lambert et al.，"The Resinous Cargo of the *Java Sea Wreck*，" *Archaeometry*，vol. 59，no. 5，2017，p. 953，fig. 2.

[②]　J. B. Lambert et al.，"The Resinous Cargo of the *Java Sea Wreck*，" *Archaeometry*，vol. 59，no. 5，2017，pp. 949-964. 文章把从爪哇海沉船出水的这 8 件标本称作 resin or resinous material（树脂或树脂类材料），指的是植物分泌物，并进一步解释说许多植物分泌出来的物质包含混合的树胶和树脂成分——比如乳香和没药。乳香、没药等在中文史籍里一般都归类为香料，为符合一般的表述习惯，本文仍称这些树脂类船货为"香料"。

[③]　Michael Flecker，"The Lingga Wreck：An Early 12th Century Southeast Asian Ship with a Chinese Cargo".

[④]　北京林学院主编《树木志》，中国林业出版社，1980，第 267—268 页。

[⑤]　赵汝适著，杨博文校释《诸蕃志校释》，第 35、43、45、52、55、68 页。

[⑥]　赵汝适著，杨博文校释《诸蕃志校释》，第 135—136 页。

[⑦]　赵汝适著，杨博文校释《诸蕃志校释》，第 161 页。

片且状似梅花的"梅花脑"，金脚脑、米脑、苍脑的品质依次递减，剩下的
脑渣置于密封的瓷器中，"煨以热灰，气蒸结而成块，谓之聚脑"①。《香
谱》"龙脑香"条亦载，龙脑有生熟之分，"明净如雪花"的"梅花龙脑"
是生龙脑中品质最佳者，"经火飞结成块者"则为"气味差薄"的熟龙
脑。② 以上描述大致概括了龙脑香的性状：品质上乘的生龙脑透明成片，熟
龙脑呈块状。爪哇海沉船中的香料（或者说树脂材料）为褐色块状，显然
不是明净透亮的生龙脑，那它是不是熟龙脑？要解决这个问题，我们还要再
明确一下龙脑香科树脂的概念。严格来说，龙脑香科植物的树脂有两种：第
一种是包含树脂材料和精油（树脂油，oleoresin）的液体树脂，有明显香
气；第二种是称为达玛脂的固体树脂，是植物渗出液蒸发掉精油后的产
物。③ 结合《诸蕃志》中"又有一种如油者，谓之脑油，其气劲而烈"④ 的
记载来看，脑油有可能是龙脑香树脂提炼出的树脂油，"经火飞结成块"的
熟龙脑则"气味差薄"，与达玛脂性状十分接近，很可能就是蒸发掉具有芳
香物质的精油之后留下的固体树脂。但需要注意的是，龙脑香科下含许多属
（genera）种（species），龙脑香树只是龙脑香科植物中的一种，而所有的龙
脑香科植物都能产出达玛脂。

　　爪哇海沉船中发现这些疑似"熟龙脑"的达玛脂，一方面与贸易活动
有密切联系，是商品或贡品性质的树脂香料。如《宋会要辑稿》所载，元
丰五年（1082）十月十七日，广东转运副使兼提举市舶司称有"南蕃纲首
持三（佛）齐詹卑国主及主管国事、国主之女唐字书"，还送来"熟龙脑二
百二十七两"。⑤ 另一方面，也不能完全忽略它们用作修船材料的可能性。
达玛脂与娑罗双树（Shorea robusta）的树脂混合后，形成一种深褐色的糊状
物，可以用来填塞船缝。⑥ 前文提到过的9世纪沉船"黑石号"在发掘过程
中也发现了小块的达玛脂，被认为很有可能是为航行途中修补船只而准备
的，因为龙脑香科植物的树脂具有良好的防水性，东南亚地区常常用它来填

---

① 赵汝适著，杨博文校释《诸蕃志校释》，第161页。
② 洪刍：《香谱》卷上《香之品·龙脑香》，中华书局，1985，第1页。
③ Simmathiti Appanah and Jennifer M. Turnbull eds., *A Review of Dipterocarps: Taxonomy, Ecology and Silviculture*, Bogor: Center for International Forestry Research, 1998, pp. 187-188.
④ 赵汝适著，杨博文校释《诸蕃志校释》，第161页。
⑤ 徐松辑《宋会要辑稿·职官》，中华书局，1957，第86册，第3366页。
⑥ Simmathiti Appanah and Jennifer M. Turnbull eds., *A Review of Dipterocarps: Taxonomy, Ecology and Silviculture*, p. 189.

补船缝，如今在越南和柬埔寨有时还作此用。[①] 巧合的是，研究者们描述爪哇海沉船出水树脂香料的外观特征时，提到其中两件带有切割痕迹。[②] 所以，也不排除爪哇海沉船中的部分达玛脂用作修船材料的可能性。

结　语

综上，三佛齐作为继室利佛逝而起的海上枢纽，在 10—13 世纪的海上贸易中继续扮演着重要角色，影响深远，主要体现在以下三方面。

第一，三佛齐地理位置优越，处在连接东西方海路的必经之地，它提供港口设施，连接起印度洋和南中国海的两大贸易圈，在一定程度上影响和控制着该区域的海上交通，来往的船只多在此停靠和休整。第二，从事跨国远距离海上贸易的船只在三佛齐转易货物，三佛齐借此发展转口贸易。东西方的商品集中于三佛齐的港口，三佛齐通过影响贸易物资的调配，最大限度地从中获利，进一步发展国力。同时还通过朝贡贸易加强与外界的联系，维护其贸易环境。第三，通过对周边属国的管控，三佛齐参与并影响东南亚本地的岛间贸易，加上其属国的反抗和国力的变化，这一时期东南亚地区的海上贸易网络变得更为复杂。

沉船的集中分布、出水船货以及苏门答腊岛陆地遗址的出土资料表明，宋代文献中三佛齐舟船云集、宝货萃聚的记录是可信的。经三佛齐转易的货物品种繁多，来源丰富，既有中国瓷器和金属物资向东南亚及印度洋周边的输出，也有西方玻璃制品经海路向东流转，长距离的远洋贸易与区域内的岛间贸易并存。此外，树脂类香料不仅是海上贸易的重要货品之一，甚至有可能作为修船材料见证和参与这一时期以三佛齐为枢纽的航海活动。

三佛齐的兴盛得益于海上贸易，而海上贸易利润之可观，也令这一区域的局势发生变化，各国合作或是竞争，甚至发动战争。三佛齐裹挟其中，成为海洋贸易体系的重要一环，荣损与俱。

[①] Burger P. et al. , "The 9th-Century-AD Belitung Wreck, Indonesia: Analysis of a Resin Lump," *The International Journal of Nautical Archaeology*, vol. 39, no. 2, 2010, pp. 383-386.

[②] J. B. Lambert et al. , "The Resinous Cargo of the Java Sea Wreck," p. 953.

Samboja as a Maritime Trading Hub in the 10th-13th Centuries —Based on the Study of Shipwrecks and Their Cargoes in Indonesian Waters

Hu Shuyang

Abstract: During the Song Dynasty, Samboja was a necessary place for those who participated in maritime trade with countries in Indian Ocean and the Arab Gulf States, other sea merchants in Asia also took Samboja as their entrepot. This research mainly focuses on shipwrecks and their cargoes found in Indonesian waters as well as historical records about Samboja in the Song Dynasty, aims to analyse Samboja's role as a maritime entrepot in the 10th to 13th centuries. Inheriting to Srivijaya, Samboja was not only a communications hub and distributing center on the sea routes, but also connected the two trading circles of Indian Ocean and South China Sea, fought for commercial profit by allocating trade resources and partaking in business within this area. Ceramics were normally the main cargo, glass products and metal goods could not be ignored as well. Besides, resinous materials were also a kind of goods on maritime trade, might even used for ship-repair purposes and became the witness of navigation with Samboja as hub during the period.

Keywords: Samboja; Song Dynasty; Maritime Trade; Shipwreck; Cargo

（执行编辑：刘璐璐）

海洋史研究（第二十一辑）

2023 年 6 月　第 29~36 页

宋代㳇洲"广海说"考释

石坚平[*]

　　关于宋代《萍洲可谈》中"㳇洲"的史地考证，中外学者从地理环境、贸易海港、水路里程、地名对音与古籍文献记载等角度进行不少研究，对其具体地点，主要存在三种学术观点：一是以罗香林为代表的㳇洲"屯门说"（具体又分为"担竿洲说"与"老万山水域说"）；[①] 二是以日本藤田丰八为代表的㳇洲"海陵岛说"；[②] 三是以林家劲为代表的㳇洲"广海说"。[③]

　　然而，学术界既有的论证结论和论证逻辑都或多或少存在着某种程度上的缺失、疏漏和不足，值得进一步斟酌与探析。屯门（或担竿洲、老万山水域）、广海、海陵岛均处于我国东南沿海地区，位于"广州通海夷道"上，曾经在不同程度上发挥对外贸易海港的作用。本文拟从古籍文献的相关记载出发，在此系统地梳理和考证"㳇洲"、"褥洲"、"㳇州"与"褥州"之间同一关系的基础上，论证宋代㳇洲的所在地即为今天的台山广海地区。

一　关于"㳇洲"

　　"㳇洲"一词，古籍文献记载屈指可数。最早出现于宋代朱彧《萍洲可谈》：

　＊　作者石坚平，五邑大学广东侨乡文化研究院教授。

　①　罗香林：《1842 年以前之香港及其对外交通——香港前代史》，（香港）中国学社，1959，第 24、39—40 页。

　②　〔日〕藤田丰八：《中国南海古代交通丛考》，何健民译，商务印书馆，1986，第 260 页。

　③　林家劲：《宋代南海航线的㳇洲——兼论〈萍洲可谈〉》，《海交史研究》1988 年第 1 期，第 226—229 页。

广州自小海至潭洲七百里。潭洲有望舶巡检司，谓之一望。稍北，又有第二、第三望。过潭洲则沧溟矣。商舶去时，至潭洲少需以诀，然后解去，谓之放洋。还至潭洲，则相庆贺。寨兵有酒肉之馈，并防护赴广州。①

明末清初顾炎武编《肇域志》，该书"广东二"卷中称：

新宁……环宁皆山也。由西七十里而南，洋海汇之，广海卫绾毂其口。饷虽仰给异县，而舆图占籍，实录新宁。广海卫，地名乌峒，在广州府西南海滩四百余里，原隶新会县，宋置巡检司于此，是乃古潭洲地。……国初洪武二十七年命都司花茂创建卫城于此。庚午残破之，后设立营寨，守戎主之，弹压捍御，居民乃有乐生之幸焉。②

《肇域志》（川本和滇本）明确指出明代广海卫所在地即为"古潭洲地"，本原属新会县乌峒，宋代曾在当地设立有巡检司。

乾隆《新宁县志·广海册》"始建"条称：

寨旧称卫，其地原名乌岗，在广州府西南海滩四百余里，原隶新会县。宋置巡检司于此，是为古潭洲……明洪武二十年命都司花茂开创，迁巡检司于望头乡，建卫城于此。③

清代光绪末年，台山名人赵天赐编纂《宁阳杂存》称：

指挥：广海，古名乌岗，宋置巡检司于此。又名潭洲……洪武二十

---

① 朱彧：《萍洲可谈》卷二《广州市舶司旧制》，李伟国点校，中华书局，2007，第132页。

② "是乃古褥洲地"一句中的"褥"字，是点校者根据上海图书馆藏本（沪本）校改而来。点校者原注云："'褥'，底本作'潭'，川本同，据沪本及纪要卷一○一改。"故据《肇域志》云南省图书馆藏本（滇本）和四川省图书馆藏本（川本），"是乃古褥洲地"一句，原写作"是乃古潭洲地"。参见顾炎武《肇域志》原第36册《新宁县》，谭其骧、王文楚、朱惠文等点校，上海古籍出版社，2004，第2275页。

③ 乾隆《新宁县志》卷四《广海册》，《广东历代方志集成》影印清嘉庆九年补刻本，岭南美术出版社，2007，第492页。

年命都司花茂建卫城于此，迁巡检司于望头……倭贼入城，兵民残毁。后再立营寨，弹压捍御。故广海又曰寨城。①

以上三则史料记载都清楚地表明了古潭洲、宋代巡检司、广海卫与广海寨之间的历史渊源与承继关系。"宋置巡检司于此"与《萍洲可谈》中潭洲望舶巡检司的记载相呼应。到明清时期，"潭洲"是作为一个古地名，用来指代新宁县境内的广海卫或广海寨所在地。

二　关于"褥洲"

如前所述，"潭洲"一词在古籍文献记载之中并不多见。然而与"潭洲"类同的一个名词"褥洲"，却反复出现在元明清古籍文献之中。元代大德年间陈大震编纂《南海志》，有"褥洲"的记载："巡检寨兵：……褥洲巡检，额管一百二十人。崖山巡检，额管一百卅五人，右属新会县界。"②表明褥洲巡检和崖山巡检均设置在新会县境内。新宁县（民国改称台山县）一直到明中期才从新会县分离出来。这与新宁县境内的广海，原本归属新会县管辖的史实相吻合。明永乐年间成书的《广州府辑稿》收录两幅地图：其一为《广州府境之图》，在新会沿海一带"崖山门、三江门"与"上川山、下川山"之间，标识有"褥洲海"；其二为《广州府新会县之图》，更清楚标识"褥洲巡检司"的位置，周围地区分别标识崖山巡检司、崖山门、铜鼓角、烽火角险、上川、下川、潭洲、奇立角险等。③可见，元大德《南海志》关于"褥洲巡检、崖山巡检"的记载，与明代永乐《广州府辑稿》关于"褥洲巡检司、崖山巡检司"的记载吻合，复与宋《萍洲可谈》"潭洲望舶巡检司"记载相呼应，表明"褥洲"一词在元、明初依然被使用，用以指代宋代的"潭洲"。显然，"褥洲"是"潭洲"的别称，均指后来的新宁县境广海地区。

---

① 赵天赐：《宁阳杂存》卷二《纪事类·指挥》，光绪二十六年新宁明善社刻本，无页码。

② 1989 年广州地方志编纂委员会办公室出版的《元大德南海志残本》中采用了"褥州"而不是"褥洲"的写法。参见陈大震《大德南海志》卷十《旧志兵防数》，《广东历代方志集成》影印元大德八年刻本，岭南美术出版社，2007，第 35 页；广州地方志编纂委员会办公室编《元大德南海志残本》，广东人民出版社，1989，第 82 页。

③ 永乐《广州府辑稿》卷首《附图》，《广东历代方志集成》，中华书局，1998 年影印本，岭南美术出版社，2007，第 1、3 页。

　　明代设置广海卫，"溽洲""褥洲"逐渐为"广海"所取代，成为一处古地名，然而偶尔还被当地文人提及。嘉靖年间新会举人许炯写过一篇题为《张道孝感记》的文章，赞扬"褥洲"人张道不畏艰险，远赴广西，为父收尸的感人事迹。文章最早收录于万历《新会县志·艺文略》，提到"柳子厚志赵来章事，言孝之通神，吾读而怪之。今褥洲之间，盖有张氏子云"①。康熙《新宁县志》最早将张道的事迹列入《孝子传》，加以表彰。② 此后历朝编修的《新宁县志》，均收录《张道孝感记》，将张道孝子事迹视为本地的重要历史掌故，刊入县志。许炯为新会人（后属开平），离广海不远，熟悉地方掌故，文中"褥洲"必为新宁县广海无疑。

　　万历《广东通志》也提及"褥洲"："望高巡检司，在县南，旧褥洲巡检。"③ 也表明明代"望高巡检司"与"旧褥洲巡检"之间因袭沿革关系。明末清初学者顾祖禹在《读史方舆纪要》中称："广海卫，在新会县南一百五十里，旧为褥洲巡司。洪武二十七年改建卫。"④ 康熙年间，奉旨巡阅广东、福建海疆的杜臻，曾赴广海卫城实地勘察，所撰《粤闽巡视记略》记载："广海卫城，本为新会县褥洲巡检司。洪武间指挥花茂奏迁巡检司于望头镇，以其地建置卫。"⑤ 清初屈大均编纂《广东文选》及康熙《新会县志》、乾隆《新会县志》均收录许炯所撰《张道孝感记》一文，且采用"褥洲"写法。⑥ "褥洲"作为古地名，无疑指新宁县广海地区。

① 万历《新会县志》卷七《艺文略》，《广东历代方志集成》影印清顺治间修补本，岭南美术出版社，2007，第345页。

② 康熙《新宁县志》卷九《人物志》，《广东历代方志集成》影印康熙十一年刻本，岭南美术出版社，2007，第148页。

③ 万历《广东通志》卷十《郡县志二》，《广东历代方志集成》影印明万历三十年刻本，岭南美术出版社，2007，第383页。

④ 顾祖禹：《读史方舆纪要》卷一百一《广东二·广海卫》，清稿本，第9823页；然而，万有文库本"褥洲"写作"褥州"，参见顾祖禹《读史方舆纪要》卷一百一《广东二·广海卫》，万有文库本，商务印书馆，1937，第4187页。

⑤ 杜臻：《粤闽巡视纪略》卷二《广海卫城》，《中国海疆文献续编》影印四库全书本，清康熙三十八年刻本，第433页。

⑥ 康熙《新会县志》卷十七《张道孝感记》，《广东历代方志集成》影印清康熙二十九年刻本，岭南美术出版社，2007，第782页；乾隆《新会县志》卷十一《张道孝感记》，《广东历代方志集成》影印清乾隆六年刻本，岭南美术出版社，2007，第359页；屈大均：《广东文选》卷十二《张道孝感记》，清康熙二十六年三闾书院刻本，第1660页。

三　关于"溽州"

在古籍文献中，由于版本流传出现讹误，有将广西"浔州"写作"溽州"。① 显然不是指广东新宁县广海地区。明清文献中，常见"溽州"写作"溽洲"，作为新宁县内广海地区的旧称。明初新会学者黎贞在《赠望高巡检金玉川序》中写道："新会，广属邑，前代设戍寨六，溽州其一也。圣朝因之，而易曰巡检司。洪武二十七年开广海卫，而以溽州移望头，新其额曰望高。"② 说明元代在溽州设有戍寨，明初改称巡检司。

清乾隆《新宁县志》收录新宁举人梅命蘷所撰《建西严寺大悲阁记》一文，亦用"溽州"指代广海："子独不见夫石岭以东，翠壁夹日；髻山以西，青螺摩空。其南则溽州，龟窟汪洋，蜃楼出没。自智药泛海种菩提于灵湖，嘉树蓊葱，如见伊人。"③ 文中提到的灵湖古寺就在广海城东门不远处。乾隆《新宁县志》所收许炯《张道孝感记》一文，"溽洲"或"褥洲"均写作"溽州"。④ 道光《新宁县志》、光绪《新宁县志》收录许炯《张道孝感记》亦写作"溽州"，称张道为"古溽州人"⑤。道光《开平县志》、民国《开平县志》"溽州"写法同。⑥ 宣统《新宁乡土地理》介绍广海卫称："广海卫城，赤溪协镇右营都司驻札所，即前阳江镇中军游击守备移置处也。原隶新会，宋置巡检司于此。是为古溽州。"⑦

四　关于"褥州""榱州"

明清方志尚有将广海地区称作"褥州""榱州"者，亦宋代"溽洲"

---

① 如《明会典》中有"（广西）寻州府，旧有溽州递运所，革"的记载。参见申时行等修《明会典》卷一百四十七《兵部三十·驿运二·递运所》，明万历朝重修本，中华书局，1989，第757页。

② 黎贞：《秫坡先生集》卷五《赠望高巡检金玉川序》，清光绪元年重刻本，第315页。

③ 乾隆《新宁县志》卷四《后艺文册》，第482—483页。

④ 乾隆《新宁县志》卷四《后艺文册》，第476—477页。

⑤ 光绪《广州府志》卷一百二十七《列传十六》，《广东历代方志集成》影印清光绪五年刊本，岭南美术出版社，2007，第1982页。

⑥ 道光《开平县志》卷十《艺文志》，《广东历代方志集成》影印清道光三年刻本，岭南美术出版社，2007，第454页；民国《开平县志》卷三十九《艺文略二》，《广东历代方志集成》影印民国22年铅印本，岭南美术出版社，2007，第390页。

⑦ 雷泽普：《新宁乡土地理》卷上《广海卫之建置》，宣统元年刻本。

也。嘉靖《广东通志初稿》、万历《广东通志》记载："广海卫城，在新会
褟州巡司北。"① 顾炎武《肇域志》记载："广海卫，在县南一百五十里，
在褟州巡简司北。洪武二十七年都指挥花茂奏设营度（房），迁巡简司于望
头镇，以其地置卫所。"② 顾祖禹《读史方舆纪要》指出："又望高巡司，
在县南，旧为褟州巡司。洪武二十七年以其地立广海卫，移司于望高村，因
改今名。"③ 康熙《广东通志》称："广海卫城，在新会。（迁）褟州巡检司
于望头镇，以其地建置卫所，创筑城池。"④ 雍正初年编纂《古今图书集成》
也记载："望高巡检司，在县南，旧褟州巡检司。"⑤

　　道光《新宁县志》"广海寨城"条与光绪《新宁县志》"广海卫城"
条，均记载"原隶新会，宋置巡检司于此，是为古褟州。明洪武二十年，
命都司花茂开创，迁巡检司于望头乡。二十七年建卫城"⑥。光绪《广州府
志》称："广海寨城，阳江镇辖广海寨水师中军游击守备驻札所，旧属新
会，为古褟州。明洪武二十年命都司花茂开创，迁褟州巡检于望头乡。以其
地置卫所。二十七年创筑城池。"⑦ 这些明清方志记述"褟州巡检司"与广
海卫、望高巡检司之间的因袭关系与沿革，"褟州"为"澝洲"的另一个
别称。

　　由于版本流传关系，"澝洲"有讹误为"樆州"。如康熙《广州府志》
记载："广海卫城，在新会樆州巡司北。"⑧ 川本、滇本《肇域志》谓"广
海卫，在县南一百五十里，在樆州巡简司北"⑨。

① 嘉靖《广东通志初稿》卷四《城池》，《广东历代方志集成》影印明嘉靖刻本，2007，第
　　90 页；万历《广东通志》卷十五《城池》，第 377 页。
② 顾炎武：《肇域志》原第 36 册《新会县》，谭其骧、王文楚、朱惠文等点校，第 2166—
　　2167 页。
③ 顾祖禹：《读史方舆纪要》卷一百一《广东二》，贺次君、施和金点校，中华书局，2005，
　　第 4617 页。
④ 康熙《广东通志》卷五《城池》，《广东历代方志集成》影印清康熙三十六年刻本，岭南美
　　术出版社，2007，第 279 页。
⑤ 陈梦雷编《古今图书集成》卷一千三百六《方舆汇编·职方典·广州府部》，中华书局，
　　1935 年影印本，第 163 册，第 37 页。
⑥ 道光《新宁县志》卷五《建置略》，第 67 页；光绪《新宁县志》卷九《建置略（上）》，
　　第 259 页。
⑦ 光绪《广州府志》卷六十四《建置略一》，第 962 页。
⑧ 康熙《新修广州府志》卷十二《建置志》，《广东历代方志集成》影印清康熙钞本，岭南美
　　术出版社，2007，第 142 页。
⑨ 顾炎武：《肇域志》原第 36 册《新会县》，谭其骧、王文楚、朱惠文等点校，第 2166—2167 页。

结 语

从地理环境、贸易港口、地名对音和水道里程入手，结合古籍文献记载，审慎考证，是考实宋代㵲洲需要遵循的方法。历代文献有关"㵲洲"、"㴐洲"、"㵲州"、"㴐州"和"㮮州"的记载，除去明显错讹，均指广东广州府新宁县境内广海地区（卫、寨、营、城）。

具体来看，除《萍洲可谈》关于㵲洲的记载外，其他古代文献对"㵲洲"、"㴐洲"、"㵲州"、"㴐州"和"㮮州"的记载，主要围绕以下三个具体语境展开。

第一，㵲洲巡检司与广海卫、望高巡检司之沿革继承关系。如前所述，明代永乐《广州府志辑稿》、清初杜臻《粤闽巡视纪略》采用"㴐洲"，明初黎贞《赠望高巡检金玉川序》、清末雷泽普《新宁乡土地理》采用"㵲州"，嘉靖《广东通志初稿》、万历《广东通志》、康熙《广东通志》、雍正《古今图书集成》、道光《新宁县志》、光绪《广州府志》与光绪《新宁县志》采用"㴐州"，康熙《广州府志》写作"㮮州"，乾隆《新宁县志》、光绪《宁阳杂存》采用"㵲洲"，除不同年代、不同文献（如历代地方志）之间，存在着一定程度的沿袭、传抄外，同一种文献的不同版本、抄本之间，"㵲洲"写法也不一致。

第二，许炯撰《张道孝感记》中有关张道籍贯的记载。关于张道籍贯，万历《新会县志》、康熙《新会县志》、乾隆《新会县志》及屈大均《广东文选》均称张道为"古㴐州人"，然而乾隆以降《新宁县志》、《开平县志》则称张道为"古㵲州人"，"㴐""㵲"相通，具体地点均是指广东台山县广海地区。张道为今台山广海人无疑。

第三，用于指代新宁县境南部的广海。乾隆《新宁县志》收录新宁举人梅命夔所撰《建西严寺大悲阁记》，称新宁县"其南则㵲州，龟窟汪洋，蜃楼出没。自智药泛海种菩提于灵湖，嘉树蓊葱，如见伊人"。这里的"㵲州"，即为广海，广海城东门外一里之遥，传为智药禅师种植菩提树之灵湖古寺。

综上所述，文献所载"㵲洲"、"㴐洲"、"㵲州"、"㴐州"和"㮮州"字音相同，仅偏旁存在差别，文献辗转传抄过程中极易发生混同互通，㵲洲"广海说"根植于深厚的地方历史发展脉络之中。宋代㵲洲是古代广州南海

贸易航线上的一个重要节点，扮演着广州外港的角色，也被纳入市舶司贸易
管理体制之中。从广州小海出发，前往南海贸易的商船，在溽洲进行补给，
然后放洋出海。返航广州的商船，视溽洲为抵达广州的第一站。这些商船需
要接受登记、监管，官军护送至广州港口，纳税、交易。望舶巡检司既承担
着保护商船航线安全的重任，又发挥着禁止商船沿途私下买卖，以防偷税漏
税的功能。明乎此，溽洲"广海说"就更好理解了。

The Research on the Location of Ruzhou in Song Dynasty

Shi Jianping

Abstract: Compared with the research methods from the perspectives of
geographical environment, trading ports, place name pairings, and waterway
mileage, the location of Ruzhou in the Song Dynasty which is verified by
systematically combing and carefully screening the records of "Ruzhou" in ancient
documents since the Song Dynasty, appears to be more practical and reliable.

Ruzhou (Guanghai) was only an important node on the South China Sea
trade route in Guangzhou during the Song Dynasty, playing the function of
Guangzhou's outer port. There were the five writing methods of "溽洲""褥洲"
"溽州""褥州""橼州" in the literature of the past dynasties. The pronunciation
of the characters is exactly the same, and only the radicals are slightly different.
Not only the same kind of document, but also different versions and manuscripts
are prone to be mixed in the process of copying and circulating; the records of
different documents are also prone to be mixed. However, in the specific context
of the literature, except for the records that clearly refer to the Ruzhou Prefecture
(溽州府) in Guangxi, the five are all used to refer to Guanghai (Wei, Zhai,
Ying) in Xinning (Taishan) County.

Keywords: Ruzhou; Guanghai; Sea Route; Song Dynasty; *Pingzhouketan*

（执行编辑：王一娜）

海洋史研究（第二十一辑）

2023 年 6 月　第 37~46 页

本港船·本港行·南海"互市"

徐素琴[*]

　　清代中国与东南亚的进出口贸易，可分为来船和去船。来船由传统南海贸易国家如暹罗、安南、苏禄等所发，贸易形式分为朝贡贸易和通商贸易，也有西方国家在南海的殖民地如巴达维亚、马尼拉等所发。去船指中国帆船，其航迹遍及南海各国、各地区。对于来自巴达维亚等西方殖民地的商船，粤海关视为夷船，纳入"夷务"体制进行管理，其进出口贸易由外洋行[①]担保。南海传统贸易国家来船及中国帆船的进出口业务，在海关成立之初，亦由外洋行经营。乾隆初年，设立海南行管理国内沿海贸易。乾隆二十五年（1760），从外洋行分立本港行，经营南海国家来航贸易事务，海南行改称福潮行，仍管国内沿海贸易。本文对本港行的来龙去脉及其承办事务略加论述。

一　设立洋货行

　　康熙二十四年（1685）粤海关正式设立。康熙二十五年四月，两广总督吴兴祚、广东巡抚李士桢会同粤海关监督宜尔格图商议后，由李士桢发布文告，宣布设立金丝行、洋货行：

　　* 作者徐素琴，广东省社会科学院历史与孙中山研究所（广东海洋史研究中心）研究员。本文为国家社会科学基金中国历史研究院重大历史问题研究专项 2021 年度重大招标项目"明清至民国南海海疆经略与治理体系研究"（项目号：LSYZD21011）阶段性成果。

　　① 外洋行，又称洋货行、十三行。参见彭泽益《清代广东洋行制度的起源》，《历史研究》1957 年第 1 期；《广州十三行续探》，《历史研究》1981 年第 4 期；《广州洋货十三行》，广东人民出版社，2020，第三、四章。

省城、佛山旧设税课司，征收落地住税。今设立海关，征收出洋行税，地势相连，如行、住二税不分，恐有重复影射之弊。今公议设立金丝行、洋货行两项货店。如来广省本地兴贩，一切落地货税，分为住税，报单皆投金丝行，赴税课司纳税；其外洋贩来货物，及出海贸易货物，分为行税，报单皆投洋货行，候出海时，洋商自赴关部纳税。诚恐各省远来商人，不知分别牙行近例，未免层叠影射，致滋重困。除关部给示通饬外，合行出示晓谕。为此示仰省城、佛山商民牙行人等知悉：嗣后如有身家殷实之人，愿充洋货行者，或呈明地方官承充，或改换招牌，各具呈认明给帖。即有一人愿充二行者，亦必分别二店，各立招牌，不许混乱一处，影射蒙混，商课俱有违碍。此系商行两便之事，各速认行招商，毋得观望迟延，有误生理。

其各处商人来广，务各照货投行，不得重复纳税，自失生计。倘被奸牙重收，该商即赴本院喊禀追究。或此后行情有迟速，行价有贵贱，俱听各商从便，移行贸易。若收税、巡拦人等需索生事，多取火耗秤头，亦并禀知，查究不贷。[①]

彭泽益先生认为，这是广东洋货行（十三行）和洋行制度创设之始，这一新制度，第一次真正地把广东洋货行商人从一般商人中分离出来，并使洋商成为一种专门的行业，显然它并不是作为历史上一个旧有制度的传统因袭。[②]

从文告可知，康熙开海前，清代在广州、佛山设有税课司，征收落地住税。所谓落地住税，指"商品进入市场后交的营业税"[③]。在粤海关建立前，设在广东的钞关只有太平关，且海上市舶贸易亦因海禁政策，在法理上不被允许，因此，省外商品应该都是在太平关缴纳关税后进入广州、佛山，由税课司征收营业税后进入广东本地市场流通。[④] 粤海关建立后，开始"征收出洋行税"，海洋

① 李士桢：《抚粤政略》卷六《文告·分别住行货税》，沈云龙主编《近代中国史料丛刊》第3编第39辑，（台北）文海出版社，1988，第729—732页。
② 彭泽益：《清代广东洋行制度的起源》，《历史研究》1957年第1期；《广州洋货十三行》，第58—73页。彭泽益先生是第一个发现和使用李士桢"分别住行货税"文告，考证出洋货行（十三行/外洋行）设立于康熙二十五年（1686）的学者。参见彭泽益《广州洋货十三行》附录，第343页。
③ 李龙潜：《明代税课司、局和商税的征收——明代商税研究之二》，《中国经济史研究》1997年第4期。
④ 康熙十八年至二十四年开放澳门陆路贸易时，由太平关进入广东的货物，还可继续南下至澳门关闸，通过澳门葡人进入国际贸易市场。参见彭泽益《清代广东洋行制度的起源》，《历史研究》1957年第1期；《广州洋货十三行》，第58—73页。

贸易由此放开，"各省远来商人"的贸易情形变得复杂起来，广东地方政府遂设立了金丝行和洋货行。经由内陆而来的各省商人，于太平关①纳过关税到达广州后，其载来货物，如在广东本地销售，要纳的是住税（落地税），须到金丝行报单，赴税课司缴税；② 如出口销往国外，要纳的是行税（过税/榷税/关税），须到洋货行报单，赴海关缴税后方许出海。至于海路，情况稍许复杂，有来自西方国家的商船，也有来自南海传统贸易国家的商船，以及由中国商人经营的商船。西方国家的商船和南海传统贸易国家的商船，经营的是进出口贸易，殆无异议，但中国商船既前往南海各国从事进出口贸易，也经营国内沿海贸易。而从上引文告内容来看，至少在粤海关建立之初，无论何种商船，均属洋货行经营范围，须到洋货行报单，赴海关纳税，其税则为行税，所谓"其外洋贩来货物，及出海贸易货物，分为行税，报单皆投洋货行，候出海时，洋商自赴关部纳税"。这一点，还可从道光《广东通志》一探端倪："国朝设关之初，船只无多，税饷亦少，有行口数家，不分外洋、本港、福潮，听其自行投牙。"③ 由此，我们认为洋货行承办的是包括国际海洋贸易和国内沿海贸易在内的海洋贸易事务，海关征收的则是通过税，而不是现代意义上的进出口国境关税。④

① 关于太平关商品流通的情形，参见许檀《清代中叶广东的太平关及其商品流通》，《历史档案》2005年第4期；黎荣昇：《明清时期广东太平关及其商品流通研究》，硕士学位论文，广东省社会科学院，2021。

② 乾隆四十四年（1779），广东巡抚李质颖对此言之甚详："广东省客商往来货物，俱系在粤海关征收钱粮，惟本地所用茶油、茶叶、废铁、蓖麻等项，运至省城售卖者，例系广州府于东、西二关征收落地税银。"台北"故宫博物院"藏"军机处录副折"，第024027-1号。转引自陈国栋《东亚海域一千年：历史上的海洋中国与对外贸易》，山东画报出版社，2006，第193页。

③ 阮元修、陈昌齐等纂道光《广东通志》卷一百八十《经政略二十三》，道光二年刻本。

④ 彭泽益先生认为，金丝行和洋货行的设立，明确把国内商业税收和海关税收分开，即把常关贸易和海关贸易分开，把从事国内沿海贸易的商人和从事国外贸易的商人的活动范围及性质划分开来，是清代对外贸易在组织商人经营管理方面不同于历代的一个新的措施，参见彭泽益《广州洋货十三行》第三、四章。郭静蕴认为，金丝、洋货两行的设立，是把从事国内沿海贸易的人和从事国外贸易的人区分开来，把住税和行税区分开来，即把国内商业税收和海关税收分开，参见郭静蕴《清代商业史》（修订版），国家图书馆出版社，2017，第257页。祁美琴认为，金丝行和洋货行的设立，是粤海关明确将海关税与内地商业税分别征收的开始，参见祁美琴《清代榷关制度研究》，内蒙古大学出版社，2004，第302页。任志勇认为，1840年前，在清政府的税收体系内，国内通过税与国际贸易税不做区别，统称为榷税/关税，而其机构即为榷关/税关。参见任志勇《从榷税到夷税：1843—1845年粤海关体制》，《历史研究》2017年第4期。笔者认为，金丝行和洋货行的确立，确实是区分了住税（国内商业营业税）和行税（关税/榷税），但并没有区分国内和国外贸易。金丝行对接的是税课司，承办的是国内商业营业税事务，洋货行对接的是海关，承办的是海洋贸易纳税事务，而这时的海关只是榷关（税关、钞关）系统的一个部分，海关税只是榷税的一个特殊税种，而不是国境关税。

二　洋货行的演变

粤海设关初期，海外贸易未及发展，洋货行的数量不多。经过康熙、雍正两朝的经营，到了乾隆初期，海外贸易和国内沿海贸易均获得长足发展，洋行数量增加到 20 家，同时，粤海关贸易管理制度也有所调整，即设立海南行专门承办国内沿海贸易，"乾隆初年，洋行有二十家，而会城有海南行"①。

广州"一口通商"后，一方面因为海外贸易规模日益扩大，另一方面因为行商在清政府"夷务"管理体制中的职责越来越重，乾隆二十五年（1760），同文行潘启官等 9 家行商遂向粤海关监督呈请设立公行，专办西方国家来船货税，获得许可，"洋商潘振成等九家呈请设立公行，专办夷船，批司议准。嗣后外洋行始不兼办本港之事。其时查有集义、丰晋、达丰、文德等行，专办本港事务……其海南行八家，改为福潮行七家"②。粤海关贸易管理制度自此发生了一次大的改变，经营海洋贸易的商行正式分为"专办外洋各国夷人载货来粤发卖输课诸务"的外洋行，"专管暹罗贡使及夷客贸易输饷之事"的本港行，以及"报输本省潮州及福建民人往来买卖诸税"的福潮行。③

与专办西方事务的外洋行和专办本省及国内贸易事务的福潮行相比，承办以暹罗为主的南海国家、地区的进出口贸易事务的本港行最不稳定。乾隆六十年，本港行如顺行刘如新、怡顺行辛时瑞、万聚行邓彰杰因拖欠暹罗商人钱款被革除，本港行贸易事务按从前旧例，由外洋行商人承办，"其本港事务仍着外洋行兼办"，但本港行贸易利小，外洋行商人有意推诿给福潮行商人，"据外洋行商以不能兼顾为辞，呈请将本港行事务改归福潮行商人经

---

① 梁廷枏总纂，袁钟仁校注《粤海关志校注本》卷二十五《行商》，广东人民出版社，2002，第 491 页。彭泽益先生认为海南行是由经营本省和国内贸易的金丝行改名而来。参见彭泽益《广州洋货十三行》，第 60、61、62 页；《清代广东洋行制度的起源》，《历史研究》1957 年第 1 期。笔者认为，此点或可商榷。如前文所述，金丝行承办的是落地住税，对接的是税课司。广东省税课司的数量总体处于持续减少的趋势，到道光年间，只有潮州还有税课司。但税课司裁撤，不等于落地住税被裁撤。没有税课司的府、州、县，落地税则由地方官兼管。这一点，从前引广东巡抚李质颖的奏折也可看出。
② 梁廷枏总纂，袁钟仁校注《粤海关志校注本》卷二十五《行商》，第 496 页。
③ 梁廷枏总纂，袁钟仁校注《粤海关志校注本》卷二十五《行商》，第 496 页。

理，议定章程，仍由外洋行统辖"，即名义上由外洋行统管，实际上由福潮
行具体经办。① 于是嘉庆元年（1796）十二月，福潮行众商推举福潮昌隆行
陈绪衍之弟陈长绪开办"本港行"一家，不料陈长绪"恃其独行，大肆垄
断，侵吞客商"，多次被客商告发。嘉庆四年，时任粤海关监督佶山遂将陈
长绪的本港行"立行斥革"，并与两广督臣筹议后，奏请"将本港一行裁
革，仍归外洋行兼理，永著为例"，得旨准行。嘉庆五年，本港行事务重新
划归外洋行，每年由外洋行推举出来的两个商行轮流值办。②

综上所述，可知至嘉庆初年，几经调整后，在粤海关治下承办海洋贸易
事务的商行分为外洋行和福潮行，外洋行业务范围包括西方来船和南海国家
来船，福潮行则承办国内沿海贸易事务。

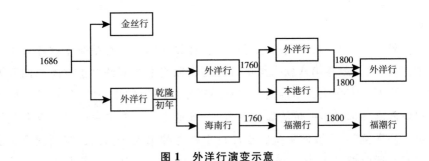

图 1　外洋行演变示意

然而，还有一个问题需要探讨，即前往东南亚贸易的中国帆船，其进出
口贸易事务是由哪个牙行承办？

三　本港船·本港行

《粤海关志》有两个地方对本港行进行了解释，均在卷二十五《行商》
部分。一是起首梁廷枏的按语"别设本港行，专管暹罗贡使及贸易纳饷之
事"，二是引述嘉庆五年粤海关监督佶山的奏言："本港行专管暹罗贡使及
夷客贸易纳饷之事。"③ 这两个解释都特别点出本港行与"暹罗贡使"的关
系，且佶山的奏折还提到"夷客贸易纳饷"，似乎本港行就是专门代理暹罗

---

① 梁廷枏总纂，袁钟仁校注《粤海关志校注本》卷二十五《行商》，第 495 页。
② 梁廷枏总纂，袁钟仁校注《粤海关志校注本》卷二十五《行商》，第 496—497 页。
③ 梁廷枏总纂，袁钟仁校注《粤海关志校注本》卷二十五《行商》，第 491、495 页。

朝贡贸易和商船贸易。然而道光《广东通志》对本港行的解释颇为不同："国朝设关之初，船只无多，税饷亦少，有行口数家，不分外洋、本港、福潮，听其自行投牙。迨后船只渐多，各行口有资本稍厚者，即办外洋货税，其次者办本港船只货税，又次者办福潮船只货税。并无官定案据。至乾隆六十年，本港商人拖欠暹罗银两，审办后，嘉庆五年，监督佶山恐接办之商复有拖欠之事，奏请将本港行裁撤，归外洋行商兼理，定以二行轮值一年，周而复始。"① 《广东通志》明确指出本港行承办的是"本港船只货税"。那么，本港船只是什么性质的船只呢？从清代档案文献来看，本港船只就是从事东南亚贸易的中国帆船。我们列举一些记载如下。

雍正十年（1732），广州城守副将毛克明在奏陈粤海关监督祖秉圭"纵商霸市欺昧罔利"时，提到"雍正九年共到外洋船壹拾捌只，本港船贰拾余只"②。

乾隆二年（1737），两广总督鄂弥达有关粤海关监督祖秉圭欺昧税银的题本内有："又原参第八款，每年口税约收琼州七八万两，惠潮海口四五万两，高州府一万余两，本港河下约有四五万两。"③ 题本中的"河下"，应即广州城西南怀远驿馆一带的珠江水面。《粤海关志·贡舶一》记"暹罗贡使入贡仪注事例"："贡使京旋，委员自京护送敕书大典回广，船到河下，迎请安奉怀远驿馆。"④ 又，康熙二十三年（1684）六月，暹罗朝贡，贡使就朝贡贸易中遇到的问题奏言："贡船到虎跳门，地方官阻滞日久。迨进至河下，又将货物入店封锁，候部文到时方准贸易，每至毁坏。乞敕谕广省地方官，嗣后贡船到虎跳门，具报之后，即放入河下，俾货物早得登岸贸易。"⑤ 可见，"本港船"和暹罗等南海传统贸易国家的船只都是停泊在广州城西南的珠江河面上。

乾隆十七年十月，两广总督阿里衮奏请"本港洋船载米回粤，请照外洋船只之例一体减免货税"，遭到乾隆帝下谕否决："外洋货船随带米石至闽粤等省贸易，前经降旨，万石以上免其货税十分之五，五千石以上免其货

---

① 阮元修，陈昌齐等纂道光《广东通志》卷一百八十《经政略二十三》，道光二年刻本。

② 《广东广州城守副将毛克明奏陈粤海关监督祖秉圭纵商霸市欺昧罔利事迹折》，第一历史档案馆编《雍正朝汉文硃批奏折汇编》，江苏古籍出版社，1986，第22册，第933—934页。

③ 《两广总督鄂弥达查明已革粤海关监督祖秉圭欺侵银两完欠数目题本》，引自彭泽益《广州洋货十三行》附录，第356页。

④ 梁廷枏总纂，袁钟仁校注《粤海关志校注本》卷二十一《贡舶一》，第423页。

⑤ 《清圣祖仁皇帝实录》卷一百一十五，康熙二十三年六月甲寅条。

税十分之三，原因闽粤米价昂贵，以示招徕之意。若内地商人载回米石，伊等权衡子母，必有余利可图。若又降旨将船货照例减税，设一商所载，货可值数十万，而以带米五千石故，遂得概免货税十分之三，转滋偷漏隐匿情弊，殊非设关本意。"①

乾隆二十四年，两广总督李侍尧奏陈："粤东地处边海，向为外洋商舶云集之所，如本港船系内地商民前往噶喇吧等处贸易，其载运出口货物，亦有携带丝货者。"② 同年，新柱、朝铨、李侍尧等在奏请删改各关口规礼名色时，提出本港船亦应与国外商船一体同办："抑臣等更有请者。外洋夷船既经更定，则本港洋船及别省至粤船只一切规礼名色，均请改刊'归公'二字，以臻划一。"③

《清朝文献通考》记丁机奴："其国人终身不出境，无航海而来中国者。每岁冬春间，粤东本港商人以茶叶、瓷器、色纸诸物往其国互市。"④

《清朝文献通考》记丹麦："每夏秋之交由虎门入口，至广东易买茶叶、瓷器、丝斤，至冬初风信到时驾船而归。本港商人无至其国者。"⑤ 嘉庆《大清一统志》关于丹麦的记载与此基本相同，只是在本港商人前加了"粤省"两字。⑥

《清朝文献通考》在《四裔考六》英吉利后加了一段编者按，解释丝绸禁运及解禁始末，其中也提到了本港船："两广总督苏昌奏请于二十七年恩旨八千斤外，再加增粗丝二千斤，总以万斤为率。其往噶喇吧、暹罗、安南等处之本港洋船约三四十只，一年可往来一二次，每船亦准带粗丝一千六百斤。"⑦

《粤海关志》："粤省本港船户林长发等呈称，葛刺巴、暹罗、港口、安南、马辰、丁几奴、旧港、柬埔寨等处各国夷民，呈恳配买丝斤、绸缎，请

① 《清高宗纯皇帝实录》卷四百二十四，乾隆十七年十月己亥条。
② 《李侍尧奏请将本年洋商已买丝斤准其出口折》，故宫博物院编《史料旬刊》第 1 册第 5 期，北京图书馆出版社，2008，第 335 页。
③ 《新柱等奏各关口规礼名色请删改载于则例内折》，故宫博物院编《史料旬刊》第 1 册第 5 期，第 338 页。
④ 《清朝文献通考（二）》卷二百九十七《四裔考五·柔佛（丁机奴、单咀、彭亨附）》，浙江古籍出版社影印，1988，第 7464 页。
⑤ 《清朝文献通考（二）》卷二百九十八《四裔考六·连国》，第 7474 页。
⑥ 嘉庆《大清一统志》卷五百五十七《连国》，四部丛刊续编景旧抄本，第 10566 页。
⑦ 《清朝文献通考》卷二百九十八《四裔考六·英吉利》，第 7472 页。

令每船酌带土丝一千斤、二蚕湖丝六百斤，绸缎八折扣算。"①

最后，我们再来看一段乾隆五十二年（1787）刊行的《清朝文献通考》的记载。该书卷二百九十七《四裔考五》卷末编者按，在总结西北陆路互市与东南海洋互市的特点时，对本港船有非常清晰的界定："臣等谨按：诸番位于西北者皆来互市；在南洋者皆往而互市，人曰'本港商人'，船曰'本港商船'，大约自十月至二月乘风往，自六月至八月乘风回。出口船只，有司于四月内造册报部，入口船只，有司于九月内造册报部，此出入之候也。本港商船，在圣祖仁皇帝时止准往东洋一带及安南一国，若吕宋、噶喇吧等国皆在禁例。"②

综上所述，根据《广东通志》对外洋行、本港行、福潮行的解释，结合雍正、乾隆时期两广督臣、广州将军等的奏折，以及《清朝文献通考》《大清一统志》《粤海关志》等文献对"本港船只""本港商人"的记述，我们认为，中国帆船的进出口贸易事务由本港行承办，③ 也就是说，本港行的业务范围包括暹罗等东南亚国家来船的进出口贸易事务和中国帆船前往东南亚国家的进出口贸易事务。

至于粤海关监督佶山着重点出本港行"专管暹罗贡使及夷客贸易纳饷之事"，主要是因为清代中暹贸易，无论是朝贡贸易还是商船贸易，都与中国帆船/中国商人密切相关，即与《清朝文献通考》所说的"本港船只""本港商人"密切相关。④ 另外，从文本形成的角度看，由于陈长绪经营的

① 梁廷枏总纂，袁钟仁校注《粤海关志校注本》卷十八《禁令二》，第 355 页。原书标点有误，引文中已改正。《粤海关志》税则部分也多有本港船的记载，不一一列出。
② 《清朝文献通考》卷二百九十七《四裔考五》，第 7466 页。
③ 陈国栋在其《清代前期的粤海关与十三行》第 36 页注释 3 指出"广东省从事南洋贸易的中式帆船称为'本港船'，但因依体制将船头漆成红色，也通称为'红头船'"；第 168 页注释 1 指出："至于广东省作外国贸易的船只则称作'本港船'，其代理牙行称为'本港行'。至于享有盛名的广东十三行，正式的名称是'外洋行'，负责经手欧、美、印度等船只来华贸易缴税等事情。"惜限于文章主题，作者未对此展开论述。
④ 暹罗对清朝贸易，基本由当地华人，以及来自粤、闽的商人实际运作经营，华人出任各种职务，包括船长、大副、通事、司帐、舵手等。如，雍正二年，暹罗国运米来广，"来船梢目徐宽等九十六名"就是久居当地的华人，而雇请内地商人驾船前来广东贸易的现象如此普遍，以至嘉庆时下谕予以禁止："外洋诸国夷人自置货船来广贸易，自应专差夷目亲身管驾，不得令内地商人代为贩运。今金协顺、陈澄发皆以内地客商，领驾暹罗国船只载货售卖。""嗣后该国王如有自置货船，务用本国人管驾，专差官目带领同来，以为信验，不得再交中国民人营运。"暹罗国贡使丕释史滑厘回应称："因该国民人不谙营运，是以多倩福、潮船户代驾。"梁廷枏总纂，袁钟仁校注《粤海关志校注本》卷二十一《贡舶一》，第 427、432—433 页。其实，不仅暹罗与清朝的贸易，安南、苏禄等国家与清朝的贸易，基本上都由华人经营。

本港行大肆垄断，"叠被客人张启拔、王名利等告发"，而佶山认为"招接暹罗贡使贸易税饷诸务，事颇非细……若仍以不甚殷实本分之人董司其事，则将来弊窦正难预计"，因此，专门上奏嘉庆帝，请求裁撤本港行。换言之，佶山是因为暹罗客商状告本港行商人"侵吞"而奏请裁撤本港行的，所以在奏折中特别强调了本港行与暹罗的关系。事实上，在获得嘉庆帝"洋行之本，总须正己督率，切勿剥削。汝斟酌既妥，即照汝所办可也"的朱批后，佶山即谕饬洋行商人"照依本港行向办事宜"，悉心细筹，妥议章程，而有关洋行商人筹办经过的记载，用的就都是"本港行事务""本港船事务"等措辞，不再突出暹罗，并且在奏折中，佶山还提到本港行归外洋行兼办，"庶可不误饷务，取信民、夷，历久无弊矣"①。这里的"民"，应该就是前文所引《清朝文献通考·四裔考五》编者按语中所说的"本港商人"。

结　语

康熙二十五年设立洋货行和金丝行，分开了国内商业营业税和海上贸易权税，但并未分别国内贸易和国外贸易。乾隆初年设立海南行专门承办国内沿海贸易事务，乾隆二十五年又从外洋行分出本港行，专门承办南海传统贸易国来华进出口贸易事务和中国帆船前往东南亚国家的进出口贸易事务，将海南行改称福潮行，继续专办国内沿海贸易，嘉庆五年，裁撤本港行，原由本港行承办的事务又归到外洋行办理，福潮行不变。因此，可以说，从乾隆初年开始，粤海关开始分别国内贸易和国外贸易。然而海关仍然只是权关（钞关/税关/常关）的一个部分，直到第二次鸦片战争税务司系统建立后，权关才分成了常关和海关（洋关）。常关就是原来的权关，按原定税制征税，海关（洋关）则按条约新定税则征税。

---

① 梁廷枏总纂，袁钟仁校注《粤海关志校注本》卷二十五《行商》，第 495—497 页。

Junks to Southeast Asian Countries · Bengang Hong · Trade around South China Sea

Xu Suqin

Abstract：In 1686, Yanghuo Hong（洋货行）and Jinsi Hong（金丝行）were established, which separated the domestic business tax and maritime trade tax. However, at that time there was no distinction between domestic trade and foreign trade. In the early years of Qianlong era, Hainan Hong（海南行）was set up to undertake specially domestic coastal trade affairs. In 1760, the management system has been formed for Waiyang Hong（外洋行）specializing in the import and export trade of western ships, Bengang Hong（本港行）specializing in the import and export trade of traditional trading countries around the South China Sea and the Chinese sailing ships to Southeast Asian countries, and Fuchao Hong（福潮行）specializing in domestic coastal trade（renamed from Hainan Hong）. In 1800, when Bengang Hong（本港行）was abolished, the affairs originally undertaken by it were transferred to Waiyang Hong（外洋行）, and Fuchao Hong remained unchanged. Therefore, it can be said that since the early year of Qianlong era, Canton Custom began to distinguish between domestic trade and foreign trade. However, custom was still only a part of Queguan（榷关）which was divided into Native Customs（常关）and Froeign Customs（洋关）until the establishment of the Commissioner system in the Second Opium War. The Native Customs imposed duties according to the original tariff, while Froeign Customs did it according to the new treaty tariff.

Keywords：Hong; Junks to Southeast Asian Countries; Bengang Hong; Trade around South China Sea

（执行编辑：申斌）

海洋史研究（第二十一辑）

2023 年 6 月　第 47~89 页

外销瓷与 16、17 世纪之交欧洲异域
地理学中的视觉中国之转变

吴瑞林[*]

从 16 世纪早期开始，中国制造的瓷器便源源不断地通过新航线进入欧洲各国。17 世纪初期，荷兰东印度公司成立以后，外销瓷更是开始大量涌入欧洲，影响着欧洲人的日常生活。[①] 欧洲人对于中国瓷器的命名颇具时代特色，欧洲在近代早期发现异域的过程中经常将异国地名视为异域货品的象征。China 这一词到了 16 世纪中期开始与明朝进口的瓷器联系起来，"中国瓷"（China ware）在 1665 年约翰·尼霍夫（Johan Nieuhof）的地理学印本中被使用，后来被缩略成 China，很快就成为外销瓷的通称。[②] 因此，外销瓷在欧洲的命名本身便是异域地理学的一个产物。

在大航海时代，异域地理学的蓬勃发展为欧洲人认识自身与他者注入了

---

* 作者吴瑞林，广西艺术学院美术学院讲师。

本文为 2020 年度教育部人文社会科学研究青年项目"16 世纪末荷兰游记出版物中的中国图像研究"（项目号：20YJC760107）阶段性研究成果；2019 年度广西艺术学院高层次人才科研启动经费项目"16—17 世纪荷兰游记中的中国图像研究"（项目号：GCRC201918）阶段性研究成果。本文为笔者博士学位论文的一部分，感谢导师李军教授的指导。原稿的主体部分在 2020 年海洋史研究青年学者论坛上宣读，得到刘迎胜教授、金国平教授、钱江教授、吴小安教授、孙键研究员、董少新教授的鼓励与指正，特致谢忱。

① 有关青花瓷对欧洲人生活的影响，参见〔美〕罗伯特·芬雷（Robert Finlay）《青花瓷的故事》，郑明萱译，海南出版社，2015。
② 〔美〕本杰明·施密特（Benjamin Schmidt）：《设计异国格调：地理、全球化与欧洲近代早期的世界》，吴莉苇译，中国工人出版社，2020，第 199—200 页。

新鲜血液，其浓厚的视觉特质长久地影响着欧洲观众对于异域世界的看法。① 中国作为地理大发现最重要的目的地之一，其视觉形象也顺理成章地率先进入异域地理学体系之中。地图装饰、地图集卷首插图、游记插图等媒介都是展现视觉中国的舞台，它们之间联系紧密、互动频繁，同卷帙浩繁的文本一同塑造着中国形象。16、17 世纪之交异域地理学中对中国的视觉呈现发生了一个重要转变，摆脱了马可·波罗以来幻想的成分，变得更加接近中国的真实面貌，并且还未染上后期的"浮夸"之风。因此，探索这一时期欧洲异域地理学中视觉中国之转变对相关研究具有一定的启示作用。

本文认为外销瓷是促成这种变化的直接原因。瓷器的物质性向来为人所知，这在某种程度上导致它作为图像媒介的一面时常被人忽视，实际上它洁白的胎体非常适合呈现各类图像，尤其是体积较大的外销瓷，瓷画的表现力也较强。本文试图在欧洲异域地理学的范畴内，讨论外销瓷作为一种图像媒介在异域地理学中塑造视觉中国的重要作用，毕竟在尼霍夫第一次将大量"真实"的中国图像带回欧洲之前，② 瓷画是欧洲观者视野中最接近中国的图像。本文将主要从地图装饰、游记插图中的中国图像入手，探讨外销瓷画在改变 16、17 世纪之交欧洲异域地理学中的中国面貌所起的重要作用。

一　地图装饰中的视觉中国

自马可·波罗以来，欧洲制图师在地图装饰上对于中国的表现陡然丰富了起来。③ 但是，从图像制作来看是依照文本描述而来，整体面貌依然是欧洲的。如《加泰罗尼亚地图》以及《弗拉·毛罗地图》，其中中国的城市都被表现成欧洲式的坚固城堡。④ 1584 年亚伯拉罕·奥特留斯（Abraham Ortelius）在《寰宇全图》（Theatrum orbis terrarum）中首次涉及中国地图以

---

① 〔美〕本杰明·施密特：《设计异国格调：地理、全球化与欧洲近代早期的世界》，吴莉苇译，第 15—21 页。

② 尼霍夫的《荷使初访中国记》号称第一次将真正的中国呈现给欧洲观众，这本书配有异常丰富的插图，描绘了荷兰访华使团的一路见闻。详见〔荷兰〕尼霍夫、包乐史、庄国土《荷使初访中国记研究》，厦门大学出版社，1989；Jing Sun（孙晶），*The Illusion of Verisimilitude*：*Johan Nieuhof's Image of China*，Leiden：Leiden University Press，2013。

③ 〔英〕约翰·拉纳（John Larner）：《马可·波罗与世界的发现》，姬庆红译，上海三联书店，2015，第 178—186、200—201 页。

④ 李军：《图形作为知识——十幅世界地图的跨文化旅行（下）》，《美术研究》2018 年第 3 期，第 21—27 页。

前，抄本地图中的中国图像基本上都延续了马可·波罗带来的传统。葡萄牙人对于中国的先行探索并没有给地图上的中国图像带来新的变化。16 世纪初的葡萄牙地图吸收了许多地理上的新发现，但是在为属于中国的区域配上图像时往往延续以往的传统画上一位帝王。比如被视为艺术品的《米勒地图集》（*Atlas Miller*）就采用了这种做法。这份地图集制作于 1519 年，在地理精确度上逊色于 17 年前的《坎迪诺平面球形图》（Cantino Planisphere，1502），但是它最大的特色在于精美的配图，由葡萄牙宫廷画家绘制。[①] 画家在中国海的海岸线上画了一位坐着的中国人（Chiis）（图 1），可能代表中国的皇帝。头戴尖帽、有着浓密的络腮胡，不再是以往戴着王冠的欧式君王形象，但是更接近伊斯兰世界典型的人物形象，比如奥斯曼帝国。这种形象在葡萄牙制图传统中被延续了下来，例如一幅 1545 年葡萄牙世界地图中的中国皇帝同样更接近一位穆斯林君主。

图 1　《米勒地图集》中的中国人形象，1519 年绘，
来自米勒地图集，法国国家图书馆藏

　　基本上直到 1584 年亚伯拉罕·奥特留斯的中国地图出版后，地图上的中国形象才出现了新的元素。《米勒地图集》是欧洲印刷的第一幅中国地图，作为标准地图长达 60 多年，据考是奥特留斯借鉴葡萄牙制图师路易·豪尔赫·德·巴尔布达（Luis Jorge de Barbuda，拉丁文名 Ludovicus

---

①　Nurminen Marjot, *The Mapmakers' World: A Cultural History of the European World Map*, London: The Pool of London, 2015, pp. 135, 170.

Georgius）的手绘地图而绘制。① 这是奥特留斯装饰最为丰富的地图之一，其中在陆地上行驶的风帆四轮车尤其具有代表性（图2），因为它在后来的地图中被不断采用，用以代表中国的形象。葡萄牙探险家若昂·德·巴洛斯（João de Barros）的《第三旬年史》（*Décadas da Ásia*，1563）中对此有过详细的描述："甚至有在田野地方靠帆行驶的两轮小车，像河流中船只一样驾驶。"② 读者可以很容易地把这种描述理解为像在陆地上行驶的船一样。李约瑟在《中国科学技术史》（*Science and Civilisation in China*）中考证过欧洲旅行家提到的这种交通工具，他对早期欧洲旅行家频繁提及风帆四轮车而不是带帆手推车感到很奇怪，他们是否亲眼见过风帆四轮车仍然存疑，因为目前为止中国文献中并没有关于明代使用这种交通工具的记载。③ 不管中国是否存在这种交通工具，欧洲旅行家从何得知，但它确实在16、17世纪成为中国在欧洲的图像符号。

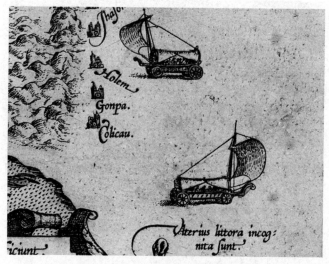

图2　亚伯拉罕·奥特留斯，中国地图风帆四轮车局部，1584年出版，
来自《寰宇全图》，法国国家图书馆藏

① Thomas Suarez, *Early Mapping of Southeast Asia*, Hong Kong: Periplus, 1999, pp. 164-170.
② 〔葡〕巴洛斯（Barros）、〔西班牙〕艾斯加兰蒂（Escalante）等：《十六世纪葡萄牙文学中的中国：中华帝国概述》，何高济译，中华书局，2013，第33页。
③ Joseph Needham, *Science and Civilisation in China*, London: Cambridge University Press, 1965, p. 278.

　　笔者认为，文献记载中的风帆四轮马车之所以呈现出如此的面貌，不仅是还原文字记述而来，也在很大程度上依赖本土的图像传统。这种在陆地上行驶的带风帆交通工具对于欧洲人来说并不陌生。15 至 16 世纪前半叶德国纽伦堡曾经十分流行一种嘉年华游行（The Schembart Carnival），类似于今天的狂欢节，这种嘉年华游行受到新教改革的影响于 1539 年终止，后人通过现存相关抄本了解到游行的细节。这些抄本以丰富的插图为主，文字相对较少，现存 80 多本，相互之间差别不大。① 其中一个场景表现的是愚人船，从图像表现来看，是在船的底部装上了四个轮子，用以在陆地上行动。虽然依靠人力驱动，但它还是很容易让人联想到欧洲旅行家所描写的中国的带风帆四轮车。奥特留斯虽然出生于安特卫普，但其家族来自德国奥格斯堡。他本人遍游欧洲，在 1560 年、1575—1576 年多次游历德国各个地区。② 如有可能，奥特留斯很容易将它与相关文献记载中的在中国陆地上行驶的风帆四轮车联系起来。

　　另外，在尼德兰地区的宗教游行中也会出现在陆地上行驶的船。1520 年丢勒（Düre）在尼德兰游历的日记中就记载了这样一幕："有许多令人愉悦的事物，假面剧在船上或其他装置上演出，由四轮马车拖着。"③ 实际上，比利时安特卫普从 14 世纪开始每年举行的一种游行（ommegang）也是奥特留斯创造这种风帆四轮车可能的灵感来源。游行是低地国家流行的一种节庆，15—17 世纪，安特卫普的游行最为重要，其中一个重要环节是各个行会组织贡献的花车游行，根据 17 世纪留下来的图像来看，经常出现的一类花车正是被拖上街道的船只。④ 总的来说，奥特留斯所处的文化环境，让他很容易获得在陆地上"行驶"船只的视觉认知，当他阅读到中国这种在陆地上行驶的带风帆交通工具时，便很容易同在自身文化中获得的视觉认知联系起来，从而创作出我们现在看到中国风帆四轮车。

---

① Samuel L. Sumberg, "The Nuremberg Schembart Manuscripts," *PMLA*, vol. 44, no. 3, Septemper 1929, pp. 864, 877.

② Hugh Chisholm ed., "Ortelius, Abraham," *Encyclopaedia Britannica* 20, London: Cambridge University Press, 1911, pp. 331-332.

③ Albrecht Dürer, *The Writings of Albrecht Düre*r, trans. William Conway, New York: Philosophical Library, 1958, pp. 99-100.

④ Margit Thofner, "The Court in the City, The City in the Court: Denis van Alsloot's Depictions of the 1615 Brussels 'Ommegang'," *Nederlands Kunsthistorisch Jaarboek (NKJ) / Netherlands Yearbook for History of Art*, vol. 49, 1998, p. 187.

奥特留斯的同代人杰拉德·德·裴德（Gerard de Jode，1509—1591）于1578年出版了地图集《世界奇观》（*Speculum orbis terrarum*），与奥特留斯的地图集形成了有力的竞争关系。目前学界认为裴德的地图集本来1573年便可出版，但奥特留斯为了保护其地图集在市场上的地位，利用了有权势的朋友阻止裴德获得出版权。[①] 如此一来，1578年首次出版的《世界奇观》已经远远地失去了市场先机。杰拉德本来计划制作扩大版，但未及完成便撒手人寰。他的儿子科内利斯·德·裴德（Cornelis de Jode）接过父亲未竟的事业，于1593年出版了新版《世界奇观》。[②] 目前的研究认为科内利斯的一些地图直接来自墨卡托和奥特留斯，没有增添最新的发现，或许因为抄袭，《奇观》并没有取得市场成功，只出了一版。[③] 或许正是因为科内利斯没有在地理知识上增添新的内容，促使他在地图装饰上投入更多精力。

我们来看其中的中国地图（图3）。首先可以看到地图四周的装饰十分丰富，最引人注目的是四角小圆圈内的人物场景（图4）。从左至右，由上往下分别表现的是以下几点。第一，从背景开阔的水平面来看，似乎是在海边的一块陆地上，一个男人将绳系在一种鸟的长脖子上牵着，鸟正衔着一条鱼。第二，开阔的水面上，三人围坐在一条船上，隐约可辨有男有女。船的一头建有一处小房子，并且烟囱处正在冒烟，似乎里面正在做饭一样。船的一侧有栅栏围起来的圈养的鸭子。第三，中间高高的基座上坐着一位三头神，两侧有人正在跪拜。第四，一群人坐在带有风帆的四轮车上，扬起的风帆正带动车子前行。在这里，我们看到奥特留斯创造的风帆四轮车被传承下来。那么其余的场景从何而来？

从1584年至1593年，不到十年的光景里，欧洲对于中国知识的了解有了大幅度的提升，这要归功于1585年西班牙传教士胡安·冈萨雷斯·德·门多萨（Juan González de Mendoza，1545—1618）出版的一本专论中国的著作《中华大帝国史》（*Historia de las cosas*），这本书是整个16世纪欧洲最为重要也最畅销的有关中国的著作。门多萨从未到过中国，他充分利用了前人

① Corneils Koeman et al.，"Commercial Cartography and Map Production in the Low Countries，1500~ca. 1672，" David Woodward ed.，*The History of Cartography*，vol. 3，*Cartography in the European Renaissance*，Chicago：University of Chicago Press，2007，part 2，p. 1321.

② Peter van der Krogt，*Koeman's Atlantes Neerlandici* 3（New Edition），Brill：HES Publishers BV，2003，0001：32B.

③ Rodney W. Shirley，*The Mapping of The World：Early Printed World Maps 1472-1700*，London：Holland Press，1984，p. 165.

**图 3　科内利斯·德·裘德绘《中国地图》，1593，
来自《世界奇观》，法国国家图书馆藏**

图 4　科内利斯·德·裘德绘《中国地图》地图四角细节

积累的各种材料（大部分为亲自到过中国的传教士所留下的记述），编撰了
一本有关中国政治制度、经济、宗教、社会生活的百科全书。从文献价值的
角度来说，它的重要地位早已为西方与中国的学界所认可，在这里重提似乎
有些老生常谈，但对其地位的强调有助于我们更好地理解本文所涉及的主
题。"它的出版标志着一个时代的开始，从此关于中国及其制度的知识的一
部适用的纲要就可以为欧洲的学术界所利用了。"① 虽然这本书所包含的一

---

① 〔英〕G. F. 赫德逊（G. F. Hudson）：《欧洲与中国》，王遵仲、李申、张毅译，中华书局，
2004，第 219—220 页。

些信息被 17 世纪早中期的耶稣会士相关出版物所超越，但其译本直到 1656 年仍在出版，① 可见其地位之稳固、影响范围之广。

科内利斯其余的三个场景便是来自门多萨在《中华大帝国史》中的文字描述。第一个是描写中国人利用鸬鹚（鸬鹚）捕鱼的场景："方法是从禽舍取出鸬鹚，带到河边……然后用线套住它们的嗉囊，使它吞不下鱼。然后将鸬鹚赶下水，它们便情愿且贪婪地捕起鱼来。"② 第二个表现的是中国南方渔民船上生活的场景："很多人转向了那个国家所有的大河，把河上的船舶当家……一个最为奇特的技能就是在船上养鸭。"③ 第三个显然是对中国宗教的描写："据中国人自己说，在他们所膜拜的众偶像中，有一个造型最为奇特、完美，最为他们所崇拜。这个偶像的画像上有三个头，三头互看，而且它们彼此有共同的意志和相同的爱。"④ 回到地图上描绘的场景本身，我们发现它们其实和中国没有多少直接的联系。首先，人物形象显然更接近欧洲人，另外按照《中华大帝国史》的文字描述，捕鱼及养鸭的场景都是在内陆湖泊中进行的，这里却更像是在海上。显然，上述装饰场景的制作者虽然按照文字描述试图还原真实中国的面貌，但在缺少直接的图像来源时，会顺理成章地沿用自身文化环境中熟知的图像传统进行构建。在这种视角下，则会呈现出一个令我们些许熟悉但又十分陌生的景象。

从上文我们可以总结出自马可·波罗时代至 16 世纪晚期地图装饰上中国形象的创作方式，也就是制图师运用本国图像传统去还原文字描述的过程，它们无可避免地呈现的是欧洲的面貌。进入 17 世纪以后，尼德兰装饰丰富的地图出版业又进入了一个新的阶段，生产的重心逐渐转向了荷兰联省，中国在地图装饰上的形象也出现了新的变化。这个转折点便是威廉·杨森·布劳（Willem Jansz. Blaeu，1571—1638）制作的墙挂地图（wall map）。

1958 年，荷兰学者甘特·希尔德（Günter Schilder）发现了威廉·布劳制作于 1606—1607 年的墙挂世界地图，这幅世界地图现在仅存于照片中。希尔德认为它是最重要的"元地图"（basic map），对于其他印刷和手绘世

---

① 〔英〕C. R. 博克舍（C. R. Boxer）编注《十六世纪中国南部行纪》，何高济译，中华书局，2019，第 1 页。

② 〔西〕胡安·冈萨雷斯·德·门多萨（Juan González de Mendoza）：《中华大帝国史》，孙家堃译，译林出版社，2014，第 92 页。这一译本根据门多萨西班牙语原文译出，如无特别标注，后文《中华大帝国史》引文皆出自此译本。

③ 〔西〕门多萨：《中华大帝国史》，孙家堃译，第 90 页。

④ 〔西〕门多萨：《中华大帝国史》，孙家堃译，第 20 页。

界地图的设计都有显著的影响。① 这张地图的装饰极其精美，但可惜的是在
进行放大处理的过程中，一些装饰细节变得模糊，不太容易辨认。但整体的
安排还是一目了然，根据希尔德对这张地图信息的全面解读，上方的装饰带
表现的是当时最有权势的 10 个君王，右起第三个是中国皇帝（Rex
Chinarum）。两侧和底部表现了 30 个不同地区的人物，右侧下起第三个刻画
的是中国人和日本人（Chinenses et Iaponenses）（图 5 左）。② 从隐约可见的
轮廓来看，布劳这张世界地图里的中国形象与科内利斯所塑造的形象有非常
明显的区别。参照布劳在 1608 年出版的墙挂亚洲地图，我们可以看到他在
边饰中沿用了 1606—1607 年世界地图中对中国人和日本人的刻画，只不过
将两者分开，在原先的基础上各增加一位人物，中国人则是增加了一位背花
篮的女性（图 5 中）。1617 年，布劳又出版了这张亚洲地图的缩减版，而后
被收录到他及其接班人琼·布劳（Joan Blaeu）制作的地图集中。③ 在这张
地图边饰中，威廉·布劳将 1608 年中间的那位中国人去掉，变成了一男一
女的组合（图 5 右）。

这种一男一女的中国人组合在 17 世纪的各类地图边饰中逐渐成为一种
固定搭配。因为不只布劳，当时低地国家几位重要的制图师大多采用了上述
男女组合的形象来代表中国人，④ 并且对英国制图师约翰·斯比德（John
Speed）产生了强烈的影响。这些人物形象从 17 世纪最初的几年内不断地被
低地国家制图师采用，以展现地图边饰上中国人的形象，这些形象又伴随着
几乎被布劳家族与洪迪乌斯家族垄断的地图/地图集出版业传播到欧洲的大
部分地区。他们出版的不少地图集有不同语言版本，拉丁语、德语、法语、

① Günter Schilder, "Willem Jansz. Blaeu's Wall Map of the World, on Mercator's Projection, 1606-07 and Its Influence," *Imago Mundi*, vol. 31, 1979, pp. 36-37.

② Günter Schilder, "Willem Jansz. Blaeu's Wall Map of the World, on Mercator's Projection, 1606-07 and Its Influence," pp. 37-39.

③ Koert van der Horst, Erlend de Groot, "Africa, Asia and America, Including the 'Secret' Atlas of the Dutch East-India Company (VOC), Descriptive Catalogue of Volumes 35-46 of the Atlas," in Koert van der Horst, Erlend de Groot eds., *The Atlas Blaeu-van der Hem of the Austrian National Library*, vol. 5, Leiden: Brill, 2005, p. 440.

④ 当然也有例外，Pieter van Keere 在 1611 年的世界地图中绘制的中国人就是另外一种类型，从人物服饰来看也更加接近真实的中国人形象，1625 年《帕切斯游记》中国地图边饰上的中国男女似乎与 Keere 这张地图上的更为接近。但这类中国人形象几乎为个例，并没有被广泛地采用，Keere 在 1614 年地亚洲地图中又重新采用了与布劳更为接近的中国人形象。因此，这里不对它们进行深入的讨论。

图 5　布劳地图中的中国人形象，从左至右依次为 1606—1607 年世界地图；
1608 年亚洲地图；1617 年亚洲地图（作者绘图）

资料来源：三幅地图分别来自 Günter Schilder, "Willem Jansz. Blaeu's Wall Map of the World, on Mercator's Projection, 1606 - 07 and Its Influence"; Corneils Koeman et al., "Commercial Cartography and Map Production in the Low Countries, 1500-ca. 1672"; Joan Blaeu, *Joan Blaeu Atlas Maior of* 1665, Taschen, 2010, p. 433。

英语，几乎涵盖了欧洲大部分语言环境，持续不断地加深欧洲观众对中国的视觉认知。

那么布劳地图边饰中的中国男女来自何处？文章开头提到异域地理学包含丰富的内容，地图、地图集、异域游记甚至各类图册等都涵盖其中，并且更为重要的一点是它们之间往往存在互动的情况。中世纪至文艺复兴时期制图师频繁借鉴《马可·波罗游记》丰富有关中国的地理信息，众多地图上中国南部海域如散落宝石般排列的岛屿便来自马可·波罗记述的 7400 个岛屿，他对欧洲地理学的影响从 14 世纪末一直延续到 17 世纪。[1] 西方制图史上首屈一指的墨卡托曾经向友人抱怨找不到合适的游记而耽搁了制图的进度。[2] 我们也看到当涉及异域地图的装饰图像时，游记往往是首先参考的对象。同样地，布劳地图边饰中的中国男女也来自游记，更具体地说是来自游记插图。

---

[1]　〔英〕约翰·拉纳（John Larner）：《马可·波罗与世界的发现》，姬庆红译，上海三联书店，2015，第 178—186、200—201 页；李军：《图形作为知识——十幅世界地图的跨文化旅行（下）》，《美术研究》2018 年第 3 期，第 21—27 页。

[2]　J. Keuning, "The History of an Atlas: Mercator. Hondius," *Imago Mundi*, vol. 4, no. 1947, p. 38.

二　范林肖滕《旅行指南》中的中国男女及其影响

威廉·布劳绘制的中国人来自 16 世纪末对于整个欧洲的航海事业至关重要的一本游记，也就是荷兰人杨·休金·凡·范林肖滕（Jan Huygen van Linschoten，1563—1611）的《旅行指南》（Itinerario）。《旅行指南》出版于 1596 年的阿姆斯特丹，由当时荷兰著名的出版商科内利斯·科拉兹（Cornelis Claesz）策划出版。① 这本书以丰富的插图开启了大航海时代欧洲对东亚的视觉表现，这在同时期的东方游记中显得尤为独特。包括地图在内，这本书共配有 42 幅插图，除地图之外，36 幅插图来自范林肖滕的手稿，② 大部分表现的是东亚的风土人情以及葡萄牙人在葡属果阿的奢侈生活。

在该书众多的插图中，有三幅表现了中国的事物与人物。随着《旅行指南》影响力的扩大，其中的插图也被后世不断"引用"，这三幅插图便成为欧洲人通过图像认识中国的最早源头之一。当这本游记插图中的中国人首先被威廉·布劳采用，并且几乎在这个世界舞台上"驻扎"了整个 17 世纪。即便其间有更新、更丰富的相关图像出现，也没能轻易地打破已经建立起的图像传统。

三幅插图的具体内容为：一幅表现带有席帆和木锚的中国船正在停锚的场景（图 6 左），一幅以人种志的方式刻画了两对中国男女（图 6 中），最后一幅则表现了中国官员在街上及游船上宴饮的场景（图 6 右）。对于后两幅版画，范林肖滕在文中也作了简短的说明，"据接下来所附的图像，你们可以看到中国男女的形态，老爷或大人在街上被抬着的情景，以及他们去河

---

① 荷语标题为 Itinerario，Voyage Ofte Schipvaert，Van Ian Huygen Van Linschoten Naer Oost Ofte Portugaels Indien。1598 年由荷语翻译成英文，标题为 Iohn Huighen van Linschoten His Discours of Voyages into ye Easte & West Indies，Deuided into Foure Books，最初的英文版比较松散，但是哈克鲁特学会（The Hakluyt Society）1885 年的英译本编者认为除去实践的层面，这个版本足够精确和清晰，因此对其进行重新编辑，以 The Voyage of John Huyghen van Linschoten to the East Indies 为名出版发行。随后这一版本被剑桥大学出版社不断重印，文中《旅行指南》的引文皆来自 2010 年的重印本。

② 由约翰内斯·范·多特库姆（Joannes van Doetechum）以及他的儿子巴蒂斯塔·范·多特库姆（Baptista van Doetechum）刻版。

上游玩用各种珍馐美味让自己重新焕发活力"①。将人物置于画面前景，并以一字排开的方式呈现不同种族的人物形象（图6中），是欧洲人种志的传统，旨在记录各民族的人物相貌及服饰特征，在此基础上也出现了对独特活动的场景式刻画（图6右）。这两种图像表达方式贯穿了范林肖滕在《旅行指南》的插图中对其他民族的呈现。

图6　左，带有席帆和木锚的中国船正在停锚的场景；中，四位中国人物；
右，中国官员出行及游船宴饮场景，1596，来自《旅行指南》，
约翰·卡特·布朗图书馆藏

　　对于从未到过中国的范林肖滕来说，他画笔下的中国与实际形象不符是显而易见的，但在这里显然更为引人注目的问题是他何以创造出真实与谬误并存的中国面貌？他的图像从何而来，中间又经历了怎样的转化？本文从图像的分析出发，结合文献材料，试图去还原范林肖滕这位从来没有到过中国，然而又离中国并非那么遥远的欧洲人，是从何种角度去刻画并且理解中国形象的。

　　在继续图像溯源之前我们需要了解《旅行指南》的创作背景及其地位。从大航海时代开启到16世纪接近尾声之时，葡萄牙与西班牙垄断了新航线上的贸易和传教事业。在荷兰与英国相继接管葡萄牙与西班牙海上霸权的过程中，实际上正是范林肖滕的《旅行指南》开启了荷兰取代葡萄牙主导亚洲贸易的破冰之旅。

　　范林肖滕出生在哈勒姆，1573年随父母迁至恩克赫伊曾（Enkhuizen），当时联省的四大港口之一，是波罗的海与北海贸易航线上的重要港口。在范林肖滕年少时，恩克赫伊曾的经济开始繁荣，也由此为范林肖滕提供了接受良好教育的机会。《旅行指南》一开篇范林肖滕就显露出对异国探险的兴趣。

---

① Jan Huygen van Linschoten, *The Voyage of John Huyghen van Linschoten to the East Indies*, vol. 1, Arthur Coke Burnell ed., Cambridge University Press, 2010, p. 141.

彼时的荷兰联省与西班牙虽然互为交战国，但双方的商业贸易却深深地交织在一起，范林肖滕 16 岁时便追随两位长兄前往西班牙，供职于里斯本一个商人家庭，在那里他熟练掌握了西班牙语。由于西班牙与葡萄牙之间的战争，里斯本的贸易有所回落，在兄长的帮助下，他在去往印度的船队上谋得一职，担任新任果阿主教维森特·德·丰塞卡（Vincente de Fonseca）的秘书。

1583 年 9 月 21 日，范林肖滕到达葡属果阿，利用职务之便搜集到了葡人小心翼翼守护的秘密。对于当时的荷兰人来说最为核心的便是葡萄牙领航员的航海日志（roteiro），这部分内容后来的出版实际上成为他们渗透葡萄牙亚洲贸易垄断体系的第一条裂缝。1588 年 9 月丰塞卡去世，范林肖滕只能选择离开果阿。由于掌握了机密情报，原本他还担心无法离开，但令他意想不到的是，德国富格尔（Fuggers）和维尔泽（Welsers）银行业投资的船只"圣克鲁兹"号（The Santa Cruz）此时加入了葡香料船返航的舰队。他成为该船股东之一维尔泽的货物管理员，借此越过葡人的控制，于 1589 年 1 月 20 日乘该船启航返回欧洲。7 月 22 日，这艘船只遭到英国舰队的袭击，不得不在亚速尔群岛的特西拉岛（Tercera）停靠。范林肖滕在岛上花了两年时间找回一部分损失的货物，并在此期间写下了《旅行指南》的大部分内容，直到 1592 年他才返回荷兰。①

从着手写作的时间来看，该书在不久之后成为荷兰远洋探险队的航行及贸易指南并非他一开始的意图。但一回到家乡，情况便发生了变化，此时的荷兰人正忙于新贸易航线的开辟，他们"更急于从返回的范林肖滕那里了解他在东方的经历，并准备在那里获得利益"②，在催促之下范林肖滕开始着手书籍的出版。③ 1594 年得到出版批准，为了给荷兰组织的首航提供尽可能丰富的情报，有关航海内容的章节早于其他部分先行出版，也就是《葡属东方旅行指南》（*Reys Gheschrift vande Navigatien der Portugaloysers in Orienten*，1595）④，主

①　Arthur Coke Burnell, *The Voyage of John Huyghen van Linschoten to the East Indies*, Cambridge University Press, 2010, Introduction, pp. xxv – xxix; Cornelis Koeman, "Jan Huyghen van Linschoten," *Revista da Universidade de Coimbra*, vol. 32, 1985, pp. 27, 33, 54.

②　〔美〕唐纳德·F. 拉赫（Donald F. Lach）：《欧洲形成中的亚洲：发现的世纪》第 1 卷第 1 册（上），周云龙译，人民出版社，2013，第 245 页。

③　Cornelis Koeman, "Jan Huyghen van Linschoten," p. 30.

④　Arun Saldanha, "The Itineraries of Geography: Jan Huygen van Linschoten's 'Itinerario' and Dutch Expeditions to the Indian Ocean, 1594-1602," *Annals of the Association of American Geographers*, vol. 101, no. 1, January 2011, p. 149.

要内容便是葡萄牙领航员记录的航海日志。1595 年荷兰首航指挥官科内利斯·德·豪特曼（Cornelis de Houtman）随身携带了这本刚刚出版的书籍，为其提供了巨大的帮助。1596 年出版的完整的《旅行指南》将已经出版的部分再次囊括进去，共包含四部分，各自拥有独立的书名页，分别记录了他从里斯本到果阿，再从果阿返回的航程。① 此后，《旅行指南》便成为领航员的常规装备之一。②

该书最终呈现的面貌很大程度上得益于出版商科拉兹的策划，是他建议范林肖滕增加更多有关非洲西海岸和美洲的信息，以便吸引更大范围内的读者。但是范林肖滕本人对这些区域所知甚少，最后是他的同乡好友博纳尔都斯·帕鲁达努斯（Bernardus Paludanus）操刀主笔了相关内容。他是一位知名的科学家和医生，他的珍奇柜（cabinet of curiosities）使欧洲范围内的达官贵人争相拜访。书中的地图同样得益于科拉兹的关系，6 幅地图都是根据皮特鲁斯·普朗修斯（Petrus Plancius）绘制的地图而来，当然在这之前它们都已经由科拉兹之手出版。③ 另外，科拉兹还要求范林肖滕专辟一部分写航行指南的内容，也就是前文提到 1595 年提前出版的《葡属东方旅行指南》，这部分内容对相对专业的读者更有价值。它不仅为荷兰的首航提供了巨大帮助，而且对于荷兰东印度公司的建立，以及在随后的日子形成东亚贸易的垄断态势都意义非凡。

对当时荷兰组织的数次南下远航来说，该书包含的重要情报并不限于领航员的航海日志，另外还有各地的贸易情况。范林肖滕在书中披露了葡人在亚洲控制体系的弱点，这预示着葡萄牙在亚洲贸易垄断地位的破产。他在书中提醒荷兰人注意爪哇，那里还没有葡人入驻，并且已经与香料群岛建立了良好的商业贸易。④ 他将同胞的目光引向了爪哇万丹（Bantam），荷兰首次航行便瞄准这一贸易发达的地区。虽然他的记述并不十分准确，这次船队遇到的最大阻碍正是他们千方百计想要避开的葡萄牙人，但首航毕竟意义重

① 此书版本众多，插图也有相应的变化，下文对此书插图的讨论如无特别说明均采用原版的插图配备。现代英译本将其分为三个部分，将航海线路以及西班牙、葡萄牙国王的统治区域、政府机关等信息合并为一个部分。

② Cornelis Koeman, "Jan Huyghen van Linschoten," p. 41.

③ G. Schilder, *Monumenta Cartographica Neerlandica*, vol. VII, Alphen a/d Rijn: Canaletto/Repro-Holland 2003, p. 205.

④ Jan Huygen van Linschoten. , *The Voyage of John Huyghen van Linschoten to the East Indies*, vol. 1, Cambridge University Press, 2010, pp. 111-115.

大，荷兰人终于依靠自己的力量穿越好望角到达亚洲，并且获得了一定的经济收益。随后，荷兰人驶向亚洲的数次航行获得了巨大成功，证明了范林肖滕对爪哇的判断是非常重要的。① 第二次远航之后，荷兰将万丹附近稍小一些的港口雅加达（Jacatra）占据，并将其命名为巴达维亚（Batavia），它在后来成为荷兰东印度公司在印度尼西亚的长久据点。由此，荷兰开辟了与葡萄牙人不同的贸易线路。②

从国家贸易的层面上来说，范林肖滕《旅行指南》的出版是荷兰致力于开拓东方海上贸易事业的产物，也是其航海贸易事业的转折点。

在那艘将范林肖滕"解救"出果阿的"圣克鲁兹"号上，他的同乡好友迪尔克·赫里茨（Dirck Gerritsz）正在担任巡官，这位好友早在 1584 年就出现在范林肖滕写给父母的信中：

> 我非常想去中国和日本，距离跟从这里（果阿）到葡萄牙一样，也就说要在船上航行三年。如果我手上有二三百达克特（ducat），很容易就能变成六七百。今年，一位荷兰人，也是我的好友成了一艘船上的枪手并去往那里（中国和日本），他非常希望我同行，但是我想两手空空地去很不明智，只有有了获利的期许一个人才能忍受旅途的艰难。他去过那里一次。他出生在 Enkhuizen，娶了一位荷兰女人。他名叫 Dirck Gerritsz，这次航行结束之后他就打算回家。③

这位好友多次远航至中国和日本，因此也就有了一个 Dirck China 的绰号，正是他告知了范林肖滕中国和日本之间的路线。④ 后来出版的《葡属东方旅行指南》记录了赫里茨乘坐"圣克鲁兹"号于 1585 年 7 月 5 日至 31 日从澳门到长崎的航行，后来这艘船回到果阿，范林肖滕由此搭上"顺风船"。⑤ 或许我们可以推测，如果没有这位中国通同乡，范林肖滕很难顺利

---

① P. A. Tiele, *The Voyage of John Huyghen van Linschoten to the East Indies*, Introduction, Cambridge University Press, 2010, p. xxxvii.

② Arun Saldanha, "The Itineraries of Geography: Jan Huygen van Linschoten's 'Itinerario' and Dutch Expeditions to the Indian Ocean, 1594-1602," p. 165.

③ 转引自 P. A. Tiele, *The Voyage of John Huyghen van Linschoten to the East Indies*, Introduction, p. xxvi.

④ P. A. Tiele, *The Voyage of John Huyghen van Linschoten to the East Indies*, Introduction, p. xxvii.

⑤ Cornelis Koeman, "Jan Huyghen van Linschoten," p. 37.

搭上返航的船只。

从信中我们不难发现范林肖滕前往中国最大的动机是获利，但偏偏因为囊中羞涩，缺少投资的本钱暂时无法成行。而且，最终随着雇主的去世，他被迫返家，离这片能带给人财富的神奇之地越来越远，或许他只能在回航的旅程中伴着好友的讲述神往中国。

对于中国的向往还是让他花了不少篇幅描绘中国的大国景象，但内容大部分取自门多萨所著《中华大帝国史》。拉赫认为，范林肖滕“对中国的描述（包括特有名称的拼写）几乎逐词逐句地摘自门多萨的作品”①。同范林肖滕一样，门多萨未到过中国，他充分利用了同时代欧洲人所收集的材料编撰了一本有关中国的大百科全书，学界对其采用的史料来源已进行了深入的研究。②

虽说《旅行指南》对中国的描述得益于门多萨，但范林肖滕是基于贸易的动机将这部分内容安排在现在我们看到的位置：第一部分第二十三至二十五章。从前后文关系来看，在第二十章对爪哇群岛贸易情况的介绍中，虽然没有直接提及中国人的出现，但在列举的货币换算方式中列出了中国，③随后介绍了爪哇以东的松巴哇（Sumbawa）岛、马鲁古群岛，在马鲁古群岛则详细介绍了西班牙和葡萄牙人的分布。第二十二章则向西北方向转移介绍了新加坡港至斯里兰卡的情况，再向东返回描述了经孟加拉湾、交趾支那到菲律宾的情况，以此引入菲律宾与中国的贸易。第二十三章则顺理成章地引用门多萨的文献，简短地描述了中国的大致情况。正是从这里开始书中插入了三幅表现中国的版画。

范林肖滕《旅行指南》的影响并不限于自身的各种版本，就在首版后不久，它几乎以最快的速度被收录进德布莱家族（The De Bry Family）影响更为广泛的游记集《东印度系列》（*India Orientalis' series*, 1597—1633）。1598年，范林肖滕《旅行指南》前44章被翻译成德语，作为德布莱家族出版的《东印度系列》第二部在法兰克福发行。1599年，德布莱家族又出版

---

① 〔美〕唐纳德·F. 拉赫：《欧洲行成中的亚洲：发现的世纪》第1卷第1册（上），周云龙译，第245页。

② 有关门多萨《中华大帝国史》所依据的主要史料，博克舍与国内学者何高济已有深入研究。详见《中华大帝国史》中译前言；〔英〕博克舍编注《十六世纪中国南部行纪》导言，第50—52、57—60页。

③ Jan Huygen van Linschoten, *The Voyage of John Huyghen van Linschoten to the East Indies*, vol. 1, p. 113.

了拉丁文版的《旅行指南》。随之，《旅行指南》所包含的文本与图像得到了更大范围的传播，也正是在这一过程中，有关中国的图像内容被不断丰富，并且出现了一些变异。

德布莱复刻了范林肖滕原有的插图，将原本的 3 幅中国插图增加至 10 幅，增加的 7 幅中国插图是以门多萨的文字描述为蓝本进行创作的，因为插图中所表现的有些场景范林肖滕并没有转述，所以也被称为"门多萨版画"（Mendoza engraving）①。"门多萨版画"沿用了范林肖滕所创造的一些基本元素，如发型、服饰、工具等，在此基础上设计门多萨所描绘的场景。德布莱的版画制作精良，并且尽最大努力去复刻原版画的面貌，从画面的整体氛围到人物的服饰、动作等细节都得到了忠实再现。但仔细对比二者所刻画的人物面部，我们还是可以发现一些变异的蛛丝马迹，人物的脸型不同程度地从圆脸变成了尖脸，也就使得人物面部带上了欧洲人的特征。从这个角度来看，范林肖滕的中国人形象更为真实。

德布莱的游记集也在很短的时间内出现了缩略版，在德布莱出版范林肖滕《旅行指南》的同年，也就是 1598 年，纽伦堡出版商维纳斯·胡尔修斯（Levinus Hulsius）便迅速推出了缩减版本，有关中国的部分只剩下一张插图。他虽然增加了新元素，但基本的策略是在有限的画面空间里尽可能地涵盖更多场景，范林肖滕原本的两对中国男女变成了三人，并且出现了一个新的形象。胡尔修斯的版本是较为便宜的四开本，体积更小，携带更方便，一经出版便取得了巨大的商业成功，比德布莱的游记集更为畅销。②

因此，随着被不断引用，范林肖滕创造的中国人形象在欧洲范围内不断扩散，决定性地构建了 16、17 世纪之交异域地理学中的中国人形象，开启了欧洲制造中国人视觉形象的新篇章。

三　范林肖滕中国男女图像与同时代纸本前例的关系

范林肖滕刻画的中国男女面貌十分独特，他是否从欧洲前辈那里借用了已有的图像呢？前文提到范林肖滕在果阿担任主教秘书期间收集了大量葡萄

---

① Michiel van Groesen, *The Representations of the Overseas World in the De Bry Collection of Voyage, 1590-1634*, Leiden: Brill, 2008, pp. 230-231.

② Michiel van Groesen, *The Representations of the Overseas World in the De Bry Collection of Voyage, 1590-1634*, pp. 346-348.

牙人守护的秘密，那么他有可能在这些秘密中接触到中国人形象吗？众所周知，葡萄牙人在亚洲收集的大量情报会首先集中在果阿，然后再转往里斯本。纯粹从历史的逻辑及情景来看，现存于卡萨纳特图书馆（The Biblioteca casanatense）的《卡萨纳特抄本》（*Códice casanatense*）很有可能成为范林肖滕参考的资料。这份葡萄牙抄本实际上以插图为主体，共包含有 76 幅水彩画，大部分插图配有简单的文字描述。描绘了葡萄牙在印度洋和太平洋接触频繁的不同区域的人种与其文化，比如阿拉伯、波斯、阿富汗、印度、马来西亚，当然还有中国。据研究，这份抄本成书于 16 世纪 40 年代的印度果阿，它最早记录的主人是果阿圣保罗耶稣会学院的修士若望·达·科斯塔（João da Costa），1627 年这份抄本被送往里斯本。[1] 因此，笔者推测无论是从时间线索还是从语境来说，范林肖滕都极有可能看过此书。以往的学者认为插图与文字的作者一样同为葡萄牙人，但是近年的研究普遍倾向于认为这一抄本是合作的产物，插图的作者是当地人。[2] 实际上从主题来看，《旅行指南》与《卡萨纳特抄本》的插图有不少重合之处，例如果阿葡萄牙贵族的出行方式，印度一些宗教现象同相同区域的人物等，当然也有学者认为范林肖滕可能借鉴了《卡萨纳特抄本》中的一些画面[3]。

分析到这里，我们似乎有十分充分的理由推测范林肖滕在描绘中国人时参考了上述抄本，那么图像本身告诉我们的答案又是怎样的？在《卡萨纳特抄本》76 幅水彩插图中，仅有 1 幅表现了中国人。这是一对男女组合像，两人面向彼此，男性一手抬起指向女性，女性手中拿着一朵花作同样的姿态。这是欧洲民族志中常见的一种表现形式，在全书其他插图中也频频见到这种图像程式。这对中国男女与真实的明朝人形象相差甚远，无论是发型还是服饰都有较大区别。因此，我们可以排除这种可能性。

除了《卡萨纳特抄本》之外，20 世纪 50 年代进入学者研究视野的《谟

---

① Luis De Matos, *Imagens do Oriente no século XVI: Reprodução do Códice português da Biblioteca Casanatense*, Lisbon: Imprensa Nacional Casa da Moeda, 1985, p. 29.

② Jeremiah Losty, "Identifying the Artist of Codex Casanatense 1889," *Anais de história de além-mar*, XIII, 2012, pp. 13-14.

③ Jeremiah Losty, "Codex Casanatense 1889: an Indo-Portuguese 16th century album in a Roman library," pp. 16-23, 此为 2014 年 5 月 7 日 Jeremiah Losty 在伦敦大学亚非学院（SOAS）的讲座整理稿，参见 https://www.academia.edu/7010487/Codex_Casanatense_1889_an_Indo_Portuguese_16th_century_album_in_a_Roman_library，2022 年 3 月 28 日。

区查抄本》（*Boxer Codex*）同样是值得重视的来源之一。① 同《卡萨纳特抄本》一样，后者有着丰富的插图，97 幅手绘彩图呈现了东南亚、中国和日本等地区的人与物，尤其是有关中国的图像占据了大部分篇幅。在海洋史研究领域内《谟区查抄本》引起了众多学者的关注，相关研究也取得较大进展。这一抄本成书于 1574—1591 年的菲律宾马尼拉，由西班牙语以及由葡萄牙语翻译成西班牙语。它的赞助人、编撰者以及作者都不明确，目前一种看法是它很有可能是为了收集情报呈送给皇室之用。② 至于插图的作者则公认是中国人，其中许多插图可能是来自马丁·拉达带到菲律宾的中国书籍，比如《山海经》，当然还有一些插图可能是来自晚明刊印的小说《封神演义》《三国志演义》。③

　　插图中描绘了许多不同区域和等级的中国男女，大多以一男一女的搭配出现，这些男女组合像应该是参考了明朝流通的图像而来，从表现人物面貌、服饰的手法以及人物的动作姿态来看也完全是中国式的。比如图 7 中人物服饰主要以粗细变化的线条来呈现，按照线条的走势及变化用色彩施以晕染，这是非常典型的中国古代线描加晕染的绘画艺术手法。《旅行指南》中出现的人物双手拢在袖中的姿态在《谟区查抄本》里与中国相关的插图中也频繁出现，比如图 7 中的女性，同《旅行指南》中的一位女性那样双手藏在宽大的袖子内（图 6 中），并置于胸前。此外，与这位女性相对的男性是《旅行指南》中较为引人注目的形象，因为他的服饰非常接近明朝官员公服的基本配置：头戴展脚幞头，身着圆领袍。④ 这种类似的装扮同样可以在《谟区查抄本》里找到（图 9），当然根据抄本的描述，图中人物的身份并非凡人，而是受人崇拜的神明。⑤ 至

---

① 这一抄本是谟区查教授（Charles Ralph Boxer）在 1947 年于拍卖会上购得，并在 1950 年发表研究文章，它才得以进入更为广泛的研究里。详见 George Bryan Souza, Jeffrey Scott Turley, *The Boxer Codex：Transcription and Translation of an Illustrated Late Sixteenth-Century Spanish Manuscript Concerning the Geography, History and Ethnography of the Pacific, South-east and East Asia*, Leidon/London：Brill, 2015.

② George Bryan Souza , Jeffrey Scott Turley, *The Boxer Codex：Transcription and Translation of an Illustrated Late Sixteenth-Century Spanish Manuscript Concerning the Geography, History and Ethnography of the Pacific, South-east and East Asia*, pp. 9-12.

③ George Bryan Souza, Jeffrey Scott Turley, *The Boxer Codex：Transcription and Translation of an Illustrated Late Sixteenth-Century Spanish Manuscript Concerning the Geography, History and Ethnography of the Pacific, South-east and East Asia*, pp. 31-34.

④ 王圻、王思义：《三才图会·衣服二》，明万历三十五年（1607）槐荫草堂刻本，第 11b 页。

⑤ George Bryan Souza, Jeffrey Scott Turley, *The Boxer Codex：Transcription and Translation of an Illustrated Late Sixteenth-Century Spanish Manuscript Concerning the Geography, History and Ethnography of the Pacific, South-east and East Asia*, pp. 607, 637.

于背花篮光脚女性与持棍男性形象在《谟区查抄本》中也能找到相近的例子，也就是图 8 中的畲客夫妻，① 女性赤脚，一手拿着篮子，男性同样赤脚，并且将裤腿挽至膝处，一肩扛着锄头，显然意在表达这是以耕地为主要生存方式的族群。这两对人物之间虽然存在许多相似的元素，比如女性都赤脚并带有篮子，男性的锄头上长长的木棍也可勉强对应图 6 中的那根木棍。

行文至此，我们似乎有理由相信《旅行指南》的中国人物与《谟区查抄本》之间存在千丝万缕的关系，因为它们之间有如此多的相似性。但是实际上在这种相似背后还隐藏着许多无法理顺的头绪，首先，作为一个熟练掌握西班牙语的人，范林肖滕应该知道图 9 描绘的是神仙，为何将他用于表现世俗之人？此外，双手拢在袖中的两位女性除了姿态接近以外，服饰及发型都有较大区别。看似最为接近的畲客夫妻与背花篮持棍男女实际上也有较大的不同，比如图 8 的篮子应该是送饭使用的，与范林肖滕的花篮有较大差

图 7　常来男女，来自《谟区查抄本》，1590 年前后，
印第安纳大学莉莉图书馆藏

① 主要分布在福建、浙江、广东等地山区的少数民族。

图 8　畲客男女，1590 年前后，来自《谟区查抄本》

图 9　中国神明，1590 年前后，来自《谟区查抄本》（作者绘制）

说明：在 Souza 和 Turley 的书中将这位神明解释为黄帝，详见 George Bryan Souza, Jeffrey Scott Turley, *The Boxer Codex: Transcription and Translation of an Illustrated Late Sixteenth-Century Spanish Manuscript Concerning the Geography, History and Ethnography of the Pacific, South-east and East Asia*, p. 637。

别。最后，笔者认为这里面最大的一个疑问是范林肖滕是否有机会见到
《谟区查抄本》？前文提到范林肖滕作为果阿主教的秘书有机会接触到葡萄
牙人集中在果阿的亚洲情报，但是据研究，《谟区查抄本》显然是在菲律宾
马尼拉编撰，并在几年之后就被送往西班牙，1614 年以后才完成装订，说
明这份手稿并没有付印，也可以说流通极为有限。① 所以从时间和空间来
看，范林肖滕都不太可能接触到它，那么二者之间的相似性又该作何解释？
这一问题需要留待后文回答。

实际上，在《谟区查抄本》以后，西班牙人延续了这种雇用中国人来
为相关材料配置插图的方式。17 世纪有一本同样在马尼拉编写的手稿《中
国旅行纪》（Viagem da China，1628），作者是耶稣会士阿德里亚诺·德拉
斯·科尔特斯（P. Adriano de las Cortes）神父。他在中国停留期间撰写了
大量手稿，并且在一位中国人的帮助下为《中国旅行纪》配上了插图，他
笔下的中国被普遍认为是较为真实的。②

在抄本之外，有一部印本值得进入范林肖滕中国人图像来源问题的研究
范围内。1590 年，威尼斯人萨切利·维切里奥（Cesare Vecellio）的服饰大
全《古今世界礼俗》（De gli habiti antichi, et moderni）出版，这本书中收录
了四位中国人物，展现中国人的体貌特征（图 10）。据作者本人称这四位人
物取自绘有人像的中国丝织品，有学者将其理解为中国古代绢本绘画，③ 但
笔者认为并不能排除维切里奥所指为丝绸布料上的人物图像的可能性。因此
为准确起见，本文将其视为丝绸上的图像。这四位中国人物，两男两女，但
并不像我们前面列举的例子那样是男女成对出现在同一幅画面，而是每人都
用单幅画面呈现。在这四位人物身上，我们也看到了熟悉的姿态：双手拢在
袖中，置于胸前。但是整体来看，二者相差较大，基本可以判定范林肖滕并
没有借鉴此书的中国人形象。

① George Bryan Souza, Jeffrey Scott Turley, The Boxer Codex: Transcription and Translation of an Illustrated Late Sixteenth - Century Spanish Manuscript Concerning the Geography, History and Ethnography of the Pacific, South-east and East Asia, p. 22.
② （澳门）《文化杂志》编《十六和十七世纪伊比利亚文学视野里的中国景观》，大象出版社，2003，第 203 页。
③ R. W. Lightbown, Oriental Art and the Orient in Late Renaissance and Baroque Italy, Journal of the Warburg and Courtauld Institutes, vol. 32, 1969, p. 238.

图 10　萨切利·维切里奥，四位中国男女，来自〔意大利〕萨切利·维切里奥
《古今世界礼俗》，威尼斯：达米亚诺·泽纳罗出版社
（Venice：Damiano Zenaro），1590，法国国家图书馆藏

四　范林肖滕三幅中国插图与外销瓷

以目前现存相关语境里的纸本中国人图像来看，并没有可供范林肖滕借鉴的对象。实际上，除了纸本的图像之外，外销瓷画是范林肖滕较为轻易接触的图像来源。在《旅行指南》中我们可以看到他对来自中国的外销瓷是较为熟悉的，首先他转述了门多萨对中国陶瓷贸易的描述："陶罐、杯子和瓷器是那里（中国）生产的，并且多得不计其数。每年运到印度、葡萄牙、新西班牙。"[1] 他不仅可以从葡萄牙人运到果阿的中国商品里见到外销瓷，也可以在"印度异教徒"开设在果阿的商铺中见到各式中国瓷器："在果阿居住的印度异教徒是非常富有的商人……有一条街上布满了这些异教徒开设的商铺，不仅卖各种丝、条纹缎、大马士革锦缎，还有来自中国和其他地方稀奇的瓷器。"[2] 而要真正建立三幅中国图像与外销瓷画的关系，我们还需要回到图像本身，如考察文献那般细致梳理图像的细节。

---

[1]　Jan Huygen van Linschoten, *The Voyage of John Huyghen van Linschoten to the East Indies*, vol. 1, p. 129.

[2]　Jan Huygen van Linschoten, *The Voyage of John Huyghen van Linschoten to the East Indies*, vol. 1, p. 228.

（一）驶往爪哇的中国帆船

第一幅插图就表现了中国船在港口停锚的场景，进一步说明了范林肖滕对中国的描述在很大程度上是基于贸易的需求。图6那艘中国商船经常作为研究东南亚海上贸易的史料被采用，[①] 但是却忽视了图像本身的来源问题。在范林肖滕的记述中，只见印度果阿的商人去往中国，而不见中国商人去往印度，那么他对中国商船的刻画来自何处？是否从他的"中国通"同乡那里得知中国商船的模样？这些今天已无从查考，但是漳州窑外销瓷有一类瓷碗对中式帆船有十分详细的刻画。这就是万历年间的五彩方位渔船纹碗上的撑条式席帆帆船（图11）。二者的大致形态十分接近，首先帆的质感相似：从范林肖滕刻画的细节来看，帆上有横向支撑物，帆面更似植物编织

图 11　漳州窑外销瓷五彩方位渔船纹碗（局部），直径 38.5 厘米，
16 世纪至 17 世纪，香港海事博物馆藏（作者绘制）

---

① 〔法〕费尔南·布罗代尔（Fernand Braudel）：《十五至十八世纪的物质文明、经济和资本主义》第2卷，顾良、施康强译，商务印书馆，2017，第123页；〔澳〕安东尼·瑞德（Anthony Reid）：《东南亚的贸易时代：1450—1680年》第2卷，吴小安、李塔娜、孙来臣译，商务印书馆，2017，第61页。这本书采纳了荷兰人对其在首次远航时在爪哇见到的各类帆船的记载作为史料，但其中的中国帆船显然来自范林肖滕的《旅行指南》。

物，而非常见的布帆，与瓷碗上的撑条式席帆十分类似。再者，两支桅杆的位置以及船尾的造型也十分接近。瓷碗上大致勾勒出几排正在划桨的船员，而插图中则增添了更多细节。当然，仅凭这些我们无法得出确切的结论。但是，另一处细节的出现值得我们深入考虑范林肖滕的中国帆船与这类瓷碗上的图像的关系。

在《旅行指南》出版后不久，1598 年，荷兰首航至东印度的旅行记录《荷兰人东印度航行史》第 1 卷（D'eerste Boeck：Historie van Indien）面世。这本书由威廉·路德维希克（Willem Lodewijck）记述，并配有大量插图，多数表现了 1596 年在爪哇万丹所见景象。[①] 这份游记次年便被收录进德布莱的《东印度游记集》中，其中一幅插图描绘了在万丹见到的各式船舶（图 12），画面最右侧为中国帆船。这里的帆船显然来自《旅行指南》所配插图（图 6 左），帆的位置在原有基础上进行了调整，船上人物也作了删减。但有一处显然是新增的细节，也就是船头的形状，显然与图 11 瓷碗上的船头更为接近，在平台下方都有向里凹的涡。这一新添的细节可能来自亲眼所见的经历，但并不能排除借用已有图像的可能性。据这次的航行记录记载，中国人带到万丹的还有"人们所提到的瓷器，好坏都有，各种各样……"[②] 那么，正如借用范林肖滕绘制的中国帆船一样，首航记录的作者也有可能借用外销瓷画来增添新的细节。因此，我们并不能排除这两幅游记插图中的中国帆船在一定程度上采纳了外销瓷碗上船纹的可能性。毕竟，作为中国商品标志的陶瓷，其上的图案在西方人的眼中自然而然地也带上了中国的印记。

首先需要明确的一点是，范林肖滕并不是完全根据门多萨的文字描述来还原中国人的形象，比如说背花篮的女性并没有在文中出现。再者需要考虑的一点是他是否亲眼见到了中国人，实际上他最接近的只能是旅居海外的中国人了。众所周知，明代旅居海外的中国人多是来自福建南部的华商，足迹远至苏门答腊岛。15 世纪早期马六甲就进入了明廷的朝贡体系，在 1511 年

① 荷兰人的首航时间为 1595—1597 年，司令官为科内利斯·德·豪特曼。随队人员威廉·路德维希克记述了这次航行，于 1598 年以 D'eerste Boeck：Historie van Indien，Waer inne Verhaelt is de Avontueren die de Hollandtsche Schepen Bejeghent Zijn 之名出版，出版商同为 Cornelis Claesz。

② 转引自 T. Volker，Porcelain and the Dutch East India Company，Leiden：Rijksmuseum Voor Volkenkunde，1971，p. 21。看来首航的船队到达万丹之前就听说了万丹有中国瓷器，这一消息极有可能来自范林肖滕。

图 12　荷兰首航在爪哇见到的各式帆船，1599，《东印度游记集》
第 3 卷，约翰·卡特·布朗图书馆藏

葡萄牙人占领之前，马六甲已经形成了具备一定数量的华商群体。① 另外，在佩罗·德·法里亚（Pero de Faria）担任马六甲长官期间（1539—1543），徽商也开始参与到葡人在东南亚构建的贸易网，② 但是这批徽商在 1548 年被明朝水师抓捕，他们在东南亚贸易的后续如何不得而知。据 17 世纪初的旅行家让·莫凯（Jean Mocquet）记载，虽然他从来没有去过中国，但是很明显他在果阿遇见过中国商人。③ 莫凯自称，他在果阿的女房东就是在广州被人拐卖的，当时才 8 岁的她就被卖给了葡萄牙人。④

　　但是，在范林肖滕的记述中并没有提到见过华商或海外华人。那么范林肖滕所刻画的中国人形象从何而来？在作进一步的讨论之前，我们先将其中的人物进行大致的分类。

---

① 钱江：《马六甲的中国商贾：航海贸易、移民与侨居社区》，李孝悌、陈学然主编《海客瀛洲：传统中国沿海城市与近代东亚海上世界》，上海古籍出版社，2017，第 300—304 页。

② 〔日〕中岛乐章：《16 世纪中期的马六甲与华人海商》，李孝悌、陈学然主编《海客瀛洲：传统中国沿海城市与近代东亚海上世界》，第 393—395 页。

③ 〔美〕唐纳德·F. 拉赫：《欧洲形成中的亚洲》第 3 卷第 4 册，第 8 页。

④ 〔美〕唐纳德·F. 拉赫：《欧洲形成中的亚洲》第 3 卷第 4 册，第 65 页。

从人物两两相对的姿态将其分为左右两组男女。两对男女分别相对而立，从服饰到动作皆呈现出一定差异。右侧一对男女拱手笼袖而立，两人的外衣皆长至脚面，男子头上的帽子与腰带都与身旁的男性不同。左侧一对男女皆双手露出，外衣均在小腿中间部位，女性赤脚，右手持短棍背一花篮，左手拈一枝花伸向身旁的男性。男性的服饰与其大致类似，只在一些细节处有所区别，持一长棍而立，头部转向花朵的方向，头戴的帽子更似一顶软帽，这种帽子在同时期的欧洲版画中也经常出现，而女性向男性献出花朵也是欧洲常见的图像程式。第三幅插图的内容更为丰富，共刻画了两个场景。前景右侧描绘了官员，也就是所谓"老爷"在街上被侍从抬着的场景，左侧中景则表现了官员游船宴饮。

（二）持长棍的男性

我们先从持长棍的男性形象说起。实际上在《旅行指南》其他插图中，手持棍子的男性屡见不鲜。在葡人的出行队伍中，往往会出现一位果阿本地的奴隶侍从手持一根半人高棍子在前方抬轿。据范林肖滕对葡人在果阿出行礼仪的描述，两人在街上相遇时需要做出一系列复杂的行礼以示尊重，但如果有人不遵守这套礼仪，认为受到侮辱的一方便有理由对其进行报复，其中一种报复方式便是用竹子制的粗棍子当街抽打不守礼仪者。[1]在葡人出行的队伍里，侍从手中的棍子很有可能便是此类"行刑"的工具，它的频繁出现成为一种权威的象征，但却并不一定具备实际的功能，正如他们出行时经常佩戴的轻剑一般。[2] 另一类则是在马拉巴尔港口船上的当地水手长（Mocadaon）以及葡萄牙长官手中的棍子，也应是一种身份地位的象征。

这名中国男子手中的长棍，显然并不符合上述两种情况，同时代荷兰人对爪哇华商的表现可作为一种有效的参考。前文提到威廉·路德维希克的《荷兰人东印度航行史》第 1 卷配有大量插图，其中就有两幅版画表现了万丹的华商形象，一幅在前景中刻画了三位人物，从左至右为中国大商人、大商人的万丹妻子，以及在大商人手下收购商品的中国商贩，商贩手持秤杆正

---

①　Jan Huygen van Linschoten, *The Voyage of John Huyghen van Linschoten to the East Indies*, vol. 1, pp. 195–196.

②　Jan Huygen van Linschoten, *The Voyage of John Huyghen van Linschoten to the East Indies*, vol. 1, p. 194.

在称量货物。大商人头戴宽檐帽，小商贩则只戴了网巾，头发在头顶团成髻，正是明代男子常见的一种发型，同时期欧洲人对这种发型也多有描述。在这里则首次以图像的方式较为准确地表现出来，相信是亲眼所见的图像记录。与明代《三才图绘》中所刊网巾十分相似。

在接下来一幅表现万丹华人神龛的插图中，我们可以从伏在地上两人的服饰判断作者使用了前述两位华商表现礼拜的场景。在远景中，这对商人主仆再次出现，只留下在路上行走的背影。这种表现显然是一种常见的图像模式。值得注意的是，背景中并肩而行的两位华商，其中的小商贩用长棍将货物扛在肩上，表明了他作为劳动者的身份和地位。

实际上，这种将货物用长棍扛在肩头的情景，也是荷兰人对万丹当地农民的印象。在彼时商贸发达的东南亚，肩挑货物的商贩一定屡见不鲜。大量在爪哇长期定居的中国人，作为固定的中间商"在船只到达前下乡收购"，"买下大量胡椒，足以装满来自中国的船只"[①]。

范林肖滕对华商在爪哇地区的活跃程度还是有比较清晰的了解，给图 6 的中国男性配置的长棍代表着他对东南亚华商的形象认知。他虽无法如到达爪哇的荷兰人一样对华商进行直接的描绘，但长棍还是成为一种具有身份象征的元素沉淀下来。华商在东南亚的普遍形象以这样一种代表性元素刻印在范林肖滕的画面中。

另外，同时期荷兰版画中的农民和牧羊人经常被表现为携带一根长棍。所以说，从范林肖滕本土文化的经验出发，当他给这名中国男子配上一根长棍的时候，他内心想要刻画的应该是劳动阶层的形象。综上，这根长棍是范林肖滕融合了在海外的新鲜经历与本土经验的结果。

（三）背花篮的"麻姑"

图 8 中与这名男性相对的女性更加具有特色，她身上所具备的元素——光脚和背花篮——在现实生活中很难见到。另外更为关键的一点是，早期旅居海外的华商并没有女性，直到 19 世纪中期中国女性才开始移居到马六甲海峡，[②] 更不用说远至果阿了。那么作者是从何处以何种方式得到创造这一

---

① 〔法〕费尔南·布罗代尔：《十五至十八世纪的物质文明、经济和资本主义》第 2 卷，顾良、施康强译，第 135 页。

② 钱江：《马六甲的中国商贾：航海贸易、移民与侨居社区》，李孝悌、陈学然主编《海客瀛洲：传统中国沿海城市与近代东亚海上世界》，第 306 页。

图像的灵感？这种肩背花篮的基本图式在后续的图像制作中被不断引用，佐以不同配置，成为欧洲制造中国女性形象的典型模式，因此搞清楚这一图像的来源是十分必要的。

首先，我们需要讨论这种女性形象在中国语境出现的可能性。在实际生活中，中国南方沿海的渔妇可能会以此种形象出现，另外以图像表现的光脚背花篮的女性多为仙女。其中一位便是麻姑，由于明代戏剧的发展，麻姑成为以西王母为主题的庆寿题材中不可或缺的一位仙女。随之成为向女性祝寿的各类媒介上常见的母题，经常表现为肩背花篮的形象，① 往往还有一酒葫芦，② 身边伴有瑞兽鹿。现存的麻姑图像虽以清代的居多，且在绘画、瓷器、缂丝上屡见不鲜，但都与范林肖滕的花篮女性相差较远。一来服饰差距较大，二来这一时期麻姑的脚多半被长裙遮住，并不露出。同时出现了更加多样的图像组合，如在清中期的麻姑瓷盘中，麻姑大多不背花篮，而是由身后的侍从"代劳"。

但是，我们在晚明南方外销瓷上发现了不同于清代"保守"的麻姑形象。一件 16 世纪晚期至 17 世纪早期漳州窑外销瓷盘上就出现了麻姑光脚肩背花篮的形象（图 13），虽然她背对观者，但是更多的细节显示它与范林肖滕的花篮女性存在许多相似之处。最为显著的一点是二者都光脚，考虑到女性在中国的语境里很难表现为光脚的形象，这一点显得尤其重要。光脚的渔妇在中国南方沿海是一种日常现象，这也是漳州窑得以刻画光脚麻姑的生活背景。另外不容忽视的是二者服饰的相似性：从裤脚与袖口，云肩这些细节来看，二者的服饰搭配是很相似的（图 14）。实际上这里的麻姑腰间还围有一件小裙，如果对比英国皇家艺术学院收藏的一件漳州窑麻姑瓷盘便有比较清晰的认知，③ 与范林肖滕的花篮女性腰间所系小裙十分接近。

在将二者建立进一步的关系之前，我们来回顾一下明代晚期海上外销瓷贸易便会更好地理解它们之间的图像关联性。漳州窑在万历年间（1573—1620）的外销瓷贸易中获得了重要的地位，目前学界公认漳州窑为所谓外

---

① 麻姑肩背花篮的形象来源于百花仙子采花邀麻姑共赴蟠桃盛会的传说。

② 来源于麻姑向西王母献寿酒的传说。

③ Maria Antónia Pinto de Matos, *The RA Collection of Chinese Ceramics: A Collector's Vision*, vol. 1, Lisbon/London: Jorge Welsh Books, 2011, pp. 212-213, 183.

图 13　麻姑献寿瓷盘，漳州窑，直径 36.5 厘米，
16 世纪晚期至 17 世纪早期，
马钱德拍卖公司（Marchant）藏（作者绘图）

销瓷"汕头器"（Swatow）的主产地，兴盛于 16 世纪后半叶至 17 世纪前半叶。① 国内一些学者认为"克拉克瓷"（Kraak Porcelain）就是"汕头器"，② 实际上有概念错置的嫌疑。西方一些学者将"克拉克瓷"定义为 1575—1650 年景德镇生产的青花外销瓷，他们对这一名称的来历也有众多不同的看法，目前广为接受的说法是得名于荷兰人 1602 年和 1604 年抢夺的葡萄牙三桅商船克拉克"Carraca"，荷兰人称为 Kraken，由于其上装载的大量中国外销瓷拍卖收益巨大，荷兰人遂用这一词语指代中国外销瓷。③ 近年来，国外学者根据国内最新的考古发掘将克拉克瓷的产地限定为景德镇老

---

① 栗建安：《SWATOW 与漳州窑》，（澳门）《文化杂志》第 34 期，春季，1998，第 152—158 页。
② 金国平、吴志良：《流散于葡萄牙的中国明清瓷器》，《故宫博物院院刊》2006 年第 3 期，第 110 页。
③ Teresa Canepa, *Kraak Porcelain: The Rise of Global Trade in the Late 16th and Early 17th Centuries*, Jorge Welsh Books, 2008, p. 17；马锦强：《澳门出土明代青花瓷器研究》，社会科学文献出版社，2014，第 287 页。

图 14　瓷盘上麻姑形象与范林肖滕背花篮女性形象对比
（此图是图 13 局部与图 6 中局部的对比）

城区的十处民窑，它们几乎全部专烧外销瓷，其中观音阁所烧外销瓷质量最高。[①] 目前，国内学者一般倾向于认为，漳州窑、景德镇都是克拉克瓷的产地。

　　不论是漳州窑还是景德镇所产外销瓷，它们都成为 16 世纪晚期至 17 世纪初中国出口的大宗商品之一。万历年间的平顺号沉船、万历号沉船、圣迭戈号沉船，南澳 I 号沉船上都打捞出了大量的漳州窑和景德镇青花瓷。据研究，隆庆元年（1567）海禁解除以后，明代的海上对外贸易发展迅速，万历年间成为明代外贸最为活跃的时期。从这一时期沉船打捞的遗存来看，外销青花瓷出现了一个重要的转变，除了景德镇的器物，漳州窑器物占有相当大的比例。[②] 从 1567 年至 1599 年，漳州月港成为通商口岸，这为万历年间漳州同景德镇一起成为外销瓷重要产地提供了优越的条件。

① Teresa Canepa, *Kraak Porcelain*: *The Rise of Global Trade in the Late 16th and Early 17th Centuries*, Jorge Welsh Books, 2008, pp. 18–19. 截至 2004 年，国内学者在老城区发现的克拉克瓷窑址有 7 处，见曹建文、罗易扉《克拉克瓷在景德镇窑址的发现》，《文物天地》2004 年第 12 期，第 42 页。

② 焦天龙：《东南亚海域明代沉船与外销瓷贸易的变迁》，广东省博物馆编《牵星过洋：万历时代的海贸传奇》，岭南美术出版社，2015，第 29 页。

虽然 16 世纪晚期葡人交换的中国外销瓷有一部分通过转口贸易在马六甲销往东南亚各国，[①] 但仍会带回欧洲一部分，这部分需要先集中在葡属印度果阿。自 1530 年果阿成为葡属印度的首都后，它就成为里斯本和果阿航线最重要的商业港口，也是往来欧亚贸易航线上葡萄牙商船必然停靠的港口。除此之外，果阿还与亚洲各地保持着转口贸易。[②] 前文已经提到范林肖滕记载了果阿异教徒开设的店铺售卖来自中国的瓷器。所以，在 16 世纪晚期，与上述漳州窑外销麻姑瓷盘同类型的器物到达果阿并非难事。

综上所述，范林肖滕的花篮女性很有可能来自中国外销瓷上的麻姑瓷画。明代外销瓷盘上的光脚麻姑应该不是孤例，应该存在与其类似的形象。从清前期陶瓷上出现的以棍背花篮的麻姑来判断，晚明外销瓷上出现光脚以棍背花篮的麻姑并非不可能。范林肖滕有可能依据与图 13 漳州窑麻姑类似的瓷画，再根据整幅插图的需要创造出我们目前看到的花篮女性。当然，也存在另一种可能，他依照的是与花篮女性更加接近的麻姑瓷画。在发型的处理上，或许瓷盘上的麻姑发型对他来说有些难以理解，因而直接将门多萨的文字描述"男女都留长发，并不剪发，在头顶弯成一个髻"转化为我们在图 6 中看到的样子，[③] 面部特征则进行了欧化处理。

这时再来看这对男女组合，持长棍的男子的服饰是在花篮女性的服饰基础上稍加改装而成，领口处增加了毛领，脚上穿靴。在门多萨对中国服饰的书写中专门提到"冬天，紫貂皮围巾一天到晚都围在脖子上"[④]。推测这里的毛领应该是根据门多萨的记述特意增加的，或许，范林肖滕想要表现的是冬天男性所穿的服饰，因此相比光脚的女性，增加了靴子以符合这一设定。

（四）戴"错"帽子的"高官"

接下来来看这组人物里最接近我们印象中的中国古代人物形象——笼袖而立的中国男性。但是，在他身上也呈现出了令人不解的细节。头上所戴的帽子与中国的官帽——展脚幞头——十分接近，从帽翅上翘的姿态来看，帽

---

① 王冠宇：《葡萄牙人东来初期的海上交通与瓷器贸易》，《海交史研究》2016 年第 2 期，第 49 页。

② 顾卫民：《从印度洋到太平洋：16—18 世纪的果阿与澳门》，上海书店出版社，2016，第 122—125 页。

③ Jan Huygen van Linschoten, *The Voyage of John Huyghen van Linschoten to the East Indies*, vol. 1, p. 135.

④ 〔西〕门多萨：《中华大帝国史》，孙家堃译，第 17 页。

子上两只长条状装饰物"神似"展脚幞头上的双翅。但这里的"双翅"却表现为一前一后，而不是在脑后，似乎是安错了位置。从大体的形状来判断，这顶帽子是有中国原型的。那么是何种原因导致了它的变形？

回到中国的语境来看，明代晚期景德镇生产的一种"高官厚禄"青花瓷流通广泛，不仅出现在与外销瓷相关的各类场所，而且在景德镇的晚明墓葬中也有发现。① 克拉克瓷产地之一观音阁明代窑址，澳门都有这类瓷器出土。② 两艘万历时期的沉船南澳 I 号以及万历号也有出现。这类纹饰的不同形态大体相似，都表现为一官员及一鹿在其身后，寓意高官厚（后）禄（鹿）（图 15）。它经常出现在碗和碟上，一般在碗心和碟子的内底圆心里，有些碗的外壁绘有同类题材，如"平步青云"纹，有些则为素面。

图 15　南澳 I 号沉船打捞的景德镇"高官厚禄"瓷碟，口径 11.5 厘米，底径 6 厘米，广东省博物馆藏（作者绘图）

"高官厚禄"中的"高官"表现为头戴展脚幞头，身着圆领袍，前文已经提到这是明代官员公服的服饰搭配。这类瓷器上的"高官"都笼袖拱手而立，有些则在臂弯处加笏板。将南澳I号"高官厚禄"瓷中的"高官"与范林肖滕

---

① 故宫博物院、江西省文物考古研究所等：《江西景德镇丽阳礁白山明代纪年墓》，《文物》2007 年第 3 期。

② 故宫博物院、江西省文物考古研究所等：《江西景德镇观音阁明代窑址发掘简报》，《文物》2009 年第 12 期。

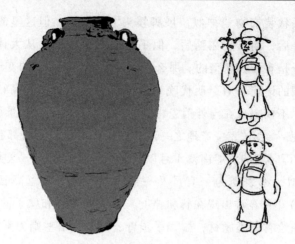

图 16 褐釉阴刻人物纹六系罐及人物线绘图，高 70 厘米，
16—17 世纪，婆罗洲沙巴博物馆藏（作者绘图）

刻画的这名中国男子做一个对比，可以看到二者从形态到服饰是高度相似的。
与此同时，范林肖滕为何将帽子的"展脚"处理成一前一后的样式也真相大
白了。由于中国工匠平面化的处理方式，熟悉透视法的欧洲人在没有见过展
脚幞头实物的情况下，很容易将"高官"头部转向方向的那只展脚幞头理解
为在帽子的前方。"高官厚禄"瓷中人物帽子的展脚幞头仅以两条微上翘的线
条表示，对于中国观者来说会自然地将其视作宋式的官帽。笔者认为，范林
肖滕是将这两个线条化的展脚幞头作了立体化的处理，才呈现出我们看到的
长条形。实际上，明朝那种短而圆的展脚幞头在外销瓷上也有发现，婆罗洲
沙巴博物馆藏有一件 16—17 世纪的褐釉六系罐，罐身以阴刻线条表现多位头
戴官帽、身着官服的人物（图 16）①。显然，范林肖滕并没有借鉴此种官员
形象。因此，范林肖滕刻画的这名中国男子在很大程度上是依据景德镇外销
"高官厚禄"瓷瓷画而来。而第三幅插图中官员的形象则是在此男子的基础
上结合门多萨的记述创造出来的。在门多萨的记述中官员区别于平民的重要
标记有二：腰带与短沿圆帽。②关于帽子则有更加细致的描绘，新授衔的老
爷"头戴一种有两条后披短穗的帽子，有如我们主教的法冠"③。

---

① 谢明良：《陶瓷手记Ⅱ：亚洲视野下的中国陶瓷文化史》，浙江大学出版社，2020，第
183 页。
② 〔西〕门多萨：《中华大帝国史》，孙家堃译，第 67—68 页。
③ 〔西〕门多萨：《中华大帝国史》，孙家堃译，第 75 页。

　　从相同的姿势以及同样拖到脚面的服饰来看，与"戴错帽子的高官"相对的女性在一定程度上参考了身旁"高官"的形象。当然，范林肖滕有足够的理由做出这样的安排，他转述了门多萨的说法"女人们……穿着又长又宽的长袍……手通常被盖起来"①。但上下分体的服饰还是透露了这名女性形象缺少可直接参照的中国来源图像，它的出现是在一定程度上参照了《旅行指南》插图中印度本地或爪哇女性服饰的结果。

（五）官员游船宴饮还是苏子夜游赤壁

　　不同于前述人物志式的四位中国男女，第三张插图描绘了具体的人物活动：中国官员受人礼拜及游船宴饮的场景。借助门多萨的描述读者可以更好地理解画面所表现的内容。门多萨对中国官员的特别关注基于他主要引用的两份史料，加斯帕尔·达·克路士神父（Fr. Gaspar da Cruz）的《中国概说》（*Tratado das cousas da China*，1570）与马丁·德·拉达神父（Mardin de Rada）的《出使福建记（1575 年 6 月至 10 月）》及《记大明的中国事情》（*Relacion de las cosas de China*）。身负出使重任的克路士与拉达在中国接触的主要是官员，他们对中国的官僚体制都有比较详细的介绍，由此也延伸出对官员生活的关注，这些一并体现在门多萨那本《中华大帝国史》中。

　　门多萨对中国官员公私生活的描绘在范林肖滕那里得到更为形象而直白的体现，他在《旅行指南》的第三幅中国插图中刻画了官员公私生活的两种场景。按照范林肖滕在文中的注解，画面前景表现的是官员在街上被抬着的场景，但他也融合了门多萨体现官员权威的描述，加入了一位行跪拜礼的人物。官员面前跪着的人物显然取自前述戴错帽子的"高官"，在范林肖滕的画笔下代表着一类中国男性形象，他双手举至胸前，手中拿着写有字符的文件望向官员，官员也做出相见的手势。前文提到官员的形象在很大程度上有赖于门多萨的文字还原而来，整个场景则混合了门多萨所记述的各种礼节：

　　　　一般百姓的问候方式是见了面双手抱拳，左手在外，右手在内，然后将拳头贴胸……当百姓向老爷陈情，一进堂就得下跪，低着头两眼望

---

① Jan Huygen van Linschoten, *The Voyage of John Huyghen van Linschoten to the East Indies*, vol. 1, p. 136.

地……低声下气陈述完毕或递上帖子①。

显然，范林肖滕将不同场合下的情景混合在一起，既能表现中国人相见时的行礼方式，又彰显了中国官员的权威。又或者在范林肖滕的理解中，百姓面见官员时需要采取的是普通的拱手礼与跪拜礼的组合。

画面右侧描绘的是官员在河中游船宴饮的场景。中国官员或富有人家的宴饮场面是 16 世纪的欧洲人描述中国时都十分关注的现象：与欧洲以及葡属印度殖民地的就餐习惯相比，中国人吃饭时使用筷子而不用手接触食物让就餐礼仪显得如此独特而富有吸引力。② 在范林肖滕的叙述中游船宴饮显然是一种与官员紧密相关的娱乐活动。③ 在这个场景中我们看到河中游船上支起了一个类似凉亭的篷子，顶部有垂下来的布帘用以遮阳。船篷内放一张摆着丰盛食物的餐桌，餐具碗盘皆备，三人呈品字形围方桌而坐，一人正对观者，另两人相对而坐，以侧身示观者。船尾有一妇人持桨而立（图 17）。在一个官员宴饮的场景中，餐桌右侧的光头人物令人大惑不解。实际上门多萨对官员游船是有叙述的，"还有一种船需要提及，就是带有金色彩绘走廊和窗格的船，专为巡抚和总督游玩时用"④。显然，图中的船与门多萨的文字相去甚远，那么这一场景是否有可参考的图像来源？

实际上，晚明至清初陶瓷的研究者应该对上述场景并不陌生，它同这一时期流行的赤壁赋瓷画十分接近（图 18）。"赤壁赋图"作为一种经典的绘画母题始自宋代，延续至明清，近年来美术史界对绘画传统中的"赤壁赋图"多有研究。而在陶瓷的领域中，这一经典绘画母题自明万历年间开始出现在器表，至康熙年间达到高峰，⑤ 形成颇具特色的图文结合的赤壁赋瓷现象。赤壁赋瓷同麻姑瓷、"高官厚禄"瓷类似，是外销瓷的一种，散见于世界各地的博物馆、拍卖行及私人收藏，日本、越南等国家和中国台湾地区

① 〔西〕门多萨：《中华大帝国史》，孙家堃译，第 83—84 页。
② 罗伯特·芬雷对 16—18 世纪欧洲从集体共食到个人分食的餐宴礼仪有细致的研究，其中涉及早期传教士对中国就餐礼仪的特别关注。这实际上是西方 16 世纪描述中国的高频事件。详见〔美〕罗伯特·芬雷《青花瓷的故事》，郑明萱译，第 301—306 页。
③ Jan Huygen van Linschoten, *The Voyage of John Huyghen van Linschoten to the East Indies*, vol. 1, p. 141.
④ 〔西〕门多萨：《中华大帝国史》，孙家堃译，第 88 页。
⑤ Arthur Spriggs, "Red Cliff Bowls of the Late Ming Period," *Oriental Art*, vol. 8, no. 4, 1961, pp. 182–188.

图 17　官员游船宴饮场景，图 6 右细节

图 18　赤壁赋瓷碗，高 8 厘米，口径 16.2 厘米，17 世纪早期，荷兰国立博物馆藏

均有出土，东南亚海域的沉船哈彻号及万历号皆有发现。[①] 它还出现在西方的静物画中，目前最早可追溯至 1627 年雅克·林纳德（Jacques Linard）所

[①]　谢明良：《陶瓷手记 Ⅱ：亚洲视野下的中国陶瓷文化史》，第 47—56 页；Eva Ströber, *Ming: Porcelain for a Globalised Trade*, Arnoldsche Art Publishers, 2013, pp. 212-213。万历号沉船瓷器见 "The Wanli Shipwreck and its Wanliwreck Porcelaim, part 1 and 2," Nanhai Marine Archeology Sdn. Bhd. , February 8, 2019, http: //www. ming - wrecks. com/Photopage. html, accessed on February 14, 2023。

绘的《五感及四元素》（Les cinq sens et les quatre elements）。另外，它在国内市场也并非稀有，晚明的窖藏时有发现，四川崇州万家镇明代窖藏出土有10件赤壁赋青花瓷碗，考古人员将其追溯至万历年间。① 从明清之际的小说《醒世姻缘传》提到的赤壁赋大瓷碗来判断，② 这种瓷器并非什么名贵之物，而是作为百姓日常生活的器皿使用。综上，可见赤壁赋青花瓷碗是晚明相当流行的一种瓷器，在国内与国外市场都较为常见。

更为重要的是，赤壁赋瓷碗不仅仅通过果阿这个中转站到达欧洲，也极有可能通过果阿在印度本土流通。印度本土发掘的赤壁赋瓷碗残片强有力地说明了这一点，德里要塞普拉纳奇拉（Purana Qila）曾出土有一件（见图19）。③ 从残片来看，这正是典型的赤壁赋青花瓷碗。综上，范林肖滕在印度本土见到这种瓷碗是完全有可能的。

图 19　赤壁赋瓷碗残片，印度德里普拉纳奇拉出土
（作者绘图；依据 Aprajita Sharma, "Chinese Porcelain Finds
from Purana Qila Excavation," *Heritage and Us*, Year 1, Issue 2,
Nov. 2012, p7, fig. 5.; B. K. Thapar, "The Buried Past of Delhi,"
Expedition, vol. 14, Número 2, 1972, p26。）

---

① 成都文物考古研究所、崇州市文物管理所：《四川崇州万家镇明代窖藏》，《文物》2011年第7期，第7—19页。
② 明末清初西周生的《醒世姻缘传》第37回写道，狄周"遂问那主人家借了一个盒子，一个赤壁赋大磁碗，自己跑到江家池上，下了两碗凉粉，拾了十个烧饼"。
③ Aprajita Sharma, "Chinese Porcelain Finds from Purana Qila Excavation," *Heritage and Us*, Year 1, Issue 2, Nov. 2012, p. 7, fig. 5.; B. K. Thapar, "The Buried Past of Delhi," *Expedition*, vol. 14, Número 2, 1972, p. 26.

　　赤壁赋瓷画大体一致，描绘苏轼及二友夜游赤壁的典故，均选择三人在船上宴饮的场景来表现（图 17）。三人围方桌而坐，桌上摆有碗碟，正对观者的显然是苏轼本人，两位友人侧边而坐，右侧人物多表现为和尚的形象。所乘坐的小舟一般带有船篷，① 船尾或有一至两名舟子，有男有女。如果将赤壁赋瓷画与赤壁赋绘画对比来看，我们发现传世绘画上的小舟至明中期出现了新的样式，类似于青花瓷碗上带船篷的小舟，在丁玉川的《后赤壁赋图》中可以看到。

　　范林肖滕的官员游船宴饮场景与上述赤壁赋瓷画的人物安排及特征达到了高度的吻合，他一定参考了外销赤壁赋瓷画上苏子乘船夜游宴饮的场面。那么我们不难推断在《旅行指南》出版之前他已经见到了此类瓷器，OKS 收藏的一件 16 世纪晚期景德镇赤壁赋青花瓷碗恰恰可以佐证这一推测。②

　　另外需要强调的一点是，范林肖滕很难理解瓷碗上赤壁赋图的原本含义。但是暂且不论它在中国语境中的含义，单从画面内容来看，它与范林肖滕从门多萨那里读到的官员游船宴饮的描述是吻合的。不仅如此，这一场景也可满足西方人对中国宴饮场面的关注，范林肖滕特意给面对观者的官员手上配上了一双筷子（图 17），他很有可能见到过实物的筷子，在引述门多萨有关中国人吃饭用筷子夹食物之后，他又补充道："你们可以在帕鲁达努斯的家中看到一些我送给他的（筷子）。"③ 如果这一信息准确的话，那他很有可能是通过"中国通"同乡得到的。

　　借助外销赤壁赋瓷画，范林肖滕完成了对中国官员游乐生活的画面表现。那个最初让我们感到困惑的光头形象也在这里得到了解答，它的出现无疑是范林肖滕借用赤壁赋瓷画一个强有力的佐证。从游船餐桌上大小不一形制各异的瓷器来判断，范林肖滕应该亲眼见到过中国的各式瓷器。他对瓷器的关注为其图像"再现"中国提供了相当多的原型。

　　至此，范林肖滕的三幅中国插图中的大多数图像均已找到瓷画原型，只有第三幅插图中跪拜官员的图像看起来令人费解（图 20）。官员所站的台子

---

① 万历号出水的一件赤壁赋青花瓷盘上的小舟并没有船篷，但从目前存世的此类瓷器来看，仍以带船篷的为多，并且多出现在青花瓷碗的外壁上。

② 这件瓷碗在 OKS 的官网上日期标注为 17 世纪中期，但在新近基于其藏品的研究中 Eva Ströber 将其年代定位于 16 世纪晚期，见 Eva Ströber, *Ming: Porcelain for a Globalised Trade*, p. 212.

③ Jan Huygen van Linschoten, *The Voyage of John Huyghen van Linschoten to the East Indies*, vol. 1, p. 144.

图 20　官员接受跪拜，图 6 细节，1596，
约翰·卡特·布朗图书馆藏

两侧各有一根细柱，顶端有飞扬的布制装饰，两侧的侍从抓着两根细柱，正
有一人跪拜。这一装置看起来十分怪异，我们在中文语境中似乎无法找到与
此相似的原型。然而，当我们将目光在此转向瓷器时似乎有了解答。阿纳斯
塔西奥 贡萨尔维斯（Museum of Anastacio Goncalves, Lisbon）博物馆藏有一
件万历年间的瓷罐，中心图案上绘有一名武将接受跪拜的情景。武将正站在
一高台上，两侧有两名侍从，右侧的那名侍从手上拿着一根仪仗用武器，细
长的杆子底部恰好与高台接触。如前所述，范林肖滕由于透视的因素误解了
官员帽子幞头的位置，在这里也极有可能因为相同的因素将杆子与高台接触
理解为二者是一体的，毕竟瓷器上呈现的是他完全陌生的场景。从这个角度
来看，两个场景在图像上一致性是显而易见的。因此，我们完全有理由相信
图 20 令人疑惑的场景同样是来自瓷器表面。

　　对外销瓷画的关注，范林肖滕并非开创先河。为了增加中国风帆四轮车
的可信度，他的前辈门多萨说它出现在"西印度和葡萄牙出售的来自中国

图 21　瓷罐，1600，高 33.5 厘米，腹径 25.5 厘米，阿纳斯塔西奥
贡萨尔维斯博物馆（Museum of Anastacio Goncalves，Lisbon）
藏（作者绘图）

的麻织品的绘画和瓷器上"①。目前来看，中国并不存在这一事物，门多萨显然是为了增加说服力才引入这一细节。但这里明显反映了门多萨要给读者营造的一个观念，或者说其时欧洲人普遍的观念：中国商品上的图像再现了中国的真实事物。此时，我们也可以回答前文提出的一个问题：为何范林肖滕无法借鉴《谟区查抄本》，两者却依然存在许多相似性？因为范林肖滕借鉴的中国人图像同后者一样都是由中国人绘制的，只不过呈现的媒介不同：一个在纸面上，一个在瓷器表面。

结　语

经历了文献与图像的仔细考察，现在我们可以确认范林肖滕借助了外销瓷画来表现中国人物，并且随着愈加丰富的异域地理学印本，借助正在蓬勃

---

① 〔西〕门多萨：《中华大帝国史》，孙家堃译，第 18 页。

发展的出版网络传播开来，在相当长的时期内塑造着欧洲人眼中的中国人形象。① 当然，在欧洲传播的过程中中国人形象也出现了不同程度的变异，但也正是这种变异凸显出范林肖滕在还原中国人形象时做出的努力。所以，在跨文化、跨媒介的图像传播过程中，一旦脱离了直接的图像来源，它在异域的流变便无可避免地带上当地的痕迹。

　　外销瓷的介入使得 16、17 世纪之交欧洲异域地理学中的视觉中国经历了一次重大的变化，由于它的进入，异域地理学中的视觉中国发生了质的变化。正是借助外销瓷画欧洲人更新了异域地理学中视觉中国的制图方式，从依据游记文献运用本土图像传统转变为借鉴来自中国本土的图像，从而使它们带上了更多的中国印记，这种方式将会在此后的几个世纪中不断延续。显然，在这一转变过程中，外销瓷画充当了急先锋的角色，这在某种程度上打破了以往学者倾向于寻求纸本材料的唯一途径，增添了新的可能。同游记、地图等一样，瓷器也应该被纳入异域地理学的范畴，更不用说它在欧洲的命名在很大程度上是异域地理学的一个产物。外销瓷不应该仅仅被视作一种代表财富的物质，也应该被视作一种图像媒介，它在大航海时代的大量传播得以让它以往被隐藏的图像媒介特性凸显出来。

China Export Porcelain and the Transformation of Visual China in European Exotic Geography at the Turn of the 16th and 17th Centuries

Wu Ruilin

Abstract：During The Great Age of Discovery, Europe's exploration of exotic lands became frequent, and China was undoubtedly an important destination. During this process, the rising of exotic geography greatly expanded Europeans' perception of the outsider world, various exotic geographical prints conveyed information about China to European viewers. At the turn of the 16th

---

① 一直到 18 世纪晚期，范林肖滕制作的那顶"前后幞头"的帽子还频繁出现在欧洲所绘制的中国人头顶上。

and 17th centuries, there was a major shift in visual China in European exotic geography, which freed from the illusions of Marco Polo's time and changed the situation that images about China were made solely by literature descriptions on that time. This article argues that the direct cause of this change was export porcelain, before a large number of porcelains arrived in Europe brought by VOC, the images in the surface of export porcelain had entered the system of exotic geography, which had a long-term impact on the visual China made by Europeans. In this article, the author tends to emphasize export porcelain as an image medium and explore its important role in cultural exchange.

Keywords: China Export Porcelain; Exotic Geography; Illustration of Map; Illustration of Travel Literature; Jan Huygen van Linschoten and His *Ltinerario*

（执行编辑：刘璐璐）

海洋史研究（第二十一辑）
2023 年 6 月　第 90~108 页

上海开埠初期的远洋贸易形态与结构

——以飞剪船为中心

李玉铭[*]

　　1843 年上海开埠后，凭借得天独厚的区位优势以及宽松的政治和社会环境，在对外贸易方面逐渐取代了广州，成为近代以来中西贸易的中心。19 世纪 50 年代以后，各国商船开始直接驶入上海，大批外国商人纷至沓来，上海开始与欧洲、美洲直接发生商务联系。[①]关于近代上海开埠初期远洋贸易的研究，现有研究成果多集中于贸易产品量的增长、消退以及贸易开展对于上海城市及江南地区的影响，[②]抑或对洋商的研究，[③]而对于开埠初期远洋运输的工具以及运输的形式却鲜有涉及。在独立的专业远洋航运服务机构还没有诞生之前，上海远洋进出口贸易之所以几乎完

[*]　李玉铭，上海海洋大学马克思主义学院副教授。
　　本文是国家社科基金青年项目"近代上海远洋航运研究（1843—1949）"（项目号：19CZS068）阶段性研究成果。
[①]　李玉铭：《近代海上丝绸之路的新起点——交通、通讯工具变革与近代上海远洋航运的发展》，《太平洋学报》2016 年第 6 期。
[②]　相关的研究主要有：程麟荪《上海开埠初期的出口贸易与江南地区的生产潜力》，《上海经济研究》1989 年第 5 期；仲伟民：《鸦片战争后茶叶和鸦片贸易与上海城市的发展》，《复旦学报》（社会科学版）2012 年第 5 期；仲伟民：《19 世纪茶叶和鸦片贸易促进了上海的经济发展》，《学术界》2012 年第 10 期；张跃：《利益共同体与中国近代茶叶对外贸易衰落——基于上海茶叶市场的考察》，《中国经济史研究》2014 年第 4 期；等等。
[③]　相关研究主要有：陈玉瑜《上海开埠初期的洋行》，《上海经济研究》1983 年第 1 期；王垂芳主编《洋商史：上海 1843—1956》，上海社会科学院出版社，2007。

全被在沪大型洋行垄断的一个很重要的原因就是其拥有独立的、属于自己的远洋运输体系，这是在沪其他小洋行远远不能企及的。而随着远洋贸易的不断深入和发展，飞剪船在鸦片与茶叶远洋贸易中的广泛使用，更是进一步促进了上海开埠初期远洋贸易的发展。因而从远洋运输方式的视角切入，可以为全面认识上海开埠初期的远洋贸易形态与结构提供一个更加广阔的视野。

一　开埠初期的上海远洋贸易形式

开埠初期上海远洋贸易的进口贸易形式主要分为两类，一是直接航行，即远洋船只直接从国外港口驶入上海；二是分段航行，先将货物运输到广州、香港，① 然后再换船只转运到上海。就运输货物而言，第一类主要是西方工业品；第二类除了一定的西方工业品之外，主要运输物品是鸦片。出口方面亦是采取这两种方式，出口产品则如广州一口通商时期，主要是中国传统的出口商品——生丝和茶叶。

表 1 中，《上海近代经济史（1843—1894）》编者将 1844—1849 年抵达上海港的西方船只划分为两类，一是沿海航运，二是远洋航运。然而这里所统计的沿海航运并不是传统认识上的中国沿海各港口之间的航运贸易。首先，开埠之初，碍于条约限制只能在"五口"之间自由航行，西方船只并没有航行中国沿海航线的权利。1843 年 10 月 8 日签订的中英《五口通商附粘善后条款》第四条规定："广州、福州、厦门、宁波、上海五港口开辟后，其英商贸易处所只准在五港口，不准赴他处港口，亦不许华民在他处港门串同私相贸易。"② 1844 年 7 月 3 日签订的中美《望厦条约》第三条，③ 以及 1844 年 10 月 24 日签订的中法《黄埔条约》第二款④也都有相同的规

---

① 上海开埠最初几年，广州、香港的贸易中心地位还没有被完全替代，另外一些洋行的总部也设于广州、香港，所以该时期一些远航货物还是先到广州、香港再转运其他口岸。比如"除了贸易的需要以外，早期外国侨民对生活必需品，特别是西式食品和邮件递送的需求，几乎完全依赖于从广州、香港或新加坡定期地输入新开各口岸"。参见熊月之主编《上海通史》第 4 卷，上海人民出版社，1999，第 11 页。

② 《五口通商附粘善后条款》，王铁崖编《中外旧约章汇编》第 1 册，生活·读书·新知三联书店，1957，第 35 页。

③ 《五口贸易章程：海关税则》，王铁崖编《中外旧约章汇编》第 1 册，第 51—52 页。

④ 《五口贸易章程：海关税则》，王铁崖编《中外旧约章汇编》第 1 册，第 58 页。

表 1　1844—1849 年上海西方船只进出口数量和货值统计①

单位：次、吨、英镑

年份	抵达上海船次		总吨位	离开上海船次		总吨位	进出口总值
	沿海航运	远洋航运		沿海航运	远洋航运		
1844	44	44	8584	44	44	8584	988863
1845	69	18	24369	61	28	24585	2568729②
1846	45	31	—	30	42	—	2593132③
1847	102	102	26735	101	101	26288	2526528
1848	61	43	33708	54	41	29028	2112110
1849	127	127	44026	133	133	52547	2963988

注：①1844 年、1847 年、1849 年的《各口岸贸易统计》中，只注明出入上海船只的次数，未注明出发地和目的地。②原表数值为 2571003，根据黄苇所做数值统计，并结合相关史料应为 2568729 英镑。参见黄苇《上海开埠初期对外贸易研究（1843—1863 年）》，第 138—139 页。③原表数值为 2162730，根据黄苇所做数值统计，并结合相关史料应为 2593132 英镑。参见黄苇《上海开埠初期对外贸易研究（1843—1863 年）》，第 138—139 页。

资料来源：丁日初主编《上海近代经济史（1843—1894）》第 1 卷，上海人民出版社，1994，第 100 页；黄苇：《上海开埠初期对外贸易研究（1843—1863 年）》，上海人民出版社，1979，第 138—139 页。

定。其次，沿岸贸易也并不是西方船只最初的主要目标，其主要业务范围是中国与外国口岸间的货物运输，即远洋贸易，"起初只是一些时逢其会的外国船舶，乘机利用一下这种权益（沿海贸易），这些船自然都是直接来自海外、载着外国进口货，并准备载同土货返回外洋的那些商船。所以这类船只是在配合着它们的主要业务情形下，顺便利用一下这种沿岸贸易权益，作为一种附带利益，它们的主要业务则是中国与外国口岸间的货物运输"①。

因此，此表所统计的"沿海航运"便是开埠初期上海远洋进口贸易的第二种形式，即分段航行，也就是将西方远洋船只存放在广州、香港的货物转运到上海的形式，"在上海开埠的最初几年里西方货物大多须经香港转口才运抵上海，很少由西方直达上海"②。由于所运输货物全为西方产品，所以，从严格意义上来讲还应该归于远洋进口贸易。

据史料记载，从上海开埠后的 11 月 17 日至 12 月 31 日，共有 7 艘英国

① 〔英〕莱特：《中国关税沿革史》，姚曾廙译，生活·读书·新知三联书店，1958，第 186 页。
② 丁日初主编《上海近代经济史（1843—1894）》第 1 卷，第 100 页。

船只进港，除了 1 艘为"弹压异商水手之兵船"外，其余 6 艘皆为满载货物的商船，[①] 平均每艘 281 吨，最大者为"司图亚特"号（Eliza Stewart，423 吨），最小者为鸦片飞剪船"马济泊"号（Mazeppa，171 吨），其输入货值达 433729 两，出口货值 147172 两。[②] "自上海开放后六星期内，（自 11 月 17 日至 12 月 31 日）共有洋船 7 艘入口。计进口货值为 433729 两；出口货值为 147172 两。"[③] 通过表 1 更能直观看出 19 世纪 40 年代中后期，外国船舶进出上海港的不断增长趋势。1844 年有 88 艘载重 8584 吨的英国商船进港，载来的货物价值为 501335 镑。[④] 1845 年抵达上海的外国商船为 87 艘，吨数也上升到了 24369 吨，船数增长虽不明显，但吨数多出了近两倍。同时据统计资料来看，87 艘船中有 18 艘是直航上海。另外，与 1844 年全是英国船只进港不同，1845 年进港的 87 艘外国商船中，除 62 艘英国船外，还有 19 艘美国船、2 艘西班牙船以及 2 艘瑞典船和 2 艘德国船。[⑤] 由于进港外国商船的数目急剧增加，1845 年上海进口货值高达 1224079 镑，比 1844 年（501335 镑）增加了 1.44 倍。[⑥] 以后每年的数字更甚于前者，到了 1849 年进港总船次达到 254 次，进口总吨位为 44026 吨，分别是 1844 年的（88 次、8584 吨）的 2.89 倍与 5.13 倍。[⑦]

　　就此时期上海远洋运输的船舶类型而言，一种轻型的快速帆船——飞剪船在上海开埠初期的远洋贸易中起到了非常重要的作用，可以说在轮船时代到来之前它是最重要的远洋船舶运输工具。

---

① 《孙善宝奏办理上海开市情形折》，齐思和等整理《筹办夷务始末（道光朝）》第 5 卷，中华书局，1964，第 2786 页。

② G. Lanning‐S. Couling, *The History of Shanghai*, Shanghai：Kelly & Walsh, Limited, 1921, pp. 277‐278.

③ 〔美〕卜航济：《上海租界略史》，岑德彰编译，大东书局，1931，第 18—19 页。

④ *Returns of Trade at The Ports of Canton, Amoy and Shanghai for the Year 1844, Received from Her Majesty's Plenipotentiary in China*, London：Printed by T. R. Harrison, 1845, p. 33; *Irish University Press Area Studies Series, British Parliamentary Papers, China, Statistical Returns, Accounts and Other Papers Respecting the Trade between Great Britain and China 1802 - 88*, Shannon：Irish University Press, 1972, vol. 40, p. 345.

⑤ *Returns of Trade at The Ports of Canton, Amoy and Shanghai for the year 1844, Received from her Majesty's Plenipotentiary in China*, p. 71; *Irish University Press Area Studies Series, British Parliamentary Papers, China, Statistical Returns, Accounts and Other Papers Respecting the Trade between Great Britain and China 1802-88*, p. 427.

⑥ 黄苇：《上海开埠初期对外贸易研究（1843—1863 年）》，第 40 页。

⑦ 黄苇：《上海开埠初期对外贸易研究（1843—1863 年）》，第 147—151 页。

飞剪船是一种轻型的快速帆船，与传统帆船相比，载重量有限，但其船身长，宽度窄，吃水浅，篷帆多，船首装有突出的斜桅，因而驾驶轻灵，且能经受风浪的冲击，几乎可在任何季节里行驶，主要用来运输鸦片、茶叶等产品。它最早出现在美国的巴尔的摩，是在世界航运史上占有重要地位的船种。在轮船时代到来之前，飞剪船是航速最快的船只。19 世纪 20 年代，这种轻捷灵便的飞剪船被用于向中国沿海走私鸦片。尤其在鸦片战争之后，怡和、宝顺和旗昌等洋行为了贸易需求，争相向美国各船厂订购新型的飞剪船。①

自从 19 世纪初叶直到 70 年代末期，在中国贸易中有三种显然不同的快速帆船，或称飞剪船。它们是鸦片飞剪船、美国茶叶飞剪船和英国茶叶飞剪船。第一种盛行于 1830—1850 年，第二种盛行于 1846—1860 年，第三种盛行于 1850—1875 年。②

飞剪船的载重量一般为 90—450 吨，最大的有 1700 吨。③ 贩运鸦片的飞剪船都是小船，一般在 100—200 吨，多是二桅和纵帆式帆船以及少数三桅帆船，因为"大船是不必要的，它们装运的货物就是鸦片和白银"④。茶叶飞剪船则相对吨位较大，比如，1846—1860 年，美国在这一时期建造的专门用来运输茶叶的飞剪船达到了 700—1000 吨。⑤

因此，上海开埠初期，鸦片、茶叶的远洋贸易所使用的船舶主要是飞剪船。飞剪船一般为怡和、宝顺和旗昌等大洋行所拥有，他们资金雄厚，有实力订购新型飞剪船，从而组成自己的运输船队。上海开埠后，初期出入上海的远洋船只绝大部分来自英、美两国，这是因为经营上海进出口贸易的主要是开埠初期来沪的一些英、美大洋行，他们资本雄厚，在独立的专业航运服务机构诞生之前，他们依靠自己所拥有的船舶经营着远洋业务。"西方来上海的远洋船只都是西方从事对华贸易的大公司自备的散船，没有定期的班船。"⑥ 而这里所说的"散船"，大部分就是飞剪船。这些大洋行依靠自身所

① 苏智良：《中国毒品史》，上海人民出版社，1997，第 122 页。
② Basil Lubbock, *The China Clippers*, Glasgow：James Brown & Son, 1914, p. 3.
③ 苏智良：《中国毒品史》，第 122 页。
④ Basil Lubbock, *The China Clippers*, p. 7.
⑤ G. Lanning-S. Couling, *The History of Shanghai*, p. 391.
⑥ 丁日初主编《上海近代经济史（1843—1894）》第 1 卷，第 103 页。

独有的飞剪船船队，直接垄断了上海开埠初期的远洋贸易。当时一位英国船长在航行日志中记载：1855 年 4 月 4 日，黄浦江上停泊 32 艘外国船舶，除 2 艘轮船外，其余都是飞剪船。根据同一记载，1858 年 10 月 2 日，港内停泊外船 140 艘，1862 年 9 月 13 日停泊外船 268 艘，其中大部分是飞剪船。[①]

另据《北华捷报》所记载的 1852 年 1 月至 9 月上海港船舶数量与吨位统计报告（见表 2）可知，这一年出入上海港的船只主要来自英、美两国，就船只类型来看亦大部分是飞剪船，双桅横帆船和纵帆船正是鸦片飞剪船的主要样式，而巴卡船（Bark）则主要是吨位为 200—400 吨的较小的西式帆船，结合总吨位以及船舶数量，不难推出表中所列巴卡船、双桅横帆船和纵帆船都是飞剪船。这一时期英国飞剪船的船只数量占总数的 70.87%，而在船只总和中飞剪船也占 60.44%，可见飞剪船在上海开埠初期远洋贸易中的重要性。在沪的大洋行正是凭借飞剪船的独特优势，在上海开埠初期，直接垄断了鸦片、茶叶等远洋贸易。

表 2　1852 年 1—9 月上海港船只数量与吨位统计报告

单位：艘、吨

旗别	船只类型与数量					总计	总吨位
	轮船（Ships）	巴卡船（Barks）	双桅横帆船（Brigs）	纵帆船（Schooners）	蒸汽机船（Steamers）		
英国	25	47	10	16	5	103	38420
美国	40	18	3	5	—	66	36532
法国	1	—	—	—	—	1	312
荷兰	—	2	—	—	—	2	739
丹麦	1	1	—	—	—	2	689
汉堡	—	2	—	1	—	3	626
西班牙	—	—	2	—	—	2	325
夏威夷	—	—	—	2	—	2	322
暹罗	—	1	—	—	—	1	200
总计	67	71	15	24	5	182	78165

资料来源："Harbour-Master's Report of the Number of Vessel and Amount of Tonnage Moored in Shanghai, for the Year Ending September 30th, 1852," *The North-China Herald*, October 9, 1852, p.38。

[①]　《上海港史话》编写组编《上海港史话》，上海人民出版社，1979，第 38 页。

二　鸦片飞剪船与鸦片远洋贸易

19 世纪四五十年代，英国纺织工业的发展虽然已经引起贸易方式和商品结构等一系列变化，但新的产业资本还并没有完全替代旧有的商业资本，即仍然没有完全摆脱早期商人资本的原始落后状态，新的产业资本的商品侵略和旧的商业资本的原始掠夺此时仍处于交叉进行的状态。① 因此，开埠初期，来沪设行的大洋商们延续其在广州时的进出口贸易结构与形态，在从事西方工业品等合法进口贸易的同时，还从事大量非法鸦片走私的活动。而就这两类进口贸易所占比例而言，即便是 1858 年鸦片进口贸易 "合法化"② 之前，仍是以鸦片进口为主，"棉纺织品是‘正常的’贸易商品，而鸦片是走私品，然而前者的市场远远不及后者的广大"③。"进口鸦片一般接近上海进口商品总额的四分之三，而棉毛纺织品、杂货和南洋输入的商品总共只占四分之一多些。"④

鸦片走私进口贸易主要由开埠初期来沪设行的大洋行所经营，并在其进出口贸易中占有相当大的比重。这同样是因为在独立的专业航运服务机构诞生之前，大洋行拥有属于自己的鸦片运输船——鸦片飞剪船以及趸船。因此，开埠伊始在沪最大的三家洋行——怡和、宝顺、旗昌，同样也是在沪最大的鸦片商（见表 3）。"滨江面浦的众多洋行，几乎没有一家不与鸦片发生关系，有的洋行说到底只是一个鸦片行。例如，怡和洋行的老板渣甸（William Jardine）本来就是一个大鸦片贩子，以贩卖鸦片致富而组织该洋行，而怡和洋行又是上海开埠后第一个向上海输入大量鸦片的洋行。"⑤

---

① 陈文瑜：《上海开埠初期的洋行》，上海市文史馆、上海市人民政府参事室文史资料工作委员会编《上海地方史资料》第 3 辑，上海社会科学院出版社，1984，第 189 页。
② 1858 年 11 月 8 日中英签订《通商章程善后条约：海关税则》，其第五款规定："向来洋药……等物，例皆不准通商，现定稍宽其禁，听商遵行纳税贸易。洋药准其进口，议定每百斤纳税银三十两。"从此，鸦片以 "洋药" 名义成了合法进口商品，上海的鸦片输入量不断增长。参见王铁崖编《中外旧约章汇编》第 1 册，第 116—117 页。
③ 丁日初主编《上海近代经济史（1843—1894）》第 1 卷，第 64 页。
④ 陈文瑜：《上海开埠初期的洋行》，上海市文史馆、上海市人民政府参事室文史资料工作委员会编《上海地方史资料》第 3 辑，第 189 页。
⑤ 唐振常主编《上海史》，上海人民出版社，1989，第 155 页。

表3　1851年怡和、宝顺、旗昌三洋行进沪船数及货值情况

单位：艘，千元，%

洋行	鸦片		其他商品		共计	
	船数	货值	船数	货值	船数	货值
怡和	18	3724.2	4	164.4	22	3888.6
宝顺	17	3517.7	4	164.4	21	3681.7
旗昌	8	1655.2	13	534.3	21	2180.5
三行合计	43	8897.1	21	863.1	64	9750.8
上海进口总船数及货值	58	12000	105	4318	163	16301.8
三行所占比重	74	74	20	20	39.26	59.81

资料来源：根据1851年《北华捷报》逐期进出口船只报告汇总编制，转引自上海社会科学院经济研究所等编《上海对外贸易（1840—1949）》（上册），上海社会科学院出版社，1989，第80页。

鸦片远洋运输的方式，为上文所说的第二种，即采取分段航行的形式：洋行先把鸦片从印度运到香港，囤聚在香港的鸦片趸船上，然后再从香港分运到吴淞口外的鸦片趸船上。

鸦片趸船实际上就是水上的鸦片仓库，在当时起着装卸和储存货物两种作用，一些大洋行分别拥有各自的趸船。像怡和洋行700吨的"霍尔曼·罗曼济"号（Herman Romanjee）和宝顺洋行的"约翰·巴里"号（John Barry）终年停泊在香港。[1] 这种趸船通常是由旧的洋式帆船临时改装而来，船上都配备着大炮武装和精壮水手，用以保护走私，接运进口外国商船载来的鸦片，再用小船驳运进港。趸船上经常储存大量的鸦片。所以这种趸船可以说是水上的货栈，同时也是不动的炮舰。[2]

表4　1850年10月停泊吴淞口外的鸦片趸船一览

单位：吨

序号	鸦片趸船名称	吨位	所属洋行
1	"艾米丽·简"号（Emily Jane）	427	宝顺洋行（Dent & Co.）
2	"福克斯通"号（Folkstone）	406	怡和洋行（Jardine Matheson & Co.）
3	"科学"号（Science）	388	旗昌洋行（Russell & Co.）

[1]　陈文瑜：《上海开埠初期的洋行》，上海市文史馆、上海市人民政府参事室文史资料工作委员会编《上海地方史资料》第3辑，第194页。
[2]　茅伯科主编《上海港史》（古、近代部分），人民交通出版社，1990，第129页。

续表

序号	鸦片趸船名称	吨位	所属洋行
4	"马斯杜"号（Masdeu）	236	复源洋行（F. S. & N. M. Lungrana）
5	"沙锥鸟"号（Snipe）	176	琼记洋行（Augustine Heard & Co.）
6	"威廉四世"号（William IV）	176	广隆洋行（Lindsay & Co.）
7	"小丑"号（Clown）	152	广南洋行（P. & D. N. Camajee & Co.）
8	"獒犬"号（Mastiff）	148	沙逊洋行（Sassoon Sons & Co.）
9	"威廉"号（William）	130	太平洋行（Gilman Bowman & Co.）
10	"时间"号（Time）	110	顺章洋行（P. F. Cama & Co.）

注：与原文相比此表按吨位大小重新进行了排列。

资料来源："Shipping in Port：Receiving Ships," *The North-China Herald*，October 12，1850，p. 44。

上海的鸦片交易市场设在吴淞口外的趸船上，停泊在吴淞口外的鸦片趸船数量开埠后也由开埠前的 3—6 艘增加到 8—10 艘，[1] 到 1851 年更是达到了 14 艘。[2] 这些趸船常年保持着 1500—4500 箱鸦片，[3] 主要为怡和、宝顺、旗昌等在沪大洋行所拥有。

另外，从印度到香港趸船以及从香港趸船到吴淞口外趸船的运输工具就是飞剪船。大洋行都各自拥有载重一百至数百吨的小型飞剪船组成的船队，专门负责将鸦片分送到停泊在各口的趸船上。而大洋行之所以能长期保持鸦片贸易的垄断地位，很大程度上就是因为其具有强大的运输船队。比如怡和洋行建立之初就拥有大型的帆船，如"米罗普"号、"圣西巴斯提恩"号等。19 世纪 30 年代初，各大洋行在认识到飞剪船的优势后便迅速引进，从而大大缩短了从印度到中国的航程时间，并因此而取得了领先优势。到 1836 年怡和洋行就已拥有 12 艘飞剪船组成的船队，其中如"红流浪者"号、"气仙"号是当时航速最快的船。[4] 同时，怡和洋行还是英国建造的第一艘飞剪船的拥有者，[5] 该船是 506 吨的"斯托

---

① 茅伯科主编《上海港史》（古、近代部分），第 195 页。

② Shipping at Shanghai，*The North-China Herald and Supreme Court & Consular Gazette*，November 24，1893，p. 817.

③ 〔美〕斯蒂芬·洛克伍德：《美商琼记洋行在华经商情况的剖析（1858—1862 年）》，章克生等译，上海社会科学院出版社，1992，第 39 页。

④ 苏智良：《中国毒品史》，第 141 页。

⑤ 在此之前英国所用飞剪船皆为美国建造。

诺韦"号（Stornoway）（见图 1），于 1850 年从阿伯丁的亚历山大·霍尔洋
行的船坞下水，用于对华贸易。[①]

图 1　"斯托诺韦"号（Stornoway）

说明："斯托诺韦"号长度、宽度、深度分别为 157 英尺 8 英寸、25 英尺 8 英寸、17
英尺 8 英寸（1 英寸约为 2.54 厘米，1 英尺约为 30.48 厘米）。

资料来源：Arthur H. Clark, *The Clipper Ship Era: An Epitome of Famous American and
British Clipper Ships, Their Owners, Builders, Commanders, and Crews, 1843-1869*, p.198。

作为轮船时代到来之前航速最快的船只，飞剪船的速度连英美的战舰也
望尘莫及。所以，用飞剪船走私鸦片，就能很容易逃脱缉私船的追击。[②] 飞
剪船船队，船只先进，人员充足，武装齐备，各种船只有着完密的分工。据
《鸦片飞剪船》著者拉伯克（Basil Lubbock）所言，走私鸦片的飞剪船主要
分为三类：

> 第一类，是从印度载运鸦片到香港，装到各大洋行停泊在香港的趸
> 船上；第二类，是专门把储在香港趸船上的鸦片分运到各通商口岸；第
> 三类，是把鸦片从香港运到中国沿海不准通商的城镇港口销售。这类鸦
> 片船最为凶狠，因为它们要出没在生疏未经探测的港湾，同陌生的中国

---

① Arthur H. Clark, *The Clipper Ship Era: An Epitome of Famous American and British Clipper Ships,
Their Owners, Builders, Commanders, and Crews, 1843-1869*, New York：The Knickerbocker
Press, 1911, pp.197-198.

② 苏智良：《中国毒品史》，第 122—123 页。

土棍打交道，还要对抗清政府官船的缉捕。①

吴淞是各口中最北端也是最大的鸦片市场，鸦片船的出没最为频繁。据统计在 19 世纪 40 年代中期，飞剪船就已达二三十艘。② 其中属于怡和洋行的约为 5 艘，载重最大，装备最优；宝顺洋行也有 4—5 艘，载重稍小一些；公易洋行 4 艘；太平洋行 3 艘；拉士担治洋行 2 艘；旗昌洋行 4 艘。③ 此外，在吴淞拥有趸船的琼记、广隆等洋行也一定有自己的运输船，④ 每年共行驶五六十船次。以 1851 年为例，怡和洋行 163 吨的"马济帕"号（Mazeppa）、151 吨的"沃达克斯"号（Audex）和 147 吨的"埃欧那"号（Iona），共装运鸦片 18 航次；宝顺洋行 195 吨的"海岛女皇"号（Island Queen）、106 吨的"纳姆夫"号（Nymph）共装运 17 航次；旗昌洋行 372 吨的"羚羊"号（Antelope）装运鸦片 8 航次等。⑤ 到达上海的鸦片船都不直接开进上海港口，它们先在吴淞口外把鸦片卸到趸船上，中国鸦片贩子同洋行做成交易后，凭洋行开出的鸦片提货单到趸船上提货，然后用自备的驳船或信船⑥把鸦片从港口外运回城市或运至附近港口。⑦

鸦片运输主要是由在沪大洋行所垄断。小洋行一是无力购置造价昂贵的飞剪船，二是即使有船也难以自运鸦片，因为在鸦片运输中怡和、宝顺与旗昌等大洋行经常采取严厉的手段排除异己。比如，如果有其他船只直接到香港采购鸦片，等这些船一离香港，大洋行便会立即下令各口趸船削价抛售鸦片，使这些船大受亏损；并且还命令本洋行的保险部，拒绝为这些船投保，从而迫使小洋行不得不按惯例到各口向趸船采购。⑧

---

① Basil Lubbock, *The Opium Clippers*, Glasgow: Brown, Son, & Ferguson, Ltd., 1933, p. 7.

② Henry Charles Sirr, *China and the Chinese: Their Religion, Character, Customs, and Manufactures: The Evils Arising from the Opium Trade: With a Glance at Our Religious, Moral, Political, and Commercial Intercouse with the Country*, London: Wm. S. Orr & Co., 1849, vol. I, p. 266.

③ R. Montgomery Martin, *China: Political, Commercial, and Social: In An Official Report to Her Majesty's Government*, London: James Madden, 1847, vol. II, p. 259.

④ 丁日初主编《上海近代经济史（1843—1894）》第 1 卷，第 101—102 页。

⑤ John King Fairbank, *Trade and Diplomacy on the China Coast: The Opening of the Treaty Ports, 1842-1854*, Stanford, California: Stanford University Press, 1969, p. 229.

⑥ 信船，上海与邻县之间定期往来的一种专门捎信带货的班船，到船、开船都有固定的时间。

⑦ 丁日初主编《上海近代经济史（1843—1894）》第 1 卷，第 77 页。

⑧ John King Fairbank, *Trade and Diplomacy on the China Coast: The Opening of the Treaty Ports, 1842-1854*, p. 238.

三　茶叶飞剪船的盛行与发展

如同西方工业品、鸦片在上海的远洋进口贸易一样，开埠初期丝、茶在上海的出口也主要是由来沪设行的英、美大洋行所经营，其经营方式是大洋行先将各地丝、茶进行统一收购并存放于上海，等进口船只到达上海后，返航时再将丝、茶运出国外。在上海开埠初期一段时间内，进入上海的远洋船只在返航时所载的货物主要是丝和茶。因此，就丝、茶在上海的远洋出口运输方式而言，则主要根据进口到上海港的远洋船只情况而定，即前文所述的两种远洋航行方式——直接航行、分段航行。直接航行是将直航到上海的船只返航时装载丝、茶后直接远航到国外相关港口，分段航行则是根据返航时船只情况先将丝、茶运输到香港，再换成远航各国港口的船只，进行分段远洋运输。

表5　1845—1849年上海开埠初期出口货值中各国所占比重

单位：英镑、%

国别	1845 年		1846 年		1847 年		1848 年		1849 年	
	货值	比重	货值	比重	货值	比重	货值	比重	货值	比重
英　国	1259091	93.6	1352530	88.6	1401194	92.3	1142987	87.5	1438480	82.0
美　国	59949	4.5	156425	10.2			155194	11.9	299931	17.1
西班牙	7384	0.5	—	—	116105	7.7	—	—	—	—
其　他	18226	1.4	18005	1.2			7434	0.6	16245	0.9
合　　计	1344650	100	1526960	100	1517299	100	1305615	100	1754656	100

注：①1844 年进入上海港的 44 只船只皆为英籍，其总货值为 487528 英镑，比重为 100%。
　　②1847 年栏内货值 116105 英镑系美国、西班牙及其他国家无法分开的合计数字。
资料来源：黄苇《上海开埠初期对外贸易研究（1843—1863 年）》，第 141 页。

如前文所述，在独立的专业航运服务机构诞生之前，开埠初期来沪的一些英、美大洋行凭借其所拥有的远洋船舶，在开埠初期很长一段时间内垄断了上海进出口贸易。因此，这一时期上海丝、茶出口目的地主要也是英、美两国。如开埠初期上海的远洋进口贸易主要被英、美两国独占一样，出口亦然，这其中又以英国占据着较大份额（见表5）。丝、茶在上海的远洋出口贸易，于丝而言，出口地主要是英国，并几乎被其垄断；于茶而言，除一部分输往英国外，亦有很大部分出口到美国。"华丝贸易几为英国所独占，而茶则不然，查由沪输出之茶，经由英商之手，仅逾半数，其余大部，则为美商经营。"[①]因此，就丝的远洋运输方式而言，主要是进入上海的英国船只在返航时装载丝回去，或采取分段航行的办法将生丝装载于走私的鸦片船上，先运输到香港，再换船远航到英国。

与生丝的远洋运输不同，茶叶具有较强的季节性的特点，从而使得"运送新茶的速度是极端重要的问题"[②]。在轮船远洋运输开始之前，如何利用帆船的自然动力顶着西南风把新茶在短时间内有效、安全地从中国远洋运输到目的地，是在沪茶商所考虑的主要问题。"茶叶运输涉及运筹学知识，牵涉在关键性的港口集中最有效类型的船舶、进行必要的辅助工作，以及把货物运抵发散地点的速度等问题。"[③]因此，东印度时代所用的1000—1300吨贸易帆船用来装运茶叶是行不通的，因为"这种船只既笨重又缓慢，航行耗费的时间可达一年之久"[④]。另外，鸦片飞剪船亦行不通，虽然在速度方面其可胜任，但吨位太小，毕竟鸦片飞剪船主要是通过分段航行的方式来快速运输鸦片和白银的。而随着美国人所发明的700—1000吨的茶叶飞剪船[⑤]投入使用，在轮船还未被普遍使用之前，从中国远洋运输茶叶的"运筹学难题"便得到了解决。

19世纪40年代之前，茶叶贸易的规模一直很小，凡是超过500吨的船都难以装满它的货舱，但到40年代以后，由于新的通商口岸开放，茶叶货源就比较充足了，茶叶船无论从体积上还是从数量上都开始有所增长。第一批进入中国领海的道道地地的飞剪船是美国船，它们从40年代初期开始在广州装上茶叶，飞快地赶回纽约和波士顿。直至它们在

---

① 〔英〕班思德编《最近百年中国对外贸易史》，海关总税务司署统计科译印，1931，第48页。

② Arthur H. Clark, *The Clipper Ship Era: An Epitome of Famous American and British Clipper Ships, Their Owners, Builders, Commanders, and Crews, 1843-1869*, p. 321.

③ Francis E. Hyde, *Blue Funnel: A history of Alfred Holt and Company of Liverpool from 1865 to 1914*, Liverpool: Liverpool University Press, 1956, p. 38.

④ H. B. Morse, *The International Relations of the Chinese Empire*, London: Longmans, Green and Co., 1910, vol. I, p. 342.

⑤ G. Lanning-S. Couling, *The History of Shanghai*, p. 391.

中国和美国之间奔驰达七年左右，第一艘真正的英国飞剪船才在东方出现。①

美国人所发明的茶叶飞剪船不仅解决了从中国远洋运输茶叶的"运筹学难题"，同时也为其在中国绿茶的出口方面分到了一杯羹。因为在五口通商时期，远洋进出口贸易中英国占据绝对份额并直接垄断了中国生丝与红茶的出口贸易。在这种情况下，美国正是凭借其出色的茶叶飞剪船，使得这一时期，从中国输往美国绿茶的份额甚至达到了当时中国所产绿茶的四分之三。

> 按华丝对外贸易，几全操于英商之手，惟英人所购华丝，初非自用，乃系转售于法以供该国丝织工业之需。又红茶贸易事实上亦为英商所垄断，因欧洲各国所需华茶，除由陆路输往俄国者外，俱由英商经营。至茶之轮往美国者，几全为绿茶，衡其数量，足抵中国绿茶产额四分之三。②

其实，上海开埠后的第一年，即 1844 年，"美国的'运茶快艇'已经来到过这个口岸"③。在随后的几年中，每年运茶到美国的船只平均约为 40 只，后来增加到 60 只以上，到 19 世纪 50 年代初期，上海已成为对美茶叶输出的主要地点。④"美国的贸易在上海增长得特别快。到 1852 年为止的三年间，从美国到达上海的船只数量几乎为原来的三倍，总数达到 66 艘（38760 吨）。"⑤ 到 50 年代初期，从上海输往美国的茶叶占到了上海总对外输出量的 30% 以上，而在英国完全垄断生丝贸易的情况下，同期输往美国的生丝则仅占据 1%—3%（见表 6）。

---

①　Basil Lubbock, *The China Clippers*, pp. 36-37.

②　〔英〕班思德编《最近百年中国对外贸易史》，第 44 页。

③　H. B. Morse, *The International Relations of the Chinese Empire*, p. 357.

④　Eldon Griffin, *Clippers and Consuls*: *American Consular and Commercial Relations with Eastern Asia*, *1845-1860*, Ann Arbor, Mich.: Edwards Bros., 1938, pp. 313-314.

⑤　Eldon Griffin, *Clippers and Consuls*: *American Consular and Commercial Relations with Eastern Asia*, *1845-1860*, p. 18.

表 6　1848—1852 年上海茶、丝输往美国概况及所占比重

单位：磅、包、%

年份	茶			丝		
	输往美国重量	总出口重量	比重	输往美国数量	总出口数量	比重
1848	1741000	15711142	11.08	0	21176	0
1849	2986000	18303074	16.31	35	18134	0.19
1850	5624000	22363370	25.15	415	15237	2.72
1851	11069000	36722540	30.14	250	17243	1.45
1852	18000000	57675000	31.21	298	20631	1.44

资料来源：S. Wells Williams, *The Chinese Commercial Guide*, *Containing Treaties*, *Tariffs*, *Regulations*, *Tables*, *Etc.*, *Useful in the Trade to China & Eastern Asia*; *With an Appendix of Sailing Directions for those Seas and Coasts*, Hong Kong：A. Shortrede & Co., 1863, p. 198。

上海开埠初期，在英国以绝对的优势占据了对外贸易绝大部分份额的情况下，美国凭借强大的茶叶远洋运输帆船以及对远洋航运业的重视，逐渐强化了其在上海远洋贸易中的地位，"上海在远洋航运业上的重要性，美国人比英国人更重视，在这一领域对英国人的挑战也更咄咄逼人"①。也正是因为美国人对远洋航运的重视，其在上海的远洋贸易得到迅速增长，并逐渐缩小了与英国在沪远洋贸易之间的差距，从而使得上海在 19 世纪 50 年代初期就已经成为美国对华远洋进出口贸易最重要的港口。"尽管美国在上海的贸易额远逊于英国，但其迅速增长的情况却将引起人们的注意。美国贸易额和英国贸易额的距离，正在逐年缩小。在短短九年（1844—1853 年）的期间内，这个城市已经成为美国制造品在中国的主要集中地和中国绿茶的主要出口港。"②

另外，到了 50 年代初期，进出上海港的美国船只在数量、吨位以及贸易值等方面于较短时间内出现快速增长（见表 7）。一个重要的原因就是，1849 年英国废除了旨在保护本土航海垄断贸易的法案——"英国航海法"③后，由于美国茶叶飞剪船在上海的远洋运输中的出色表现，迅速被茶叶商们

① 丁日初主编《上海近代经济史（1843—1894）》第 1 卷，第 108 页。
② 姚贤镐编《中国近代对外贸易史资料（1840—1895）》第 1 册，中华书局，1962，第 517 页。
③ 英国航海法，又称航海法案或航海条例（The Navigation Acts），是指 1651 年 10 月，克伦威尔领导的英吉利共和国议会通过的保护英国本土航海贸易垄断的法案，后该法案得到不断修改和完善。该法案规定只有英国或其殖民地所拥有、制造的船只可以运装英国殖民地的货物。政府指定某些殖民地产品只准许贩运到英国本土或其他英国殖民地，包（转下页注）

用于上海至英国的远洋茶叶运输。"直到 1850 年，华茶对英直接贸易的垄断得益于航海法对英国船运业的保护。迨 1849 年 6 月航海法废除，作为一个进一步促进自由贸易的步骤，英国茶叶市场自 1850 年 1 月 1 日起向美国飞剪船开放。"① 这也就使得从上海出发载满茶叶的美国飞剪船可以远航到英国，也就是这个原因造成了 1851 年、1852 年上海港美国船只的数量、吨位以及贸易值与 1849 年、1850 年相比实现快速的增长。

表 7　1849—1852 年上海港美船进出口船只数量、吨位及贸易值

单位：艘、吨、元

年份	进口			出口		
	船只数量	吨位	贸易值	船只数量	吨位	贸易值
1849	24	9829	757259	24	9877	1358182
1850	37	15308	830318	34	14464	2100506
1851	54	27634	1216922	53	26697	4615533
1852	66	38760	2094971	70	40592	7980747

资料来源：John King Fairbank, *Trade and Diplomacy on the China Coast：The Opening of the Treaty Ports, 1842-1854*, p. 361。

在遭到议会和上议院以及几乎每一家造船商和船主的猛烈反对后，英国于 1849 年废除了"英国航海法"，这对飞剪船的营造业产生新的动力，因为当时英国商业海运第一次被卷入与其他国家，特别是美国的船只的直接竞争中。②

1849 年废除了那些给予船主们可靠保护，以致他们都不想作任何

（接上页注③）括如烟草、糖、棉花、靛青、毛皮等。其他国家的制造产品，必须经由英国本土，而不能直接运销殖民地，限制殖民地生产与英国本土竞争的产品，如纺织品等。航海法案订立的目的在于保障英国本土的产业发展，并排除其他欧洲国家尤其是荷兰在贸易上的竞争，这是当时重商主义思想下的产物。但这样的限制对殖民地的人民来说，不管在购买商品还是贩卖产品上都十分不便，因此导致各殖民地，尤其是北美殖民地人民的不满，成为美国独立战争的原因之一。到了 19 世纪，英国在工业革命之后，逐渐采行自由贸易政策，因此在 1849 年废除大部分航海法案，至 1854 年，所有的航海贸易限制完全废除。

① John King Fairbank, *Trade and Diplomacy on the China Coast：The Opening of the Treaty Ports, 1842-1854*, p. 361.

② Arthur H. Clark, *The Clipper Ship Era：An Epitome of Famous American and British Clipper Ships, Their Owners, Builders, Commanders, and Crews, 1843-1869*, p. 88.

改进的航海法。不管船主们如何顽强地反对，自由贸易还是实行了。我们的国外市场从而向世界商人大开方便之门。美国飞剪船立即乘此良机打进了英国的茶叶贸易。①

也就是在 1849 年 6 月之前，由于英国船主们在远东航运的垄断中仍处于航海法的保护下，感到十分安全，很少注意对海船结构加以改进。即便是在认识到鸦片飞剪船的巨大优势时，经营远东贸易的洋商们也仅是争相向美国购买飞剪船，而在英国本土却未曾有建造飞剪船的想法。而与此同时，美国在这方面却已获得了相当大的进展。

1849 年 6 月，随着英国"航海法"的废除，又在美国茶叶飞剪船迅速加入中英远洋贸易并对其造成巨大冲击后，英国的船主们这才对飞剪船的营造业产生了新的动力，并开始着手在英国建造属于自己的飞剪船，以期与美国在中英远洋航运贸易上抗衡。所以从 1850 年以后英国茶叶飞剪船开始航行于上海与英国之间。尽管如此，在中国和伦敦的茶叶贸易中，茶叶商们一般还是喜欢租用美国的飞剪船。② "在这种自由竞争情况下，美国人，由于他们的创造能力和优良的海员品质，已经扶摇直上达到首屈一指的地位，直到 1852 年，在上海口岸的外国船舶总数中，不下 47% 是悬挂美国旗的。"③ 对此，在沪的英国商人也表现出了前所未有的担忧：

> 在今天的专栏文章——港务长的报告中，我们将会发现，在过去的 12 个月里，英国和美国的吨位几乎达到了一个水平。这种情况应该使我们的同胞得到教训：航海法废除后，他们必须站起来，继续在海洋运输中保持原有的地位。④

也正是由于这个因素，英国人在回顾这段历史时不得不承认美国在海运势力上的强大：

① Basil Lubbock, *The China Clippers*, p. 106.

② Eldon Griffin, *Clippers and Consuls: American Consular and Commercial Relations with Eastern Asia, 1845-1860*, p. 23.

③ H. B. Morse, *The International relations of the Chinese Empire*, London: Longmans, Green and Co., 1910, vol. I, p. 343.

④ "The Harbour-Master's Report," *The North-China Herald*, October 9, 1852, p. 38.

当前作为世界性运输工具的英国商船已如此牢固地确立了霸权地位，以至很难想象在 19 世纪 50 至 60 年代时美国在海运业上不仅能与我们平起平坐，而且在许多方面还占了优势。仅就船只的数目来看，这两个海上强国差不多是势均力敌的。①

结　语

从上海开埠一直到 19 世纪 60 年代末，就上海远洋贸易的经营主体而言，主要是原先在广州经营远洋进出口贸易的英、美大洋行。他们凭借原有的实力迅速占领上海市场，并继续经营着原有的进出口业务。就远洋运输方式而言主要是帆船。同时，为了提高运输效率，已经出现了专门用于运输鸦片与茶叶的飞剪船。而飞剪船的出现则代表了这一时期远洋航运业技术上的一种进步，"'飞剪船时代'木质帆船在结构、速度和美观方面都取得了登峰造极的发展。几乎所有的飞剪船都创造了早期轮船所望尘莫及的记录"②。因而，飞剪船被誉为"工程学和人类进取精神的结晶"，"只要看到那修长低矮的船身、鱼头形状、好似竖起的刀刃般垂立于水面之上的船头，便能立刻认出它来"。以至于当时的一位船长自豪地评论道："在每一个海员的心目中，它都是一位无瑕的美人。"③

飞剪船在上海开埠初期远洋贸易上的广泛使用，对促进近代上海远洋贸易的发展、开拓近代上海远洋贸易的市场具有重要作用。到 60 年代末 70 年代初，苏伊士运河的开通、欧亚海底电缆的敷设，以及轮船的大量开始使用，标志着曾称霸远洋航运一时的"飞剪船时代"的结束，也预示着上海远洋航运又进入一个新的时代。④

---

① Basil Lubbock, *The China Clippers*, Glasgow: James Brown & Son, 1914, p. 103.
② Arthur H. Clark, *The Clipper Ship Era: An Epitome of Famous American and British Clipper Ships, Their Owners, Builders, Commanders, and Crews, 1843-1869*, p. Ⅵ.
③ 〔美〕萨拉·罗斯:《茶叶大盗——改变世界史的中国茶》，孟驰译，社会科学文献出版社，2015，第 300—301 页。
④ 关于苏伊士运河的开通、欧亚海底电缆的敷设等交通、通信工具的变革等引起的近代上海远洋航运的新发展参见李玉铭《近代海上丝绸之路的新起点——交通、通讯工具变革与近代上海远洋航运的发展》，《太平洋学报》2016 年第 6 期。

Ocean-going Trade Patterns and Structures in the Early Days of Shanghai
—It Centers on Clipper Ship

Li Yuming

Abstract: In the early days of Shanghai's port opening, from the mid 1840s to the late 1860s, Shanghai's ocean-going import and export trade mainly consisted of opium, raw silk and tea. And the proprietor of ocean-going trade were mainly large foreign merchants with strong capital who came to Shanghai in the early stage of opening port. At the same time, because they were very powerful, before the birth of independent professional shipping service agency, they mainly relied on their own had ocean business oceangoing ships, and so Shanghai import and export trade was almost completely dominated by them. In addition, in order to reduce costs and improve efficiency, various foreign companies had built special clipper ships for transporting opium and tea. The use and promotion of the clipper ships in Shanghai's ocean trade during this period that played an important role in promoting the development of Shanghai's oceangoing trade at the beginning of the opening port, and further opening up and expanding the market of Shanghai's modern ocean trade.

Keywords: The Clipper Ships; Shanghai; Ocean-going Ships; Ocean-going Trade

（执行编辑：吴婉惠）

海洋史研究（第二十一辑）

2023 年 6 月   第 109~128 页

19 世纪前期上海港题材洋画初探

——以《中国通商图》中的石版画《1840 年的上海》为例

赵　莉[*]

以中国港埠风景为题材的洋画[①]是近代口岸文化史的研究内容，其中广州港埠洋画研究尤具代表性。21 世纪以来，伴随国内外收藏机构有关广州港埠图像藏品的交流与共享，不同学科的学者们对此展开了多面向、多维度的阐释，并取得了丰硕研究成果。整体上，相关研究取向有两种：一种是以外销画中的广州港埠图为材料，探究广州十三行贸易、中西交流、海上交通等议题，比如刘凤霞以大英博物馆藏礼富师（John Reeves）家族捐赠的外销画探讨中西早期交往中的相互态度、广州口岸文化传播等问题；[②] 范岱克、莫家咏所著《广州商馆图（1760—1822）：艺术中的阅读史》以外销画中的十三行商馆画为研究材料，结合广州贸易史论述了十三行建筑的演变情况及原因。[③] 另外一种研究是聚焦外销画本身，从其发展脉络、题材、内容、绘制方法、外销画家等方面展开的专题性研究，如江滢河探究广州港口作为

---

*　赵莉，上海中国航海博物馆副研究馆员。

① 此处"洋画"参考了江滢河教授在《清代洋画与广州口岸》（中华书局，2007）中提出的"洋画"概念，是指在 19 世纪西画东传影响下出现的具有西洋色彩的绘画作品，这类作品有的为西人所绘，也有中国画家所绘，整体上呈现的是西人视野下的东方形象与记忆。

② 刘凤霞：《口岸文化——从广东的外校艺术探讨近代中西文化的相互观照》，博士学位论文，（香港）香港中文大学，2012。

③ Paul A. Van Dyke, Maria Kar-Wing Mok, *Images of the Canton Factories 1760–1822：Reading History in Art*, Hong Kong University Press, 2015.

清代外销画题材的典型性，① 程存洁聚焦通草水彩画中的广州港口图景，简析早期来华西人与港口风景画的源流。② 鉴于外销画具有的跨学科特征，近年来有研究将广州港埠洋画纳入美术史研究范畴，如刘爽运用图像学方法探究"潘趣酒碗"上的十三行景观与"长卷式"港口城市形象的关系。③ 韩晗对包括广州洋画在内的清代船舶与港埠题材西洋画按时间段进行梳理、分类、归纳，使用文献分析和风格学的研究方法，对图像风格进行解释以及论述。④ 相比之下，近代特别是 19 世纪前期的上海港洋画似未引发研究者关注。这一时期西人视野下的上海港埠是什么形态？有什么特点？绘制者的资源从何而来？从中反映的开埠前西人的上海认知有什么特点？本文以馆藏插画集《中国通商图》（*Chater Collection：Pictures Relating to China，Hong Kong，Macau，1655 - 1860*）（见图 1）中的版画《1840 年的上海》为例，对上述问题作初步探究。⑤

一　19 世纪前西方图像中呈现的"上海"

《中国通商图》，又名"遮打插画集"。该书最早源于供职于中国海关的英国人 Wyndham O. Law Esq 收藏的中国图像。后来，香港著名企业家和收藏家遮打爵士（Sir Catchick Paul. Chater）（见图 2）出资购买了这些图像，并将这些图像交给好友 James Orange 进行编辑整理并出版。James Orange 在整理的过程中，根据编辑需要又增加了一些图像，包括大英博物馆收藏的中国地图、版画、照片等，并对这些图像作了基本分类与研究，形成了《中国通商图》一书。该书由伦敦桑顿巴特沃斯出版公司（Thornton Butterworth Limited）在 1924 年出版。

《中国通商图》中所收录的中国图像时间上限是 1655 年，下限是 1860 年，跨越了 200 多年。全书分为 12 章，内容主要包括中国地图、中国对外贸易、早期英国外交使团、中国战争、广东河流（水道）、广州、澳门、香港、条约口岸、航运、中国北方以及杂项。图像共计 430 幅，图像形式丰富多样，包括油画、水彩画、钢笔画、铅笔画以及各类版画、书本插画等。每

---

① 江滢河：《清代洋画与广州口岸》，中华书局，2007。
② 程存洁：《十九世纪中国外销通草水彩画研究》，上海古籍出版社，2008。
③ 刘爽：《从全景到街景——从里斯本东方艺术博物馆藏"十三行潘趣酒碗"看"长卷式"城市视野的形成》，《艺术设计研究》2021 年第 1 期。
④ 韩晗：《清代船舶与港埠题材西洋画研究》，硕士学位论文，华东师范大学，2014。
⑤ 该插画集 1924 年版的英文原著于 2018 年入藏中国航海博物馆并被定名为《中国通商图》，（藏品编号：20242），现被定为三级藏品。

章内容包括主题背景介绍、图像说明和图像。虽然算不上是严格意义上的中国外销画学术著作，但在外销画尚未成为独立的研究对象前，《中国通商图》以其出版年份之早、信息量之丰富，特别是收录的图像今多散佚而具有特殊的学术价值。① 该书第九章"条约口岸"之"上海"专题就收录了石版画《1840 年的上海》（见图 3）。

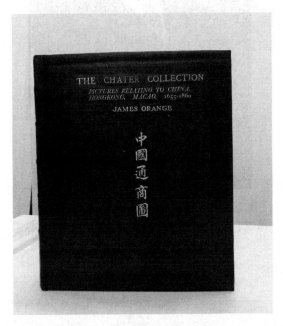

图 1 《中国通商图》书影

资料来源：中国航海博物馆馆藏文献《中国通商图》（*Charter Collection：Pictures Relating to China，Hong Kong，Macau，1655 - 1860*），London：Thornton Butterworth Limited，1924。

版画是通过印刷媒介将图像转印于纸上的绘画作品。从图像风格来看，这幅《1840 年的上海》体现了版画作品的艺术特征：色彩以黑白为正宗，画面凝练、简洁，传递出刚健、分明的视觉力量感。就构图内容而言，绘者仿佛乘坐着一艘刚刚驶入这片水域的船只，采用来自水面的视点，记录了迎面而来的港埠风景。舟船占据了画面近景中心，这些舟船由近及远，参差交错，星罗棋布。从船式看，基本为中国舟船，包括居于画面正中心位置的

---

① 陈雅新：《中国清代外销画研究回顾与展望》，《学术研究》2018 年第 7 期。

图 2　《中国通商图》插画提供者遮打爵士像

资料来源：中国航海博物馆馆藏文献《中国通商图》。

图 3　《1840 年的上海》，石版画

资料来源：中国航海博物馆馆藏文献《中国通商图》，第 414 页。

内河客船，前后方舷墙高耸、两头上翘的海船，以及用于港埠摆渡的艇子、舢板等。船上的人物或划桨、撑篙、张帆，或闲立船头。水上巍峨高扬、独树一帜的中国帆或呈方形或呈梯形，星星点点，影影绰绰。在舟船背后的中心位置，是横跨画面、气势雄伟的山脉。几座庙宇、宝塔稀疏散落在山腰，山脚下是鳞次栉比的中国建筑，有庙宇、官署、民宅、亭台楼榭等。这些建筑建在高高的城墙之上，而城墙沿河岸而建，在画面中轴处有一组台阶式驳岸伸入水中，标志着这是一个港湾。

显然，石版画《1840 年的上海》是一幅具有中国风情的图像。然而，就在这幅弥漫着中国风的港埠图像上，却鲜有与上海相关的特征，既看不到独具特色的长江入海口地理风貌，也无法辨识这一时期上海港的标志性元素。图中散落山间的宝塔、庙宇、官署、民宅、亭台楼榭等建筑形象更具写意色彩，而非写实功能，特别是图中被放大的山脉形象构建了一个陌生的上海。这不仅与现实中开埠前的上海港相去甚远，还与开埠后逐渐盛行的以外滩为中心的上海港图像形成了鲜明的反差。

开埠前，上海港区主要分布在上海县城大小东门和大小南门外的黄浦江沿岸，即南码头至十六铺一带。[1] 清代道光年间画师曹树李绘制的界画《凤楼远眺图》（见图 4）就展现了这一时期上海县城东门外黄浦江沿岸上海港的繁荣景象，传递出上海老城厢的传统气息，其中具有不少与航运密切相关的上海元素。比如画面右侧是上海的东北城墙与城墙万军台上的丹凤楼，丹凤楼是当时上海天后宫的主楼，[2] 也是远眺上海景观的制高点。丹凤楼左侧沿江的衙署为上海江海大关。康熙二十三年（1684）开放海禁，清政府于 1687 年在上海设立江海关，专司沿海 24 个出海口船舶的税收、船政以及贸易事务，关地址位于今小东门，史称"江海大关"；停泊在江上等候验关的船只多为上海船的代表——平底沙船。

1843 年开埠后，上海凭借优越的地理位置、广阔的经济腹地，远洋航运与对外贸易开始发展，从以埠际贸易为主的区域性港市发展成为以对外贸

---

① 茅伯科、邹逸麟：《上海港：从青龙镇到外高桥》，上海人民出版社，1991，第 28 页。

② 薛理勇：《外滩的历史和建筑》，上海社会科学院出版社，2002，第 96—97 页。上海的天妃宫前身为建于南宋咸淳七年（1271）的顺济庙，由福建商人集资建造，当时担任市舶司的福州人陈珩题写了"丹凤楼"匾。明嘉靖三十二年（1553）为防倭寇，上海筑城墙。顺济庙因为位于筑城的位置被拆迁。倭寇平息后，上海当地士绅们提议在原顺济庙所在的城墙上重建丹凤楼。

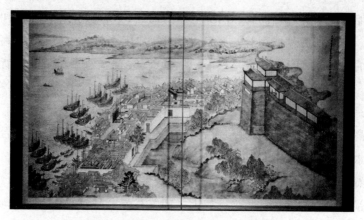

图 4　《凤楼远眺图》，清人曹树李绘

资料来源：摄于上海历史博物馆。

易为主的国际性港市。到 19 世纪中后期，上海取代广州成为中国的对外贸易中心。这一时期西人视野下的上海港市逐渐形成了以外滩为中心的图像（见图 5—图 8），颇具写实特征。外滩原来是船夫与苦工劳作的纤道，开埠后因其位置的重要性，成为租界最先发展的港埠空间。在此后 100 多年间，远洋航运与对外贸易的飞速发展赋予了城市强大能量，外滩逐渐成为一个被广泛流传的上海形象标识。这些图像均以外滩为中心，采用全景化视角，描绘了开埠 10 多年后黄浦江上繁忙的航运场景。图中黄浦江上船只往来交错，中外船型各具特色；黄浦江西岸第一代西式建筑已拔地而起；其中尤以带有宽大内阳台的券廊式西方建筑为这一时期外滩图像的代表性元素，而夹杂在众多西式建筑中的一所中式衙署建筑——江海北关也分外醒目，实为西人辨识上海的标志。这样的图像在五口通商之后伴随西人航海东来，向世界流散，逐渐成为 19 世纪中后期西人所熟知的上海形象。

图 5　上海外滩全景图（1849—1851），油画

资料来源：马丁·格里高里画廊，伦敦。私人收藏。

图 6　19 世纪 50 年代的上海外滩，油画

资料来源：中国航海博物馆馆藏。

图 7　上海：外滩，19 世纪 50 年代中期，油画

资料来源：马丁·格里高里画廊，伦敦。私人收藏。

图 8　从浦东看上海外滩，1857 年，油画

资料来源：马丁·格里高里画廊，伦敦。私人收藏。

　　相比之下，石版画《1840 年的上海》存在地域与时代辨识度的缺失。图中本来应作为远景的山体溢出了背景角色，占据了画面中心位置，几乎占二分之一篇幅，其主峰高伟雄峻，两边侧峰横跨东西，连绵起伏，山坡层次分明，颇有峰峦叠嶂的气势。在石版画的艺术效果下，山脉线条遒劲粗犷，山南山北的明暗对比强烈，使整幅图像迸发出强烈的异域情调。如果说在空间布局上，舟船是错落的，呈散点分布；那么山脉则是宏阔整体，横跨画面。如果说舟船占据的是画面中心点，那么山脉则是画面的制高点，统摄了画面整体布局，也覆盖了观者的视线。雄伟的山脉不仅放大了山脉在上海地形地貌中的特征，而且凸显了山体与港口的依存关系，勾勒出一个为高山环绕的上海港湾形象。

　　无独有偶，在 1844 年出版的约翰·奥塞隆尼（John Ouchterlony）所著《中国战争：从发端到签订〈南京条约〉期间英军在华行动记》（Chinese War：An Account of All the Operations of the British Forces from the Commencement to the Treaty of Nanking）[1] 一书中也出现了一幅以高山为构图特征的上海图像（见图 9）。较之石版画《1840 年的上海》，这幅图像更为夸张。一组高大雄奇的山脉占据了画面主体，山体壮阔，群峰突起，山石粗砺，在高山气势的压迫之下，依山脚而建的上海城墙显得尤为渺小，城中的建筑更是微乎其微，甚至可以忽略不计。与其说这呈现的是以"上海"命名的港口城市，不如说是一片尚未开发的奇异之地，一股强烈的荒野气息扑面而来，体现了当时西人对上海超乎寻常的想象。

　　事实上，不仅上海港埠区域，包括整个上海地区的地形地貌，"山地"都并非显著特征。众所周知，上海北濒长江口，南临杭州湾，是长江三角洲东南部的一块冲积平原，地势坦荡低平，平均海拔仅 4 米左右。[2] 境内仅西南部留有十余座剥蚀山丘残峰，由中生代燕山期火山岩组成。[3] 这些残峰普遍低矮，最高的天马山 98.2 米，最低的是鸡公山，仅约 10 米。在古代这十几座小山丘被统称为"九峰"。清代《嘉庆松江府志》中将"九峰"喻为散点分布的星宿，"府境诸山自杭天目而来，累累然隐其平畴间。长谷以

[1]　John Ouchterlony , Chinese War：An Account of All the Operations of the British Forces from the Commencement to the Treaty of Nanking , London：Saunders and Otley, 1844.

[2]　熊月之、周武主编《上海：一座现代化都市的编年史》，上海书店出版社，2009，第 2 页。

[3]　陈杰：《实证上海史——考古学视野下的古代上海》，上海古籍出版社，2010，第 11 页。

图9　上海，1844年，版画

资料来源：John Ouchterlony, *Chinese War*: *An Account of All the Operations of the British Forces from the Commencement to the Treaty of Nanking*。

东，通波以西，望之如列宿"①。同样，对于开埠后来过上海的西人而言，
"山地"远非上海地形特征，相反在他们印象中上海是平坦广袤的平原，犹
如"巨大的花园"。比如开埠后不久，英国皇家植物学家福琼（Robert
Fortune）于1843年首次造访上海。在福琼的印象中，当乘坐的舟船从中国
南边航行到北边，他发现上海：

> 山地景象彻底消失了，即使爬到船上最高的桅杆处，远远的地平线
> 上也看不到一座山的影子——放眼望去是一片一望无际的平原。从中国
> 南边开始一直到这一维度，都是多山地形，但到了这儿，地势为之一
> 变，变得非常平坦。②

稍晚福琼两年后到达上海的英国传教士施美夫（George Smith）在《五
口通商城市游记》中也对上海留下了"一马平川"的印象：

> 四周乡村一马平川，延绵几十里。无数小河、沟渠横贯其间，有效
> 地排泄土壤中过多的水分，干旱季节则能提供灌溉功能。最近的小山在

---

① （清）宋如林修，孙星衍等纂《嘉庆松江府志》卷七《山川志》，清嘉庆松江府学刻本。
② 〔英〕罗伯特·福琼：《两访中国茶乡》，敖雪岗译，江苏人民出版社，2015，第116页。

西北方向，约百里之遥，还有几座寺庙。①

与这些来过上海的西人记忆相比，19 世纪前期的上海图像中放大的山脉偏离了版画插图的写实功能，塑造了想象中的上海港景观。那么图像绘制者想象的资源又来自哪里？

二　想象的来源

如前文所述，图书插画是《中国通商图》中图像的构成，其中涉及与中国相关的图书大约 54 本。石版画《1840 年的上海》就是英国作家康纳（Julia Corner）编著《图解中国史与印度史》②（*The History of China & India, Pictorial & Descriptive*）书中的版画插图之一。该书由伦敦 Dean & Co. 出版公司于 1846 年出版。

19 世纪，在西人撰写的中国书籍中配以有关中国的版画插图是一种传统。作为对文字的辅助，版画插图使得书籍内容更加丰富、直观，更具有说服力与吸引力；尤其关于"遥远边地的异域风光、风土人情、相貌特征，版画不仅能提供鲜活的视觉形象，而且以精密的线条和丰富的明暗色调使画面充满异域情调，令读者在画面背后产生无尽的想象"③。鉴于版画图像对于激发西方读者的异域想象所具有的独特能力及其本身的魅力，版画插图亦是《图解中国史与印度史》的一大特色。除上海之外，该书中还有同一时期厦门、福州、宁波与香港等中国沿海港口城市的一组版画插图，均出自 19 世纪英国版画家克莱顿（B. Clayton）④之手。这组港口城市图像同样被收录在《中国通商图》第九章"通商口岸"专题中（见图 10—图 13）。

---

① 〔英〕施美夫：《五口通商城市游记》，温时幸译，北京图书馆出版社，2007，第 109—110 页。

② 朱莉娅·康纳（1798—1875），又被人们称为 Miss Corner，是 19 世纪后期英国致力于儿童教育写作的作家，创立了"康纳小姐历史图书馆"（Miss Corner's Historical Library）系列，《图解中国史与印度史》就是该系列作品之一。

③ 陈琦：《图像的力量》，载沈弘编译《遗失在西方的中国史：〈伦敦新闻画报〉记录的晚清（1842~1873）》，北京时代华文书局，2014，序言，第 4 页。

④ 本杰明·克莱顿（Benjamin Clayton，1809—1883），英国 19 世纪版画家，早年随父亲学雕刻，后来专门研习微型画，成为较有名气的微型画家。1834—1841 年曾经在皇家爱尔兰科学院举办画展，1842 年之后到伦敦发展，供职于画报社，专门从事指南书籍、儿童书籍中的插画绘制。

图 10　《1843 年的香港港湾与岛屿》，石版画

资料来源：《中国通商图》，第 380 页。

图 11　《1840 年的厦门》，石版画

资料来源：《中国通商图》，第 411 页。

　　不同的是，《中国通商图》中关于这组石版画的作者信息相对笼统，在图像右下方标出了"B. Clayton-Piqua"的字样，但并未说明这两个人的关系。在《图解中国史与印度史》书中的原图左下角印有一句话，"drawn by B. Clayton from an original painting by Piqua"，就 B. Clayton、Piqua 与这组图像的关系做了进一步说明，即"该画由 B. Clayton 根据 Piqua 的原作绘制而成"。由此可见，Piqua 与 B. Clayton 的版画创作资源密切相关。

图 12　《1840 年的福州》，石版画

资料来源：《中国通商图》，第 412 页。

图 13　《1840 年的宁波》，石版画

资料来源：《中国通商图》，第 412 页。

Piqua 是谁？清乾隆二十二年（1757）清廷关闭闽、浙、江海关下辖的口岸，仅留广州口岸经营亚欧海上贸易，实行长达近百年的"一口通商"制度，中国与欧美各国的海上贸易全部集中在广州。18—19 世纪，来广州从事贸易或者旅行的西方人，喜欢在当地购买各种工艺品以作纪念，外销画由此兴起，专门从事外销画绘制的行业群体——外销画家也由此诞生。当时的外销画家都有专门的、比较统一的名号。根据梁嘉彬《广东十三行考》，

图 14   《图解中国史与印度史》书中"1840 年的上海"原图

资料来源: Julia Corner, *The History of China & India*, *Pictorial & Descriptive*, London: Dean & Co, 1846。

"十三行商人在外人的记录中亦咸称某'官'（Quan，qua，quin）或某'秀'（Shaw），乾隆以前行商多如此称呼，及后则概以'官'称之矣"①，以符合行商们的社会地位。广州外销画家似是借用了行商别号的"官"字，同时为了便于洋人称呼好做生意，他们都会取一个西文拼音的别号"qua"，书写时用同音的"呱"字代替。② 江滢河曾经收集整理了一批以"呱（qua）"为名号后缀的外销画家信息，包括 19 世纪前期广州十三行商馆附近聚集的外销画家林呱（Lamqua）、同呱（Tongqua）、小同呱（Tongqua Jr.）、富呱（Foiequa）、发呱（Fatqua）等，其中林呱（Lamqua）堪称 19 世纪前期广州外销画家的代表人物之一。③ 19 世纪前期，伴随包括外销画在内的广州贸易繁盛发展，以 Qua 为名号后缀的广州外销画家逐渐在当时西方世界广为人知，进而出现在西人游记中。

比如，1837 年在广州的法国人维拉（M. La Vollee）的游记中曾经记录道：

在中国，尤其在广州，有几位长着长辫子的画家——林呱、廷呱、

---

① 梁嘉彬：《广东十三行考》，广东人民出版社，1999，第 45 页。
② 黄时鉴、〔美〕沙进编著《十九世纪中国市井风情——三百六十行》，上海古籍出版社，1999，第 6 页。
③ 江滢河：《清代洋画与广州口岸》，第 139 页。

恩呱（Yinqua）和其他一些"呱"（Qua），他们的画在中国人中很受欢迎，同时也是欧洲业余爱好者寻求的新奇之物。①

尽管目前由于史料无证，尚不能考证出 Piqua 姓甚名谁，但应该是一名广州外销画家。这一时期外销画家要么跟随来华西方画家现场学习（比如著名的英国画家钱纳利早年指导了很多广州画家专习西画，对广州外销画产生了深远影响），要么临摹西方画家关于中国的作品，模仿他们的风格。因此，西方画家关于中国的画作往往会成为外销画家的习画"蓝本"。这意味着没有来过上海的外销画家，其创作素材多来自二手资料，包括早年访华西人以及同一时期西人创作的中国图像。

早年访华西人创作的中国港埠图像多以他们熟悉的华南沿海港口城市为原型。五口通商之前，西人的主要活动范围集中在广州、澳门、香港等地。那些行船四海逐浪天涯的西方贸易者、船长和水手们，为纪念他们的航海生涯，每到达一个港口，都会请人绘制当地港口风景的图画。在广州、香港等华南港口中，山海相接、港湾被山体环绕是非常显著的地理特征，这在五口通商前的广州外销画以及西人画作中多有体现。

广州港口图素以表现虎门、珠江航道沿岸风光，黄埔以及广州城外十三行商馆等主要内容著称。其中，广州十三行商馆是当时西人在广州唯一的生活和贸易区域，在进入广州城内时，西人须穿过狭长的珠三角海峡虎门及珠江航道，先到达黄埔港。黄埔港风光如画，吸引西方人产生绘画冲动的不仅包括"美丽的宝塔、豪华的官员府邸"，还有"后面广阔的田野，远处雄伟的山峦"②。无论黄埔古港还是珠江沿岸、广州城内，山脉都是广州港口风景的构成要素。比如，美国皮博迪·艾塞克斯博物馆收藏的广州外销画《远眺广州城》③采用了来自海上的辽阔视野，绘制者仿佛在珠江南岸的海珠岛上隔江远眺，将广州城内城外的风景尽收眼底，"诸帆涌动的'水域'成为城市的前景"④，密集的城市建筑后方的观音山（今越秀山）巍峨耸立，构成了画面的制高点，体现了广州城自明洪武年间延续至清初的"六脉皆

① Gardener，转引自江滢河《清代洋画与广州口岸》，第 130 页。
② 转引自江滢河《清代洋画与广州口岸》，第 187 页。
③ 见江滢河《清代洋画与广州口岸》，第 342 页。
④ 刘爽：《从全景到街景——从里斯本东方艺术博物馆藏"十三行潘趣酒碗"看"长卷式"城市视野的形成》，《艺术设计研究》2021 年第 1 期。

图 15　从深井岛远眺黄埔岛，版画

资料来源：中国航海博物馆馆藏文献《中国：那个古代帝国的风景、建筑和社会习俗》（*China, in a Series of Views, Displaying the Scenery, Architecture, and Social Habits, of that Ancient Empire*），此为 1843 年在英国出版的版本。

通海，青山半入城"的格局特点。此外，在珠江沿岸风光的图像中，山脉连绵起伏，巍峨矗立在珠江航道两岸，成为西人广州记忆中的标识。

　　此外，1843 年英国伦敦出版了由英国版画家托马斯·阿洛姆（Thomas Allom）绘制、乔治·N. 赖特撰文的《中国：那个古代帝国的风景、建筑和社会习俗》（*China, in a Series of Views, Displaying the Scenery, Architecture, and Social Habits, of that Ancient Empire*）一书。托马斯·阿洛姆从没有来过中国。他笔下的中国图像是源于早期的二手资料，其中 18 世纪末英国马戛尔尼使团的随团画师威廉·亚历山大（William Alexander）在访华旅程中绘制的水彩画是阿洛姆作画的重要参考。他绘制的黄埔古港也是坐落在一片山峦起伏、山水相接的环境中，图中近景舟船影影绰绰，远处山脉则轮廓分明，清晰可见（见图 16）。

　　香港之所以被西人视为最令人赞叹的港湾是因为其具有天然的地理优势，南面是香港山，北面是内地的山体，港湾嵌在两者之间，被四周的山体掩蔽着，在"台风期间能为大型商船提供一个安全的锚泊地"①。1843 年 7

---

　　①　〔英〕托马斯·阿洛姆（图）、乔治·N. 赖特（文）：《帝国旧影：雕版画里的晚清中国》，秦传安译，中央编译出版社，2014，第 33 页。

图 16　从九龙远眺香港，托马斯·阿洛姆绘，版画

资料来源：中国航海博物馆馆藏文献 1843 年英国出版《中国：那个古代帝国的风景、建筑和社会习俗》。

图 17　1843 年的香港港湾与岛屿，克莱顿绘，石版画

资料来源：《中国通商图》。

月福琼从英国启程，4 个月后到达香港。中国海岸第一次进入他的视线时，就是和香港的山体联系在一起。

香港是我见过的最好的港湾，港湾呈不规则形状，长大概有 8 到 10 英里，最窄处只有 2 英里宽，其余则有 6 英里宽，到处都可以停靠

船只，是船只避险的理想之地。在港湾南面，是香港山，北面则是中国大陆的山体，港湾就嵌在两者之间，被四周的山体掩蔽着……①

　　克莱顿所绘《1843 年的香港港湾与岛屿》，无论是绘画视角还是山脉与港湾的位置，都与托马斯·阿洛姆绘制的《从九龙远眺香港》一图非常相似。图中山体景观非常壮观，高低错落、荒凉粗砺的群山连绵起伏，海拔最高可达 2000 英尺左右，美丽的香港港湾就坐落在山脚下。同样，地处珠江三角洲西岸的澳门过去是广东香山南端的一个小岛，由于泥沙冲击形成了半岛。海水冲刷着蜿蜒的山脚，形成了一个美丽的港湾。早年供葡萄牙商船舶停泊、从事贸易的港湾——南湾也坐落在群山环绕的位置。

　　综上可见，19 世纪前期洋画对于中国港埠山体环绕的呈现，主要是基于现实中西人比较熟悉的广州、香港、澳门等港口城市的地形地貌。正如程存洁所言，"有关港口风景风情方面的描绘，一般都是以反映来华外国人熟悉和亲眼看到的场景内容为主。比如在描绘香港和澳门方面，均以习见的维多利亚港和澳门南湾一带的风景为主；在描绘广州口岸，五口通商之前主要的画面是反映不同历史时期十三行商馆风貌以及虎门、黄埔古港等地风貌"②。另外，从社会思潮层面，19 世纪浪漫主义想象占据了英国的思想主流，"高山审美"对当时的景观艺术创作产生了深远影响。在浪漫主义创作者心目中，"山区提供了一幅由于好奇而引发的充满想象的兴奋图景"，具有一种无以言表的崇高感，满足了浪漫主义想象的四个要素，即"无穷的广阔、自然的力量、相对照的极端和不断变化的垂直高度"，因此他们更倾向用高山环绕港湾，来构建心目中理想异域的所在地。③

　　综览中西海上交往所留下的港口风景画作，从 16 世纪荷兰尼霍夫使团随团画家的铜版画到 18 世纪末英国皇家马戛尔尼使团画家威廉·亚历山大的水彩画、19 世纪前半叶风靡于西方世界的广州外销画，再到 19 世纪 40年代英国托马斯·阿洛姆的雕版画，图像中多有山脉环绕的港埠形象。五口通商之前，山脉环绕的中国港湾不仅是西人心目中具有标识性的自然景观，而且伴随时间流逝成为心理景观，成为他们中国记忆的一部分。在日益频繁

---

① 〔英〕罗伯特·福琼：《两访中国茶乡》，敖雪岗译，第 4 页。
② 程存洁：《十九世纪中国外销画通草水彩画研究》，第 63 页。
③ 张文瑜：《殖民旅行研究：跨域旅行书写的文化政治》，暨南大学出版社，2016，第 207 页。

的海上交往的推动下，这份记忆具化为一幅幅图像，出现在原创、临摹、仿制的绘画作品中，进而被复制、传播、流散，成为一种具有普遍意义的中国港埠特征，甚至为绘制那些西人从未踏足过的港口城市提供资源，塑造了一个想象中的上海。

结语：开埠前后西人的"上海认知"

19 世纪前期以上海港为题材的洋画数量不多，是以插图形式出现在西方出版的有关中国的图书中。这一时期，西人视野下的上海港埠图像中出现了被放大的山脉，勾勒出高山与港口的依存关系，建构了颇具陌生化效应的上海港埠形象。这样的图像缺乏上海辨识度，充满了西人对上海的想象。绘制者想象的资源主要来自"一口通商"时期西人熟悉的华南港埠图像，包括广州外销画以及早期西人画作。这一现象引发笔者对开埠前后西人"上海认知"的思考。

熊月之先生在《早期西方人的上海观》一节中回溯了开埠前来到上海的外国人，主要包括明末清初来华传教的意大利耶稣会传教士郭居静、潘国光等。① 历史上，伴随大航海时代的到来，西人自 16 世纪起陆续到达中国。比如在 1644—1704 年的 60 年间，英船到广东 9 船次，厦门 36 船次，福州、宁波各 1 船次，舟山 5 船次②，却没有到达过上海。宁波、舟山离上海不远了，但西人止步于此，并未北上，"可见对上海并不了解，甚至可能不知道有这么个地方"③。自清乾隆二十二年（1757）起朝廷实行"一口通商"制度。英商为了打破贸易垄断，资助英国政府派出马戛尔尼使团与中国交涉，使团只提出开放宁波、舟山、天津等口岸，也没有提及上海。④ "一口通商"时期，清政府对西人在中国的活动范围更是有严格的规定，西人不能擅自离开广州去往中国其他的港口城市。1832 年，英国东印度公司商业考察船"阿美士德"号驶入上海，以考察报告的形式向西方世界传递了"上海"的

---

① 熊月之、周武主编《上海：一座现代化都市的编年史》，第 46—48 页。
② 郭卫东：《鸦片战前英国在华进行的"北部开港运动"》，《广东社会科学》2003 年第 3 期。
③ 李志茗：《发现·建设·居留——英美侨民与 19 世纪的上海》，周武主编《上海学》第 3 辑，上海人民出版社，2016，第 296 页。
④ 李志茗：《发现·建设·居留——英美侨民与 19 世纪的上海》，周武主编《上海学》第 3 辑，第 296 页。

信息。但是整体上开埠前到过上海的西人数量屈指可数，西人关于上海的一手图文资料寥寥无几，对于上海的知识非常匮乏。特别是与"一口通商"时期伴随贸易声名远扬、被西人广泛认知的广州相比，这一时期的上海在西人心目中还是一种边缘性的存在。即使在开埠初期，关于上海的信息仍然鲜少，比如 1844 年抵华的英国传教士施美夫在游记中不无遗憾地写到"有关北方港口城市的信息很少"①。

第一次鸦片战争以后，条约口岸的诞生使得"上海"为西人所知，也逐渐引发了西人对于这个遥远城市的关注和兴趣。当时一些书籍、画报等出版物中开始出现"上海"图像，不失为出版商满足西方读者对异域向往心理的体现。然而，由于历史上关于上海的一手资料稀缺、认知匮乏，这一时期的图像通过借鉴、移植广州外销画及早期西人画中华南港口城市的构图要素，偏离了写实功能，呈现出一个充满想象与误解的上海。这样的图像不仅还原了开埠前西人对上海的认知原景，也为研究人员考察长时段中西海上交往史中的上海形象之源流提供了重要起点。

A Preliminary Study on Foreign Images of Shanghai Port in the Early 19th Century
—Based on the Lithograph "Shanghai in 1840" in
Charter Collection：*Pictures Relating to China*，
Hong Kong，*Macau*，*1655－1860*

Zhao Li

Abstract：In the early 19th century, there were few images related with Shanghai port, which only appeared sporadically as illustrations in Western books about China. The stark even exaggerated mountains in the early images, highlighting the the interdependence between mountains and ports, made an exotic image of Shanghai. However, it is not the real Shanghai but full of westerners' imagination, which

---

① 〔英〕施美夫：《五口通商城市游记》，温时幸译，第 100—101 页。开埠初期抵华的英国人福琼、施美夫等，往往视上海为他们心目中的中国北方，在游记中多以"北方"指代上海。

mainly derived from the images of South China ports familiar to Westerners during the "Canton Trade", including early western paintings and Guangzhou Export paintings. The imagination and misunderstanding both reflect the marginal position of Shanghai in the cognition of Westerners in the early 19th century.

Keywords: Shanghai Port; Port View; Export Paintings; Shanghai Image Under Westerners' Eyes

（执行编辑：王一娜）

海洋史研究（第二十一辑）

2023 年 6 月　第 129～155 页

利玛窦地图的另一种本土化

——卜弥格中国地图集 B 型考原

林　宏[*]

一　引言

　　意大利罗马国家档案馆（Archivio di Stato di Roma）藏有一套汉字抄写、拼音对译的中国分省地图集手稿。此前图集深藏于罗马，其首次较完整地向学界公布，应是在 2012 年出版的由欧金尼奥·罗萨度（Eugenio Lo Sardo）、安东尼娜·帕丽西（Antonella Parisi）、拉斐尔·比特拉（Raffaele Pittella）主编的《海国天涯：罗明坚与来华耶稣会士》（上册）中，此书为同名展览的导览图册。

　　《海国天涯》中专设"十七世纪中叶的中国省图，佚名（卜弥格？）"章节，收录图集影像，共计 13 幅分省地图，缺山东、浙江二省图，登载 13 图全幅影像及各图主体部分的放大图像，并为各图配有基本信息说明及文字简介。基本信息中，各图制作年代均记作"1643 年至 1659 年"，作者均记

＊　作者林宏，上海师范大学人文学院历史系副教授，"数字人文资源建设与研究"重点创新团队成员。

　　本文为国家社科基金青年项目"早期西文中国地图制图方法与谱系研究（1500—1734）"（项目号：19CZS078）、国家社科基金重大项目"中国国家图书馆藏山川名胜舆图整理与研究"（项目号：19ZDA192）阶段性成果。本文撰写过程中得到王永杰、汪前进、马诺（Emanuele Raini）、柏恪义（Marco Caboara）、康言（Mario Cams）、杨迅凌等先生在资料、思路方面的帮助，特此致谢！

作"卜弥格（?）及其助手"，形制均记作"宣纸朱红、水墨"，另记各图图幅尺寸及馆藏编号（见表1）。各图附有简介，概略描述图上主要内容。章首还登载罗萨度撰写的一篇扼要导言，[①] 称"按标示的经纬度推测，可能绘于十七世纪中叶"，并引述马诺（Emanuele Raini）的博士学位论文结论，将此套地图与耶稣会士卜弥格（Michał Piotr Boym，1612—1659）联系起来，罗萨度本人还推测"地图的绘制是在中国地图学家协助下共同努力的成果，毫无疑问，地图所依据的许多资料，源于当时既有的中国地图，而其中保留了旧式中国地图特有的红色平行网格线标示。另外，在这些地图中，没有使用任何地图投影法"，文末则谨慎地补充道，"由于地图没有署名，以及勾勒地理轮廓的笔法仓促，以致不可能得出最终结论"。

马诺的博士学位论文完成于2010年，从语言学的角度梳理16—18世纪西方人汉语拼音系统的演变，其中一章专论卜弥格各类著作中的拼音特点。马诺认为罗马国家档案馆所藏图集虽无署名，但应是卜弥格的作品，因为图上地名的拼音规则与卜弥格其他图文著作相符，且与此前及同时代其他作者的拼音体系有显著差别。[②] 2021年初，笔者在马诺的帮助下获取罗马国家档案馆所藏全部15幅图稿的高清图像，使详细的地图学研究得以展开。

卜弥格是活跃于明清之际的重要耶稣会士，于1643年从里斯本东行，1644年抵达澳门，1647年被派往海南岛，在定安县传教，[③] 此后岛中动乱，卜弥格逃至安南，约1649年返回澳门。[④] 同一年，他被耶稣会中华副省区

---

① 〔意大利〕罗萨度：《十七世纪中叶的中国省图，佚名（卜弥格?）》，〔意大利〕罗萨度等编《海国天涯：罗明坚与来华耶稣会士》上册，澳门特别行政区政府文化局、澳门博物馆，2012，第182—183页。同名展览日期为2012年11月29日至2013年3月3日。

② Emanuele Raini, *Sistemi Di Romanizzazione Del Cinese Mandarino Nei Secoli XVI-XVIII*, Tesi Di Dottorato in Studi Asiatici, XXII ciclo Facoltà Di Studi Orientali Sapienza-Università di Roma, 2010, pp.159-176. 马诺指出罗马国家档案馆工作人员 Donato Tamblé 在2000年撰文介绍馆藏资料时已作出相同假设，认为分省图稿的作者为卜弥格。

③ 张西平：《中西文化交流的使者，波兰汉学的奠基人：卜弥格》，《卜弥格文集》，〔波兰〕爱德华·卡伊丹斯基、张振辉、张西平译，华东师范大学出版社，2013，第2页。费赖之（Louis Pfister）记卜弥格曾于1645年在安南北圻传教，见费赖之《在华耶稣会士列传及书目》，冯承钧译，中华书局，1995，第275页。伯希和（Paul Pelliot）对此表示质疑，参见〔法〕伯希和撰《卜弥格传补正》，附于〔法〕沙不烈《明末奉使罗马教廷耶稣会士卜弥格传》，冯承钧译，上海古籍出版社，2014，第132页。

④ 〔法〕沙不烈（Robert Chabrié）：《明末奉使罗马教廷耶稣会士卜弥格传》，冯承钧译，第39页。伯希和推测卜弥格1648年赴交趾，1649年赴澳门，见〔法〕伯希和《卜弥格传补正》，附于〔法〕沙不烈《明末奉使罗马教廷耶稣会士卜弥格传》，冯承钧译，第132页。

会长曾德昭（Alvaro de Semedo）派往驻跸于广东肇庆的南明永历朝廷。[①] 1650 年底，卜弥格受永历朝王太后与庞天寿的私遣使欧，[②] 为复明事业向欧陆各国及教廷求援，沿途多遇险阻，水陆兼程，于 1652 年方至威尼斯，1655 年底终得教皇亚历山大七世复书，次年初再度东返，1658 年抵安南，1659 年在中越边境结束悲剧性的一生。

关于卜弥格在中国内地的经历，为卜弥格撰写厚重传记的爱德华·卡伊丹斯基（Edward Kajdański）称卜弥格曾于 1648 年从肇庆出发，经湖南、河南至陕西西安，亲眼见读大秦景教流行中国碑，又经四川、云南来到在清军逼迫下撤至广西南宁的永历朝廷，[③] 此说为之后部分研究沿用，但实可质疑。1648 年时卜弥格应尚未受遣进入广东，更不可能深入西北内地，而永历朝廷逃奔桂林已在 1650 年底，[④] 卜弥格又如何可能在清朝内地滞留如此之久？[⑤] 因此，卜弥格返欧前在华直接地理经验甚微，有明确记载的活动地点仅限于南明控制区域内。[⑥]

在罗马国家档案馆藏稿本公布前，现代学者已知的卜弥格地图包括以下几种稿本图。[⑦]

①梵蒂冈教廷图书馆（Biblioteca Apostolica Vaticana）藏分省地图集，题为《大契丹，原赛里斯，今中华帝国：15 王国，18 张地图》（*Magni Catay Quod olim Serica，et Modo Sinarum est Monarchia：Quindecim Regnorum，Octodecim Geographicae Tabulae*），包括 1 幅总图、15 幅分省图及辽东、海南区域图各 1 幅。[⑧] 此图集由伯希和在整理梵蒂冈馆藏时发现并编目。

---

① 黄一农：《两头蛇：明末清初的第一代天主教徒》，上海古籍出版社，2006，第 353 页。

② 黄一农：《两头蛇：明末清初的第一代天主教徒》，第 382 页。

③ 〔波兰〕爱德华·卡伊丹斯基：《中国的使臣——卜弥格》，张振辉译，大象出版社，2001，第 90—97 页。

④ 关于永历朝廷的迁移，参见黄一农《两头蛇：明末清初的第一代天主教徒》，第 382 页。

⑤ 费赖之、沙不列、伯希和等人的早期著作中从未言及所谓卜弥格北上之事，可作辅证。卡伊丹斯基书中亦未给出关于此事的任何参考文献。

⑥ 《卜弥格文集》中译本所录巴黎尚蒂伊（Institute Supérieur de Philosophie，Bibliothèque，Les Fontaines，Chantilly）藏《中国事务概述》（*Rerum Sinensium Compendiosa Descriptio*）中记卜弥格曾在云南省见到茯苓，第 190 页。

⑦ 图名的转写与翻译均参考王永杰《关于卜弥格〈中国地图册〉的几个问题》，张曙光、戴龙基主编《驶向东方：全球地图中的澳门》第 1 卷，社会科学文献出版社，2015，第 313—330 页。

⑧ 梵蒂冈图书馆现已将这套卜弥格中国图集稿的高清电子图像公布于该馆网站上，https://digi. vatlib. it/search? k_ f=0&k_ v=borg. cin. 531，2020 年 9 月 10 日。

②原法国海军水文调查局图书馆（Bibliotheque du Service Hydrographique de la Marine）藏单幅中国总图，题作 *Mappa Imperii Sinarum*，亦由伯希和发现，沙不列最早展开研究，据称内容与梵蒂冈藏图集中的总图一致，惜经二战不幸佚失。

③英国菲利普斯艺术馆藏单幅中国总图。此本原属巴黎克莱蒙（Clermont）的耶稣会学院，后几易其手进入菲利普斯艺术馆，什钦希尼亚克（Bolesław Szcześniak）在 1965 年发表的论文中附有此图黑白照片，虽不甚清晰，但可知内容亦与梵蒂冈总图同系。20 世纪七八十年代曾公开展览，出现于 1988 年索斯比拍卖名录中，此后未有学者见读原图。①

比较①、③的图像及前人对②的介绍，可知卜弥格在欧洲留下了几种相关度很高的中国地图或地图集。卜弥格图集始终未能在欧洲正式出版，因此只得采用重绘的方式增广其流传。② 为便于行文，笔者将这些近似的、学界较为熟知的中国地图统称作卜弥格地图 A 型。

自 20 世纪 30 年代起，沙不列、福华德（Walter Fuchs）、什钦希尼亚克、卡伊丹斯基、李孝聪、吴莉苇、高华士（Noël Golvers）、王永杰、汪前进、韩琦等中外学者围绕 A 型图稿从多个角度展开研究，涉及图稿的制图年代、所据中文资料、各地藏本的异同、总图与分图的关系、卜弥格中国助手的身份及作用、与同时代其他欧人中国地图的比较、编绘目的等问题。③

关于晚近浮现的罗马国家档案馆藏分省图稿，中外学界的研究尚少。除前述马诺、罗萨度外，王永杰也曾简略比较罗马藏图稿与卜弥格地图 A 型，认为二者虽有相似之处，如地名同为汉字-拉丁文拼音对照，且均添加经纬线，但在注记、符号、经纬度方位等方面存在非常显著的差异，因此两套图集所依据的中文原始资料显然不同，基于种种差异，王永杰与罗萨度一样对

---

① 对上述两图的概述，参考王永杰《关于卜弥格〈中国地图册〉的几个问题》，张曙光、戴龙基主编《驶向东方：全球地图中的澳门》第 1 卷，第 315 页。此外，罗马耶稣会档案馆（ARSI）藏有一份拉丁文《中华帝国简录》（Brevis Sinarum Imperii Descriptio），为 34 个折页、12 章，巴黎尚蒂利藏《中国事务概述》则为 24 页，内容各异，可能是卜弥格为配合某种中国地图而写的图说。中文版《卜弥格文集》将后者全文及前者部分内容中译。参见王永杰《关于卜弥格〈中国地图册〉的几个问题》，张曙光、戴龙基主编《驶向东方：全球地图中的澳门》第 1 卷，第 322—323 页；〔波兰〕爱德华·卡伊丹斯基《中国的使臣——卜弥格》，张振辉译，第 53 页。

② 现已无法确知卜弥格是否制作过其他内容相似的图稿。

③ 关于卜弥格 A 型图稿的学术回顾，参见王永杰《卜弥格〈中国地图册〉研究》，博士学位论文，浙江大学，2014。

罗马图稿之作者是否为卜弥格持存疑态度。[①]

　　笔者则同意马诺的观点：罗马藏图稿正是卜弥格（及其助手郑安德肋）的作品。[②] 在马诺提出的波兰特色拼音规则这一语言学论据外，[③] 比对可知，两种图稿的中文笔迹也很近似，且笔者在另文中经详细论证，已可还原出此套图集与明确由卜弥格绘制的 A 型图稿间的具体制图学关联，指出二者间的许多差别是由卜弥格制图方法、所用资料的转变造成的。[④] 为便于行文，本文将罗马国家档案馆藏分省图稿简称作卜弥格地图 B 型。[⑤]

　　B 型图稿绘法与中国地理实情相差极大，粗看之下，如坠云雾。本研究利用制图软件对 B 型分省图稿进行多步骤的数字化处理，运用比较地图学方法，尝试探究此图的知识来源与绘制经过，得以发现 B 型图稿所据中文底本的真相：一幅已经佚失的晚明中文总图。进而根据本文所拼合复原的已佚中文总图之主体面貌，揭示出此幅总图同利玛窦中文世界地图的关系，展现其在中西地图文化交流史上的特殊地位，并可推进对利玛窦地图在地传播问题的认识。[⑥]

二　卜弥格 B 型分省图稿源自已佚晚明中文大型总图

（一）B 型图稿的形制

　　《海国天涯》刊布卜弥格 B 型图稿中的 13 幅图像时，附记其纸张尺寸（见表 1）。《海国天涯》未载的浙江、山东二省图尺寸待查，但可据影像知其纵横比例。

　　B 型图稿为手绘，朱墨双色。用墨笔绘制的内容包括：勾勒河湖、海岸等的线条，绘制的山岳，以中文书写的各类地名及少量其他注记，为区别各

---

① 王永杰：《关于卜弥格〈中国地图册〉的几个问题》，张曙光、戴龙基主编《驶向东方：全球地图中的澳门》第 1 卷，第 323—325 页。

② 关于卜弥格中国助手的考证，参见韩琦《南明使臣卜弥格的中国随从——教徒郑安德肋史事考释》，《清史研究》2018 年第 1 期。

③ 除卜弥格外，同时代另有两位波兰传教士卢安德（Andrzej Rudomina）、穆尼阁（Jan Smogulecki）来华传教，但并无史料提及两人曾绘制地图。

④ 参见拙作《卜弥格中国地图集 A 型与利玛窦、罗明坚地图关系钩沉》，审稿中。

⑤ 根据笔者研究，可知卜弥格绘制 B 型图稿的时间早于 A 型图稿，本文对图稿的命名是基于当代学术界知晓、探究两类图稿的先后顺序而定的。

⑥ 对利玛窦地图相关问题的学术回顾详见下文。

类政区名而绘制的分类符号框，在图幅上沿书写的省名，各省图形周围标写的经纬度数字。用朱笔标示的内容为：在绝大多数中文地名及图名边逐字附加的对应拼写、① 各图绘出的经线、部分图幅绘出的纬线。

B 型图稿上的所有拉丁字母皆为汉字对应拼音，故从语言角度描述，B 型图稿仅可称作"中文-拼音对照图"。相较之下，A 型图稿上则不仅有逐字拼音，还有一些成段的拉丁文注文，另有一些拉丁文注记（地物名、方位名、物产名等），故可称作"中-拉双语图"。两型图稿上的中文与拉丁字母拼音/拉丁文书写规整，字迹类似，很可能同样均是分别由郑安德肋、卜弥格用各自熟习文字书写的。② 两型图稿上的汉字存在不少对同一地名用字相异的情形，是因两型图稿是在不同时间绘制的，用字差异或由所据不同中文原图原有用字差异造成，或由转写时的笔误造成。A 型图稿上，许多地名拼音中添加变音符号，B 型图稿上则省略，两型图稿拼音规则基本一致。

表 1　罗马国家档案馆藏中国分省图基本信息

单位：厘米×厘米

图名（以馆藏号排序）	《海国天涯》所记图幅尺寸（纵×横）	馆藏号
江西省 Kiam Sy Sem	41.1×38	Ms.493,4 bis,folio 87
陕西省（原图无对应拼写，有整理者所添铅笔拼写，拼音系统与原图不同）	42.9×42.8	Ms.493,4 bis,folio 88
北京省 Pe Kim Sem	41.9×43.6	Ms.493,4 bis,folio 89
山西省 Xan Sy Sem	42.6×43	Ms.493,4 bis,folio 90
云南省 Yu Nam Sem	43×42.5	Ms.493,4 bis,folio 91
湖广省 Hu Quam Sem	41×41.6	Ms.493,4 bis,folio 92
福建省 Fo Kien Sem	40.7×40.4	Ms.493,4 bis,folio 93
贵州省 Kuey Cheu Sem	41.3×42.8	Ms.493,4 bis,folio 94
浙江省 Che Kiam Sem	缺	Ms.493,4 bis,folio 95
广东省 Quam Tum Sem	44.7×40.6	Ms.493,4 bis,folio 96
山东省 Xan Tum Sem	缺	Ms.493,4 bis,folio 97
南京省 Nan Kim Sem	40.9×41.6	Ms.493,4 bis,folio 98

① 云南图中、南部地名皆无拼音，缺漏最多。
② 不能排除图上的拉丁文同样由郑安德肋书写的可能性。A、B 两型图稿上绝大多数中文可确定由郑安德肋书写，因为在 A 型图稿福建图上可见到个别卜弥格手书汉字，"南安"、"晋江"（泉州府边）、"闽"、"怀"、"侯"（福州府边），字迹拙朴生涩，可知中文书写水平不高。

图名（以馆藏号排序）	《海国天涯》所记图幅尺寸 （纵×横）	馆藏号
河南省 Ho Nan Sem	34.1×34*	Ms. 493,4 bis,folio 99
广西省 Quam Sy Sem	44×40.7	Ms. 493,4 bis,folio 100
四川省 Su Chuen Sem	42.6×42.3	Ms. 493,4 bis,folio 101

注：《海国天涯》所记河南图尺寸明显小于其他图幅，根据高清影像所示纸纹与图幅尺寸比例，河南图似与其他各图图幅接近，《海国天涯》数据疑误。

（二）B 型图稿的特征

整体上看，B 型图稿存在如下重要特征。①只有总计 15 幅分省图（辽东附在"北京省"即北直隶图内），而无全国总图。②多数图稿上绘有相邻省份所辖政区（字体、符号与本省地名无区别），多寡不一，且其中有些邻省政区并非位于两省交界处。如北京图除前述辽东外还绘有较多河南部分政区；广西图绘有较多贵州政区；山西图绘有较多河南、北直隶政区，甚至绘出悬隔的部分山东政区；四川图绘有较多湖广政区；湖广图绘有较多四川、广西政区；福建图绘有较多江西、广东、浙江政区；贵州图绘有较多云南、湖广政区；河南图绘有较多北直隶、山东政区；云南图绘有较多贵州政区。各图中绘出的邻省政区又不能覆盖各省实际接临的全部省份，如河南图未标陕西、湖广、南京、山西诸省的任何政区。③各分省图上绘出的邻省地名与这些地名在相应各自省份分图上的相对方位大体契合，仅有较小的方位偏差。一些显要地物如河湖、长城图形在相邻各图间的相对方位也基本契合。④各分省图上绘有民政、军管各类政区，但对省内政区的绘制多不完整，有时府的绘制即有缺漏，包括两种情况。其一，将本省的府误绘在邻省图上，如北京图缺位于西南的大名府，此府及属县绘在河南图上。贵州图缺思明、镇安、黎平等府，绘在广西图上。南京图缺池州府，绘在江西图上。广西图缺平乐府，绘在广东图上。其二，部分地区完全漏绘，如福建兴化府、广西镇安府、云南镇沅府与丽江府、贵州铜仁府与思南府。府下州县也多有不同程度的缺失，显著者如四川图上的成都府，晚明此府下辖 31 州县，此图缺失 10 个，府城周围留下大面积空白。各图绘出部分卫所等军管型政区，但并不完整。另须注意，陕西西半部、黄河西北区域（约相当于陕西行都司地域）未用任何政区符号标注政区。⑤对河湖水系的绘制非常简略，绘出的岛屿图形不多，北京、山西、陕西三图上绘有带状沙漠图形。⑥在北京、山西、陕西三图上用象形城墙符号绘出长城，东起北京图上的辽东，西止于陕西图上临洮府北侧黄河东岸。长城北侧地名较少，且未添加任何政区符号。

（三）B 型图稿并非源自明代分省地图集

传世明代分省地图集主要包括几个系统：《大明一统志》系统、桂萼《大明一统舆图》系统、罗洪先《广舆图》系统、张天复《皇舆考》系统。① 经比对，B 型图稿的绘法与现存各种明代地图集均无对应关系。上述几种明代分省图集尽管繁简不一、图形各异，但存在一定的共同特征。各图集中的分省图均基本能将表现年代的民政政区完整地展现，不会出现前述 B 型图稿中特征④那样的显著误置与漏绘，各图集中也均会将陕西西半部政区标出。桂萼、罗洪先两系分省图上会在省界外围标注邻省临界府州县政区名，但不会像 B 型图稿特征②中那样做出多寡不一的邻省政区标注。

因此，卜弥格 B 型图稿并非源自任何现存的明代分省图集，基于特征②、④，又可推知 B 型图稿亦非源自某种现已不存的明代分省图集。

（四）B 型图稿摘录自一幅明代中文大型总图

B 型图稿注记丰赡，形制、绘法特异，显非卜弥格、郑安德肋所能凭空生造，而应得自对某种明代中文地图作品的转摹。排除摹自中文地图集的可能性后，只能有另一种来源：B 型图稿是基于某幅内容详细的明代中文大型总图转绘而成的，将原图逐省内容摘录下来，绘成一套分省图。

这一推论可从前述特征点加以证明：首先，因 B 型图稿的原型并非一部地图集，故不存在一幅与分省图尺幅相应的地图集总图（对应前述特征

---

① （明）张天复：《皇舆考》12 卷，万历十六年（1588）刻本，《四库全书存目丛书》，齐鲁书社，1996，史部，第 166 册。书中以直省分卷，各直省首列两幅分省图，其中一幅源自《大明一统志》分省图，另一幅则未见于此前各种图集中，海野一隆在阐述明代中文地图系统时将此类分省图称作"《志略》系"，因为张天复序言中称编撰《皇舆考》时乃"取闽本《志略》稍加详定"而成，然此语似指书中的正文，尚无法确认《皇舆考》之舆图也取自《志略》，《志略》原书情况仍待考，故暂称作《皇舆考》系统。参见〔日〕海野一隆《地图文化史上的广舆图》，东洋文库，2010，第 283 页。

①）。其次，因是从一幅完整大地图上摘录诸省图形，而卜弥格与郑安德肋又对政区归属不甚熟悉，造成时而摘录过多邻省地名（对应特征②），时而将部分区域错录于它省图幅（对应特征④），由此点又可推知摘录时所据原图上并未用明确的线条突出表示省界（参见下文）。又因摘录邻省地名时的随意性，故常未涉及全部邻省（对应特征②）。在北京、江西、河南、四川、云南、浙江等图幅上，可见用黑线绘制的省界，但有时绘制不完整（如河南、北京），有的图幅上省界走向显非确切，如四川图将重庆、叙州等府划在界外，这些省界并非直接来自原图，应是卜弥格在后期添加的。再次，B 型图稿上部分省内政区的缺失是摘录时的疏忽、随意造成的（对应特征④）。最后，各省分图间邻省地名方位的总体契合，是因它们本就源自同一幅完整的大地图，而其间偶有较小程度的方位偏差，则是卜弥格与郑安德肋在抄摹时定位不甚精准而造成的（对应特征③）。

（五）B 型图稿上的经纬度标注

B 型图稿各图均以红色直线绘制经线，在图幅上方用汉字书写经度数，① 但数字基本未写在与经线对齐处，常有位于两条经线间正中方位而难以判断数字与经线之明确对应关系者。另可注意，多数分图上的经线呈上聚下疏的排布，图内居中经线大体竖直，两侧经线斜率渐次略有增大，构成近似等腰梯形布局，但少数分图有异，浙江图上经线皆为竖直，贵州与云南图呈直角梯形布局（见图 2）。

各图均在图幅左右两侧以汉字书写纬度数，仅北京、山西、陕西、山东、广东 5 省图上用红色横直线绘出纬线。仔细比对可知，北京图上数字与横线并不相应，如标写 37°至 40°的 4°区间内绘有 5 条纬线，广东图上部也存在类似情况，山西、陕西、山东图上数字与纬线的对应关系则较明确。其余 8 省图仅有数字，无纬线。以数字为准，各图纬度大致等距。

B 型图稿上的经纬度标注有很大随意性，经线的梯形状布局应是卜弥格为迎合欧洲读图者习惯而特意布设的，② 然而各图经纬网（可据纬度数字补

---

① 北京图上沿有两套经度数字，一套自左至右为 130°—141°，另一套为 150°—139°，后一套显系误写。

② 同时代欧洲制图家绘制区域图时经常采用梯形投影，如由著名制图家布劳（Joan Blaeu）制图工厂出版的卫匡国《中国新图志》（*Novus Atlas Sinensis*）中的分省图即如此。与卜弥格 B 型图稿不同，卫匡国图上的经纬网具备数学基础。

出缺失纬线）其实并无地图投影的数学基础，只是示意性质，用以对各省经纬度方位作笼统表达（详下文，参见图2）。罗萨度认为这些经纬线源自卜弥格所据中文舆图上的计里画方网格，实则 B 型图稿上经纬度线的形态、性质与计里画方网格截然不同，且已佚总图上原无网格（详下文），罗萨度所论有误。

（六）用 B 型分省图稿拼合复原出一幅大型总图之主体部分

在判定 B 型分省图稿来自一幅明代中文大型总图（下文简称"已佚总图"）后，笔者尝试利用绘图软件将这幅总图的面貌还原出来，基本步骤概述如下。

步骤一：在绘图软件中分图层描出各幅分省图的基本内容，将 B 型图稿电子化。

步骤二：将电子化后的分省图拼合，拼合时综合参考分省图上各类要素的空间关系为各省图形定位，参考要素包括：①河湖、岸线、山丘、长城、沙漠等显要地物方位；②相邻两图共同绘出的城址方位（定位两幅乃至多幅分省图上重复绘出的城址时，主要以各图所绘本省地名为准）；③各图上的经纬线与经纬度数。由于前述卜弥格在分省图上添加经纬度注记的示意性，此要素在拼合中仅作为参考项，而非绝对定位标准。在拼合过程中对分省图进行整体性缩放（其必要性参见下文），使图形、注记方位更契合，但缩放时均保持各块"拼图"的纵横比例不变。

步骤三：为各省实际所辖政区符号施加不同色彩，使拼合图上各省政区范围得以显著区分。在此过程中，将前述分省图稿上政区归属错误的缺陷逐一更正（特征②）。

步骤四：在拼合后的两省交界处，如呈现明显的城址空间叠压，则对叠压城址方位进行局部修正，相对于全图政区总数，需要进行改动的城址很少。如福建、江西交界处需将闽西北政区略南移，赣东南政区略北移。

步骤五：在拼合后的各省分图重合处，河湖、沙漠、海岸、长城等地物线条大同小异，综合各图形还原出已佚总图原图线条大致走向。

山丘图形的情况较为特殊，需要判定 B 型分省图上所绘山丘是得自已佚总图原图，抑或是转录为分省图后在空白处（多处于密集政区注记的外围）添加的装饰图案。据如下方法做大致判定：若拼合后各分省图外围所绘山丘与邻省图内部政区重叠，则断为装饰图案，在拼合图上删去，若恰落在邻省政区符号间空白处，则断为已佚总图原绘，在拼合图上保留。

依据 B 型分省图稿拼合、还原出那幅卜弥格所用的已佚总图之主体部分的结果如图 1 所示。图 1 表示 B 型图稿各省分图拼合时的相对位置关系，[①] 从拼合结果可见各图所绘空间范围多有重叠。

基于前述步骤，笔者绘制出已佚总图的拼合复原图。[②] 须补充的是，目前的研究仅能展现依据 B 型分省图稿拼合出的范围，我们其实并不知晓已佚总图原图绘制的全部范围究竟抵达何处，根据下文的推断，它不但绘制明代直省，也囊括一定数量的世界地理知识。

图 2 将各分省图稿上的经纬线及度数叠加在拼合后复原总图的相应方位上。由于分省图的经纬度标注在笔者拼合过程中仅用作参考项，有必要通过此图进一步直观展现 B 型图稿上经纬度的性质。

据本文复原方案，多数情况下纬度方位基本相合，图幅间的偏差普遍较小，至多不过 0.5°。经度方面的差别较纬度偏大，若以 B 型图稿上的经度数字为准（如前述数字与经线的对应关系含糊），有的邻省图间基本契合，如陕西与四川、四川与贵州、湖广与广东、江西与湖广、山西与河南图之间等，有的存在较大偏差，如陕西与山西、四川与河南、贵州与云南、广西与广东图相接处经度数方位偏差近 1°。

基于上述分析，可进一步推想卜弥格设置经纬度的过程。

已佚中文总图上原本无经纬度注记。卜弥格首先在已佚总图上添加完整的、由等距竖直及平行直线构成的经纬度正方格网，网格至少可覆盖图上的明代直省范围，在 B 型图稿各分省图稿上完成图形、注记的抄摹之后，再按照各图绘制区域在已佚总图上的方位在逐幅分省图稿上添加经纬度注记。但因卜弥格在进行此步骤添加时不甚严谨，且出于前述迎合欧洲读者的目的而将多数分省图上的经纬网改绘作并无数学基础的似梯形网格，各分省图间的经纬度标注无法完全契合，其中纬度因同卜弥格在已佚总图上的标注一致，仍呈等距分布，故相对偏差较小，而多数经度线在分省图上改作斜线则

---

① 图 1 中用长方形表示各分省图的绘图范围，长方形边长根据各图中经纬网所覆盖区域的纵、横极大值设定。

② 复原图另见 Lin Hong, "Atlases of China by the Jesuits Ruggieri, Boym and Martini," in Marco Carbora, *Regnum Chineae*: *The Printed Western Maps of China to 1735*, Leiden: Brill, 2022, p. 131.

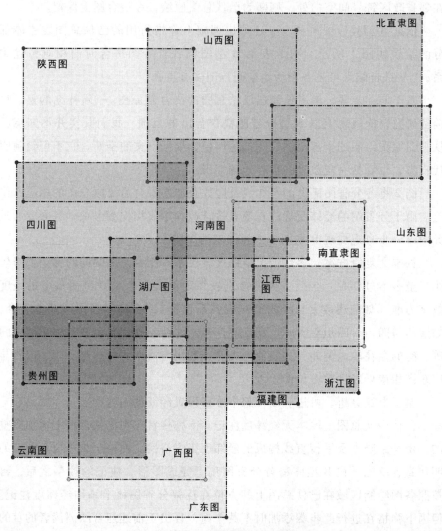

图 1 卜弥格 B 型图稿拼合位置关系

可能加大各图间的偏差。①

　　反向考量，卜弥格在已佚总图及分省图稿上所添加的网格形态不完全契合，也说明他在转摹分省图图形、注记时并未以网格作为保障转摹准确性的定位工具。相反，分省图上的网格是在其余地名、地物绘成之后才添加的，定位工具的缺乏也导致转摹过程中分省图上的地名、地物与总图原型间产生

---

　　① 在目前拼合方案下所显示的各省图经纬度注记间的偏差也受笔者拼合方案本身合理性的影响。

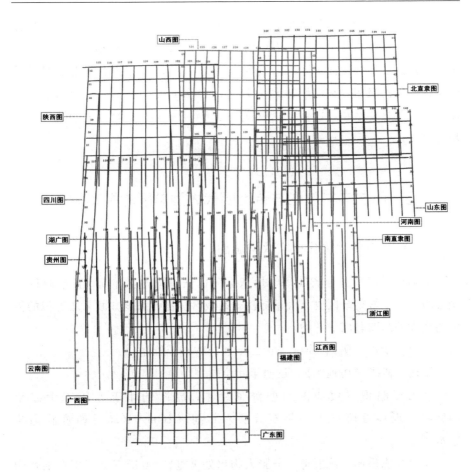

图 2　卜弥格 B 型图稿经纬线叠加示意

一定的方位偏差。

　　根据《海国天涯》所列 B 型分省图图幅尺寸，具体计算各图上的纬度数字间距，可发现存在显著差别：如北京图、福建图、江西图、广西图上纬度间距分别约为 4.2 厘米、5.9 厘米、3.85 厘米、4.24 厘米。卜弥格在已佚总图上添加的纬线应是等距的，由此推知，卜弥格及郑安德肋在从已佚总图上转摹各分省图时，并非是依照原图等比例绘制的，这造成各图"比例尺"不等，也会对转摹图形的准确性产生影响。正因如此，本文在制图软件中将分省图拼合为大地图时便须进行必要的整体性缩放，才能使各图相契。同理，我们也无法根据分省图的尺寸反推出已佚总图主体内容的图幅大小。不过，因中文总图内容丰富，原图尺寸理应较大。

从复原的过程与结果可知，卜弥格 B 型分省图稿间的图形契合度总体
较高，只要经过前述步骤二至五中的微调与整合，并对卜弥格在分省图上较
随意地添加的经纬度注记予以适当容错，便可复原出卜弥格所依据的已佚总
图主体部分的概貌。在绘制地理内容时，卜弥格很可能是先转摹河流、海
岸、山脉等显要地物，以保证总体轮廓的还原度，随后再将众多城址、注记
填充进去。

三　已佚中文总图与传世明代大型总图的基本关系

（一）已知传世明代中文大型总图

卜弥格制作 B 型分省图稿时所依据的已佚总图内容详细，民政政区绘
至县级，对军管型政区也有大量标注。在政区标注详细度方面与之近似的传
世明代大型总图有以下 7 种。

①《大明混一图》，洪武二十二年（1389）年绘制。[①]

②杨子器跋《舆地图》，正德年间绘制。[②]

③王泮题识《舆地图》朝鲜摹绘本，原图刊印于万历二十二年
（1594），现存万历三十一年至天启六年间（1603—1626）朝鲜画师摹
绘本。[③]

④《备志皇明一统形势　分野人物出处全览》，万历三十三年在福州刻
印（落款处字迹难辨，制作者不详），现收藏于波兰克拉科夫。主要地图内
容来自万历七年钱岱刻本《广舆图》，将《广舆图》地图集中的各种信息融
汇于一张单幅大地图中，[④] 基本继承了万历本《广舆图》中各种地物空间方
位的相对准确性，对河流的绘制较详细。

---

① 参见汪前进、胡启松、刘若芳《绢本彩绘大明混一图研究》，曹婉如等编《中国古代地图
集》明代卷，文物出版社，1994，第 51—55 页。

② 参见郑锡煌《杨子器跋舆地图及其图式符号》，曹婉如等编《中国古代地图集》明代卷，
第 61—64 页。

③ 任金城、孙果清：《王泮题识舆地图朝鲜摹绘增补本初探》，曹婉如等编《中国古代地图
集》明代卷，第 112—116 页。

④ 对此笔者将做另文详述。

　　⑤梁輈刻印《乾坤万国全图古今人物事迹》，成图时间约在万历三十一年。[①]

　　⑥《皇明分野舆图古今人物事迹》，崇祯十六年（1643）季明台刊行。[②]

　　⑦《天下九边分野人迹路程全图》，崇祯十七年曹君义刊行。[③]

　　后三图内容关联密切（下文概述以后三图为代表的同类与人物事迹相关的舆图时据图名共性统称为"人迹图"），在占各自图上主体部分的明代直省区域内，图形、注记的相关度非常高，三图所绘政区名目基本相同，除⑤中有如下述极少量添改外，三图所展现政区沿革的年代下限均为万历十四年（1586）。⑥与⑤内容高度相似，但有小异。万历二十九年以原播州宣慰使司北半部地改设遵义府，播州长官司改遵义县附郭，新设桐梓县，真州长官司改真安州，新设绥阳县、怀仁县，⑤中在四川南境绘有遵义府，注云"杨应龙叛，万历卅年征平，立府县"，⑥中仍作播州宣慰使司，并标注改置前的播州、真州长官司。[④] 此外，⑤中还展现了万历二十三年陕西汾州直隶州改设汾州府及相应的下辖州县调整，⑥中仍为汾州。若⑥直接由⑤改绘，很难解释为何会出现政区断限倒退的现象。因此，推测⑤之前尚有更早版本的"人迹图"，绘图年代晚于前述总体政区断限（1586年），现已佚失，⑥据早期版本改绘。⑦与⑥的主体部分则有较明确的传承关系。进一步细读可知，由共同祖本渐次形成的⑤、⑥、⑦在转抄过程中多产生误字，也有部分节略，其

---

① 据《乾坤》图梁輈序言落款，此图绘制于万历二十一年，龚缨晏新近分析图上具体内容，推测《乾坤》图上"万历癸巳"应是"万历癸卯"（三十一年）之误。龚缨晏：《〈坤舆万国全图〉与"郑和发现美洲"——驳李兆良的相关观点兼论历史研究的科学性》，《历史研究》2019 年第 5 期，第 149—153 页。较模糊图片见曹婉如等编《中国古代地图集》明代卷，图版 145。卜正民（Timothy Brook）从利玛窦活动时间及对图序的文本解读的角度也指出梁輈之图所记年代有误，参见〔加拿大〕卜正民《全图：中国与欧洲之间的地图学互动》，（台北）中研院近代史研究所，2020，第 166—167 页。

② 笔者尚未检得此图原本，哈佛燕京图书馆藏有此图抄本，高清图像见澳门科技大学全球地图中的澳门网站，http://lunamap.must.edu.mo/luna/servlet/detail/MUST ~ 2 ~ 2 ~ 384 ~ 493，2020 年 6 月 11 日。卜正民误将哈佛藏本认定为刻本（《全图：中国与欧洲之间的地图学互动》，第 170—171 页），据高清图像，此本实为抄本。加拿大不列颠哥伦比亚大学藏此图清初翻印本，图题改作"九州分野舆图古今人物事迹"，作者改记作"季名台"，高清图像见加拿大不列颠哥伦比亚大学图书馆网站，https://open.library.ubc.ca/collections/chineserare/items/1.0216490#p0z-3r0f，2020 年 6 月 11 日。韦胤宗判断不列颠哥伦比亚大学藏本于万历十一年刊行，此说不确（《加拿大英属哥伦比亚大学亚洲图书馆藏〈九州分野舆图古今人物事迹〉》，《明代研究》2016 年第 27 期）。

③ 大英图书馆、中国国家图书馆藏此图。

④ 但⑤中未将同年改设的贵州平越府绘出，改绘不尽完善。

中⑦很可能由⑥改绘，但删减少量⑥中原有的非政区名注记（参见下文）。

三幅传世"人迹图"对位于图幅周边的域外地理绘制各有不同，⑥中仅展现中国传统文献中的知识（已佚祖本应也是如此），⑤中添加得自利玛窦中文世界地图的新知识，⑦中则添加得自艾儒略（Giulio Aleni）《职方外纪》中的新知识。[①]

（二）已佚总图与"人迹图"的主要异同

比较可知，本文依据卜弥格 B 型图稿拼合复原的已佚总图上的明代直省区域绘法显然与"人迹图"更加接近，展现出图源学上的高度关联，而同上述传世明代总图中的前四种有显著差别。已佚总图与"人迹图"的重要相似之处如下。

第一，最重要者，政区建置相同。卜弥格在 B 型分省图上本身漏绘部分政区，且未绘出统县政区界线，使得拼合总图上部分政区的置废、隶属情形无法同三种"人迹图"比较，但因可资比较的案例仍占大多数，故已能证明二者所绘政区建置的同源性。比较共同绘出的府、州、县及卫、所、长官司、安抚司等各类军民政区，名目均皆相符。同源性还可以图上共有的错误证明，如已佚总图与传世三图上四川南部均有"镇雄府即乌撒军民府"及"芒部军民府"二者并列，实际上，镇雄府由芒部军民府改置，乌撒军民府则为独立建置，四图错误相同。B 型图稿上漏绘播州宣慰使司，但标真州长官司，山西标汾州而非汾州府，故可进一步推知已佚总图政区建置与⑥、⑦及前述⑤之祖本相同。[②]

第二，二者图例符号体系基本相同，均以大方框标府（"人迹图"中为双线方框，已佚总图原图或亦如此，在卜弥格抄录时略作单线方框），小方框标州（直隶州、属州符号无差别），圆圈标县，菱形标卫所，长方框标各类军民府、长官司、安抚司等其余政区。B 型图稿因绘制较为随意，存在一些符号误用的情况。

第三，"人迹图"上还有不少关于史事、形胜的注记，将关于历史人

---

① 关于曹君义图与艾儒略图之间的关系，参见 Zhang Qiong, *Making the New World Their Own: Chinese Encounters with Jesuit Science in the Age of Discovery*, Leiden: Brill, 2015, pp. 350-351。关于三图间的具体关联，笔者将做另文详细考证。

② 拼合图中山西标汾州，而非汾州府，也可证明已佚总图作者参考的并非梁辀图（⑤），而是⑤之祖本。

物、历史事件、形胜要害的说明文字标写在相应地点上。B 型图稿上也可见少量的此类注记，共有十条。

B 型图稿北京图上，在顺天府西北侧有一条注文"北喉舌至京百二十里"，此条注文出现在⑤、⑥中，均作"北之喉舌，至京百二十里"，指居庸关，⑦略去此条。通州右侧有"通州军则民少冲烦"，⑤作"通州军多民少"，⑥作"通州军多民少冲烦"，⑦亦略去此条。B 型图稿河南图上，新蔡县边有"祭平侯从都干""古曰蔡州汝南淮西"两条，其中前一条在⑤中作"蔡平侯设郡此"，⑥的哈佛藏抄本中作"秦平侯□郡□此故名"，⑥的清初刻本中作"蔡平侯设郡于此故名"，⑦中略去此条，当以⑥之清初刻本最确，B 型图稿抄录时多有错字，并略去末尾三字（⑥的两个版本末尾三字在另行写出），或在拼合图原图上已有相对于祖本的误字产生。后一条注记则各图皆同。B 型图稿广东图，海南岛黎母山下方有一段较长注文，描述当地风俗，较"人迹图"文字略简。B 型图稿陕西图上，在汉中府南侧有"拜将坛即高祖拜转信处"，"人迹图"均为"拜将坛，即高祖拜韩信处"。省境东北有"朔方统万万郡"，⑤为"朔方统万万部"，⑥之哈佛抄本为"朔方，统万〻部"，颇疑祖本中注记应是"朔方统万之部"，各图均误将祖本的"之"误读作"〻"（重文符号）。B 型图稿山西图上，北缘近长城处有"石普典寮十大州自此京横抵"，⑥之清初刻本作"石晋典辽十六州，自北京横抵于此"，最为通顺，⑤、⑦皆有错漏。大同府西南有"又益洞在马邑东流入宣府至宛平县"，⑥之清初刻本作"桑益河在马邑，东流入宣府，至宛平县□清桥"，⑤、⑦皆省略。B 型图稿山东图，莱州府旁有"田武居海"，⑤、⑥均作"田威居海岛中"，⑦略去。

第四，"人迹图"在南方数省民族地区的一些政区边有描述治理状态的"土""流"相关注记，[①] 为数不少，B 型图稿上虽然仅从已佚总图原图上抄录其中两处，但也充分透露出史源学的相关性。B 型图稿云南图上在西北境北胜州右侧有"智俱流"注记，贵州图上所绘云南省丽江军民府下方亦写有"智俱流"，根据方位，实则对应于"人迹图"上的同一条注记：⑤、⑥作"知目俱流"，指晚明时北胜州的知州与吏目等下层官员均为流官，B 型图稿不明含义而抄误，⑦上省去此条。

第五，拼合图与"人迹图"上绘有一些相同山岳，如福建省皆绘泉山、

---

① 参见拙作《卫匡国〈中国新图志〉中越边界误解原因考释》，审稿中。

九仙山，江西省同绘鞋山、大孤山、龙虎山等。已佚总图上的局部河流绘法也与"人迹图"相关（详下文）。

第六，局部海岸线轮廓近似，特别是中国大陆海岸线东南端均在浙江台州（B型图稿误作"合州"）、温州一带。

第七，B型图稿上的地名存在一些别字，其疏误与"人迹图"相同。如B型图稿上北直隶宁晋县误作"宁普"，⑥、⑦中同样误作"宁普"。又如B型图稿与"人迹图"均将济南府附郭历城县误作"立城"、江西省弋阳县误作"戈阳"、浙江省泰顺县误作"奉顺"、云南省嵩明县误作"高盟"、山东省观城县误作"视城"、鱼台县误作"鲁台"等。

第八，B型图稿上个别难以索解的注记，可据"人迹图"明其原委。如B型图稿河南图上标注的山东单县（误用州城符号）左下方，另有用县城符号标识的"孝子"，但当地无"孝子县"，实则对应于传世"人迹图"上单县注记边的关于老子的注记。B型图稿广西图上"桂临府"（桂林府之抄误）右侧有州城符号，注为"简"，广西无"简州"，实则传世"人迹图"上在桂林府周边有"简""简僻"标注，形容当地政务轻简，B型图稿应是误解为地名而误绘。B型图稿南京图在巢县左侧有用县城符号标识的"焦湖"，⑤、⑥标注一致，但南直隶无"焦湖县"，⑦中同样有"焦湖"，但注记处绘作湖泊图形，焦湖系巢湖之别名，位于巢县西侧，推测早期"人迹图"版本中即误用县城符号绘之，⑤、⑥沿袭，至⑦中才更正为湖。

但是，拼合的已佚总图又与"人迹图"存在显著差异，其重要者如下。首先，大陆整体轮廓不同。如山东半岛、渤海湾轮廓区别明显，特别是"人迹图"明确展现辽东半岛，已佚总图则无半岛之形。已佚总图上福建至广东海岸斜度大于"人迹图"。已佚总图之云南深居内陆，"人迹图"则不确切地绘作沿海。已佚总图的广东近岸岛屿未见于"人迹图"。其次，水系走向不同。如河套地区黄河流路差异显著。又如⑤中绘珠江水系，⑥、⑦中皆略去，已佚总图上也绘珠江水系（不完整，详下），但走向与⑤大异。再次，长城走向明显不同，已佚总图中、东段长城呈东侧偏高的倾斜走向，"人迹图"的长城中段为水平走向，东段向东南方斜下，恰与已佚总图相反。复次，各省轮廓不同，且虽然政区名目一致，但省内政区方位有诸多差别。府城方位时有大异，如福建省汀州府、邵武府，"人迹图"位于省境西北，已佚总图则大幅移至东北。总体上看，相较于前述较写实的四种明代总图，"人迹图"上各省轮廓与政区方位的准确性已有显著不足，已佚总图上的准确性又等而下之（详下文）。最后，已佚总图上有一些地名及注文无法在"人迹图"上找到对应处，应另有来历。

总之，本文拼合复原后的总图与上述七种现存明代大型总图均不相合，卜弥格是依照一幅今日已经佚失的中文总图，经由局部摘录的方式，绘成了B型分省图稿。已佚总图与三种传世"人迹图"有较高相关性，但同时又有显著差别，下文将阐释差别的由来。

四　已佚总图与利玛窦中文世界地图的关联

（一）利玛窦中文世界地图概况

综合前人研究，利玛窦绘制中文世界地图及存世概况如下。[1]

1584年，利玛窦在肇庆编绘第一幅中文世界地图《大瀛全图》，[2] 已失传。1595—1598年，在南昌绘制多种世界地图，均失传，但章潢《图书编》中有椭圆形世界地图《舆地山海全图》、北南两半球图《舆地图》的摹本，前者很简略，后者较详细。1598—1600年，在南京绘制《山海舆地全图》，刻印出版，已佚，冯应京《月令广义》中保存此图简略摹绘本，又被王圻《三才图会》转录。1602年，在北京绘制《坤舆万国全图》，现存多种刻本及彩绘本。1603年，又绘制刻印《两仪玄览图》，现存两幅。

（二）已佚总图主体地理骨架基于利玛窦中文世界地图远东部分

《两仪玄览图》地图内容与《坤舆万国全图》相差不大，本文仅比较复原的已佚总图与《坤舆万国全图》（下文简称"坤图"）间的关系。

已佚总图与坤图间存在如下众多相关处：

第一，大部分海岸线形似。已佚总图的北直隶至南直隶、福建至广东海岸均与坤图对应岸线图形契合，渤海湾、辽东、山东半岛、雷州半岛轮廓尤其相似。两图海南岛形态亦均呈竖长椭圆形。依据已佚总图转摹B型图稿

① 黄时鉴、龚缨晏：《利玛窦世界地图研究》，上海古籍出版社，2004；龚缨晏、梁杰龙：《新发现的〈坤舆万国全图〉及其学术价值》，《海交史研究》2017年第1期。
② 汤开建、周孝雷：《明代利玛窦世界地图传播史四题》，《自然科学史研究》2015年第3期，第295—298页。

时，卜弥格应对岛屿有所减省，因此拼合复原图上沿海岛屿不多，但广州附近小岛散布的形态与坤图相近，推测已佚总图原图上应绘有类似坤图的众多近海小岛。不过如前所述，已佚总图上浙江一带海岸线走向则更接近"人迹图"，与坤图差别较大。

第二，两图主干水体形态非常近似。黄河（除河源外）、长江干流、淮河、南北两京间大运河的走向与流路均惟妙惟肖，拼合图上在南方绘有一组水系，与坤图上的珠江水系之局部图形非常吻合，但缺下游出海河道，推测已佚总图原图上本绘有形似坤图的完整珠江水系，卜弥格制作 B 型图稿时部分漏绘。已佚总图中部有两个大湖，且各自上游有河流从西南方流入，比较可知，图形与坤图上洞庭、鄱阳二湖及其上游河道（对应湘水、赣水）契合。实际上二湖上游均有多支河道注入，已佚总图与坤图上选择同样河道绘出，生动展现两者的密切关联。已佚总图左上角、沙漠图形外侧绘有河道，标注"哈剌来林河"，对应于坤图上相同方位的"哈剌禾林河"。此外，两图中河湖图形之间的相对方位也基本一致。

第三，沙漠、长城、山岳图形也很接近。在中国北境，两图有近似的沙漠绘法，尽管限于 B 型图稿绘图范围，拼合复原图仅能展现带状沙漠的西南半部，且因卜弥格在北京、山西、陕西三幅分图上转录沙漠图形时较为随意，宽窄不一，本文拟合的图形与已佚总图原图上的沙漠图形会有出入，但已可展现同坤图间的关联。两图长城的起止处、蜿蜒走向更是密合，特别是图形均在北京西北处被一簇高山中断，更是已佚总图与坤图契合的明证。此外，两图山岳绘法也有关联，最显著者除上述中断长城的山群外，当属黄河上游左岸的纵向山脉，坤图上的这条山脉承自同时代西文地图常见绘法。不过，因为卜弥格绘制 B 型图稿时可能对山岳图形有所删略（如河南图上的"中岳嵩山"注记边即无山形），现已无法完全还原已佚总图原图的山岳绘法，故难以全面比较。

第四，在边疆地带，自东北至西北，拼合图上有奴儿干、女直、朵颜、东胜、贺兰、宁夏、罕东等 10 余处与坤图共有的地名注记，约占坤图上相应地带原注地名的半数左右，方位总体相符，略有出入（B 型图稿摘录地名时可能造成一定偏差）。B 型图稿上时有抄误，如坤图之"西楼"误作"西安"，"银宥等州"误读作两个竖写地名，分别记作"银筲""等州"，"鄯"（指唐代鄯州，位于今青海河湟地区）误作"蕃"。其中"西安"应是卜弥格从已佚总图上转绘时抄误，后几处地名则很可能在已佚总图上已误写。B

型图稿与坤图上均有"鞑靼"注记，坤图上的"鞑靼"标在长条沙漠北侧高纬度处，源自同时代西文地图上对西人地理知识中"鞑靼"的标注习惯，B 型图稿陕西图"鞑靼界"的标注在沙漠北侧，但山西、北京二图的"鞑靼界"出现在沙漠南侧，应是受分图图幅限制而被迫移动，已佚总图上的"鞑靼"注记很可能位于漠北，与坤图无异。

"蔀"等误字可证已佚总图与坤图的关系：应是前者借鉴后者绘成，而非相反。此外，B 型图稿山西、陕西图重复出现贺兰、宁夏、蔀三个地名，三地位于陕西，山西图上的这些地名也是从坤图上摘录时抄误所致，而 B 型山西图上另有"西凉"注记，也属误抄，实则位于陕西，但陕西图上反而漏标。

已佚总图上在朝鲜半岛标注几个地名，皆来自坤图，注记位置相仿。朝鲜半岛东南，标注日本伊岐岛，也来自坤图。朝鲜半岛与伊岐岛的图形也与坤图相类。

已佚总图上另有三条较长注记也来自坤图。其一是关于西番的注文，记在黄河源头近星宿海处（B 型图稿位于贵州图西缘）。其二是写在朝鲜半岛东侧的大段注文。其三是位于黄河几字形弯道西侧与沙漠图形间的注文（拼合总图位置略低）。

坤图原作"中国郡名不能详，只载曾测景者"，意指因坤图上中国图形面积较小，无法容纳太多地名，因此无法标出所有府、州政区，只能将"曾测景（影）"的地点标出。核诸所标地名，可知"曾测影"是指元初郭守敬主持的天文大地测量"四海测验"，得到 20 余处地点的"北极出地"值，记在《元史·天文志》中，其中位于明代直省范围内、相当于明代府州政区者共计 16 处（包括同时为明代国都、省会的府城）[①]，均被利玛窦标在坤图上，与注文相符。这些图上的注记分别是："琼"（指琼州府/琼州，分别为明/元政区名，下同），"雷"（雷州府/雷州路），"吉"（吉安府/吉州路），"武昌"（武昌府/鄂州路），"成都"（成都府/成都路），"扬"（扬州府/扬州路），"汉中"（汉中府/兴元路），"西安"（西安府/安西路），"开封"（开封府/南京路），"东平"（东平州/东平路），"大名"（大名府/大名路），"青"（青州府/益都路），"登"（登州府/登州），"太原"（太原府/太原路），"大同"（大同府/西京路），"京师"（顺天府/大都）。此外，

---

① 坤图中本就标出明代各直省省会。

坤图所标"西凉"即凉州卫/西凉州，元代为州，明代改卫，利玛窦以元代州名标注。[①] 不过，细查这些注记在坤图上的纬度方位，与《元史》所记多不相合，说明利玛窦并未直接依据元代数值，而是重做推算后布点的。

然而，在已佚总图上，此条注文记作"中国郡名不能详，只载曾测泉者"，将"景"字误抄作"泉"。由此可知，已佚总图的中国绘制者并不理解坤图注文"测影"原意，而是可能由注记在原图的方位联想到泉水在西北干旱环境中的重要性，而囫囵做此抄写，已佚总图原图绘出全数府州，也与"只载"之句矛盾。误字生动展现了已佚总图原作者对坤图的误解。

第五，已佚总图的作者可判定为不通西学者，除了上述"测泉"的误读外，作者在借鉴利玛窦图时，几乎整体照搬利玛窦原图点、线的走向与相对方位，全未顾及原图的地图投影问题，可知其人对投影全无认知。[②] 可举显例如下。

坤图上的城址、地物是基于椭圆投影的经纬网布设的，如图上福州虽位于京师左下方，但依据图上的弧形经线，表示福州城方位偏东，符合实际。相反，已佚总图上则无经纬网，是基于中国传统地平观念绘制的，但图上仍将福州绘在京师左下方，传世中文总图未有如此定位者，说明已佚总图的作者受到坤图影响，却又因不明投影而产生误解。又如黄河几字形弯道之东侧河段，在坤图上受经纬网控制而绘作右上—左下倾斜，已佚总图的作者也不明就里地仿绘其斜度，而在传世中文总图上，此河段总体呈南北走向。

综合上述分析，已佚总图的作者不可能是包括卜弥格在内的欧洲人，而应是由某位中国作者绘制的。当他绘制已佚总图时，首先依照利玛窦图仿绘河流、岸线、长城、沙漠等图形，构成地图主体部分的骨架（但如前所述，东南局部岸线绘法迁就"人迹图"图形），随后根据相对方位布设利玛窦地图上标出的地名，使得已佚总图的城址方位也深受利玛窦地图影响。

利玛窦世界地图版本众多，惜仅有在北京所绘之图传世，进京前所绘中文世界地图也可能是已佚总图的底本，但由中国士人制作的一些摹绘图过于简略，已无法具体比对确证。

---

① 关于元代郭守敬的测量，参见厉国青等《元朝的纬度测量》，《天文学报》1977 年第 1 期；郭津嵩：《元初"四海测验"地点与意图辩证——兼及唐开元测影》，《文史》2021 年第 2 期。

② 此处阐明已佚总图上一些图形、注记的形态、方位是由作者不明利玛窦地图投影而致误，也可说明已佚总图与利玛窦图之间的关系，是前者参考后者，而非后者参考前者。

（三）制图者参考"人迹图"添改水系、填充大量地名

在以利玛窦图为主要依据设定骨架后，绘图者参考某幅早期"人迹图"进行大量添改，完成已佚总图的主体内容。

一方面，已佚总图上的部分小水体来自"人迹图"，主要包括：顺天府东侧的纵向短河，流经大名府北侧的横向河道（对应卫水），扬州府东侧的纵向短河（对应运河），斜贯开封府、连接黄淮的河道，汉阳府北侧、两头连通长江的弯曲河道，西安府南北的河道（对应渭水、洛水），成都附近的环形小河道及原图川西河道的小支流，云南府南侧的滇池。

坤图对中国主干水体的描绘准确性较高，前人研究指出利玛窦绘制河道时着重参考了《广舆图》。[①] 可补充的是，利玛窦应同时参考了《古今形胜之图》，坤图上对运河的突出表现受此图启发。坤图上河道绘法的一处较显著失误是对汉水的描绘，自汉中南侧东流后转而南流，在三峡西侧入江，实则汉水东南流，至汉阳入江，利玛窦很可能是受到《古今形胜之图》上的汉水流路误导。"人迹图"上也有类似不实河道图形（但转角为直角，而非坤图上的钝角），是因"人迹图"的基本图形与《古今形胜之图》深有渊源，[②] 但"人迹图"上此弯曲河道边布设者皆为四川州县，与陕西无关，又在此河西侧添加两条支流，环绕成都府。已佚总图上沿用利玛窦图的弯曲河道图形（转角为钝角），并添绘得自"人迹图"的支流，且参照"人迹图"，将弯曲河道全部绘在四川境内。已佚总图上参考"人迹图"在汉阳府北侧添绘的长江分流也与《古今形胜之图》上的误绘相关。

坤图上黄河源头星宿海位于四川西侧，绘法袭自《广舆图》，已佚总图上则位于云南西侧，是沿用"人迹图"的绘法。

另一方面，已佚总图的作者又从"人迹图"上摘录大量地名，包括各类民政、军管政区及一些关隘名。

首先须概述"人迹图"上政区注记的主要特征。同相对准确的《广舆图》等明代地图相比，"人迹图"整体上对地物方位绘制的准确度要逊色不少，各省轮廓已发生形变，部分省份（如福建）形变严重。不过，各直省

---

① 曹婉如等：《中国现存利玛窦世界地图的研究》，《文物》1983 年第 12 期，第 70 页。

② 成一农：《"古今形胜之图"系列地图研究——从知识史角度的解读》，刘中玉主编《形象史学》第 15 辑，社会科学文献出版社，2020，第 269 页。

内统县政区治所的相对方位仍能基本准确，但是不少属州、属县的相对方位、距离存在明显错乱。

同"人迹图"相比，已佚总图的各省轮廓均有大幅度变化（B 型图稿上多未绘省界，少数绘出者亦不确切，本研究中根据笔者拼合、校正后的已佚总图上各省政区分布情况推断各省在已佚总图上的轮廓），相较于"人迹图"，与各省实际轮廓相去更远，这是因为已佚总图以利玛窦图的岸线、水系、长城等为主要基准预设了总体框架，此框架与"人迹图"并不兼容，在填注各省政区时又要相互迁就、弥合，致使各省轮廓不得不改变，甚至出现了北京、河南二省的府级"飞地"之显著失实图形。

然而多数情况下，虽省界轮廓迥异，但绘图者仍多试图保持统县政区的大致相对方位与所据"人迹图"一致，如轮廓变化显著的北京、河南二省即是如此。不过，已佚总图上不少省会城市在本省范围内的相对位置，多有较显著左移，包括应天府、西安府、武昌府、福州府、南昌府、桂林府、云南府、贵阳府等。这是因为已佚总图上省会方位是据利玛窦图预设的，上述各省位于中国西部、南部，基于利玛窦使用的椭圆形经纬网，在利玛窦图上皆已被置于更加偏左的方位，已佚总图作者仿绘时不明利玛窦图投影原理，且已佚总图上各省总体相对方位又与无投影的"人迹图"相仿，综合作用下，使得上述各城方位在已佚总图上偏左。省会的左移有时带动临近府城相对位置的变化，如南京省内江南苏、常、镇等府随应天府相应左移，有时则不产生显著连带影响，省会独自移动，如福州、桂林、云南之例。

至于更晚绘制的大量县级政区，从卜弥格 B 型图稿对它们的不完整抄录可知，已佚总图原图的绘图者虽也试图保持所据"人迹图"上它们与统县政区间的相对方位，但因各省轮廓早已扭曲、伸缩，造成种种城址位移，已佚总图上县级政区相对方位的准确性较诸已有许多错乱的"人迹图"更逊一筹。最后，绘图者再将军管型政区填写在图幅空隙中，相对方位自然也较"人迹图"发生许多改变。

可补充说明的是，三种传世"人迹图"均绘制统县政区界线，但⑤中特意将省界加粗，醒目展现各省轮廓，⑥、⑦中则省界与府界无别。已佚总图上省界的标注应类似⑥、⑦，隐于府界中，导致卜弥格摘录成 B 型分省图稿时无法确切辨别各府应归属于何省。此外，B 型图稿上地名多有误字，城址符号也有一些误用，其原因有三，一是已佚总图所据"人迹图"本就讹误（如前述"宁普"等），二是已佚总图在由"人迹图"转录地名时抄误，三是卜弥格制作 B 型图稿时抄误。

五　利玛窦地图的另一种本土化模式

随着研究的深入，中西文化交流史的复杂性被日益揭示，明清之际欧人输入的新文化，在"本土化"的过程中，会发生因排异、融合、改造、误解等导致的各种变化。利玛窦世界地图本身已是一定程度本土化的产物，在其横空出世、四处流布后，又产生许多出自中国人之手的二度本土化地图作品。基于存世地图，学界已充分探讨过利玛窦中文世界地图图示本土化的两种主要模式。

第一种模式是明清中文刻本书籍中对利玛窦地图的转绘，包括冯应京、章潢、王圻、王在晋、程百二、潘光祖、熊明遇、熊人霖、周于漆、游艺等人的著作，有助于利玛窦的地图图示通过当时兴盛的民间出版业而广泛传播。转绘过程中地图内容发生变异，一方面，受载体限制，转绘者往往对原图作出不同程度的简化；另一方面，转绘者或参考其他地图作品，或融合本土地理知识，或出于特定目的，对利玛窦地图的内容进行一些修改。不过，即便发生简化、修改，仍不会脱离利玛窦地图的总体样貌。[1]

第二种模式出现在梁辀图上，此图中国部分完全基于某幅"人迹图"祖本绘成，对世界地理的介绍大多得自利玛窦，但仅以文字形式注写在图幅上、下缘的许多分离小岛的抽象图形上，利玛窦原图线条、轮廓未得传承。

根据本文的拼合复原，可揭示利玛窦地图本土化传承的第三种特殊模式：已佚明代大型总图的绘图者对明代直省地区的绘制建立在利玛窦地图图示的总体框架之上（尽管因不明投影而多有误解），并与得自"人迹图"的大量具体地理信息有机地融为一体。

如前所述，在已佚总图的北部、西部边疆及朝鲜半岛一带有一些袭自利玛窦地图的地名、注记，但它们或在明朝疆域之内，或为其近邻。那么，已佚总图原图上是否抄录更多得自利玛窦地图的世界地理知识，进而，除了 B

---

[1]　参见黄时鉴、龚缨晏《利玛窦世界地图研究》；徐光台《明末清初西方世界地图的在地化：熊明遇〈坤舆万国全图〉与熊人霖〈舆地全图〉考析》，（新竹）《清华学报》2016 年第 2 期，第 319—358 页；徐光台《王在晋〈海防纂要〉"周天各国图四分之一"的起源与形成》，（台湾）《季风亚洲研究》2019 年第 9 期，第 1—75 页；邹振环《神和乃圈：利玛窦世界地图的在华传播及其本土化》，《安徽史学》2016 年第 5 期。

形图稿上绘出的朝鲜与日本伊岐岛外，已佚总图上是否对得自利玛窦图的世界地理图形还有更多展现（如融合艾儒略中文世界地图图形的曹君义图那样），从而在晚明世界地理知识的更新与传播中也起到更多作用？由于卜弥格 B 型图稿只摘录了原图的主体部分，上述问题已无法全面回答，但据对卜弥格 A 型图稿的进一步分析，可知已佚总图原图上的世界地理知识要多于现存 B 型图稿。①

结　语

本文基本结论如下：第一，新披露的罗马国家档案馆藏中文-拼音对照分省地图集稿确系卜弥格在中国助手郑安德肋协助下完成的作品（B 型图稿）。第二，B 型分省图稿是基于一幅已佚失的大型晚明中文总图经由逐省摘录总图上各省内容的方法转绘而成的。已佚总图的主体面貌可据 B 型图稿做拼合复原。第三，已佚总图本身也是中西地图融合的产物，它是以利玛窦中文世界地图的总体轮廓、部分城址的相对方位为基础，再用从晚明流行的某幅"人迹图"上摘录的大量地物填充而绘成的。已佚总图的制作者为不通西学的中国人，因此对利玛窦地图图形产生误用。且已佚总图由两套图形生硬拼合而成，导致所绘中国城址相对方位多有错乱，并延续到卜弥格 B 型图稿中。第四，本文钩沉的已佚总图在地图史上应有重要地位，因为此图代表着利玛窦世界地图本土化的一种学界前所未知的特殊模式：利玛窦的图形与中文舆图深度融合。

关于卜弥格 B 型图稿的绘制时间，A、B 两型图稿之间的深层关联，卜弥格制图资料、方法的转变及其原因等相关问题，笔者有另文做系统讨论。② 卜弥格的两种中国地图作品均是在返欧途中制作的，他随身携带已佚总图，以之为基础制作了 B 型图稿，更晚的时候，又以之为重要参考资料之一，另制成 A 型图稿，两型图稿均留在欧洲。经由利玛窦、已佚总图作者、卜弥格等人大半个世纪的接力，完成了跨越时空的一轮东传西递，产生一组相互关联的地图作品，形成复杂中西地图交流史谱系中的重要节点与干线。

---

① 参见拙作《卜弥格中国地图集 A 型与利玛窦、罗明坚地图关系钩沉》，审稿中。
② 参见拙作《卜弥格中国地图集 A 型与利玛窦、罗明坚地图关系钩沉》，审稿中。

Another Model for the Localization of Ricci's Maps
—A Study of the Origin of Michał Boym's Type B Atlas of China

Lin Hong

Abstract: In recent years a set of manuscript provincial atlas on which the place names are both indicated in Chinese and accompanied by Romanized spelling kept at the Archivio di Stato di Roma was published. This article uses comparative cartographic methods and digitization technology to make a systematic argument. This article identifies this atlas as the work of the Jesuit Michał Piotr Boym and his Chinese assistant Andreas Chin（called Type B in this artlcle）, which was made by copying the mapping contents from one lost Chinese general map. In this article the lost general map is reproduced through piecing together the provincial maps in Type B atlas. The framework of the lost general map is based on Matteo Ricci's Chinese world map, with a large number of place names from the Late Ming *Renji Tu* filled in. The lost map represents an alternative model for the localization of Ricci's map.

Keywords: Michał Boyms; Lost General Map; Matteo Ricci; Comparative Cartography

（执行编辑：江伟涛）

海洋史研究（第二十一辑）
2023 年 6 月　第 156~169 页

朝鲜王朝地图中的海洋与朝鲜人
对中国海洋的认识

黄普基（Hwang Boki）　李新星[*]

近年来，学界对于朝鲜王朝古地图中海洋史方面的史料价值给予了较多的关注。① 朝鲜古地图数量多、种类多样，地图中包含了丰富的海洋信息。同时朝鲜地图发展史具有自身的独特性。朝鲜世界图的绘制一直受到国外地图的影响，朝鲜人对从外国引进的地图进行复制、更改。朝鲜王朝前期，其世界地图深受中国古地图的影响，制作者依据从中国引进的地图制作完成。朝鲜王朝中期以后，从中国传来的西方汉文地图冲击朝鲜，由此出现大量西方汉文地图的更改版地图。朝鲜王朝末期的地图则完全脱离以往传统地图制

---

* 作者黄普基（Hwang Boki），湖南师范大学外国语学院教授；李新星，湖南师范大学外国语学院硕士研究生。
本文系国家社科基金重大项目 "宋元以来珠江三角洲海岸带环境史料的搜集、整理与研究" （项目号：19ZDA201）子课题 "珠三角海图资料的搜集、整理与研究" 的阶段性成果。

① 如滨下武志「海洋から見た『混一疆理歴代国都之図』の歴史的特徴—龍谷大学蔵『混一疆理歴代国都之図』が示す時代像」（〔日〕滨下武志：《从海洋视角看〈混一疆理历代国都之图〉的历史特色——龙谷大学藏〈混一疆理历代国都之图〉的时代风貌》，《海洋史研究》第 10 辑，社会科学文献出版社，2017；杨雨蕾、郑晨：《多元的认识：韩国古舆图中的琉球形象》，《海交史研究》2018 年第 2 期；〔韩〕徐仁范：《朝鲜时期西海北段海域境界与岛屿问题——以海浪岛与薪岛为中心》，（首尔）《明清史研究》第 36 辑，2011；〔韩〕裴祐晟：《朝鲜后期对沿海、岛屿的国家认识变化》，（木浦）《岛屿文化》第 15 辑，1997；〔韩〕Yang Bo Kyung：《朝鲜古地图中的东海地名》，（首尔）《文化历史地理》第 6 卷，2004；〔韩〕裴钟奭：《田横论研究》，（首尔）《民族文化》第 46 辑，2015。

作法与地理思想，全面接受西方地图制作法。

　　本文的研究对象就是这些朝鲜王朝古地图发展史上的代表性地图，例如朝鲜王朝初期世界图《混一疆理历代国都之图》①、朝鲜王朝中后期军用地图《西北彼我两界地图》、文人士大夫教育用地图《中国图》、西方汉文世界图的更改版《天下都地图》、民间世界图《中国地图》等，另外还有朝鲜王朝后期采用西方地图制作法而完成的《海东三国图》、教科书附图《士民必知》等。这些地图集中体现朝鲜王朝的朝鲜地图演变历程，反映不同时期的地图制作方式。其中，以中国地图为底本制作的世界图、西方汉文世界图的更改版地图、朝鲜制作的西式地图、国家工程地图与民间地图、军用地图与教科书附图，都反映了不同的制作主体与目的。本文通过梳理这些朝鲜古地图的中国海洋空间描绘特征与海洋地理信息，分析传统中国地图与西方地图影响下的朝鲜古地图对中国海洋的描绘特征，以此为基础探讨朝鲜王朝对中国海洋的认识特征及其变化过程。

一　传统中国地图影响下对海洋的描绘特征

（一）朝鲜王朝前期世界图：从广阔的世界海洋到封闭的中华海洋

　　朝鲜建国初期，将制作世界图作为一项国家工程，1402年制作的《混一疆理历代国都之图》①为其代表性成果。该图结合了元代李泽民的《声教广被图》、清浚的《混一疆理图》以及朝鲜和日本的地图，反映了元代中国及其周边海洋，以及明前期朝鲜的情况。

　　《混一疆理历代国都之图》中，朝鲜半岛被故意放大，山东半岛也被放大，同时黄海被缩小，中国与朝鲜半岛之间的距离很近，特别是山东半岛与朝鲜半岛黄海道之间，以及长江口与朝鲜半岛西南海岸之间的距离。东海海域的日本、琉球、小琉球（属中国台湾）的位置明显错误，日本被置于福建对岸，琉球的西北方向为中国台湾。此图在南海及附近海域所绘内容涉及许多国家，南海东南海域有麻逸（今菲律宾的吕宋岛）、三屿（今菲律宾的巴拉望岛）等岛屿；南海西南海域有渤泥（婆罗洲）、三佛齐（今苏门答腊

---

① 《混一疆理历代国都之图》，1402年制作，原图为日本京都龙谷大学藏，本文地图来源为首尔国立中央博物馆网站数字地图，地图来源网址为 https://kyudb.snu.ac.kr/pf01/rendererImg.do。

岛）等。此外，龙牙门（新加坡）一带海域的描绘较详细，该区域的地理信息来源应为在元世祖年间远征东南亚时获得的信息。①

《混一疆理历代国都之图》中，中国岛屿主要集中在两个地方：一是山东半岛至江苏沿海一带。该海域的岛屿集中分布，与元朝至元年间（1264—1294）的海上航路有关，即从江浙出发经山东半岛，再经直沽（天津），到达大都（北京）的海上航路。地图上表示的岛屿大多是该航路的周边岛屿。② 二是濒临南海的广东一带，主要是在广东珠江口与雷州半岛附近。相对而言，浙东舟山群岛的描绘较简单。从图中的海岸线来看，地图绘制者对于中国海岸的地理形势与海岸线轮廓了解得相当清楚，此外的海域则描绘得非常模糊，甚至不准确，特别是对南海海域的描绘。该图对于中国大陆沿海之外海域的描绘仅参考以往地图中的海岸线形态，在中国边界之外加绘边缘线，然后将有关中国南海直至马六甲海峡的一系列地名任意附加在海岸线以及沿海岛屿上。③

《混一疆理历代国都之图》是元代地图的朝鲜式更改版，但基本沿用原图中的中国地理信息，因此该图能够体现元朝积极的海上活动与海上影响力。

到 16 世纪，朝鲜王朝确立中华（明朝）与小中华（朝鲜）理论体系，实行尊明事大外交政策。当时朝鲜以明朝地图为底本制作世界图，而明朝地图体现了明朝封闭的对外政策。这些因素都在朝鲜世界图中有所反映，例如《混一历代国都疆理地图》。④《混一历代国都疆理地图》的底本是《大明国地图》（《杨子器跋舆地图》），因此图中没有欧洲、非洲，只描绘中国及其周边国家。另外，在《混一疆理历代国都之图》中，中国东南海洋一带画有许多国家，但《混一历代国都疆理地图》中除了日本与琉球之外基本都消失了。整体来看，该图描绘出以中国为中心的东亚，以及中国周边朝贡国。对朝鲜来说，中华（明朝）之外的其余各国，只是属于没有意义的异域而已。这显示出朝鲜人的视野逐渐变窄，朝鲜世界图没有反映中国海洋全貌，特别是广阔的南海。

---

① 〔日〕宫纪子：《朝鲜描绘的世界地图》，金曦泳译，（首尔）笑卧堂，2010，第82页。

② 〔日〕宫纪子：《朝鲜描绘的世界地图》，金曦泳译，第76—79页。

③ 姚大力：《"混一图"与元代域外地理知识——对海陆轮廓图形的研究札记》，复旦大学历史地理研究中心主编《跨越空间的文化：16—19世纪中西文化的相遇与调适》，东方出版中心，2010，第462—463页。

④ 《混一历代国都疆理地图》，16世纪中期制作，个人收藏，转引自 Oh Sang-Hak：《古地图》，（首尔）国立中央博物馆，2005。

（二）　朝鲜王朝中后期的军用地图：较精准描绘渤海

1637 年，在丙子之役中败于清朝之手并被迫臣服，被朝鲜王朝视为奇耻大辱。战败的悲愤、痛苦，以及尊明事大的大义名分，使得朝鲜在很长时期内采取不承认清朝的态度。朝鲜王朝中期以后的地图多反映明清易代的政治局势与朝鲜人的政治态度。

18 世纪初的《辽蓟关防地图》① 描绘清初期辽宁冀东地区的军阵布置情况。该图以《筹胜必览之书》《山东海防地图》《盛京志·乌喇地方图》等几部地图为基础，结合朝鲜《航海贡路图》《西北江海边界》完成。该图制作于 1706 年，对辽宁、冀东地区军阵关防布置情况的描绘十分详细，无疑是军事情报用地图，反映了 17 世纪明清易代局势与地理信息。该图还描绘朝鲜使者赴明朝的海上使行路线及其周边海域岛屿。明清易代之际，由于后金（清）逐渐占据辽东，朝鲜使者开始通过海路往返明朝朝鲜两国。朝鲜人的海上航行路线主要是两条：一是从朝鲜平安道宣沙浦，经椴岛、车牛岛、鹿岛、石城岛、长山岛、广鹿岛、旅顺口、庙岛，登陆登州；二是从朝鲜平安道宣沙浦，经椴岛、车牛岛、鹿岛、石城岛、长山岛、广鹿岛、旅顺口、双岛、觉华岛，登陆宁远卫。整体来看，该图是 17 世纪海路与 18 世纪沿海关防布置的结合。不同时期信息的结合，凸显明清易代之际渤海、黄海北部海域的紧张局面。

《西北彼我两界地图》② 也是军用地图，地图题目中"彼我"意为清朝和朝鲜，其主要用于朝鲜海岸防卫，重点描绘辽宁地区驿站与沿岸岛屿。该图还画出连通中朝的海上航路，海上航路是清兵入关之前朝鲜使者赴明航路，从清朝开始朝鲜使者从陆路进北京。该图制作于 18 世纪中期，但仍描绘已废止的旧航路。

军用地图《海防图》③ 还描绘东海上的民间商业航路，从朝鲜西南海岸出发，经朝鲜最西段岛屿红岛、黑山岛等，再经舟山群岛的定海，最终到达宁海（宁波）。

---

① 〔韩〕《辽蓟关防地图》，1706 年制作，首尔大学奎章阁藏，地图来源网址为 http：//kyudb. snu. ac. kr/main. do？mid＝GZD。

② 〔韩〕《西北彼我两界地图》（《海东地图》第 4 册），18 世纪 50 年代初制作，首尔大学奎章阁藏，地图来源网址为 http：//kyudb. snu. ac. kr/pf01/rendererImg. do？item_ cd＝GZD&book_ cd＝GR33469_ 00&vol_ no＝0000&page_ no＝001&imgFileNm＝GM33469IL0004_ 001. jpg。

③ 〔韩〕《海防图》，作者不详，18 世纪后期制作，韩国国立中央博物馆藏，转引自 Oh Sang-Hak《古地图》，（首尔）国立中央博物馆，2005。

　　长期以来，宁波、定海与朝鲜半岛之间民间交流相当活跃，包括海上贸易与渔业活动。因此，该海域频繁发生海难，以及漂流民案件。① 朝鲜漂流民是中国沿海信息的主要传达者。在他们的口述中，舟山群岛的普陀山是"寺刹精丽，花卉繁华"的仙境。宁波等一些城市"烟柳画桥，风帘翠幕"。浙东沿海地区是"衣食之足，风俗之厚，景物之美的天下乐地"②。

　　朝鲜王朝中后期军用地图描绘了渤海、黄海、东海海域，反映了中国海洋截然不同的功能。渤海与黄海北部海域既是海防森严的军事空间，也是朝鲜使者出使清朝海上航路所经的政治外交空间，还是怀念亡明的空间。相比之下，黄海南部、东海海域则是海上贸易等民间交流的空间，是反映清朝现实的空间。

（三）朝鲜王朝中后期民用地图：清代的"大明"海洋

　　《中国图》③是清代朝鲜制作的地图，但图中行政区划仍按1644年已经灭亡的明朝版图描绘。可见，朝鲜怀念已亡的明朝，不承认清朝。这是"朝鲜中华主义"的体现，是该时期朝鲜地图的普遍现象。④

　　《中国图》中还画出禹贡九州、春秋战国时期国名，以及主要名山形胜。从地图风格来看，该图属于历史地图集，制作目的为对朝鲜文人士大夫进行中国历史教育。⑤ 图中画出三个中国岛屿，即山东半岛附近的田横岛、南海的崖山和琼州（海南岛）。对朝鲜文人士大夫来说，这三个岛屿都具有重要历史教育意义。

　　田横岛。秦末，田横兄弟三人反秦，占据齐地。刘邦称帝后，田横不肯臣服，率500将士逃到海岛。刘邦遣使招降，田横不甘受辱，在入京途中自杀，岛上500将士闻知亦自尽殉节。受儒学教育的影响，朝鲜文人士大夫非常欣赏田横与500将士的忠烈。不过朝鲜王朝毕竟是通过易姓革命而建国，

① 〔韩〕崔溥：《锦南先生漂海录》卷一，闰1月16日，收入《燕行录选集》，民族文化推进会，1982，第13页。
② 〔韩〕朴思浩：《心田稿》二《留馆杂录·罗漂海录》，收入《燕行录选集》，第62页。
③ 〔韩〕《中国图》，收入《东国舆地图》，朝鲜后期制作，首尔大学奎章阁古地图帖，地图来源网址为 http：//kyudb. snu. ac. kr/pf01/rendererImg. do？ item＿ cd ＝ GZD&book＿ cd ＝ GR33521＿ 00&vol＿ no ＝0001&page＿ no ＝002&imgFileNm＝GR33521＿ 00IH0001＿ 002. jpg。
④ 〔韩〕Oh Sang-Hak：《朝鲜时期世界地图与中华的世界认识》，（首尔）《韩国古地图研究》第10卷第1号，2009，第14页。
⑤ 〔韩〕《中国图》（奎章阁古地图，《东国舆地图》，古4709-96），解题。

在朝鲜国史上很长时期几乎没人提到田横，直到明清易代，特别是明朝灭亡以后，一些朝鲜人怀念田横，表达他们对明朝的忠义。此外，韩国古文献对田横的记载也很丰富。不过朝鲜时期对田横岛的位置一直存在争议，相关古地图对田横岛位置的标识有所不同，有些标在山东半岛南部海域，有些则标在山东半岛北部海域，也有些标在山东半岛与朝鲜半岛中间、朝鲜西部海上等。①

崖山。崖山是南宋行宫最后的所在地，历史上发生过著名的崖山海战。1279 年，宋朝军队与蒙古军队在崖山进行大规模海战，南宋最终灭亡。由于在崖山发生王朝灭亡的悲剧，朝鲜人将崖山当作反面教材。朝鲜文人士大夫将"国势之岌嶪"比喻成"宋之崖山"②"崖海之危"③，时时刻刻提醒当政者。然而，在朝鲜人的心目中，崖山更是神圣的地方，他们很敬佩崖山海战时，宋朝"军民数万，无一人离散，而同日死"的精神。朝鲜人认为这体现了"立国仁厚，固结人心，以及义理大明"④。朝鲜人还高度评价陆秀夫负宋帝逃难，亲自书写《大学章句》，给宋帝讲故事。⑤ 朝鲜人认为这是对儒学学术追求的最高境界。忠义与学问，是朝鲜文人士大夫的信仰、人生的追求。

琼州，即海南岛。虽然早期朝鲜世界图上一直出现海南岛，但朝鲜人对异域万里的孤岛并没有特别兴趣。海南岛是在"中国西南万里炎天涨海之外"⑥一孤岛，岛民"鳞介之与居，獠猺之为邻"⑦。海南岛常被朝鲜人提起与关注，主要是在明清易代后，海南岛成为南明与清朝主战场之一。⑧ 另

---

① 〔韩〕배종석：《田横论研究》，（首尔）《民族文化》第 46 辑，2015，第 116—119 页。

② 〔韩〕《中宗实录》卷三十一，中宗十二年，润十二月二十一日，收入太白山史库本《朝鲜王朝实录》第 16 册，第 37 页，首尔大学奎章阁藏。

③ 〔韩〕奎章阁原本《承政院日记》，英祖二年十月五日，第 624 册，第 38 页，首尔大学奎章阁藏。

④ 《承政院日记》第 624 册，英祖二年十月五日。

⑤ 〔韩〕《中宗实录》卷三十一，中宗十二年，润十二月二十一日。收入太白山史库本《朝鲜王朝实录》第 16 册，第 37 页，首尔大学奎章阁藏。

⑥ 〔韩〕宋时烈：《宋子大全》卷一百四十一《记》，《甲山府客舍重建记》，收入《韩国文集丛刊》第 113 册，（首尔）民族文化推进会，1993，第 46 页。

⑦ 〔韩〕宋时烈：《宋子大全》卷一百四十三《记》，《咸兴府知乐亭记》，收入《韩国文集丛刊》第 113 册，第 81 页。

⑧ 〔韩〕《朝鲜王朝实录》卷十四《显宗实录》，显宗八年十月三日，收入太白山史库本《朝鲜王朝实录》第 14 册，第 23 页，首尔大学奎章阁藏；成海应：《研经斋全集外集》卷二十九《尊攘类·三皇纪》，收入《韩国文集丛刊》第 276 册，（首尔）民族文化推进会，2001，第 394 页。

外，有两个海南人改变了朝鲜人对该岛的印象，他们就是苏东坡与丘浚。宋朝绍圣四年（1097），60 岁的苏东坡被谪迁到边徼荒凉之地海南岛。他在这里办学堂，介学风，以至许多人不远千里，追至该岛，从苏轼学。几百年后，海南岛横空出现"大贤者"丘浚。"南蛮之人"[1] 丘浚成为大儒，意味着"偏荒绝海之地"海南岛"变为礼义文明之邦"[2]。儒学、礼义文明之邦，这是朝鲜文人士大夫心目中的理想国度。

在《中国图》中，除了画出以上三岛外，还描绘了日本、琉球两个岛屿国家。这是当时朝鲜人心目中海洋的全部，该图名为《中国图》，对于一直浸淫在中华世界观的朝鲜人来说，"中国图"等于"世界图"。这是受西方世界观冲击之前朝鲜人的普遍认识。

二 西方汉文世界地图冲击朝鲜人的海洋知识

朝鲜王朝中期以后，利玛窦的《坤舆万国全图》、艾儒略的《万国全图》等西方汉文世界地图传入朝鲜，增加了朝鲜人的世界地理知识，使得朝鲜人认识到中国以外的世界，最终动摇了朝鲜人的世界观与海洋知识。

（一）中国汉文世界图的更改版：重新描绘中国海洋全貌

《天下都地图》[3] 是 1770 年制作的世界图，以艾儒略《万国全图》（1623 年）为底本，对朝鲜半岛等部分地区作了更改。在《天下都地图》中，东北地区出现"女真"，中原地区出现"大明一统"字样，朝鲜半岛仍然被有意放大，可见朝鲜人还没脱离以往的"小中华"世界观。不过，该图在地形描绘方面有新变化。在以往的地图中，日本被画成规模不大的岛屿，甚至是小圆形，而该图日本的形状较接近原形；由于日本地理位置偏北，影响了东海的整体形状。《天下都地图》所画的中国海域除长江口的崇明岛外，其他海域几乎不见岛屿，相反菲律宾诸岛等东南亚岛屿出现在地图

---

[1] 〔韩〕丁若镛：《通塞议》，《定本与犹堂全书》文集 卷九《议》，第 32 页（韩国古典翻译院〈ttkc. kr〉）。

[2] 〔韩〕金声久：《赠别三童子（并小序）》，《八吾轩先生文集》卷二《诗》，1873，收入《韩国文集丛刊续集》第 43 册，（首尔）景仁文化社，1996，第 454 页。

[3] 〔韩〕《天下都地图》，1770 年制作，首尔大学奎章阁藏，地图来源网址为 http：//kyudb. snu. ac. kr/ pf01/rendererImg. do？ item_ cd＝GZD&book_ cd＝GR33505_ 00&vol_ no＝0001&page_ no＝001&img FileNm＝GR33505_ 00IH0001_ 001. jpg。

中。可见，朝鲜人已不执着于田横岛、崖山等体现中华世界观的岛屿。

以往朝鲜世界图中，南海海域的最南边为海南岛，而《天下都地图》描绘的海域最南边包括了东南亚诸国，显示朝鲜人认识到南海更广阔的空间。该图对海域名称的标识与利玛窦《坤舆万国全图》也有不同。《坤舆万国全图》将东海称为"大明海"，而《天下都地图》将东海称为"小西海"，将太平洋冲绳列岛附近海域称为"大明海"。

19世纪前期《舆地全图》①基本照搬庄廷敷《皇朝统属职贡万国经纬地球图说》中的中国地理信息，朝鲜半岛被放大，可见仍然没有脱离以往的地图制作惯性。即便如此，《舆地全图》也比以往地图有了较大的进步。该图尽量吸收所仿制的地图原图的信息，勾勒出较完整的中国海洋轮廓。《舆地全图》对辽东半岛的描绘相当准确，渤海形状几乎接近实际情况。虽然朝鲜半岛与山东半岛被放大，但中国与朝鲜半岛之间距离较准确，黄海的形状也没有太走样。中国东南海岸一带与台湾的地形、位置描绘较准确，东海的形状基本接近实际。南海方面，该图描绘出中南半岛、印度尼西亚诸岛、菲律宾等，这些地方都是南海轮廓不可或缺的部分。《舆地全图》将辽东半岛南部沿海一带海域称为"渤海"，将印度尼西亚北部海洋称为"小南洋"，将印度尼西亚南部海洋称为"大南洋"，这些都是西方汉文世界地图传入朝鲜后新增的海洋地理知识。

（二）民间地图：海洋地理信息含混不清

朝鲜王朝中期以后，民间的地图制作也较活跃。相对来说，民间地图的技术水平较低，描绘粗略。然而由于形式与内容方面不受约束，民间绘制的世界地图富有创造力。

《中国地图》②绘出了"英圭黎""荷兰国""大西洋""小西洋"等地名，显然是受到西方汉文地图的影响。图中描绘出明朝13省，同时又绘出"台湾府""宁古塔"。台湾府设于清康熙二十三年（1684），宁古塔也是清代地名。因此，该图制作于清代。此外图中标出"女真国"字样，反映出朝鲜人仍不承认清朝的心态。

---

① 《舆地全图》，19世纪前期制作，崇实大学博物馆藏，转引自Oh Sang-Hak《古地图》。
② 《中国地图》，作者未详，朝鲜后期制作，国立中央博物馆藏，地图来源网址为https：//www. museum. go. kr/site/main/relic/search/view？relicId＝2506。

《中国地图》中朝鲜半岛不仅被放大，而且被拉长至杭州湾一带，黄海与东海的形状与规模因而受到影响。日本、琉球的地理位置与规模较离谱。南海有《山海经》虚构的国名"小人国""大人国""穿胸国"等。南海西南边上有暹罗国、占城，曾经是朝鲜世界图遗漏的地名。

《中国地图》中中国岛屿共有5个，分别为海南岛、崖山、田横岛、台湾府、"徐福"岛。海南岛、崖山、田横岛无须再谈。台湾是明清易代之际郑成功等南明势力抗清的舞台，图中台湾是个比海南岛、琉球还小的岛，但地理位置较准确。"徐福"岛其实是虚构的，传说中的东海三仙山之一，体现了道家思想。秦始皇时徐福率领三千童男女自山东沿海东渡的传说遍及韩国，《中国地图》将"徐福"岛描绘在东海山东半岛南边。

总的来看，《中国地图》地理信息混乱，明清地理信息混在一起，实际地名与虚构地名相混。该图有意复原一些人们遗忘的知识，而故意抹去当下的实情，不符合中国海洋的实际，反映了明清易代后朝鲜人复杂的心态。

三 西方地图影响下朝鲜海洋认知的进步

西方汉文世界地图传入朝鲜，引发了人们对西式地图的爱好与仿制，一些人全面接受西方地图的制作法及其制作理念，以西方汉文世界地图为底本，更改原图部分内容，制作各种朝鲜式世界图。

（一）19世纪《海东三国图》：精准绘制中国海洋

到朝鲜王朝后期，朝鲜人已经直接获得、阅览西方人制作的地图。1889年，朝鲜驻美国全权大臣朴定阳朝见国王高宗，以《全球全图》为根据，讲述世界上还存在美国、俄罗斯等与中国一样大的国家。[①] 朝鲜文人金正熙阅览西方世界图后，惊叹西方地图的制作水平，认为其描绘的朝鲜、中国、日本之间国境的非常精准，远胜于南怀仁绘制的《坤舆全图》与中国《皇舆览全图》。[②] 西方世界图的高超技术水平，不仅动摇了朝鲜人以中国为中心的华夷世界观，也推动朝鲜王朝的西式世界地图制作，出现大量较精准的

---

① 〔韩〕奎章阁原本《承政院日记》，高宗二十六年七月二十四日，第40页，首尔大学奎章阁藏。
② 〔韩〕郑恩主：《从中国流入地图的朝鲜式变容》，（首尔）《明清史研究》第41辑，2014，第276页。

西式世界图。

《海东三国图》①采用西方制图方法制作于19世纪，为当时朝鲜制作水平最高的地图。该图将朝鲜所制作的地图与从中国、日本引进的地图相结合，因此图中留下邻国地图的一些制作痕迹，如图中有关于日本九州岛至中国浙江省、台湾省以及琉球、安南、吕宋国之间距离的标记。②

《海东三国图》的制作理念与以往不同，完全放弃将朝鲜半岛故意放大或故意歪曲一些地区形状、更改一些地理信息、将中国放在画面中央的惯例，体现出对实际地形的科学精准描绘，反映真实的地理信息。图中渤海、黄海、东海等海域的形状、面积，以及无数的岛屿之间距离等，都达到空前的精准程度。

《海东三国图》描绘了许多岛屿，对台湾与琉球的描绘引人注目。由于朝鲜与琉球之间有着外交、贸易关系，以往朝鲜地图中琉球的地位一直比台湾高，琉球面积画得比台湾大，甚至许多地图常常将台湾与琉球混淆，其位置也不准确。《海东三国图》终于将琉球与台湾分清，琉球已不再被放大。

《海东三国图》包含丰富的中国海洋地理信息。过去不起眼的一些小岛得到关注。澎湖列岛在《混一疆理历代国都之图》中已出现，但只是个圆点，位置也不正确。此后的朝鲜世界图中基本不见澎湖列岛。《舆地全图》记载了"澎湖"岛屿，有一定形状，但位置不正确，位于台湾岛南边。其实，朝鲜王朝后期已有人知道澎湖岛的准确位置，著名学者朴趾源有文章记载澎湖岛"西与泉州、金门相望"，过去是个"无水田可种，以采捕为生"的贫穷岛屿，如今成为"贸易辐辏"的"乐土"。③《海东三国图》中澎湖列岛的形状、位置、规模都非常准确，基本接近现代地图的水平。

可以说《海东三国图》全面接受了西方地图制作技术与理念，摆脱了以往以中国为中心的华夷世界观，也放弃故意放大朝鲜的做法。朝鲜人通过地图，终于可以一睹客观的中国海洋面貌。

---

① 〔韩〕《海东三国图》，19世纪制作，首尔大学奎章阁韩国学研究院藏，地图来源网址为 https://kyudb.snu.ac.kr/pf01/rendererImg.do。
② 〔韩〕Oh Sang-Hak：《韩中日古地图中的离于岛海域认识》，（首尔）《国土地理学会志》第45卷第1号，2011，第78页。
③ 朴趾源：《燕岩集》卷六《别集·书事》，《书李邦翼事 沔川郡守臣朴趾源奉教撰进》，收入《韩国文集丛刊》第252册，（首尔）景仁文化社，2001，第102页。

（二）19世纪末《士民必知》：描绘出完整的中国海洋

到朝鲜王朝末期，普通民众也能够接触到相当精准的世界图，如韩译版世界地理教科书《士民必知》。[1]

《士民必知》是美国传教士赫尔伯特（H. B. Hulbert）制作的世界地图。该图完全照搬了当时西方世界图的内容，只是图中地名为韩文而已。该图对中国海洋的描绘，几乎接近现代地图的水平。至于海洋名称，该图中东海与黄海的称谓是与现在海域名称一致的。东海与黄海，分别替代以往朝鲜人惯用的南海与西海，而该图中中国南海的名称则与现在不同，为"清国海"。这是地图制作者多参考中国、日本的海洋命名法而制作地图的结果。[2]

朝鲜王朝末期，朝鲜地图完全脱离以往传统地图制作法与地理思想，不再满足于对西方汉文地图的模仿与更改，而是全面接受西方地理知识与地图制作法，制作出精准、完整的中国海洋地图。

朝鲜地图中对中国海洋的称谓及其变化，从另一个层面反映出朝鲜人对中国海洋认识的演变。朝鲜王朝初期地图中记录海洋的名称并不多，一些地图只标注"海""大海"等字样。[3] 朝鲜王朝中期以后地图逐渐出现中国海洋名称。朝鲜通常用四方方位来命名半岛周边海洋名称，因此出现"西海""东海""南海"等海洋名称，这些海洋的名称往往不止一个，而且跟随时代变化而变化。

黄海。朝鲜人将朝鲜半岛西边海洋称作西海。[4] 因此许多朝鲜人认为朝鲜的西海就是中国东海。[5] 其实这是不准确的，朝鲜的西海不是东海而是黄

---

① 〔韩〕《士民必知》，Hulbert, H. B., 1889年制作，国立韩语博物馆藏，地图来源为国立韩语博物馆（https://www.hangeul.go.kr/）电子图书《2020年收藏资料丛书》8，《士民必知》，2020，第162—163页。

② 〔韩〕Oh Sang-Hak：《韩中日古地图中的离于岛海域认识》，（首尔）《国土地理学会志》第45卷第1号，2011，第78—80页。

③ 〔韩〕《八道总图》收入1611年《新增东国舆地胜览》（古4790-45-v.1-20），首尔大学奎章阁藏。

④ 如〔韩〕《万机要览》军政编四，海防，西海之南，载김규성，《国译万机要览》，（首尔）民族文化推进会，1971，第157页；〔韩〕《东国文献备考》卷十九《舆地考》项目中有"西海"，载《增补文献备考》，目录，1903，国立中央图书馆藏。

⑤ 〔韩〕李民宬：《敬亭先生续集》卷一《朝天录》上，六月十三日壬申，收入《韩国文集丛刊》第72册，（首尔）民族文化推进会，1996，第455页。

海。朝鲜王朝时期地图中，基本上以"西海"称呼黄海，① 而一些地图则为"西大海"②。

东海。朝鲜人一般将半岛南部海洋称为"南海"，因此认为中国舟山群岛位于南海。③ 朝鲜王朝中期以后，海域范围概念逐渐明确，一些人以半岛西南部岛屿为界，将其北边称为西海，将其南边称为南海。④ 朝鲜王朝时期地图中，东海海域的名称基本上是"南海"⑤，或为"南大海"⑥，而一些西方汉文地图中将东海称为"小西海"⑦，但这种情况非常罕见。

南海。由于中国南海与朝鲜半岛距离遥远，朝鲜地图中几乎没有记载该海域的名称，直到西方汉文世界地图的传来及朝鲜式仿制版地图的出现，如《舆地全图》⑧ 在南海南端海域标注"小南洋"。

渤海。朝鲜人知道渤海的地名来源，即"海之傍出者为渤"⑨。而朝鲜王朝前期地图中很少出现该海域名称，中期以后地图逐渐出现渤海。许多地图所记渤海海域范围与现代有所不同，有些地图将辽东半岛南部沿海一带海域称为渤海，⑩ 有些地图则将山东半岛与朝鲜半岛之间的海域标为渤海。⑪

此外，朝鲜人对中国海洋的称呼，还有北洋、东洋、东大洋等。朝鲜人认为"北洋指辽东与山海关一带海"，东洋指山东与朝鲜之间的海。⑫ 这里的北洋实际上是指渤海，东洋是指黄海，东大洋是指朝鲜西部海洋，即黄海

---

① 〔韩〕《舆地图》《我国总图》（古 4709-78-v.1-3），作者、刊年不详，首尔大学奎章阁藏。
② 〔韩〕《海东地图》（古大 4709-41-v.1-8），作者不详，18 世纪中期，首尔大学奎章阁藏。
③ 〔韩〕朴思浩：《心田稿》二《留馆杂录·耽罗漂海录》，收入《燕行录选集》，第 62 页。
④ 〔韩〕《蓟山纪程》卷三，甲子正月初五日，收入《燕行录选集》，第 66 页。
⑤ 〔韩〕《舆地图》《我国总图》（古 4709-78-v.1-3），作者、刊年不详，首尔大学奎章阁藏。
⑥ 〔韩〕《海东地图》（古大 4709-41-v.1-8），作者不详，18 世纪中期，首尔大学奎章阁藏。
⑦ 〔韩〕《舆地图》《天下都地图》（古 4709-78-v.1-3），1770 年摹写，首尔大学奎章阁藏。
⑧ 〔韩〕《舆地全图》（96cm×62cm），19 世纪前期，崇实大学博物馆藏。
⑨ 〔韩〕李民宬：《敬亭先生续集》卷一《朝天录》上，六月十三日壬申，收入《韩国文集丛刊》第 72 册，（首尔）民族文化推进会，1996，第 455 页。
⑩ 〔韩〕《朝鲜日本琉球国图》《舆地图》（古 4709-78-v.1-3），作者、刊年不详，首尔大学奎章阁藏。
⑪ 〔韩〕《舆地全图》，作者不详，19 世纪初，首尔历史博物馆藏。
⑫ 〔韩〕金昌业：《老稼斋燕行日记》卷四，正月二十七日，收入《燕行录全编》第 2 辑，广西师范大学出版社，2012，第 108 页。

与部分东海海域。① 但这些海洋名称，在朝鲜王朝时期地图中很少有反映。

朝鲜王朝末期，朝鲜对中国海洋的命名较接近现在的海洋名称。1889年《士民必知》已经将东海称为"东海"，将黄海称为"黄海"。值得一提的是，该图将南海称为"清国海"。《士民必知》是西方地图的韩译版，已经完全脱离中国地图的影响，但地名中仍然存在中国影子。

结　语

朝鲜王朝地图一直受到国外地图的影响，前期地图深受中国地图影响，中后期受到西方汉文地图的影响，末期则直接接受西方地图制作法。在这一发展过程中，朝鲜地图对中国海洋的描绘经历了较大的变化。朝鲜王朝初期世界图《混一疆理历代国都之图》中，虽然朝鲜半岛被故意放大，黄海等海域被歪曲，但整体来看，朝鲜人基本接受元朝的地理知识与世界观。到了16世纪，朝鲜王朝实施尊明事大外交政策，文人士大夫所具有的华夷世界观、明朝在封闭的对外政策影响下所绘的世界地图严重影响了朝鲜人的地理思想与世界观；该时期朝鲜世界图描绘范围局限在以中国为中心的东亚，中国周边为朝贡国，对中国海洋的描绘也体现这种影响。明清易代之际，清兵攻打朝鲜，该时期的许多军用地图反映了这一时期的国际局势变化与朝鲜的政治立场；民用地图《中国图》在中国海洋特别标注了田横岛、崖山、海南岛等三个岛屿，对朝鲜文人士大夫来说，这些岛屿代表忠义与儒学，具有重要的历史教育意义。朝鲜王朝中期以后，西方世界地图传入朝鲜，增加了朝鲜人的世界地理知识，朝鲜人因之认识到中国以外的世界，最终他们的世界观产生动摇。朝鲜王朝末期，朝鲜地图绘制完全脱离以往传统的地图制作法与地理思想，全面接受西方制作方法。此外，朝鲜王朝初期至中期，朝鲜地图对中国海洋地理的描绘总体上比较粗略，朝鲜王朝后期受到欧洲地图影响，所绘制的中国海洋地图逐渐趋于精准。

---

① 〔韩〕李坤：《燕行记事》，《闻见杂记》上《杂记·闻见杂记》，收入《燕行录选集》，第84页。

The Chinese Ocean and the Korean People's Perception of China Ocean on the Map of the Joseon Dynasty

Hwang Boki, Li Xinxing

Abstract: The Joseon Dynasty has a unique history of map development, in which the depiction of the Chinese ocean reflects the ancient Korean scholars' understanding of the Chinese ocean. The geographical knowledge and worldview of the Chinese Yuan Dynasty was accepted in the early days of the founding of the Joseon Dynasty. The portrayal of the ocean in the map reflected the active maritime activities and the maritime influence of the Chinese Yuan Dynasty. The map of the Joseon Dynasty in the middle period reflects the closed foreign policy during the Ming Dynasty in China and the scholars' respect for the Ming Dynasty, then the scope of the Chinese ocean depicted in the map of the Joseon Dynasty was reduced. Although the Korean scholars did not completely deviate from the old-world view, but the marine information in the maps expanded to the South China Sea due to the increase in maritime exchanges and the influence of the Western Chinese world map after the middle of the Joseon Dynasty. The maps of North Korea had reflected relatively accurate and complete Chinese marine geographic information at the end of the Joseon Dynasty owing to for completely departed from traditional map making methods and geographic thoughts, and accepted western geographic thoughts and map making methods.

Keywords: The Joseon Dynasty; Ancient Maps; Chinese Ocean; Marine Geography; Marine Place Names

（执行编辑：江伟涛）

海洋史研究（第二十一辑）
2023 年 6 月　第 170~185 页

日本海洋测绘的近代化历程

公元 1500 年后，随着地理大发现和西方对外殖民扩张，人类在海洋中的活动越来越频繁。海洋航行、海洋资源开发和海洋港口贸易不断增加，人类对于海洋知识需求量大增，迫切需要精确的海图指导海洋航行，多个国家相继成立海洋测绘和航路部门，海洋测绘理论与技术也随之不断发展，不断提升。1720 年法国路易十五世敕命创设海图和航路调查所，1737 年第一幅海图出版，1886 年法国航路部成立。1795 年英国成立航路部门，英国、荷兰相继完成对法国出版的海图再版。1829 年美国设置图志测器局，1867 年设立航路部。[①]

海洋测绘是一项系统工程，需要投入大量的人力、物力、财力，还需要掌握技术，培养相关专业人才。与西欧航海探险并绘制诸多海洋地图相比较，日本的海洋测绘开展较晚，在汲取了西方的海洋知识和海洋测绘技术基础上，通过丰富的自身测量实践，逐步进行海洋测绘技术的革命，实现日本海图的近代化，完成日本海洋测绘知识体系的建设。

日本海洋测绘近代化研究已有一定成果。斋藤敏夫、佐藤光、师桥辰夫

---

* 作者郭墨寒，浙江工商大学马克思主义学院、东亚研究院、日本研究中心讲师兼研究员。本文为国家社科基金冷门绝学和国别史等研究专项"近代日本编纂中国海洋图志文献整理与研究"（项目号：19VJX024）阶段性成果。
① 日本海军水路部『水路部沿革史（明治 2—18 年）』日本海军水路部、1916、1 页。

论述了从伊能忠敬到近代测量的确立论、明治初期陆地测量历史。[①] 高桥坚造和冲野幸雄从《水路提要》探讨明治初期水路图志编纂。[②] 英国学者帕斯科（L. N. Pascoe）阐述了英国对幕末和明治初期日本海洋测绘的贡献，[③] 在此基础上中西良夫深化了英国舰艇在这一时期对日本海洋测量的历史。[④] 本文以西学东渐为重要视角，考察近代日本海洋知识的更新、海洋测绘技术和理论的逐步完善以及海洋测绘先进工具的引入和人才培养，从而系统认识近代日本海洋测绘体系的近代化历程。

一　江户时代兰学与西方海洋测绘技术引入

江户时代，兰学传入日本，成为日本学习西方知识的重要源头，地理测绘技术也随之传入，给日本近代测绘事业带来曙光。德川幕府因政治需要，为把握北方情况，需要精确地图，因此出现一些早期地图学者。

江户学者麻田刚立（1734—1799），是重要天文学者、历学者和医学者，研究《崇祯历书》，改良望远镜、反射镜等观测装置，通过实测来证明理论，编有《时中法》等。[⑤] 麻田刚立推动了日本测绘技术发展，一是其学说对后代测量技术有重要影响，二是培养出了高桥至时等优秀弟子，为日本近代测绘技术和人才积累打下基础。

---

① 斉藤敏夫・佐藤光・師橋辰夫「明治初期測量史試論 1 伊能忠敬から近代測量の確立まで」『地図』第 15 巻第 3 号、1977、1—13 頁；斉藤敏夫・佐藤光・師橋辰夫「明治初期測量史試論 2 伊能忠敬から近代測量の確立まで」『地図』第 16 巻第 1 号、1978、34—40 頁；佐藤光・師橋辰夫「明治初期測量史試論 3 伊能忠敬から近代測量の確立まで」『地図』第 16 巻第 2 号、1978、36—40 頁；佐藤光・師橋辰夫「明治初期測量史試論 4 伊能忠敬から近代測量の確立まで」『地図』第 17 巻第 2 号、1979、25—33 頁；佐藤光・師橋辰夫「明治初期測量史試論 5 伊能忠敬から近代測量の確立まで」『地図』第 18 巻第 2 号、1980、34—44 頁；佐藤光・師橋辰夫「明治初期測量史試論 6 伊能忠敬から近代測量の確立まで」『地図』第 18 巻第 3 号、1980、11—17 頁；師橋辰夫・佐藤光「明治初期測量史試論 7 伊能忠敬から近代測量の確立まで」『地図』第 19 巻第 1 号、1981、31—42 頁。

② 高橋堅造、冲野幸雄「『水路提要』から判る明治初期における水路図誌作成事情」『地図』第 43 巻第 3 号、2005、17—22 頁。

③ Pascoe, L. N, "The British Contribution to the Hydrographic Survey and Charting of Japan 1854 to 1883," in *Researches in Hydrography and Oceanography*, Tokyo: Japan Hydro Graphic Association, 1972, pp. 355-386.

④ 中西良夫「英艦による初期の日本沿岸測量」『地図』第 23 巻第 3 号、1985、33—37 頁。

⑤ 鹿毛敏夫「麻田剛立の史料：没後二〇〇周年に際して」『大分県地方史』第 173 号、1999。

日本金泽和算家宫井安泰（1760—1815），从兰学中汲取测绘理论方法，著成《国图携要》，此书内容包括察时、行程、谨戒、用具、人力、择吉、先触、养身、大量、计古今、向导、顺路逆路、真图、行图、草图、分间、程位、空配、币制、密铭、远的、无道路、标棹、种割、小棹杖石、假分间、风景、番附、色分、山表里、山图等，书后记载"右此一卷，家传之，虽为极秘，令传受以手修令，虽不许之人，非信学实志，妄不可有传与者也"①。说明当时地图测绘之术是专门之学，并不广泛传授。石黑信由（1760—1836）是继承宫井系统的和算家，当时地图测绘之术一般称为"町见术"，石黑对宫井测量术进行改良，提升测量精度，对测量工具进行试验，在加贺、越中、能登三国展开道程测量，并著有《三州测量图籍》。②1803 年，石黑与伊能忠敬会见交流，并对伊能的全日本海岸测量有重要影响。石黑的测量术也传给后代，其第三代石黑信之作《越后国山下三驿见取绘图》和第四代石黑信基绘制《皇国总海岸图第一武藏湾》（1855），是石黑家族的重要测绘成果。江户时代前期日本测绘和地图绘制之术，仍然是专门之学，主要是家族内部和师徒之间秘密传承，并不是广泛传授的学问。这种家族或师徒秘密传承模式，一定程度上使得日本测绘技术相对滞后，直到江户末期幕府主动学习西方，开展新式教育和筹建海军发展，日本测绘技术才不断跟上世界脚步。

19 世纪初期，日本才真正展开全国的海岸测量，这与大名堀田正敦的支持和助力紧密相关。堀田正敦是下野佐野藩堀田家第三代家主，与幕府老中首座松平信明联手，接手德川第 8 代将军德川吉宗历法改订事业，堀田不仅对兰学理解深入，且十分重视保护和重用贤能之人。③1795 年召见重富和高桥至时两人入天文方，从事历法修订事业。伊能忠敬作为高桥至时弟子同时也搬入江户居住，伊能与堀田从此有密切交往，为日后的全国地图测量事业奠定基础。

高桥至时④作为江户中期的天文学家，召入天文方后完成宽政历法，编

① 宫井安泰『国图携要』日本国立国会图书馆藏文化十二年（1815）抄本。
② 木下良「石黑信由による加贺・越中・能登三国の测量と地图作製」『地图』（特刊号）第 22 卷，1984。
③ 王一兵「仙台藩における兰学の发足と大槻玄沢・平泉、堀田正敦」『国際文化研究』第 23 卷，2017。
④ 高桥至时（1764—1804），江户中期的天文学家，日本大阪人，号东冈，通称左卫门，曾向麻田刚立学习天文和历法。

译《Laland 历书管见》，并教授伊能忠敬测量技术。伊能通过大量实地测量发现《Laland 历书》中的偏差问题，此发现也得到高桥至时的认可和肯定。1800 年，伊能忠敬响应幕府诏令，先从北海道开始实测，开启日本全国范围实地测量，也是近代日本海岸实测的开端，① 这一工作一直坚持到 1818 年他去世，并将测量经过著成《舆地实测录》。伊能死后，高桥至时之子高桥景保曾师从伊能，继续伊能的全国测量事业，直至 1821 年结束测量事业，完成最早的近代实测日本全图《大日本沿海舆地全图》（又称"伊能图"），伊能忠敬也被称为日本近代测量的鼻祖。

高桥景保后成天文方中的地志御用挂，此时幕府设立蕃书和解御用挂，兰学开始正式进入日本官学系统。作为蕃书和解御用挂的人员有马场佐十郎、大槻玄泽、宇田川玄真、杉田立卿、青地林宗、大槻玄干、凑长安、小关三英、大槻玄东、箕作阮甫、杉田成卿、箕作秋坪、市川斋宫等，主要从事政治书、兵术书等的翻译。这些人是早期洋学接受者，与测量之间关系并不紧密，但其第二代、第三代弟子中测量和地图绘制人才辈出，为幕末和明治时期海洋测量事业的蓬勃发展奠定基础。

其一，同时期民间的兰学学塾兴起，为日本西学的深入传播发挥重要作用。兰方医学吉雄流开组吉雄耕牛（1724—1800）早年在长崎开办成秀馆及其后辈开创观象堂和青囊堂，1784 年尾张的町医野村立荣（1751—1828）创办私塾，1786 年大槻玄泽在江户本才木町创办芝兰堂，1824 年德国人 Siebold（1796—1866）在长崎郊外开诊所兼兰学塾鸣滝塾，1839 年佐久间象山在神田玉池开玉池书院（即象山书院），1858 年福泽谕吉在江户藩邸开庆应义塾等，兰学学塾的兴起为西学传播架构了知识的桥梁。

其二，这个时代和算和天文历法的传承与发展，对于日本测量理论的发展和技术提升也有一定促进作用。1684 年日本改历法设立天文方，以天文观测为本务，同时掌管测量、地图绘制、历书注解等。1855 年天文事业又从蕃书和解的事务中独立出来。

其三，幕府官方的行动推动测量事业发展。江户后期幕府官方不断解禁与国外接触，特别是 1853 年黑船事件之后，幕府更加主动地向西方学习，开设教授洋学机构，翻译洋书和外交文书。1855 年设立洋学所，1856 年设幕府

① 中村士「幕府天文方高橋至時：その生涯，業績と影響」『科学史研究』第 48 巻第 251 号、2009。

直辖洋学研究和教育机构蕃书调所，1863 年改组扩充设立开成所，一是教授荷兰语、英语、法语、德语等外语，二是开设天文、地理、穷理学、数学、物产学、化学、器械学、化学、活字等课程，日后成为日本近代大学的源头。①

其四，幕末藩学兴盛。幕府官方支持兰学，各地诸藩也引入兰学教育，培育了一批地理测量的人才，为明治海洋测绘事业提供重要人才。

其五，幕府设置洋学所的同时，在荷兰人的助力下在长崎还创设了海军传习所。学员学习军舰操纵，必须学会位置计算和测量，掌握六分仪的使用及数学基础等。参加学习的主要人物有胜海舟、矢田堀鸿、塚本明毅、福冈金吾、小野友五郎、佐藤常民、柳楢悦等。1856 年第一期传习结束后，因在筑地设立讲武所，教官和传习生移到军舰操练所，培育出松冈磐吉、肥田浜五郎、伴铁太郎等第二期海军人才，其后日本大多数近代海军舰长和航海测量士官在这里培育出来，如荒井郁之助、甲贺源吾、西川寸四郎等。

1859 年，福冈金吾、松冈磐吉、西川寸四郎等在横滨港展开实测，第二年开始在小野、荒井、甲贺开展江户湾的实测，接着福冈金吾、岩桥新吾等绘制了伊势、尾张、志摩等地方海图。1863 年胜海舟和坂本龙马在兵库设立海军操练所，佐藤政养、西川寸四郎、福田伴、伊东祐亨、陆奥宗光也参与其中，但兵库设置的海军操练所第二年就废止，在这短短时间内他们还完成了大阪湾的实测，1863 年测量绘制的《大阪湾之图》，可以说是日本近代海图雏形，有国界、郡界、山、炮台、人家、州、隐州、暗礁、灯台、碇泊所，并有图幅（四尺一寸三分四厘六毛）和比例尺（1 里为三厘七毛三），且用三间五间标注海底深浅，并注明为退潮之时深浅，深度与平常潮相差六尺左右。② 1866 年，与讲武所改称陆军所相对应，军舰操练所改称海军所，为明治海洋军事人才培养奠定基础。

1854 年黑船事件后，日美条约签订，其后英国、俄国、荷兰相继与日本签订合约，条约要求开放多个港口，同时允许外国船只靠岸入港补给燃料和生活物资。英法为了与沙俄对抗，更加需要在日本港口靠岸补给。西方出于捕鱼、航行、商贸、军事等目的，在日本海域广泛开展的海洋测量和海图绘制，如表 1 所示。

---

① 田中惣五郎「海陸合同の開成所」『幕末海軍の創始者勝海舟・榎本武揚伝』日本海軍図書、1944、335—338 頁。

② 『大阪湾之図』日本国立国会図書館蔵、1863、000011034229。

表1　幕末至明治初年在日本海洋测量成果

单位：幅

国家	前	1854	1855	1856	1857	1858	1859	1860	1861	1862	1863	1864	1865	1866	1867	1868	1869	1870	1871	1872
英	2		13			1	14		32	1	5	2	1	12	13	20	15	5	9	10
荷	4						1										1	1		
美		8	1				2								1		1			
德								1												
俄		1	1			1				2	1						1		1	
法																2	2	7	1	
日																			3	3

注："前"指1854年以前，数据来自英国水路部所藏测量资料和法国的资料刊行海图。

资料来源：L. N. Pascoe, *The British Contribution to the Hydrographic Survey and Charting of Japan 1854 to 1883*, Tokyo: Researches in Hydrography and Oceanography, Japan Hydro Graphic Association, *Tokyo*, 1972, pp. 355-386。

西方在日本开展海洋测绘和编纂航路志和海图过程中，日本一方面与西方合作展开海洋测量，学习西方海洋测绘技术，另一方面翻刻西方海洋测绘成果，翻译海洋航路志，重新复刻海图，不断积累海图绘制技术与方法，为明治维新后海洋测绘和海洋图志编纂奠定基础。

二　明治时期海洋测量实践

明治初期，日本新政府成立不久，官员和组织变化更迭，新制度建立，新的官制、机构成立，与测量相关的机关也随之发生变化。兵部省是明治政府的重要军事机构，下设兵学寮、武库司、会计司、海军部等。1869年，日本兵部省海军部部长川村纯义深感水路事业重要，命令柳楢悦、伊东乔吉从事水路测量事业。1870年，柳楢悦第一次开展海洋测量事业，乘坐卯丸号与英舰"西尔维娅"号（Sylvia）在日本本州南岸进行协同作业，[1] 这是明治维新后日本第一次海洋实测，在测量过程中逐渐掌握了英国式海洋测量方法。[2] 日本的海洋测绘越来越专业，并从陆地测量独立出来，明治政府于1871年9月设置专门的海洋测量部门——水路寮，该机构分为测量舰乘组

①　日本海軍水路部『水路部要覽』日本海軍水路部、1935、2頁。
②　茂在寅男「日本の航海計器200年史」『航海』第51巻、1977。

176　海洋史研究（第二十一辑）

勤务、天测、测地、验潮、计时、时差推算、制图等，时任海军中佐柳楢悦担任海军水路权头。①

英国是最早成立水路部的国家之一，因战争和对外贸易的需求，较早在世界各地开展海洋测量，出版了丰富的海洋图志，并积淀了丰厚的海洋测量经验和理论方法，成为日本效仿学习的主要国家。1870 年日英合作展开南海测量，是日本学习英国海洋测量的重要体现。此次合作日方由柳楢悦担任主任，伊藤隽吉为副主任，6 月共同乘坐英舰从东京出发赴矢、尾鹫诸港口测查，8 月在日本内海的盐饱诸岛测量，从事职员职能有大三角地形测（柳楢悦）、岸测（柳楢悦、伊藤隽吉）、天测（伊藤隽吉）、锤测（柳楢悦、伊藤隽吉、青木住真、今井兼辅、石田鼎三、中村雄飞）、制图（石田鼎三），于第二年 1 月完成了明治政府第一号海图《盐饱诸岛实测原图》。② 他根据测绘经验编成《量地括要》，成为陆地和海上勘测的重要指南，书中介绍了诸多西方精良测量工具以及测量方法与理论，并有相当部分专门介绍海洋测量方面，作为教育部下的教科书。

1871 年，日英继续合作海洋测量，柳楢悦乘坐日本测量舰"春日丸"（原萨摩藩船）赴北海道开展海岸测量，他撰写测量日志《春日纪行》③，记录沿途的风土人情、海岸测量心得。此外，根据测量成果编纂成书，参与完成《北海道水路志》④ 编纂。同年，琉球国宫古岛岛民漂流到台湾遇难，水路寮开始着手台湾相关测量。1873 年，对口永良部港、屋久岛一凑港、奄美大岛、琉球、庆良间海峡、八重山石垣港等展开了测量，柳楢悦据此调查成果撰写《南岛水路志》。⑤ 1873 年 12 月 2 日至 1874 年 4 月 16 日，"春日丸"进入中国东南和南方沿海及台湾岛附近，展开了长达四个月的海洋测量，利用调查成果编有《支那东岸水路志：自香港至上海》。⑥ 明治政府1874 年利用幕末佐贺藩购入的海军主力舰"日进"对台湾南段海域展开测

---

① 今井健三「明治初期海図の製図法について」『東京大学史料編纂所研究紀要』第 24 号、2014。
② 今井健三「日本海図誕生に果たした英国測量艦の技術支援——『鹽飽諸島實測原圖』の作製をめぐって」『外邦図ニューズレター』総第 8 号、2011。
③ 柳楢悦『春日紀行』北海道図書館、海雲楼藏 1873 年稿本。
④ 武富履貞『北海道水路誌』日本海軍水路部、1873。
⑤ 柳楢悦『南島水路志』日本海軍水路部、1873。
⑥ 石川洋之助『支那東岸水路誌：自香港至上海』續文社、1875。

量，其间发生了军事冲突。①

　　明治初期，朝鲜和日本之间的国家交往，除对马藩延续的商业交往之外，基本处于断绝的状态。1875 年，明治政府派出"云扬"号军舰赴釜山港，进行测量和炮击训练。后又对对马岛展开测量，其后在汉城西北岸汉江河口江华岛停泊补给物资，其间向朝鲜发炮挑衅，第二日攻击并占领江华岛南的永宗岛，制造"江华岛事件"，第二年缔结条约，其第七款允许日本方面对朝鲜沿岸展开测量。②

　　1876 年，海军水路寮改称"海军水路局"，局长柳楢悦，副局长伴铁太郎。同年为了对西南上陆地点进行探测，派遣"日进""凤翔""孟春"赴大分县猪串湾测量，并绘成《丰后国猪串港略测图》。

　　1881 年，海军水路局在局长柳楢悦设计的"海岸测量十二年计画"立案后的第二年就开展对日本全国沿岸的测量。1886 年，水路局改称水路部。到 1888 年，完成日本全国海岸线测量 1.5 万公里中的 6000 公里。1889 年，日本不仅展开对日本沿岸的测量，也逐步展开对朝鲜沿岸的测量。

　　1894 年甲午海战爆发后，日军派出"筑波""筑后川"等舰艇继续赴朝鲜开展沿岸测量。

　　1903 年，日本海军炮舰赴千岛群岛测量，然归航途中经过根室湾时遭遇暴风雪触礁，导致多名水兵冻死、溺死。③

　　1911 年，日本海军水路部和陆地测量部共同赴小笠原诸岛开始测绘，这是初次利用无线电信测定经纬度，也是明治海洋测绘技术的高峰。

　　明治时期的海洋测绘实践，借鉴西方海洋测量理论方法，对各国的理论方法进行对比和扬弃，并汲取精华组建自己的海洋测绘体系。日本积累了丰富的经验，大正、昭和时期，日本在对外扩张中将海洋测绘利用得淋漓尽致。

三　日本近代海洋测绘体系建立

　　日本近代海洋测绘体系在明治末期和大正初期完成建设，其主要表现在

---

① 竹内正浩『地図で読み解く日本の戦争』ちくま新書、2013、80 頁。
② 竹内正浩『地図で読み解く日本の戦争』ちくま新書、2013、68—76 頁。
③ 東京日日新聞「操江坐礁詳報」明治 36 年（1903 年）5 月 30 日、2 面。

以下几个方面。一是测绘方法理论的掌握，及测绘成果海图绘制与水路志编纂方法理论的掌握与更新；二是西方先进测量工具的引入以及工具使用理论方法的掌握，测绘人才培养体系的完善建设；三是测绘机构建设与测量常态化、制度化、规范化。

（一）测量方法的累积与海图编绘理论更新

幕府末期，日本积累了一些土地测量理论，如《量地图说》（长谷川，1852）、《新器测量法》（五十岚笃好，1857）、《算法量地捷解》（松泽信义，1862），以及明治初年的《测量新式》（福田半，1872），这些著作为海洋测量提供方法指导，也是海岸、海岛测量的重要内容。海洋测绘与陆地测绘有重要关系，但是并非简单的延伸，两者有部分交叉和延续内容，但海洋测绘有诸多方面陆地测绘不涉及，如海洋测量中的海流、暗礁、水温、盐度、酸素等，另外磁气测量和海洋气象也是海洋测绘中的重要内容。

幕末借鉴西方在日本海洋测量成果，明治初期日本与英国合作进行海洋测量，而后独立展开日本本国及周边国家的海洋测量，日本通过翻译西方海洋测绘论著，结合日本海洋测绘实践，积累了海洋测量经验，总结出了海洋测量的方法与理论，翻译、编纂出版了相关理论著作，如表2所示。

表 2　近代日本翻译和编纂的海洋测绘相关理论书籍

编著和翻译者	书名	出版机构	出版时间
柳楷悦	《量地括要》	柳楷悦	1871
日本海军兵学寮	《英式运用全书》	日本海军兵学寮	1871
日本海军兵学寮	《航海教授书》	日本海军兵学寮	1871
桥口兼备	《航海测量器械取扱心得》	松井忠兵卫	1881
日本海军水路局	《水路提要》	日本海军水路局	1877
马丁（Martin）、威廉（William Robert）著，日本海军水路部译	《海上气象学》	日本海军水路部	1890
沃顿（Wharton）、威廉（William James Lloyd）著，日本海军水路部译	《水路测量书》	日本海军水路部	1897
マクナブ著	《暴风问答》	日本海军水路部	1897
永江薫	《罗针修正法》	日本海军水路部	1899
日本海军水路部	《潮候测定心得》	日本海军水路部	1899
日本海员俱乐部	《航海指针》	日本海员俱乐部	1901
日本海军水路部	《磁气学及罗针仪自差》	日本海军水路部	1904
井内金太郎	《水路测量术》	日本海军水路部	1914

资料来源：根据日本国立国会图书馆相关书目整理。

1871 年，柳楢悦奉命赴北海道测量周边岛屿岬角之经纬，作《洛港之图》，商酌诸说，抄录其要辑，为讲水路之学，编成《量地括要》一书。柳楢悦深切认识到海洋测绘的重要性，他在序中记载："夫海，天下之至险，而航之天下之至难也，是以其欲事至难而蹈至险者，岂可不考讲其术乎哉，术者何，测天量地之学是也。……当其航之也，苟误其经纬、失其方线，则患者百端，阖舰性命。"①《量地括要》内容主要介绍各种器具使用方法，如经纬仪、返照圭圆仪、三杆全图仪、蝶翅水程仪等。例如，经纬仪的内容主要记述经纬仪地上安放要则、经纬仪实测方法、仪器收纳原则方法、经纬仪的清理方法、经纬仪再编制方法五个方面。书中内容主要记述海洋测量方面，如海洋深浅测量、海岛经纬、水上里程、海底底质等。即使这是柳楢悦结合亲自测量实践经验而著成的书籍，其内容也吸收西方的理论方法，同时使用的是西方引进的仪器。《量地括要》可谓是近代日本第一部海洋测绘专业书籍，柳楢悦也因其在海洋测绘的杰出贡献被尊称为"日本水路测量之父"。

同年，日本海军兵学寮根据海军需要，译编《英式运用全书》《航海教授书》，从这两部翻译的书籍中可以看出当时日本海军在全面学习英国，其中也包括海洋测量方面。

1877 年，日本海军水路局编纂出版《水路提要》，此书是有关海洋测量之后海图和水路志等文献的编纂问题，收集英国、荷兰、法国、俄国、美国、意大利等国式样，是海图编纂初学者指南。书中第 1 卷记述"全整海图采用大三角术、陆地细量术、海面细量术、观象实测术及罗针指差测量术编制而成，适用海图采用前面 5 术中的 3 术或 4 术编制而成，概测海图采用前面 5 术展开大约测量所得"②，说明海象观测和地磁罗针测量融入海洋测量范畴。此书第 2 卷海洋专业词汇翻译，分为总论、洋海港湾部、岛屿岬角部、礁石堆滩部、灯台底质部、陆画部、天候、风之部、潮之部，可谓海洋航行的专业词典、打通日本和西方海洋航行术语的桥梁。书中海图编纂方面汲取西方多个国家的样式和理论，但并不完全照抄西方的知识，对不同国家的样式和方法理论展开对比，提出批判性认识，汲取各国精华，剔除其糟粕，形成日本一套水路志和海图编绘系统。

---

① 柳楢悦『量地括要』柳楢悦、1871、序。
② 高橋堅造・沖野幸雄「『水路提要』から判る明治初期における水路図誌作成事情」『地図』総第 43 巻第 3 号、2005。

1881 年，桥口兼备综合各国海洋测量书籍以及先进仪器使用方法，编成《航海测量器械取扱心得》①，主要介绍海洋测绘仪器的使用方法，包括风雨针的种类及制造和使用方法、六分仪、三杆分度规、水程仪制造及使用法等，书中对大多数种器械都绘制了图像，方便读者使用。

1884 年，长井忠三郎编《测量全书》共 11 册，此书可谓明治前期日本测量技术、陆地测量理论的集大成者。此时日本海洋测绘则仍在不断向前发展，海洋气象学、地磁学不断融入海洋测绘中，海洋测绘更加丰富完备。1875 年，因应航海需要，明治政府在东京设立气象台，加强海上气象观测。1880 年，日本内务省地理局翻译刊行《气象观测法》。1885 年，日本递信省管船局为减少海洋气象变化给航行带来的损失，总结西方理论和本国气象观测经验编成《气象观测示教》②（1892 年有修订版）。海洋气象观测融入海洋测绘后，相关的海洋气象理论著作涌现。1890 年，日本海军水路部翻译《海上气象学》。1899 年，马场信伦编成《海上气象学》。海洋气象观测理论方法走向成熟。

1897 年，日本海军水路部编译《水路测量书》，此书是根据 1882 年英国海军水路部部长沃顿（W. J. L. Wharton）著述的《水路测量》（*Hydrographical Surveying*）翻译而成，目的是给日本海军官兵作为参考。

1914 年，日本海军水路部测量科科长海军少将井内金太郎，汇合西方记载和自身实践编成《水路测量术》，数字记述了水路测量要旨、测量仪器及用法、设标、三角测量、记入法、岸线测量、锤测法、潮汐、地形测量（附高程测量）、航走测量、真方位测定法（附偏差测定法）、舰船锤测法、维度测量、时辰测量、经度测量和海图完成法等。③ 此书是日本近代海洋测绘理论的集大成者，它使海洋测绘方法的理论进一步完善，也标志着日本近代海洋测绘理论体系的形成。

（二）测量工具的近代化与人才培养

其一，测量舰的常设常用。1871 年，"春日丸"赴北海道海岸测量，1873 年派往中国东海岸和中国台湾岛沿岸展开海洋测量。1873 年"丁卯

---

①　橋口兼備『航海測量器械取扱心得』松井忠兵衛、1881。
②　日本逓信省管船局『気象観測示教』日本逓信省管船局、1892。
③　井内金太郎『水路測量術』日本海軍水路部、1914、目次。

舰"在琉球全岛展开测量。1874 年,"日进丸"出兵台湾并展开测量,战后途经厦门展开对中国东海岸的测量。1875 年,"云扬舰""筑波舰""天成舰"被派往朝鲜沿岸测量。1879 年"日进丸"在中国沿海各港展开测绘,途经香港、澳门、广州、厦门、福州、上海、芝罘、大连、牛庄等地。昭和时期,"凌风丸"作为海洋气象专用测量舰,为日本海军海洋气象测量专用。

　　其二,测量仪器从西方引进。从《量地括要》中可知,明治初期海洋测量吸收了西方测量理论和方法,引入了经纬仪、返照圭圆仪、三杆全图仪、蝶翅水程仪等测量工具。《航海测量器械取扱心得》(1881)记述了风雨针、寒暑针、海底温度器、定基罗针、航用罗针、酒精测液器、试盐器、六分仪(见图 1)、三杆分度规、望远镜、水程仪、潮湿器等工具的使用方法和制造及维护方法。《水路测量术》(1914)记述了经纬仪、六分仪、三杆分度仪、分度仪、真输尺、钢铁定规、量链、十尺竿、返照仪、经线仪、测量艇、垂测索(见图 2)等测量仪器的构造和使用方法。

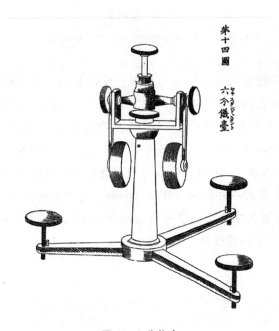

图 1　六分仪台

资料来源:《水路测量术》,第 284 页。

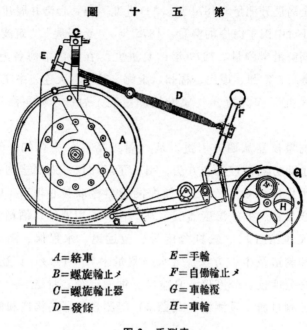

第　十　五　圖

A＝絡車　　　　　E＝手輪
B＝螺旋輪止〆　　F＝自働輪止〆
C＝螺旋輪止器　　G＝車輪覆
D＝發條　　　　　H＝車輪

图 2　垂测索

资料来源：《航海测量器械取扱心得》，第 68 页。

其三，海洋测绘人才的引入与培养。明治初期，日本政府为了殖产兴业，聘用不少欧美研究者和技术人才来到日本。根据《水路部沿革史》记载，1874 年日本在中国沿岸展开测绘，聘用英国人莫迪默·奥沙利文（Mortimer O'sullivan）协助。[①] 1876 年日本工部省的铁道和矿山等部门聘有 235 名外国技术人员[②]，工部省测量司聘用英国人麦克维恩（C. A. McVean）为气象测量师长及聘用乔伊娜（H. B. Joyner）为测量助理。[③] 同年海军省也聘用了 73 名外国人才，其中横须贺造船所用 29 名，兵学寮用于教育的有 33 名，还有一些派往各舰船。[④]

① 佐藤敏「水路寮のお雇い外国人」『海洋情報部研究報告』第 57 号、2019 年 3 月 28 日。
② 工部省「記録材料・工部省第二回報告書一」明治九年七月ヨリ同十年六月アジア歴史資料センター、A07062254900。
③ 財部香枝「明治初期日本に導入されたスミソニアン気象観測法」『科学史研究』第 54 巻第 276 号、2016、287—301 頁。
④ 海軍省「記録材料・海軍省報告書第一」自明治元年正月至同九年六月アジア歴史資料センター、A07062089000。

（三）海洋测绘常态化、规范化与系统化

明治初期始，日本的海洋测量体系逐步建立，同时测量机构建设和测量活动的展开越来越常态化、规范化和系统化。

在常态化方面，明治政府从成立海军水路寮，到改制水路局，及建设海军水路部，海洋测量机构地位越来越高，凸显出日本对海洋测绘越来越重视的趋势。同时相应的专项经费预算和拨款以及专项人员编制的确定，使得日本海洋测量越来越常态化。

在规范化方面，1881 年 2 月 16 日，日本海军制定《镇守府所辖舰出测规则》，要求各镇守府所辖舰听从海军省的和命令，为水路测量服务。1888 年 7 月 23 日，日本政府颁布《测量标规则》（敕令 58），内容涉及陆地测量部和水路测量部有关测量标设置的规则。① 1890 年 5 月 26 日，日本海军省出台《水路测量标条例》②，并将其法律化，③ 对水路测量官员的权限以及测标的维护等方面作出详细规定。1913 年 12 月 23 日，根据日本当年的敕令 313，在朝鲜、台湾和桦太（库页岛）施行《水路测量标条例》并加附则。

在系统化方面，根据 1935 年日本海军省水路部编的《水路部要览》，水路部的海洋测绘事业主要分为海岸测量、海洋测量、磁气测量、气象测量四大方面，海岸测量每年派遣 5 个班，每个班为 5—7 名测量人员及测量舰员。其中海岸测量的主要业务是设标、原点测量、岸线测量、地形测量、水深测量、扫海测量、验潮、潮流测量、经纬度测定、磁气测定、气象观测、测量原图调制、水路记事及航空路记事调制和地名调查。海洋测量的主要业务是海流测定、水深测定、洋中探礁、海水的温度盐分透明度酸素水素等测定和海上气象观测。磁气测量主要是海洋勘测过程中对磁力存在的地方开展磁气观测，磁气测量以 10 年为一周期进行。气象测量是指测量舰根据一般气象观测，对雾、霾等特殊气象及高层气象进行观测，必要时派遣气象班赴岛屿进行短期气象观测，而不是永久停留海上进行连续观测。④

---

① 日本海军大臣官房『海军制度沿革・卷 15』日本海军大臣官房、1942、348—350 页。

② 日本海军省「水路测量标条例」（日本海军省第 16 号告示）『官报』1890 年 6 月 4 日（总第 2077 号）、32 页。

③ 日本海军省「水路测量标条例」（法律第 38 号）『官报』1890 年 5 月 27 日（总第 2070 号）、337 页。

④ 日本海军水路部『水路部要览』日本海军水路部、1935、4—8 页。

结 语

近代日本的海洋测绘，在西学东渐的背景下，经历了不断走向近代化的进程。从 19 世纪初伊能忠敬开展全日本测量到编纂《大日本沿海舆地全图》，日本海洋测量开始揭开近代化序幕。江户幕府对西学进一步解禁，主动学习西方，奠定了近代早期海洋测绘知识基础。

明治维新后，日本加速向西方学习：一是通过翻译、改编等方式，全面学习西方海洋测绘知识方法和理论；二是翻译、引进海洋测量理论与测绘工具使用方法，培养海洋测绘人才；三是通过海洋测绘实践，积累丰富经验并形成理论，甚至邀请外国专家参与，编纂海洋测绘专业著作。日本通过完善制度，加强机构建设，使得海洋测绘常态化、制度化、规范化，逐步建设起日本海洋测绘体系，完成海洋测绘的近代化。

在海洋测绘近代化过程中，日本不断学习世界先进理论与方法，对其展开比较与批判吸收，与国际保持交流与互动，使得日本在近代海洋测绘方面占据东亚乃至世界领先地位。日本利用先进理论方法，在东亚海域展开长期频繁的海洋测绘实践，形成大量海洋测绘报告和数据，编纂成丰富的海洋图志，使得近代日本在太平洋西岸取得海洋信息获得较大优势，为其海洋军事扩张、海洋开发和海洋贸易等提供重要参考，另外也为东西海洋知识交流互通发挥作用，对东亚海洋知识更新产生重要影响，所编纂的海洋图志成为人类海洋文化财富。

The Modernity of Marine Charting in Japan

Guo Mohan

Abstract：The introduction of Dutch studies in the Edo period have cast light on Japanese surveying and charting technology, while the long-term secret inheritance model of family and Teacher has made the development of Japanese surveying and charting technology relatively lagging behind. At the beginning of the 19th century, Tadataka Ino carried out surveys across Japan and compiled the

"Comprehensive Map of the Coastal Geography of Great Japan", which became the beginning of the modernization of field surveys in Japan. The lifting of the ban on Western learning and the initiative to learn from the West at the end of the Edo Shogunate laid the foundation for modern Japanese marine knowledge. After the Meiji Restoration, Japan comprehensively learned Western studies through translation, adaptation, and compliationg of new marine charting books, introduced and improved surveying tools, and unified and improved the charting form. Through abundant marine charting and gradual innovations technology, the modernization of marine charting in Japan has been realized, and the modern marine charting system in Japan has been established, and frequent exchanges and interactions with western developed countries are maintained.

Keywords: Japan; Marine Charting; Modernity; Intellectual History

（执行编辑：江伟涛）

海洋史研究（第二十一辑）
2023 年 6 月　第 186~222 页

18 世纪末欧洲人的广州—澳门内河水道知识
——西班牙商人阿戈特《水道图》的测绘及流播

朱思成 *

自 18 世纪中叶至 19 世纪中叶，无数外国商人通过珠江内河水道往返于广州和澳门，西班牙商人曼努埃尔·德·阿戈特（Manuel de Agote）便是其中一位。阿戈特于 1787 年 12 月来到广州，成为西班牙商馆的首位大班。在沿水道"上省下澳"途中，阿戈特逐渐萌生了绘制珠江内河水道的想法，并在 9 次航行与测绘后，于 1792 年初步绘制了《澳门与广州之间以小船航行的河流地图》，首次通过专题地图呈现了"上省下澳"所利用的水道。阿戈特于 1796 年最终完成了地图的绘制，绘制期间产生了众多版本，流散于中国澳门、英国、西班牙等地。本文即对各版本地图进行初步的解读与分析，厘清其测绘与流播的过程。

19 世纪初，为了在自己的作品中说明珠江内河水道的地理情况，法国人小德金（De Guignes）、英国人约翰·里夫斯（John Reeves）与丹尼尔·罗斯（Daniel Ross）等人均不约而同地利用了《水道图》。后通过罗斯所绘的地图，《水道图》的身影开始频繁出现于西方地图中，主导了彼时西方地图关于珠江内河水道的绘法。可以说，《水道图》见证了外国商人在广州体制下"上省下澳"的历程，影响了 18 世纪末至 19 世纪中叶西方人有关珠江内河水道的认知。有鉴于此，本文最后对"上省下澳"

* 作者朱思成，复旦大学历史地理研究中心博士研究生。

的路线与制度略作探讨，以揭示"上省下澳"制度的地理背景与运行逻辑。

一　水道通商与"上省下澳"

1841 年 3 月 10 日，在停泊在澳门的"复仇女神"号（Nemesis）蒸汽铁甲战舰上，以义律（Elliot）为首的英国军官们准备谋划一次新的入侵行动，寻找一条有别于珠江主泓的新水道绕至广州城西南侧，以军事打击威吓广州的官员百姓。此时，一条内河水道①进入了他们的视线：

> 这条通道从澳门直达广州，但迄今为止只有本地船只能频繁通过，事实上，其他任何船只都不被允许通过……这里必须指出，以前从未有欧洲的任何大小船只通过这条错综复杂的水道，而且中国人认为外国人无法进入，因为它河流纵横、浅滩密布，河岸上还有众多的坚固堡垒。或许，它几乎不能被视为一条确切的河流，但实际上可以被看作无数条水道中的一条，这些水道沿着中国的整条海岸分布，从四面八方都可以看得见；它们时而分离、时而聚合，有时与大型支流汇合，有时又甩开了支流，在这里与其他河流相交，在那里甚至还横穿它们……总之，尤其是对于广州周边的乡村而言，整个区域似乎被不断倍增的水道一次又一次地细分，这些水道形成了一种流动的网络，包围着它滋养与繁育的土壤。②

上文描述的这条水道被当时的英国人称为"内水道（Inner Passage）"③，在风帆时代，这条由无数窄浅河涌组成的水道能够阻挡一切想进入的大型帆

---

① 本文所称"水道"指水流的通道，如沟渠、河流等水体，所称"水路"指水上航行的路线。

② William Hutcheon Hall and William Dallas Bernard, *Narrative of the Voyages and Services of the Nemesis, from 1840 to 1843*, vol. 1, London: Henry Colburn, 1844, pp. 378–379.

③ "内水道"的称呼见诸《广州纪事报》（Canton Register）、《东印度公司对华贸易编年史》（*The Chronicles of the East India Company Trading to China*）等，此处不再赘述。除了将"内水道"作为水道整体的称呼外，英人还将这条水道的不同部分称为大路（Broadway）、大路河（Broadway River）、香山河（Hong Shan River）及澳门水道（Macao Passage）。吴宏岐对这些称呼进行了研究，参见吴宏岐《时空交织的视野：澳门地区历史地理研究》，社会科学文献出版社，2014，第 59—77、134—152 页。

船，但在蒸汽时代，它对吃水浅的蒸汽战舰已无能为力。3 月 13 日，"复仇女神"号克服了所有地形阻碍，径直通过了这条水道，在接下来的 2 天半时间里，沿路击毁了清军的 3 处军营、6 座炮台、9 艘战船和 115 门大炮，使得沿线的防御设施全部瘫痪。①

"复仇女神"号所入侵的这条水道便是本文研究的、连通广州与澳门的"珠江内河水道"，对于英国官兵来说，它是一条区别于珠江主泓的全新水道，但对于外国商人来说，这条水道却是他们利用了约 300 年的常行之路。

（一）大船通商时代（16 世纪中叶—17 世纪中叶）

16 世纪中叶，珠江口洋面宽阔，香山等地作为岛屿还尚未与大陆相连，山岛、沙洲、河海共同构成了复杂的地理区域。由于众多岛屿的阻隔，由"香山岛"南端前往广州的水路路线便被分为了两条，一条位于"香山岛"西侧，以今日的磨刀门等地为入口，经由香山、顺德前往广州，其所利用的水道即"珠江内河水道"的前身；一条位于"香山岛"东侧，经由伶仃洋、狮子洋、珠江一线前往广州。这两条路线经由的水道都很深很宽，足以让大型帆船通过。

"香山岛"西侧水道通行大型商船的时期大致是 16 世纪中叶至 17 世纪中叶，利用这条水道的欧洲商人主要是葡萄牙人。16 世纪中叶，葡萄牙人开始在广州海岸寻找通商机会，在他们尚未入居澳门之前，就已经利用西侧水道航行至广州进行贸易。② 在入居澳门之后，西侧水道也被葡萄牙人频繁地使用。除商人外，传教士也有利用这条水道的航行经历。1582 年，罗明坚（Michele Ruggieri）和利玛窦（Matteo Ricci）搭乘渡船从澳门经由香山城前往广州。③ 1646 年，毕方济（Francesco Sambiasi）一行人搭乘官船由澳门前往广州，也在香山城有过停留。④ 除了文字记载外，地图更能直观地反

---

① W. H. Hall and W. D. Bernard, *Narrative of the Voyages and Services of the Nemesis*, *from 1840 to 1843*, vol. 1, pp. 378-401.

② 金国平、吴志良：《东西望洋》，（澳门）澳门成人教育学会，2002，第 49—76 页。

③ 〔意大利〕利玛窦、〔比利时〕金尼阁：《利玛窦中国札记》，何高济等译，中华书局，1983，第 154—155 页。吴宏岐利用这则材料研究了明代由澳门前往广州的内河水道交通，参见吴宏岐《明清澳门至广州的内河水道交通初探》，《时空交织的视野：澳门地区历史地理研究》，社会科学文献出版社，2014，第 134—136 页。

④ Jesuítas na Ásia, Série da Província da China, 49 - V - 13, Lisboa: Biblioteca da Ajuda, fols. 331v-332v.

映欧洲人对于西侧水道的了解。据郭声波考证，16 世纪下半叶，欧洲人在地图上将"香山岛"画在了"珠江口"的正中心，正是因为他们知晓澳门有东、西两条水道通往广州，且这两条水道都可以被叫作珠江。[①]

明末清初，崇祯、顺治两朝的禁令使葡萄牙人失去了前往广州贸易的资格，接连而来的禁海令使得广州的对外贸易基本陷入停顿状态，[②] 外商使用"香山岛"东西两侧水道的频率自然也大幅减少。

（二）小船"上省下澳"时代（17 世纪末—19 世纪中叶）

康熙二十三年（1684），清朝开放了广州等四口通商，络绎不绝的外国商船再次前往广州进行贸易，但其船只很难进入沧海桑田的西侧水道了。此时广州至澳门一线的洋面已淤积成陆，由香山岛西侧前往广州的水道依旧存在，但因陆地分隔，其由河海交错的水道形态转变为无数条短浅的小型水道。这些小型水道虽然能允许小船通过，但无法满足大船的航行需求。因这些水道此时已成为西江、北江及珠江干流的一部分，本文将这些水道统称为"珠江内河水道"，以便与东侧珠江口洋面作出区分。

康熙二十四年，新成立的粤海关规定，来粤的外国商船必须走珠江口—珠江主泓一线的水道，由引水员带领，从澳门前往虎门口接受检查，再沿狮子洋、珠江而上前往黄埔岛进行丈量。[③] 此种规定不仅是为了加强对外商的管理，也是珠江内河水道不堪通行大船的客观因素所致。此时的珠江内河水道虽然已经失去通行大船的作用，但它依旧是澳门、广州之间重要的交通水路，供人乘坐小船往返。时人用"上省"指代从澳门前往广州，用"下澳"指代从广州前往澳门，来往广州和澳门之间便被称为"上省下澳"。[④] 如此称呼，大抵是因为前往广州需要逆流而上，前往澳门则是顺流而下。如果粤海关的管理体制保持不变，广州、澳门的外国商人仍能选择通过东侧或西侧

---

① 郭声波：《1560：让世界知道澳门——澳门始见于西方地图年代考》，中国中外关系史学会等主编《中外关系史论文集》第 14 辑《新视野下的中外关系史》，甘肃人民出版社，2010，第 63—73 页。典型地图如 16 世纪 70 年代《费尔南·瓦斯·多拉杜地图集》（*Fernão Vaz Dourado Atlas*）收录的"远东沿海图"。

② 详见黄启臣《澳门通史：从远古至 2019 年》，广东教育出版社，2020，第 158—174 页。

③ 详见〔美〕范岱克《广州贸易：中国沿海的生活与事业（1700~1845）》，江滢河、黄超译，社会科学文献出版社，2018，第 15—32 页。

④ 《粤海关志》对于"上省下澳"一词有多处记载，如："查夷人上下省澳，向由洋商禀明粤海关衙门批照……夷人上省，亦照下澳之例……"梁廷枏：《粤海关志》卷二十九《夷商四》，袁钟仁点校，广东人民出版社，2014，第 556 页。

的水道上省下澳，但自 18 世纪中期开始，情况发生了转变。

大约在"一口通商"制度开始时，粤海关全面加强了对广州、澳门外商的管理。为了限制与监管外商在省澳之间的流动，粤海关看中了河网复杂、岗哨密布的珠江内河水道，要求广州外国商馆的成员必须在非贸易季节离开广州返回澳门，且在往返时必须租用拥有特许执照的中国帆船（官印船）[①] 在内河水道上航行，不得通过珠江口洋面往返。另外，一般的商船水员只能在黄埔岛驻留，不能进入广州城腹地，更无资格使用珠江内河水道。在粤海关的要求下，外商每年都需要在贸易季节（夏季）"上省"，前往广州城西郊的十三行，在非贸易季节（冬季）"下澳"，回到位于澳门的本国办事处"住冬"。

外国商人视"上省下澳"为惬意的事，把这段旅程当作短期的度假，十分享受由河涌、稻浪、村落共同组成的田园风光。[②] 然而，他们对"上省下澳"制度的烦琐与腐败却是"深恶痛疾"。以"上省"的流程为例，如果一位外国商人意欲"上省"，首先需要委托澳门理事官（Procurador）向澳门同知禀明情况，澳门同知批准后将"上省牌照"（Chapa）发放给澳门理事官，再由理事官转交给外商本人。这种牌照类似于通行证，写明了外商的名字及携带物品。[③] 同时，澳门同知还会通知水路上的各个关卡，告知往来人员的信息。外商拿到"牌照"后，必须在水路沿途的几处关卡靠岸，将牌照交给胥吏进行查验。最后，因牌照不得多次使用，外商在返回澳门时需

[①] 外商常用于上省下澳的帆船是"西瓜扁"，它是一种平底帆船，主要功能是在洋船与商馆之间驳运货物、接送外国商人上省下澳，详见宋平《清代航船"西瓜扁"与广州对外贸易的转运系统》，《广东造船》2015 年第 1 期，第 64—66 页。部分外销水彩画绘制了西瓜扁的形状，如题名为"送夷商下澳西瓜扁"的水彩画，见王次澄等编《大英图书馆特藏中国清代外销画精华》第 1 卷，广东人民出版社，2011，第 116—117 页。

[②] 相关记载散见于各种外国商人在华见闻中，如威廉·亨特（William C. Hunter）语："沿河上下航行是特别愉快的，暂时摆脱了室内事物，赋人一种新的感觉。"详见〔美〕亨特《广州番鬼录　旧中国杂记》，冯树铁等译，广东人民出版社，2009，第 83—92 页。

[③] 本文研究的中心人物阿戈特所用的一份"上省牌照"收藏于葡萄牙东波塔国家档案馆中：Ofício do mandarim sub-prefeito de Macau, Wei, ao procurador de Macau, informando sobre a concessão de uma licença de comércio ao mercador espanhol Manuel, para ir a cantão tratar do seu negócio（澳门同知韦协中为给发吕宋商人嘛喊等上省贸易牌照事行理事官牌），1792-05-09, PT/TT/DCHN/1/2/000143, Arquivo Nacional Torre do Tombo. 也可见刘芳辑，章文钦校《葡萄牙东波塔档案馆藏清代澳门中文档案汇编》下册，（澳门）澳门基金会，1999，第 705 页。

要将牌照上缴。① 凭借检查的权力，各关卡的胥吏往往借此勒索敲诈，将私财收入囊中，使外商每一次航行都需要破财免灾。自 1759 年英商洪任辉北上 "告御状"、1793 年马戛尔尼使团来华直至 1840 年鸦片战争爆发，外商对于勒索行为的抱怨与申诉从未停止，粤海关监督也频频发布禁令，但作用十分有限，往往是人走政息。②

在约 300 年的历史中，数不清的外国商人曾在珠江内河水道上航行贸易，利用这条水路的频率非常高。但 1841 年 3 月，当复仇女神号侵入这条水路时，英国军官仍感叹道："尽管欧洲人将这里视作度假的好地方，但他们对于这个地区的了解却是惊人得少。"③ 实际上，如果他们看到了一幅由西班牙人绘制的 "珠江内河水道地图"，就不会再发出这种感慨。

二　阿戈特与《日记》中的《水道图》

（一）阿戈特与广州、澳门

绘制 "珠江内河水道地图" 的西班牙人名为曼努埃尔·德·阿戈特（1755—1803），在中文史料中被称为 "万威"。④ 1755 年，阿戈特出生于西班牙北部巴斯克地区（País Vasco）的海边小镇赫塔利亚（Getaria）。1779年，24 岁的阿戈特放弃了原有的镇议员身份，成为一家贸易公司的职员，

---

① 在 18 世纪中期至 19 世纪中期，"上省下澳" 的程序时有微调，路途中所必须经过的检查点也时有变化。此条 "上省" 流程是根据 "上省牌照" 等史料所还原的 18 世纪 90 年代之情形，见葡萄牙东坡塔国家档案馆中的相关汉文文书，如 Ofício do mandarim sub-prefeito de Macau，Wei，ao procurador de Macau，sobre a comunicação referente a concessão de uma licença de comércio a um comerciante para ir a Cantão tratar do seu comércio，1793 - 07 - 02，PT/TT/DCHN/1/2/000219，Arquivo Nacional Torre do Tombo。

② 《东印度公司对华贸易编年史》对此问题有多处描述，如 1825 年，时任两广总督的阮元针对上省下澳官艇需索过度的问题发布了谕令，然而英国东印度公司的成员 "很快就发觉当前的事例不是真实的，因为总督谕令的锋芒，随着时间的推移而变钝了"。见〔美〕马士《东印度公司对华贸易编年史（1635—1834 年）》第 4 卷，区宗华译，林树惠校，章文钦校注，广东人民出版社，2016，第 126—128 页。范岱克曾对上省下澳的流程进行了研究，并根据 1763—1816 年的荷兰东印度公司档案对上省下澳费用的增减做了详尽分析。详见 Paul Arthur Van Dyke，Port Canton and the Pearl River Delta，1690-1845，Ph. D. dissertation，University of Southern California，pp. 44-53。

③ W. H. Hall and W. D. Bernard，*Narrative of the Voyages and Services of the Nemesis，from 1840 to 1843*，vol. 1，p. 395。

④ 即 "嘆喊（Manuel）"，见 Ofício do mandarim sub-prefeito de Macau，Wei，PT/TT/DCHN/1/2/000143，Arquivo Nacional Torre do Tombo。

开始了他漫长的航海生活。至 1786 年，阿戈特跟随船队游历了美洲和亚洲的海岸，参与了多次跨洋航行，从利马（Lima）到马尼拉（Manila），从澳门到阿卡普尔科（Acapulco），都留下了他的足迹。

1786 年，阿戈特加入了成立不久的西班牙皇家菲律宾公司（Real Compañía de Filipinas），后跟随西班牙海军军官及探险家马拉斯皮纳（Alejandro Malaspina）进行了世界范围内的商业航行，并在船上绘制了许多地图。1787 年 11 月，阿戈特来到了马尼拉，成为菲律宾公司派驻中国的首位大班，前往中国澳门和广州进行商业活动。驻留中国期间，阿戈特在广州西关创立了西班牙商馆，全权负责西班牙在广州、澳门的贸易，与潘有度（Pankekua Ⅱ）、蔡世文（Monkua）等洋商建立了商业联系，与在华西人也有密切的交流。1796 年 12 月，阿戈特离开中国返乡，其后，他担任了家乡赫塔利亚的镇长，直至 1803 年逝世。①

阿戈特有写日记的习惯，从 1779 年至 1797 年，他共留下了 19 本日记，每本日记 200 页左右，内容包罗万象、十分丰富。他的前期日记（1779—1787）多涉及航海的观测记录与路途中的见闻，后期在中国时的日记（1787—1795），即广州澳门日记，则包含了大量商业信息和社会观察，值得进行深入的整理和挖掘（以下简称《日记》）②。

（二）藏在日记中的《水道图》

除海员与商人的身份外，阿戈特同样是一位十分出色的制图师。海上生涯刚开始时，他就尝试在航行中绘制各式地图，至 1797 年海上生涯结束时，他绘制的区域已遍布各大洲大洋。阿戈特所绘的地图多保存于他的日记中，也有部分保存在西班牙、葡萄牙、英国、中国澳门等地的图书馆、博物馆与

---

① 在西班牙巴斯克海事博物馆所办的刊物中，部分西班牙学者详细介绍了阿戈特的生平，详见 Carlos Rilova Jericó，"Encontrado entre las sombras del Siglo de las Luces. Manuel de Agote, agente de la Real Compañía de Filipinas（1779-1797），" José María Unsain ed.，Los vascos y el Pacífico: Homenaje a Andrés de Urdaneta，Donostia-San Sebastián: Untzi Museoa-Museo Naval，2009，pp. 82-105；Ander Permanyer Ugartemendia，"Españoles en Cantón: los Diarios de Manuel de Agote，Primer Factor de la Real Compañía de Filipinas en China（1787-1796），" Itsas Memoria: Revista de Estudios Marítimos del País Vasco，vol. 7，Donostia-San Sebastián: Untzi Museoa-Museo Naval，2012，pp. 523-546。

② 阿戈特日记现保存于西班牙巴斯克海事博物馆（Euskal Itsas Museoa -Museo Marítimo Vasco），博物馆提供了电子版档案供公众浏览，见 https://itsasmuseoa.eus/coleccion/diarios-de-manuel-de-agote/。

档案馆中。1792—1796 年，阿戈特在中国绘有两幅广州、澳门地区的地图，一幅名为《澳门与广州之间以小船航行的河流地图》（Plano del rio el qual se navegan con embarcaciones menores entre Macao y Canton）（以下简称《日记》版《水道图》），保存于 1792 年日记中；[①] 一幅名为《葡萄牙人殖民地澳门城市地图》（Plano de la Ciudad de Macao Colonia de los Portugueses）（以下简称《澳门图》），保存于 1793 年日记中。[②]

本文所研究的《日记》版《水道图》来源于阿戈特 1792 年《日记》中的折页，据笔者估测尺寸为 65 厘米×40 厘米。地图的地理主体部分由黑红两色绘成，黑色代表阿戈特亲自测绘的部分，红色代表借鉴目前人地图的部分，地图右上侧被标题与文字说明部分占据，最左端标注了纬度，最上端标注了以巴黎子午线与耶罗（El Hierro）子午线为基准的经度。这幅专题地图聚焦于上省下澳所经的内河水道，标注了沿线的 40 余处地名，大体确切地画出了上省下澳的航行路线。限于珠江口地区复杂的地理环境，这幅地图未能完整反映当时的水道情况，但它为还原上省下澳水路提供了第一手史料，且比以往的文字史料更为直观和准确。此外，阿戈特每年的日记对珠江内河水道做了文字描述，主要记录了航行经过、周边地物和旅程费用，尤以 1787 年的初次航行记录最为详细，可作为补充性的"图说"（详见附录）。

（三）好奇而生的"无用之图"：《水道图》内容详析

《水道图》初映眼帘，读者的目光不免被图中密密麻麻的说明文字所吸引，它们详细介绍了阿戈特绘制地图的动机与经历。未曾想到，阿戈特在开篇写道："我认为我展示的这张地图几乎没有用处……我做的这项工作只是出于好奇，但我相信它将会被认可。"为何阿戈特绘制了一张如此详备的地图，却说这是一幅"无用"之图呢？仅凭好奇心，绘制者又如何完成一幅地图呢？下文将详析地图中的文字部分以回答这一问题。

1. 标题与题献人小德金

《水道图》的标题提供了地图的名称、绘制人、题献人、绘制地点等关

---

① Manuel de Agote, *Comprehende las Observaciones Methearologicas y diferentes noticias Mercantiles y Políticas que han acaecido en Cantón y Macao el año 1792: Trabajado por Manuel de Agote*, I^r *Factor de la Rl. Compañía de Filipinas*, 1792, R. 634, Museo Marítimo Vasco, p. 64. 日记每年的标题皆不同，为简便起见，下文再次引用时将简称为"Diario de Canton（广州日记）"。

② Manuel de Agote, *Año 1793: Observaciones Methearoligicas*, *Diferentes noticias ocurridas*, 1793, R. 635, Museo Marítimo Vasco, p. 132.

键信息：

> 澳门与广州之间以小船航行的河流地图，由菲律宾皇家公司大班曼努埃尔·德·阿戈特绘制，献给德金先生，法国国王陛下的代表与巴黎科学院的通讯员，于广州及澳门。1792 年。

标题中特意强调"以小船航行的河流"，即是与东侧"以大船航行的河流、洋面"作出区分，以说明西侧珠江内河水道的特殊性。

此外，需要特别说明《水道图》的题献人"德金先生"，即小德金（Chrétien-Louis-Joseph de Guignes，1759—1845）。他是法国汉学家德金（Joseph de Guignes）之子，自幼跟随父亲学习汉文。1784 年，他来到中国，先后担任广州法国商馆随员及法王在广州的代表。1794—1795 年，他曾随荷兰使团进入北京觐见乾隆帝。他于 1797 年离开广州，1801 年返法。1808 年，他根据自己在中国的经历出版了《北京、马尼拉、毛里求斯岛游记》（*Voyage à Pékin, Manille et l'Ile de France*）（以下简称《游记》）一书，介绍了他在广州、澳门、北京等地的见闻。[①]

阿戈特与小德金之间交往甚密，两人曾就《水道图》和《澳门图》的绘制展开合作，因小德金为《水道图》提供了部分有价值的地理信息，为表示感谢，阿戈特便将《水道图》题献给了他。至于两人在《水道图》上展开了何种合作，阿戈特在地图的注释二部分中进行了详细说明，留待下文展开。

2. 文字说明

标题之下，阿戈特用"说明"详细介绍了他绘制《水道图》的过程：

> 鉴于我坚信的这种情况，即没人能在没有通行证也不乘坐中国船只的情况下进行这样的旅行，我认为我展示的这张地图几乎没有用处。不过，我做的这项工作只是出于好奇，但我相信它将会被认可。
>
> 我从 1787 年开始绘制这张地图，在每次旅行中（到现在 1792 年已

---

① 关于小德金的经历详见 Chrétien-Louis-Joseph de Guignes, *Voyages à Péking, Manille et l'Ile de France, faits dans l'intervalle des années 1784 à 1801*, Paris: Imprimerie Impériale, 1808; "Chapter 24. Chrétien-Louis-Joseph de Guignes (1759 – 1845)," in Bianca Maria Rinaldi ed., *Ideas of Chinese Gardens*, Philadelphia: University of Pennsylvania Press, 2015, pp. 231-236。

有 9 次）我都试图纠正可能犯的错误，这种工作是必不可少的，因为欧洲人不被允许在路途中跳上陆地，也不被允许拖延片刻以测定方位。在航行过程中我已经做了的事是，随着船只的行进推算路程。由于大风或小风、涨潮或落潮，这种奇幻的测量过程是可能出差错的（因为是在河里进行的），因而有必要在其他旅程中一次、两次及四次地验证那些方位点。终于在今年，就像人们常说的，我添上了最后一笔，完成了地图的绘制，结果在纬度上出现了 5 分的误差，使得测量的纬度小于澳门和广州间实际的平均纬度（根据最佳的观测结果）。只要在航行中注意不同的航向，纬度上的小误差并不会影响这幅地图的精确性。我已经将 5 分的误差分配在整幅地图上，最终澳门和广州之间的纬度坐标都是正确的。

澳门的天文纬度，根据 1791 年在巴黎印刷出版的知识：22°12′44″。

广州的天文纬度，来源同上：23°8′9″。

月球冲日、合日时，澳门港内满潮的时刻：9 时 52 分。

澳门的天文经度，根据巴黎的子午线、1791 年时的知识：111°15′。

同上，广州【的天文经度】，根据同样时期的知识：110°42′30″。①

《水道图》说明的内容十分丰富，正文部分包括了测绘动机、测绘过程、误差调整和经纬度信息。在阿戈特笔下，"好奇心"是绘制《水道图》的主要动因。如上文所述，在 18 世纪中叶至 19 世纪中叶的"广州贸易"体系中，外国人中只有商馆成员及少数重要人士能够经由珠江内河水道"上省下澳"，一般外国人只能够经由珠江主水道前往黄埔岛驻留。此外，利用内河水道的外国人并不能随心所欲地航行，他们必须在获得粤海关的特殊许可后，搭乘中国船只进行航行，航行的方向也完全掌握在船夫手中。由上可知，对于大部分来粤的外国人来说，珠江口及珠江主泓的地理信息远比珠江内河水道的地理信息重要，所以阿戈特才会认为《水道图》"几乎没有任何用处"，毕竟在他的时代里，大部分的在华外国人是没有机会使用它的。明知绘图是"无用的"，但阿戈特的"好奇心"还是占了上风，促使他

---

① 原文中此处有涂改痕迹，阿戈特将 52′涂改为了 42′。据地图顶部绘制的经度，广州城的经度确为 110°42′30″，故图中的 52′是阿戈特的笔误，而并非计算错误。引文中的圆括号（）为原作者所加，内为原文。为使文意通顺，笔者在引文中所加文字以方括号【】标出。下同。

把这一地区的地理情况测绘出来。一个不远万里来到异乡的人，看到异乡未见过的摇橹风帆与水乡风情，又怎会不想将它们记录下来呢？只不过有些人是用文字，有些人是用图画，而阿戈特作为制图师，将眼前的风景绘制成了地图而已。

就绘制过程而言，阿戈特试图增加校准的次数以弥补测绘精度上的不足。或是出于好奇，或是出于制图师的本能，阿戈特于 1787 年 12 月初次"上省"时，已开始留心记录沿途的地理信息，并在 1787 年《日记》中详细记述了沿途景观、水路里程及花费时长（详见附录）。不过，由于缺乏在内河水道上停留的机会，他只能随着船只的行进推算和记录重要的地理信息。其后，他又进行了 8 次类似的航行，多次对重要的方位点进行校正，以保障测量的精度。① 尽管阿戈特无法停船进行精细测绘，但多次的航行和校准，使得《水道图》的绘制精度大大提升，足够船只导航使用。

3. 注释一

阿戈特在文字说明的主要部分后添有两处注释，注释一解释了绘制"三山水道"的原因：

> 注释一：我得提醒说，从位于广州以南约两里的凤凰（Fungoc）塔②开始，河流就分为了众多分支，其中有两条的终点通向紫坭（Chinai），但它们同时汇入了紫坭背面的林岳（Lungo）村。三山（Sam-sam）水道③是这幅图中标出的一条水道，之所以不标出另一条水道，是因为我很多次都是在夜里经过它的，我不能很好地标出它。我获得了两次机会标出这处三山水道，我对此很满意。④

---

① 这 8 次航行过程在《日记》中的记载较为简略，阿戈特很有可能在别处详细记载了这些地理信息，以备绘图使用。

② 一名龟岗塔，今不存，位于珠江后航道与大黄滘交界处，今广东省广州市荔湾区车歪炮台遗址。

③ 笔者结合上下文将"estero"译为"水道"，但"estero"的准确定义为"河流的支流或分汊，受海潮涨落的影响，有时可以通航"。参见 Real academia española, *Diccionario de la lengua castellana por la real academia española*, Madrid：Gregorio Hernando，1884，p. 468。阿戈特如此用词，说明在此段水道上航行时，潮汐是重要的影响因素。

④ 原图中的注释一被打了叉，意即删去。

　　注释一的大意为，从凤凰塔开始，有两条水道通往林岳村和紫坭，因为阿戈特只对其中的三山水道进行过较为精确的测绘，故只在地图上画出了三山水道。但在《日记》版《水道图》中，可以明显在同一位置看到两条水道，与注释一相矛盾，一条沿凤凰塔西侧的三山水道到达三山，再转向东南到达林岳；一条沿凤凰塔西南侧径直通向林岳。① 实际上，凤凰塔西南侧的水道是阿戈特在写下注释一后绘制的，证据来自旁边的注释："我绘制此水道于 1793 年。"由此可知，在 1792 年阿戈特写下注释一、画出"三山水道"后，又经过测绘，在 1793 年把另一条水道绘制在了图上。② 此时，因为地图上已有两条水道，注释一已经与地图产生了矛盾，故阿戈特在注释一上打叉，表示删除之意。

4. 注释二

　　注释二叙述了小德金测绘的过程，图中对应部分由双色绘制，珠江内河水道部分以黑色绘制，珠江口洋面部分以红色绘制，由水道通向洋面的四处河口分别标有字母 A、E、D、C（由下至上），小德金航行的路线以黑色点状线及字母 B 标出：

　　　　注释二：本图的题献人德金先生在今年 9 月完成了这次航行，他向我保证【记录】是非常准确的。由于突如其来的风和水流，他的船只不得不从我标记的河口（点 A）向东航行，之后他们不得不按照字母 B 所示的航线航行，随后返回并进入河口 C，继续走通常的航路。我确认了图上字母 D 和 E 的精确性，并凭着兴趣标出了虎门（Boca de Tigre）及其他一些已知的、在古地图上可见的点，尤其是赫达特（Huddart）先生在 1786 年绘制的地图上的点。为了使他的知识和我标出的河口相协调，也为了不弄混图上的点和其他事物，我用红色的墨水标记了前人已经绘制的事物，用黑色墨水标记出了我的成果。最后，如果根据去年 1791 年的天文观测成果来计算澳门和广东之间的经度差，便会得到 32′30″ 的结果，这与本地图是相符的，会得到 30′30″ 的结果，是因为我犯

---

①　尽管《水道图》的总体准确度较高，但图中由凤凰塔至林岳的两条水道均有错误，阿戈特在此处混淆了大黄滘与其南侧的水道。错误原因很可能如注释一所言，是阿戈特多次夜间途经此处，不能准确地测绘当地的地理状况。

②　三山水道即今日广州市荔湾区与佛山市南海区之间的三支香水道，1793 年绘制的水道即今日广州市番禺区与佛山市南海区之间的陈村涌与深涌水道。

了一个小错误。

注释二说明了小德金对于阿戈特绘制《水道图》的帮助，以及图上红色部分的来源。1792 年 9 月，小德金经由珠江内河水道"上省"，却在途中因为意外偏离了预定的航路，对于这一段经历，小德金在他的《游记》中有详细记载：

> 我们几乎没有航行前往过【A 点】东方的水道。我只在 1792 年年底去过那里，因为当时【A 点附近】的风很小，舢板船的船夫们为了避开无风的水域而航向水面宽阔的地方。……水道南方的河岸毗邻着群山，低地上满是居所。在水道中航行 3 里格后，我的船离开了这片土地，然后我发现了龙穴岛（Lankeet）、淇澳岛（Keou）和伶仃岛（Lintin）。接着风充盈了起来，中国船夫接连转向北侧和西北侧航行，在低地之间穿梭。之后，他们回到了通常的航路，位于潭州（Tanchan）附近。①

由上可知，珠江内河水道上的航行非常依赖风力，在无风的情况下，船夫只能借道珠江口宽阔的洋面进行航行。小德金恰巧碰到了无风的情况，由内河水道进入珠江口，在目睹了珠江口的标志性地物后又返回了内河水道。他的这一意外发现让阿戈特确认了自己所绘制的珠江内河与珠江口洋面是连通的，且连通的水道位于图上的 A、C、D、E 四点。在当时，约瑟夫·赫达特（Joseph Huddart）② 等人已经较为精确地测绘了珠江主泓及珠江口地区，如果将《水道图》与前人绘制的地图相拼合，就能在一张地图上完整

---

① De Guignes, *Voyages à Peking*, vol. 3, p. 289.

② 约瑟夫·赫达特，英国水文学家及制图师。1801 年，他编撰了新版《东方领航员》（*The Oriental Navigator*），为前往东亚、南亚、大洋洲等地的船只提供了航行指南，其中包括由珠江前往广州城的指南。上述阿戈特提到的赫达特所绘地图，即 1786 年《从广州至龙穴岛的虎门地区考察图》（A Survey of the Tigris from Canton to the Island of Lankeet），图中不仅绘制了从广州城至龙穴岛部分珠江沿岸的地理情况，还附有经由珠江前往广州城的详尽文字指南。阿戈特和小德金很有可能主要参考了这幅地图以了解珠江主泓及珠江口地区的地理情况。相关资料参见 Joseph Huddart, *The Oriental Navigator*, *Or*, *New Directions for Sailing to and from the East Indies*, London: Robert Laurie and James Whittle, 1801, pp. 450 – 453; Joseph Huddart, *A Survey of the Tigris from Canton to the Island of Lankeet*, 1786, GE SH 18 PF 179 DIV 10 P 3/1, Bibliothèque Nationale de France（département Cartes et plans）。

地绘制从澳门到广州的地理区域。于是阿戈特采用"古朱今墨"的方式，在《水道图》中用红笔勾勒出了前人的部分测绘成果（主要利用了赫达特的地图），并与自己的测绘成果相拼合，完成了今日所见《日记》版《水道图》的基本形态。

5. 初步完成绘制的时间

《日记》版《水道图》位于 1792 年《日记》中 4 月部分末尾粘贴的折页上。单凭地图在《日记》中粘贴的位置，尚不足以推定它初步完成绘制的时间。但结合《日记》中的文字信息，有理由推测这版地图初步绘制于 1792 年 4 月。

根据阿戈特书写日记的习惯，一个月部分的日记结束后，如果纸上留有大片空白，他不会翻页进行下一个月日记的书写，而是会在同一页纸上继续进行书写。但 1792 年《日记》中，这幅地图的前页为空白，没有文字内容，这说明阿戈特是有意把地图插入和粘贴在《日记》4 月部分之后的。另外，阿戈特在地图前两页的《日记》正文部分（也是 4 月部分的末尾）写了一段说明：

> 一张包含了在澳门和广州之间供小船航行的河流地图，我为了这张图花费了 4 年时间进行旅行，以力求达到最高的精确度。请原谅我没有做任何的事前说明，因为我认为把说明部分和地图放在一起是很有必要的。[1]

由此可见，阿戈特有意在《日记》的 4 月部分后展现这张地图，而且他经过考虑，没有把对地图的详细说明写在日记的正文部分，而是直接写在了地图上。综上，有理由推测阿戈特是在 1792 年的 4 月初步完成了《日记》版《水道图》的绘制。其后，他又持续对《水道图》进行了修改，直至地图成为今日所见的形态。

三　阿戈特所绘的各版本《水道图》

包括《日记》版《水道图》，本文已知世界各地所藏阿戈特所绘《水道图》共有 8 个版本。这些版本是阿戈特一人所绘，有必要对它们进行逐

---

[1]　Manuel de Agote, *Diario de Canton*, 1792, p. 61.

一梳理与介绍，以厘清阿戈特绘制《水道图》的过程以及各版本的流播情况。

表1　阿戈特《水道图》各版本简述

单位：厘米×厘米

版本名称	尺寸	样式
《日记》版	65×40（估）	双色式
西班牙海军博物馆档案馆版	168.8×86.9	—
西班牙海军博物馆图书馆版	65.4×41.6	双色式
西班牙国家图书馆版	168×84	改良式
葡萄牙国家图书馆版	163×83	改良式
马戛尔尼（大英图书馆）版	62×39	双色式
菲利普·包萨（大英图书馆）版	不详	改良式
澳门档案馆版	51×41	双色式

本文按照绘制时间与绘制特点将以上地图分为两类：第一类绘制于1792—1793年，特点是用黑线和红线分别绘制了珠江内河水道与主泓，整体与《日记》版《水道图》相似。第二类主要绘制于1796年左右，特点是只用黑线绘制了珠江内河水道，舍去了红线绘制的珠江主泓部分，但包含的地理信息明显比之前的版本要丰富，且根据山体形势绘制了对景图，对《日记》版《水道图》做了改良，图幅也约扩大了4倍。此外，还有一个例外版本：西班牙海军博物馆档案馆版虽然是1792年所绘，但尚未用红线绘制珠江主水道，属于最初的版本。

故本文将各版本《水道图》归纳为两种样式：包括珠江内河水道与珠江主泓的地图为双色式；做了大幅改良且包括对景图的地图为改良式。下文对不同的版本的《水道图》展开梳理与介绍后，阿戈特绘制地图的过程也将逐渐清晰。

（一）西班牙海军博物馆档案馆版

该版本地图大小为168.8厘米×86.9厘米，现藏于西班牙海军博物馆档案馆（Archivo Museo Naval de Madrid）。[①] 根据绘图手法和字迹判断，该版

[①] Manuel de Agote, Plano del río por el qual se navega con embarcaciones menores entre Macao y Canton, 1792, MN-MN-88-9, Archivo Museo Naval de Madrid. 此图可见于西班牙虚拟国防图书馆（Biblioteca Virtual de Defensa），相关网址为 http://bibliotecavirtualdefensa.es/BVMDefensa/es/consulta/registro.do? id = 37718。

本地图由阿戈特亲手绘制。它是现有版本中水道最简略的一版，也可能是最早的一个版本。相比《日记》版，它在文字说明部分缺少了澳门、广州的经度及注释二，保留了注释一；在水道部分缺失了红色部分水道、1793 年绘制的水道等，保留了许多已被涂改内容的原貌；在经纬线部分缺失了以巴黎子午线和耶罗子午线确定的经度。另外，它对澳门的绘制相对细致，粗略地画出了澳门的几处标志性建筑，对广州城及河南岛的绘制也有不同要素。

因该版地图的简略特点，可判断它保留了 1792 年时《日记》版《水道图》最初绘制时的原貌。它最有可能绘制于《日记》版之前，是一幅作为参考的草图，也有可能绘制于《日记》版初步完成之后、根据小德金的测绘结果改绘地图之前，是《日记》版的早期简化版。无论如何，它是肯定绘制于 1792 年的。

（二）马戛尔尼（大英图书馆）版

该版本地图大小 62 厘米×39 厘米，现收藏于大英图书馆（British Library），属于"马戛尔尼（Macartney）中国使团的 80 幅风景画、地图、肖像画和示意图收藏集"。① 该版《水道图》的绘图手法和字迹与《日记》版几无差异，可判断其由阿戈特亲手绘制。

相比《日记》版《水道图》，该版本有三处不同：一是其文字说明中广州的经度仍作 110°52′30″，而《日记》版中的广州经度经修改后为 110°42′30″；二是删去了《日记》版的"注释一"部分；三是没有《日记》版紫坭北侧的水道，只留有紫坭西北侧的水道。关于广州的经度问题，可判断阿戈特在绘制该版地图时，尚未发现广州经度的笔误，故没有对其进行更正，仍记作 110°52′30″。关于注释一部分被删除的问题，可以理解为在这版地图中已绘制出"三山水道"和"1793 年水道"，添加注释一的内容反而会引起误会，故不如将其删去。关于地图上尚未出现紫坭北侧的水道，可推断阿戈特在绘制此版地图时，尚未对此处水道进行测绘，其后才在《日记》版上完成了绘制。

除此版地图自身的细节外，顺着它源于"马戛尔尼收藏集"的线索，

---

① Manuel de Agote, *Plano del río por el qual se navega con embarcaciones menores entre Macao y Canton*, 1792, Maps 8. Tab. C. 8, British Library.

就能从马戛尔尼于 1793 年 6 月 22 日在澳门附近写的日记中发现它的身影：

> 非常令人奇怪的是，在澳门的欧洲人中，似乎没有比西班牙代表阿戈特（Agoti）和富恩特斯（Fuentes）先生①更好对待我们的人了，他们不仅通过几项服务证明了他们的诚意，还给了我们一件重要的证明以表达他们的信赖，即送给我们了阿戈特先生亲自实地测绘的澳门城市地图和珠江地图，这是他数年来观测和工作的成果。②

从马戛尔尼的视角看来，阿戈特应是知晓了马戛尔尼使团的消息，特意送给他了两幅地图以表示友好。然而根据阿戈特在 1793 年《日记》中的记载，就能发现截然不同的事实：

> 那天【1793 年 6 月 21 日】上午，英国东印度公司的大班波郎（Broun）③ 先生前来我们家拜访，告诉我们关于马戛尔尼大使先生的部分兴趣，大使能懂并也很喜欢西班牙语，波郎先生希望我们帮忙，借给大使一些西班牙作家的原创作品，等到他从北京回来后就还给我们。我们精选了 30 卷印刷精美的图书，同时给他了阿戈特绘制的澳门地图和珠江地图。他以英国东印度公司委员会秘书霍尔（Hall）④ 先生的名义送了我们一份小礼物，以表达感谢，并向我们保证说，尽管他很想以书面的形式感谢我们，但他因为手臂感患风湿，现在无法这样做。⑤

可见阿戈特并没有主动向马戛尔尼赠送礼物，而是英国东印度公司的波郎

---

① 指朱利安·德·富恩特斯（Julián de Fuentes），时任西班牙皇家菲律宾公司在广州的二班，阿戈特的副手，1796 年后接任阿戈特成为大班。

② 参见 J. L. Cramer-Byng, *An Embassy to China*, Longmans, 1962, pp. 63-64。克兰默·宾（J. L. Cramer-Byng）在研究马戛尔尼日记时，首先发现了阿戈特将两幅地图赠送给了马戛尔尼的相关记载，详见 J. L. Cramer-Byng, "The Defences of Macao in 1794: A British Assessment," *Journal of Southeast Asian History*, vol. 5, no. 2, 1964, pp. 133-149。

③ 指亨利·波郎（Henry Browne），时任英国东印度公司驻广州的大班、秘书与监督委员会（Secret and Superintending Committee）主席、特选委员会（Select Committee）主席。参见〔美〕马士《东印度公司对华贸易编年史（1635—1834 年）》第 2 卷，第 217—218 页。

④ 指理查德·霍尔（Richard Hall），时任东印度公司在广州的秘密与监督委员会秘书、特选委员会秘书。参见〔美〕马士《东印度公司对华贸易编年史（1635—1834 年）》第 2 卷，第 218 页。

⑤ Manuel de Agote, *Diario de Canton*, 1793, pp. 123-124.

为了迎接使团来访，特地向阿戈特"借"来了礼物送给马戛尔尼。这样一来，通过英国东印度公司之手，阿戈特亲手所绘的两幅地图送到了马戛尔尼手上，而马戛尔尼其后并未将这两幅地图送还，它们也就漂洋过海来到了英国。①

聚焦于地图本身，该版《水道图》已绘制了上文所述的"1793 年水道"。故阿戈特将《水道图》赠送给马戛尔尼时，即 1793 年 6 月 21 日，已经完成了对"1793 年水道"的测绘工作。故此版地图应绘制于 1793 年的上半年。另外，《日记》版《水道图》中的紫坭、碧江、蜘洲、磨刀门、壕壳头附近的水道与马戛尔尼版《水道图》中同位置的水道稍有不同，当是阿戈特在 1793 年 6 月后又重新测绘了这些水道。

（三）澳门档案馆版

该版本地图大小为 51 厘米×41 厘米，现收藏于澳门档案馆。② 图中虽无文字说明，但其绘图方法与《日记》版《水道图》无差异，基本可确定由阿戈特绘制。

该版本地图与马戛尔尼版《水道图》几乎完全一致，可知两个版本大致绘制于同一时期。但该版本地图的最大特色在于图上没有任何文字，只有黑、红两色勾勒出来的轮廓，这是其他版本地图上未见的。另外，该图完全仿照 1786 年赫达特《从广州至龙穴岛的虎门地区考察图》，用红笔完整勾勒了珠江主泓与狮子洋地区，这也是未见于其他版本的。其他版本并未完整绘制狮子洋部分，主要原因在于文字说明部分恰好占用了绘制所需的位置，故而在文字的挤压下，只好放弃画出完整的地区。

根据"无文字"与"完整绘制珠江主泓与狮子洋地区"的特点推断，该版本地图很有可能是阿戈特的"试验品"，是他尝试把珠江主泓、珠江口洋面与珠江内河水道三个地区绘制于一张图上的见证。如是，阿戈特绘制了

---

① 马戛尔尼使团带回英国的不仅有阿戈特的《水道图》，还有他的《澳门图》，这幅地图后来被乔治·斯当东（George Staunton）翻译成了英文，翻印在了他的行记中（但未提及《澳门图》的作者姓名）。英文版《澳门图》在后世被广泛摹绘与刊印，西班牙文的原版地图反而没有英文版的影响大。英文版《澳门图》参见 George Staunton, George Macartney, *An Authentic Account of An Embassy from the King of Great Britain to the Emperor of China*, vol 3, London: Printed by W. Bulmer and Co. for G. Nicol, 1797, Plate 11。

② Levantamento do delta do Rio das Pérolas com a localizac̨ão de Macau, 1677?, MNL. 05. 11. CART, Arquivo de Macau. 此图可见于 Hong Kong Maritime Museum, *Charting the Pearl River Delta: A Catalogue of Charts*, *Sailing Directions*, *Views and a Bibliography Pertaining to Charting the Pearl River Delta*, Hong Kong: Hong Kong Maritime Museum, 2015, p. 90。

此版本地图后，确认能将上述三个地区绘制于一张图上，才在之后绘制了
《日记》版与马戛尔尼版等《水道图》的红色部分。

就绘制时间而言，因为该版本地图已有"1793年水道"，又因其"试
作"于马戛尔尼版前，它应是阿戈特于1793年上半年绘制的。

（四）西班牙海军博物馆图书馆版

该版地图大小为65.4厘米×41.6厘米，现收藏于西班牙海军博物馆图书馆。
因尚未得图一览，笔者无法得知它的具体内容，有幸馆藏机构对此图作了简介：

> 该地图有一处宽大的说明部分，用以解释作者如何绘制地图，另有两
> 处注释，以及一些代表性地点的位置。该地图由红色和黑色的墨水绘制。①

据简介所言，该版地图与《日记》版一样，有两处注释且用红、黑两色
绘制而成。在马戛尔尼版中，阿戈特已舍弃了注释一部分，故有两处注释的
该版地图肯定完成绘制于马戛尔尼版地图前、1792年9月小德金完成测量后，
即1792年9月至1793年6月。至于该版本地图有无绘制"1793年水道"，有
无同样在注释一之上"打叉"，暂且不得而知，须留待进一步研究。

（五）菲利普·包萨（大英图书馆）版

该版本地图大小不详，现收藏于大英图书馆，属于"菲利普·包萨
（Felipe Bauzà）收藏集"。②在本文介绍的10个版本中，唯此版地图有阿戈
特的亲笔签名，可判断为阿戈特所绘。菲利普·包萨是西班牙的海军军官与
制图师，1789—1794年，他作为马拉斯皮纳船队中的主要制图师，对美洲、
大洋洲和亚洲的众多地区进行了测绘。1823年，时任西班牙水文办公室主
任的包萨因政治迫害从西班牙逃到了英国，他在逃离时携带了大量地图，后
大部分被大英图书馆收藏，专属于"菲利普·包萨收藏集"。③可推知，此

---

① Manuel de Agote, *Plano del río por el qual se navega con embarcaciones menores entre Macao y Canton*, 1792, MN‐MN‐88‐19, Biblioteca del Museo Naval de Madrid.

② Manuel de Agote, *Plano del río por el qual se navega con embarcaciones menores entre Macao y Canton*, 1792, Add. 17641. A, British Library.

③ Peter Barber, "'Riches for the Geography of America and Spain': Felipe Bauzá and His Topographical Collections, 1789‐1848," *The British Library Journal*, vol. 12, no. 1, 1986, pp. 28‐57.

版地图便是由包萨从西班牙带往英国的。

该版地图相对于双色式《水道图》有较大改变，明显不同的地方有三：其一，新增了 5 幅山体形势"对景图"，在不同的地点测绘了当地的小山或丘陵；其二，地图顶部缺失了根据巴黎子午线和耶罗子午线确定的经度；其三，缺失了《日记》版的注释二及其对应的水路部分，即用红色墨水绘制的轮廓和用 A、B、C、D、E 点标记的地点。

在该版本地图新增的 5 处山体"对景图"中，阿戈特在绘制山体形势外，标注了山的地理位置或名称，即沙湾（Sahuan）、顺德（Sion Tang）、潭州村（Pueblo de Tanchou）、浮墟村（Pueblo de Fauji）、牛岗山（Taufau）5 处地方。① 另外，阿戈特也在地图上标明了他观测山体的 3 处地点，均位于不同的水道上。②

绘制对景图必然要求绘制者在观测点长期停留，因为绘制者不可能在移动的状况下测绘固定视角下的山体形势。阿戈特在《水道图》的前言中说，1792年时，"欧洲人不被允许拖延片刻以进行测量"，但从阿戈特绘制"对景图"的事实来看，他已和中国船夫打点好了关系，能够在水道上进行片刻停留了。

为何阿戈特要在新版本的《水道图》中特意画出"对景图"呢？也许是阿戈特的兴趣使然，但最大的可能是为了将"对景图"用作导航。在航海途中，山地丘陵作为醒目的地形，可帮助船只辨认地点及定位导航，所以中西方都有在航海图中绘制"对景图"的传统。阿戈特作为一名专业的水员及制图师，在他的航海生涯中绘制了大量类似的"对景图"，收录于他的《日记》中。③ 他在改良式的《水道图》中加入"对景图"，也应是为了发挥其导航作用，以便利后人。

---

① 5 座山今分别为：广州市番禺区滴水岩、佛山市顺德区顺峰山、广州市南沙区十八罗汉山、中山市阜沙镇浮墟山、中山市南头镇牛岗山。"牛岗山"，又称"坡头山"，其粤语发音与"Tanfau"差异较大，"Tanfau"应另有汉字所指。但"Tanfau"山所在地点确与牛岗山相同，其山体也十分形似。Tanfau 一名或源于东侧的团范岗，其所指尚待进一步考证。

② 位于紫坭与沙湾、顺德的山在同一处被观测，观测点 A 位于紫坭南方；浮墟山和牛岗山在同一处被观测，观测点 B 位于港口西北；位于潭州村的山被单独观测，观测点 D 位于潭州正前方。

③ 如阿戈特在 1787 年绘制的《关岛对景图》：Manuel de Agote, *Diario del viage hecho por la Fragata de Sm Md. Nomb^a Astrea fletada por la Rl. C^a de Filipinas, desde el Puerto de Lima a Manila por el Mar Pacífico al mando del Capitán de Fragata Dn. Alexandro Malaspina, Caballero de la Orden de Sn. Juan. Trabajado por Manuel de Agote, Maestre de la expresada Fragata*, 1787, R. 629, Museo Marítimo Vasco, p. 84.

　　绘制"对景图"的意外影响是，它挤占了双色式《水道图》中的红色部分及 A 至 E 点航线部分的位置。缺乏绘图空间很可能使阿戈特作出取舍、将红色部分及 A 至 E 点航线部分删除。既然水道部分被删除了，那么相关的文字部分——注释二也就被一并删除了。

（六）葡萄牙国家图书馆版

　　该版本大小为 163 厘米×83 厘米，现收藏于葡萄牙国家图书馆。[①] 根据绘图手法和字迹判断，该版本地图由阿戈特绘制。

　　该版本的最大特点是新增了大黄圃地区的一条水道，[②] 旁注为"于 1796 年识别与绘制"，可见 1796 年前阿戈特未能航行于这条水道上或未能辨别出这条水道。因阿戈特于 1796 年 12 月 14 日启程离开中国，他理应于 1796 年在广州和澳门完成了该版地图。在绘制"1796 年水道"之余，阿戈特在这条水道的同一地点测绘了横档（Sansimi）山[③]与乌猪炮台（Puchi Putai）山，[④] 增绘了两座山的对景图。

　　在现有的 10 种版本中，葡萄牙国图版有关珠江内河水道的地理元素是最多的，可看作《水道图》的"最终版本"。因阿戈特于 1796 年末离开中国，他无法再进行实地测绘，其后的《水道图》版本基本是对这一版本的摹绘，再未有新增的地理元素。

（七）西班牙国家图书馆版

　　该版本地图大小为 168 厘米×84 厘米，现收藏于西班牙国家图书馆。根据绘图手法和字迹判断，该版本地图由阿戈特绘制。[⑤]

　　该版本地图与葡萄牙国家图书馆版地图十分相似，只在细微之处有少许

[①] Manuel de Agote, *Plano del río por el qual se navega con embarcaciones menores entre Macao y Canton*, 1792, C. Par. 71, Biblioteca Nacional de Portugal/ Biblioteca Nacional Digital. 图片可见于 https：//purl. pt/34515。

[②] 在此图之前《水道图》中，阿戈特只绘制了"大黄圃岛"西侧的水道，新绘制的水道位于其东侧。此外，阿戈特将此地标注为小黄圃（Guangpu Pequeño），有误，根据地理形势判断，此地为大黄圃。

[③] 今中山市黄圃镇横档山。"Sansimi"实际指的是距离横档山不远处的"三星围"。

[④] 今中山市黄圃镇乌珠山。

[⑤] Manuel de Agote, *Plano del río por el qual se navega con embarcaciones menores entre Macao y Canton*, 1792, MR/42/487, Biblioteca Nacional de España/ Biblioteca Digital Hispánica. 图片可见于 http：//bdh. bne. es/bnesearch/detalle/bdh0000063486。

不同，故两者应该属于同一时期绘制。但相比其他所有版本，该版本地图的图画部分最为精致，其文字使用也最为规范。

关于该版本地图绘制的精致程度，此处举两例进行说明，其一，该版本地图与葡萄牙国图版地图的标题部分都有十分精美繁复的装饰图画。相比葡萄牙国图版的"题饰"，该版本的"题饰"部分更加精美。仔细观察，在"题饰"的最下方，有一幅画描绘了舢板船航行的场景，葡萄牙国图版中的画类似草稿，图中的人与物仅简单勾勒而成，但该版本的画完成度却很高，细节十分丰富。其二，葡萄牙国图版的对景图只绘制了山体的大致轮廓，而此版本的对景图细节明显更为丰富，更能直观地反映山体形势。

除了图画部分外，此版本地图的文字使用最为规范，地图的文字书写最为工整，同时也根据西班牙语的拼写规范调整了部分单词的拼写。如在说明部分，阿戈特在其他版本中多将"河流"与"误差"写为"Ryo"和"Hierro"，只有在此版本中，他将这两个词语更正为较为规范的写法，即"Rio"和"Yerro"。[①] 另外，在文字部分值得一提的是，该版本地图在标题处删除了"题献"部分，不再说明"将此地图题献给德金先生"。

由上推知，西班牙国图版地图很有可能是阿戈特绘制的最终正式版《水道图》，而葡萄牙国图版地图则类似于"草稿"。故阿戈特完成西班牙国图版的时间应在 1796 年完成葡萄牙国图版之后，至 1803 年阿戈特逝世之前。

（八）《水道图》的测绘过程与版本流传

随着对"珠江内河水道"地理认知的更新，阿戈特在 1792—1796 年绘制了多种版本的《水道图》。在对阿戈特本人绘制的 8 幅地图进行梳理与说明后，阿戈特绘图的过程与《水道图》的版本流传得以基本厘清。[②]

阿戈特最初的航行与测绘活动始于 1787 年 12 月，后又经过 1788—1791 年的 8 次航行后，1792 年 4 月，阿戈特初步绘制完成了首幅双色式《水道图》，写下了文字说明部分及注释一。1792 年 9 月，小德金完成了对于 A—E 点水道的观测，将相关地理信息提供给了阿戈特。1792 年 9 月后，阿戈

---

① Real academia española, *Diccionario de la lengua castellana compuesto por la real academia española, reducido á un tomo para sumas fácil uso*, Imp. de J. Ibarra, 1780, pp. 806 , 944.

② 实际留存至今的地图很可能不止本文提及的 8 幅。

特完成了注释二及对澳门、广州经度的说明。1793 年 1—6 月，阿戈特测绘了林岳村东北方向的"1793 年水道"。此后直至 1796 年，阿戈特又完成了一些地区的测绘和重绘工作，对双色式《水道图》中的部分细节进行了修改，在 3 处地点测绘了 5 幅山体对景图。1796 年，阿戈特首次测绘了大黄圃附近的"1796 年水道"，并定点测绘了最后 2 幅对景图，最终完成了改良式《水道图》。表 2 和表 3 对于《水道图》的绘制过程及各版本的成图时间作了直观呈现。

表 2　《水道图》测绘过程

时间	测绘过程
1787 年 12 月—1791 年	9 次航行与测绘
1792 年 1—4 月	初步完成绘制；写下文字说明部分、注释一
1792 年 9 月	小德金完成航行
1792 年 9 月—1793 年 6 月	绘制红色部分，写下注释二
1793 年 1—6 月	测绘"1793 年水道"；删除注释一
1793 年 7 月—1796 年	修改紫坭、碧江、蜘洲、磨刀门、壕壳头等地的水路；测绘 5 幅山体对景图
1796 年	测绘"1796 年水道"；测绘 2 幅山体对景图

表 3　《水道图》各版本时间

时间	版本
1792 年 1—4 月	西班牙海军博物馆档案馆版 《日记》版（初步完成）
1792 年 9 月—1793 年 6 月	澳门档案馆版 西班牙海军博物馆图书馆版 马戛尔尼（大英图书馆）版
1793 年 6 月—1796 年	菲利普·包萨（大英图书馆）版
1796—1803 年（阿戈特逝世）	葡萄牙国家图书馆版 西班牙国家图书馆版

　　阿戈特的每次航行都是他更新地理知识的尝试，自 1787 年 12 月至 1796 年 12 月，他"上省下澳" 20 余次，不断更新对于珠江内河水道的认知，也促使《水道图》更新迭代，直至 1796 年最终的改良版《水道图》完成。

四　后世对《水道图》的借鉴

1796 年 12 月，阿戈特离开了广州，内河水道上摇橹风帆依旧，但他再未有机会对《水道图》进行增删，《水道图》也就此定型。在地图的文字说明中，阿戈特认为《水道图》几乎没有用处，但他同时坚信，自己的成果总有一天会被认可。实际上，在他离开中国后的不到 10 年间，阿戈特的绘制成果就被西方绘图者所认可与借鉴，他的《水道图》也被移植至多种不同的地图中。

（一）小德金的摹绘

前文曾述，因小德金为《水道图》的绘制提供了部分地理信息，阿戈特将《水道图》题献给了小德金以表示感谢，由此推知，他自然也会将地图赠送给小德金，而小德金也的确利用了阿戈特赠予的地图。小德金的利用成果收录于 1808 年出版的《北京、马尼拉、毛里求斯岛游记》（以下简称《游记》）第 4 卷中的地图集部分，标题为"澳门入口地图，附有船只前往黄埔岛的水道及中国小船前往广州的水道"（Carte de l'entré de Macao avec la route des vaisseaux pour se rendre à Wampou et celle des bateaux du pays pour aller à Quanton），文字部分为法语。[①]

小德金《游记》中的《水道图》与双色式《水道图》差异不大，只不过图上没有用红线绘制出珠江主泓与珠江口地区，且小德金利用前人的地图完整摹绘出了珠江主泓和珠江口地区的地理情况。

小德金作为广州法国商馆的成员，自然每年也须上省下澳，他在《游记》中也较为详细地记述了"上省"的经历。[②] 不过单就此版《水道图》而言，几乎未发现小德金有任何的创新，他只不过是照搬与摹绘了阿戈特与其他绘图者的绘图成果。尽管在《游记》中，小德金并未解释这幅地图的来源，但可以肯定地认为，小德金版《水道图》来源于对阿戈特双色式《水道图》的摹绘。此外，该版地图缺失了不少细节，许多地点都未有标

---

① Chrétien Louis Josep de Guignes, *Voyages à Péking*, *Manille et l'Isle de France*: *faits dans l'Intervalle des Années* 1784 à 1801, Atlas, Paris: Impr. Impériale, 1808, N° 95. 此书可见于法国国家图书馆（Bibliothèque nationale de France）旗下的"Gallica"数字图书馆。

② Chrétien-Louis-Joseph de Guignes, *Voyages à Péking*, vol. 3, pp. 286-291.

注，甚至小德金亲自贡献的、双色式《水道图》中的 A 至 E 点航路也未见
于此版地图。

（二）约翰·里夫斯的水彩画与"目录"

除了由阿戈特本人绘制的两份《水道图》外，大英博物馆还另藏有两份
与改良式《水道图》一模一样，但却绝非阿戈特所绘的《水道图》。因为这两
份地图十分奇特，使用《水道图》作为底图之余，却用英文和中文进行标注，
西班牙语、英文、中文融合在一张地图上，实属罕见。同时它们也充满了谜
团，其绘制者与绘制时间均未清楚标明，其绘制目的更是无法直接获知。

在这两份地图档案中，第一份是经过裁剪的、12 页的地图册，尺寸约
为 33 厘米×33 厘米，第二份是完整的大图幅地图，尺寸不详，但比前者的
尺寸更大，二者的基本内容都是《水道图》。大英图书馆将两份档案命名为
同一标题——"广州至澳门的珠江内河水道图"，并附注"自原版西班牙地
图中截取……19 世纪……由 J. 里夫斯（Reeves）先生们提供"①。

具体分析，第一份档案——地图册由三部分组成，首页是 7 列中文地
名，皆为上省下澳所经的地点；随后的 10 页是地图部分；末页则是 6 座山
的对景图。② 在地图部分中，绘制者先把《水道图》原图裁剪为 5 份，分别
贴在 5 页纸上，每页纸后又新增了绘制者简单摹绘的水道轮廓，裁剪及摹绘
的地图部分共计 10 页。图中的文字标注有西班牙语、英文、中文三种，西
班牙语和中文全用黑笔进行标注，字迹较为清晰；英文多用铅笔进行标注，
当为成图后绘图者所加，字迹潦草，辨认困难。

第二份档案是完整的《水道图》，并未被裁剪。因条件所限，笔者尚未
从大英图书馆处获得该版本地图。有幸美国学者穆黛安（Dian H. Murray）
在《华南海盗》（*Pirates of the South China Coast*）一书中引用和展示了这幅
地图，笔者得以有机会粗略地了解这幅地图的全貌。③

由此版地图的全貌来看，它完全摹绘了改良式《水道图》，图上的水
道、对景图等元素与后者几乎并无二致。然而标注文字却是最大的例外，全

---

① Messrs. J. Reeves, *Charts Showing the Inner Passage of the Canton River from Canton to Macao*, *with the Note "Taken from Original Spanish Chart"*, 19 century, Add. MS. 31349~31350, British Library.

② 《水道图》共有 7 座山的对景图，此图册末页缺少的 1 处对景图，被裁剪粘贴在了地图部分。

③ Dian H. Murray, *Pirates of the South China Coast*: *1790-1810*, Stanford University Press, 1987, p. 70.

由西班牙语改为中文。穆黛安注释道，"地图上用汉字标注了约 60 处城镇的名字"，并未提到图上有西文地名，可见此版本地图的绘制者将西班牙语地名全部替换为汉语地名。①

那么，究竟是谁绘制了这两份地图（册）呢？又是谁别出心裁地使用汉语标注地名呢？根据档案简介中提及该图由"J. 里夫斯先生们"提供，笔者得以确认这位英国绘图者的名字——约翰·里夫斯（1774—1856）。里夫斯是一位来自英国的博物学家，1808 年被任命为英国东印度公司的茶叶督察，1812 年前往中国工作，1831 年返回英国。工作外，里夫斯热衷于收集广州地区的动植物标本，委托中国画家按照西方标准绘制它们。他将众多动植物样本托运回英国，并将动植物画作结集出版，增进了西方人对中国动植物的了解。1817 年，他入选为英国皇家学会会士。②

除了在博物学和动植物学方面的成就外，里夫斯也热衷于收集中国地区的地图，为英国东印度公司提供了大量的中国地理信息。1825 年，里夫斯向东印度公司在伦敦的图书馆提供了一套《乾隆方格内府舆图》的复制件，共计 10 卷，约有百幅之多。③ 1825—1837 年，里夫斯又分别将中文的"广东省舆图"与"广州城地图"捐献给了皇家亚洲协会（Royal Asiatic Society）。④ 同时，为了感谢里夫斯提供了大量中国地图，英国著名的水文学家与制图师

---

① 该版本的中文地名标注为本文辨认其他版本中西班牙语地名提供了莫大帮助。但遗憾的是，穆氏的《华南海盗》出版较早，其中展示的《水道图》印刷并不太清晰，加上书上的图幅面积过小，图上的汉字挤作一团，基本无法得到辨认，故笔者只能略述此图大概。

② 关于约翰·里夫斯的介绍及其作品详见 Peter James Palmer Whitehead, "The Reeves Collection of Chinese Fish Drawings," *Bulletin of the British Museum（Natural History）Historical Series*, vol. 3, no. 7, 1969, pp. 191 - 233; Kate Bailey, *John Reeves: Pioneering Collector of Chinese Plants and Botanical Art*, Acc Art Books, 2019;〔英〕朱迪斯·玛吉编著《可装裱的中国博物艺术》，许辉辉译，商务印书馆，2017;〔美〕范发迪：《知识帝国：清代在华的英国博物学家》，袁剑译，中国人民大学出版社，2018，第 3—71 页。

③ 参见 Royal Geographical Society（Great Britain）, *The Journal of the Royal Geographic Society of London*, vol. 14, J. Murray, 1844, pp. 119 - 120；李孝聪：《欧洲收藏部分中文古地图叙录》，国际文化出版公司，1996，第 179—181 页。有研究者认为，该地图实际上是《雍正十排皇舆全图》的修订版本，参见 Xue Zhang, "A Jesuit Atlas of Asia in Eighteenth-Century China," *Asian and African Studies Blog*, https://blogs. bl. uk/asian - and - african/2019/04/a-jesuit-atlas-of-asia-in-eighteenth-century-china. html, 2019-04-17［2021-10-12］。

④ Royal Asiatic Society of Great Britain and Ireland, *Transactions of the Royal Asiatic Society of Great Britain and Ireland*, vol. 1, Parbury, Allen, London, 1827, p. 617; Royal Asiatic Society of Great Britain and Ireland, *Journal of the Royal Asiatic Society of Great Britain and Ireland*, vol. 4, John W. Parker, London, 1837, p. xiv.

詹姆斯·霍斯伯格（James Horsburgh）将他绘制的《中国东海岸地图》（The Chart of the East Coast of China）题献给了里夫斯。[①]

综上，约翰·里夫斯于 1812—1831 年在广州、澳门地区生活，曾委托中国人作画，又收集了大量中国的地理信息，其经历完全符合摹绘《水道图》的条件。可以断定，"J. 里夫斯"就是约翰·里夫斯，但标题中的"J. 里夫斯先生们"又作何解呢？里夫斯育有一子，名为约翰·拉塞尔·里夫斯（John Russell Reeves，1804—1877）。小里夫斯继承了父亲的工作与兴趣，于1827 年来到中国担任助理茶叶督察，并对博物学也十分感兴趣。1877 年，小里夫斯在英国逝世，他的遗孀将里夫斯父子的部分收藏以小里夫斯的名义捐献给了大英博物馆。[②] 在上述的地图册中，盖有大英博物馆的收藏印章，写有"大英博物馆，1877 年 6 月 9 日"的字样，可见这份档案是原藏于大英博物馆的。故标题中的"J. 里夫斯先生们"即指的是里夫斯父子。

那么，两份档案中的中文注释又是从何而来的呢？线索便藏在地图册中的一条英文注释中，注释写道："这幅图必须被放大一倍以与阿康（Akam，音译）的保持一致。"学界现已知里夫斯雇用过的中国画师共有四位，阿康就是其中的一位。[③] 此处由阿康所注或所绘制的地图，很有可能指的是档案中的大图《水道图》，故阿康很有可能便是图中中文注释的标注者。

在确认了地图的绘制者后，地图绘制的目的也浮出水面。里夫斯对阿戈特《水道图》的摹绘与注释并非心血来潮，而是想利用这份地图为他的水彩画册制作一份"目录"。这份水彩画册名为《广州至澳门水途即景》，由里夫斯雇用中国画师绘制而成，同样收藏于大英图书馆中，共有风景画 51 幅。[④]

---

① 题献部分翻译如下："致皇家学会会士约翰·里夫斯先生，感谢他慷慨提供的汉语手稿，以及他向尊敬的东印度公司提供的关于中华帝国的杰出地图。这张《中国东海岸地图》由他忠实的朋友詹姆斯·霍斯伯格绘制。"原文参见 James Horsburgh，East India Company，*The Chart of the East Coast of China*，1835，2007628649，London：Library of Congress Geography and Map Division Washington。

② Peter James Palmer Whitehead，"The Reeves Collection of Chinese Fish Drawings，" p. 199.

③ 另外三位中国画师分别是 Akut、Asung 与 Akew，可惜四位画师的中文名均未得到流传。参见 Peter James Palmer Whitehead，"The Reeves Collection of Chinese Fish Drawings，" p. 200。

④ Landscape from Canton to Macao，Maps C. 6. d. 2，British Library. 也可见于林天人编撰《方舆搜览：大英图书馆所藏明清舆图》，（台北）中研院台湾史研究所，2015，第 98—101 页。关于此图的研究参见林天人《澳门学与澳门地图学——以大英图书馆所藏澳门古地图为例》，戴龙基、杨迅凌主编《全球地图中的澳门》第 2 卷，社会科学文献出版社，2017，第 146—168 页。

中国画家涉笔成趣，用西洋水彩技法绘制了上省下澳途中的所见近景，兼有很高的史料价值与艺术价值。它们绘制的主题为水路途中的地物，具体内容各异，如营汛、炮台、寺庙、村落等，与《水道图》中的地物主题一致。在每幅水彩画的右上方，都有用铅笔标注的数字，代表着该图的序号，巧合的是，在地图册样式的《水道图》中，水道旁也被标注了许多数字。如果将两者的数字一一对应，就能发现地图上数字的位置代表着对应水彩画的实际地理位置。简而言之，里夫斯将每幅画的地理位置以数字的形式标注在了《水道图》上，使得观赏者可以借用《水道图》这份"目录"，确认每幅画的绘制位置。借此，地图连缀起了一幅幅孤立的水彩画，使得观赏者对上省下澳的水路有了更清晰全面的认知，不得不说是一种难得的巧思。①

（三）罗斯、莫恩与"半截"《水道图》

1807 年，英国东印度公司的丹尼尔·罗斯与菲利普·莫恩（Philip Maughan）率领"羚羊"号（Antelope）等舰船在中国沿海地区进行测绘，收集了大量的地理信息。他们的足迹遍布中国南部沿海，却无法进入珠江内河水道。如上文所述，除上省下澳的外国商人外，一般的外国人无法进入珠江内河水道，更不用说深入水道进行测绘了。无法进入水道的罗斯等人依旧希望绘制出珠江内河水道的地理情况，于是借用了阿戈特的《水道图》，将其摹绘至 1807 年绘制的《中国南部沿海的部分地区测绘图》（This Survey of Part of the South Coast of China）（以下简称《中国南部沿海图》）中，② 但《中国南部沿海图》只摹绘了半幅《水道图》，即从澳门至大黄圃的部分。这并不是因为罗斯等人没有得到另一半《水道图》或认为其不可信，只是因新绘地图的空间不够，无法放下完整的《水道图》，只能画至大黄圃便戛然而止。

此后相当长的一段时间里，依旧没有西方绘图者进入珠江内河水道进行测绘。在未曾得知或无法直接借鉴《水道图》的前提下，大部分制图师在

---

① 里夫斯雇人所绘上省下澳画册并非只此一种，他为水彩画册（雇人）绘制的地图也并非只有上文提及的地图。关于里夫斯的《广州至澳门水途即景》等作品，笔者将另作文详细讨论。

② Daniel Ross, Philip Maughan, *This Survey of Part of The South Coast of China*, 1807, 84696455, Library of Congress.

绘制珠江内河水道时只能借鉴《中国南部沿海图》，形成了一批只有一半珠江内河水道的地图。① 直至 19 世纪中叶，仍可以在西方当时的珠江地图上看到阿戈特《水道图》的痕迹，可以说，《水道图》主导了这段时间西方人对于珠江内河水道的认识。

然而，情况自 1844 年起发生了改变，一张地图开创了另一种珠江内河水道的绘法，这种绘法在其后的地图中占据了主流，使阿戈特《水道图》的痕迹开始逐渐消失。这张地图名为《珠江及邻近岛屿图》（Map of the Canton River and Adjacent Islands）来源于 1844 年出版的《复仇女神号航行作战记（1840—1843 年）》（*Narrative of the Voyages and Services of the Nemesis*, *from 1840 to 1843*）一书中的插图。② 在这张图的内河水道部分，有一条点状线蜿蜒其中，上有一行注释"'复仇女神'号 1841 年的路径"，这便是本文最初所述的、复仇女神号入侵内河水道的线路。

结语：见证"上省下澳"

大航海时代开启后，作为西方人最先接触的中国区域之一，珠江口地区开始频繁出现在西文地图上。随着时间的推移，西文地图上的珠江口的轮廓逐渐明晰，西方人对于该地区的认知也不断丰富。关于 16—18 世纪初西方人绘制的有关珠江口地区的地图，周振鹤、林宏进行了详尽的讨论：自 16 世纪中叶，西方人甫来中国海岸，即开始将珠江口地区的地理情况绘制于地图上，产生了种类不一的绘法。1718 年，经实测而成的康熙《皇舆全览图》绘制完成，图上珠江口地区的准确度远超前代的中西地图。1735 年，杜赫德（Jean-Baptiste Du Halde）的《中华帝国全志》出版，制图师唐维尔（Jean-Baptiste Bourguignon d'Anville）为图书制作了 40 余幅地图及城市图，

---

① 由于相关地图众多，此处不再赘述，仅试举几例：John William Norie, *A New Chart of the Coast of China*, *from Pedra Branca to St. John's Island*, *Exhibiting the Entrance to*, *and Course of*, *the River Tigris*, 1817；James Horsburgh, *Chart of Choo Keang or Canton River*, 1831；Heinrich Karl Wilhelm Berghaus, *Die Chinesische Küste der Provinz Kuang - tung*, *zu beiden Seiten des Meridians von Macao*, Gotha：Justus Perthes, 1834；Edward Belcher, *Canton and Its Approaches*, Macao and Hong Kong, London：George Cox, 1852。

② W. H. Hall, *Narrative of the Voyages and Services of the Nemesis*, vol. 1, End of the Vol. 有关此地图，笔者将另文详作探讨。

其中的《广东全图》仿照《皇舆全览图》精细绘制了珠江口的地理情况。[1]
此后很长一段时间里，西文地图上珠江口地区的西侧陆域基本为唐维尔之图
的衍生品，而东侧水域部分则随着如赫达特等西方制图师们的努力而逐渐变
得更加精细。[2]

　　在《中华帝国全志》出版的半个世纪后，阿戈特《水道图》的出现改
变了旧有西方地图关于珠江口西侧区域即珠江内河水道的绘制方法。其后的
半个世纪中，转由丹尼尔·罗斯等人之手，《水道图》成为新的绘制标准。
不过，由于罗斯等人的截取，西方地图上的"珠江内河水道"基本只剩下
了一半。直到鸦片战争后，随着"复仇女神"号对于"珠江内河水道"的
入侵，西方关于这条水道的认知才开始逐渐更新。故阿戈特《水道图》所
代表的，是 18 世纪末至 19 世纪中叶西方人对于珠江内河水道的认知。

　　因上省下澳制度的限制，相较于《皇舆全览图》所绘制的珠江口地区，
阿戈特《水道图》描绘的"珠江内河水道"仅限于上省下澳所途经的水道，
未能对这一复杂的地理区域做完整描绘。不过也正因此，阿戈特《水道图》
得以聚焦于上省下澳制度本身，对于上省下澳水路的描绘十分详尽，成为这
一制度最直观的见证。在"一口通商"期间，无数外国商人曾沿珠江内河
水道上省下澳，留下了众多文字记载。这些文字多详细记录了途中的税馆与
营汛，但因该地区复杂的地理状况，难以据此直观地还原途中所利用的水
道。在 18 世纪 90 年代的历史剖面下，阿戈特的地图使得精确还原上省下澳
的水路路线成为可能，图 1 便是根据《水道图》所进行的还原。[3]

　　由《水道图》来看，彼时上省下澳所利用的水道是有分有合的，在部
分地区只有一条水道，在部分地区则有不同的分岔，如阿戈特在地图上新增
的"1793 年水道"、"1796 年水道"与"注释二中小德金偏航的水道"。这
说明在同一时间断面内，上省下澳的水路路线并非固定。粤海关固然针对上
省下澳的线路有限制，但只是规定了途中必须经过的几个"点"，即前山

---

① Jean-Baptiste Du Halde, *Province de Quang-Tong*: 25 *lieues comunes de France*, Paris, 1735,
GE D-21723, Bibliothèque nationale de France (département Cartes et plans). 此图可见于
"Gallica" 数字图书馆。

② 周振鹤、林宏：《早期西方地图中澳门地名与标注方位的谜团》，《海洋史研究》第 10 辑，
社会科学文献出版社，2017，第 277—353 页。

③ 本图依据各版本《水道图》中的图文标注将地物进行了分类，但地物的属性（聚落、寺
庙、宝塔、军事设施）与实际情况不完全一致，如香山城、港口、前山寨等地兼有军事设
施与聚落的属性。

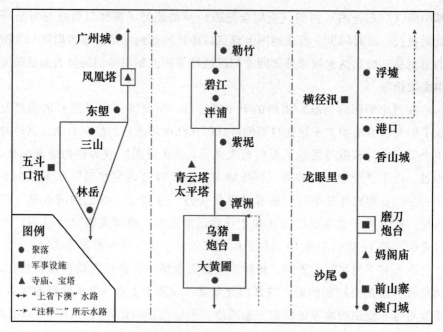

图 1　阿戈特《水道图》所示上省下澳线路及沿途地物

寨、香山城、紫坭口、西炮台口等地。但因河网密布的地理条件，从一点至另一点间往往有复数条线路，船夫则掌握了线路的选择权，他们可以根据风向、风力、水流等因素作出最合适的选择，以走出迷宫一般的珠江内河水道。因而，没有熟悉地理情况的人的帮助，空有地图也是无用的，这也是阿戈特认为《水道图》是"无用之图"的原因。

上省下澳制度的运行方式并非特异，如果将视角转向东部的珠江口区域，可以发现上省下澳制度与珠江口区域的引水制度十分相似，其中的关键都在于"点"与"人"。所谓"点"指的是税馆、营汛与炮台，控制了关键的地理位置；而"人"则分别指船夫与引水人，掌握了外国人难以认知的地理知识。将珠江口地区作为天然的地理屏障，通过"点"与"人"的结合，粤海关得以有规律地"控驭外夷"。而这两种制度之所以能够通过这种方式运行，很大程度上是由本地区的特殊地理条件决定的。只要掌握关键的地利与熟悉地理知识的人，就可以控制"无知的"外国人在珠江口地区的行动。

然而随着时间的推移，这两种看似稳定的制度在内外力的双重作用下逐渐崩坏。在内部，粤海关无法掌控税馆、船夫与引水人的活动，腐败与走私在基层网络中不断蔓延。① 在外部，地理条件对西方人施加的限制逐渐失效，以阿戈特《水道图》、罗斯《中国南部沿海图》为代表的西文地图填补了对地理信息的认知空白，以"复仇女神"号为代表的浅底汽船则突破了复杂的地理屏障。② 1841 年，随着珠江水道上营汛与炮台的陷落，广州体制行将落下帷幕，粤海关失去了控制外国商人行动的能力，上省下澳制度也随之崩溃了。

附录：阿戈特的"上省"航行记录

　　下文节选翻译自阿戈特 1787 年 12 月 28 日至 31 日的日记，记录了阿戈特第一次由澳门航行"上省"的经历。③ 原文中的部分地名待考。

12 月 28 日，乘平底船（pontón）前往广州的旅行

　　这天下午 5 点时，我们正将 66 箱属于皇家菲律宾公司的财产和其他的行李搬到一艘平底船上。我、路易·苏克斯维勒（Luis Suxville）先生和两个商行的女佣登上了装有财产的平底船，买办和三位仆人在另外一艘船上。在处理完与粤海关监督有关的公函后，晚上 9 点，我们启航前往白屋子（Casa Blanca）附近，那里位于澳门北偏西 3 西班牙里（1 西班牙里约为 5.572 公里），因为风很平静，只能摇橹到达那里。在白屋子时，我们被迫抛锚，并要一直等到早上，以把公函交给中国官员。

12 月 29 日

　　早上 7 点，买办前去给公函盖印，在 10 点拿回公函后，我们乘风起航

---

①　范岱克针对广州体制下基层网络的腐败与走私行为进行了详尽讨论，并认为广东的高层官员未能控制住底层出现的问题是广州体制溃败的重要影响因素，详见〔美〕范岱克《广州贸易》；Paul A. Van Dyke，"Smuggling Networks of the Pearl River Delta before 1842: Implications for Macau and the American China Trade," *Journal of the Royal Asiatic Society Hong Kong Branch*，vol. 50，2010，pp. 67-97。

②　如果只从 1841 年 3 月 "复仇女神"号入侵珠江内河水道的过程来看，它只是勉强突破了当地的地理屏障。因为珠江内河水道的航行条件远比珠江口洋面要差，即使"复仇女神"号突破了水深的限制，仍须借助拖来的中国引水人的指引，才能勉强通过珠江内河水道的一部分，参见 W. H. Hall，*Narrative of the Voyages and Services of the Nemesis*，vol. 1，pp. 378-401。与此相对，英国军舰已不需要借助中国引水人通过珠江口洋面，参见王涛《清中叶英国在珠江口的地图测绘与航线变迁》，《社会科学辑刊》2016 年第 4 期，第 123—131 页。

③　Manuel de Agote，Año 1787，Día 5 de noviembre，"*Este día por la mañana los Sres. Directores de la Rl. Compañía de estas Yslas，me dieron orden de prepararme para mi embarque en la Fragata Santa Florentina，que dicen deverá hacerse a la vela para Canton el 8 del corriente para donde estoy destinado de primer Factor…*" R. 630，Museo Marítimo Vasco，1787，pp. 77-85。

经过平静的水道，平底船上用席子做的帆被紧紧拉起，以前往一处海峡，那里的西偏南方向有两座小山。在到达海峡前，有一处庞大的居民区几乎就在白屋子的前面，它的名字是【原文此处空白】。

"白屋子"是欧洲人的叫法，"前山"是中国人的叫法，它是距离澳门最近的城市，可以清楚地看见它的城墙位于北偏西的方向，1名隶属于香山的军官率领500名士兵驻守于此；但此处的防御工事相比香山减少到只剩圆形的土坯墙，既没有护城河也没有瓮城。（除军队外）有多达1500人居住于这座城市前。在河的对岸有一处大型的居民点叫作北山（Pachou），那里的房屋坐落于一座小山的山坡上，其间树木繁茂，这样的风景令人感到高兴，它的平地部分被很好地垦殖过了。

在距离白屋子四塘（yecto）① 或四十里的地方坐落着一处大型居民点，在那里大约有1万人从事着农业工作，但因那里的当地人拥有最好的地利，他们非常倾向于进行走私活动。他们也乐于进行抢劫，经过此地时很有必要保持警惕。好的是，如果知道平底船上有欧洲人，他们会保持一定的尊重。我们在下午2点到达此地，接着我们继续航行，船头偏向北偏西的方向，在3点，我们经过了一处叫作娘妈阁（Amaco）的地方，这里距离沙尾（Sami）一塘远，在这儿没有比一座大型宝塔更引人注目的东西了。又过了一塘的距离后，在正北方坐落着蛇埒（Ciali）村，那里约有300人依靠捕鱼和耕作生活。我们于5点到达那里，从东方和东偏东北方吹来的风风力一直很小，平底船需要打开三面风帆。

在晚上7点半，我们到达了Pasabuan村，那里有超过2000名居民，其中大多数都是农民，当然也有一些人依靠打鱼为生。这里距离之前的地方一塘远。

上述位于娘妈阁至Pasabuan之间的土地，河岸上土地的海拔都很高，上述的村庄除外，它们位于小山下满是耕地的平原上。

在晚上8点半，我们经过了壕壳头（Jaucotao），那里距离之前的地方一塘远，那里有一艘中式帆船用于追捕盗贼和走私犯，上面有8或10人的守卫。

又过了一塘的距离后，在河岸边的有一处房屋，那是一处有8名士兵和1名小官的岗亭，它的功能和壕壳头末尾的哨所一样，那里的村庄叫作Sacuman。

相同的距离后，在北方有一处叫作大石兜（Tesco）的房屋，那里有相

① "Yecto"是"一塘"的音译，塘是一种长度计量单位，一塘等于十里。

同的守卫。前方相同的距离之后又有另一处叫作 Tacha 的房屋，它和大石兜是一样的。

凌晨 3 点，我们抵达了香山（Lieou-tchang）城，它距离大石兜一塘远。我们必须在这里停泊并等候到白天，因为所有的军事和财政机构都位于此地，只有首先登记并呈上相应的通行证，才能够继续前行。上午 10 点检验了通行证，伴随着东偏东北的风，在同一时刻我们扬帆起航，前往北偏东的河流上游方向。

这个叫作香山的城市属于如同要塞般帝国的第二等级政区，有着 3000 或 4000 名军士驻守。香山有一位被称为协副将（Gippchang）的大军官，他不从属于附近的另一位官员。另一位负责民事的官员是文官，在他之下有其他许多低等级的官员，他们与其他人对比以向下排列等级。这个城市有超过 30 万人，在他们中，有很多人属于第一阶层，这些人通过种植水稻、小麦、棉花和水果来获得财富，另外的人则属于为城市的消费业服务的丝绸、棉纺等工业。在城市的近郊有公共学校，许多外地人来到这里学习，以求获得翰林（Doctor）之位，之后这些学者继续深造，直到获得整个帝国内的文官职位。

这座城市位于东北方向，与河岸有一定距离。只有从那个方向可以看到城墙，它被庞大的、沿河向南扩展的郊区所掩盖。这处郊区很引人注目，因为它并不宽阔，同时有着各种式样的帆船和各种大小的舢板船，对岸的房屋也是一样的风景，往返于两岸郊区的载客船只未曾停歇。

在城郊的高地上有三座九层高塔，与肥沃的土地共同构成了颇为宜人的风景。

在公元 9 世纪初，宋朝的第一位皇帝，令人印象深刻的大皇帝赵匡胤（Tchao-Koang-ing）统治了中国。他征服了广东省（以前叫作"汉"），它的最后一位独立的亲王居住在这座城市，在失去了所有的领地后，他被带到了赵匡胤面前，赵匡胤宽恕了他，封他为第三等王，并同时任命他为守卫的指挥。①

---

① 译者注：南汉的首都为兴王府（今广州）。刘鋹（942—980 年），南汉末代皇帝，宋开宝四年（971）降于宋太祖赵匡胤，被任命为右千牛卫大将军，封恩赦侯，开宝八年十二月，被任命为左监门卫上将军，封彭城郡公，宋太宗即位后（976 年）被封为卫国公，卒于太平兴国五年（980），被追赠为太师、追封为南越王。详见脱脱等撰《宋史》卷四百八十一《世家四》，中华书局标点本，1977，第 13919—13932 页；杨仲良：《皇宋通鉴长编纪事本末一》卷四《收复岭南》，"宛委别藏"丛书影印钞本，江苏古籍出版社，1988，第 95—109 页。

12 月 30 日

上午 10 点，我们借助北偏东方向的风和有利的潮汐离开了这个城市。半个小时后我们到达了名叫 Acumbio 的村庄，那里几乎没有可注意的地方，唯一可注意的，是从那里河流开始变宽，在一些平整的土地上种植了很多水稻，这里距离香山一塘远。

中午 12 点，我们到达了港口（Counjaun），它距离 Acumbio 北偏东北的方向一塘远，位于东侧的河岸。在那里有一处由 8 人守卫的房屋。距离河流不远处有一处村庄，那里有约 3000 名农民在满是美丽田地的平原上种植水稻，他们会用天然的河流来灌溉稻田。

下午 4 点，在又航行了一塘的距离后，在邻近的北方，我们到达了一处浅滩，那里有一艘 8 名守卫乘坐的帆船，和一处 1000 人的居民点，那里的人从事着水稻种植，和之前村庄里的人一样。

在此处河流分成了许多支流，我们进入了其中一处运河，它正对着东偏东北的方向。这条运河大约有半西班牙里长，它被认为是由人工完成的，进入这条（由我看来）新的、向北延展的河道后，下午 5 点，我们到达了浮虚（Pauji），那里只有一处和之前一样的哨所，这里距离浅滩一塘远。

继续向北航行一塘之后，我们发现一处和之前一样的、名叫 Ya-achoy 的岗亭。

下午 6 点半，我们从大黄圃（Bampu）[①] 前经过，这处居民点有大概 8000 人，也有许多火纸工场，这里的这种物品在帝国销路很好。[②] 这并不意味着人们就不同时从事耕种了。这里距离 Yan-choy 又是一塘远。

晚上 8 点半，在同样的距离后，我们经过了另一处叫作 Faymi 的、与之前同样的哨所。

在晚上 9 点一刻，向北偏东北航行同样的距离后，我们到达了 Guimi，在那里有哨所和另一艘船，8 名男人和 1 名小官在岸边的小房间里。过了同样距离后，又经过了一处有着同样士兵数目的哨所，它叫作 Lavacao。

在午夜时分，我们经过了潭州（Taychan）村，它坐落于东北方向，距离 Lavacao 的岸边一塘远。这个村庄有将近 1 万人，他们以耕作为生，也做

---

① 阿戈特注：这里不是黄埔港，它叫作小黄圃。【实际应是大黄圃】
② 阿戈特注：这种在帝国内消费很多的纸类似于牛皮纸，尽管它比欧洲的牛皮纸更厚、颜色更黑。点燃之后它从边缘开始破碎。

短途贸易，把自家的货物拿到小商铺卖钱，以供大众消费。

这座村庄有很多基督徒，他们被小官所容忍和管理，因为小官收了他们一些钱。他们之间通常也有一位神甫，然而由于害怕被迫害，那里没有神甫固定的席位。

从午夜的这个时刻开始，伴着浓雾，开始刮起了一阵东南风，我们确定帆船的方向，继续向北偏东的方向航行。凌晨 1 点，我们经过了一处中国聚落，那里有 9000 至 10000 人以种植水稻为生，在他们中间有很多基督徒，这里距离潭州一塘远。

凌晨 2 点，又过了一塘的距离后，我们又经过了一个和之前提过的岗亭一样的岗亭，它叫作濠滘（Jocao）。

凌晨 3 点，我们到了西北方向的泮浦（Pumpu）村，那里有 2000 或 3000 名居民，他们从事着渔业或耕种，也用结实的线和织物编织十分巨大的渔网。这里位于河的西侧，距离濠滘一塘远。这里同样也有监视河流的哨所和一位管理村庄的小官员。

凌晨 4 点，我们抵达了另一个叫作韦涌（Bay-chon）的村庄，它距离之前的地点一塘远，有 10000 至 11000 名农夫居住于此，他们收获了很多水稻，在居民中有许多不同等级的官员。

凌晨 5 点半，我们经过了 Toacualo 村，那里有 2000 名农夫，也有它的河上哨所，距离韦涌又是一塘远。

在一处美丽的平原间，有许多满是蔬菜的菜园和一些满是树木的小树林，这种景致令人愉快。这处大的聚落叫作石壁（Sapia），有着 1 万人以耕作为生，也有着它自己的岗亭。它位于河流的西北方向，部分偏离了河岸，距离 Tuacualo 又是一塘远。我们经过了位于河岸两侧的两处高塔附近。

早上 8 点，我们经过了另一处叫作三山（Samsan）的村庄，那里也有很美丽的田野。这里的河汇入了珠江的一条支流，流向东北方向并在河南（Jonan）岛拐弯，在那里有一处大规模的聚落，有着田地、菜园和广州的一些休闲场所。三山聚落大概有 50 万以耕作为生的人居住，这里距离之前的地点一塘远。

31 日上午 9 点，我们到达了广州，这里距离三山一塘远。

The Guangzhou-Macao Inner Passage Knowledge of Europeans at the End of the Eighteenth Century —Surveying, Mapping and Broadcasting of "Plano del Rio" by Spanish Businessman Agote

Zhu Sicheng

Abstract: The Spanish merchant Manuel de Agote came to Guangzhou in December 1787 and became the Spanish mercantile house's first supercargo. He preliminarily created the "Plano del rio el qual se navegan con embarcaciones menores entre Macao y Canton" in 1792, after 9 times of journeys and surveying between Canton and Macau. Agote finally completed the map in 1796, many variants of the map were produced over the drawing time, and they were spread in Macau (China), the United Kingdom, Spain, and other areas. This article provides a preliminary analysis of each iteration of the map and clarify the distribution process.

De Guignes, John Reeves, Daniel Ross, and others used the "Plano del Rio" in the early nineteenth century to show the topography of the Pearl River's Inner Passage in their works. Later, the figure of "Plano del Rio" began to emerge regularly in Western maps as a result of Ross' map, which dominated the drawing approach of the Pearl River's Inner Passage in Western maps at the time. From the end of the 18th century until the middle of the 19th century, the "Plano del Rio" witnessed the process of foreign merchants "travelling between Canton and Macao" under the Canton trade system, and affected Western people's perceptions of the Pearl River's Inner Passage. In view of this, this study concludes by briefly discussing the route and system of "travel between Canton and Macao", in order to expose the system's geographical context and operating logic.

Keywords: Manuel de Agote; Travel between Canton and Macao; The Map of Pearl River; History of Cartography

（执行编辑：江伟涛）

海洋史研究（第二十一辑）

2023 年 6 月　第 223~248 页

清代中期省河西路及其"内海防"初探[*]

——以《广州至澳门水途即景》图册为中心

阮　戈[**]

　　大英图书馆所藏的《广州至澳门水途即景》图册（以下简称《即景》），采用西洋绘画技法，描绘了清代嘉道年间从广州到澳门航道上的沿途风光。但图册描绘的航道与惯常沿珠江主航道出虎门往来广州、澳门的航道不同，而是自广州白鹅潭向南航行经顺德、香山前往澳门的内河水道，该航道曾被称为"省河西路"或"澳门航道"。[①] 学界曾对该航道进行梳理研究，[②] 但因文献材料较为单薄，对该航道的研究止步于有文字记载中的若干重要地点。而通过考证《即景》所描绘的航道沿途 51 处地点，再结合其他相关文献及图像资料，可以对这条航道进行更细致的复原。此外，《即景》

　　* 本文为国家社科基金中国历史研究院重大历史问题研究专项 2021 年度重大招标项目"明清至民国南海海疆经略与治理体系研究"（项目号：LSYZD21011）阶段性成果之一。
　*** 作者阮戈，复旦大学历史地理研究中心博士研究生。
　① 清中后期时香山士绅林福祥在《论抚绥澳门西洋夷人》中称该航路为"省河西路"。美国人亨特在《旧中国杂记》中称该航道为澳门航道。美国人马士在《东印度公司对华贸易编年史》中称该航线为澳门水道（Macao Passage）。赫德在《中国丛报》的文章中记载，英国人称该航路为百老汇河（Broadway River），亦称"大黄滘"或"内河水道"。参见吴宏岐《清代广州至澳门的内河水道考》，（澳门）《澳门历史研究》2007 年第 6 期，第 29—44 页。
　② 相关研究参见吴宏岐《清代广州至澳门的内河水道考》，（澳门）《澳门历史研究》2007 年第 6 期，第 29—44 页；〔美〕范岱克：《1842 年前珠江三角洲地区的走私网络：澳门与美国对中国内地贸易的内在联系》，《海洋史研究》第 4 辑，社会科学文献出版社，2012。

中 33 帧描绘清中期省河西路沿线汛、炮台等军事据点的图像，则为讨论清中叶绿营营汛体系及"内海防"[①] 设置提供难得的分析资料与研究个案。一是以往学界部分学者虽注意到了作为绿营制度重要组成部分的汛塘并对此展开讨论，[②] 但对沿海地区的汛塘研究仍相对薄弱。二是清代海防炮台作为海防制度的重要组成部分，以往学者们大多围绕沿海炮台讨论，[③] 但对于内河炮台则鲜有涉及。通过讨论《即景》描绘的炮台，可以由内河视角完善清代海防史的研究。

本文以《即景》图册为核心材料，结合方志、政书等史料，在复原清中期"省河西路"航线的基础上，讨论清代中期省河西路沿线军事据点的空间分布及其以汛为中心的军事防御体系，进而尝试推进已有的清代绿营研究。

一　《即景》及其反映的"省河西路"

《即景》图册原藏大英博物馆，现藏于大英图书馆，图号：Maps C. 6. d. 2。李孝聪的《欧洲收藏部分中文古地图叙录》[④] 一书曾介绍该图集。其后《方舆搜览：大英图书馆所藏中文历史地图》[⑤]（以下简称《搜览》）一书，则收录了该图集全部图像，并根据图画内容将图集名称定为《广州至澳门水途即景》。《即景》共 51 帧，为彩绘纸本图画，每帧 36 厘米×47 厘米，图册的绘画技艺、风格与晚清时期外销画绘画风格一致。《即景》

---

① 道光时期的方志中将省河西路沿线区域防务称作内海防。参见道光《香山县志》卷四《海防》，《广东历代方志集成·广州府部 35》，岭南美术出版社，2007，第 406 页。

② 罗尔纲在梳理绿营制度时，即对防汛制度有过介绍。秦树才则以云南的汛塘体系为例，推进了防汛研究，此后太田出、周妮等学者则对江南、苗疆地区的防汛进行了研究。相关研究参见罗尔纲《绿营兵志》，中华书局，1984；〔日〕太田出：《清代绿营的管辖区域与区域社会——以江南三角洲为中心》，《清史研究》1997 年第 2 期，第 33—46 页；秦树才：《论清初云南汛塘制度的形成及特点》，《云南社会科学》2004 年第 1 期，第 96—100 页；周妮：《清代湘西苗疆营汛体系探研》，《历史地理研究》2020 年第 2 期，第 91—103 页。

③ 以往对于广东海防炮台的研究，偏重沿海炮台，轻内河炮台。部分研究注意到了内河炮台，但主要将研究重心放在现广州市区域内。相关研究参见茅海建《1841 年虎门之战研究》，《近代史研究》1990 年第 4 期，第 1—28 页；黄利平：《清代民国广州城防、江防与海防炮台研究》，广州出版社，2016。

④ 李孝聪：《欧洲收藏部分中文古地图叙录》，国际文化出版公司，1996，第 85—86 页。

⑤ 中研院台湾史研究所编《方舆搜览：大英图书馆所藏中文历史地图》，（台北）中研院台湾史研究所，2015。

中有 30 帧图具图题及天干地支标注方位，其余无汉字标注。内容为省河西路沿途的广州府南海、番禺、顺德、香山四县景色水彩写生。图集各图右上角均有铅笔所作的数字编号标序，① 其中两帧以英文标注"呈交于1877 年 6 月 9 日"（presented 9th June，1877），应为图册被呈交到馆藏机构的日期。

　　检阅《即景》图册各图，写实程度较一般外销风情画更高。1873 年英国摄影家约翰·汤姆逊乘船经过省河西路，曾拍下一张东朗头的影像，② 我们将之与《即景》中东朗头图③（图序 U1）相比较，可以发现《即景》写实程度是很高的。

　　《即景》绘制时间在嘉庆十四年至道光三年（1809—1823）。李孝聪在介绍此图集时将其定为道光八年绘制，但却未说明原因。④《搜览》一书则认为《即景》在道光年间绘制（1821—1850），亦未说明原因。笔者查阅咸丰《顺德县志》相关记载，图册中的容奇、大州等炮台都是嘉庆十四年（1809）地方士绅为防海盗入侵捐修，因而可认定图册绘制时间上限为嘉庆十四年。该记载还提到道光三年大州炮台"兵炮皆撤，遂日坍卸"⑤，而从图册中看大州炮台形制齐整，未有坍塌之象（图序 22），可见绘制时大州炮台尚未裁撤。由此，《即景》的绘制时间下限应在道光三年。

　　概言之，《即景》运用西洋画透视关系技法，描绘清嘉庆中后期至道光初年省河西路沿线景象，是当时较为典型的外销画。下面以《即景》为基础，结合相关资料复原省河西路航线。

---

① 文中以《即景》各图右上角标记数字作为图像编号，称作"图序"。
② 该照片由约翰·汤姆逊摄于 1873 年，照片上写：接近广州的澳门炮台（Macao fort near canton）。该要塞所在的大黄滘水道，又称为澳门航道，似因此汤姆逊称其为澳门炮台。该照片见于《晚清碎影：约翰·汤姆逊眼中的中国》一书，该书称该照片内容为琼州港入口处的堡垒，应为讹误。参见中华世纪坛世界艺术馆编《晚清碎影：约翰·汤姆逊眼中的中国》，中国摄影出版社，2009，第 162 页。
③ 由于图像版权因素，文中无法直接展示《即景》图像，但该图像已由版权方电子化成高清图像上传至"数位方舆"网站上，读者可按文中所提图序在该网站上看到清晰的相关图像，参见 https：//digitalatlas.asdc.sinica.edu.tw/map_ detail.jsp？id=A104000034。
④ 该书中标注《即景》为 1877 年 1 月 9 日入藏亦为讹误，按《即景》中所写"presented 9th June，1877"字样，该图集入藏时间应为 1877 年 6 月而非 1 月。
⑤ 参见咸丰《顺德县志》卷四《建置略》，《广东历代方志集成·广州府部 35》，第 83 页。

复原、考证航线运用的材料主要有以下几种。①明清时期广州府及各县方志。① 清代广州府大部分县份都修过 2—3 次方志，这为考证图册中的地点提供了材料。②晚清至民国时期编修的舆图集②及根据现代航测照片绘制的军用地图③。晚清编绘的舆图集相对于此前绘制的舆图，一定程度上更加准确，有些采取了"计里画方"的技法，部分图还吸收了西方近现代绘图技术。这些舆图可为本文确定古地名相对位置提供一定参考，近代航测地图则为核实近代地名的演变提供帮助。③当代地名志。④ 这些地名志内记录许多古今地名对照，使在地名雅化过程中及新中国成立后几次地名更改风潮中消失的地名得以留存。④《搜览》一书中亦收录了同样藏于大英图书馆的两幅《广州至澳门水道图》。⑤ 这两幅图同《即景》相对照，在内容及入藏时间上有一致性。⑥ 同时这两幅图与《即景》在具体地点的绘制上一一匹配，图形上亦有相似性。因而本文结合这些图像帮助考证航线。

在地点的考订上以《即景》图题为主，比照文献及图像材料，确定图册中地点的现今名称。方法是按图题找寻现地名所在，如地名与现地名不同，即检索方志、当代地名志中的记载；如无相关文献记载，则比照方志中的舆图、舆图集及近代地图确定其相对位置。另外在本研究中，古地名相对位置附近，如有读音按粤语方言或者官话读音与古地名相近的新地名，则视

---

① 如乾隆、光绪《广州府志》，乾隆、道光、宣统《南海县志》，乾隆、同治、民国《番禺县志》，康熙、乾隆、咸丰、民国《顺德县志》，乾隆、道光、光绪、民国《香山县志》等。
② 张人骏：光绪《广东舆地全图》，《广东历代方志集成·省部 27》，岭南美术出版社，2006。
③ 这里所说的军用地图指，美国陆军工程兵团在 1954 年编绘的中国 1：25 万大比例尺地图，根据该图图源，该图以美国陆军制图局、美国空军、美国海军测量局等单位于 1945—1950 年测绘的地图为基础进行编绘。
④ 广东省地方史志编纂委员会编《广东省志·地名志》，广东人民出版社，1999；《广东省佛山市地名志》编纂委员会编《广东省佛山市地名志》，广东科技出版社，1991；顺德县地名办编《顺德县地名志》，广东省地图出版社，1987；《广东省中山市地名志》编纂委编《广东省中山市地名志》，广东科技出版社，1989。
⑤ 文中将两图简称图组或分别称为图 A（图号 Or. 2342 B）、图 B（图号 Or. 2342 C），该图像可于数位方舆网站上阅览，参见数位方舆网，https：//digitalatlas.asdc.sinica.edu.tw/map_detail.jsp？id＝A104000033。
⑥ 李孝聪的《欧洲收藏部分中文古地图叙录》亦收录这份图，并进行简单文字介绍，其介绍中认为这两幅图为道光年间绘制亦不够准确，因为这两幅图同样对《即景》所描绘的大州炮台等 10 座炮台进行了描绘，可见这两幅图的绘制时间应该也同《即景》一致，在嘉庆十四年至道光三年之间。另外，介绍中认为该两幅图入藏时间为 1881 年亦为讹误，图上的章戳清楚显示图 A、图 B 为 1877 年 6 月 9 日入藏大英博物馆。参见李孝聪《欧洲收藏部分中文古地图叙录》，第 87 页。

为同一地点。如顺德县"半铺",现称"泮铺";香山县"孤步",现称"罟步";"濠涌",现称"豪涌"等。少数地点再综合晚清时期留下的影像资料等进行校核。

依据《即景》及《广州至澳门水道图》,以该地点当时名称及比照各图标记异同、现今位置为内容,制作附表1(表见文末)。《即景》总计军事、行政类地点图像34帧,经济、宗教类地点图像17帧。

依据考订出的各个地点可以得到"省河西路"在嘉庆后期至道光初期的航道大致以现珠江主航道的白鹅潭为起点,经大黄滘水道→珠江南航道→三枝香水道→大石水道(大石涌)→陈村水道→沙湾水道(紫坭河段)→李家沙水道→容桂水道→东海水道→小榄水道→沥锦涌→沥心涌→浅水湖→港口河→石岐河(岐江河),以磨刀门出海口一带为终点。

这条被称为省河西路的航道,曾经在很长的时间里作为省澳间中外人员往来的重要通道而存在。清朝官府规定外国商船前往广州贸易,须经官方认定的引水人引导进入珠江,经虎门至黄埔岛停船挂号,商人则换乘小船前往十三行进行交易。18世纪中期以后,清政府规定贸易季结束后,因各种问题无法随商船返航回国的西方各国商人不能留居广州,必须前往澳门"住冬",待新的贸易季开始后再返回广州。对于"住冬",官府严令西人只能经由省河西路"上省下澳"①,并规定旅行中只允许携带少量行李,且不准携带商品。为了防范走私活动及洋人滋扰地方,清政府规定外商每年只能在这条航线上航行一次,②海关官员亦会上船监视航行,以保证行驶在规定的航线上。同时,一些澳门的中国商人、买办、通事获允从这条航线出入广州,有时会乘机走私。因此,清朝官方就在省河西路设置绿营,防范各种违法活动。

二 省河西路沿线军事据点的空间布局

省河西路作为一条具有重要军事意义的航路,本节着重围绕航道沿途设置的军事据点,结合图册对于这些据点的描绘,讨论军事性聚落的空间分布

---

① 〔美〕范岱克:《广州贸易:中国沿海的生活与事业(1700~1845)》,江滢河、黄超译,社会科学文献出版社,2018,第175页。

② 〔美〕范岱克:《1842年前珠江三角洲地区的走私网络:澳门与美国对中国内地贸易的内在联系》,《海洋史研究》第4辑,第226页。

特征。

观察省河西路沿线汛及炮台的空间分布，可以看到航道防御体系设置重点与经济活动密集区域相重合的特征。省河西路沿线的汛及炮台主要集中在几个河段，一是珠江南航道—大石涌—陈村水道北段，共有 6 个据点。① 该河段水道交汇，为佛山各处入省城的水路干道，且靠近省城，人口密集，同时该处还有不少市集与渡口。② 二是紫坭岛—容桂水道河段，共 12 个据点。③ 这一河段同样处于几条河道交汇处，④ 粤海关在紫坭岛设挂号口，往来商船繁多，⑤ 容桂为顺德当时的商贸中心之一，"民夹水而居，百货辐辏"⑥，时人皆称"水乡之乐土"。三是小榄水道北段，共有 5 个据点。⑦ 该河段所在的小榄都为香山北部商贸中心，嘉道年间有七市两墟，商业发展亦十分兴盛。四是上闸至濠涌闸口间的岐江河段。该河段最短，约 11 公里的河道却分布 7 个据点。⑧ 该河段为香山县城所在，是珠江西岸的商贸与航运中心之一。⑨ 上述区域自明代以来经济活动发达、人口众多，不但易为贼寇所觊觎，也容易成为走私的市场，因此，汛及炮台的设置颇为密集。这一点与长江三角洲的苏州、松江府有相同之处。

长江三角洲南部的苏州、松江两府地处江海交汇之处，区域内河网密布，水路北连长江主航道，东连大海，经济活动繁茂，长期以来都是海防要

① 该河段包括以下各图，图序 1、图序 8、图序 10、图序 12、图序 14、图序 U1。
② 这一河段所包含区域分布有南箕市、大石市、大石墟、石壁渡。
③ 该河段包括以下各图，图序 18、图序 19、图序 20、图序 21、图序 22、图序 23、图序 24、图序 25、图序 26、图序 27、图序 30、图序 U2。
④ 紫坭岛位处陈村水道、潭洲水道、沙湾水道、顺德水道 4 条水道交汇处，地理位置十分重要。
⑤ 因应该地繁盛的经贸活动，粤海关在此设紫坭关（图序 20），即粤海关挂号口紫坭口，又称紫坭税馆。同时该处也是海运食盐运入省城要道，乾隆四十三年在此设盐关（图序 19），即紫坭场，委盐官一名、巡丁二十五名，查检私盐。参见梁廷枏撰《粤海关志》卷五《口岸一》，袁钟仁点校，广东人民出版社，2014，第 73 页；阮元纂修《两广盐法志》卷二十一《转运八》，广东省立中山图书馆藏，第 64b 页。
⑥ 咸丰《顺德县志》卷二《图经》，《广东历代方志集成·广州府部 17》，岭南美术出版社，2007，第 56 页。
⑦ 该河段包括以下各图，图序 33、图序 34、图序 36、图序 37、图序 39。
⑧ 该河段包括以下各图，图序 40、图序 42、图序 45、图序 47、图序 48、图序 49、图序 51、图序 52。
⑨ 香山县城一带有新墟市、石岐墟等九市两墟。同时，香山县城作为该县航运中心，从县城渡口所发出的航线众多，其中往外埠航线 29 条；往省城广州航线 5 条；往南海县航线 3 条，可前往县城及山根等 4 处；往佛山县城 1 条；到顺德航线 7 条，可到顺德桂州、勒楼、逢简等 11 处；往东莞石龙墟航线 1 条；往新会江门航线 3 条；往澳门航线 9 条，可到澳门沙梨头、果栏等 4 处。香山县城往县内各处的航线有 16 条，可前往小榄、三灶、翠微、古鹤等 38 处。

地，被称为"海之门户"①，清军在该区密集设汛强化海防。日本学者太田出在其有关苏州、松江府汛防的研究中指出，苏松两地的汛防设置与当地的市场圈是重合的，并以市镇为中心设定汛防范围。他认为"所有千总、把总的驻扎地均在县城或镇……大汛的设置是以县城、市镇为核心的"②，进而提出"整个江南三角洲的其它大汛也具有同样倾向"③。省河西路沿线汛防分布与经济活动密集区也有重合，但有些大汛并不设在市镇，与苏松地区的汛防设置有所不同。

　　一种情况是，省河西路沿线部分汛远离聚落。比如省河西路上的港口汛—炮台（图序40）、第一角汛（图序54）、蚝壳头汛（图序56）3个军事据点均分布于人口相对稀疏，经济活动较少的河口地带。港口汛位处港口河口，东出即为大海，所在受潮汐影响，"潮平可济，汐涸则难"④，交通条件并不优越。直到清末该处河道还存在许多河心沙，⑤邻近又为新成陆的沙田，附近亦未形成大型市镇或村落。另外两处的第一角汛、蚝壳头汛，均位处岐江河河口附近，此区域也多为新形成的沙田，人口较少，相较港口汛更加远离经济发达的区域。按《即景》图册的描绘，即使其他靠近经济发展较好地区的小汛亦有不少不但孤立于河道边，还远离聚落，如孤步汛（图序37）等汛。

　　另一种情况是，不少大汛设在市镇以外。将大汛设于市镇、县城固然更利于守护经济聚落、取得各项资源，但亦不利于汛守官兵利用河道传递信息及时刻监视河道，履行内海防的职责。因此，省河西路沿线有不少大汛并未设于市镇，如驻扎千总一员、外委两员的番禺县大汛鸡公石炮台就没有设在市镇之中，而是在航道上的紫坭岛上。此外，咸丰时期顺德县的甘竹、三漕、昆冈等大汛驻所均设于河道边，离市镇有一定的距离。香山县的平顶山汛、磨刀角炮台汛，新安县的南头炮台汛、沙角炮台汛等大汛则位于远离聚

---

①　乾隆《江南通志》卷九十六《海防》，哈佛大学燕京图书馆藏，第17b页。

②　〔日〕太田出：《清代绿营的管辖区域与区域社会——以江南三角洲为中心》，《清史研究》1997年第2期，第40页。

③　〔日〕太田出：《清代绿营的管辖区域与区域社会——以江南三角洲为中心》，《清史研究》1997年第2期，第41页。笔者注：大英图书馆馆藏的《江南水陆营汛图全图》反映了长江三角洲沿海小沙岛上亦设有汛防，仅从苏松二地方志资料能否断言长三角的汛防完全围绕市场圈设置，仍须作进一步的讨论。由于这并非本文研究重点，笔者将另文讨论。

④　光绪《香山县志》卷四《舆地上·山川》，《广东历代方志集成·广州府部36》，第45页。

⑤　参见张人骏的光绪《广东舆地全图》，《广东历代方志集成·省部27》。

落的大陆岸线或者岛屿上。可见省河西路及沿线各县的大汛设置，显然与太田出所论有差别。①

设置在经济不发达处的汛防，一般在地理位置要害处。上述3个远离聚落的军事据点即位于海防咽喉。港口汛所在东出为大海，南下则可入香山县城（石岐），有"无港口是无石岐"②的说法。第一角、蚝壳头均在省河西路入海口一带。港口、第一角在明代就已设哨防守。蚝壳头则介于第一角与磨刀门之间，两处间人烟稀少，防务无所依托，时人言"以守第一角不守蚝壳头为忧"③，于是乾隆中期，清军开始在此设汛驻守。

珠江三角洲西岸地区外通大海，内连广州，为广东中路海防要害，所置汛防负有拱卫省城，侦查外夷、海盗入侵及防范走私活动的职责。该区河道交错纵横，地形破碎，不少区域为渺无人烟的沙岛，制度与经费上都不允许官方在如此复杂的内河广设驻防营或炮台，在远离市镇的要害处沿河设汛，投入较小，照样能够满足"内海防"任务需求，这是广东绿营基于现实做出的选择。

省河西路汛防分布密度较高，沿线约120公里共设25个汛，约4.8公里就设一汛，这些汛之间相隔最远10公里，最近2至3公里，部分目视可见。然而，研究显示，清代部分地区绿营防汛设置密度并没有如此之高，四川省共设汛348个，平均每县不到3个。④湘西苗疆地区营汛大多围绕各处关隘设置，嘉庆年间3个直隶厅加2县设汛116个，呈现出"散漫零星，孤悬苗境"⑤特点，各汛相距较远。郭嵩焘曾说"今百里有营，十里有汛"⑥，省河西路沿线大致符合这一该标准，而四川、湘西苗疆显然没有达到。

三　以汛—炮台为基础的省河西路军事防御体系

结合复原的航路、图像、文献资料，下面对清代省河西路"内海防"设置作进一步申述。

① 清代绿营汛塘设置同市场圈或者说经济繁盛区域的关系，仍须梳理更多的案例，来作出更进一步的讨论。
② （道光）《香山县志》卷二《建置》，《广东历代方志集成·广州府部35》，第313页。
③ （道光）《香山县志》卷四《海防》，《广东历代方志集成·广州府部35》，第406页。
④ 刘洋：《清代基层权力与社会管理研究》，博士学位论文，南开大学，2012，第158页。
⑤ 周妮：《清代湘西苗疆营汛体系探研》，《历史地理研究》2020年第2期，第91—103页。
⑥ 《郭嵩焘奏稿》，杨坚校补，岳麓书社，1983，第161页。

（一）防务设置及特点

绿营体系中的汛是省河西路防务的基础力量。清代绿营主要由各驻防营组成，广义上的驻防营下辖 2 个部分：一部分是与副将、守备等高级军官同驻于一地的营兵直属部队，兵员从数百到两千不等，有战事才外调出战。狭义上的驻防营一般即指这一部分军队。① 另一部分是由各驻防营派出、分多点驻扎的汛，每一汛有汛兵几名到数十名不等，长年驻扎于固定的汛房之中。既往研究认为，清代驻防营是绿营履行职责的核心，地方防务多围绕驻防营展开。② 由于汛兵平时不能征调团集作战，所以罗尔纲在计算绿营兵额时认为："汛兵除开，不能算数。"③ 梳理《即景》33 处军事据点，约 75.7% 属这种汛，④ 分属永靖营等 8 个驻防营⑤（各汛统属见附表 2）。这 8 个驻防营大多远离航路及沿途各汛，少则十数里，多则百余里，如大黄滘汛、韦涌汛就距所属的驻防营驻地近 130 里。⑥ 古代信息传递速度有限，一旦遇警，驻防营难以实现对这些汛的及时指挥和增援。因而该区日常海防更多时候应是依靠沿线分布的汛。

由于驻防营军官远离省河西路沿线驻扎，为及时应对敌情，广东绿营设置了多层级的指挥体系。省河西路沿途各汛在指挥上由驻防营—分防汛（本文简称大汛）—汛（简称小汛）3 个层级构成。大汛有千总、把总、外委等下级军官驻守，有 20 名左右驻兵，兵力较小汛稍多，其军官负责 1 个小区域的防务，小汛一般只有驻兵。而濠滘、鸡洲等汛所属的顺德协左营则由于统领该营的都司驻县城，须兼管城内事务及领直属兵丁出外巡哨，较为繁忙，便在县城西北 70 里处设甘竹分防汛，由顺德协左营守备驻守，具体

---

① 文中如无特别注明，驻防营均指称这种狭义的营直属部队。

② 罗尔纲在讨论绿营兵制时就以营制为核心展开讨论，认为计算绿营战力时应排除汛防。清代时印光任在《澳门记略》一书中就以前山营为重点叙述香山—澳门区域防务。黄启臣等学者亦以前山营作为澳门区域的防务中心进行讨论。参见罗尔纲《绿营兵志》；印光任：《澳门记略》，国家图书馆出版社，2010；黄启臣：《澳门通史》，广东教育出版社，1999。

③ 罗尔纲：《绿营兵志》，第 268 页。

④ 剩余军事据点种类为炮台、行政关卡等。

⑤ 8 个驻防营包括广东陆路提督亲领的永靖营（驻番禺县石碁）、广州协右营（驻广州老城内）以及广东陆路提督节制的左翼镇总兵辖下顺德协左、右营（前者驻顺德县城，后者驻三水县芦苞），香山协左、右营（均驻香山县城），此外还有属广东水师提督辖下水师提标右营、后营（前者驻东莞虎门，后者驻增城新塘）。

⑥ 参见同治《番禺县志》，《广东历代方志集成·广州府部 20》，第 706 页。

处理营务及防汛事务，其下再设中汛，中汛以下再领若干小汛，存在四级指挥体系。省河西路沿线汛防大多为小汛，仅鸡公石炮台为大汛。大汛、中汛一般距小汛 10 里左右，远则 20 里左右，声闻可接，互为依托。这样，多层级指挥体系下的各个汛构成了省河西路沿线的海防基础。

官倡民修的炮台构成了省河西路防务的有力支点。按《即景》所绘，省河西路沿线共有 10 处炮台，分布于番禺、顺德、香山三县。嘉庆中期，海盗张保等率船百艘，数次突入省河西路大肆劫掠，并在香山蚝壳头一带击杀总兵许廷桂。地方官员为防海盗继续沿着省河西路入寇诸县，倡导地方绅民修建炮台，其所修炮台多为砖土结合，有别于以石修建的官修炮台，方志称为"土炮台"①。从防范海盗的效果上看，"筑永固炮台，树水栅于濠涌，贼亦不复至"②，炮台弥补了汛兵力、火力不足的缺点，鸡公石炮台还被绿营选为大汛驻地，成为省河西路坚固的防务支点。

比较而言，省河东路③沿线防卫体系稍显不同。由于东江携沙量、水量不如西江多，该区较少泥沙淤积及歧流汊道，沿岸地形也不如省河西路沿线破碎。同时省河东路的横挡岛等岛屿也不像古黄圃岛等处，没有因泥沙淤积而与大陆相连。总体上，省河东路岸线相对平直，地形较为完整，区域内多为宽阔海面，只要控御住笔直的航道要冲，即可达到海防目标。明代在沿岸设水寨及汛哨防守，清代时"密在里海矣。盖前此御在倭，故过其阃入，今此御在寇，故禁其阃出"④。因防御对象发生转变，转而将虎门水师营及虎门水寨作为该处江防建设核心，到道光时期广东水师提督及旗下的提标中营、右营均驻虎门。虎门不但聚集了省河东路的大部分军事力量，而且与负责省河西路防务的驻防营远离航道相比，省河东路的 2 个驻防营及广东水师提督驻扎于省河东路北端，贴近航道镇守省河东路海防。

清廷还大量投资修筑炮台，充实省河东路的营汛体系。营汛结构作为清代绿营的基本组织结构，省河东、西二路都采取这种形式设置。不过，省河东路长期以来作为船只进出广州的主要通道，来往船只多，海防压力大，历代统治者都比较更加重视这一航道的海防问题。尤其在嘉道年间，为了加强

① （咸丰）《顺德县志》卷四《建置略一》，《广东历代方志集成·广州府部 17》，第 83 页。
② （道光）《香山县志》卷八《事略》，《广东历代方志集成·广州府部 35》，第 584 页。
③ 由零丁洋入虎门一段航路是为省河东路。参见林福祥《平海心筹》，中国第一历史档案馆等编《明清时期澳门问题档案文献汇编（六）》，人民出版社，1999，第 435 页。
④ （雍正）《东莞县志》卷十《兵防》，《广东历代方志集成·广州府部 23》，第 182 页。

该区海防力量,一众广东官员将省河东路到珠江主航道沿线海岸及岛屿分作"四重门户",耗巨资修筑一系列坚固的炮台,水师提标诸营普遍将大汛直接设在沿途炮台之中。① 利用炮台建筑充作营房,不但防卫能力更强,还可省去另修营盘的费用。比如新安县的南头炮台,东莞县的镇远炮台、沙角炮台、大虎山炮台、横挡月台、狮子塔炮台等。②

由于省河东路处于珠江出海主泓,且非辫状河流地形,航道沿线相对笔直、简单,加之受官方海防思想影响,沿航道驻扎的水师驻防营及众多驻有大汛的官修炮台组成较强的海防体系。清廷更重视省河东路的外海防,对省河西路重视不够,投入较少,设置的汛绝大多数是小汛,只有民修鸡公石炮台为大汛,大部分汛也只有营盘建筑,总体上省河西路防卫力量逊于省河东路。

清代绿营兵力设置轻内地,重沿海、沿边、畿辅地区,③ 使得省河西路沿线可以多设汛防。嘉庆十七年(1812),沿海的两广绿营员额为92415名,在全国属兵力较多的军区,这是两广地区得以多设汛塘的重要条件。与之相对,四川作为内地,绿营员额为两广的36.99%,共34188名,因而设汛较少,其兵力更多集中在各种驻防营中。可见,清代各地绿营虽都采取营汛组织结构,但具体营汛数量如何设置,兵员的多少起决定性作用。

有学者认为,明清时期"内地门户"的关城据点——沿海巡检司,是陆上防御不可忽视的力量,它们又恰是"固海岸""严城守"陆海防御体系的枢纽,④ 研究中以香山县3个巡检司为对象展开对这一区域的海防问题的讨论。制度上明代在要道设巡检,并于地方佥发民众数十人充当弓兵作为武装力量,负责盘查往来犯人、逃军、逃囚、贩卖私盐等奸盗。履行捕盗职责的过程中,沿海巡检司即承担了一些海防职责。清承明制,仍设巡检司

---

① 将大汛设于官修炮台之中似乎在广东绿营中是较为普遍的现象,除了省河东路上的若干炮台,还有珠江主航道上的东炮台汛,沿海的烽火角炮台汛、磨刀石炮台汛、粤西的暗铺炮台等,都将大汛设于炮台之中,充分利用炮台建筑,增强防卫力量。

② 由于这一区域内兴筑了众多炮台,部分小汛也驻扎在炮台之中。比如赤湾左炮台汛、赤湾右炮台汛、新涌炮台汛、横挡大炮台汛、横挡小炮台汛等。另外还有大汛设于墩台之中,如茅洲墩台汛。

③ 嘉庆十七年,各地区绿营员额共计661873名,依序排列,闽浙102335名、陕甘98579名、两广92415名、云贵91189名、两江72704名、湖广58320名、直隶42532名、四川34188名、山西25534名、山东20174名、河南13834名、京师巡防营10069名。参见罗尔纲《绿营兵志》,第62页。

④ 鲁延召:《明清时期广东中路海防地理研究》,博士学位论文,暨南大学,2010,第153页。

"掌捕盗贼，诘奸宄，隶州厅者专司河防"①。省河西路沿线巡检司行政隶属均不属直隶州、厅，并无河防之责，虽仍通过缉盗事务在海防事务中发挥一定作用，但由于明后期以来赋役制度改革，徭役逐渐合并入赋税进行征收，巡检司不再佥发弓兵充役。按《清会典》，各地巡检司员额只有巡检 1 人，且为文官范畴。实际上，《香山县志》记载，清代巡检司只有巡检 1 人，皂隶 2 人，民壮 4 人，其中淇澳巡检司只有皂隶，未设民壮。而番禺县在康熙年间将巡司弓兵尽数裁革，各巡检司只剩参隶 1 名，皂隶 2 名。相较于明代常年有数十人的武装力量，清代巡检司虽仍有缉盗之责，但可供使用的力量大为减弱。

从上文复原的省河西路航线看，顺德县紫坭巡检司离航路 2 公里，距离最近。从交通可达性看，其对省河西路的缉盗功能，不如紫坭司东北方向、设在航路旁的大洲汛便利。清代巡检司行政力量较明代大为下降，数量上整个省河西路两侧 5 公里范围内也只有 4 个巡检司，同时巡检司无法统摄绿营体系中的汛及民修炮台，这些都使得巡检司更难实现对省河西路海防事务的有力监察与管理。因此清中期这一区域的巡检司在海防体系中难以发挥枢纽作用。

民间参与海防事务，大量捐筑炮台，是省河西路军事设置的又一特点。由于珠三角地区邻近澳门，清代珠江出海口一带岛屿、沿海岸线以及近海的重要岛屿均修筑了若干炮台，以防外夷。上文提到清中期广东官方投入大量资金在省河东路沿线修筑多座炮台，而其他河道新修炮台则较少。到了嘉庆中期，张保入寇香山、顺德等地后，原非主要航道的省河西路海防压力渐增。香山知县彭昭麟召集绅耆商议对策，这些士绅主动提出在濠涌、下闸等处增炮台防守，彭氏"韪其议，联名呈请上宪，蒙许"②。番、顺、香三县在这一时期修筑的 32 处炮台，多以这种官方劝谕或允准，由民间出资修筑，炮台竣工后官方酌情发给火炮的方式次第落成。这样，广东以更加节约的方式巩固了内海防，炮台分布也延伸到西江下游及出海口一带。

此外，不同身份的民众对海防事务也积极参与。顺德乡绅周伟祺"偕乡人联呈督抚，请多给火炮卫村"③，香山、新会则有职员、监生、渔户等

---

① 赵尔巽等撰《清史稿》卷一百一十六《职官志三》，中华书局，1976，第 3359 页。
② （道光）《香山县志》卷二《建置》，《广东历代方志集成·广州府部 35》，第 313 页。
③ （咸丰）《顺德县志》卷二十七《列传七·周维祺》，《广东历代方志集成·广州府部 17》，第 651 页。

不同身份的民众，联同"请总督百龄给大船三十，领壮勇三千为前锋"①。后来相关人士得到官方褒奖，两广总督百龄奖予香山有功渔户周朝尚等 4 人"顶戴"②。

（二）省河西路防务设置的缺陷

虽然省河西路沿线海防体系在抵御海盗过程中发挥了积极作用，但实际防卫能力存在不少缺陷。一方面，这里兵力分散，省河西路沿线各汛加炮台驻防人数总共 238 人，驻守在 33 个据点。绿营的汛"多者不过数百人，少者或十余人，逐捕尚或有余，御寇实形不足"③。单薄的兵力使汛防难以应对大规模战事。另一方面，为防止一个单位垄断河道管理，造成贪污专擅，清军将省河西路沿线军事据点分属广东陆路提督、左翼镇总兵、广东水师提督等多个官员指挥。这使得省河西路沿线一遇战事，不易协同指挥，联动反应。驻防营下的大汛具有一定的前线指挥权，但由于军官层级较低，兵力、辖汛有限，面临较大敌情时其应敌能力也十分有限。此外，民间捐修的炮台也没有全部划归给绿营管理，④ 如香山内河七炮台就由"壮丁"⑤ 驻守，由地方民壮负责，绿营能否指挥这些地方武装，仍待研究，且民壮本身的战斗力亦是成疑，一定程度上也削弱了该河段汛防、炮台协同作战的能力。再者，省河西路沿线汛防按制还需要履行缉盗等职责，使得汛的职责与州县缉盗部门的职责重合，彼此容易产生龃龉，削弱汛防专司军事的精力。

炮台质量参差不齐，限制了省河西路沿线海防能力的发挥。官府发动士绅在省河西路沿线兴筑炮台，但所修炮台质量参差不齐，从《即景》图像看，炮台下半部基座大多以砖头修砌，上半部墙体为传统筑城中常用的三合土，⑥ 亦即土台；同时各台三合土墙占比也并不一致，从占炮台三分之一

①　（道光）《香山县志》卷八《事略》，《广东历代方志集成·广州府部 35》，第 584 页。

②　（道光）《香山县志》卷八《事略》，《广东历代方志集成·广州府部 35》，第 584 页。

③　《郭嵩焘奏稿》，杨坚校补，第 161 页。

④　由于绿营未能完全掌握这些民间兴筑的土炮台，省河西路沿线土炮台大部分没有被绿营利用起来，只有鸡公石炮台被绿营用作大汛驻地。同时，可能也由于省河西路沿线土台兴筑时间较晚，这一区域的大汛均在此前修筑了较大的营盘建筑，较为简陋的民修炮台未能使绿营官兵产生足够的动力，使其迁移至炮台中驻扎。

⑤　（道光）《香山县志》卷八《建置》，《广东历代方志集成·广州府部 35》，第 313 页。

⑥　三合土是清代中后期清军修建炮台非常常见的材料，参见周抒凝《广州炮台传统三合土材料配比分析与修复研究》，硕士学位论文，西北大学，2019；吴任平，包乔枫，季宏：《闽江口海防炮台古三合土材料及工艺的研究》，《工业建筑》2018 年第 5 期，第 127—133 页。

到二分之一不等。还有炮台形态五花八门，有半圆形、圆形、方形，各台所设炮位、铳孔数量不一，炮铳多的炮台则火力较强，反之则火力较弱。官方没有统一的修筑要求，无法按省河西路实际需要设置。此外，炮台炮洞设计不合理，多在台墙中间开洞作为炮孔，在实战中容易被敌方击中，或被敌人攀墙孔而入。①

省河西路沿线海防体系在打击海盗时尚能发挥作用，在面对拥有先进舰船的西方侵略者时，则未能通过近代战争的考验。第一次鸦片战争期间，英军"复仇女神"号等舰船，3 天内从澳门出发经省河西路北，突至广州城南的凤凰岗，进逼广州城。据英军记述，沿途汛、炮台乃至驻防营，面对铁壳明轮舰船快速通过，没有造成任何阻碍，英军舰船还击毁了不少军事据点。② 这也反映了省河西路的清军部署是无法适应近代战争需求的。

余　论

精美的外销画对于历史现场的直观反映，对于研究者来说是认识与理解摄影术发明以前世界的重要有形工具。作为中西方交流的重要见证，有学者称为"美术史之外的'美术'，是文字记载之外的图绘历史"③。借助《即景》图册及其他文献，一条 17—18 世纪广州与澳门间中西交往的重要航路亦得以清晰地展现。

可以发现，珠江三角洲西岸密集的汛防分布显现出有别于其他地区的特征。这一地区的汛防既设置于经济活动发达地区，但又并非全部设在市镇，而是设于沿河及要害处，以完成拱卫省城内海防任务。星罗棋布的汛防负责对航道的监控与稽查，而炮台则为汛防提供了火力支援，二者共同构成了省河西路的海防体系。值得注意的是，常见的巡检司、驻防营在航道上难觅踪迹。如果说清朝在沿海府县设驻防营、城寨、巡司，实现了点状海防体系，那么省河西路沿线绵延接续的汛防、炮台则将海防体系连接成线状乃至点、

---

① 道光末年曾发生英军攀炮孔而入突破炮台的事例。参见黄利平《大湾区海防炮台形制及历史作用》，《岭南文史》2020 年第 4 期，第 69—75 页。

② 参见〔英〕安德里安·G. 马歇尔：《复仇女神号：铁甲战舰与亚洲近代史的开端》，彭金玲译，广西师范大学出版社，2020，第 116—117 页。

③ 王次澄等编《大英图书馆特藏中国清代外销画精萃》导论，广东人民出版社，2011，第 5 页。

线相结合成网络状，最终构成完整的多层次珠江西岸海防体系。应该肯定，这套防御体系对防范海盗起到了积极作用，但从鸦片战争的实况看，这个兵力单薄、技术落后的汛防—炮台海防体系显然经不起近代战争的考验。

本文借助《即景》图册探讨了省河西路沿线军事设置，《即景》对沿途军事聚落留下了相当细致的图像资料，有一个问题需要继续追问，就是绘图者为何对沿途军事设施有如此兴趣？联系到《广东至澳门水道》两幅以河道为中心绘制的单色墨绘纸本航道图，有三点值得注意。一是图组所描绘的航线，与《即景》描绘的航线一致，都是以广州十三行为起点，蚝壳头为终点。二是图组中沿航道绘制的绝大多数标志物，均为《即景》的分帧图景，许多标志物还标记序号，与《即景》每帧图画右上角标记的序号一一对应，标志物图形似是对《即景》每一帧图像的缩绘。三是《即景》与图组都是 1877 年 6 月 9 日同日入藏，可能是同一人捐赠给大英博物馆。这几份同日入藏的、内容关联性较强的图像，同时描绘清代中晚期一条重要走私通道，对沿途的军事据点表现出极大兴趣，进行相同的标记，《广州至澳门水途即景》及图组是否为某方势力出于某种需要而绘制？例如走私，或搜集省河西路军事情报。这种推测，有待进一步研究。

附表 1　《广州至澳门水途即景》描绘地点现今位置

图序	《即景》图题	图 A 标记	图 B 标记 （汉字标识，图例）	现位置
1①	无图题	堃基村	博基村及 防汛、民房图例	广州市海珠区南箕村
8	无图题	大石汛	大石汛及防汛图例	广州市番禺区大石大桥南端，大石水道与三支香水道交界处以西一带
9	无图题	陈头庙	陈头庙， 有庙宇图例	广州市番禺区陈头岗一带
10	无图题	石壁	石壁汛及防汛图例	广州市番禺区陈头岗一带
11	无图题	姻缘庙	无标识	佛山市南海区林岳岗公园东靠陈村涌水道一带
12	无图题	林岳汛	无标识， 有防汛图例	佛山市南海区林岳东村渡口对岸
13	无图题	有一精细牌坊图像	无标识， 有牌坊图例	广州市番禺区韦涌村南边牌坊路一带，与现顺德簕竹公园隔陈村涌相望
14	无图题	韦涌汛	韦涌， 有防汛图例	广州市番禺区韦涌村，现韦涌村南边牌坊路东面一带
15	无图题	文阁，碧江对面	文昌阁， 有庙宇图例	佛山市顺德区北滘镇三桂村一带
16	无图题	碧江牌芳	牌坊，有牌坊图例	佛山市顺德区碧江金楼一带
18	无图题	蚝滘	无标识， 有防汛图例	佛山市顺德区横沙围一带，为陈村涌、紫坭河、顺德水道交汇之处
19	无图题	盐关	无标识， 有防汛图例	广州市番禺区紫坭村靠濠滘口一带
20	无图题	紫坭关	关，有防汛图例	广州市沙湾镇紫坭村靠顺德水道一带
21	无图题	鸡公石	鸡公石， 有炮台图例	广州市番禺区沙湾街道三善村一带

图序	《即景》图题	图 A 标记	图 B 标记 （汉字标识，图例）	现位置
22	无图题	大州	大州， 有炮台图例	佛山市顺德区大州村靠顺德水道一带，与紫坭村隔顺德水道相望
23	无图题	鸡州汛	无标识	佛山市顺德区鸡洲村一带
24	无图题	老鸦岗	老鸦岗汛	佛山市顺德区狮子岗
25	无图题	曹渔汛	曹鱼，有防汛图例	佛山市顺德区漕渔村一带，德胜河北侧，与容奇港相对
26	无图题	容奇	容奇，有炮台图例	佛山市顺德区容奇港一带
27	大门头炮台	大门口	大门口，有炮台图例	佛山顺德区大门社区至顺德船厂一带
28	天后庙 贵州渡头 （坐己向亥）	桂州	桂州，有房屋图例	佛山市顺德区桂州社区北部靠容桂水道一带
29	马岗渡头 （坐乙向辛）	马岗山	马江山，有房屋图例	佛山市顺德区容桂马岗森林公园南侧靠近容桂水道一带
30	蛇头涌汛 （坐癸向丁）	蛇头涌汛	蛇头，有防汛图例	佛山市顺德区龙涌村
31	文昌庙　寨尾 （坐癸向丁）	寨尾	无标识	更涌与容桂水道交汇处一带
32	北帝庙 木头海 （坐寅向申）	木头海	木头海	佛山市顺德区高新区公园一带
33	莺哥嘴汛 （坐子向午）	莺哥嘴	莺哥嘴， 有防汛图例	中山市东凤镇莺歌咀水文公园
34	二垺汛 （坐艮向坤）	二垺汛	大沥， 有防汛图例	中山市东凤镇东凤公园一带
35	小榄渡头 车公庙 （坐寅向申）	小榄渡头	无标识， 有房屋图例	中山市小榄镇江滨公园一带

图序	《即景》图题	图 A 标记	图 B 标记 （汉字标识，图例）	现位置
36	较剪口汛 （坐坤向艮）	较剪口	教剪， 有防汛图例	中山市小榄镇小榄港一带
37	孤步汛 （坐戌向辰）	孤步	姑步， 有防汛图例	中山小榄镇东、西罟步村一带
38	洪圣庙 横荡口 （坐艮向坤）	横荡庙	无标识， 有庙宇图例	中山市阜沙镇横迳涌一带
39	横荡口汛 （坐辰向戌）	横荡汛	无标识， 有防汛图例	中山市阜沙镇滨涌渡口一带
40	港口汛—炮台 （坐壬向丙）	港口	港口，有炮台、 水栅图例	中山市港口镇 港口社区天后宫一带
41	杨帅府 （坐甲向辛）	杨帅府	无标识， 有房屋图例	中山市港口镇港口社区一带
42	上闸汛—炮台 （坐甲向庚）	上闸汛	上闸，有炮台、 水栅、防汛图例	中山市西区街道上闸村
43	接官亭对面 长洲乡 （坐卯向西）	长洲乡	长洲乡	中山市西区街道长洲社区
44	香山城 接官亭 （坐卯向西）	香山城	香山	中山市石岐区街道 凤鸣社区、民权社区一带
45	下闸汛 （坐卯向西）	下闸汛	无标识	中山市西区街道 下闸新村、岐江公园一带
46	下闸汛对 面鸦山 （坐干向巽）	鸦山	草尾元， 有塔图例	中山市石岐区街道 老安山新村一带
47	石门头 对面炮台	石门头对面	无标识， 有炮台图例	中山市南区街道萧广昆亭一带

续表

图序	《即景》图题	图 A 标记	图 B 标记（汉字标识，图例）	现位置
48	石门头炮台（坐卯向酉）	石门头	石门头，有炮台及房屋图例	中山市西区街道新石门村
49	下闸炮台（坐子向午）	写飞鼠角	飞鼠角，有塔及房屋图例	中山市南区街道沙涌村一带
50	下闸炮台对面草尾园塔（坐丁向癸）	草尾园	无标识	中山市西区街道秀山新村一带
51	濠涌炮台	濠涌	濠涌，有炮台、房屋图例	中山市沙溪镇濠涌村一带
52	濠涌闸口天后庙（坐丑向未）	无标记	下闸，有水栅图例	中山市沙溪镇濠涌村一带
53	洪圣庙招安亭（坐辛向卯）	招安亭	无标识，有房屋图例	中山市大涌镇大涌村以东一带
54	玄帝庙第一角汛（坐戌向辰）	第一角	第一角，有防汛图例	中山市板芙镇金角环村以南，沙田村以北一带
55	芙蓉沙口（坐卯向酉）	无标识	芙蓉沙，有房屋图例	中山市板芙镇板芙大桥西端至板芙小学一带
56	蚝壳头列圣宫	蚝壳头	蚝壳头，有房屋图例	中山市板芙镇蛇地山以南一带
U1②	无图题	东朗头	凤洋江，有炮台、塔、防汛图例	广州市荔湾区东塱村车歪炮台
U2	无图题	半铺	半铺，有防汛图例	广东省佛山市顺德区南平路泮浦一带

注：①该处在图 A 上标写为 7，不知为何《即景》标为 1，笔者怀疑数字 7 与 1 相近，书写错误。

②《即景》图册中未对该图以数字标号，而写英文 unidentified（未被辨认），因为有两张图都标有该英文，为便于区分，行文中将两图的图序分别标为 U1 及 U2。

附表2　《广州至澳门水途即景》描绘军事据点基本情况

名称	图序	类型	位置	驻军、兵船及据点设置	备注	县份	所属驻防营	所属大汛	所属中汛
垦基村	1	汛	珠江南航道与佛山水道三枝香水道交汇处	乾隆时该地驻有六橹船、桨船各一	乾隆以前该处曾设南箕水汛，道光中期后南箕汛所处地有大黄滘南石头汛，疑为南箕汛改设	番禺	？	？	？
东朗头	U1	汛	珠江南航道龟岗岛	乾隆时驻有汛兵七名，桨船两艘，每橹船兵十四名	乾隆时该处设大黄滘水汛王滘汛，又作大黄滘水汛，嘉庆二十二年在此修筑大黄滘炮台	番禺	水师提标后营	深井尾汛	无
大石汛	8	汛	三枝香水道与大石涌交汇处	乾隆时驻有六橹船两艘，兵七名，道光时增十五名	该地附近还有大石墩，大石渡	番禺	水靖营	钟村汛	无
石壁汛	10	汛	文海河与陈村水道交汇处	乾隆时驻有兵七名，道光时期驻有外委两艘，六橹船把总一员，兵增至三十名	无	番禺	水靖营	钟村汛	无
韦涌汛	14	汛	陈涌水道东侧	乾隆时驻有外委把总一员，兵八名，桨船一艘，道光时兵增至十名	无	番禺	水师提标后营	深井尾汛	无
盐关	19	行政关卡	番禺县紫坭岛	乾隆四十三年在此设紫坭场，委盐官一名，巡丁二十五名，查检私盐，道光七年再加派文员巡查	该处为海运盐船要口，盐关公石都在此处，紫坭岛关，鸡公石炮台在此处，潭洲水道、沙湾水道、顺德水道四条水道交汇处，位于陈村水道	番禺	无	无	无

续表

名称	图序	类型	位置	驻军、兵船及据点设置	备注	县份	所属驻防营	所属大汛	所属中汛
紫坭关	20	汛、关卡	番禺县紫坭岛	乾隆时该处曾设紫坭边口汛,驻十橹船、六橹船各一艘,八橹船两艘	粤海关挂号口紫坭口所在,道光后该汛不存,原有紫坭汛,驻兵八名,疑是该处于嘉庆十五年修筑鸡公石炮台后,将此汛改为鸡公石汛	番禺	无	无	无
鸡公石炮台	21	炮台	番禺县紫坭岛	驻扎有千总一名,外委两名,设汛兵二十名	又称"三善炮台",嘉庆十四年为防张保,由当地土绅捐建,与大州炮台夹岸相对。该地设有鸡公石炮台汛	番禺	水师提标右营	鸡公石炮台汛	无
林岳汛	12	汛	文海河与陈村水道交汇处	驻有汛兵四名	水汛	南海	顺德协右营	澜石汛	昆冈汛
半浦汛	U2	汛	陈村水道东侧	道光时驻兵五名	又称洋浦汛、半浦汛	顺德	顺德协左营	甘竹汛	昆冈汛
蚝窖汛	18	汛	陈村水道、潭州水道、沙湾水道交汇之处	乾隆时驻有六橹船一艘	又作濠窖汛、水汛,与紫坭岛隔河相对	顺德	顺德协左营	甘竹汛	昆冈汛
大州炮台	22	炮台、汛	沙湾水道与李家沙水道交汇处	驻有十橹船一艘	炮台与紫坭岛隔河相对,嘉庆十四年为防海盗张保,由大良士绅捐建,与鸡公石炮台呈交错之势。道光三年后即被废置,有大洲关水汛	顺德	顺德协左营	甘竹汛	昆冈汛
鸡洲汛	23	汛	鸡洲水道、李家沙水道交汇处	道光时驻兵五名	又作鸡洲汛、水汛	顺德	顺德协左营	甘竹汛	营草土炮台汛

244 海洋史研究（第二十一辑）

续表

名称	图序	类型	位置	驻军、兵船及据点设置	备注	县份	所属驻防营	所属大汛	所属中汛
半江汛	24	汛	鸡洲大涌与李家沙水道交汇处	道光时驻兵五名	查清代数种方志、舆图均无老鸦岗汛,但老鸦岗位置有半江水汛,故该汛应为此半江水汛	顺德	顺德协左营	甘竹汛	莒草土炮台汛
曹涌汛	25	汛	莒桂水道北侧	驻兵五名	又作佐鱼汛,水汛,与莒奇炮台相对	顺德	顺德协左营	甘竹汛	莒草土炮台汛
莒奇炮台	26	炮台、汛	莒桂水道南侧	由乡中自行设守	嘉庆十四年土绅为防张人侵,捐建了榕其土炮台。炮台附近设有属顺德左营甘竹汛下的莒奇沙头水汛,驻兵九名	顺德	*	*	*
大门头炮台	27	炮台、汛	顺德支流（大门莒）与莒桂水道交汇处	由乡中自行设守	查方志未有名为大门头的炮台,但该处有嘉庆年间乡绅为防张保入侵建的砖石材质的沙头土炮台,该处有沙头有大门莒河,故图画中展现的应为此沙头炮台。炮台附近设有属顺德协左营甘竹汛下的大门莒水汛,驻兵五名	顺德	*	*	*
蛇头涌汛	30	汛	莒桂水道及鸡鸦水道交汇处	驻兵五名	又作横流汛,水汛	顺德	顺德协左营	甘竹汛	莒奇沙头汛
鸾哥嘴汛	33	汛	东海水道和小榄水道交汇处	驻兵七名	又作鸾哥咀汛,水汛,扼守小榄都西北门户	香山	香山协防右营	新闻汛	无

续表

名称	图序	类型	位置	驻军、兵船及据点设置	备注	县份	所属驻防营	所属大汛	所属中汛
二塔汛	34	汛	小榄水道西侧	驻兵六名	又作二塔口汛，水汛，对岸为小榄都，有横水渡头	香山	香山协右营	新闻汛	无
较剪口汛	36	汛	横海涌及小榄水道的交汇处	驻兵六名	水汛	香山	香山协右营	新闻汛	无
孤步汛	37	汛	小榄水道西侧	驻兵六名	又作营步汛	香山	香山协右营	新闻汛	无
横荡口汛	39	汛	横泾涌与小榄水道交汇处	驻兵八名	又作横泾汛、黄泾汛，水汛	香山	香山协右营	白鲤沙汛	无
港口汛—炮台	40	炮台、汛	浅水湖与港口河交汇处	该地建有碉楼，碉楼以西建有炮台，周围六丈六尺，设炮九位，港口汛驻兵六名	该处为县城西北门户，位于港口河与浅水湖交界处，设有港口汛，水汛炮台并未明确隶属，属内河防御七炮台之一，嘉庆十年至十四年香山县令彭昭麟为防盗寇沿河侵袭县城，组织土绅捐建。同时期还垒筑了上闸，下闸炮台，这三处炮台还加建了水栅，港口炮台以北的浅水湖还加了右堤，三处炮台互成掎角之势，护卫香山县城。该地炮有港口墩	香山	香山协右营		无

续表

名称	图序	类型	位置	驻军、兵船及据点设置	备注	县份	所属驻防营	所属大汛	所属中汛
上闸汛一炮台	42	炮台、汛	兔洲河与岐江河交汇处	该地建有炮台，设炮八位，台内有厅房共六间，小房驻兵六名	上闸陆汛，驻兵六名。上闸炮台嘉庆十年至十四年间由土绅捐建，属内河防御七炮台之一，台下修有在岐江河（又称石岐河）河道中的水栅，长四十一丈七尺	香山	香山协右营	小隐汛	无
下闸汛	45	汛	岐江河西侧	乾隆时驻兵五名，道光时增至七名	属香山协左营下哨下水汛	香山	香山协左营	磨刀石炮台	无
石门头对面炮台	47	炮台附属建筑	岐江河东侧	由乡中自行设守，有厅房两间，小房两间	威远台之对河小堡，嘉庆十年至十四年间由土绅捐建	香山	*	*	*
石门头炮台	48	炮台	岐江河西侧	由乡中自行设守，设炮五位，厅房三间，小房、厨房两间，望楼一座	又名威远台，嘉庆十年至十四年间由土绅捐建，属内河防御七炮台之一，附近有石岐渡	香山	*	*	*
下闸炮台	49	炮台	岐江河西侧	由乡中自行设守，设炮七位	在沙涌，嘉庆十年至十四年间由土绅捐建，称下闸炮台，属内河防御七炮台之一	香山	*	*	*
豪涌炮台	51	炮台	岐江河西侧	由乡中自行设守，设炮六位，厅房三间，小房、厨房三间，望楼一座	又名永固台，嘉庆十年至十四年间由土绅捐建，属内河防御七炮台之一	香山	*	*	*

续表

名称	图序	类型	位置	驻军、兵船及据点设置	备注	县份	所属驻防营	所属大汛	所属中汛
濠涌闸口	52	炮台附属建筑	岐江河西侧	无	据道光《广东通志》载,该处为下闸水栅旧址所在,嘉庆十四年在该处复修水栅,长七十八丈六尺	香山	*	*	*
第一角汛	54	汛	岐江河出海口	驻有外委把总一名,兵十一名,桨船一只,船兵十四名	香山县西南八门户明初花茂曾在此设哨防倭	香山	香山协左营	磨刀石炮台汛	无
蚝壳头汛	56	汛	岐江河入海口处	驻有桨船一只,船兵十四名	水汛,该地以西为入江门新会水道之广福沙,以南为磨刀门炮台,位处岐江河与磨刀门水道交汇处,是外海船只进入省河西路的必经之路	香山	香山协左营	磨刀石炮台汛	无

注：? 无法确认；* 未有记载。

以上两表资料来源：乾隆《广州府志》、光绪《广州府志》、同治《南海县志》、乾隆《南海县志》、道光《南海县志》、宣统《南海县志》、咸丰《顺德县志》、民国《顺德县志》、乾隆《番禺县志》、同治《番禺县志》、民国《番禺县全图》、民国《番禺县续志》、光绪《香山县志》、道光《香山县志》、广东省地方史志编纂委员会编《广东历代方志集成·省部27》；广东省地方史志编纂委员会编《广东历代方志集成·省部》4—9、11—14、17—21、34—35；《广东舆地全图》、《广东历代方志集成·省部27》；《广东省中山市地名志》、《广东省佛山市地名志》编纂委员会编《广东省佛山市地名志》；顺德县地名办编《顺德县地名志》；《广东省中山市地名志》编纂委员会编《广东省中山市地名志》。

Sheng He Xi Lu in the Mid Qing Dynasty and Its Coastal Defense
—Centered on the Picture Album of *Landscape from Canton to Macao*

Ruan Ge

Abstract: The picture album of *Landscape from Canton to Macao*, collected in the British Library, depicts the scenery along the waterway from Canton to Macao in the middle and late Qing Dynasty. This paper reconstructs this channel based on documents and images. It is found that this channel is different from the traditional channel used by western businessmen to enter Canton from the Pearl River Estuary. This channel is from the south of the White Swan Pool in the southwest direction of the Thirteen Factories, passing through the Nanhai, Panyu, Shunde, Xiangshan and other counties, and leaving for Macao from the Estuary of Modaomen in Xiangshan. This channel, known as Sheng He Xi Lu, was an important channel connecting people from Canton to Macao in the middle and late Qing Dynasty. By studying the military strongholds described in the picture album, we can find that the military stronghold set up by the Qing government in Sheng He Xi Lu, coincides with the economically developed area in the region. Further study shows that the stronghold of army of the Qing Empire and the unofficial fort together constitute the inland river defense system. This defense system has played an active role in the local fight against pirate invasion. However, during the First Opium War, the defense system was defeated by the modern military equipment of British Army.

Keywords: Canton; Macao; Ship Lane; Export Paintings; History of Images

（执行编辑：徐素琴）

海洋史研究（第二十一辑）

2023 年 6 月　第 249~270 页

望楼与灯塔：19 世纪中后期中西
航海知识的碰撞与交织

洪钰琳[*]

引　言

灯塔作为大航海时代的助航设施，用以指引船舶方向，规避触礁风险，在航道通行、贸易往来中发挥重要作用。鸦片战争以来，随着通商口岸的开放，大量外国轮船驶入中国，璞鼎查等人便呼吁建立灯塔以便通商往来。[①] 此时西方商人的诉求并未引起清廷对灯塔的关注。

咸丰八年（1858），《天津条约》的正式提出建设近代航标的要求，真正意义上以条约的形式推动灯塔建设。五月初八，中美正式签订的《天津条约》第十六款确定了"设立浮桩、亮船，建造塔表、亮楼，由通商各海口地方官会同领事官酌量办理"[②] 的要求。英文版表述为："The collectors of

---

* 作者洪钰琳，厦门大学历史与文化遗产学院历史系博士研究生，研究方向：海洋史、明清社会经济史。

本文系 2020 年度国家社科基金青年项目"近代中国航标历史地理研究"（项目号：20CZS059）、厦门大学研究生田野调查基金项目"明清闽粤社会的海上人群与航海知识研究"（项目号：2021FG002）阶段性成果。

① Henry Pottinger, "Cornesponddence between H. B. M.'s Plenipotentiary and the British Merchants," *The Chinese Repository*, vol. XII, 1843, p.45.

② 王铁崖编《中外旧约章汇编》第 1 册，生活·读书·新知三联书店，1982，第 93 页。

customs at the open ports shall consult with the consuls about the erection of beacons or lighthouses, and where buoys and lightships should be placed. "① 五月十八日，中英《天津条约》的第三十二款规定，"通商各口分设浮桩、号船、塔表、望楼，由领事官与地方官会同酌视建造"②。英本表述为："The Consuls and Superintendents of Customs shall consult together regarding the erection of Beacons or Lighthouses, and the distribution of Buoys and Light-ships, as occasion may demand. "③ 随后签订的中英（中法、中美）《通商章程善后条约：海关税则》沿用了"浮桩、号船、塔表、望楼"④ 这样的表述。

在上述条约的文本中，频繁出现"塔表""望楼""亮楼"等表述，通过比对中英文版本不难发现，"亮楼"或"望楼"指的是"Lighthouses"一词。放在今天来看，我们很容易理解"Lighthouses"指的就是近代灯塔，但当时的清廷对"灯塔"的认知还处于普遍模糊的阶段。

清廷全然不知"Lighthouse"为何物，⑤ 于是将条约中的"Lighthouse"与中国已有的"望楼"相联系，对灯塔建设的兴趣不高。清廷派直隶总督谭廷襄与西方各国进行谈判，军机大臣回复，"其所请建立塔表等事，并无成例，应毋庸议"⑥，怡亲王载垣也以"建立塔表，查无成例，毋庸议"⑦ 的理由拒绝了美国提出的建立灯塔的请求。

有趣的是，1858 年 8 月 28 日，《北华捷报》又将《天津条约》中文版翻译成英文刊登，第三十二条款原文如下：

> ART. XXXII—At every port open to trade the Consul and the local mandarines will consider together where to place Buoys, Signal-ships, Beacons, and Look out Towers (Light-houses?). ⑧

---

① 详见 *Treaties, Conventions, Etc., Between China and Foreign States*, Shanghai: Statistical Department of the Inspectorate General of Customs, 1887, p. 330。

② 王铁崖编《中外旧约章汇编》，第 100 页。

③ 详见 *Treaties, Conventions, Etc., Between China and Foreign States*, p. 169。

④ 王铁崖编《中外旧约章汇编》，第 118、135 页。

⑤ 《有关使用中国政府征自外洋船舶之船钞之节略》（1870 年 12 月 21 日第 25 号通令），《旧中国海关总税务司署通令选编》第 1 卷，中国海关出版社，2003，第 117 页。

⑥ 《筹办夷务始末》（咸丰朝）卷二十一，中华书局，1979，第 762—763 页。

⑦ 《筹办夷务始末》（咸丰朝）卷二十三，第 829 页。

⑧ "The Treaty of Teen-Tsin (Translated from the Chinese)," *The North-China Herald*, Aug. 28, 1858, p. 15.

　　显然，外国人对"望楼"的表述也产生疑惑，"望楼"是否就是西方所定义的"Lighthouse"？二者本是功能和属性截然不同的实物，却在1858年中英《天津条约》的签订中相遇，这一偶发事件呈现出中西方在助航设施、航海技术、航海知识领域的认知差距。

　　大航海时代的贸易与商业交流，推动多元文明的互动与共生，也促进了物种、技术和文化的交流，不同地域的航海技术与航海知识得以相遇。在中西方航海技术的互动中，灯塔是19世纪航海技术脱胎换骨的元素之一，[①] 它不仅仅是矗立在海岸边缘的一个航标建筑、一个指示地标，与中国传统的望楼等建造物相比，更代表着一套全新的航海知识与航行秩序。基于此，本文将以望楼、灯塔为切入点，从实物、概念、文本三个维度分析中西方在助航设施、航海技术、航海知识层面的异同，并通过解读海关造册处编印出版的"*List of the Chinese Lighthouses, Lightvessels, Buoys and Beacons*"（《通商各关沿海沿江建置灯塔灯船灯杆警船浮桩总册》）[②] 的体例与内容，分析19世纪后半期中西航海文化错综复杂的关系。

一　作为传统航标的望楼

　　望楼，又称瞭望台、瞭望楼。古代城池中一般设有望楼，它是用以登高观察敌情的防御性建筑。明代为应对倭寇等海上势力的威胁，在沿海冲要与水寨信地布防，形成"沿海卫、守御千户所、营、水寨、烽堠"[③] 的海防体系组织。清代绿营防汛制度的确立，以千总、把总分领汛地，在沿边沿海沿江处所及关津要隘派兵驻防。[④] 在明清海防建置的时空背景下，中国海岸带坐落着大大小小的墩台、烽堠、望楼、炮台等军事地理景观，扼守主要海口，逐渐形成一道严密的海防线。

　　以长江口的海防部署为例，这一区域在行政上分别属于南直隶松江府、

---

①　〔英〕方德万：《潮来潮去：海关与中国现代性的全球起源》，姚永超、蔡维屏译，山西人民出版社，2017，第107页。

②　中文本题名为《通商各关沿海沿江建置灯塔灯船灯杆警船浮桩总册》，《海关出版图书目录》将"List of the Chinese Lighthouses, Lightvessels, Buoys and Beacons"翻译为《中国沿海及内河航路标识总册》，本文将中文本简称为《航标总册》。

③　川越泰博「明代海防体制の運営構造——創成期を中心に」『史学雑誌』第81卷第6号、1972年6月、28—53頁。

④　罗尔纲：《绿营兵志》，中华书局，1984，第263页。

苏州府，具有军事战略意义，因此逐渐确立严密的海防布局。苏州府吴淞守御千户所、松江府南汇嘴所设于洪武十九年（1386），川沙堡设于嘉靖三十六年（1557），这些海防据点均广泛修筑营寨团堡。正德年间，松江府沿海墩塘共67处，"每墩一座，瞭守军士五人"①。隆庆年间，松江府沿海墩塘凡91座，南汇所建有烽堠18处，《江南经略》记载了南汇墩台的分布情况。

> 南汇墩在南汇嘴。一墩、二墩、三墩、四墩、五墩旧名瞭望台，正统七年改今名。六墩、七墩、八墩、九墩。擒虎墩，正统十二年墩为三虎所据，指挥同知侯端率众先登，手杀虎并其二雏，人异其骁勇，遂以名墩。十墩、十一墩、十二墩、十三墩。郭公墩在清水洼南。成化十六年，总督备倭郭某以海盗刘通为患及醝艘私贩出入，委官军增筑之，初名新墩，后郭去，人思其惠，易今名。十四墩在张家湾。十五墩在秦家坝。王公墩，下有大水，曰杨家洪口，私贩盐舶出入之所。正德元年，都指挥王宪以崇明沙民施安钮东山等作乱，委官军增筑之，旧名新筑墩，王去易今名。十六墩在曹家沟。十七墩在王家沟。十八墩。右隶南汇中后千户所，为塘十七。已上捍海塘内外设墩台，每座置铺舍一所，派以军余，昼夜瞭望海洋声息。春汛时以二月十六日上班，小阳汛以九月十六日上班，带马一匹，遇警飞报。②

顺治三年（1646），川沙堡改为川沙营，设守备、千总，派兵300名驻守。嘉庆年间，川沙营辖川沙、南汇、上海、宝山共49处墩汛。③ 大英图书馆藏道光年间《川沙营营汛舆图》（见图2）亦标注"川沙营设驻川沙城内，所管各汛属川沙、上海、南汇、宝山一厅三县地方"，并绘有墩汛46处以及炮台2座。

这些海防建筑本是为了防御寇盗设立，却成为海上人群近岸航行的重要标识。在传统时期的航海活动中，航海者会将沿途的岛、屿、礁等标志性事

---

① （正德）《松江府志》卷十四《兵防》，《中国方志丛书》影印正德七年刻本，（台北）成文出版社，1983，第603页。
② 郑若曾：《江南经略》卷四上，《景印文渊阁四库全书》，（台北）台湾商务印书馆，1983，第728册，第262页。
③ （光绪）《川沙厅志》卷六《兵防志》，《中国方志丛书》影印光绪五年刻本，（台北）成文出版社，1975，第340页。

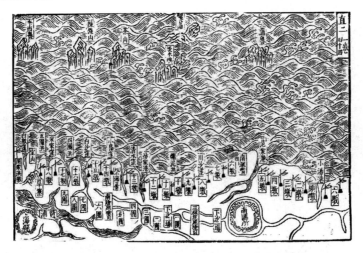

图 1　郑若曾《筹海图编》"沿海山沙图"之南直隶二

物，作为判断方向、确定里程的航路标识。航行途中，若无天然的望山标识，海上人群也会将沿岸的烟墩、望楼、炮台等军事建筑视为航路标识。明永乐十年（1412）建成的宝山烽堠，是郑和船队与西洋贡船进出长江口、折南入海的航标。①平江伯陈瑄奏请建立宝山烽堠，"宜于县之青浦筑土为山，立堠表识，使舟人知所避，而海险不为患"②，"昼则举烟，夜则明火，海洋空阔，遥见千里"③，宝山成为漕粮海运的重要航标。吴淞炮台位于黄浦江、长江汇流处，也作为船舶往来的航标。雍正十三年（1735）苏松水师总兵陈伦炯于吴淞炮台插立标杆，"吴淞港口有炮台两座。北属吴淞，南属川沙。可于各台上设立高竿，悬挂明瓦号灯二盏，以为港口南北标识，使黑夜收风船只望为准绳，以便入口"④。

宝山、吴淞炮台成为漕运船、商船出入长江港口重要的航路标识，在各种航海文献中均有记载。《武备志》中的《郑和航海图》（见图 3）在长江口、吴淞江沿岸绘有墩台、烽堠，并标注宝山的位置，称为"招宝山"，记

①　徐作生：《宝山烽堠，我国最古老的灯塔考〈永乐烽堠御碑〉的一个新发现》，《中国航海》1988 年第 2 期。

②　张廷玉等：《明史》卷八十六《河渠志·海运》，中华书局，第 2114 页。

③　《明成祖御制宝山碑》，上海博物馆图书资料室编《上海碑刻资料选辑》，上海人民出版社，1980，第 50 页。

④　李桓辑《国朝耆献类征初编》卷 284《陈伦炯传》，《清代传记丛刊》，（台北）明文书局，1985，第 41 册，第 492 页。

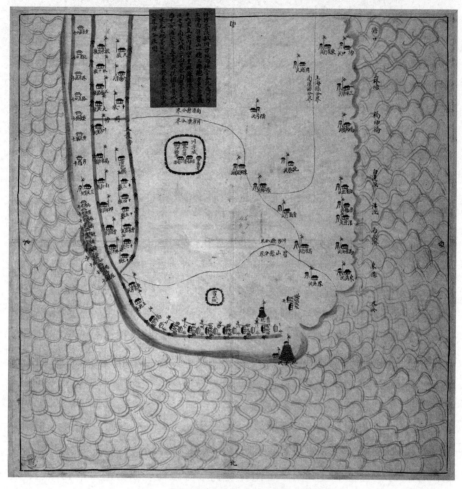

图 2　大英图书馆藏《川沙营营汛舆图》

载了太仓到韭山列岛的针路："太仓港口开船，用丹乙针，一更，船平吴淞江。用乙卯针，一更，船到南汇嘴。平招宝，用乙辰针，三更，船出洪，打水丈六七，正路见茶山。"[①]《筹海图编·使倭针经图说》也记载了这段航线："太仓港口开船，用单乙针，一更，船平吴淞江。用单乙针及乙卯针，一更，平宝山，到南汇嘴。用乙辰针，出港口，打水六七丈，沙泥地，是正路。三更，见茶山。"[②]

---

① 向达整理《郑和航海图》，中华书局，1961，第28—29页。
② 郑若曾：《筹海图编》卷二《使倭针经图说》，中华书局，2007，第158页。

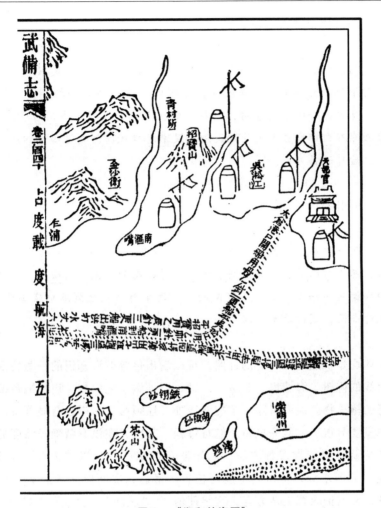

图 3　《郑和航海图》

　　民间保存的针路簿是传统航海知识的表现形式，其中有不少关于宝山、川沙营炮台的航路叙事。泉州《源永兴宝号航海针簿》记载：

　　　　转乾戌，打水四托半至五托，见柳树内是头燉。又入去二燉，又再
　　入去是川招营，是有炮台，海塘岸白烟燉不远。入内去是吴淞港口，打
　　水十二托，可抛椗，切须着记之，可防，夜间走过身去。①

---

①　陈佳荣、朱鉴秋主编《中国历代海路针经》下册，广东科技出版社，2016，第 688 页。

又泉州《山海明鉴针路》记载：

> 扬山水退用子午走过小碴，西边有礁打浪可防。亦是东可，则大礁边用子午看大碴沉水，转乾戍，打水四、五托亦是四托半，正港路直入。见大墩一派尽是柳树，再打水四托入内。二墩入去川沙营有炮台，海塘岸有白烟墩去不远处到溟湘。溟湘港口夜间防走过西，切记，可抛椗，后日驶补可也。①

《漳州东山铜陵针经》载有：

> 又一次洋山，开船用单子，到大楫山。用单乾，候大楫半更船开后，船头对西北驶，见崇明沙墩头。对西南驶，见宝山城，一更远。南面柳树对中一个烟墩，不可南面行。港中有沙头生到港口宝山城对面，又过南面，须欲看水入港。②

上述均是帆船通往上海的针路，可以看出传统航海知识的一些特征。首先，沿线的柳树、海塘岸、头墩、二墩、白烟墩、宝山城、川沙炮台都是海上航行的标志物。航海者除了掌握航线外，还须结合沿岸具有显著特征的停靠点或重要节点，才能完成整个航行过程。其次，在没有精确经纬度的条件下，传统航海者依靠多种方法，利用罗盘确定方向，以"更"计算里程，用"托"判断水深，得以判定航行位置。最后，民间航海者的文化水平参差不齐，文献记录都夹杂方言，文字俚俗。③"溟湘""浯湘""蜈蚣""梧桐"指吴淞，"大楫""大蝟"指大戢山，"小碴"指小戢山，"扬山"指洋山，"茶山""荼山"指佘山，"川招营"指川沙营，这些地点被航海者反复记录。航海文本提供辅助参照，航海活动更依赖火长、船老大的经验与记忆，海中的山形、水色、潮流等一切情形均熟记于脑中。

传统时期帆船的航海活动不仅仰赖岛、屿、礁等望山标识，也需要利用沿岸的望楼标识。望楼代表中国海岸线分布的海防军事地标，是帆船航

---

① 陈佳荣、朱鉴秋主编《中国历代海路针经》下册，第 792 页。

② 陈佳荣、朱鉴秋主编《中国历代海路针经》下册，第 874—875 页。

③ 李庆新：《明清时期航海针路、更路簿中的海洋信仰》，《海洋史研究》第 15 辑，社会科学文献出版社，2020，第 341—364 页。

行过程中重要的站点和节点。从陆地视角来看，望楼、烽堠、炮台等军事防御设施是一套海防体系，沿海重要关口设兵把守，防海求安；而从海洋视角出发，这又是一套航标体系，海上人群得以梯山航海。因此，将"望楼"放在航海文献的语境中，才能更好地理解其作为传统航标的属性。望楼标识已经成为渔民、船工航海记忆中的一部分，构成航海经验与航海知识，它们既是点与点之间的航海路线，也是帆船沿岸航行用以确定航海位置的参照物。

二　晚清不同主体的"灯塔"认识

较早向国人介绍西方灯塔的文本是明末意大利传教士艾儒略的《职方外纪》，艾儒略首次将"七奇"的概念引入中国，[①]　其中一奇即罗德岛的"巨铜人"：

> 其海畔尝铸一巨铜人，高逾浮屠。海中筑两台，以盛其足。凤帆直过胯下，其一指中可容一人直立。掌托铜盘，夜燃火于内，以照行海者。铸十二年而成，后为地震而崩。国人运其铜，以骆驼九百只往负之。[②]

清初，比利时传教士南怀仁在此基础上介绍世界七大奇迹，其中"铜人巨像""法罗海岛高台"分别指的是罗德岛太阳神巨像（the Colossus）和法罗斯灯塔（Pharos）[③]，它们分别矗立在希腊罗德港与埃及亚历山大港的海岸上，照耀进出港口的船舶。

> 铜人巨像：乐德海岛铜铸一人，高三十丈，安置海口。其手指一人不能围抱，两足踏两石台，跨下高广，能容大舶经过。左手持灯，夜则

---

① 参见邹振环《〈坤舆图说〉及其〈七奇图说〉与清人视野中的"天下七奇"》，中国社会科学院近代史研究所、比利时鲁汶大学南怀仁研究中心编《基督宗教与近代中国》，社会科学文献出版社，2011，第499—529页。

② 〔意〕艾儒略著，谢方校释《职方外纪校释》，中华书局，1996，第64页。

③ "Pharos"这个词语后来在很多语言中都被用来表示"灯塔"的意思。参见〔美〕埃里克·杰·多林《辉煌信标：美国灯塔史》，冯璇译，社会科学文献出版社，2019，第9页。

点照，引海舶认识港口，以便丛泊。铜人内空，从足至手，有螺旋梯升
上点灯。造工者每日千余人，凡十二年乃成。

　　法罗海岛高台：厄日多国多禄茂王建造，崇隆无际。高台基址，起
自丘山，以细白石筑成。顶上多置火炬，夜照海艘，以便认识港涯
丛泊。①

　　艾儒略、南怀仁都具体描绘了灯塔的导航功能和文化景观，他们以
"海外奇观"的方式加以包装，凸显异域色彩。当时的大多数中国人却对其
中的神异景观更感兴趣，于是将其比附汉代东方朔的《神异经》，他们认为
"此书所载有铜人跨海而立，巨舶往来出其胯下者，似影附此语而作"②。清
末《点石斋画报》将"铜人跨海"与"汉武帝铸造铜人"的典故相连，清
人对"铜人巨像"的认知处于异域性的想象阶段，对其构造表示质疑，"如
子言，固堂堂一表也，但惜其为空心货耳"③。

　　王韬开始注意到"铜人巨像""法罗海岛高台"作为灯塔的功能，认为
"此即照塔灯之先声也，特其思虑益为周密尔。夫以大海汪洋靡极之中，能
细测险害，建造高塔照远，得以预为之避，其工程巧妙，过于寻常远矣！"
王韬曾于1867—1870年旅居欧洲，结合本人的观察与体验，他对西欧灯塔
的选址与构造有一定了解，并指出灯塔作为航海指南的重要性，"欧洲诸国
凡于其所属洋面，察有险要处所，即在石面建塔一座。虚其中，用螺纹旋
上，近日则全用铁板构成"，"夜在塔顶燃灯数盏，照耀洋面，俾行船遥见
之，预知趋避"④。

　　清末同文馆学生张德彝对"灯塔"的认识主要集中反映在《航海述奇》
等著述中，该书详细记载了张德彝在旅欧沿途看到的各国灯塔。1866年，
张德彝和斌椿作为清朝第一个官方代表团出访欧洲，正月三十日，张德彝到
达烟台记载道，"又至东海关内，与二三英法人晤谈时许，乃入观海楼，系

①〔比〕南怀仁：《坤舆图说》卷下，《景印文渊阁四库全书》，（台北）台湾商务印书馆，
　1986，第594册，第789、792页。
②永瑢、纪昀等：《四库全书总目提要》卷七十一《史部》，河北人民出版社，2000，第
　1920页。
③吴友如等：《点石斋画报》上册，上海文艺出版社，1998，第1280—1281页。
④王韬：《瓮牖余谈》卷五，《清末民初文献丛刊》，朝华出版社，2018，第132—133页。

东海关监督潘伟如所造者"①。此处的"观海楼"指崆峒岛灯塔，后改名为烟台灯塔。二月十三日，使团所在的法国游轮进入越南，"未初至一山，见顶上有一灯如塔甚高，盖本国海口外之灯楼也。其光可照百里之外，以便夜间行船认海口也"②。三月初五日，使团进入红海海峡，初八日"未刻，见西南一片沙地，长四里许，与海水平。中有铁灯楼一座，高逾十丈，上住二人，专司其事。每见船桅遥至，昼则系一红旗，夜则燃灯。虽在百里之外，不致迷失路径，而使船被沙胶也"③。张德彝沿途经过东海关崆峒岛灯塔、越南海域灯塔、亚丁湾至苏伊士运河的铁塔，切身体验到灯塔充当航标的实际功用。

1871 年，张德彝第三次出使欧洲，在《三述奇》中对西方灯塔有一段详细描述：

> 外洋望海楼或灯楼之设，始于西历耶稣降生前二百八十年，即中晋武帝泰（太）康元年，经欧洲名士创立于埃及国阿来三它呀海口外之法洛岛。当时仿造者少，因世人尚未知其有益也。至西历耶稣降生后一千八百四十四年，中道光二十四年，始出名士，细参格致之理，设法建造，其工始精，各国始通行焉。

这是张德彝第四次前往法国，在法国居住一年。此时法国灯塔经历了一场照明技术革新，在灯具开发与光学研究领域处于领先地位。1822 年法国物理学家奥古斯丁·菲涅尔（Augustin-Jean Fresnel）发明菲涅尔透镜，1823 年，第一套菲涅尔透镜安装在科尔杜昂灯塔上，大大提高了镜片折射的光束亮度，并陆续成为法国灯塔的标准配置。在这样的背景下，张德彝对灯塔的认识进一步清晰，他不仅追溯亚历山大港法罗斯灯塔的历史，而且具体介绍灯塔的建筑结构与管理方法，还对透镜进行了基本描述，"玻璃厚寸余，下叠五圈，渐下渐小；上叠七圈，渐上渐小。每圈玻璃皆镶以三角面，一边二寸，周共六寸。正中燃油，以便灯光四射，大而且亮。上下皆有石梯"④。

---

① 张德彝：《航海述奇》，湖南人民出版社，1981，第 6 页。
② 张德彝：《航海述奇》，第 16 页。
③ 张德彝：《航海述奇》，第 27 页。
④ 张德彝：《随使法国记（三述奇）》，湖南人民出版社，1982，第 244—245 页。

　　至此，灯塔成为早期出访欧美使臣眼中西方新世界的景观象征之一，频繁出现在他们的海外笔记中。在到达某个地方时，使臣多会记载当地的灯塔，灯塔叙述可见于李圭《东行日记》（1876）、王咏霓《道西斋日记》（1887）、薛福成《出使英法意比四国日记》（1892）等著作。

　　使臣的海外游记之外，晚清国人对灯塔的认知还依托于传教士的教会杂志、英华字典，传教士在传播灯塔知识过程中发挥了重要作用。1881 年《画图新报》刊载《灯塔》一文，将灯塔功能与耶稣教义融于一体：

> 　　灯塔之设，在海隅之间，船只驱驶之处，熠耀遍海，使船不致有碰于矶头，陷于沙淤。……其益大哉。且人生宇宙之间，必赖阳光与火光，无此二光，则不能保其生命，惟耶稣之光，较此二光为更贵。[①]

1891 年傅兰雅在《西灯略说》中系统介绍灯塔发光的科学原理，涉及"燃灯烛之理""火油灯之用""电灯之光"[②] 等内容，傅兰雅援引中国古代灯烛的历史，继而解释西方热学、光学与电学等知识。

　　此外，传教士编纂的英华字典对灯塔有不同的释义，一定程度上可以呈现国人认识"灯塔"的动态历史过程。"Lighthouse"和"Beacon"都指灯塔，广义上的灯塔包括灯塔、灯船、灯竿、警船、浮桩等设备。传教士试图将"Lighthouse"解释为光楼、望楼，将"Beacon"解释为烟墩、烽燧，这就将灯塔与烟墩、望楼两类本不相关的实物构建起了联系。1822 年，马礼逊在《英华字典》中对"Beacon"的解释还是烟墩的本义，即防御敌人的建筑，1847 年，麦都思则增加了"水里戒沙之号"的释义，1866 年，罗存德又加入了"指路塔、记望塔、水泡、沙滩之号"等词义，这都指向烟墩充当航标的功能。传教士介绍西式灯塔时，试图在中文的词义、功能上找到与灯塔对应的实物，故而将灯塔的词义解释为中国古代已有的望楼、烟墩，便于国人的接受与理解。直到 19 世纪末，灯塔的词义才逐渐确定，1899 年邝其照的《华英字典集成》是第一部中国人编的华英词典，该书将"Lighthouse"解释为照行船水路之灯塔，近海之灯楼，已经接近今天的定义（表 1）。

---

① 《灯塔》，《画图新报》第 1 期，1881，第 38 页。
② 〔英〕傅兰雅：《西灯略说》，《格致汇编》第 3 卷，1891，第 3—6 页。

表 1　19 世纪英华字典的灯塔译名

出处	年份	Light house 译名	Beacon 译名（中/英）	
马礼逊《英华字典》	1822		烟墩、墩台	to denote the approach of an enemy, 烟墩；It is a kind of furnace built on an eminence, and having straw, &c. burnt in it, raises a smoke to alarm the neighbourhood, and give warning of approaching danger. It is also called 墩台
卫三畏《英华韵府历阶》	1844	光楼	烟墩	
麦都思《英华字典》	1847	照船路灯	烟墩、火墩	A beacon at sea, 水里戒沙之号
罗存德《英华字典》	1866—1869	光塔、灯塔	烽燧、火烟燧、火墩、烟墩	A lighthouse, 指路塔；A beacon at sea, 记望塔；Beacon in a harbor, 水泡；A beacon on a sandbank, 沙滩之号；that which gives notice of danger, 报险号、报警
卢公明《英华萃林韵府》	1872	光楼、望楼	烟墩	at sea, 水里戒沙之号
井上哲次郎《订增英华字典》	1884	光塔、灯塔、光楼、照船路灯	烽燧、火烟燧、火墩、烟墩	A lighthouse, 指路塔；A beacon at sea, 记望塔、记号之塔、水里戒沙之号；Beacon in a harbor, 水泡；A beacon on a sandbank, 沙滩之号、浅水号
邝其照《华英字典集成》	1899	照行船水路之灯塔、近海之灯楼	烟墩、火墩	

材料来源：R. Morrison, *A Dictionary of the Chinese Language*（《英华字典》）, Macao: Honorable East India Company's, 1822, p. 37; Samuel Wells Williams, *An English and Chinese Vocabulary in the Court Dialect*（《英华韵府历阶》）, Macao: Office of Chinese Respository, 1844, p. 166; Walter Henry Medhurst, *English and Chinese Dictionary*（《英华字典》）, Shanghai: Printed at Mission Press, 1848, p. 792; Wilhelm Lobscheid, *English and Chinese Dictionary*（《英华字典》）, Hongkong: Daily Press Office, 1869, pp. 149, 1112; Justus Doolittle, *A Vocabulary and Hand-book of the Chinese Language, Romanized in the Mandarin Dialect*（《英华萃林韵府》）, Foochow: Rozario, Marcal and Company, 1872, p. 286;〔日〕井上哲次郎:《订增英华字典》, 藤本次右卫门出版, 1884, 第 680 页; 邝其照:《华英字典集成》,《循环日报》承印, 1899, 第 196 页。

　　上述体现了灯塔知识的双向流动，早期西方传教士在向中国介绍灯塔时，为吸引文人的猎奇心理，多采用"海外奇观"式的书写，国人并不清楚灯塔的实际功用。19世纪中叶以来，清朝驻外使臣出访欧美各国，他们是最早接触海外航标的群体。西式灯塔既是近代科学技术的产物，又是域外景观，自然成为海外游记的素材之一。清朝使臣基于自身的游历经验与知识背景去理解西方灯塔，海外游记成为国人接触灯塔知识的重要媒介。在晚清来华传教士的著述中，西方灯塔的概念与知识得以传播。为增进国人的理解，传教士将灯塔与烟墩、望楼建立关联，这一现象也就解释了条约中将"灯塔"译为"望楼"的缘由。

三　从《航标总册》看中西航海知识的交汇

　　中国近代灯塔建设是在中外条约推动下开启的。1858年《天津条约》签订，中国沿海的重要港口开始设置简易灯塔。1868年船钞部成立，主要负责建设与管理沿海内河灯塔、灯船、浮标、雾号及其他各项航行标识，中国新式灯塔才正式由海关负责建造管理。到1894年，中国18个口岸已经设立灯塔、警船、浮桩268处，① 中国海域形成一套系统完备的灯塔网络。

　　灯塔被视为"海舟夜航之南针"②，如何在中国形成一套规范近代航标运行的知识显得格外重要。不同航标发挥的指示作用不同，灯塔，用以标明沿海之危险处；灯船，驻于不能设置灯塔之岸边；浮标及灯桩，用以标明通向港口之航道及河流、港内应予避开之处。③ 海关通过编印航标刊物，逐渐形成有关灯塔、浮标、警船的使用方法与运行规范。

（一）《航标总册》：近代航海知识

　　List of the Chinese Lighthouses, Lightvessels, Buoys and Beacons 为海关造册处编印的航标信息出版物，分中、英文两个版本，中文版称为《通商各关沿海沿江建置灯塔灯船灯杆警船浮桩总册》。现存的《航标总册》藏于哈佛

---

① 《书光绪二十年通商各关警船灯浮桩总册后》，《字林沪报》1894年4月15日，第1版。
② 《各国近事：重立救船灯楼》，《万国公报》1879年10月11日，第559期，第12页。
③ 《有关使用中国政府征自外洋船舶之船钞之节略》（1870年12月21日第25号通令），《旧中国海关总税务司署通令选编》第1卷，中国海关出版社，2003，第118页。

大学图书馆以及上海图书馆徐家汇藏书楼。①

英文版《航标总册》，第 1 版刊于 1872 年 8 月，第 2 版刊于 1874 年 3 月 21 日，第 3 版刊于 1874 年 12 月 1 日，往后英文版本的发布时间定为每年 1 月，记载截至当年 12 月的航标更新情况。早期的《航标总册》主要内容是"灯塔浮标浮桩表"，1881 年增加中国沿海灯塔图，1883 年第 11 版又增加 System of Colouring Buoys and Beacons in Chinese Waters（《凡通商各关沿海沿江各地方所设警船浮桩等饰一律色样》）。

灯塔表是《航标总册》的重点，在航海活动中发挥导航的作用，它以列表的形式呈现，不同于传统时期的文字形式，内容包括灯塔名称、位置、经纬度、灯光闪烁特征、闪烁间隔时间、晴朗天气灯光的射程、灯塔的外观（形状、材质、颜色）、塔基高度、灯光距离水面高度、始燃时间、编号等信息。

《凡通商各关沿海沿江各地方所设警船浮桩等饰一律色样》代表一套新的航行秩序，根据浮标、浮桩的颜色传递不同的航海信息。1894 年《字林沪报》刊载的《书光绪二十年通商各关警船灯浮桩总册后》反映了时人对这套航海知识的认识：

> 浮则分别所饰之色，凡应行浮之左者，饰以红，应行浮之右者，饰以黑。应傍浮行驶者，饰以红黑横线。中有沙礁应远离者，饰以红黑竖线。洋面有礁，饰以红黑方格。进口有险处，应行浮之左者，饰以红白方格。行浮之右者，饰以黑白方格。下有沉船者饰以绿色，大率亦分八类。桩则但有红黑白三色厥类，惟六其指示行船之路标，识险要之准，与浮无异。②

可知，浮标以外观颜色的差异分为八类，用来指示轮船进港的航道以及提示危险信息。灯桩根据颜色与形制分为六类，用以警示行船，避免触礁搁浅的事故。

《航标总册》不同于传统时期针路簿等航海文献，通过静态的地理描述

---

① 参见伍伶飞《"西风已至"：近代东亚灯塔体系及其与航运格局关系研究》，厦门大学出版社，2021，第 26—32 页。

② 《书光绪二十年通商各关警船灯浮桩总册后》，《字林沪报》1894 年 4 月 15 日，第 1 版。

来为航海者提供定位，规避风险。灯塔表的记录不仅仅是简单的外观描述，
还加入经纬度、光力、声音、颜色等因素，体现了新的技术应用到海上交
通，为航海人员提供动态的航海信息。此外，航海信息是不断变动更新的，
浮标、浮桩、灯船的位置会发生变动。海员、水手需要结合航海图与《航
标总册》，对航标进行定位，一旦航标位置出现偏差，很容易造成海员的误
判，从而增加轮船触礁搁浅的隐患。1881 年 11 月，太古洋行的“北海”号
轮船在厦门附近搁浅，这次事故的原因是浮标相对实际位置偏离了 90 码。[①]
《航标总册》的每一版都在更新，航海者若没有及时接收到航标变动情况，
很容易造成触礁事件。

（二）《航标总册》中的传统因素

新式灯塔进入中国的过程，也是航标知识传播的过程，不过，海关刊行
《航标总册》还是保留了一些传统航海元素。

1868 年海关海务科成立后，逐步展开灯塔建设的初步计划，最先设立
长江口航道的灯塔，相继建了长江口外的大戢山灯塔（1869）、花鸟山灯塔
（1870）、佘山灯塔（1871）等。到 1872 年，长江口已经有 7 座灯塔、2 艘
灯船。第二步计划开展台湾海峡及华南海域的灯塔建设，[②] 1880 年，华南海
岸建成 11 座灯塔，分布在福州、厦门、汕头等重要港口、水道。

首先，新式灯塔建立的地点与传统地标重合。表 2 是 19 世纪中叶长江口
与华南海域的灯塔建设情况，追溯新式灯塔所在地的历史，不难发现，近代
灯塔与传统地标错综复杂的关系。长江外海的佘山、花鸟山、大戢山、渔山，
福建海域的东犬岛、牛山、乌坵、大担岛、北椗、东椗、西屿都是传统航线
的重要节点。如泉州往宁波针路：大坠岛—乌龟—牛屿—犬山—东涌—南
杞—凤尾—鱼山—九山—普陀。[③] 海南往上海（舟山）针路：七星岭—七
洲—弓鞋—大星尖—南澳（澎）—东椗—乌龟—牛屿—东涌—台山—南杞—
凤尾—鱼山—九山—洲（舟）山。[④] 厦门往锦州及山东、辽岛并天津针路：

---

① "The Stranding of the S. S. 'Pakhoi'," *The North-China Herald*, Nov. 29, 1881, pp. 519-520.
② 〔英〕班思德：《中国沿海灯塔志》，李延元译，海关总税务司署统计科印行，1933，第 10 页。
③ 《石湖郭氏族谱》抄本，陈佳荣、朱鉴秋主编《中国历代海路针经》下册，第 860 页。
④ 窦振彪：《厦门港纪事》，陈佳荣、朱鉴秋主编《中国历代海路针经》下册，第 914 页。

表 2　19 世纪长江口与华南海域灯塔

灯塔	始燃时间	地理位置	古地名	历史概况及其他	关区
铜沙灯船	1855	扬子江口			江海关
狼山水道灯船	1861	长江水道			
九段灯塔	1864	长江南水道	九团墩		
吴淞灯塔	1865	黄浦江进口		海塘	
九段灯桩	1868	扬子江口南岸	九团墩		
大戢山灯塔	1869	扬子江口	大七山、大楫山	倭寇盘踞	
花鸟山灯塔	1870	扬子江口	石弄山、花脑山	有渔民	
佘山灯塔	1871	扬子江口	蛇山、茶山		
鱼腥脑灯塔	1872	舟山群岛西北部		无居民，有海盗出没	
虎蹲山灯塔	1865	宁波甬江口外			浙海关
七里屿灯塔	1865	宁波口			
北鱼山灯塔	1895	黑山群岛北鱼山	鱼山	海盗出没	
东犬岛灯塔	1872	闽江入口	中犬、白犬	有渔民	闽海关
牛山岛灯塔	1873	海坛海峡	牛屿	近观音澳汛；有渔民、海盗	
乌邱屿灯塔	1874	兴化湾	乌坵、乌龟屿	湄洲营管辖；有居民、海盗	
东涌岛灯塔	1904	台湾海峡		有渔民、码头、古庙	
大担岛灯塔	1863	厦门港	大担	大担汛、炮台、古刹	厦门关
东椗岛灯塔	1871	台湾海峡		有渔民	
青屿灯塔	1875	厦门外港	青屿	郑成功驻军、炮垒、营寨	
北椗岛灯塔	1882	厦门外港		有渔民	
西屿灯塔	1875	台湾海峡	西屿	西屿汛	打狗关
鹅銮鼻灯塔	1883	恒春县	南岬		
南澎岛灯塔	1874	南澳县		郑成功驻军；南澳渔民、海盗	潮海关
鹿屿灯塔	1880	汕头内港	德洲		
表角灯塔	1880	汕头内港	东椰头、广澳	旧式炮台遗址	
石碑山灯塔	1880	惠来县	赤沙澳	石碑炮台	
横栏洲灯塔	1893	香港大东门水道			粤海关

　　资料来源：参见〔英〕班思德《中国沿海灯塔志》，李延元译，第76—259页。古地名与历史概况相关内容参照各地地方志与针路簿。

金门乌嘴尾—北椗—乌龟—牛屿—东涌—台山—凤尾—鱼山—九山—两广—洋山—马头嘴—青山头—白屿—庙岛。① 厦门往盖州针路：大担—海翁汕—北椗—乌龟—东涌—台山—南、北杞山—九山、小鱼山—普陀—乌龟—乌龟屎—金钱屿—两广屿—马头嘴—关刀岛—青山头—铁山—虎仔屿—长兴岛—磨盘山—平儿岛—大侯庙—盖州港。② 这些岛屿多数是重要的望山标识，也是渔民、海盗等海上人群活动的地点。南澳县南澎岛扼守闽粤海域的要隘，"南风为贼艘经由暂寄之所"③。罗源县东涌岛（又称东永岛）可泊船，是舟船补给淡水的重要岛屿，"东永澳北风最稳，南风即泊于山北"④。另外，灯塔所在的岛屿在明清时期兼具军事防御性。石碑炮台位于潮州府惠来县，康熙五十六年（1717）设营房七间，炮台八位。⑤ 大担岛有炮台、汛兵设防，嘉庆八年（1803）闽浙总督玉德建大担水寨。⑥

其次，《航标总册》的地理描述参照传统地名，为方便中国海员利用，1877 年海关造册处首次刊行中文本《航标总册》。各口税务司搜集航标的地理信息，向造册处提供灯塔的地理位置、所属的行政区划（府、州、县、厅）⑦ 以及本土地名。⑧ 如 1894 年中文本《航标总册》第三十六灯西屿灯塔，位于"台南府澎湖厅澎湖岛西屿西南角上"，《海道图说》对"西屿"的命名作"渔翁岛"⑨，西屿是土名，又称为"西屿头"，《海国闻见录》载："泉、漳之东，外有澎湖，岛有三十有六，而要在妈宫、西屿头、北

① 窦振彪：《厦门港纪事》，陈佳荣、朱鉴秋主编《中国历代海路针经》下册，第926页。
② 李廷钰：《海疆要略必究》，陈佳荣、朱鉴秋主编《中国历代海路针经》下册，第980页。
③ 陈伦炯：《海国闻见录》，《台湾文献丛刊》第 26 种，（台北）台湾银行经济研究室，1958，第 4 页。
④ （道光）《厦门志》卷四《防海略》，《中国方志丛书》影印道光十九年刊本，（台北）成文出版社，1967，第 98 页。
⑤ （乾隆）《潮州府志》卷三十六《兵防》，《中国地方志集成》影印乾隆四十年刻本，上海书店，2003，第 853 页。
⑥ 《建盖大小担山寨城记略》，何丙仲主编《厦门碑志汇编》，中国广播电视出版社，2004，第 116 页。
⑦ Circular Despatch No. 3 of 1876, *Statistical Secretary's Printed Note*, *etc*, Second Issue, *1875 - 1915*, *3*,《海关总署档案馆藏未刊中国旧海关出版物（1860—1949）》第 15 册，中国海关出版社，2019，第 207 页。
⑧ Circular Despatch No. 4 of 1876, *Statistical Secretary's Printed Note*, *etc*, Second Issue, *1875 - 1915*, *3*，《海关总署档案馆藏未刊中国旧海关出版物（1860—1949）》第 15 册，第 207 页。
⑨ 哈佛大学图书馆藏《光绪二十年通商各关警船灯浮桩总册》，海关造册处，1894，第10页。

港、八罩四澳，北风可以泊舟。"① 《源宝兴号航海针簿》载 "澎湖内有花猫屿，屿外是西屿头"②，西屿头也是福建往台湾对渡的重要节点。第三十九灯乌邱屿灯塔，位于 "兴化府莆田县乌邱屿，一名乌龟屿"③，这是土名。陈伦炯《海国闻见录》称其为 "乌坵"④，位于南日岛东南。第四十七灯鱼腥脑灯塔，位于 "宁波府定海厅屿心脑，《海道图说》作福而该奴岛"⑤。西文海图名火山岛（Uolcanol），在舟山岛西北。可知，《航标总册》的命名方式多沿用土名，并没有照搬《海道图说》西方航海者的命名，而是在一定程度上吸收了地方性知识。

再者，中文本《航标总册》对航标信息的说明主要以文字的形式呈现，并且对灯塔地理位置的详细描述具体到行政区划，方便中国海员的理解与使用。《航标总册》也保留罗盘图以及罗盘使用说明。罗盘的内盘刻有不同的盘圈，既刻有二十四方位，也刻印东西南北方位，符合不同航海习惯的人群。

总而言之，海关编印发行《航标总册》是一套全新的航海知识，它在西方航海技术与经验的基础上形成，既是介绍近代航标设施的使用手册，又融合了西方近代光学、力学、声学、经纬度等知识，具有较高的精确性且不断更新。另外，《航标总册》也保留了一些中国传统的航海知识，如罗盘图、传统航标以及传统地名的沿用等，体现了中西方航海知识的交织并行。

余　论

望楼是帆船时代的航路标识，灯塔是轮船时代的航标设施，二者的相遇展现了中西方在助航设施、航海技术、航海知识方面的差异。然而，望楼与灯塔又是大航海时代中西航海文化、海洋文明交流的产物，二者之间具有共性。在传统中国的航海活动中，沿海高耸的望楼、墩台、烽堠等建筑也充当航标，因此，清廷在签订《天津条约》时将西方所定义的 "灯塔" 理解为 "望楼"。在认知西式灯塔的过程中，晚清文人将中国已有的灯楼、望高楼

---

① 陈伦炯：《海国闻见录》，第 3 页。
② 陈佳荣、朱鉴秋主编《中国历代海路针经》下册，第 694 页。
③ 《光绪二十年通商各关警船灯浮桩总册》，第 11 页。
④ 陈伦炯：《海国闻见录》，第 3 页。
⑤ 《光绪二十年通商各关警船灯浮桩总册》，第 16 页。

比附灯塔，西方传教士将灯塔理解为光楼、烟墩、望楼。由此，望楼与灯塔在 19 世纪的中国产生联系。

海洋活动的流动性特点，使得中西两套航海知识得以相遇，并在很长一段时间内相互影响、相互融合。早期西方航海者进入中国海，在缺乏准确海图以及经纬度信息的条件下，他们依赖中国本土的引航员以及沿岸的显著标识。17 世纪初荷兰人进入闽海，他们会利用传统航标进行定位，如将浯屿岛称为"有塔之岛"，并对岛上的水寨进行描述，"岛上还有堡垒，连接着两个四角星的碉堡，大部分都用砍锉而成的石头建造而成的，周围有九百步……那两个碉堡各造在一个高地上，但该塔所在的那平地比这些高地还要高，所以应该是从那里指挥这些碉堡，否则碉堡就没用处了"①。这里描述的"高塔"应该是浯屿水寨的墩台或望楼。18 世纪开始，西方商人绘制内河水路图，也会着重描绘沿岸的营汛、炮台建筑，这都反映了西方海员早期的海上航行活动会吸收传统航海知识。

19 世纪以来，伴随着灯塔进入中国的还有一套规范航标运作的使用手册，这是一套西方航海知识，以海关造册处颁布的《航标总册》为载体。《航标总册》仿照西方灯塔表，加入经纬度、光力、声音、颜色等因素，体现了新的技术应用到海上交通，为航海人员提供动态的航海信息。

西方航海知识进入中国后，并未全然取代传统知识。民间的帆船航海活动仍旧延续传统的那套运作逻辑，直到 20 世纪 80 年代，海南与福建的渔民出航时仍旧使用更路簿与针路簿。我们难以断定渔民对近代航海知识的接受程度，但近代的经纬度、时间、光学、声学等因素的确悄然进入渔民的日常生活。②在清末民初的航海文本《从上海到厦门针路》中出现了"白日看流，夜间候灯"的航海方法。

> 上海码头，逢西南或西北风开船，半时为陆家嘴。再二时吴淞出口，走单乾字，二十分钟驶北……好天见裹铜沙山影，半时走单丁针，二时赶外铜沙。西南落水，近大戢山，顺边防急流大浪，换行巽巳针，过大戢内洋，走单巽字……三时多（近）鱼星脑，东北涨水，丁未点

---

① 江树生译注《热兰遮城日志》第 1 册，（台南）台南市政府，2000，第 21 页。
② 笔者在石狮市蚶江镇石湖村发现一本 80 年代的渔民针簿，手抄本，其中有不少"水古"的记载，水古即近代航标灯。泉州《山海明鉴针路》也有"水古"的记载，即英国造的浮标，参见陈佳荣、朱鉴秋主编《中国历代海路针经》下册，第 750 页。

半（近）五屿，偏南半字。一时近漓标嘴，转走单巽。到漓港改驶坤字，顺风点半抵黄牛礁。白日看流，夜间候灯……过二三时，即到浙江、福建交界镇下关口。转走单辰针，三时多近香廊花瓶。回行丙巳针，到东引岛。再便四半字，逢东北或老北顺风，七时可到白犬岛。仍再回行丙巳针，半日到牛山岛。①

尽管文中没有明确标出灯塔的字眼，但渔民沿途经过的地点多是灯塔所在地，如铜沙灯船、大戢山灯塔、鱼腥脑灯塔、东涌岛灯塔（东引岛）、东犬山灯塔（白犬岛）、牛山岛灯塔等，说明灯塔已经融入传统的知识体系。

另外，清末江西鄱阳湖的航标设施也将两套知识巧妙结合，"今拟每段之中约二三十里支一瞭望高台，昼用旗，夜用灯，烟雾迷蒙用子母枪炮以分别四方"②。瞭望台白天举旗、夜间燃灯属于传统的导航方式，阴雨天气鸣笛属于近代航标的做法，这也呈现了传统航海知识与近代航海知识糅合并行的一面。因此，灯塔进入中国的历史过程，亦是西方航海知识转移的过程，然而不能简单地将其概述为西方知识的单向传播，中西两套知识的交织并行更符合 19 世纪航海知识层累的实际形态。

Lookout Towers and Lighthouses: The Encounter and Interweaving of Chinese and Western Nautical Knowledge in the Middle and Late 19th Century

Hong Yulin

Abstract: The Lookout tower is a military building used to watch the enemy, and the lighthouse is a navigational beacon building to guide ships, both of which were distinctly different in functions and properties, but met in 1858 at the signing of the The Treaty of Teen-Tsin. The gap between Chinese and

---

① 陈佳荣、朱鉴秋主编《中国历代海路针经》下册，第 959 页。
② 《鄱阳湖宜设救生船》，《江西官报》1905 年第 14 期，第 6—10 页。

Western perceptions in the fields of navigation aids, nautical technology, and nautical knowledge is revealed. In traditional Chinese sailing activities, artificial structures such as watchtowers, piers and turrets along the coast acted as navigational beacons, and Western "lighthouses" are understood as "Lookout towers" by the Qing court. In the late Qing dynasty, the Chinese had limited knowledge of Western-style lighthouses, which mainly came from the records of Western missionaries and Qing envoys. After the 1870s, the China Customs issued *The List of the Chinese Lighthouses, Lightvessels, Buoys and Beacons* to disseminate western nautical knowledge to the society, but also focused on preserving traditional nautical elements. When the nautical knowledge represented by Western-style lighthouses entered China, it did not completely replace the traditional nautical knowledge. The two have been intertwined and co-existing for a long time.

Keywords: Lookout Towers; Lighthouses; Nautical Knowledge; The List of the Chinese Lighthouses; Lightvessels; Buoys and Beacons

（执行编辑：林旭鸣）

海洋史研究（第二十一辑）

2023 年 6 月　第 271~287 页

晚清出洋士人对外国气象台的观察和认知

王　皓[*]

1914 年，上海土山湾印书馆出版了马德赉（Joseph de Moidrey，1858—1936）编著的《气学通诠》（*Manuel élémentaire de météorologie*），此书是震旦学院的课本之一。马德赉在这本教材的序言中称：

> 中国至今日风气普开。彼都人士，大抵响慕西学，讲天时，究地理，购仪器。每有将寒暑等表，向本台考准。或须航海，来询气象。或彼处旋风，特问此处有无。甚至学堂中，以抽气机，莫详其奥，彼此相谓曰，盍往徐家汇天文台讨究。鄙人于此不能不先解一关系事：夫西文曰（Observation）者，译曰，测验台也。顾其中有测天象也，测气候也，验地震也等，皆可曰测验台也，惟不能浑称为天文台。诚以测验不同，即台名因之各异。本省天主教会有测验台四：在青浦佘山为天文台（Observatoire Astronomique），在昆山陆家浜为验磁台（Observatoire Magnétique），在上海徐家汇为气象台（Observatoire météorologique）与地震台（Observatoire Sismologique）。四者各司其事，华人不察，佥以天文台名之……西学译本，如声学、重学、化学、电学等，皆汗牛充栋，而失实者亦不少，乃于气象一门，最为吾人日常境遇，反而阙如。[①]

---

*　作者王皓，上海大学历史系副研究员、宗教与中国社会研究中心副主任。

① 〔法〕马德赉编著《气学通诠》，刘晋钰译，徐家汇土山湾印书馆，1914，第 1—2 页。

　　马德赉是法国人，18 岁时进入耶稣会，晋铎之后于 1898 年来华传教，主要在徐家汇观象台服务。他对地磁学研究有素，多有发明，此外还有中国天主教史论著多种。[①]《气学通诠》主要取材于法国气象学家阿尔弗雷德·安戈（Alfred Angot，1848—1924）的《气象学概论》（*Traité élémentaire de météorologie*）和《气象学须知》（*Instructions météorologiques*）。[②] 从马德赉的这篇序言中，我们可以大致看出以下几点。一是民国初年，国人对现代意义上的气象台和天文台难以做出区分，人们普遍将各种不同的观象台统称为"天文台"。二是晚清时期，西学入华的潮流莫之能御，但是有关气象学的译本却相对不多。三是马德赉将"气象"和"气学"混用，可见当时对 Meteorology 这一词的标准中文术语尚未形成共识。

　　这实际上反映了两个较为重要的问题。首先，传统中国没有大气层的观念，地以上皆为天，人们将风雨、雷电、彗星、日食、月食等现象统统视为"天象"，"天文"（Astronomy）和"气象"（Meteorology）的分离实为近代西学传入之后的结果。其次，"气象"一词，本为中国传统词语，但是它在传统中的意涵基本与天气无关。马德赉在描述"气象学"（Meteorology）的时候，仍然将"气象"和"气学"混用。那么，这一词是何时被赋予天气变化的含义并且约定俗成，实际上也是一个人们习焉而不察的问题。

　　本文拟通过梳理晚清出洋士人对欧洲、美国和日本等地气象台的观察和认识，分析他们关于天气现象的记载和言论，尝试从特定的角度回应上述两个问题。气象台是源于欧洲的现代科学机构，国人对它的了解和认识有一个长期的过程。晚清出洋士人是近代中国较早"走向世界"的群体，他们在欧美和日本等国曾有直接的生活经历，具有观察异域风土人情的便利条件，对域内和域外在社会和文化上的差异也最为敏感，并且能够将之形于笔墨。如果分析近代中国社会对气象台和气象学的接受和认知，晚清出洋士人是一个很好的样本，从中我们可以看到传统出身的士人在接触这样一门与生活息息相关的现代科学时的具体反应，也可以体会这一过程所反映出的历史意涵。

---

① 《教中新闻·公教磁气学家马司铎逝世》，《圣教杂志》1936 年第 4 期。
② 〔法〕马德赉编著《气学通诠》，刘晋钰译，Préface。

一　出洋士人笔下林林总总的"观象台"

对中国来说，现代气象台是舶来品。晚清时期，在欧美等国，气象台和天文台也常常设立在一起。出洋士人原本就没有现代气象的意识，要让他们识别不同性质的观象台，无疑是有难度的。很多出使日记都有关于观象台的描述，但是他们所说的"观象台"或"天文台"往往是一种大而化之的描述，需要具体分析才能判断其性质如何。

1868年，原总理衙门海关道总办章京志刚（1818—?），偕同原美国驻华公使、业已卸任并且准备归国的蒲安臣（Anson Burlingame，1820—1870）等人，以中国使臣的名义出使美国和欧洲。志刚一行于1868年4月1日抵达旧金山，此后乘轮船经巴拿马、古巴等地抵达美国东海岸。1868年8月25日，志刚等人参观了波士顿"堪布里支之观象台"。他写道："台上圆屋，活板开闭视所用方向。中支木架，架装显微镜。以窥日光则曳其板以对日。由镜窥之，则见日光之色如虹，黄、红、紫、绿之色，较然可分；各色中又各有乌丝界，匪夷所思矣。"[①] 使团中的张德彝（1847—1918）对这次参观也有描述，他称"观象台上悬平仪，如时辰表，外粘纸条如环，针尖濡以蓝色，下通电线。另有窥天镜长丈许，占星者竟夜候之。天象稍有变动，则急以手按电线，则针所指之时刻分秒，自有蓝点为识，以便查核推验"[②]。由此观之，他们所访问的机构包含天文台，至于是否包含气象台，则由于描述不足难以判断。

1876年，为纪念美国建国100周年而在费城举办的世界博览会共有37国参加，中国也在其内。中国海关总税务司赫德（Robert Hart，1835—1911）派烟台东海关税务司德璀琳（Gustav von Detring，1842—1913）等代表中国参会，代表团中包括原在宁波浙海关任文牍事的李圭（1842—1903）。是年7月中旬，李圭等人游览美国华盛顿，参观了位于城西的"观天台"。除了天文望远镜外，他特别描绘了"测日镜"。该仪器"长约六尺，以定时刻。日将午，使镜口向上，人卧于镜下窥之。午正，则由壁上电信报各城，以准时辰钟表。旁有大柜，储钟表多具。凡外国船抵口，必将钟表送

① 志刚：《初使泰西记》，湖南人民出版社，1981，第39页。
② 张德彝：《欧美环游记（再述奇）》，湖南人民出版社，1981，第104页。

至准时刻，至开船取回"①。可见，李圭等人所参观的机构除了天文观测和研究之外，还承担着重要的授时功能。

1877 年 7 月 3 日，首任中国驻外公使郭嵩焘（1818—1891）参观了英国格林尼治观象台。他在日记中写道："罗亚尔阿伯色尔法多里（即 Royal Observatory），伦敦观星台也（阿伯色尔法多里，译言观看也）。由车林噶罗司坐火轮车约半点钟，至格林里叱换车。其地有小山，星台在山颠（巅），屋甚小，而山下余地极宽，多古木。"格林尼治观象台具有天文观测、授时和气象观测等多种功能。在描述测风仪时，郭嵩焘说："测风圆屋二所。一定风向：置罗盘屋中，随针所指，以知风向……一辨风力大小迟速：亦为圆屋，悬铜条其中，中安螺丝转机器。屋顶亦悬竿，竿端架十字转木，随风周转。风力愈劲，则转愈速，转急则内螺纹机器亦随以转，而铜条上伸。铜条上亦安笔一枝，压纸一张，画为小纵横格。"②可以看出，郭嵩焘用汉字对音"阿伯色尔法多里"和"观星台"作为格林尼治观象台的称呼。

此后，郭嵩焘又有两次访问英国和法国的观象台，在日记中分别称其为"天文堂"和"天文馆"。③ 1879 年 4 月 11 日，已经结束公使职务的郭嵩焘返回上海，当日在美国基督教传教士林乐知（Young John Allen，1836—1907）的陪同下访问了徐家汇天主教社区。郭嵩焘一行在法国耶稣会士步天衢（Henri Bulté，1830—1900）等人的招待下，先后参观了徐汇公学、徐家汇博物院、徐家汇藏书楼、徐家汇育婴堂、土山湾印书馆以及徐家汇气象台等机构。郭嵩焘对徐家汇气象台的描述非常详细："天主堂前有天文台，司其事者曰能，亦袭中国衣冠。观星仪器仅三寸径千里镜，而最详于验风：一占方向，一占风力迟速，以验其大小，皆通电气安铅笔，自记方向及风力大小，目以二十四点钟分别占验。各国天文台互相驰报，积岁成一通报。"郭嵩焘所说的"能"是时任徐家汇气象台台长的瑞士耶稣会士能恩斯（Marc Dechevrens，1845—1923），陪同介绍的还有"海门黄志山、上海沈容斋"，即华籍神父黄伯禄（1830—1909）和沈则宽（1838—1913）。郭嵩焘最后写道："天文台后院，安设玻璃管三：一验太阳光力之分数，一验太阳

①　李圭：《环游地球新录》，岳麓书社，1985，第 262 页。

②　郭嵩焘：《伦敦与巴黎日记》，岳麓书社，1984，第 241—242 页。

③　郭嵩焘：《伦敦与巴黎日记》，第 382、657 页。

热分［力］之分数，一验寒暑分数。木桶二：一验雨下分数，一责成巡更者每转一点钟开木桶锁一次，以辨知其勤惰。无在不用其机巧，而心手相化，惟用之纯熟故也。"① 比较郭嵩焘对格林尼治观象台和徐家汇气象台的描述，可以看出两者的主要气象仪器在功能上较为接近。事实上，当时徐家汇气象台在仪器标准上丝毫不逊色于英法等国的一流气象台。主要原因在于，该机构是作为法国科学势力在华的延伸而存在的，即郭嵩焘所讲的此台与"各国天文台互相驰报"，因此需要在科学标准上与法国本土保持一致。为了提供与法国本土观测可资比较的数据，这些仪器和观测方法都是由法国气象学会（la Société météorologique de France）所推荐和制定。有些仪器的罗盘是由英国制造，并且在运到中国之前经过了邱园观象台（l'Observatoire royal de Kew）的校正。②

　　郭嵩焘对徐家汇气象台的称呼是"天文台"，这说明了当时国人对"气象学"的认知，是在传统有关"天文"的言说范畴之内。这一点或许不必进行过多解释。1867—1870年随英国基督教传教士理雅各（James Legge，1815—1897）漫游欧洲的王韬（1828—1897），在耳闻目验之后，认识到英国"尚实学"。他写道："英国以天文、地理、电学、火学、气学、光学、化学、重学为实学，弗尚诗赋词章。其用可由小而至大。如由天文知日月五星距地之远近、行动之迟速，日月合璧，日月交食，彗星、行星何时伏见，以及风云雷雨何所由来……由气学知各气之轻重，因而创气球，造气钟，上可凌空，下可入海，以之察物、救人、观山、探海。"③ 可以看出，王韬将"日月五星"和"风云雷雨"都视作"天文"的范畴，而且他此处所说的"气学"与马德赉所说的"气学"在内涵上完全不同。此后，游历和出使欧美日等国的士人，对这些国家的"观象台"（Observatory）也有很多描述，他们笔下的名称包括"观象台"④、"天文台"⑤、

① 郭嵩焘：《伦敦与巴黎日记》，第980—981页。
② *Relations de la mission de Nan-King confiée aux religieux de la Compagnie de Jésus*（I. 1873-1874），Chang-hai：Imprimerie de la Catholique，à l'orphelinat de Tou-sai-vai，1875，pp. 61-62.
③ 王韬：《漫游随录》，岳麓书社，1985，第116页。
④ 缪祐孙：《俄游汇编》，岳麓书社，2016，第137页；戴鸿慈：《出使九国日记》，湖南人民出版社，1982，第74页。
⑤ 余思诒：《楼船日记》，岳麓书社，2016，第16页；吴宗濂：《随轺笔记》，岳麓书社，2016，第30、83、562页；宋育仁：《泰西各国采风记》，岳麓书社，2016，第84页；沈翊清：《东游日记》，岳麓书社，2016，第58页；张祖翼：《伦敦竹枝词》，岳麓书社，2016，第25页。

"观星台"①、"测量天象台"②和"测量天星台"③等。这些不同称谓的机构，其中有相当一部分是现在我们所说的"气象台"。

"气象台"这个词最早出现在出洋士人的笔记中，似乎是在1902年。黄璟（1841—1924），字小宋，顺天大兴人，1860年出仕，曾在河南等地任知州和道台，1902年5月至1906年4月任直隶农务学堂总办。1902年7月至10月，他被奉派赴日本考察农务。据黄璟日记载，1902年8月4日"早八钟，偕楠原正三、中村诚次郎、王瑚、王金成等，察看兵库县一等测候所。所长导登层台，指示如何观测晴雨量计、风针计、风力计、捡电器、地震计、气温日温地温计、日照计、最高最低捡温器等，其机器极精微，以测候规条见贻"④。8月13日，黄璟与"中国公使蔡钧同楠原正三、译人、随员等，至丸之内中央气象台。台长理学博士中村精男、和田雄治导观器械备付室、外部、器械室、晴雨计试验室、图书室、风力器台、寒暖计试验室、预报课，以中央气象台一览、要览、年报、月报见贻"⑤。在晚清游历士人的笔下，"气象台"和"测候所"等现在仍然沿用的气象学专有词汇开始出现，似乎以此为最早。

1902年，庆亲王奕劻（1838—1917）的长子载振（1876—1947）游历欧洲、美国和日本等地，并且著有《英轺日记》。1902年8月20日，载振在太平洋的行舟上写道："考美国农部正卿一人，次卿一人，总办一人，委任司总办一人，天文股长一人，畜牧股长一人……天文股长承正卿命，测算阴晴寒暑风霜雨雪，逐日刊布，遇有风灾、水旱，先期布告，临时升旗示警，以便农商及航海诸人；又测算河流涨落，稽查沿海传警电线，搜采海疆消息，随时布告，以便商务航业；又测候天气雨水，以便种棉。凡天文之事有关农商者，均归掌理。"⑥载振所述的"天文股长"，其职责基本都是限于气象学的范畴，可见他对现代气象学的理解还是囿于传统的框架。9月3日，已经抵达日本东京的载振等人"往观气象台"，此乃"测风雨阴晴之属，璇玑蓝敷，不爽累黍"⑦。载振此处所述的"气象台"，与黄璟类似，是

① 徐建寅：《欧游杂录》，第703页。
② 王咏霓：《道西斋日记》，岳麓书社，2016，第39页。
③ 缪祐孙：《俄游汇编》，第105页；王之春：《使俄草》，岳麓书社，2016，第97页。
④ 黄璟：《考察农务日记》，岳麓书社，2016，第49页。
⑤ 黄璟：《考察农务日记》，第53—54页。
⑥ 载振：《英轺日记》，岳麓书社，2016，第173页。
⑦ 载振：《英轺日记》，第191页。

一种"名从主人"的体现。换句话说，晚清出洋士人最早看到"气象台"的字样，是在日本东京，并且载之于笔记。

1902 年 6 月至 10 月，吴汝纶（1840—1903）东游日本，并且写下后来影响甚大的《东游丛录》。在这本书中，他对气象学、天文学和地震学已经做出了区分。他在描述日本文部的行政机构时，称专门局长所掌事务包括"天文台、气象台、测候所相关事项"[1]。在描述日本的大学校时，他称"天文学有天文台，博物学有博物馆、植物园，人类学有各种标本，地震学有试验地震器具"[2]。1903 年，张謇（1853—1926）东游日本，他也注意到了日本的测候所和天气预报的相关仪器。[3]

需要指出的是，一些晚清在华西人对"气象台"和"天文台"是有着明确的区分意识的。英国基督教传教士、汉学家艾约瑟（Joseph Edkins，1823—1905）在《西学略述》中将"格致"之学分为"天文"和"天气学"等科，以上两门学科基本对应 Astronomy 和 Meteorology。[4] 艾约瑟的《富国养民策》初版于 1896 年。在此书第十五章"益民生诸事官办、民办之利弊"中，作者指出"国政掌管诸事，有不得不办者"，如国防、司法等，"有可行可止者"，如"修补官路，立传递官民书信之驿局，设观星台，测风雨局，博物院，博绘院，并有多端他事宜，均在可行可止者类耳"。接下来，艾约瑟进一步解释了由国家官办"测风雨局"的益处："即如伦敦城中，所设之测验天气阴晴风雨局，每日接得国中各地之阴晴风雨信，并由欧洲多处达来之风雨阴晴信，互校勘各处之天气如何，奉以为据，可推测将来应有如何天气矣，较人之独于一处测验天气者愈数倍也。总局中将所得知之天气信，由电报达与人知，并于新闻纸中通知各地之诸色人处。每岁之中，国家拨出数千磅，总局之为用甚大，测验天气所费钱财无多，实缘其能收防船坏防煤窑火着之多端成效，兼使若许人于他等祸患能预知而早设备，从可知测验天气阴晴风雨之事，为国政中理宜兴办之要务也。"[5] 艾约瑟对伦敦"测验天气阴晴风雨局"的描述，是中文著述中较早的对现代气象台的运作机制和功用进行清晰介绍的文字，在认识的深度上大大超过之前的出洋士

[1]　吴汝纶：《东游丛录》，三省堂书店，1902，文部所讲第一，第 7 页。
[2]　吴汝纶：《东游丛录》，第 24 页。
[3]　张謇：《癸卯东游日记》，岳麓书社，2016，第 49—50 页。
[4]　〔英〕艾约瑟：《西学启蒙两种》，岳麓书社，2016，第 92—97 页。
[5]　〔英〕艾约瑟：《西学启蒙两种》，第 313—315 页。

人。艾约瑟"测风雨局"和"测验天气阴晴风雨局"的说法，也从侧面反映了直至当时，中文世界尚且缺乏 Meteorological Observatory 的通用译名。

二　出洋士人对中西天象观之差异的反思和批判

大体来说，直至 20 世纪初，外国的气象台并未引起出洋士人太多的关注，出洋士人对它们的描述往往止于游历的层面，观察最为深入的或许是郭嵩焘。然而，即便是郭嵩焘，限于知识结构，他也只能从仪器的角度对气象台进行较为详细的描述，用他的话来说是"无在不用其机巧"。至于气象研究的学理以及气象学对国家和社会的重要功用，郭嵩焘既不能理解也没有产生足够的重视。

可是话说回来，海外经历毕竟对出洋士人的个人生活和认知产生了重要的冲击，从他们的笔记中，不难窥见传统观念的裂缝以及对中西观念的比较。1879 年 4 月 17 日，郭嵩焘留洋归来，"抵沪已逾二十日，日为酬应所苦"，他因此而感叹："凡此无谓之周旋，皆泰西所无；中土乃至疲精竭神，以伪相饰，且时有疏略不及检处致遭怨谤者。上而政教，下而风俗，群相奖饰，不悟其非，安得不日趋于危弱也！"[①] 在这里，郭嵩焘对传统风习有所批判本不足为怪，"可怪"的是，他的批判是以泰西的政教风俗作为参照，明显地体现了来自"他者"的镜鉴作用。

中国传统的天象观，具有很明显的神秘特征。一般来说，人们对待涝旱最基本的方式是祈晴祷雨。1885 年，张荫桓（1837—1900）奉命出使美国、西班牙和秘鲁。他在日记中称，1886 年"粤中秋旱，米价奇昂，十月朔日粤督率属祷于南海神，仍未得雨，粤中民情浮动"[②]。另外，人们普遍将降雨的成因归之于龙。1879 年，王之春（1842—1906）赴日调查日本的"形势风俗、政治得失"等情形。1880 年 1 月 3 日，他们一行船出长崎，遇到飓风，"西人阅风雨针，陡失常度。虑有变，全船皆惊，竟夕不能成寐"。王之春作《出长崎口遇风》，其中有句："风声不息长鲸吼，惊起苍龙水上斗。败鳞残甲遍海飞（时方雨雪），鼓成巨浪如山阜。"[③] 1902 年 8 月 20

---

①　郭嵩焘：《伦敦与巴黎日记》，第 984 页。
②　张荫桓：《三洲日记》，岳麓书社，2016，第 128 页。
③　王之春：《谈瀛录》，岳麓书社，2016，第 44 页。

日，载振在太平洋的行舟上口占《太平洋歌》，其中有句："太平洋势互西东，蚖蛇秋水百潦洪……冯夷击鼓鲸鱼趋，骈龙惊起探明珠。"①

中国传统的气象认知和观念是与现代气象学格格不入的，两者相遇后，不可避免地会产生冲突和竞争。晚清出洋士人就是处于这种观念夹层中最早的一个群体，他们对现代气象台和天气现象的论述体现了一种混合性和过渡性，从中能看到旧学和新知的交融，而这也是反映近代中国社会转型的很好的样本。

大略而言，分析晚清出洋士人对于气象的言说，可以从知识和观念两个角度来观察。先从知识层面来讲。游历海外的士人最先注意到的是现代气象学的实用功能，这方面最显著的莫过于天气预报。1840 年以来，中国最早"走向世界"的报道或许是厦门人林鍼（1824—?）的《西海纪游草》，此书 1849 年刻印出版。在这本篇幅较短、纪事稍显模糊的著作中，作者注意到"或风或雨，暴狂示兆于悬针；乍暑乍寒，冷暖旋龟于画指（以玻璃管装水银，为风雨寒暑针）"②。1866 年，清政府派遣斌椿（1804—?）等人赴泰西游历，这是近代中国第一个公派出国团体。3 月 23 日，刚刚登上法国远洋客轮的斌椿便注意到船员各司其职，其中有"考寒燠，测风雨，以至张帆捩柁"者。③ 曾任吉安府同知的李筱圃（生卒年不详）曾于 1880 年自费东游日本。1880 年 6 月 15 日，他从长崎港"启轮。天明后，风雨交加，风雨针亦骤降，恐有飓暴，转舵仍回长崎……未刻，狂风大作，吼声如雷。设非折回，则不知如何惊险，风雨针之用不更大哉！"④ 1887 年，潘飞声（1858—1934）受邀前往德国东方学堂担任华文教习。1890 年，他结束德国之旅东归。这段海外经历使他对使用风雨表预测飓风有较深的印象。潘飞声记载，9 月 30 日，航船上"风雨表针已大落，恐有飓风……舟入风中，随风旋转，不可避，西人辄患之，至是均有戒心矣"⑤。1888 年 10 月 22 日，正在美国游历的兵部郎中傅云龙（1840—1901）注意到当地的天气预报，称"据日报言，天文家预测：气候今日当减温度二十，然视寒暑表五十六

① 载振：《英轺日记》，第 166 页。
② 林鍼：《西海纪游草》，岳麓书社，1985，第 38 页。
③ 斌椿：《乘槎笔记·诗二种》，第 95 页。
④ 罗森等：《早期日本游记五种》，湖南人民出版社，1983，第 107 页。
⑤ 潘飞声：《天外归槎录》，岳麓书社，2016，第 147 页。

度，较前一日夜间五十九度仅减三度"①。

比实用功能的认知更上一层的，是尝试从学理和制度的角度进行观察。郭嵩焘在出使英法时，曾留意到太阳黑子影响气候的学说，但是他对此存疑。1879年6月23日，郭嵩焘从西人处得知："日中现黑点则天下熟，点多则雨多。此二年印度、中国大旱，日中黑点退尽。前四十三年亦有此征。"郭嵩焘听后，"逆数之，则乙未年也，中国南方实旱"，只是他仍然"亦未敢深信"②。1887年，驻英公使刘瑞芬（1827—1892）的随员余思诒（1835—1907）护送从英、德等国新购的四艘巡洋舰和一艘鱼雷艇回国，一路上"与水师诸君共晨夕"，"因以身历目击，并讲贯所及者，记之于篇"，是为《楼船日记》。此书对现代航海气象学有较为详细的描述。余思诒敏锐地注意到气象图的重要意义："泰西官商航海日记所经，纳于海部、汇集列表，以历年常度为准，测得地球各方常年寒暑、风雨各表，绘为图，著为书。格致之学，莫不从事于此。今途中见日本制表甚多，但未见中国制造者焉。"③黄遵宪（1848—1905）在《日本国志》中指出，日本农商务省下所设的农务局，"凡风雨水旱，旬日必试验之，以上之于卿，而普告于众"④。张德彝则在《五述奇》中写道："各国以航海通商为重……国家专为航海设立官署几所，一曰觇风局，设在汉柏尔海口，专司探察天气。"⑤ 1893年，曾在上海梅溪书院任教习的黄庆澄（1863—1904）在驻日公使汪凤藻（1851—1918）等人的赞助下游历日本。6月23日（五月初十），黄庆澄"赴观长崎县署。县署全仿西式……署内设风雨表，遇大风雨，高竖一红球，先期示众，始知趋避"⑥。

值得指出的是，晚清出洋士人曾经留意到外国关于人工降雨的报道。1889年，崔国因（1831—1909）出任驻美国等国公使。他在1891年10月13日日记中称："前闻美国博士有能致雨者，因不信。兹阅初八日报言：美国西南诸省旷地，旱多雨少，故不能垦。兹有博士讲求气学，于风云往来，潜心考究，因得击雨下降之法，呈诸议院。议员以事关农政，拨银九千元，

① 傅云龙：《游历美加等国图经余纪》，岳麓书社，2016，第71页。
② 郭嵩焘：《伦敦与巴黎日记》，第609页。
③ 余思诒：《楼船日记》，岳麓书社，2016，第93—94页。
④ 黄遵宪：《日本国志》，岳麓书社，2016，第510—511页。
⑤ 张德彝：《五述奇》，岳麓书社，2016，第151页。
⑥ 罗森等：《早期日本游记五种》，第224页。

俾资试验。"① 1892 年 1 月 29 日，崔国因再次写道："至于博士新得致雨之法，随时随地可以立沛甘霖，其说不经，乃闻农部已拨巨款试验，各省亦且以资定购，则又似非子虚。相距较远，未能目睹，姑志之以备一说云耳。"② 1903 年 8 月 27 日，时任驻英使臣的张德彝在日记中记载："闻上月在澳洲东南角英之属地牛骚卫府地旱，有马克西者，自谓妙法能作雨……术亦神矣，苟得此法，则通国膏腴，年无旱灾之虑矣。"③

再从观念的层面来审视出洋士人关于天气现象的言论。这方面或许更能体现传统和现代的冲突。中国传统的天象观，常常以天象牵涉人事。正如黄遵宪所说，"志天文者"多"因天变而寓修省"，"即物异而说灾祥"。④ 1866 年 11 月 7 日，斌椿一行返回国内，抵达大沽炮台。当日"薄暮微霰，夜雪，寒甚"，斌椿作诗称："履霜知坚冰，雨雪先集霰；祈寒不骤来，其几必早见；乾象岂虚垂，圣人警天变；史册不一书，往事诚龟鉴。"⑤ 1879 年 3 月 24 日，郭嵩焘已经结束出使返回国内，船抵厦门附近时，"风雨交作，懔若严冬，重棉不足御寒。波涛震撼，与舟相拒"，郭嵩焘不禁感叹："甫近香港而风浪作，嗣是日益加剧，沉阴沍寒，数日不解，为历来春景所无。天意固必不相宽假耶？抑将以中土人心乖忤百端，微示之机兆耶？"⑥ 1888 年 7 月，英国下雪，张荫桓说，"西人诧甚，援以中法则为灾异也"⑦。1888 年 9 月 8 日，张德彝日记载："闻上年夏间，柏林树林中正值天阴之际，有男女二人在彼野合，同时被雷击死。次日新报传出，论其二人致死之由，乃不谓淫秽触怒上天，而谓二人卧处近树，树招电气，故被雷击云云。"⑧ 可见，张德彝对德国报纸上的解释不以为然，他认为正确的解释应该是"秽行触怒上天而致死"。

另外，中西方对占验的态度迥然不同，这对清代士人来说似乎是一种较为普遍的共识。这种意识的形成，在很大程度上要归于明清之际来华的天主教传教士。占验、风水、卜筮等，都是天主教传教士"辟妄"的对象，他

① 崔国因：《出使美日秘国日记》，岳麓书社，2016，第 394—395 页。
② 崔国因：《出使美日秘国日记》，第 439—440 页。
③ 张德彝：《八述奇》，岳麓书社，2016，第 324 页。
④ 黄遵宪：《日本国志》，第 290—291 页。
⑤ 斌椿：《乘槎笔记·诗二种》，第 208 页。
⑥ 郭嵩焘：《伦敦与巴黎日记》，第 965—966 页。
⑦ 张荫桓：《三洲日记》，第 397 页。
⑧ 张德彝：《五述奇》，第 178 页。

们写下了很多论著对这些中国习俗进行批判。明末清初的大儒陆世仪
（1611—1672）在《思辨录辑要》中即指出："西学绝不言占验，其说以为
日月之食，五纬之行，皆有常道、常度，岂可据以为吉凶，此殊近理。但七
政之行，虽有常道常度，然当其时，而交食凌犯，亦属气运，国家与百姓皆
在气运中，固不能无关涉也……亦不无小有微验，况国命之大乎？"① 1868
年，志刚在参观波士顿观象台之后，也特别指出"日月之变色，由地上有
昏暗蒙蔽之气，则目视不得其正。推之日有珥、月有晕、雨有虹、晴有岚、
湿有瘴，甚至传为瘟疫灾沴，无非地上燥湿寒热，与夫人民愁苦怨毒郁结之
气，蒸酿于空中，而成各种形色臭味，因而占为灾异。即使谓天垂象现吉凶
者，究于悬象著明、万古常新之体，固未尝有变也。西人有候无占，不以日
月之高远，牵合人事也"②。仔细玩味上述话语，可以看出陆世仪似乎并不以
中国占验为非，他和志刚在吸收新知之后对占验的再诠释也很有趣味。还有
一些出洋士人，以中国传统的占验来理解现代的天气预报。1886 年 9 月 29
日，张荫桓在日记中记载："西人占验，谓今日大风雨、地震，不知验否？"
次日，张荫桓称："昨日西人地震之说不验，只朔夕风雨，微有影响。"③

在科学未明的时代，人们将天气现象视为神秘不可测的，因而在天气异
常时祈神庇佑，中外皆然。1869 年 9 月 20 日，张德彝结束第二次旅欧归
国，他在当天的日记中称："忆明自丙寅泛槎后，历五海二洋，所遇飓风巨
浸，骇人心目，而船之摇荡簸扬濒于掩（淹）覆者，不知凡几……由今思
之，数年泽国，履险如夷，一则仰赖圣主洪福，二则天后海神往来垂佑
也。"④ 黄遵宪在《日本国志》中指出，日本"国有大事，必告于神……时
有水火、旱潦、疾疫、荒歉，必祷于神"⑤。1910 年 10 月，在美国华盛顿召
开了第八届万国刑律监狱改良会，清政府首次应邀专门组团参加会议。10 月
10 日，赴美参会的金绍城（1878—1926）等人参观美国华盛顿"新博物院"，
其中"有黑人塑像，口衔响尾蛇而跳舞，盖祈雨也"。金绍城对此评论道，
"文化未开时代，雨旸愆期，必借巫觋为祈祷，亦进化一定之阶级"⑥。

① 徐海松：《清初士人与西学》，东方出版社，2000，第 226—227 页。
② 志刚：《初使泰西记》，第 40 页。
③ 张荫桓：《三洲日记》，第 89 页。
④ 张德彝：《欧美环游记（再述奇）》，第 230 页。
⑤ 黄遵宪：《日本国志》，第 1234—1235 页。
⑥ 金绍城：《十八国游记》，岳麓书社，2016，第 36 页。

需要指出的是，欧美等国的民众在遇到异常天气时也会诉诸祈祷，一些较为敏锐的出洋士人对此开始了反向的带有批判性的观察。这一点对留意中国基督教史的学者来说较为重要。1868 年 6 月 7 日，寓居美国华盛顿一旅馆的张德彝"携本店黑仆名朱安"者北游十余里。他写道："是时天阴，复东行里许，忽大雨倾盆，苦无雨具，急入一家避之。其眷属三男三女，系翁媪与其子媳。霎时云际瞥过巨电，少妇仓皇失色，手指肩头作十字形，系默祝天主之意也。明尝闻泰西人云：'雷电皆系电气所致，毫无神灵。'今见少妇如此，则西人亦未尝不畏雷击也，雷则仍有灵矣。"① 1887 年 8 月 7 日，张荫桓离开英国由利物浦驶往美国，他说："舟中人言前一礼拜有英船自鸟约回荔华浦，途中猝遇飓风，浪高五十尺，为历来航海所无，其时搭客惶恐，或于船蓬跪求上帝，或各觅太平圈。"② 1888 年 3 月 22日，驻节于华盛顿的张荫桓在日记中记载："昨日风雷之烈，议院塔顶为雷火所伤。当雷火闪烁时，诸议绅窘急骇惊，各避伏案下，诸察院乃跪祷上帝，喃喃念经。"③

明清之际和晚清来华的传教士，常常以独断的态度指责中国社会的一些习俗，包括传统的祈晴祷雨和求神拜佛等较为普遍的社会现象。此外，传教士还以西学知识作为"辟妄诠真"的工具，试图从学理角度颠覆中国传统观念的知识基础。张德彝和张荫桓等晚清"走向世界"的士人群体，以亲身经历观察到了欧美等国的实际情形，这无疑改变了以往由传教士向中国传递信息——不管是宗教信仰还是世俗知识——的不对称情形，因此在吸收欧美文化方面也增加了更多的自主权。张德彝怀疑西人所说的"雷电皆系电气所致，毫无神灵"，称"西人亦未尝不畏雷击"，这可谓以"西学"之矛攻"西教"之盾。如果再进一步，则不难看到用科学理性反对宗教信仰的端倪。张荫桓对欧美人民遇险则祈求上帝的描述，也暗含着文化多元的潜在逻辑。因为从表面来看，在遇到异常天气时，以欧美等国的"跪求上帝"为是，而以中国的"求神拜佛"为非，确实不够有说服力。这些多少都预示了包括基督教在内的欧美文化在民国时期的容受情形。

---

① 张德彝：《欧美环游记（再述奇）》，第 68 页。
② 张荫桓：《三洲日记》，第 257 页。
③ 张荫桓：《三洲日记》，第 344 页。

结　语

从文本的形态来说，晚清士人的出洋笔记，有些是私人手稿，有些则是公共出版物。前者一般具有较强的私密属性，如郭嵩焘的《伦敦与巴黎日记》，公众在其成文后约一个世纪才能够得见，[①] 其内容自然可以视为作者心声的反映。后者则包括私人出洋笔记和官派出洋日记，然而不管是哪一种，由于有关气象学的观察和议论基本不涉及军国秘事，他们的相关论述大多带有无意识的色彩，而"本人无意中之记述较可信"。

同样不能忽视的是，晚清士人出洋的背景较为复杂。简单地说，促成他们远赴重洋的既有内在的动力也有外在的压力。从中国的角度来讲，派遣使团前往外国，既是走向世界的重要一步，也暗含着"他山之石可以攻玉"的心理期待。出洋士人作为与外国有着实际打交道经验的个体，他们对这种经历的感知和认识要较同时人深刻得多。1888 年 11 月 27 日，张德彝在日记中颇有感慨："西人喜游历，且官派者少而自备资斧者多，类皆有志之士……西人之所欲考察别国者良多，笔难琐述，迨回国后，必一一报知本国，而本国亦必深信其言，抄录收存，以备考察。"[②] 1903 年，无锡士子蒋煦（生卒年不详）自费游历欧洲。在此之前，他已经两度东游日本，进行考察学习。蒋煦对游历的态度更为坚定和激进，他说："中国之所以腐败至此，由于执政诸公不屑游历外国，考求政治外交之故……愚意今为急则治标之计，莫如各省督抚之署缺，非游历各国考察政事吏治后不得补实缺，嗣后州县亦须游历外国考求其上下政治者方能实授。"[③]

事实上，晚清出洋的官员是心存不少顾忌的。首任驻外公使郭嵩焘本来对出使一事很不情愿，时议甚至称他的出使为"辱国"之行。[④] 1893 年，崔国因结束出使返程，在自序《出使美日秘国日记》时称："我国风气之开，仅数十年。宏儒名宿，或鄙夷而不屑道。其间深于阅历，得诸亲尝，而囿器数者，既知之而不能言；慑清议者，又言之而不敢尽，将何以拓心胸、

---

① 郭嵩焘：《伦敦与巴黎日记》，叙论，第 3 页，凡例，第 1 页。
② 张德彝：《五述奇》，第 201—202 页。
③ 蒋煦：《西游日记》，岳麓书社，2016，第 127 页。
④ 汪荣祖：《走向世界的挫折：郭嵩焘与道咸同光时代》，中华书局，2006，第 181—192 页。

开风气哉?"① 因此,我们在晚清出使日记中也能看到一些论证"华夷之辨"
的文字。尤有趣者,是从"天时地气"的角度来"尊华黜夷"。例如,1883
年,随轮船招商局总办唐廷枢(1832—1892)出洋考察的袁祖志(1827—
1898),认为"泰西不逮中土","以天时而论,中土四时咸备,气候均调;
泰西则寒暑不时,冬夏乱序"②。1895年,王之春在使俄时称:"综观地球
五大洲,日本之地震,英伦之雾,俄之雪,皆所谓得地气之偏者也,故其人
性情亦各异,俄人多沉鸷,英人多豪宕,日本多淫荡无耻,盖缘土失安贞之
性故耳。中土温、凉、寒、热四气皆备,宜各族皆欲入而居之。"③

　　认识到这些复杂的背景,我们才能更好地理解为什么在晚清几十年前赴
后继的域外游历中,国人对外国的气象台以及现代气象学缺乏实质性的反
应。特别需要指出,没有反应也是反应的一种,与有反应相比,它所折射出
来的历史意涵或许更为深刻。蒋梦麟(1886—1964)在《西潮与新潮》中
指出,日俄战争之后,很多国人认为,经过日本同化和修正的西方制度和组
织,比纯粹的西洋制度更能适应中国国情,因此国内的一连串革新运动都是
取法日本的蓝图。但是追根溯源,日本的制度还是来自西方的。于是也有人
认为:"既然必须接受西洋文明,为何不直接向西洋学习?"④ 中国现代气象
学的发展,正是由蒋丙然(1883—1966)和竺可桢(1890—1974)等留学
欧美的知识分子所奠基。在这一点上,可以说是"直接向西洋学习"。但是
在"直接向西洋学习"之前,我们不能忽视这样两个事实:一是上海的徐
家汇气象台成立于1872年。也就是说,西方人早已经来到中国,并且长期
为国人示范了现代气象学的实际功用。可是直至半个多世纪以后,中国现代
气象事业的主导权才开始转向国人手中。二是在徐家汇气象台成立之前,海
外游历的士人已经参观和描述了欧美等国的现代观象台。这意味着,出洋的
国人对现代气象学早有接触,但是却迟迟未能产生实质性的反应。因此,马
德赉在民国初年说国人"乃于气象一门,最为吾人日常境遇,反而阙如",
确实反映了现代气象学在近代中国落地生根的实际情形。

　　此外还应注意,日本中央气象台的创立时间与徐家汇气象台约略同时,
但是却迅速步入正轨。直至20世纪初,东游日本的中国士人才开始对气象

① 崔国因:《出使美日秘国日记》,第5页。
② 袁祖志:《瀛海采问纪实》,岳麓书社,2016,第30—31页。
③ 王之春:《使俄草》,第129—130页。
④ 蒋梦麟:《西潮与新潮:蒋梦麟回忆录》,浙江大学出版社,2019,第63—65页。

台以及现代气象观测有所措意。事实上，"气象学"这个词就是从日本转口
而来的术语。对此，人们或许日用而不觉。1902 年，吴汝纶东游日本，与
"贵族院议员男爵"加藤弘之（1836—1916）有过一番笔谈。加藤弘之指出
中国人缺乏科学的思维传统，他说："养全国之智识，究以普通学为先……
理学一事为贵国人人头脑中所未有，向所未有之物，而注之使入，自匪易
事。且理学精妙，在欧美日进月盛，愈造其极，升堂而入室。徜徉户外者，
急起直追，何时方能及乎？……尝读贵国书籍中，巫医并称。巫者虚妄不
经，医者，积种种学理以成之者，两者天壤暌隔，乌得相提并论！此亦无理
学思想之一证。苟稍解理学，鲜有不能辨别者也。故常人之宜知普通学，迫
如水火菽粟之不容须臾缓也。"①

　　加藤弘之所说的"理学"就是科学（Science），实际上也正是王韬在
30 多年前所说的"实学"。但是相较之下，加藤弘之的针砭更显得入木三
分，可谓旁观者清。从现代的观点来看，传统的中国是"巫医并称""天文
气象不分"。医学与巫术歧途，天文和气象分离，虽然事关"全国之智识"，
但是回溯这段历史可以发现，将气象学这种"普通学"落实到社会的过程
是十分曲折和漫长的。蒋梦麟在比较中国和日本的近代转型时，称"现代
中国系平民百姓所缔造"，并且认为中国的现代化必须从基层开始，这个过
程必然缓慢而且曲折。② 不得不说，这种观察是较为深刻的。

The Observations and Cognitions of Foreign Meteorological Observatories by Traditional Scholars Who are Travelling Abroad in Late Qing Period

Wang Hao

Abstract：The Zi-ka-wei Observatory, established in 1872, consists of a meteorological observatory, a seismic observatory, a geomagnetic observatory and an astronomical observatory. But until the early years of the Republic of China, it

---

① 吴汝纶：《东游丛录》四《函札笔谈》，第 98—99 页。
② 蒋梦麟：《西潮与新潮：蒋梦麟回忆录》，第 223 页。

was difficult to recognize these institutions for people in Shanghai district. This reflects the fact that astronomy and meteorology are indistinguishable in traditional China. In late 19th century, a group of traditional scholars who went abroad generally failed to fully understand the important role of this modern scientific institution. However, the actual experience of life abroad still caused scholars to notice the difference in meteorological concepts between China and the West. They also tried to absorb the knowledge of modern meteorology and paid attention to modern systems of weather forecasting. In late Qing period, foreigners had set up modern meteorological stations in China, and the Chinese scholars had gone abroad and thus had actual experience of foreign meteorological institutions, but neither of these two facts caused the Chinese society to pay substantial attention to modern meteorology, this may reflect the length and complexity of the modern transformation of meteorological concept in Chinese society.

Keywords: Late Qing; Traditional Scholars Travelling Abroad; Meteorological Observatory; Meteorology

（执行编辑：王潞）

海洋史研究（第二十一辑）

2023 年 6 月　第 288~309 页

中国海疆设施近代化实践（1924—1937）

——以东沙岛气象台建设为中心

孙　魏[*]

　　学界对晚清民国时期海疆维权研究已经取得了诸多进展，这一时期海疆观念、海疆政策、管理制度也受到重视，对东沙岛气象台的建设、运行、劳工惨案、海产事权及工程主办者等问题的研究也有了初步成果。[①] 本文拟在前人研究基础上，对东沙岛气象台相关问题作进一步探讨，并与同期国内外气象台作比较，力求更全面呈现东沙岛气象台的建设水平、地位及历史意义，从侧面揭示近代中国海疆建设的近代化进程。[②]

一　东沙岛气象台的建设

　　1924 年 4 月，北洋政府筹建东沙岛气象台，1926 年 3 月 19 日建成，

---

[*]　作者孙魏，郑州航空工业管理学院副教授。
　　本文系河南省哲学社会科学规划高校思想政治理论课研究专项（项目号：2022ZSZ110）阶段性成果。

[①]　关于这方面的成果主要有郭渊《论东沙观象台的建设与运行》，《军事历史研究》2015 年第 6 期；温小平：《民国时期"东沙岛劳工惨死案"的来龙去脉——以〈申报〉为考察中心》，《南海学刊》2017 年第 2 期；许龙生：《1925~1931 年东沙岛海产纠纷问题再探——以日本外务省档案为中心》，《海洋史研究》第 14 辑，社会科学文献出版社，2020；陈祯祥：《许继祥与中国海政事务之经营（1921—1927）》，（台北）《政大史粹》2017 年第 31 期。

[②]　此观点充分吸纳了评审专家提出的意见，在此表示感谢！

历时近两年，并由海军部海岸巡防处管辖。1927 年 3 月，北洋政府海军总司令杨树庄率领海军官兵起义，东沙岛气象台遂归属于南京国民政府。1937 年 9 月，日军侵占东沙群岛，无线电与气象台被捣毁，"气象报告即告停顿"①。

晚清时期，中国气象事业被西方人把持，外国传教士向中国输入气象学。1923 年 3 月，北洋政府总统黎元洪授予长期在徐家汇观象台任职的法国耶稣会士马德赉（Joseph de Moidrey）五等嘉禾章。② 徐家汇观象台由法国耶稣会创办，"每日综合各处报告，而制为中国气象图，今日之气象图，于翌晨即能邮递各处"③，实际上行使了北洋政府气象预报职责。法国人控制的徐家汇观象台、英国人控制的香港天文台及德国人控制的青岛观象台与外人把持下的中国海关、电报公司互相配合，一度掌握着中国气象事业的主导权。④

另外，中央观象台等本土机构运行不畅，也没有发挥应有的作用。中央观象台于 1912 年就成立了，隶属于教育部，该台采购了一些近代化气象仪器，并根据海关测候所的气象电报绘制天气图，从 1912 年到 1924 年，受制于技术落后、军阀割据、内战频繁及经费紧张等不利因素，中央观象台运行不畅。1924 年，中国政府接管了青岛观象台，转为中国本土观象台，与其并列为远东三大观象台的徐家汇观象台、香港天文台的业务联系明显减少。中国本土观象系统单凭青岛观象台一家，且其所在位置相对靠北，显然难以提供全面、准确的天气图、天气预报及天气报告。西沙岛气象台虽已筹建，但计划严重受挫并搁置。到了 1927 年，中央观象台所设各地测候所全部停办。

不过，进入 20 世纪 20 年代，外国人控制、垄断中国气象事业和学术研究的局面有所改变。1924 年 10 月 10 日，中国气象学会在青岛成立，蒋丙然

---

① 《国外电讯：东沙群岛被占后气象报告已停止》，《国际言论》1937 年第 4 期，第 145 页。
② 宗勉：《马公德赉与中国之气象学人材》，《圣教杂志》1924 年第 2 期。
③ 竺可桢：《论我国应多设气象台》，原载《东方杂志》第 18 卷第 15 号，1921 年 8 月 10 日，引自《竺可桢全集》第 1 卷，上海科技教育出版社，2004，第 344 页。
④ 徐家汇观象台，坐落于中国上海，成立于 1872 年，是一座集气象、天文、地磁等于一体的观象台，香港天文台建于 1883 年，于 1912 年正式命名为"皇家香港天文台"。青岛观象台位于观象山巅，1898 年德国海军港务测量部在馆陶路 1 号建气象天文测量所，1905 年改称"皇家青岛观象台"，1914 年，日本占领青岛后，又改称气候测量所，1924 年，它被国民政府正式接收，改称观象台。这三家被称为远东三大观象台，均为外人控制，一度掌握着中国气象事业的主导权。

当选为首任会长并连任了五届。蒋丙然、竺可桢等早期海外留学生投身祖国气象事业。1928 年，南京国民政府于中研院设立气象研究所，竺可桢担任所长。1929 年，中国气象学会从青岛转移到了南京，竺可桢自 1929 年起至全面抗战前连续担任中国气象学会第六至十届会长。在中国本土气象学学术骨干、中国气象学会及气象研究所的共同努力下，中国气象学术研究主导权逐渐被收回，为当时处在软硬件建设关键时期的东沙岛气象台提供了有利条件。

这一时期，法国、日本、英国等国觊觎中国南海，港英政府多次提出在东沙岛设置气象台的非法要求。为维护领土完整和加强对南海疆域的管辖，北洋政府认为，"东沙岛设台观象，事关领土主权，进行不容或缓"①。在实际论证建设规划中，东沙岛一旦设置气象台，就能和上海吴淞测候报警台、浙江嵊山测候报警台以及浙江坎门测候报警台，共同组成中国海军观象系统，对完善中国本土观象系统、保障国防安全都有重大意义。在此背景下，尽快建成东沙岛气象台成为当时中国政府的重要任务之一。从 1924 年至1929 年，经北洋政府、南京国民政府时期，东沙岛气象台历经前期准备、开工建造及建章立制三个阶段，基本完成软、硬件建设任务。

从 1924 年 4 月咨询建台办法到 1925 年 6 月获批建设经费，北洋政府海军部门为东沙岛气象台设置做了大量前期准备工作。一方面，明确建设气象台的海军专门机构及负责人，并派遣技术人员到东沙岛实地勘测。1924 年 4月，北洋政府海军部海道测量局开始向具有设置气象台经验的香港政府咨询建台办法，初步了解了建设气象台的知识。到 1924 年 6 月，北洋政府海军部在上海设立全国海岸巡防处，主要办理气象台业务，海道测量局局长许继祥兼任处长，在他的领导下，海军部开始筹办东沙岛建设气象台事务。1924年 7 月，为了进一步掌握东沙岛建设气象台的条件，海军少将许继祥与海关总税务司接洽，海岸巡防处指派海军中校江宝容、技术主任方肇融搭乘英国军舰"密约兰"号前往东沙岛勘测。② 另一方面，设计气象台图纸，对东沙台建筑工程进行公开招标，向北洋政府申请建筑气象台经费。1925 年 3 月，北京临时政府海军海道测量局呈拟《建筑东沙台测候台图说》，并利用电杆设航海灯塔以卫航行，海军部令准备案。③ 1925 年 3 月底至 4 月，海防处拟具计划

---

① 杨志本主编《中华民国海军史料》，海洋出版社，1987，第 1045 页。
② 苏小东编著《中华民国海军史事日志：1912 年 1 月—1949 年 9 月》，九洲图书出版社，1999，第 278—279 页。
③ 苏小东编著《中华民国海军史事日志：1912 年 1 月—1949 年 9 月》，第 296 页。

在上海投标工程，由士达建筑公司以大洋 92000 投得，派许庆文监造工程。[1] 1925 年 6 月，海岸巡防处向北洋政府申请建筑气象台经费，东西沙两岛建筑气象无线电台经费由北京临时政府海军部提经国务会议，议决照办。[2]

完成工程招标和经费申请等工作后，受建筑材料运输困难、卸货困难、气象恶劣及劳工病亡等因素影响，整个工期分为前、后两个阶段，持续了近一年，1926 年 3 月 19 日才告竣工。

士达洋行投得东沙岛建筑工程之后，将工程交由上海王畴记营造厂具体建造，海岸巡处派许庆文监造，聘请俄人尤利夫（G. A. Yourieff）为工程师，大包工头张生财招聘劳工，[3] 1925 年 7 月正式开工建造。由于对工程困难估计不足，考虑不周，工程停工 3 个多月。具体原因是东沙岛岛内无建筑材料可取，所需材料均须从大陆运输，"在上海定制砖石机件，按图叠凑成台，然后逐件拆卸，分别记号，转装江平轮船"[4]，这就需要耗费大量时间。另外东沙岛地势较低，遭遇暴风袭击时，无港湾供船只躲避，卸货极为困难。"所运材料，均系建基用之石条、钢条及洋灰块，此项材料起卸上岸，诚为不易，所用驳船，多为风浪阻滞，其时忽遇暴风，不得已将船驶至香港躲避，风定后复回东沙，至八月十八号，方行卸毕，始能开工"[5]。此外携带食品饮用水均不足。"报载海军部之海道测量局将在东沙岛上设无线电站及灯塔一所，以便行旅，旋有工人 110 人运往该处从事建筑此项工程，人员在粮食、医药上似未得有充分之供给，自六月以来，其中 63 人业已经殒命，余 40 人亦患病"[6]，加上很多工人水土不服，王畴记营造厂所雇佣工人病亡过半，"士达洋行见事难措办，携款潜遁，遂由王畴记独自承担"[7]，造成误时误工。

工程前期工人病亡甚多，救援迟缓，抚恤不到位，王畴记营造厂深陷劳工惨案纠纷之中，无力推进工程进度。同时，港英政府得悉东沙岛建筑工程

---

① 余日森：《东沙群岛调查记》，《广东农业推广》1935 年第 7 期，第 76 页。

② 苏小东编著《中华民国海军史事日志：1912 年 1 月—1949 年 9 月》，第 301 页。

③ 郭渊：《东沙岛观象台的建筑工程及劳工惨案》，《武警学院学报》2017 年第 5 期，第 6 页。

④ 余日森：《东沙群岛调查记》，《广东农业推广》1935 年第 7 期，第 76 页。

⑤ 《东沙岛无线电观象台落成》，《兴业杂志》1926 年第 4 期，第 237 页。

⑥ 锡仁：《国内大事记："东沙岛工人惨死"》，《南洋周刊（上海 1919）》1925 年第 8 期，第 36 页。

⑦ 伯虎：《全国海岸巡防处冒名控告许司长》，《福尔摩斯》1929 年 3 月 11 日，第 1 版。

陷入困境后，乘机再次提出代建要求。1925 年 10 月，香港总商会提议设立东沙岛气象台，归香港政府出资建筑，管理税收等项由中国海关代为经理，此议经英国使馆参赞函达税务处，征询中国政府意见，海军部以此举有关主权，函复由中国自行拨款兴建，并从速进行东沙台工程，限期完竣。①

在内外双重压力下，海岸巡防处决定自行建造，改派原监造工程者许庆文另行在香港招工建造。1926 年 1 月，东沙岛气象台即将完工，为加强主权宣示和管辖，北洋政府议决："东沙岛关系国际，观象台设立后，该岛军事计划宜兼顾，应将该岛隶属海军军事区域，规海军部管辖。"② 3 月 19 日，东沙岛气象台全部竣工，计有气象台一座、无线电台一座、灯塔一座，所费达 20 万元。③

东沙岛气象台建筑工程于 1926 年竣工，因其事关航海公安，系属巡防要政，由北洋政府海军部令海岸巡防处处长许继祥监督办理。④ 7 月 17 日，东沙岛气象台举行开台典礼，北洋政府海军部派第一舰队司令陈季良、海道测量局局长兼海岸巡防处处长许继祥乘"海容"舰前往主持典礼，另派课长陈可潜带领电务人员赴台验收各项电机。⑤ 9 月 11 日，北洋政府国务总理兼海军总长杜锡珪摄行大总统职权，专门针对东沙岛竣工申请奖励，"东沙岛建筑台工告竣，请将在事出力人员游福海等给予奖章"⑥。然而，当时国内局势动荡，1926 年 7 月到 1928 年 12 月，北洋政府忙于对南方国民政府的战争，根本无暇顾及东沙岛气象台。1927 年 3 月，原隶属北洋政府的杨树庄率海军起义，归附南方国民政府，东沙岛气象台也改属于南方国民政府海军部。新海军部海岸巡防处于 1929 年 12 月 1 日公布了《东沙观象台暂行组织条例》，详细规定了该台的隶属、人员组成、编制预算及具体日常制度等，标志着东沙岛气象台的软、硬件建设任务基本完成。

二　东沙岛气象台的职能

东沙岛气象台建成之前，中央观象台、航空机关测候所及高校气象台等

---

① 杨志本主编《中华民国海军史料》，第 1051—1052 页。
② 杨志本主编《中华民国海军史料》，第 1052—1053 页。
③ 余日森：《东沙群岛调查记》，《广东农业推广》1935 年第 7 期，第 76 页。
④ 苏小东编著《中华民国海军史事日志：1912 年 1 月—1949 年 9 月》，第 322 页。
⑤ 苏小东编著《中华民国海军史事日志：1912 年 1 月—1949 年 9 月》，第 325 页。
⑥ 杜锡珪：《大总统指令第 291 号》，《政府公报》第 3743 期，1926 年 9 月 11 日，第 4 页。

本土测候机构普遍缺少近代化通信设备。中央台收到全国天气电报要花 24 小时以上的时间，等到电报收齐，想预告的天气早已成为过去了，[①] 这使得气象预报失去意义。东沙岛气象台建台之初，采购了气压表、高低温度计、风向针及雨量计等常规观象仪器，也重视对先进气象通信设备的使用。1924 年 9 月，海军部海道测量局先向交通部拨借之半启罗华脱无线电机，[②] 但该无线电机经过陶钧技士验明未能适用，后退还至交通部，直到 1924 年 12 月，海道测量局向西门子公司定购东沙岛气象台无线电机，[③] 使该台能够收发气象电报，并对飓风等灾害天气进行预报。

1929 年 12 月 1 日，海军部公布《东沙观象台暂行组织条例》，标志着东沙岛气象台的管理制度趋于完善。条例规定，东沙岛气象台隶属于南京国民政府海军部海岸巡防处，以现役军人为最主要组成人员，包括：中校台长 1 名，奉海军部长令管理台内一切事务；少校技正 1 名，承台长之令，管理无线电工程服务；上尉主任台员 1 名，负责报务气象地震测验及会计文书庶务；中尉台员 3 名，主司电信收发及保管仪器各事宜；二等军医官军医副 1 名，承台长令理台内疗病及卫生事宜；一等准尉电机军士长 1 名，承长官令专管电机、汽机各事宜；轮机上士、中士、下士各 1 名及三等轮机兵 2 名，负责操作台上设备；水工、泥工各 1 名，负责台内水工、泥工事务；帆缆下士 2 名，负责台内帆缆事务；一等看护兵 1 名，负责看护台上设备；二等兵 4 名，履行士兵杂务；理发工 1 名，负责为台上官兵理发；厨役 2 名，负责为台上官兵做饭；军役 3 名，负责台内杂务。[④]

东沙岛气象台由近 30 名官兵杂役组成，国民政府每月编制预算，按月拨付薪饷（见表 1）。东沙岛气象台拥有本土气象专业技术人才，一定程度上改变了国人对气象的神秘感受，打破了外国人操纵中国气象的局面。

1924—1937 年，海军部海岸巡防处所属东沙岛气象台和海关、广东省政府在灯塔接管、海产事权等问题上龃龉不断。经过磨合，最终明确其具体职能。1929 年 12 月公布《海军部东沙观象台暂行组织条例》，规定东沙岛

① 王皓：《徐家汇观象台与近代中国气象学》，《学术月刊》2017 年第 9 期，第 174 页。
② 《交通部训令第 703 号（中华民国十三年十月八日）》，《交通公报》第 703 期，1924 年 10 月 8 日，第 1 页。
③ 杨志本主编《中华民国海军史料》，第 1047 页。
④ 《东沙观象台暂行组织条例（1929 年 12 月 1 日部令公布）》，《海军公报》第 7 期，1930 年 1 月 15 日，第 24 页。

表1　东沙岛气象台每月编制预算

职别/官衔	任别	人数（人）	月薪（元）	月饷（元）	加给（元）	薪饷结数（元）
台长/中校	荐任	1	250	无	200	450
技正/少校	荐任	1	180	无	144	324
主任台员/上尉	委任	1	120	无	96	216
台员/中尉	委任	3	各80	无	各64	432
军医副/二等军医官	委任	1	80	无	64	144
电机军士长/一等准尉	委任	1	70	无	56	126
轮机上士/无官衔	无	1	无	37	29.6	66.6
轮机中士/无官衔	无	1	无	35	28	63
木工、泥工/无官衔	无	各1	无	各24	各19.2	各43.2
帆缆下士/无官衔	无	2	无	各24	各19.2	86.4
轮机下士/无官衔	无	1	无	31	24.8	55.8
一等看护兵/无官衔	无	1	无	19	15.2	34.2
二等兵/无官衔	无	4	无	各17	各13.6	122.4
三等轮机兵/无官衔	无	2	无	各17	各13.6	61.2
理发工/无官衔	无	1	无	14	11.2	25.2
厨役/无官衔	无	2	无	各14	各11.2	50.4
军役/无官衔	无	3	无	各12	各9.6	64.8
面食和公费						220和500
合计						3128.4
附记		公费：文具50；邮电30；购置50；消耗160；修缮160；杂支50				

资料来源：本表根据海军部《东沙观象台暂行组织条例》绘制，《东沙观象台暂行组织条例（1929年12月1日部令公布）》，《海军公报》第7期，1930年1月15日，第23—25页。

气象台负责气象预报、传播风警、高空地面海上气象之观测、地震之测验及传报、船舶觅向、编纂风警图志、通报救护难船以及气象地震仪器无线电机之修整保管等业务。①

气象预报是东沙岛气象台的重要职能，该台每日定时（中午1时、晚上7时）播报气象状况，其发布的气象预报主要包括气压、气温、湿度、云量、日照、雨量、风速等气象要素，并根据这些气象要素的每日数据制成统计报表。以1933年为例，东沙岛逐月气象要素简化平均情况见表2。

① 《东沙观象台暂行组织条例（1929年12月1日部令公布）》，《海军公报》第7期，1930年1月15日，第23—24页。

表2 民国22年（1933）东沙岛逐月气象要素简化平均情况

月份	气温(℃)						湿度(%)	日照时数(h)	雨量(mm)			特殊日期			烈风	各种天气日数(天)					
	平均	最高平均	最低平均	较差平均	极高	极低			总量	雨天	最大	极高气温日期	极低气温日期	最大雨量日期		雷	电	虹	露	雾	雷雨
1	19.3	21.0	17.6	3.4	28.1	13.7	87	24.2	174.2	16	68.8	11	28	12	4						
2	21.5	24.0	19.0	5.0	28.6	17.1	85	94.5	10.3	7	6.6	27	13	3				1			
3	22.2	24.8	19.6	5.2	30.3	15.1	84	124.5	8.1	7	28.0	25	12	1					4	5	
4	26.2	30.0	22.4	7.6	32.2	18.1	81	257.0	19.9	5	7.6	18	16	28					4	3	
5	27.9	32.2	23.7	8.5	34.7	18.3	78	285.1	108.5	6	87.7	27	9	30		2	2	1	1		1
6	29.5	32.6	26.4	6.2	35.1	23.3	83	181.8	237.8	15	103.1	12	30	30		3	7	3	5		3
7	28.8	32.1	25.6	6.5	33.9	23.9	83	151.3	185.6	21	41.9	24	20	29	1		3	9	1		1
8	29.4	32.7	26.1	6.6	34.8	22.5	80	262.4	58.3	7	26.6	24	26	4			7		2		
9	28.4	31.1	25.7	5.4	33.9	21.9	83	184.7	205.0	14	48.1	3	5	12				1	3		3
10	26.1	28.1	24.2	3.9	31.9	22.8	82	145.4	145.0	11	87.0	5	21	27	2						1
11	24.0	25.7	22.3	3.4	30.6	19.7	85	84.0	51.1	12	18.0	5	7	30						1	
12	22.3	24.1	20.6	3.5	27.1	18.3	81	95.8	20.5	11	5.2	10	22	25							

资料来源：据1933年东沙岛气象要素表绘，见《中华民国二十二年东沙岛逐月气象要素平均表》，《气象年报》1933年第6期，第60页。

表 2 数据均为位于东经 116°43′、北纬 20°42′ 及高度 10.5 米的东沙岛气象台于每日 3 时、6 时、9 时、12 时、15 时、18 时、21 时、24 时观测所获，较全面地反映了东沙岛及其附近区域的气象状况。1933 年 12 月，台长顾厚模以气象状况瞬息万变，天气报告贵乎迅速，自 1934 年 1 月 1 日开始，将中午 1 时广播时间，提前于上午 11 时半广播。① 由于海上航行安全常受飓风影响，飓风预警属于东沙岛气象台重要职能。

东沙岛气象台和马尼拉、关岛、东京、台湾、香港、上海等处之气象台保持密切联系，对太平洋和中国沿海之航行，贡献殊大，除了每日隔 3 个小时观测风速外，还对每月平均风速、最大风速及最多风向进行统计分析，尤其在监测飓风到来时，要向附近海域的船只及时发出警报，确保航行安全，"如遇飓风，则每小时预报气象一次"②。

东沙岛气象台还有编纂图志的职责，具体由主任台员负责，"按日绘制气象图"③。

（一）高空、海上气象观测及地震测验传报

东沙岛气象台通过高空观测，为航空业发展服务。1930 年，海军部电告通济舰高舰长，厦门航空处陈文麟或教官蒋省三附搭该舰前往东沙查勘飞机场。④ 1935 年 4 月，广东省当局决定在东沙群岛建飞机着陆场。⑤ 随着航空业的日渐发达，在位于香港、吕宋之间的东沙岛观测高空气流已成为当务之急，若增设氢气球测量高空风向、风力，定时广播，则南海航空必多便利，现南京、青岛、汉口、徐家汇各气象台，已次第增设，以应需要，东沙岛为我国军事区域，且处南海要卫，此项设备，自不可少。⑥ 为此，海岸巡防处专门派员前往徐家汇天文台学习，还呈请增设东沙台高空测候缮具仪器及经费估单。⑦

---

① 《海军部十二月份重要工作概况：东沙岛提早播气象》，《海军杂志》1933 年第 5 期，第 6 页。

② 《今日之东沙群岛》，《水产月刊》1947 年第 2 期，第 107 页。

③ 《海军部二十三年二月份重要工作概况：东沙台员及期瓜代》，《海军杂志》1934 年第 57 期，第 359 页。

④ 《电通济高舰长：电知厦门航空处长陈文麟或教官蒋省三附搭该舰前往东沙查勘飞机场仰查照由》，《海军公报》第 10 期，1930 年 4 月 15 日，第 21 页。

⑤ 《广东巩固省防，在东沙群岛筑飞机场》，《华事外报》1935 年 4 月 14 日，第 1 版。

⑥ 《东沙台高空测候之增设》，《中国国民党指导下之政治成绩统计》1934 年第 7 期，第 55—56 页。

⑦ 陈绍宽：《海军部指令第 4574 号》，《海军公报》第 62 期，1934 年 7 月 5 日，第 241 页。

东沙岛气象台利用其地处南海海疆优势，从事海上气象观测，服务于海洋研究。1931 年 10 月 5 日，中研院致海军部公函，"请抄送东沙历年所测海水温度"①。另外，东沙岛气象台还履行地震测验传报职责。为了节省购买地震仪器成本，海军部于 1935 年 9 月 21 日令将东沙台地震仪器采购一并交给上海徐家汇天文台，"与徐台接洽购办"②。

（二）为船舶导航、救护难船

东沙岛海域经常有船舶触礁沉没。为此，北洋政府海军总署于 1922 年在东沙岛设立灯塔，为往来船舶导航，此后，船舶遇难事件鲜有发生。东沙岛灯塔本属于海军海岸巡防处管辖，1925 年经财政部总税务司请求，将该灯塔的管辖权移交给海关，"该灯塔所在地系在海洋之中，与海关所管灯塔全在海岸者并无统，系因其为船舶所用，前税务司自请在轮船、船钞下拨付建费，确有正当理由"③，但看守东沙岛灯塔者仍是海岸巡防处派出的人员，看守灯塔人员的职务也一直由东沙台台长委任，并受其监督。

1929 年以后，海军部针对东沙岛灯塔管辖权与财政部进行了交涉，明确指出"本部建造东沙灯塔，系专为指导船舶到达该岛之用，并可警戒他船，因强风海流关系越出航线，经行该岛，近处遥见该灯塔，为之远避"④，对海关巡工司不经营管理灯塔的行为提出质疑："尔委经营该塔迄今四年之久，忽称毫无用处，不知何以自解？"⑤几经波折，1930 年，海军部海岸巡防处东沙岛气象台完全接管东沙岛灯塔。

东沙岛气象台还承担着通报救护难船的职责。1931 年，日本渔船"海生丸"号失踪，海军部明确致电海岸巡防处，提出要求"倘有该船避难人员漂流到东沙岛，应予救护"⑥。另外，德国汽船"黑德维希"（Hedwig）号于 1931 年在东沙滩内搁礁危急，英海军派出两舰驰救，海军部也立即致电东沙岛气象台黄琇台长，询问"该台曾否施救？现何情形？"⑦ 为加强海

---

① 《海军部公函 301 号》，《海军公报》第 29 期，1931 年 10 月 5 日，第 162 页。
② 陈绍宽：《海军部训令第 5997 号》，《海军公报》第 76 期，1935 年 9 月 21 日，第 174 页。
③ 《海军部咨 109 号》，《海军公报》第 7 期，1930 年 1 月 15 日，第 141 页。
④ 《海军部咨 89 号》，《海军公报》第 6 期，1929 年 11 月 28 日，第 118—119 页。
⑤ 《海军部咨 89 号》，《海军公报》第 6 期，1929 年 11 月 28 日，第 118—119 页。
⑥ 《电海岸巡防处：据报日渔船失踪倘有该船避难人员到东沙岛应予救护由》，《海军公报》第 29 期，1931 年 11 月 15 日，第 230 页。
⑦ 《电东沙岛观象台》，《海军公报》第 19 期，1931 年 1 月 15 日，第 295 页。

难救助能力，海军部命令海岸巡防处处长吴振南挑选曾经在海上服役之人担任台员，配齐救难设备，"该台士兵组织原应挑选曾经海上服务之人充任，至救生器具从前亦有备置，应有该处长检查该台士兵资格、经历，认真甄别其救难设备，亦应从速计划"①。对履行职责不力的官员，给予处罚。1934年4月，海军部责令海岸巡防处处长吴振南，俄轮搁浅，东沙台与该轮通问潮泛，既不即电告，又不能知其搁浅情形，该台长沈有瑾，实有疏忽之处，著有该处传令申斥，至该处长自请处分一节，可毋庸议，唯嗣后对于所属各台办理报警事宜，仰该处长务即悉力整顿，以维海上安全，是所至要，切切。②

（三）妥善保管修整无线电机、气象地震仪器等设备

为应对岛上恶劣的自然环境，东沙岛气象台制定规则，保管精密仪器设备。1934年7月，海军部令海岸巡防处处长吴振南，要求对仪器设备等进行整理汇报：

> 案查该台原有仪器记水银气压表四具，风向风力自记机全副，最高最低联合温度表一具，最高温度表一具，最低温度表一具，干湿球温度表二具，飓风测验仪一具，测云镜二具，日照仪二具，云雨计二具，量雨水瓶一只，自记气压表一具，自记湿度表一具，自记温度表一具，旧式林氏风力计一具，自记量雨仪二具，干湿球联合自记表一具，是否均能适用，其中有无经过整理添置，十年之中，迄未汇报。③

至9月，吴振南将东沙台仪器报告书呈送。④ 次年3月，吴振南"案查东沙台观象仪器保管方法，前由该处拟具规则，呈前备案，业经照准在案，该台各无线电部分，尤关重要，应一并拟具保管规则呈候核夺，仰即遵照办理此令"⑤。5月，吴振南"呈送东沙台无线电机保管规则"⑥。

东沙岛飓风频繁，台上铁塔、台屋等各类建筑物以及气象地震仪器需要

---

① 杨树庄：《海军部训令第98号》，《海军公报》第21期，1931年2月12日，第182页。
② 陈绍宽：《海军部训令第2561号》，《海军公报》第59期，1934年4月18日，第129页。
③ 陈绍宽：《海军部指令第4564号》，《海军公报》第62期，1934年7月4日，第107—108页。
④ 陈绍宽：《海军部指令第6541号》，《海军公报》第64期，1934年9月24日，第245页。
⑤ 陈绍宽：《海军部训令第1932号》，《海军公报》第70期，1935年3月30日，第208页。
⑥ 陈绍宽：《海军部指令第2911号》，《海军公报》第72期，1935年5月15日，第175页。

及时修整，确保气象台正常运作。1929 年 7 月，吴振南呈报：

> 东沙岛一切修缮、保管、卫生各项情形，清折一扣，业经本部审
> 核，惟观象仪器项下，应将完整如故者及已经损坏添购者，所有品种数
> 量，购价逐一分别开列清单报部存查，又该台备用大蒸水机，据称十七
> 年秋间曾发现锈漏，经已经在沪定制，现在已届一年，此机已否制，便
> 寄岛应用，事关饮料卫生，勿得漠视。[①]

三　东沙岛气象台的困境

东沙岛气象台实际运作中面临诸多困境，主要有人员短缺、物料不足、
运输不畅及财务困难等。

（一）人员短缺

东沙岛气象台隶属于海军，组成人员均为现役军人，但"岛中官夫，
亦仅三十余人，每年由海部两次租船，前往调换职员时，方有附运食粮用品
入岛"[②]。驻岛人员一般以一年为期限，期满即调离。实际上，该台对驻岛
人员的充任有具体要求和规范：一方面要求熟悉海洋，"东沙岛观象台孤悬
海外，地势险阻，该台士兵组织，原应挑选曾经海上服务之人充任，至救生
器具历来亦略有置备，应由该处长检查该台士兵资格、经历，认真甄别其救
难设备，亦应从速筹划进行，俾杜后患"[③]；另一方面新进驻岛人员要履行
严格的程序。新进人员，应填送新式履历表、保证书、不吸烟毒切结，以符
规定，前经饬遵在案，仰即转饬该员填新履历表，提供二寸半身照二寸黑军
服戴帽相片，四寸相片二张，新进人员保证书一张，不吸烟毒切结二张，即
日呈报，以凭存转，并即遵照，附发不吸烟毒切结空白二纸。[④]

① 李世甲：《海军部训令第 560 号》，《海军公报》第 2 期，1929 年 7 月 26 日，第 41—42 页。
② 维廉：《一月间边疆、东方大事记：东沙群岛最近情势》，《新亚细亚》1933 年第 4 期，第
148 页。
③ 杨树庄：《海军部训令第 615 号》，《海军公报》第 19 期，1930 年 12 月 20 日，第 134—
135 页。
④ 陈绍宽：《海军部指令第 1288 号》，《海军公报》第 94 期，1937 年 3 月 1 日，第 134—
135 页。

东沙岛气象台条件相当艰苦，组成人员执行定期更换的制度。由于人员少、要求严、程序多及更换频繁等因素，东沙岛气象台经常陷入找不到合适人选任职的尴尬境地。个别岗位未严格执行更换制度，往往在岛服役超一年期。如"技正"一员，每次均系临时觅请，时值国难之际，此项专门人才，延觅尤难，该台台长李景杭深谙电机之学，曾充任东沙岛技正，在台多服务数个月。① 1934年，东沙岛气象台技正龚式文，在岛服务已一年又半，超过了半年才准予派人"瓜代"。②

（二）物料不足

东沙岛生态环境脆弱，岛内植被十分宝贵，为此，岛上官兵从大陆采购燃煤、锅炉等物料，维持日常生活。1934年12月，海军部部长陈绍宽批复海岸巡防处吴振南所请，同意采购燃煤锅炉，从1935年7月起，加发东沙岛气象台煤费及麻袋洋60元，由该台公费每月500元内开支。③ 1935年1月21日，海军部批复海岸巡防处吴振南所请，准许东沙台添购最高最低温度表各一具及干湿度联合温度表一副，用以测候。④ 东沙岛经常遭遇台风，岛上线路常被损坏。1936年8月，海军部批复海岸巡防处，"所请添配天地线等项，需洋992元3角5分，应照准"⑤。民国时期，东沙岛气象台的各种设备需要大量的五金电料来维护保养，1937年3月，海军部照数开支，东沙台二十五年三月间添购五金电料品并旅运等用费共洋3664元零6分。⑥

东沙岛气象台所需物料均由海岸巡防处从大陆采购，无论是无线电机、电动发电机、发报机、短波机、柴油机及各种配件等业务所需品，还是粮食、蔬菜及被服等生活必需品，均须海岸巡防处申请运费才能运达该岛，因资金短缺、航海技术落后及气象多变，这些物品经常不能按时到位。

海军部对运费管理较为严格，审核程序烦琐，审核时间较长，给东沙岛气象台的补给带来了诸多困扰。海军部明确要求，不得将东沙岛气象台局部

① 《军部三月份工作概况：东沙台员调换消息》，《海军公报》第34期，1932年4月15日，第251页。
② 《海军部二十三年二月份重要工作概况：东沙台员及期瓜代》，《海军杂志》1934年第7期，第5页。
③ 陈绍宽：《海军部指令第8180号》，《海军公报》第67期，1934年12月6日，第215页。
④ 陈绍宽：《海军部指令第446号》，《海军公报》第80期，1936年1月21日，第264页。
⑤ 陈绍宽：《海军部指令第6361号》，《海军公报》第87期，1936年8月25日，第203页。
⑥ 陈绍宽：《海军部指令第1715号》，《海军公报》第94期，1937年3月17日，第182页。

修理材料运费包括在内，应归该台修费项下，另案办理。① 1937年5月，海岸巡防处请示东沙岛1936年秋季添置各项料件及运费、保险费等项，海军部批复，东沙岛气象台新物料添置运费单独核算，"付水脚、搬运、装箱、报关、保险等费1456元5角5分"②。东沙岛气象台经常遭遇飓风袭击，台上设备常被毁坏，物料不足成为常态。

（三）运输不畅

东沙岛气象台粮食材料运输主要采用租赁商业船只、派遣军舰以及购买运输小轮等三种方式，其中租赁商业船只最常见。1935年，海岸巡防处派员赴港，租妥中华航业公司轮船一艘，一切条件，悉照旧例办理，经签订合同后，定于下月间由港开岛，所有应行补充各项粮食料件，一并令由该处从事筹备。③ 但是，租赁商船存在运费较高、无合适船只可租的弊端，"东沙岛交通不便，接济该岛观象台粮料，年有定期，往岁均就港厦两地，租船前往，觅雇既感困难，需费又复浩大，且公司方面，因支配前后雇主用期关系，所提条件甚为苛刻，而往返及停留时间之规定，亦复备受限制"④。

由于租船运输弊端明显，1936年开始由海军自行派舰运输，⑤ 然而海军舰船有限，经常无舰船可派。海军部还考虑过专门购置运输小轮，1934年5月，计划交海军江南造船所建造长30尺之木壳小轮一艘，以资应用，旋因此项造价，所费颇巨，一时不易举办，⑥ 最终购买了一艘二手小轮作为替代。

（四）财务困难

东沙岛气象台长期存在财务困难问题，主要体现在如下三方面。

一是常规经费拨付周期较长，还出现核减拨款情况。1932年10月至1937年4月，海军部拨给东沙岛气象台的常规经费情况见表3。

---

① 陈绍宽：《海军部指令第3446号》，《海军公报》第96期，1937年5月20日，第262页。
② 陈绍宽：《海军部指令第3446号》，《海军公报》第96期，1937年5月20日，第262页。
③ 《军需之充实：东沙岛观象台粮食之接济》，《中国国民党指导下之政治成绩统计》1935年第7期，第44页。
④ 《军需之充实：东沙岛观象台粮料之接济》，《中国国民党指导下之政治成绩统计》1936年第1期，第40页。
⑤ 《军需之充实：东沙岛观象台粮料之接济》，《中国国民党指导下之政治成绩统计》1936年第1期，第40页。
⑥ 《交通之设备：东沙岛观象台运输小轮之购》，《中国国民党指导下之政治成绩统计》1934年第9期，第42页。

表3　1932—1937 年海军部拨给东沙岛气象台常规经费情况（部分）

起止时间	请借数额及具体开支项目	实拨款	编号	资料来源
1932 年 10 月—1933 年 4 月	粮食办公 7385 元,官员 10 人、士兵 16 名旅费 1120 元,药费 295 元,运费水脚 300 元,船租 400 元,计 9500 元	9500 元	4517 号	陈绍宽:《海军部指令第 4517 号》,《海军公报》第 38 期,1932 年 7 月 27 日,第192 页
1933 年 5—9 月	粮食办公费 4650 元,五金电料 3120 元 5 角 3 分,运费水脚等项约 1000 元,药品 250 元,川费 570 元,遣散费 324 元,守灯塔 2 名旅费并 2.5 月月饷 265 元,计 10179 元 5 角 3 分	10179 元 5 角 3 分	1494 号	陈绍宽:《海军部指令第 1494 号》,《海军公报》第 46 期,1933 年 3 月 7 日,第 79 页
1933 年 10 月—1934 年 4 月	粮食办公费 6510 元,五金电料 2173 元 7 角 4 分,运费水脚等项约 500 元,药品 350 元,旅费 920 元,计 10453 元 7 角 4 分	10453 元 7 角 4 分	5099 号	陈绍宽:《海军部训令第 5099 号》,《海军公报》第 51 期,1933 年 8 月 2 日,第 88 页
1934 年 5—9 月	粮食办公费 4650 元,五金电料 2118 元 1 角 8 分,运费水脚 500 元,药品 250 元,量雨计 1 只观测指南 2 本 40 元,员兵旅费 640 元,计 8198 元 1 角 8 分	8198 元 1 角 8 分	1659 号	陈绍宽:《海军部训令第 1659 号》,《海军公报》第 58 期,1934 年 3 月 8 日,第 72—73 页
1934 年 10 月—1935 年 4 月	粮食办公费 6510 元,药品 350 元,往返旅费 640 元,电料并五金料件 2193 元 1 角 7 分,运费水脚 650 元,计 10343 元 1 角 7 分	10343 元 1 角 7 分	5310 号	陈绍宽:《海军部训令第 5310 号》,《海军公报》第 63 期,1934 年 8 月 6 日,第 193 页
1935 年 5—9 月	粮食办公费 4650 元,运费水脚 800 元,员兵旅费 1040 元,五金料件 2099 元 4 角 9 分,西药 250 元,购艇运费 130 元,计 8969 元 4 角 9 分	8839 元 4 角 9 分	1214 号	陈绍宽:《海军部指令第 1214 号》,《海军公报》第 70 期,1935 年 3 月 1 日,第 211 页
1935 年 10 月—1936 年 4 月	粮食办公费 6510 元,西药 350 元,五金电料 2552 元 5 角 2 分,运费水脚等共 800 元,员兵往返旅费 400 元,计 10612 元 5 角 2 分	10612 元 5 角 2 分	4793 号	陈绍宽:《海军部指令第 4793 号》,《海军公报》第 75 期,1935 年 8 月 7 日,第 393 页

起止时间	请借数额及具体开支项目	实拨款	编号	资料来源
1936年5—9月	粮食办公费4650元，五金电料2125元4角4分，运费水脚600元，药品250元，旅费800元，修缮1830元，计10255元4角4分	8425元4角4分	1189号	陈绍宽：《海军部指令第1189号》，《海军公报》第81期，1936年2月27日，第263页
1936年10月—1937年4月	粮食办公费6510元，西药348元1角6分，五金电料2307元5角2分，运费水脚装箱报关费800元，员兵旅费960元，计10925元6角8分	10805元6角8分	6306号	陈绍宽：《海军部指令第6306号》，《海军公报》第87期，1936年8月22日，第198—199页
1937年5—9月	粮食办公费4650元，药品250元，五金电料1203元8角8分，互调员兵旅费720元，装箱水脚报关费等800元，计7623元8角8分	7623元8角8分	1536号	陈绍宽：《海军部指令第1536号》，《海军公报》第94期，1937年3月11日，第161—162页

从表3可以看出，1932—1937年，东沙岛气象台常规经费并非按月拨付，而是每年分两次预借，即预借本年10月到下一年4月共计7个月的一次常规费用，预借本年5月到9月共计5个月的一次常规经费。这些经费项目比较固定，一般包括粮食费用、办公经费、医药费用、五金电料消耗费用、运费水脚费及员兵往返旅途费用等6项内容，拨付周期较长。

海军部对东沙岛气象台所申请经费项目审查严格，有核减拨款情况。例如：东沙岛气象台申请1935年5—9月经费为8969元4角9分，实际拨款数额为8839元4角9分，核减了购艇运费130元；申请1936年5—9月经费10255元4角4分，实际拨款数额为8425元4角4分，核减了修缮费1830元；申请1936年10月至1937年4月经费10925元6角8分，实际拨款数额为10805元6角8分，核减了一名士兵的旅费120元。

二是临时经费拨付金额变化大，也存在核减情况。1930—1937年，海军部拨给东沙岛气象台部分临时经费情况见表4。

表 4　海军部拨给东沙岛气象台临时经费情况（部分）

时间	临时费用拨付事由	借支数额	实拨款	编号	资料来源
1930 年 9 月	东沙台局部修理费	1228 元	1228 元	854 号	杨树庄：《海军部指令：第 854 号》，《海军公报》第 16 期，1930 年 9 月 22 日，第 116 页
1935 年 3 月	添建东沙台锅炉洋铁房一间	237 元	237 元	1460 号	陈绍宽：《海军部指令：第 1460 号》，《海军公报》第 70 期，1935 年 3 月 9 日，第 237 页
1936 年 3 月	添购五金电料品并旅运等用费	3775 元 4 角 4 分	3664 元零 6 分	1715 号	陈绍宽：《海军部指令第 1715 号》，《海军公报》第 94 期，1937 年 3 月 17 日，第 182 页
1936 年 4 月	东沙台 24 年（1935）3 月间汽艇运费	154 元	130 元	2314 号	陈绍宽：《海军部指令第 2314 号》，《海军公报》第 83 期，1936 年 4 月 14 日，第 212 页
1936 年 8 月	东沙台 24 年（1935）秋添置料件及运费、员兵旅费等	5013 元 6 角 4 分	4738 元零 8 分	6210 号	陈绍宽：《海军部指令第 6210 号》，《海军公报》第 87 期，1936 年 8 月 18 日，第 184 页
1936 年 9 月	为呈报唐泉记、钱公记勘验东沙台房屋、铁桅旅费	163 元 6 角	163 元 6 角	6972 号	陈绍宽：《海军部指令第 6972 号》，《海军公报》第 88 期，1936 年 9 月 15 日，第 189 页
1936 年 11 月	为呈送东沙修理东南铁塔、拉椿各项	2439 元 1 角 4 分	2102 元 4 角 1 分	9256 号	陈绍宽：《海军部指令第 9256 号》，《海军公报》第 91 期，1936 年 12 月 12 日，第 201 页

时间	临时费用拨付事由	借支数额	实拨款	编号	资料来源
1937 年 3 月	为东沙台奉准添购温湿度自记表各一具	540 元	540 元	1817 号	陈绍宽：《海军部指令第 1817 号》，《海军公报》第 94 期，1937 年 3 月 20 日，第 191 页
1937 年 5 月	呈送 25 年（1936）秋奉准择要修理台屋	2955 元 8 角 2 分	2955 元 8 角 2 分	3270 号	陈绍宽：《海军部指令第 3270 号》，《海军公报》第 96 期，1937 年 5 月 13 日，第 232 页
1937 年 5 月	添配天地线等项	992 元 3 角 5 分	992 元 3 角 5 分	3107 号	陈季良：《海军部指令第 3107 号》，《海军公报》第 96 期，1937 年 5 月 7 日，第 211 页

可以看出，1930—1937 年，东沙岛气象台临时经费主要包括修缮房屋、锅炉、铁桅杆、铁塔、拉椿及添购新物品等费用，每次拨付的临时费用金额变化较大，最低 130 元，最高 4738 元零 8 分。

东沙岛气象台的临时经费也出现核减情况。1936 年 3 月，东沙岛气象台申请添购五金电料品并旅运等临时经费 3775 元 4 角 4 分，而实际拨款 3664 元零 6 分，核减 111 元 3 角 8 分；1936 年 8 月，申请 1935 年秋添置料件及运费、员兵旅费合计 5013 元 6 角 4 分，而实际拨款 4738 元零 8 分，核减 275 元 5 角 6 分；1936 年 4 月，申请汽艇运费 154 元，而实际拨款 130 元，核减 24 元；1936 年 11 月，申请东沙台修理东南铁塔、拉椿各项经费 2439 元 1 角 4 分，而实际拨款 2102 元 4 角 1 分，核减 336 元 7 角 3 分。

三是经费拨付程序烦琐。东沙岛气象台的常规经费、临时费用及职员饷银费，需要海军部批准拨付数额之后才能支付到台。由于东沙岛气象台交通十分不便，各种经费概由中国银行、中南银行及中央银行等金融机构采取电汇方式支付，东沙岛气象台部分经费支付情况见表 5。

表5　海军部支付东沙岛气象台经费情况

支付项目	支付数额	支付方式	资料来源
东沙台预借1930年6、7两个月办公费1000元，职员粮食费400元，士兵粮食费440元，电料药品等费367元8角	2107元8角	办公粮食费1840元电汇厦门中国银行黄则刚，电料药品费367元8角由中南银行汇寄	《笺函：笺函海岸巡防处》，《海军公报》第11期，1930年4月12日，第183—184页
1930年9月至1931年1月五个月办公粮食费、电料、西药及旅费6874元2角，柴油机一部1100元	7974元2角	由中南银行汇寄	《笺函：笺函海岸巡防处》，《海军公报》第16期，1930年9月27日，第190页
1930年，察勘东沙台工程司杨锡缪薪洋300元，旅费约400元，8月办公费500元，粮食费420元，又该台与沪台等处此次调换员兵旅费400元	2020元	兹有中国银行照数汇寄，令查收，分别发给，并取具各领	《函知由中行汇寄东沙台杨工程师薪旅各费希查收发给并取据送部由》，《海军公报》第13期，1930年6月20日，第174页
1932年请借粮食、办公、西药、电料、工具旅费	7135元	由中央银行电汇	《电海岸巡防处吴处长：电知由中央汇发东沙台粮食等费由》，《海军公报》第34期，1932年4月15日，第210页
借东沙台备办粮食、电料药品及办公川资各费	4749元4角	由中南银行电汇	《电海岸巡防处：电知由中南银行汇拨借东沙台粮食各费希收复由》，《海军公报》第10期，1930年4月15日，第19页
东沙修塔工人预支第三个月工资	360元	由中国银行电汇	《电海岸巡防处吴处长：电汇东沙修塔工人预支工资由》，《海军公报》第49期，1933年7月15日，第48页
借支粮食等项洋10179元5角3分，修理铁塔工料洋4640元，租船价尾款引港费约2420元	17239元5角3分	由中央银行电汇上海	《电海岸巡防处吴处长：电汇东沙台借支粮食等款由》，《海军公报》第46期，1933年4月15日，第335页

可以看出，东沙岛气象台的常规经费、临时经费及职员饷银费经过审批后，还需要通过中央银行、中国银行、中南银行等银行电汇，每次支付方式都不同，这使得东沙岛气象台的经费拨付程序相当烦琐复杂。

结　语

　　1926年，东沙岛气象台工程完工，楼高12尺，台顶设天文测量仪，办公室、住宿舍、发电机、无线电机、电池室、火药子弹库及西药房均设在台内，另建一室设置测量气温、气压、晴雨、湿度、雨量、风向、风力、地震等仪器，还设有淡水制造厂、淡水池、储藏室、水厕、厨房等设备，在淡水厂与椰子树间还有鸡鸭饲养园一所，南北两面还设有轻便铁路，岛上还设有铁质无线电杆两根、铁质灯塔一座。东沙岛气象台拥有近代化观象设备和通信设备，东沙岛气象台所用无线电机为德国造得力风根机大小两部，大部电机的电力输送距离可达1450公里，能与奉天、东京、新加坡通电，小部电机的电力输送距离为600公里，能与邻近船只、厦门小吕宋通电。[①] 其时西沙气象台尚在筹备之中，东沙岛气象台一度成为南海海疆唯一的观象设施。1929年12月1日，海军部公布《东沙观象台暂行组织条例》，标志着东沙岛气象台的管理制度趋于完善，软件建设任务基本完成。东沙岛气象台是近代中国海疆设施建设的成果，其建设过程反映了近代中国海疆建设的探索历程。

　　东沙岛气象台屹立于南海疆域，在海军部海岸巡防处的管辖下，履行气象预报、传播风警、高空测候、海水温度监测、地震测试及传报、船舶觅向、编纂风警图志以及救护难船等职能，进一步加强了中国政府对南海疆域的有效管辖，使中国有效管辖南海疆域的事实进一步获得了国际公认。一方面，东沙岛气象台作为国民政府常驻南海疆域的派出机构，随时向过往域内船只、从事渔业生产的渔民通报气象、飓风等信息，为安全行驶和渔业生产保驾护航；另一方面，东沙岛气象台重视向过往的境外船只通报气象信息，履行保障国际航海安全义务，中国政府有效管辖南海疆域的事实获得广泛的国际认可。

　　当然，近代中国海疆设施建设并不顺利，四个方面原因导致海疆设施近代化历程步履维艰。一是专门人才奇缺。1934年，为观测香港吕宋之间的东沙岛高空气流，"增设氢气球测量高空风向、风力，定时广播"[②]，海岸巡

---

　　① 余日森：《东沙群岛调查记》，《广东农业推广》1935年第7期，第76—77页。
　　② 《东沙台高空测候之增设》，《中国国民党指导下之政治成绩统计》1934年第7期，第55—56页。

防处派不出懂得高空气象的人才，不得不派员前往徐家汇天文台学习。二是近代化设备生产能力不足，相应设备基本上都是从国外购买的。三是区位偏远，交通不便，运输补给困难，台湾海峡以北的中国口岸城市接收徐家汇观象台信号，而包括东沙岛气象台在内的南方口岸城市则接收香港天文台发送的气象信号，① 气象信息传播代码由外人把持。四是经费不足，难以及时更新设备，获取最先进技术，很难保障气象台设备正常运转。

The Practice and Exploration of the Modernization of the Construction of the Facilities in China's Sea Territory
—Taking Dongsha Island Observatory as an Example

Sun Wei

Abstract：The Dongsha Island Observatory was built by the Beiyang Government in July 1924, After it was completed in March 1926, as an important coastal facility, it was put under the management of the coastal patrol office of the Ministry of Navy. From March 1927 when the station belonged to the Nanjing National Government to the end of 1929, The New Navy Department has gradually improved the software and hardware facilities of the Dongsha Island observatory, its equipment and management system were close to the world advanced level at that time. At the same time, Xujiahui Observatory and other institutions controlled by outsiders in China were essentially different from Dongsha Island Observatory, the Xisha Island observatory construction project in the same sea area was shelved for a long time due to insufficient funds. From 1924 to 1937, Dongsha Island Observatory, as a modern Chinese coastal facility independently built by the Chinese government and with the significance of complete sovereignty, it had developed and innovated the practice of safeguarding rights in China's coastal

① 吴燕：《徐家汇观象台与近代气象台网在中国的建立》，《自然科学史研究》2013 年第 2 期，第 171 页。

areas through operation and performance of duties. Although the Station had played an important role in the practice of the modernization of China's coastal facilities, it had encountered many difficulties in terms of personnel, goods, transportation and funds, It also reflected the difficult modernization process of China's coastal facilities construction.

Keywords: Dongsha Island Observatory; Coastal Facilities; Modernization; Historical Status; Significance

（执行编辑：王潞）

海洋史研究（第二十一辑）

2023 年 6 月　第 310~344 页

环琼州更路的数字人文解读

——以琼粤六种更路簿为例

李文化　陈　虹　魏胤巍　李雷晗　范武山[*]

一　前言

南海更路簿（简称"更路簿"）是我国劳动人民开发经营南海的历史证据，也是研究我国航海史、海洋意识及海洋文化的重要文献资料。此前，学界对于更路簿的研究主要集中在更路簿文化解读、南海诸岛和外洋地名分析及航线绘制上。例如，周伟民等全面诠释了更路簿文化内涵，[①] 刘义杰对南海更路所记录的海上航道的形成等问题多有论述，[②] 以及阎根齐、夏代云等对更路地名的论述。[③] 然而，对更路簿中近海航线的系统性研究并不多，目前仅发现吴绍渊对粤琼航线进行过研究。[④]

---

[*]　作者李文化，海南省社会科学院特聘研究员、海南大学教授；陈虹，海南大学图书馆馆员；魏胤巍、李雷晗，均为海南大学网络空间安全学院硕士研究生；范武山，海南大学图书馆馆员，研究方向：软件开发。
本文系海南省社会科学院课题"南海更路簿数字博物馆"（项目号：HNsky2018018）成果。

[①]　周伟民、唐玲玲：《南海天书：海南渔民〈更路簿〉文化诠释》，昆仑出版社，2015。
[②]　刘义杰：《南海海道三探》，《南海学刊》2020 年第 3 期。
[③]　阎根齐、吴昊：《海南渔民〈更路簿〉地名命名考》，《社会科学战线》2021 年第 6 期；夏代云：《卢业发、吴淑茂、黄家礼〈更路簿〉研究》，海洋出版社，2016。
[④]　吴绍渊、曾丽洁：《南海更路簿中粤琼航路研究》，《中国海洋大学学报》（社会科学版）2021 年第 2 期。

"琼州岛"和"琼州"皆指海南岛。笔者综合运用航海学、地理学和应用数学等交叉学科的相关领域知识，用数字全面解读南海更路，创建了更路系列计算模型，对《南海天书》所收20册更路簿的近3000条更路从多学科交叉融合的数字人文视角对更路簿进行综合研究，[①] 结论更为可信。在更路簿数字化的过程中，最为关键的是两点之间的航向与航程计算模型（公式），以及航向与航程的偏差估算模型。这些模型同样适用于海南近海更路，[②] 下文用到的岛礁之间的航向、航程计算公式如下：

$$航向计算公式：K = arctg(\Delta\theta/\Delta D) \qquad -①$$

$$航程计算公式：S = sec\,K \times \Delta X \qquad -②$$

公式中 α 指地球半径，按平均值6371公里计，（$\theta 1$，$\varphi 1$）是起点坐标，（$\theta 2$，$\varphi 2$）是讫点坐标，$\Delta\theta = \theta 2 - \theta 1$，$\Delta D = \left[ln\,tan\,(\pi/4+\varphi/2) \right] \mid_{\varphi_1}^{\varphi_2}$，$\Delta X = \alpha \times (\varphi_2 - \varphi_1)$。

需要注意的是，式①、②中的起、讫点的经纬度，需要将标准的"度分"格式转换为以"度"为单位的数值格式，如"急水门（海南角）"的坐标本是（E110°42′，N20°10′），在公式中应转换为（110.70°，20.16°），如果是西经、南纬则为负值。

《南海天书》近3000条更路的两个重要统计数据对更路及俗称地名的分析，将起到非常关键的作用：①南海更路每更约12.0海里（综合实际调整为12.5海里），有相关历史文献的佐证，从数字人文视角以更为精确的数据对更路簿的"更"再诠释，[③] 验证并提高了海南渔民普遍认为的"每更约10海里"的精确度，为更路簿人文计算提供了依据；②渔船真正航行的方向是船头方向与受风方向的合力方向，与理论上航行两点之间连线方向有一定偏差，说明数字化后的针位角度与理论最短航程航向角平均偏差12.1°是合理可信的。其中苏承芬修正本89条更路用角度代替针位，这些更路的角度，与理论航向角度平均偏差3.9°，[④] 说明随着航海技术的进步，航向的精确度也得到明显提高。

---

① 李文化：《南海"更路簿"数字化诠释》，海南出版社，2019，第11—14页；李文化、陈虹、李冬蕊：《数字人文视域下的南海更路簿综合研究》，《大学图书馆学报》2020年第2期。

② 李文化、陈虹、李雷晗：《林诗仍〈更路简记〉海南岛东线更路及地名的数字人文解读——兼论"鸟头""苦蜞"位置》，《海南热带海洋学院学报》2022年第1期。

③ 李文化、夏代云、吉家凡：《基于数字"更路"的"更"义诠释》，《南海学刊》2018年第1期。

④ 李文化：《南海"更路簿"数字化诠释》，第49—55页。

二　环海南岛更路簿概况

海南大学图书馆周伟民、唐玲玲教授工作室近年征集到海南文昌郑庆能、琼海王诗桃及陵水胥民等更路簿抄本，均含有较为完整的环海南岛近海更路。李文化了解到广东湛江李龙收藏环海南岛更路簿一册，其环海南岛更路更为完整、信息更为丰富。

（一）广东湛江李龙收藏的杨河森本《琼洲岛驶船更路志录》

湛江人李龙先生收藏有广东到海南岛近海更路簿一册，为古式线装图书，从后往前翻页，内容为毛笔字竖行抄写，封面有"广东琼洲各港水程更路志录船可应用"字样，这里的"琼洲"即"琼州"；内扉页有"广东琼州水程更路志录各港口船只可应用不可毁也"以及"杨河森抄"字样；正文首页盖有"杨河森"印章2枚，分为四部分，第一部分是"海南岛水程表"；第二和第三部分分别是"广东流水"和完整的"海南流水期"；第四部分是"琼岛山岭碑磜沥沙石坭地水程志录"，详细记录海南岛近海更路，既有打水深度，也有暗礁提示，是长期行船经验的总结。内文中的许多地名如"东赢沙""沙洲港"[①]"非尾角"等几乎是全新的，亦有"看临高角塔安东便黑根即止碑村尾无碍也"。临高角灯塔是海南岛最早的灯塔，由法国人始建于清光绪二十年（1894）。[②]

正文第60页开始，有标题"琼洲岛驶船更路志录烈下"[③]（见图1）的环海南岛更路43条，从文昌"加定角放下急水门架乙辛更半转针巳亥半更至""急水门放下新铺角架寅申半更到"开始，逆时针沿海南岛西线到三亚，再从三亚沿东线向北回到文昌"铜鼓放加定角丑未二更半到"等，是一套完整的环海南岛更路。笔者称其为杨河森本《琼洲岛驶船更路志录》，以下简称杨本。

---

① 暂未查到有此港信息的历史资料，根据更路描述，疑为南渡江入海口东侧东营镇的沙洲门，现名沙上港。另外，"沙上"与"沙洲"的海南方言读音相近。
② 《临高角灯塔》，临高县人民政府网，2020年5月20日，http：//lingao.hainan.gov.cn/lyz/lvzx/201907/t20190729_2639299.html，2022年11月7日。
③ "烈下"应是"列下"的笔误。

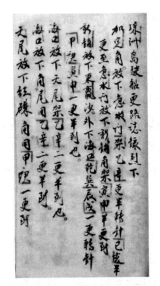

图 1   杨河森本《琼洲岛驶船更路志录》首页

（二）海南文昌郑庆能本《琼州行程更路志录》

郑庆能，1935 年生，文昌市清澜港东郊镇人，老船长，国家级非物质文化遗产《更路簿》传承人。他根据其师父李长福（海南临高人）指导，[①]抄有更路簿三种。其一是《广东下琼州更路志录》，记有广东到海南岛更路 19 条；其二是《琼岛港口出入须知》，记录港口出入注意事项，以及海口流水、琼州海峡潮汐表；其三是《琼州行船更路志录》，收录了环海南岛更路 40 条。从材质、笔迹和横写的格式推断，结合郑庆能出生年月，该本抄写时间可能在新中国成立前后。

吴绍渊据郑本《广东下琼州更路志录》记录"落下行口打水四、五壬看硇洲灯在北即是近行口可也"及"硇洲灯"即"硇洲灯塔"，始建于清光绪二十五年（1899），竣工于 1903 年的记载，推断该本相关航线的记录时间应不早于此时。[②]

---

① 周伟民、唐玲玲：《南海天书：海南渔民〈更路簿〉文化诠释》，第 40 页。

② 吴绍渊、曾丽洁：《南海〈更路簿〉中粤琼航路研究》，《中国海洋大学学报》（社会科学版）2021 年第 2 期。

（三）陵水冯安泰置流水簿及其环琼州更路

中国（海南）南海博物馆收藏有一套封面有"广东省辖内流水簿 冯安泰置 陵水县新村港本□□"字样的更路簿，其中"广东省辖内流水簿 冯安泰置"用毛笔、繁体、横排书写，字迹清晰，"陵水县新村港本□□"用水笔、简体、横向书写，应该是后加上的，其内容有广东到海南岛及海南岛周边更路，其中的"广东海南岛驶船水程更路志录"部分（见图2），记录了从"自加定角放下急水门架，乙辛一更，转针巳亥，半更船即是到也"开始，按逆时针方向，沿海南岛近岸，从文昌的加定角出发，经海口、临高、儋州、乐东再到三亚，继续沿东线的陵水、琼海等回到文昌的详细更路，共有环海南岛更路27条，跟其他本相比，缺失较多，但其后记录有17条海南西部港口往北部湾岛礁与港口更路，这在其他更路簿不多见。随后，又有用"里"数记录的环海南岛更路53条，如"自卜鳌港上至潭门港，水程八里，小港水满深六七尺……此处是乐会县仝琼东县交界地方也"。1914年，因与湖南省会同县重名，"改会同县为琼东县"。[①] 1958年12月，原琼东县、乐会县、万宁县合置为琼海县，[②] 故此本记录内容应在1914—1958年。随后，记有"广东驶船下海南岛更路志录"20余条更路，其中亦有"落下行口打水四任五任也看硇洲灯在北方即是近行口也"，内容与郑本基本一致，亦可推测该本内容形成时间不早于1903年。这部分内容用毛笔、繁体、横排抄写。

此外，该本后面还有还有用蓝色圆珠笔抄写、笔迹完全不同的"琼州行船志录更路"，记录有从"急水门放下新铺角用寅申半更方到"开始，按逆时针方向，经海口、临高、儋州、乐东再到三亚，最后沿东线回到文昌。共有更路38条。

（四）佚名本《琼州行船更路志录》

中国（海南）南海博物馆收藏有一封面印有"工作记录本"字样的日记本，内容从后向前记录，绝大部分内容竖行书写，记有广东、琼州（海南）流水与近海更路。

---

① 海南省地方志办公室编《海南省志·地名志》，方志出版社，2020，第9页。
② 万宁县地方志编纂委员会编《万宁县志》，南海出版公司，1994，第47页。

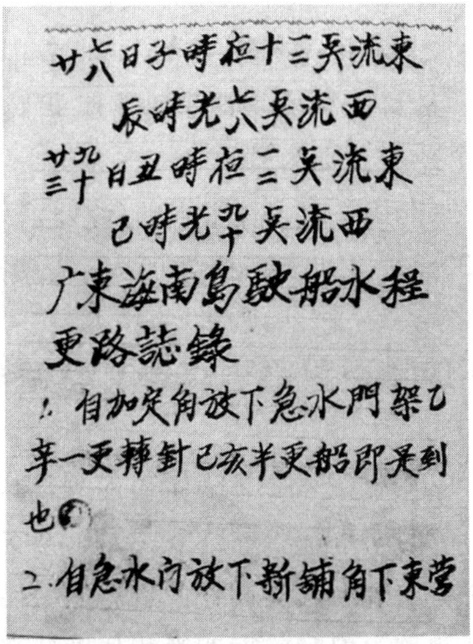

图 2　冯安泰本一页

其中《广东琼州山岑碑礁沙石泥洲仔水程更路行》部分记录了海南岛近海航线的水深与里程（距离单位用"里"），如"双蓬石上分界洲水程廿里……打水三壬……此处陵水万洲分界"。之后，记录有"琼洲行船更路志录"，更路航线与表述方式与前面各簿大致相同，共有 40 条。从日记本材质及笔迹看，该本应是抄写于现代。

（五）其他更路簿的环琼州更路情况

在海口市演丰镇林诗仍（1938 年生）老船长捐赠给海南大学图书馆收藏的六套更路簿料中，有林诗仍亲自抄写的航海资料三册。林诗仍年少时曾随父开船去泰国，后来自己在海南岛近海驶船从事渔业活动。他于 1970 年前后抄录完成的一本无封面无题名的航海资料中，记有：从铺前往湛江方向更路段；从八所经昌化往儋州、临高、海口方向，再经铺前沿东线至三亚，再沿西线回到感恩的顺时针环岛航行更路；还有从铺前出发经海口、临高、儋州逆时针至东方八所与北黎，以及从铺前出发经铜鼓岭沿东线至三亚再至八所更路，算是一种多段合一的环海南岛更路簿。更路表述形式与前无明显差别。因其无封面，根据更路簿的命名习惯，可称其为林诗仍抄本。

王诗桃家传更路簿有三本，最早是由郑庆杨收藏、王诗桃以毛笔竖行繁体字抄写的更路簿，[①] 主要有"东海更路部"、"立北海更路部"以及"琼州行船更路"等内容，后又陆续发现两个抄本。我们称郑庆杨收藏的王诗桃簿为原本，称后两个抄本分别为抄本一、抄本二。抄本一的"琼洲行船更路志录"、抄本二及原本相关内容有很强的传抄性，均记有从海口经西线到三亚的更路，共有 30 条，但此部分未发现从三亚沿东线返回海口更路。

三 环琼州更路簿更路条文整理与比较

为了既方便对比，又不过于繁杂，表 1 对应列出杨河森、郑庆能、冯安泰和佚名等四册更路簿中的琼州行船更路条文，而冯安泰置"广东海南岛驶船水程更路志录"大部分内容与其类同，但也有一些明显的变化，王诗桃抄本一虽只有记录到三亚更路，但与前面四簿相似度较高，特别是与广东杨河森本高度相似，对更路分析有一定参考价值，故亦简要列出。明显相同或相近内容用省略号、"类同"或"类某"表示。各本之间对应内容明显不同的部分，做了加粗处理。为对照方便，不同更路簿，缺失更路用"缺"列示。

从表 1 可以看出，相关更路簿的环海南更路虽然细节有少量差异，部分更路有缺失，但整体上，更路顺序、记录内容与表述形式基本相同，说明他们之间的传抄性极强。为表述方便，又不引起歧义，下文将对前四簿分别用"杨本""郑本""冯本""佚名本"简称，用"冯本（海南）"称"冯安泰'广东海南岛驶船水程更路志录'"，用"王本"称王诗桃抄本一更路簿。

（一）更路条目缺失情况

①冯本第 1 号更路看似缺失，但第 40 号更路正是描述该航路，反而是其他簿有重复。

②杨、王本缺第 4 号更路，但第 4 号更路其实是第 2、3 号更路的复合更路。

③第 6—8 号更路表述天尾到临高角的航路，除了郑本描述比较详细没有"漏"项外，其余更路簿均有个别缺失，但不影响此部分更路的指导性，应是渔民简化了相关表述。

----

① 郑庆杨：《蓝色的记忆》，天马出版有限公司，2008，第 256 页。

表 1　杨河森等琼州更路簿条文对比一览（有下划线的为地名）

编号	广东杨河森《琼洲岛驶船更路志录》	文昌郑庆能《琼州行船更路志录》	陵水冯安泰《琼州行船志录更路》	佚名《琼州行船更路志录》	冯安泰（海南）	王诗桃抄本一
1	架定角放下急水门架乙辛一更转针己亥半更至	自加定角放去急水门乙辛一更转针己亥半更到也	缺	架定角放下急水门架乙辛半更针己亥半更至	类郑	类杨
2	急水门放下新铺角架寅申半更到	自急水门下新埠角放东申半更到	急水门放下新埠角架寅申半更方到	急水门放下新埠角架寅申一更至		类杨
3	新铺放下东赢沙外下海口架辰戌一更转针甲庚寅申一更半到到	赢沙外下海口加子巽一更转针甲庚寅申一更至也	新埠角放东赢海口沙外用子巽辰戌更转针甲庚寅申一更半方到	新埠角放东赢沙外下海口架子巽辰戌一更转针架甲庚寅申至	类郑	类杨
4	缺	自急水门放下海口驾卯酉一更转针甲寅申兼二线甲庚二更半至也	急水门放下海口小半时转甲寅申甲庚三更半到	急水门放下海口卯酉一更小半转甲寅申甲庚二线甲庚	……卯酉一更转针甲庚寅申一更半……	缺
5	海口放下天尾架乙辛二更半到到也 海口放下尾角用乙辛二更半到也①	自海口放去天尾架乙辛一更半至也	海口放下天尾架乙辛二更半到	海口放下天尾架用乙辛二更半至	……架乙辰戌转针卯酉一更船即到也	类同 二更
6	天尾放下红磹角用甲庚一更半到	自天尾放去红磹角（甲）庚二更至也	天尾放下红磹角卯酉三更到		缺	类郑
7	天尾放下临高架甲庚卯酉兼三更半到	自天尾放去临高角用甲庚兼卯酉三更半至也	缺	天尾放临高角用甲庚兼卯酉三更半至	类郑	类郑

续表

编号	广东杨河森《琼州岛驶船更路志录》	文昌郑庆能《琼州行船更路志录》	陵水冯安泰《琼州行船志录更路》	佚名《琼州行船更路志录》	冯安泰（海南）	王诗桃抄本一
8	缺	自红碌角放下临高角用卯酉二更至也	四方红碌放下临高角用甲庚卯酉一更半到	红碌角放下临高角用卯酉二更至	缺	缺
9	临高上角放下角用甲庚卯酉一更半到	自临高上角放下角用甲庚卯酉一更至也	临高上角放下角用甲庚卯酉一更至到	临高上角放下角甲庚二线卯酉一更半至	自临高角放下博纵架……一更半……	类杨
10	下角放入临高用丑未兼艮坤壹更到	下角放入临高用丑未兼艮坤一更到	下角放入临高港用丑未艮坤一更半方到	下角入临高用丑未兼艮坤一更至	自博纵架放下入新仍站转癸丁半更……	类杨、郑
11	下角放下兵马角用甲庚二线黄申三更离磷礁十里不防	离磷礁十里无防有碍	临高角②放下兵马角用甲庚申黄三更到	临高放下兵马角用甲庚二线黄申三更至离磷昌礁十里无防无碍	类杨、佚；起点改为"博纵"	类杨、佚
12	兵马放下神尖黄申兼艮坤一更半到	兵马神尖用黄申兼艮坤也	兵马放下神尖黄申艮坤一更到	兵马放下神尖黄申兼艮坤一更半至	类杨、郑；兵马乌改黑马角	类杨、郑
13	角内对角外亦不碍高昭船头船尾离高角三丈位不碍高昭	角外对角外亦不碍高昭自船头船尾离高角三丈位不碍高昭	角外对角外不防碍高砧州头船尾三丈位不碍高砧	角外对角外亦不防碍高洲头船尾三丈位不碍高洲	缺	类杨
14	神尖放下三碑尾用子午半更到	神尖放下三排尾用子午半更也	神尖放过三排尾用子午半更到	神尖放下三碑尾用子午半更至	缺	类杨、佚
15	神尖放下三观音角用艮坤兼二线丑未二更到离磷昌礁四里	神尖去观音角用艮坤二线丑未二更到	神尾放下观立日角用艮坤丑未三更到离磷昌礁四里不碍	神尖放下观音角用艮坤兼线丑未二更至	类郑、冯	类杨、冯 离磷昌四里

续表

编号	广东杨杰森《琼州岛驶船更路志录》	文昌郑庆能《琼州行船更路志录》	陵水冯安泰《琼州行船志录更路》	佚名《琼州行船更路志录》	冯安泰（海南）	王诗桃抄本一
16	观音角放下昌江角外用艮寅申兼艮坤三更半到	自观音角放去昌化角用黄申兼艮坤三更半到也	观音角放下昌化角用黄申半更艮坤二更方到	观音角放昌化角用黄申艮坤三（更）至	类佚名	类郑
17	神尖放下艮坤四更到	神尖放下昌化角用艮坤四更到也	缺	神尖放昌化角用艮坤四更至	缺	类同
18	昌化角放下四更沙后用癸丁丑未一更到	自昌化放去四更沙尾外用癸丁丑未一更到也 自神尖放下昌化角用艮坤四更到也（同17）	缺	缺	缺	类杨
19	昌化放下四更沙尾外用艮坤一更半转针子午半更 又转针卯酉入北黎	自昌化放去四更沙尾外用辰戌一更半转针子午半更 又转针卯酉入北黎	昌化四更沙尾外角用辰戌一更半转针子午半更 又转针卯酉入北黎	昌化放四更沙尾对用丑未一更半转转针子午四更 又转针架卯酉入北黎	……用黄申一更半转针……	类杨
20	四更沙头行鱼鳞洲用子午半更到	四更沙沙口对鱼鳞洲用子午半更到也	四更沙沙口对鱼鳞洲用子午半更到	四更沙沙行口对鱼鳞洲用子午半更至	……用壬丙己亥一更船……	类郑
21	四更沙尾外对鱼鳞洲二线己亥半更到	四更沙尾外对鱼鳞洲用壬丙兼己亥二更半到也	四更沙尾外对鱼鳞洲用壬丙己亥半更到	四更沙尾外对鱼鳞洲用壬丙二线乙辛（巳）亥半更至	缺	类冯
22	鱼鳞洲放沙外用丑未二更转针子午一更 又转针乙辛辰戌二更取黑岭底	自鱼鳞洲放下感恩洲外用丑未二更又转针子午一更 二更取黑岭底也	鱼鳞洲放下感恩沙下丑未二更转针子午一更 转针乙辛辰戌岭底	鱼鳞放感恩沙外用丑未一更转针子午一更 又转针乙辛辰戌二更收里黑……	类郑,……黑岭头	……壬未[3]……又转针……

续表

编号	广东杨河森《琼州岛驶船更路志录》	文昌郑庆能《琼州行船更路志录》	陵水冯安泰《琼州行船志录更路》	佚名《琼州行船更路志录》	冯安泰（海南）	王诗桃抄本一
23	感恩沙根对黑岭用己亥壬丙午更到	自感恩沙根对黑岭底用己亥壬丙子午一更到也	感恩沙根对黑岭底用己亥壬丙午一更到	感恩沙根对里一岑衣用己亥壬丙午一更至	自感恩沙根对面黑岭头架……	注④
24	感恩角至单村角壬丙午二更到到也	自感恩角对单村角用壬丙午午二更到到也	感恩角对单村用壬丙子午二更方到	感恩角对单村角壬丙午二更至	类同；感恩角改感恩港	类同
25	英歌海放下望楼用乙辛辰戌更半到也	自英歌海放去望楼角用乙辛辰戌一更到也	英歌海放乙辛辰戌一更半到	英哥角放望楼用乙辛辰戌一更半至	类郑讹点"望楼港"	类杨
26	望楼放下酸枚角乙辛壹更到	自望楼放去酸梅角乙辛一更到也	望楼（下望）楼角放下酸梅角乙辛卯酉一更到	望楼角放酸梅角乙辛一更至	类同，起点"望楼港"	类同
27	酸枚放崖洲港用乙辛卯酉二更半到	自酸梅放去崖洲港用乙辛一更到也	酸梅角放下崖洲港门乙辛卯酉一更到	酸梅角放崖洲角乙辛一更至	类郑	类杨
28	崖洲角放下三亚乙辛二更到	自崖洲角放去三亚乙辛一更到也	崖洲角放下三亚角用乙辛卯酉二更到	崖洲放三亚角用乙辛酉一更至	缺	缺
29	三亚港放榆林角用乙辛卯酉小更到	自三亚放去榆林角牙龙角用甲庚寅申一更到也	缺	三亚放榆林角用乙辛卯酉二更至	自崖洲角上至亚角上至榆林港上至六婆角甲庚寅申三更船即是到到	类杨；少半更
30	榆林角放龙牙角甲庚寅申一更到	缺	榆林角放下龙牙角用甲庚寅申一更到	榆林角放牙龙角用甲庚寅申一更至	缺	类杨
31	龙牙角放陵水港用艮坤一更到	缺	缺	牙龙放陵水角用艮坤一更至	缺	类杨
32	龙牙角放陵水角用寅申二更到	自牙龙角放去陵水角用艮坤二更到也	牙龙放陵水角用艮坤一更半到	牙龙放陵水角用艮坤二更至	类同，起点为"龙头角"	类杨

续表

编号	广东杨河森《琼洲岛驶船更路志录》	文昌郑庆能《琼州行船更路志录》	陵水冯安蓁《琼州行船志录更路》	佚名《琼州行船更路志录》	冯安蓁（海南）	王诗桃抄本一
33	陵水放大洲用艮寅坤申二更半到	自陵水角放去大洲用艮坤寅申二更半到也	陵水放大洲用艮坤申寅二更半到	陵水放大洲用艮申坤二更至	类佚名	类杨
34	大洲放大化用艮坤丑未壹更到	自大洲放去大化用艮坤丑未一更到也	大洲放大化用艮坤丑未一更到	大洲大化用艮坤丑未一更至	类同	
35	大化放万洲口用己亥半更到	自大化放去万洲港北口用己亥半更到也	大化放万洲港北口用己亥半更到	大化放万洲港北港口用乙辛一更至	类同；范点改为"万宁港北"	
36	大化放博鳌角用癸丁子午二更到	自大化放去博鳌角用癸丁午二更到也　自大化放去清口口角用癸子午二更到也	大化加积角用癸丁午二更到	大化放卜鳌用癸丁子午二更至	自万宁港北至卜鳌……	类佚名
37	大化放清澜用癸丁丑未四更到	自大化放去清口口港口用癸丁兼一线丑未四更半到也	大化放清澜用癸丁丑未四更到	大化放清澜用癸丁子午四更至	类冯；多了"自卜鳌港上至清口口港口……"	类杨；多了"自卜鳌港上至……"
38	大化放铜鼓角用丑未二更半到	自大化放去铜鼓用丑未六更半到也	大化放铜鼓角用丑未六更到	大化放同鼓用丑未六更至	类杨	
39	铜鼓放加定角用丑未半更到	缺	铜鼓加定角丑未二更到	铜鼓放加定角用子午丙壬二更至	（以下为海南岛西部港口往北部湾更路，不计入环海南岛更路）	（以下无更路）
40—42	（以下三条更路：加定至新铺角，急水门至海口，分别与第1,2,4重复）	（以下二条更路：急水门至新铺角，急水门至海口，分别与第2,4重复）	（以下有一条更路：加定角放急水门至新铺角，另有一条急水门至新铺角与第2重复）	（以下有三条更路：急水门至新铺角，急水门至新铺角别与第1,2,4重复）		（以下无更路）
43⑤	七洲对铜鼓角放去用丑未半更　七洲对加定角干异半更到	自抱虎角放去用铜鼓用丙二更半可到也	（以下是三条与磷昌关更路）	（以下无更路）		

续表

编号	广东杨河森《琼州岛驶船更路志录》	文昌郑庆能《琼州行船更路志录》	陵水冯安泰《琼州船志录更路》	佚名《琼州行船更路志录》	冯安泰（海南）	王诗桃抄本一
	共 43 条	共 39 条	共 38 条	共 40 条	共 30 条	共 30 条

注：①该更路对应更路仪杨本有两条，且仅有讹点差异，疑"角尾"即"天尾角"。
②根据对应更路，疑"角尾"为"临高下角"的误抄。
③本更路此处应为漏了航程，其他本对应为"二更"或"二更半"。
④王诗桃抄本一对应更路应为"自感恩放下抄根对黑岭底已亥壬丙一更一至"，起、讹点表述与其他簿差异大。
⑤第43号对应更路，各簿之间无关联。

④少量更路缺失，"破坏"了前后更路的连续性，应是传抄人失误所致，如冯第 29 号缺失。但大部分的缺失更路，并不影响更路整体连续性，不降低其航海指导作用，不排除传抄人主动舍弃的可能，如 18 号更路，有多个本子缺失，可能是其与 19 号更路的部分内容有关，31 号更路，也有多个本子缺失，可能是其与 30 号更路仅有"陵水角"与"陵水港"的不同。

（二）更路内容明显缺失情况

①郑本第 11 号更路部分内容缺失，应是漏了"临高下角往兵马角"更路内容。

②郑本第 2、3 号更路"自急水门下新凖角放东赢沙外下海口加干巽一更转针甲庚兼寅申二更至也"应前半部分缺漏了"（急水门）放下新铺角架寅申半更到"。

③郑本第 29、30 号更路"自三亚角放去榆林角放牙龙角用甲庚寅申一更到也"应是前半部分缺漏了"（三亚角）放去榆林角用乙辛卯酉小更到"。

大部分"缺失"更路，并不影响更路整体连续性，不影响更路的指导性，不排除传抄人主动舍弃的可能，如第 18 号更路，有多个本子缺失，可能是其与第 19 号更路内容的一部分有关，第 31 号更路，也有多个本子缺失，可能是其与第 30 号更路仅有"陵水角"与"陵水港"不同。

（三）更路重复内容情况

①郑本第 18、19 号更路之间比别的更路簿多了"自神尖放下昌化角用艮坤四更到也"更路，其与第 17 号更路内容完全一致。

②第 40—42 号更路，多簿与第 1—3 号更路重复，在表中已有说明。

（四）其他情况

①郑本第 36、37 号更路之间，比别的更路簿多了"自大化放去清□□角用癸丁子午二更到也"，应该是错误，后文将做计算分析。

②冯本（海南）第 28—30 号更路合并在一起为"自崖洲角上至三亚角，上至榆林港，上至六婆角架，甲庚、寅申，三更船即是到也"，一种可能是如郑本类似抄漏内容，另一种可能是一种简化表述，后文将做计算分析；

③冯本（海南）第 9—11 号、35—36 号更路中的部分地名与其他簿对应更路有明显差异，后文将做人文计算分析。

四　基于人文计算的环琼州更路及地名辨析

（一）位置基本可明确的更路地名

更路中的部分地名，经查阅相关资料和渔民口述史，结合现代港口名，并通过天地图或百度地图搜索，可查到相应位置，另有部分地名在其他文献中有详细考证，且与本文相关更路数值计算结果吻合，也与林诗仍《更路简记》东线更路地名高度一致。这些地名现罗列如下。

①加定角/架定角。与《更路简记》中的"加椗角／茄椗"[①] 应就指同一处，即指文昌东部加丁村海边加丁港右边的景心角。

②急水门。与《更路简记》等众多更路簿出现的"急水门"为同一处，即中文海图普遍标有的"海南角（木栏头/海南咀）"处。[①]

③新準角/新铺角/新埠角。指铺前港北新埠海海角，《更路简记》中称"市尾角"。[①]

④天尾角。指现"天尾村"海边最凸角，即现海口市的"新海港"位置。

⑤临高角。指临高北部最凸出角，该处建有灯塔。

⑥兵马角。指儋州峨蔓镇兵马岭的岬角，1951 年始设灯桩，1994 年改建为灯塔。

⑦神尖角。指洋浦经济开发区的黑神头。

⑧渔磷洲。指东方市八所镇西南海滨的鱼鳞洲，也叫鳞洲角，边上建有八所港灯塔。

⑨感恩洲与感恩角。指东方市感城镇感南村约 1 公里的海边，1951 年设立为感恩角灯桩，1996 年改建为灯塔。1996 年，中国政府发布关于领海范围的声明，感恩角为中国领海基点。

⑩英歌海角。指乐东县莺歌海边上的莺歌咀，1951 年设灯桩，1992 年改建为灯塔。

⑪望楼角。乐东县利国镇望楼村外的望楼港一角。

⑫榆林角。应指榆林港东边或西边角，本簿经数值计算，更支持西

---

① 李文化、陈虹、李雷晗：《林诗仍〈更路简记〉海南岛东线更路及地名的数字人文解读——兼论"鸟头""苦蜞"位置》，《海南热带海洋学院学报》2022 年第 1 期。

边角。

⑬牙龙角／龙牙角。"龙牙角"应是"牙龙角"的误传，指亚龙湾东边、亚笼岭一角。

⑭陵水角／陵水港。陵水湾东部最凸出海面一角，天地图上有"陵水角"地名，在其他簿多俗称"鸟头"，笔者对此做过详细分析。① 陵水港应指现陵水新村港。

⑮大洲。指位于海南岛万宁市东南海上的大洲岛，又名燕窝岛。

⑯博鳌角。应指博鳌港（在《更路简记》称为"北营"）①一角。

⑰清澜港／清兰港与铜鼓／铜鼓角。文昌"清澜港"与"铜鼓角"，后者是重要望山。

⑱七洲。杨本最后附加更路中的"七洲"，指文昌东部的"七洲列岛"，古航海多有"去怕七洲，回怕昆仑"之说，说明此处的凶险。②

（二）需要进一步确认的更路地名

更路中的部分地名可根据渔民的俗称命名习惯，先确定大致范围，再结合人文计算，从而推算出可信位置。部分地名在其他簿中几乎从未出现过，如临高上角、临高下角，而有些虽然很通俗，但因其所指地域太大，需要更多的资料才能确认其具体位置，如海口、临高等。

①东赢沙。第3号更路全部更路簿出现。

海南岛北部铺前海向西往海口方向，南渡江入海口东面处不远的"东营港"外约2海里远，有一片沙滩，在海口市演丰镇林诗仍收藏（目前已捐赠给海南大学图书馆）的一张中国人民解放军海军司令部航海保证部印制于1971年的"博贺港至琼州海峡东口"海图上，在此地标注有"白沙浅滩"字样，今自然资源部绘制的天地图亦在此处有"白沙浅滩"图示及标注。"东赢"即"东营"，"东赢沙"应指这片浅滩，渔民经过此海域，要避开此处，即从"东赢沙外"过。

②海口。第4、5号更路出现。

《南海天书》在一处将此更路的"海口"解释为"海口礁"③，应是笔

---

① 李文化、陈虹、李雷晗：《林诗仍〈更路简记〉海南岛东线更路及地名的数字人文解读——兼论"鸟头""苦蜞"位置》，《海南热带海洋学院学报》2022年第1期。
② 刘义杰：《"去怕七洲，回怕昆仑"解》，《南海学刊》2016年第1期。
③ 周伟民、唐玲玲：《南海天书：海南渔民〈更路簿〉文化诠释》，第388页。

误，因为"海口礁"远在南沙群岛，而在另一处解释为"海口港"，比较合理，但未进一步说明其具体位置。因为"海口港"所指范围较广，笔者在综合更路的针位、航程（更数）之后，确定此处的"海口"应指旧时的"海口港"。林诗仍所藏海图清晰地显示了当年的"海口港"位置，即现海甸溪钟楼附近。讫点"天尾"即"天尾角"，即现在"新海港"位置。

经测算，原海口港至天尾角理论航程约为 10.35 海里，理论航向 275.2°，与相关更路针位方向偏差不超过 10°，比较正常。

冯安泰《广东海南岛驶船水程更路志录》记有"自海口港放下天尾角架，乙辛辰戌，转针卯酉，一更船即是到也"，杨河森抄本记有"海口下非尾角水程十里①架乙辛卯酉"。结合渔民普遍认为的"一更约 10 海里"及笔者统计分析的"一更约 12 海里"，笔者认为本条更路的航程为"一更"或"一更半"较为合理，"二更半"则偏高，疑王本及杨本相关更路抄录有误，或可能是航行受严重干扰。

③红砑角。第 6、8 号更路出现。

第 6 号更路，杨本为"一更"，冯本为"三更半"，航程相差过大，针位相差 7.5°，在合理范围内；第 6、8 号更路有较多簿册缺失，给相关地名位置的判断带来一定困难。

两条更路的"红砑角"，《南海天书》参阅郑庆杨所著《蓝色的记忆》，将其录为"江砑角"②，应是手写体误识原因。另外，海南渔民习惯根据礁石形状、颜色、所在方位等信息对作业岛礁命名，形象好记，"红砑"疑指"红色的礁石"。因"红砑角"与"天尾"相距只有"二更"，且为"甲庚"即 255°方向，查看天地图，共有红石岛、道伦角、林诗岛三处较为可能。"红石岛"位于临高金牌港和澄迈马裒港之间。"道伦角"为玉包港一角。"林诗岛"为"玉包港"东边的靠近林诗村边上的一个海上小岛，距林诗村岸边约有百米远，周边亦有大褐色火山石，在林诗村靠近林诗岛位置有一个灯塔，笔者在 2020 年曾前往实地调研。

《南海天书》将"江（红）砑角"解读为"道伦角"，但未提供文献资料佐证。表 2 列示了郑本"天尾"到"红砑角"及"红砑角"至"临高角"航程航向计算值。从表中可以看出，只有将"红砑角"按"林诗岛"解释，两条

① 杨河森抄本中的水程用"里"数代替"更"数，其中"里"应指"海里"。
② 周伟民、唐玲玲：《南海天书：海南渔民〈更路簿〉文化诠释》，第 405 页。

表 2　郑庆能本更路"红碌角"两种可能位置分析

更路	起点俗称	讫点俗称	起点标准名	起点经度	起点纬度	讫点标准名	讫点经度	讫点纬度	距离	航速	计算航向	针位	角度差值
6 自天尾放去红碌角甲（甲）庚二更至也	天尾	红碌角	新海港	110.17	20.07	红石岛	109.83	20.00	19.65	9.82	257.6	255	2.6
						道伦角	109.90	19.99	15.76	7.88	253.7		1.3
						林诗岛	109.95	20.00	12.86	6.43	251.1		3.9
8 自红碌角用卯酉临高角二更至也	红碌角	临高角	红石岛	109.83	20.00	临高角	109.72	20.02	6.32	3.16	281.0	270	11.0
			道伦角	109.90	19.99				10.31	5.16	280.1		10.1
			林诗岛	109.95	20.00				13.03	6.52	275.3		5.3

注：本表"经纬度""计算航向""针位""角度偏差"的单位为"度"，"距离"单位为"海里"，"航速"单位为"海里/更"，表 3 类同。

更路的航速与角度才均正常。

杨河森本前段有用"里"记录的水程："东水（港）至花场港水程有十里……花场（港）至红礁角水程三十里……红礁角至玉包湾水程二十里……玉包角至马袅港水程十里。"由此看，红礁角在花场港与玉包湾之间，林诗岛可能性较大。综合以上信息，笔者认为"红礁角"应指"林诗岛"。

④临高上角、临高下角、临高（港）。出现在第 9—11 号更路中。

冯本 10 号更路更数为"一更半"，比郑、王本多半更，且将"临高"明确为"临高港"；王本与杨本 11 号更路均多了"下角放下兵马角，用甲庚兼二线寅申，三更至"，疑郑本漏抄，冯本编号 7 更路起点为"临高角"，与王本和杨本的"下角"差异明显。

经走访，王诗桃后人及几位潭门老船长均不清楚"临高上角""下角"所指位置。笔者亲自前往临高几大港口与当地渔民交流，亦没有得到有价值线索，但在新盈港有渔民认为"上角"应该在临高东北方向，而"下角"在西南方向，这种解释比较符合此部分更路的整体走向。

林诗仍在 1970 年前后的环海南岛更路抄本中，有从海口天尾角往临高方向的更路表述："天尾角对临高角，用甲庚卯酉，二更半。临高角对下角至西边祖基线角用甲庚，二更半。"说明"临高角"在"临高下角"的东面；另有一处描述经洋浦到临高水鼓灯光的航线"临高新仍炮楼灯光三次。一连有灯到下角，临高上角灯光一次。"说明"临高角"和"临高上角"均在"下角"东面。林本这两处表述有一个特点，即"临高角"与"临高上角"不同时出现。

第 9—11 号更路，冯本（海南）将其他本子的"临高下角"记为"博纵角"，即"自临高角放下博纵角架""自博纵角放下入新仍港架""自博纵放下崩①马角架"，其中"博纵角"应指临高角与调楼港之间的"博纵村"海边一角。"临高下角"应指"博纵角"。

10 号更路"下角"前往的讫点，杨本、郑本、佚名本均为"临高"，而冯本为"临高港"。冯本（海南）对应更路为"自博纵角放下入新仍港架"，如果将"博纵角"视为"下角"，则"新盈港"应对"临高港"。另外，"新盈港"是临高境内成港较早，且影响力最大的渔港，也最能代表

---

① "崩"与"兵"音近，"崩马角"即"兵马角"。

"临高"。综合分析，这里的"临高港"或为"新盈港"。又，杨本前半部分的航海记录中有"临高上角至下（角）水程十里①架甲庚"与第9号更路基本吻合。需要指出的是，《南海天书》认为此更路的"临高"是指"临高角"②，既不符合此部分更路的整体走向，也与针位（37.5°/217.5°）不吻合。另查，杨本在其他部分还记有"临高上角下博壮角③架甲庚卯酉一更半即到""博壮角入新盈港丑未艮坤壹更半即至也"内容，印证本文推测。杨本还记有"若夜间欲入临高，当由上角下"。这里的"临高"，因为是从"临高上角"前往，即指从临高角东南处的文澜河入海口，沿河下到临高县城中心，即上角应指临高角。

　　综合以上分析，本文认为"（临高）上角"指"临高角"，"（临高）下角"指"博纵角"，"临高（港）"指新盈港。

　　⑤ "礁/磷礁/磷昌礁"。出现在第11号与15号更路对应部分更路簿中。

　　11号更路，分别出现了"礁""磷礁""磷昌礁"，应指同一处，临高下角至兵马角航线离此"十里"远；15号更路，分别出现"磷昌""磷昌礁"，应指同一处，神尖角到观音角航线离此"四里"远。根据此部分更路的整体走向，以及"临高下角"和"观音角"相去甚远，显然，两处的"磷昌礁"不是同一处。

　　11号中的"礁""磷礁"应指调楼港与兵马角灯塔之间的"邻昌岛"。据有关资料记载，在北部湾的后水湾，有一个闻名遐迩的岛屿——邻昌岛，也叫邻昌礁，面积约0.014平方公里，一年中绝大部分时间被海水淹没。邻昌岛以灰黑色的石灰岩错落堆积而成，故又称为邻昌礁。邻昌岛面积十数平方公里，蜿蜒逶迤横亘于临高和儋州之间数公里的海面上。

　　而15号中的"磷昌""磷昌礁"疑指"神尖灯塔"与"观音角"之间的"磷枪石岛"，"磷枪石岛"，当地渔民称"磷昌岛"，离陆地约4海里。礁盘面积3.3平方公里，潮涨而没潮落而现。岛周围海水清澈，一望见底，遍布珊瑚，形态各异。各种鱼类，五颜六色，大小参差，来回穿梭，是一个风光旖旎的旅游观光胜地。

---

① 渔民更路簿中的"里"指海里。
② 周伟民、唐玲玲：《南海天书：海南渔民〈更路簿〉文化诠释》，第405页。
③ 从字形看，似为"传壮角"，但参照该簿"博鳌上潭门水程八里是小港"更路中手写"博"字，与此处的"传"字手写体非常相似，结合临高现有"博纵村"，认为是"博壮角"，即"博纵角"。

由于"邻昌岛"与"磷昌岛"读音几乎一致，故海南渔民在这两条更路中将两个不同的位置记录为同一个"磷昌礁"也不足为怪。

⑥高昭/高珧与三排尾/三硴尾。出现在第13、14号更路。

杨本与王本讫点为"三硴尾"，郑本与冯本讫点为"三排尾"。"神尖"指白马井"神尖灯塔"所在位置；海南渔民习惯将"东北"称为"头"，将"西南"称为"尾"，结合"神尖"到"三硴"的针位为"子午"情况，"三排/三硴"指三都镇西南方位的洋浦港一带。

杨本在《广东海南岛驶船水程更路志录》记有"自高砳下便是神尖湾入洋浦港有三硴尾"。这里的"高砳"与第13号更路中的"高昭/高珧"应是同一处，结合第12号更路，"高昭/高珧"指神尖角附近一处礁石，船经过附近须小心。另外，第13号更路中的"角"应指"神尖角"。

⑦观音角。出现在第15、16号更路中。

冯本将"观音角"误抄为"观立日角"。之所以会出现这种笔误，极有可能是冯本抄写者所抄写的母本是竖行抄写，故将"音"写成了"立日"二字。"观音角"位于海南省儋州市海头镇洋家东村沿海，距海头镇政府驻地14公里。笔者曾亲自前往调查，发现其沿海沙滩细腻，海水湛蓝清澈，银白色沙滩上散卧着奇形怪状的巨石，光滑浑圆，千姿百态，滨海风光秀美。1957年12月27日设立为观音角灯桩，2002年改建为灯塔。

⑧昌化角。出现在第16—20号更路中。

此部分更路较为杂乱。前面交代过，郑本此部分有一更路与第17条重复，第18号更路又与第19号更路有重复，故王本、佚名本、冯本及冯本（海南）缺失第18条更路，冯本及冯本（海南）还缺失第17条更路；其他更路几簿差异不明显。

杨本第16、17号更路将"昌化"记为"昌江"，并不是笔误，因昌化江也称昌江，是海南岛的第二大河，发源于海南岛五指山山脉北麓的空示岭，横贯海南岛的中西部，河流自东北向西南流过琼中五指山山脉的主峰地区，在乐东县转向西北，出大广坝后，从昌江和东方交界之处流入北部湾，在入海口冲出一个广阔的喇叭口。

"昌化角"多认为指江化江入海口东北的"峻壁角"，在海南岛西部昌江境内的海岸线上位于棋子湾西面，距县城石碌镇50公里，为中国领海基点之一。

⑨四更沙、四更沙头、四更沙尾、四更沙角。出现在第18—21号更

路中。

四更沙指东方四更镇西部海域，包括昌化江三角洲南翼和整个北黎湾（或称墩头湾）海域。北黎湾位于东方市八所镇北部，濒临北部湾，属于开敞型原生河口湾。该海湾南侧受基岩岬角（鱼鳞角）所控制，北侧则受四更沙反曲沙嘴（四更沙角）动态变化影响。①

杨本与王本的编号为 19 号更路的讫点"四沙尾"疑漏抄"更"字，应为"四更沙尾"；杨本与王本的第一段针位"艮坤（45°/225°）"与佚名本第一段针位"丑未（30°/210°）"相差 15°，与冯本（海南）的第一段针位"寅申（60°/240°）"相差 15°，虽然超过环海南岛更路平均偏差（见表 3 统计结果）稍大，但与四更沙的复杂水域是吻合的。而杨本与郑、冯本的第一段针位"辰戌（120°/300°）"相差达到 75°，极度存疑，而且后者针位是东南或西北向，与昌化角到四更沙明显为西南向（如图 3 中的 19 号航线第一段）不吻合，原因不明。

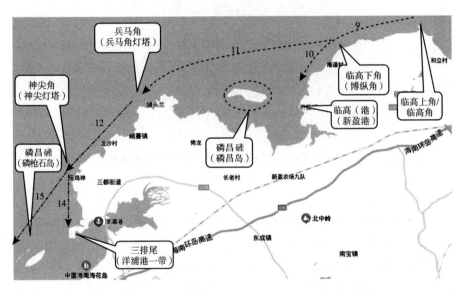

图 3　临高角（上角/下角）、磷昌礁、三排尾等位置示意
[底图来源于百度地图，审图号琼 S（2023）103 号]

---

① 周乐、陈沈良、陈晴等：《海南四更沙海域沉积物分布及其受控机制》，《沉积学报》2016 年第 3 期。

相关更路 20 号的起点"四更沙行口""四更沙头行口""四更沙沙口"表述略有差异，意思相同，均应指"四更沙角"与"墩头浅滩"之间的行道口。

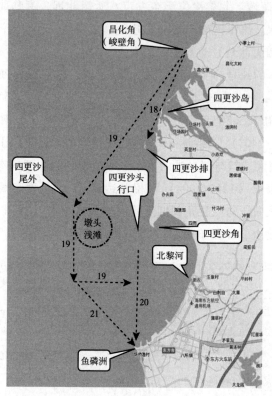

图 4　"四更沙"相关位置示意［底图来源于自然资源部天地图，审图号琼 S（2023）103 号］

⑩感恩沙根，黑岭/黑岭底/黑岑衣/黑岭头。出现在第 22、23 号更路中。

相关更路出现的"黑岭""黑岭底""黑岑衣""黑岭头"应指同一处，其中佚名本第 23 号更路的讫点"里一"应是误将竖行本的手写"黑"字看成两字所致。而冯本（海南）中的"对面黑岭头"中的"面"字，亦可能是"黑"的误识重抄所致。

第 23 号更路，冯本（海南）记为"自感恩沙对面黑岭头架己亥壬丙一更船即到也"，王本记为"自感恩放下沙根对黑岭底己亥壬丙一更至"，针位和更数均与其他本无异，仅起点讫点表述与其他本的"感恩沙根对黑岭底"不同。讫点为"黑岭底""黑岭头"应为同一处，困惑的是"沙根"为一地名还是笔误？

更路 22 号的"鱼磷洲""感恩洲"位置基本明确,更路 23 号的起点不管是"感恩"还是"感恩沙根",都与"感恩洲"有关。根据这两条更路的针位及航程表述,讫点"黑岭底"大致可以确定为尖峰岭西边的"岭头港"南部"岭头角"一带。"岭头港"边上有黑眉村,与尖峰岭之间有"黑岭"。

更路 23 号的航程较短,而"感恩"与"岭头角"之间并无与"沙根"吻合的地名,又考虑到三簿同时抄错的可能性较小,故怀疑是王诗桃在抄写"感恩沙根"时,在中间多抄写了"放下"二字,而"感恩沙根"可能指"感恩沙排根部",指"感恩洲"浅滩最边上。

故疑冯本(海南)与王本的起点抄写有误。感恩沙根疑指感恩沙排尾部。

⑪单村角。出现在第 24 号更路中。

根据整体航向判断,"单村角"位置指向乐东市丹村外的"丹村港"一带,靠近莺歌海的南角更为吻合。因"单"与"丹"同音,应是不错。

丹村建村至今已有 500 多年的历史,曾是老革命根据地,因历史悠久、风景美丽、文化氛围浓郁,曾获"中国传统村落""中国美丽乡村""海南最美乡村"等荣誉称号。有新丹村与老丹村之分,老丹村村址在原月村(今佛罗镇上)以西 500 米港边。丹村是"鱼米之乡",原址三面是田,一面是港,不出两公里是大海。在丹村西南 100 米处是丹村港。明代,佛罗镇村民出行,靠的都是这个港口,如今这个港口已经废弃,港口之上长满了大量的水草。村中还有隋朝延德县衙、县城旧址和唐延德郡造币厂旧址等多处古代遗址。

⑫酸梅角。出现在第 26 号更路中。

东方市昌化江边上有"酸梅河"与"酸梅村",而此更路的"酸梅角"应在望楼港的东南部,故两者无关。根据此部分更路的整体走向,疑为角头湾处的"角头鼻",地处"梅西村"西南角,在东锣岛、西鼓岛对岸。《光绪崖州志》记"望楼港东五十里至酸梅角,离岸四十里有东西玳瑁二洲"①。其中的东西玳瑁二洲应指东锣岛、西鼓岛。有学者认为"酸梅角"是指南山角"②,与实际情况不符。因为此部分更路表达了英歌海→望楼角→酸梅角→崖洲港→三亚的顺序性,而南山角在崖洲港之后。

⑬崖洲港门、崖洲角。出现在第 27、28 号更路中。

杨本与王本 27 号更路航程为"二更半",与其他本的"一更"差异较

---

① 钟元棣创修,张巂等纂修《光绪崖州志》,海南出版社,2006,第 310 页。
② 周伟民、唐玲玲:《南海天书:海南渔民〈更路簿〉文化诠释》,第 406 页。

大，针位有 7.5°的差异，不大；郑本 28 号更路的航程为"一更"，与其他本的"二更"或"二更半"相差较大。根据郑本与杨本此部分更路的整体走向及航程，"崖洲港门"应为崖洲湾内港门港入海口处，为港门村出海口。港门村位于宁远河出海口地段，毗邻崖州中心渔港，村内现存古宅、门楼约 20 栋，大部分为清朝末期的建筑。崖洲角应指"港门港"一角，根据航线走向和实际地理位置，其东南角更合适。

⑭三亚角。出现在第 28、29 号更路中。

杨本、佚名本、王本的第 29 号更路分别记为"自三亚往榆林角"和"自榆林角往牙龙角"两条连贯更路，而冯本缺三亚往榆林，郑本与冯本（海南）没有三亚到榆林的针位和更数。"三亚"应指三亚湾某处，据新近发现的演丰镇林诗仍相关更路及他本人确认，"三亚角"应指三亚湾的"东岛（角头顶）"。经测算，崖洲角至三亚角航程约 16.75 海里，"二更"更合理；三亚角到榆林角航程约 4.65 海里，不到半更。29 号更路漏抄"榆林角用乙辛卯酉，少半更"。

⑮六婆角。出现在冯本（海南）第 28—30 号更路中，留待下文的疑难更路一并解读。

⑯大化。出现在第 34—38 号更路中。

相关更路的起点或讫点"大洲""博鳌角""清澜港""铜鼓"位置均非常清楚，根据计算，这些更路的"大化"统一指向万宁东部的"大花角"，也叫"前鞍岭"，其东北不到两 2 海里外是"白鞍岛"。

⑰万洲。出现在第 35 号更路中。

根据此部部分更路整体情况，可判断"万洲港"为万宁境内某港口。据查，《万宁县志》载"明洪武三年（1370），万安军改为万州，仍领万宁县，隶属于琼州府。正统五年（1440），省去万州所管辖的万宁县，使其户属万州。清代沿袭明制，仍名万州"。"光绪三十一年（1905），改万州为县，隶属崖州。""民国 3 年（1914），改为万宁县，隶属广东省辖。"① 据此可知，"万洲"应指万宁，"万洲港北港"应指今万宁市和乐镇的港北港。此分析与冯本（海南）第 35 号更路的讫点改为"万宁港北"相吻合。

⑱加积角。出现冯本第 36 号更路"大化放加积角，用癸丁子午，二更到"。其他本对应更路均为"博鳌"或"博鳌角"。考虑到"博鳌港是嘉积的

---

① 万宁县地方志编纂委员会编《万宁县志》，第 47 页。

间接港，嘉积进出口之货物，大多沿万泉河经博鳌港转运"①，旧时，②，这里的"加积角"即"博鳌角"，指博鳌港。

⑲抱虎角。出现在郑本最后一条更路"自抱虎角放去铜鼓，用壬丙，二更半可到也"，其他本无此更路。见表1第43号更路。

文昌市翁田镇有一"抱虎山"，其北部海岸有一海港被称为"抱虎港"，其东边凸出海岸的"景心角"旧时被渔民称为"抱虎角"，前面介绍的林诗仍收藏的1971年有关琼州海峡东口位置的海图在此处标有"抱虎角"字样。

林诗仍《更路简记》有更路"抱虎门对茄椗角，辰戌一更半船"，海南渔民更路地名俗称中，一般称某海港的入海口为"门"，称港口两侧陆岸为"角"，如前面介绍的"单村角"是"单村港"一角，"博鳌角"是"博鳌港"一角。这里的"抱虎角"离抱虎港不远，算是其一角，而"抱虎门"离抱虎港边上的"茄椗角"即"景心角/抱虎角"有一更半距离，即"海南角"③。这是比较少见的一种情况，应是与此处的水域较为复杂有关。

（三）存疑更路解读

①记载航程差异较大更路分析

第5号更路，杨本、佚名本、王本更数记录为"二更半"或"二更"，平均航速4.14海里/更，偏低，而其他本更数记录为"一更半"或"一更"，平均航速为6.9或10.35海里/更，较为正常。

第6号更路，其他本"一更"或"二更"，平均航速为12.81或6.40海里/更，算是正常，但冯本为"三更半"，则平均理论航速为3.66海里/更，严重偏低，极度存疑。

第27号更路，杨本与王本为"二更半"，平均航速为3.59海里/更，严重偏低，而其他四本为"一更"，平均航速为8.98海里/更，比较正常。

近距离更路，更数变化引起的航速偏差较为明显。但由于近海水域复杂，不同航海实践可能遇到的情况不同，有一定的更数差异为正常，但也不

---

① 《博鳌史事本末考》，海南史志网，2014年12月11日，http：//www.hnszw.org.cn/xiangqing.php？ID＝75604&Deep＝4&Class＝14825，2023年7月5日，原载《琼海市报》2022年12月10日、17日。

② 《博鳌小镇有历史，博鳌的名称应该是"民疍"所起》，搜狐网，2017年8月9日，https：//m.sohu.com/a/163507440_722416，2022年11月7日。

③ 李文化、陈虹、李雷晗：《林诗仍〈更路简记〉海南岛东线更路及地名的数字人文解读——兼论"鸟头""苦蕲"位置》，《海南热带海洋学院学报》2022年第1期。

排除传抄失误的可能。

②冯本（海南）第28—30号更路解读

冯本（海南）"自崖洲角，上至三亚角，上至榆林港，上至六婆角架，甲庚寅申三更船，即是到也"一条更路对应第28—30号更路，一种可能是如郑本类似，抄漏了内容，另一种可能是简化表述。

佚名本第29号更路"三亚放榆林角用乙辛卯酉二更半至"，航行针位"乙辛卯酉"与其他本相同，与实际和计算吻合，但航程"二更半"与其杨本"小更"和王本"少半更"差异较大，也与计算距离4.65海里不吻合，再看上一更路的针位和更数，也是"乙辛卯酉二更半"，故疑是将上一更路的针位和更数看错抄到此更路。

杨本第28—30号更路，更数之和不足3.5更，即"崖洲角"至"三亚角"至"榆林角"至"龙牙角"航程约为3.5更。冯本（海南）描述的"自崖洲角上至三亚角上至榆林港上至六婆角"航线除了最后"六婆角"与前者的最后讫点"龙牙角"不同外，其余节点均一致。但前者三条更路的针位分别是"乙辛"、"乙辛卯酉"和"甲庚寅申"，与本更路只有一个针位"甲庚寅申"差异较大，故疑冯本（海南）更路有漏抄之嫌疑。而且，"六婆角"疑是"龙牙角"的海南渔民的另一种俗称。

③第36号更路，冯本（海南）"自万宁港北上至卜鳌架癸丁子午二更船即到也"。

第36号更路其他簿均为"大化"至"博鳌"，针位与航程与冯本（海南）记录一致，疑是冯本（海南）起点将"大化"误为"万宁"。不过，从万宁港北至博鳌，理论航程16.45海里，与"二更"相差不大，航向角为12.8°，与针位7.5°相差亦算合理，如此，冯本（海南）的第34号及36号更路，有着较为连贯的"大州—大化—万宁"航路，也说得过去。故冯本（海南）第36号更路起点误抄的可能性大。

④郑本第36、37号更路之间的"自大化放去清㳅角，用癸丁子午，二更到也"。

由于此更路与上一更路"自大化放去博鳌角，用癸丁子午，二更到也"，仅有讫点名称上的差异，开始以为是对讫点的另一种叫法或其附近，但对比后一更路"自大化放去清㳅港口用癸丁兼二线丑未四更半到也"，发现"清㳅角"可能指"清㳅港（清澜港）"一角。但大化到清澜港有四更半航程，与本更路的二更相差太大。而这一更路在其他簿中均没有出现。故

表3　杨河森《琼洲岛驶船更路志录》环海南岛更路（缺失更路用积水对应更路代替）数字化一览

编号	起点俗称	讫点俗称	针位	更数	起点标准名	起点经度	起点纬度	讫点标准名	讫点经度	讫点纬度	平均里程	平均航速	计算航向	针位方向	计算与针位差
1	架定角	急水门	乙辛己亥	2	景心角	110.94	20.02	海南角	110.70	20.16	16.11				*
2	急水门	新铺角	黄申	0.5	海南角	110.70	20.16	新埠角	110.58	20.10	7.56	15.12	240.3	240.0	0.3
3	新铺角	海口	干巽辰戌甲庚黄申转	2.5	新埠角	110.58	20.10	钟楼	110.35	20.05	13.48				*
4	急水门	海口	卯酉转黄申…甲庚	4	海南角	110.70	20.16	钟楼	110.35	20.05	20.81				*
5	海口	天尾	乙辛	2.5	钟楼	110.35	20.05	新海港	110.17	20.07	10.35	4.14	275.2	285.0	9.8
6	天尾	红碌角	甲庚	1	新海港	110.17	20.07	林诗岛	109.95	20.00	12.81	12.81	251.1	255.0	1.0
7	天尾	临高角	甲庚卯酉	2.5	新海港	110.17	20.07	临高角	109.72	20.02	25.49	10.20	263.7	262.5	1.2
8	红碌角	临高角	卯酉	2	林诗岛	109.95	20.00	临高角	109.72	20.02	13.29	6.65	275.8	270.0	5.8
9	临高上角	下角	甲庚卯酉	1.5	临高角	109.72	20.02	博纵村	109.59	19.99	7.43	4.95	253.6	258.0	4.4
10	下角	临高	丑未艮坤	1	博纵村	109.59	19.99	亲盈港	109.53	19.90	6.20	6.20	216.3	217.5	1.2
11	下角	兵马角	甲庚二线申	3	博纵村	109.59	19.99	兵马角	109.27	19.90	18.86	6.29	253.5	247.5	6.0
12	兵马	神尖	黄申艮坤	1.5	兵马角	109.27	19.90	神尖角	109.17	19.80	8.18	8.18	224.1	232.5	8.4
14	神尖	三排尾	子午	0.5	神尖角	109.17	19.80	洋浦港	109.17	19.73	4.29	8.58	178.3	180.0	1.7
15	神尖	观音角	艮坤二线丑未	2	神尖角	109.17	19.80	观音港	109.00	19.57	16.52	8.26	214.5	220.5	6.0
16	观音角	昌化角	黄申艮坤	3.5	观音角	109.00	19.57	峻壁角	108.70	19.38	21.05	6.01	236.1	232.5	3.6
17	神尖	昌江	艮坤	4	神尖角	109.17	19.80	峻壁角	108.70	19.38	36.91	9.23	226.6	225.0	1.6
18	昌化角	四更沙尾	癸丁丑未	1	峻壁角	108.70	19.38	四更沙岛	108.66	19.31	4.56	4.56	208.9	202.5	6.4
19	昌化角	北黎	艮坤、子午,卯酉	2	峻壁角	108.70	19.38	北黎港	108.68	19.16	15.28				*

续表

编号	起点俗称	讫点俗称	针位	更数	起点标准名	起点经度	起点纬度	讫点标准名	讫点经度	讫点纬度	平均里程	平均航速	计算航向	针位方向	计算与针位差
20	四更沙尾外	鱼磷洲	壬丙二线己亥	0.5	四更沙尾西	108.62	19.20	鱼磷洲	108.62	19.10	5.89	11.79	180.8	180.0	0.8
21	四更沙尾		壬丙二线己亥	0.5	墩头浅滩西南	108.58	19.18	鱼磷洲	108.62	19.10	5.81	11.62	163.5	162.0	1.5
22	鱼磷洲	黑岭底	丑未转子午转乙辛辰戌	5	鱼磷洲	108.62	19.10	岭头湾	108.70	18.69	25.47				*
23	感恩沙	黑岭底	己亥壬丙	1	感恩角	108.63	18.83	岭头湾	108.70	18.69	9.33	9.33	153.9	157.5	3.6
24	感恩角	单村角	壬丙子午	2	感恩角	108.64	18.87	丹村港	108.69	18.58	17.29	8.64	170.6	172.5	1.9
25	英歌海	望楼	乙辛辰戌	1.5	莺歌海	108.72	18.50	望楼港	108.87	18.44	9.60	6.40	112.8	112.5	0.3
26	望楼	酸枚角	乙辛	1	望楼海	108.87	18.44	角头岭	109.00	18.36	8.58	8.58	122.7	105.0	17.7
27	酸枚角	崖洲港	乙辛卯酉	2.5	角头岭	109.00	18.36	崖州港	109.15	18.32	8.97	3.59	106.1	97.5	8.6
28	崖洲港	三亚角	乙辛	2	崖州港	109.15	18.32	东岛	109.42	18.22	16.75	8.38	111.1	105.0	6.1
29	三洲港	榆林角	乙辛卯酉	0.5	东岛	109.42	18.22	榆林港	109.50	18.19	4.65	9.29	111.1	97.5	13.5
30	榆林角	龙牙角	甲庚寅申	1	榆林港	109.5	18.19	亚龙湾	109.71	18.19	11.81	11.81	90.6	67.5	23.1
31	龙牙角	陵水港	艮坤	1	亚龙湾	109.71	18.19	陵水港	119.97	18.40	19.46	19.46	49.6	45.0	4.6
32	龙牙角	陵水角	黄申	2	亚龙湾	109.71	18.19	陵水角	110.05	18.40	23.33	11.66	56.9	60.0	3.1
33	陵水	大洲	黄申艮坤	2	陵水角	110.05	18.40	燕窝岛	110.49	18.68	30.02	12.01	56.3	52.5	3.8
34	大洲	大化	艮坤丑未	1	燕窝岛	110.49	18.68	大花角	110.55	18.79	7.72	7.72	27.2	37.5	10.3
35	大化	万洲港	己亥	0.5	大花角	110.55	18.79	万宁港	110.53	18.89	5.93	11.85	347.3	330.0	17.3
36	大化	博鳌角	癸丁子午	2	大花角	110.55	18.79	博鳌港	110.59	19.16	21.95	10.97	6.2	7.5	1.3
37	大化	清澜	癸丁丑未	4	大花角	110.55	18.79	清澜港	110.84	19.56	48.79	10.84	19.7	22.5	2.8
38	大化	铜鼓角	丑未	6.5	大花角	110.55	18.79	铜鼓角	111.06	19.65	58.79	9.04	29.3	30.0	0.7

续表

编号	起点俗称	讫点俗称	针位	更数	起点标准名	起点经度	起点纬度	讫点标准名	讫点经度	讫点纬度	平均里程	平均航速	计算航向	针位方向	计算与针位差
39	铜鼓	加定角	丑未	2.5	铜鼓角	111.06	19.65	景心角	110.94	20.02	23.16	9.27	343.7	30.0	46.3
					平均值							8.71			5.7**

注：表中的"计算与针位差"指理论最短距离航向（起、讫点之间的直线航向）与更路记录的针位方向的差值。

* 相关更路存在转针，理论航程、航向与记载更数、针位相差较大，角偏计算意义不大。

** 因第39号更路的偏差过大，故平均偏差未统计该更路，作为考察更路针位记录的合理性。

综合考虑，疑该更路前半部分起讫点是抄了 37 号的前半部分，而后半部分针位和更数是抄了第 36 号更路后半部分内容。也就是说很可能是在抄写的时候，看岔了两行。

⑤杨本与冯本第 39 号更路的针位疑问

杨本与冯本第 39 号更路的针位均为"丑未"即 30°/210°，与铜鼓到加定角的理论航向角 343.7°偏差 46.3°，极不合理，而佚名本针位为"子午丙壬"即 352.5°，与理论航向角相差 8.8°，在合理偏差范围内。另外，佚名本此条更路的针位"子午丙壬"是经过两次涂改而来，疑原抄录针位与实际情况不符，抄录人后进行了更正，应是发现了错误，说明此簿抄录人有实际航海经验。类似地，疑杨本与冯本抄录人将上一更路的针位"丑未"误抄入本更路中。

根据以上数字化结果，杨、郑、冯等簿环海南岛航线大致如图 5 所示。

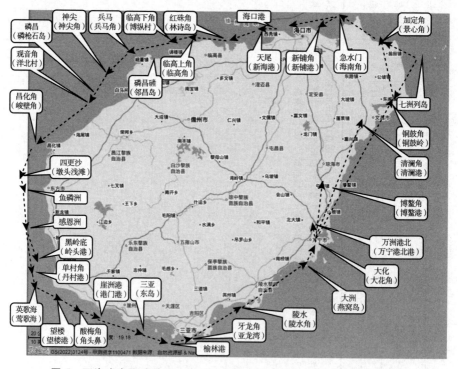

图 5　环海南岛更路航线示意［底图来源于自然资源部绘制的天地图，审图号琼 S（2023）103 号］

余 论

（一）琼州与粤桂之间的航线说明海南与两广的渔业互动

杨本在《琼洲岛驶船更路志录》后有海南往北部湾的《循远更路》10余条，如"临高放去乌石用癸丁架""临高放去北海用子午癸丁架"等，其中表述海南岛往北部湾的航线主要有：临高→乌石（广东雷州乌石港），临高→北海（根据针位"子午癸丁"即 7.5°，航向疑指广西北海铁山港一带），临高、儋州神尖角→涠洲（广西涠洲岛）。

杨本《广东下琼洲更路志录》、冯本《广东海南岛驶船水程更路志录》及郑本《广东下琼洲更路志录》中，均记有内容大致相同的广东到海南岛航线 10 余条，主要有广东珠江口的万山（万山港）、石兰门（石栏洲河口）、凤阳尾（珠海市荷包岛西南端的凤尾咀）、南棚（南棚岛）、闸坡（闸坡港）、双鱼（双鱼咀）、复舞①、连头（连对礁）及放鸡（放鸡岛）等与海南岛的木兰头、七洲、大洲、铜鼓、万洲山②之间的航线。三簿航线大致相同，不过，相同的航线，针位和更数部分有调整，部分地名叫法也稍有变化。王诗桃本亦有海南往广东表述有七洲→老洲、七洲→什坡、铜鼓→江门、铜鼓→香港、七洲→南帆等 7 条航线，其中到铜鼓到香港航线在前几簿中未出现。

以上更路航线充分说明，海南岛西北部港口经北部湾、琼州海峡与广西、广东南部海港之间的互动性，与冯绍渊等研究的粤琼航路情况高度一致。

（二）更路簿应用范围的拓展

本文涉及的六种更路簿，不仅有琼州往粤桂的更路，也有粤往海南的更

---

① 相关更路的广东起点有一定的东至西顺序，同时，各本均有"（自）双鱼复舞连头各港驶船出"的表述，"复舞"应指"双鱼"与"连头"之间某港口，相关针位也支持这一顺序，但具体所指不明。

② "万洲山"或指古万洲今万宁境内有"海南第一山"之称的东山岭，史称笔架山，明代万州牧曾光祖题写"海南第一山"几个大字。但从人文计算角度看，东山岭离铜鼓相距甚远，此前还没有更路将如此之远的两个岛礁或望山点作为同一条更路的讫点，故疑"万洲山"应在"铜鼓"附近，或指七洲。

路，更为重要的是，在粤沿海亦有独立于琼州的更路航线，再加上李龙曾告诉笔者，他的更路簿来自广东湛江某港口渔民之手，所以，有关更路簿是海南渔民世世代代在南海诸岛及其附近海域捕捞时集体创作的说法[1]或有不够完善的地方。

疍民祖辈生活在海上，依水而居，以船为家，靠岸成村，漂浮海上，靠渔为生。[2] 目前在海南省陵水黎族自治县，就有几个海上村落，如新村镇的海鹰、海鸥、海燕和英州镇的赤岭村。冯安泰簿记录有多条广东与海南之间的航线，以及多套较为完整的环海南岛更路航线，且丰富的流水记录，是比较有代表性的更路簿，而该簿来自陵水疍民生活的新村港，说明海南民间更路簿已流传到以水上生活为主的疍民地区，与疍民以近海作业的传统习惯比较吻合。

（三）环琼州更路簿覆盖了以中国领海基点为代表的海南岛重要港口

环海南岛更路覆盖了海南几乎全部重要港口，如海口、天尾、新盈、洋浦、港门港等。1996 年中国政府发布关于领海范围的声明，其中海南岛西线的全部大陆领海基点，如峻壁角、四更沙角、感恩角、莺歌嘴、西鼓岛、东洲等，以及东线的七洲列岛、大洲岛、陵水角等都出现在这几册《琼州行船更路志录》中。

（四）环海南岛更路簿或有成型于民国时期的母本

六簿册环海南岛更路，内容上整体相近，除掉漏抄、误抄外，在更路航段、地名表述上相同或相似，有很强的同源性。特别一些缺失更路、重复更路以及个别异体字，六簿均有较多的一致性。如杨、郑、冯、王本的"转针"全部记为"转针"，而"转"为异体字。另外，杨本与冯本除了《琼州行船更路志录》内容较为一致外，广东下海南更路也非常一致。所以这几册更路簿之间应有相互传承的关系。

杨本中的"临高灯塔"出现在 1894 年后，冯、郑本中的"硇洲灯塔"

---

① 周俊：《手抄本〈流水更路簿〉具有重要史料价值》，《中国社会科学报》2022 年 6 月 13 日，第 5 版；阎根齐、吴昊：《海南渔民〈更路簿〉地名命名考》，《社会科学战线》2021 年第 6 期。

② 孙海天：《海南陵水传承保护疍家文化 渔家风情代代传》，《人民日报》2022 年 8 月 4 日，第 13 版。

修建不早于 1903 年，冯本的"琼东县"之名始于 1914 年，杨、郑、冯、佚名本中"万洲"在 1914 年后改为"万宁县"，根据这些信息，可推测本文六簿更路的主要内容，其成文时间最早可能是民国初期，最晚也在新中国成立初期，如存在同源母本，则其应在这两个时间之前，而成型于民国时期的可能性最大，同时也不排除成型于晚清的可能。

六册更路簿解读，充实了南海更路簿的研究内容，也可为海南近海渔业及琼粤桂航线的文化研究提供借鉴与参考。

Digital Humanistic Interpretation of Genglu and Geographic Name around Hainan Island
—Taking the Six Kinds of Genglubus in Guangdong and Hainan as an Example

Li Wenhua, Chen Hong, Wei Yinwei, Li Leihan, Fan Wushan

Abstract: At present, the "Qiongzhou sailing Genglu" in the six kinds of Genglu, including Yang Hesen, Feng Antai and Zheng Qingneng, found in Qiongyue, have little difference in the number, expression style and name of the Genglus, and the descriptions are complete, the routes are clear and coherent, indicating that the fishermen have relatively consistent routes in the navigation around Hainan Island and gradually form a more unified route. Presently, the results of systematic research and interpretation of the Genglu around Hainan Island are relatively rare. In particular, research results on " Dongyingsha ", "Hongzhujiao", "Lingao upper corner", "Lingao lower corner", "Heilingdi", "Wanzhou" and "Liupojiao" are more rare. Based on the research of some well-known place names and the geographic name of the East Genglu of Hainan Island in Lin Shireng's "A Brief Record of Geng Lu", and based on the fully verified calculation model of GengLu, with the help of digital humanistic methods and in combination with the historical and cultural background of Hainan Island, the author discriminated the six books of offshore GengLu and commonly known place names around Hainan Island, and confirmed the accurate positions of all place names finally. The average speed of all computable GengLu is less than 8.7 knots, The deviation between the target heading and the calculated heading is less than 5.7°, which is consistent with the characteristics of offshore navigation. The results are consistent with the cultural background. According to the analysis, the Genglu around Hainan Island may have been written before 1914, and provide reference for the historical and cultural research of the coastal areas of Hainan Island.

Keywords: Hainan Island; Genglubu ; Geographic Name; Digital Humanities

（执行编辑：刘璐璐）

海洋史研究（第二十一辑）

2023 年 6 月　第 345~363 页

时空变迁脉络下华人社团认同形态的建构与演化

——新加坡广惠肇碧山亭研究

曾　玲[*]

　　广惠肇碧山亭（以下简称碧山亭）由来自中国广东省的广州、惠州、肇庆三府移民于 1871 年创立于新加坡。在殖民地时代，碧山亭的基本功能是作为广、惠、肇三属坟山管理机构，处理三属先人的营葬、祭祀以及有关的事务。从创立至 1973 年新加坡政府发出封山令，碧山亭在一个世纪里管辖的坟山逐渐扩展到 354 英亩（约 143.26 公顷）之多。[①] 在这样大的范围内，除有广、惠、肇十数万个先人坟地和数百个社团总坟外，碧山亭还在坟场内兴办小学和安置住户。碧山亭作为三属坟山管理机构的功能一直持续到 20 世纪 80 年代。80 年代初因坟山被政府征用，碧山亭进行重建，改土葬为安置骨灰。为了适应社会发展需要，重建后的碧山亭修改章程，打破三属限制，向全新加坡各族群开放，继续造福社会大众。

　　在作为坟山管理与丧葬机构的同时，从创立至今，碧山亭也是新加坡广、惠、肇三属的总机构，在新加坡华人社会占有的地位举足轻重，其属下曾包括新加坡广府、客家两个方言群的带有众多祖籍地缘、姓氏血缘，以及行业公会等性质的社团。换言之，这是一个以"坟山认同"为纽带而建立的华人宗乡社群组织。到目前为止，碧山亭的基本会员来自新加坡广、惠、

---

　　*　作者曾玲，厦门大学历史与文化遗产学院教授。

　　①　1970 年 2 月 8 日董事部会议记录。该记录保存在新加坡国家档案馆，缩微胶卷号为 NA239。

肇三属的 16 所会馆，即番禺会馆、清远会馆、增龙会馆、南顺会馆、花县会馆、顺德会馆、中山会馆、鹤山会馆、宁阳会馆、恩平会馆、冈州会馆、三水会馆、东安会馆、高要会馆、惠州会馆和肇庆会馆。

一　殖民地时代碧山亭"三属认同"之建构

碧山亭并非产生于新加坡移民社会初期，而是在 19 世纪下半叶新加坡华人帮群社会结构基本确定之后建立的。在碧山亭出现之前，广府、惠州、肇庆移民为了谋求生存空间，于新加坡开埠初期即建立了一些地缘、血缘、业缘性组织。[①] 因此，碧山亭组织内部存在多元与多重的社群认同关系，其中既有三属社群对自己所属祖籍地缘会馆、同乡会、姓氏团体、行业公会等社团的认同，亦有各类三属社团对更大社群广惠肇的认同。因此当碧山亭创立之后，如何整合与凝聚属下社群以形成"三属认同"，就成为这个跨地缘和方言的联合宗乡组织最重要的任务。

（一）"淡化社群认同差异"的组织机构

作为新加坡殖民地时代广、惠、肇三属移民社群的总机构，建立一个既能容纳小群又能整合大群的组织架构，是碧山亭存在与发展的关键。

根据碧山亭碑文、档案与章程等资料的记载，[②] 碧山亭创立之初，采用

---

① 林孝胜：《新加坡的华社与华商》，新加坡亚洲研究会，1995，第 1—62 页。

② 有关碧山亭的碑文主要来自两部分。其一为与碧山亭有关的石碑碑文。据目前所知，最早一块与碧山亭有关的石碑立于道光二十年（1840）。之后在同治元年（1862）、同治八年、同治九年、光绪十年（1884）、光绪十二年等，又有数块石碑记载与碧山亭相关的历史。以上碑文内容均收录在陈育崧、陈荆和编著《新加坡华文碑铭集录》，（香港）香港中文大学出版社，1972。碧山亭直接立碑始于光绪十六年所立之《劝捐碧山亭小引》，在这之后所立的石碑，大多保存在 20 世纪 80 年代重建后的碧山亭福德祠内。在这些石碑中，记载祭祀先人的碑文占有相当分量。碧山亭在 1921 年首次举办"万缘胜会"，到 1965 年新加坡独立前，分别在 1921 年、1934 年、1946 年、1952 年、1958 年、1964 年立六块石碑，记载历次超度活动情形与捐款人姓名。此外，另有一些记载碧山亭运作的石碑，如 1943 年所立《广惠肇碧山亭稗贩亭记碑》、1948 年所立《广惠肇碧山亭购山辟路建设模范坟场序碑》等。其二为碧山亭社团总坟所立石碑碑文。碧山亭的社团总坟墓碑资料，主要来自两份记录。一份是现在碧山亭公所内的《广惠肇三属先贤纪念碑》上所刻的社团总坟名单，另一份是碧山亭最后一任校长郭明编辑整理的《广惠肇碧山亭各会馆社团总坟集编名录》。碧山亭档案主要有会议记录与埋葬证书等内容。这些文献以缩微胶卷的形式保存在新加坡国家档案馆。会议记录的缩微胶卷号为：NA206、NA239、NA240。埋葬证书的缩微胶卷号码为：NA67、NA68、NA81、NA82、NA84、NA85、NA86、NA101、NA102、NA108、NA109、NA110、NA111、NA112、NA115、NA116、NA125、NA242。另外，有关碧山亭章程，目前笔者见到的有 1947 年与 1978 年修订的两份。以下所指的碑文、档案与章程主要来自上述内容。

大总理、值理两级制。管理层中包括了人数不等的三属地缘社团代表。此种组织方式的意义在于，它能在容纳属下各小群意识的基础上提供一个与新社群相适应的组织空间与架构。

20世纪初，为了适应华人社会和广、惠、肇移民社群的变化，碧山亭将属下成员由个人改为会馆，规定由广、惠、肇三属的会馆各派出两名代表，组成董事会共同管理碧山亭。碧山亭以会馆取代个人为组织成员的规定，是要让各会馆在碧山亭组织机构中有相对平等的权利和地位，并共同管理碧山亭，以此来加强三属社群对碧山亭的认同。

碧山亭以会馆为组织成员和让各会馆享有相对平等的组织与管理空间的做法，到1947年以章程的形式被确定了下来。① 1947年章程的基本特点是将广、惠、肇三属各会馆在碧山亭内所享有的相对平等的组织与管理空间规范化，同时规定采取轮流制的办法，由各会馆代表轮流担任碧山亭董事部里的核心成员。这项规定使三属会馆不论力量大小、成立先后都拥有管理碧山亭的机会。

碧山亭在二战后组织结构的状况基本反映在1960年章程里。根据1960年章程，二战后碧山亭继续坚持运用"淡化社群认同差异"的组织原则，具体做法是在1947年章程的基础上，让三属各会馆在碧山亭组织与管理中有更多的空间，主要内容有以下三点。其一，受托团成员由以个人为单位改为以"府"为单位。该项规定承认碧山亭内以府为单位的不同地缘差别，但也给予相对平等的权利，以淡化三属间的差异。其二，明确规定同人大会中会馆的权利。其三，确立董事部核心成员由各会馆轮流担任的"六常务"轮值制。

碧山亭的组织架构在1960年章程之后基本确定下来并延续至今。碧山亭一个多世纪的发展历史表明，传统的"淡化社群认同差异"的原则和组织系统，不仅能够有效地维持碧山亭的运作，同时具有整合三属建立社群认同感的重要功能。

---

① 这是目前笔者所见碧山亭最早的一份章程。这份以英文书写的章程现存新加坡社团注册局，该章程因当时的碧山亭董事部未按殖民地政府的要求修改有关条文而未获当局批准。实际上从会议记录来看，这份章程在碧山亭实施的时间很有限。尽管如此，该章程仍能在一定程度上反映二战前后碧山亭的组织状况。

（二）制度化的坟山管理系统

作为一个坟山管理机构，碧山亭营葬的对象是广、惠、肇三属先人，所要面对和处理的则是与属下社群或社群内个人以及各社群间的关系问题。换言之，这是一项面对生者、工作量极大、内容相当庞杂的工作，因而是碧山亭运作系统中最重要的组成部分之一。

相关的文献显示，二战后碧山亭整顿坟场，推行模范坟山制度、葬地分类、葬地循环使用以及葬地申请手续等项新政策，在此基础上逐渐建立起一套制度化的坟山管理系统。这套系统的基本宗旨是要打破三属众多社群的界限，形成超越属下社团的"三属认同"。

所谓"模范坟山制度"，即由碧山亭统一规划使用坟山的办法。1947 年碧山亭开始策划推行"模范坟山制度"，翌年立"广惠肇碧山亭购山开路建设模范坟场序"碑，阐明碧山亭推行该计划的目的，乃是"改建模范墓坟，编排既无畛域之分，复无贫富之别，后人凭吊，容易辨认"，为推行制度化的坟山管理奠定基础。

"葬地分类"与"葬地循环使用"亦是由碧山亭统一规划的葬地安排，借以打破三属社团的界限。碧山亭的葬地类别，二战前主要分成社团总坟和个人坟地两类。根据规定，凡经注册的广惠肇三属社团，不论地缘、姓氏、血缘、业缘等团体，均可在碧山亭设立总坟。[①] 有关个人坟地，根据档案记载，从 1933 年至 1973 年的整 40 年中，碧山亭登录了十数万份的三属先人埋葬资料。

碧山亭对个人坟地的管理情况在二战以前缺乏资料。根据保留下来的碧山亭理监事会会议记录，二战后，碧山亭内的个人坟地分为两类。一类是碧山亭排编葬地号码的坟地，这类坟地所付费用很少或基本不需费用，但墓地不得自行选择；另一类是"自择坟地"，这是 20 世纪 50 年代开始新设的个人葬地类别。二战以后新加坡华人逐渐从"侨居"转向"定居"，需要有永久性的先人墓地。为了适应这种需求，同时也为了扩大资金来源，碧山亭便在新购的山地中划出部分作为可自由选择的坟地，称为"自择坟地"，并规定三属人可以 500 元（60 年代后增加到 1000 元）的香油费在公所指定的"自择坟场"内为先人购买坟地。

---

① 有关社团总坟问题，下节还将讨论。

对三属社群具有重要整合功能的还有碧山亭制定的葬地申请条例。根据183卷的埋葬证书，碧山亭的埋葬证书（以下简称"山葬证"）分旧新两种。差别在于前者由董事部司理签发，后者由碧山亭统一印制，编有号码，并由碧山亭分发给三属会馆填写。新山葬证上登录的主要项目有：死者姓名、籍贯（府、县、乡）、年龄、住址、死亡时间、医生证明书（附死亡证明书或证明书号码）、埋葬号（山葬证号码）、葬地（第几山、第几亭）、墓地情况（广、宽、座向）、死者与社团关系（是某会馆的成员或是某会馆成员的亲属）等。"发给"栏有某会馆的盖章或会馆盖章加会馆主席的签名。

新的葬地申请条规一直实施至政府征用碧山亭坟山。上述条款构成一个完整的埋葬管理系统。这个系统不仅有效地处理了广惠肇三属人士的身后事，也具备加强会馆与公所的联系，以及界定碧山亭所属人员的功能。

（三）"坟山崇拜"的文化纽带

碧山亭建立的基本任务是为广、惠、肇三属提供安葬先人的坟山和进行与营葬、祭祀以及其他有关的事务。这也是移民时代许多华人社会组织的基本功能之一。碧山亭与一般会馆的相异之处在于它仅承担一般会馆的部分功能，即处理移民去世后的安葬和祭祀事宜，并将这部分功能独立出来。换言之，碧山亭是以坟山崇拜作为整合属下三属移民社群的文化纽带。由于坟山崇拜是中国传统文化中祖先崇拜的基本内容之一，[①] 碧山亭必须通过这一文化纽带来促进"三属认同"的形成。

碧山亭主要是通过设立社团总坟建构虚拟的"祖先"或"先人"的"社群共祖"，使社团总坟具备社群认同象征之特性，以具体操作落实坟山崇拜对三属社群的整合。

所谓社团总坟（墓），即由社团设立的坟山（墓），这是东南亚华人移民时代创设的一种埋葬祖先或先人之方式。根据碧山亭登录的不完整的社团总坟碑文资料，从1830年至1975年，坟山内有数百座社团总坟。这些社团总坟基本可分成两大类。一类是由碧山亭设立的广惠肇三属总坟，另一类是三属社团在碧山亭设立的总坟。这类总坟因社团性质的不同又可区分为近百座的地缘性会馆、同乡会总坟，近150座的姓氏宗亲会总坟，以及数十座的业缘性行业公会总坟。此外还有三属民间艺术团体及宗教社团设立的总坟，

---

① 李亦园：《文化的图像》上册，（台北）允晨丛刊，1991，第212页。

以及一些性质不明的社团总坟。①

设立社团总坟的基本功能，是建构"社群共祖"。所谓"社群共祖"，即社群共同的先人。根据各项相关资料，总坟内所葬基本是有社群所属但无亲人后嗣祭祀的先人。换言之，这些先人是具有社属社群的无主孤魂。正因为这些孤魂不属任何血亲家族和后嗣，才可以属社群所共有。设立总坟要经过二次葬（或多次葬）先人骨殖、修建总坟工程以及举行开光仪式三个过程。经过这三个过程，这些孤魂的个体意义淡化了，他们不再是一个个的个体，而是集合起来形成一个整体——"社群共祖"，并以总坟的形态作为社群认同的象征。因此，总坟的设置过程，就是社群共祖的建构过程。而在社群共祖的建构中，社群本身因此也增强了凝聚力。由于修建总坟即是本社群的大事，也要与三属共有的碧山亭发生关系，修建总坟本身即涉及本社群认同与"三属认同"这两重认同关系。

根据会议记录，三属各类社团要在碧山亭新建或重修总坟，都必须向公所提出书面申请并经董事部（后改为理监事会）批准。作为三属坟山管理机构，碧山亭也制定社团总坟设立和重修的条规。这些条规的制定，目的在于统一属下所有社团建立总坟的申请办法。另外，通过条规与社团总坟的修建，碧山亭与属下社团的关系得到强化，而碧山亭接受、审查、批准三属社团设立或重修总坟时，也具有协调、调解三属社团间矛盾的功能。

上述碧山亭坟山内不同的葬地形态，表明作为广惠肇三属社群总机构的碧山亭内部，存在多元多重的社群认同关系。而碧山亭内社团总坟的建立，其重要意义在于，三属各类社团既可通过总坟的设立建构"社群共祖"，以加强本社群的凝聚力，亦可通过坟山崇拜的纽带相互联系起来，形成在三属各类社群认同之上的以广惠肇为一体的"三属认同"。

综上所述，在殖民地时代，碧山亭以传承自华南原乡的"祖先崇拜"与"坟山崇拜"作为文化纽带，通过"淡化社群认同差异"的组织机构与制度化的坟山管理系统等的运作，来建构广惠肇移民社群的"三属认同"。另外，由于中国人向海外移民的非宗族性迁徙，"祖先崇拜"在海外华人社会缺乏祖籍地传统的家族组织和祭祀组织的维系。在新环境的社会情境下，"祖先崇拜"在形态和功能方面均呈现出一些新的特质。以碧

---

① 新加坡广惠肇碧山亭：《新加坡广惠肇碧山亭庆祝118周年纪念特刊：广惠肇碧山亭各会馆社团总坟集编名录》，1988，非卖品。

山亭的情况看，"祖先崇拜"在新加坡华人移民帮群社会发生的最重要变化是"祖先"或"先人"的"虚拟化"，以及虚拟的"祖先"或"先人"的"祖先崇拜"与地缘、业缘等其他社群关系的结合，从而扩展了"祖先崇拜"的整合空间，使之不仅具有整合血缘性宗族的功能，亦涉及虚拟血缘的姓氏宗亲组织、地缘性的乡亲会馆、业缘性的行业公会等社群组织的凝聚和认同。

二　新加坡建国以后碧山亭的转型与社群、社会及国家关注

新加坡在 1965 年独立建国，进入一个独立、和平、建设与发展的新时期。包括广、惠、肇三地移民在内的中国华南移民转变身份认同，成为新加坡公民。作为广惠肇三属的总机构，碧山亭为因应时代变迁，在管理运作、社会功能等诸方面不断做出调整。伴随碧山亭在国家架构下的转型，其认同形态也出现新变化。

在碧山亭发展历史上，1973 年是一个重大的转折点。这一年的 8 月 31日，碧山亭接到新加坡政府来信通知，因市政建设需要，碧山亭与全新加坡15 处营葬先人的坟山，自 8 月 17 日起封山停止营葬事务。7 年之后，政府全面征用了碧山亭。① 当国家发出封山令与征用坟山之后，现实迫使碧山亭处理因封山与征用所带来的与三属社群和国家相关的一系列问题，进而使碧山亭开始其在国家架构的新时空情境下重建与转型的演化进程。

（一）碧山亭社会功能的扩大

为了国家发展需要，接到政府封山令之后的碧山亭和广惠肇三属社团先后妥善处理了改土葬为火葬、安置原有坟山的先人骨灰、与政府谈判赔偿、筹集资金进行重建等一系列重大课题。从 20 世纪 80 年代中期到 90 年代，碧山亭完成重建工作。重建后的碧山亭，结束了坟山时代一整套与葬地安排、营葬事务相关的运作系统，进入主要管理安置在新建灵塔内先人骨灰的灵厅时代。②

---

① 《建设委员会 1973 年至 1988 年实录》，新加坡广惠肇碧山亭《新加坡广惠肇碧山亭庆祝 118 周年纪念特刊》，非卖品。

② 施义开：《新加坡的广惠肇碧山亭》，《扬》第 16 期，广惠肇碧山亭，2008 年 2 月。

　　面对时代与社会变迁，碧山亭在 1978 年修订章程。章程中对组织机构做了一些调整，使之更适应重建后的发展需求。新章程中最重要的改变是有关碧山亭"宗旨"的新规定。在碧山亭一个多世纪的发展中，曾因配合社会发展而不断修改"宗旨"条的内容。1987 年新修订的章程，在"宗旨"条第二款里，第一次明确规定碧山亭的服务对象从三属扩大到全新加坡社会："设立火葬场为各族人士提供服务，并依据火化场条例处理与管理之。"设立火葬场的计划后来由于与政府发展碧山新区的计划不吻合而无法实施。不过之后兴建的灵塔，其服务对象则援引新章程的条例，向全新加坡社会开放，新加坡人不论种族、宗教、社群所属，均可将先人的骨灰安置在碧山亭灵塔。

　　重建后的碧山亭在社会功能上从服务三属扩大到全新加坡社会，反映了广惠肇宗乡社群在新加坡建国后对新加坡的社会与国家认同。碧山亭还通过华人传统的民间宗教活动，促进三属宗乡社群与新加坡华人社会的整合。

　　"万缘胜会"是碧山亭一项传统的祭祀先人的宗教活动，对整合三属社群深具意义。根据保留在碧山亭内的碑铭，自 1921 年举办首届"万缘胜会"，直至新加坡建国前，在碧山亭制定的"万缘胜会"举办宗旨中都有明确的"三属"限制。当时参与"万缘胜会"超度和捐款者绝大部分是广、惠、肇移民和三属各类社团。

　　"万缘胜会"在举办宗旨上跨越三属社群的最初改变是在 1985 年。由于重建后的碧山亭把服务对象扩大到全新加坡社会，这一年举办的第九届"万缘胜会"在其"宣言"中规定："不限广惠肇三属，即使其他省、府、县属人士，亦欢迎参加付荐，收费一律平等，以示大公。"不过，"万缘胜会"仍负有宣传重建碧山亭的任务。[1] 1998 年碧山亭再次举办"万缘胜会"。此次"万缘胜会"在"宗旨"上完全摒弃对参与者社群所属的限制。碧山亭还通过报章广告，鼓励新加坡华人参与这项祭祀先人的宗教活动。"万缘胜会"举办宗旨突破社群界限，显示三属宗乡社团和碧山亭对新加坡的"社会认同"。

　　重建后碧山亭的再造神明以及在神明信仰形态上的一些改变，客观上也促进了三属宗乡社团和碧山亭与新加坡华人社会的整合。

　　坟山时代碧山亭的神明信仰具有鲜明的社群特色。这些安置在碧山大庙

---

① 新加坡广惠肇碧山亭：《广惠肇碧山亭万缘胜会特刊》，1985，非卖品。

内的神明中有一些是移民时代广府人的行业神，另有一些则是从被拆迁的隶属广府、肇庆两社群的广福古庙迁来的神明。在神明崇拜的形态上，碧山大庙不立主神，所供奉的十二尊神明地位平等。碧山亭也从不为神明庆祝"神诞"。碧山亭对待神明的方式显然不太合乎华人传统民间信仰的一般做法。

碧山亭在重建中，再造了"财帛星君"与"观音"两尊新神明。此外，碧山亭还一改百年来的做法，立观音为碧山大庙的主神，同时为新造的两尊神明举行神诞庆典活动。

根据碧山亭理监事会的会议记录，碧山亭的造神与神诞活动，是因应碧山亭在重建过程中面临一些亟待解决的现实问题而采取的应急措施。"财帛星君"的出现，是基于当时碧山亭运作中财政状况窘迫的困难局面。碧山亭在埋葬先人的坟山被政府征用后，急需资金兴建临时骨灰罐安置所。碧山亭希望通过举办"财帛星"神诞活动上的"标福"以筹集款项。立观音为碧山大庙的主神，则是要借"阳"神的观音，改变人们对碧山亭属"阴"的传统看法，以适应重建后的碧山亭向全新加坡开放的需要。

上述改变虽然是基于一些现实问题的考虑，但客观上却改变了碧山亭一个多世纪以来在神明信仰系统上浓厚的社群色彩，对促进碧山亭和三属宗乡社团跨越社群边界具有积极的意义。

先谈观音崇拜。碧山亭重建后面对社会功能的转型，需要调整原有的神明形态，其中的关键，就是要改变传统神明崇拜的社群色彩。观音崇拜正具备了碧山亭所需要的社会功能。观音崇拜在全世界华人中普遍得到认同，新加坡也不例外，新加坡华人社会有众多的观音信徒。四马路的观音庙是新加坡香火最旺的庙宇之一。每年农历春节，到观音庙抢上第一炷香的华人之多使道路为之堵塞。观音信仰的普遍性是碧山亭再造观音，并尊为碧山大庙主神的基本原因与重要原因之一。换言之，观音信仰是一座桥梁，它有助于碧山亭和三属宗乡社群趋同于新加坡华人社会。

再造财帛星君以及为其做神诞，在一定程度上也促进了碧山亭重建后的社会认同。首先，碧山亭一改历史上不做神诞的传统，为财帛星君庆祝神诞，这样的做法本身即具有三属社群趋同于新加坡华人社会的象征意涵。因为对信仰民间宗教的华人来说，每年定期为神明庆祝神诞（俗称做大日子），是已被普遍认同的崇拜规则。碧山亭的财帛星君神诞活动，显然符合华人社会传统的文化规范。另外，在为财帛星君举办的神诞活动中，碧山亭采用在新马华人社会普遍的做法，以"标福"来筹集重建的资金款项，意在淡化与其他华人社群的差异。

碧山亭举办的神诞活动，还具有跨出三属、与新加坡社会建立联系的功能。根据笔者的田野调查，碧山亭邀请中国大使馆官员出席财帛星君神诞晚宴，捐赠款项支持中国赈灾，接受非三属社团或个人香油钱或报效的"福物"，宴请非三属个人或社团等。①总之，通过神诞活动，碧山亭和三属宗乡社团与新加坡社会有了更多的交往与联系。

（二）延续与强调"三属认同"

新加坡建国后重建的碧山亭及其所属的广惠肇宗乡社群，在具有社会与国家认同的同时，也延续与坚持建构于殖民地时代的"三属认同"。

首先看 1978 年修订的章程。如前所述，该章程在"宗旨"条中首次订立条规，向全新加坡社会开放。与此同时，新章程也强调了碧山亭的三属特色。"宗旨"条的第一款与第五款规定："本亭创立之宗旨为管理及发展新加坡广惠肇碧山亭之一切产业，同时也为广惠肇三属人士谋福利与促进乡谊。本亭所获之盈余，不论用在社会、教育、医药或慈善福利事业等，概需由同人代表大会议决。"

再看运作方式。碧山亭是一个以"坟山认同"为纽带所建立的广惠肇三属最高联合宗乡组织。从 1871 年创立以来的一个多世纪里，碧山亭通过设立模范坟山、社团总坟，对三属先人的"春秋二祭"和"万缘胜会"的超度，以及"六常务轮值制"等一系列组织管理与运作系统，在有效处理三属移民身后的丧葬与祭祀问题的同时，也促进了三属的整合。进入新加坡本土社会之后，上述这些在殖民地时代形成的文化传统与运作方式，基本被保留了下来。

在组织原则与组织架构上，碧山亭坚持和延续了移民时代的体系：作为广惠肇宗乡社群的总机构，碧山亭的基本成员是三属的 16 所会馆；碧山亭基本与核心机构及其组织运作方式，如理事会、监事会、同人大会、六常务轮值制等均被保留下来。

在重建后的灵厅布局上，碧山亭延续了坟山时代的埋葬理念，将社团总坟以"社团灵厅"的形式保留下来。"社团灵厅"的设置也延续殖民地时代

---

① 根据笔者于 1998 年 9 月 11 日、12 日参与观察并记录的在碧山亭举办的财帛星君诞的接神、祭祀仪式，以及晚宴和标福物等情况及据此所作的田野考察。

"碧山亭三属总坟"与"三属社团总坟"的做法，分成"三属"与"三属社团"两类灵厅。重建后的碧山亭具有三属总坟意义的有两处。一处是1985年修建的"广惠肇先贤纪念碑"。纪念碑位于重建后的碧山亭公所中心，碑上刻有坟山时代三属149个社团名称，纪念碑下所葬为坟山时代149个三属社团总坟的墓碑和部分社团总坟的骨灰罐等。另一处是位于灵厅二楼（三属各地缘、业缘、姓氏等社团灵厅的集合之处）首位的七君子灵厅。①社团灵厅则有38间，基本分为地缘会馆同乡会灵厅、姓氏宗亲会灵厅、行业公会灵厅三大类别。社团灵厅内的布局，包括牌位、碑文、对联等基本与坟山时代的社团总坟相同，有不少甚至把原有的总坟对联原样复制在灵厅上。

　　重建后的碧山亭也延续殖民地时代每年定期祭祀先人的"春秋二祭"传统。在坟山时代，碧山亭的"春秋二祭"已经形成了一套规范化的做法，即三属人祭祀先人和三属社团祭祀总坟的仪式是在碧山亭理监事会祭祀总坟之后才展开的，这是为了显示和体现碧山亭内部的认同关系。迄今为止碧山亭和三属社团仍遵循这套在坟山时代建立的运作方式与祭祀文化。换言之，碧山亭内部的社群认同关系通过传统的"春秋二祭"被保留与延续了下来。

　　再以"万缘胜会"为例。笔者参加并现场考察了1998年碧山亭举办的"万缘胜会"。该届"万缘胜会"筹委会成员全部来自广惠肇三属16所会馆。参与"万缘胜会"期间游艺活动的团体也都来自16所会馆。在"万缘胜会"场所维持次序的人员也均从16所会馆中调派。

　　在宗教仪式的安排上，碧山亭更是延续了坟山时代的许多做法，强调和突出广惠肇的"三属认同"意识。"万缘胜会"分公祭和私祭，在道坛的空间布局上设有公祭坛和私祭坛。私祭坛是主家对先人的祭祀和超度的场所。公祭坛的祭祀和超度仪式由道长、法师带领碧山亭理监事成员进行。公祭坛设在碧山亭内的"广惠肇历代先贤纪念碑"下。公祭坛上设置了31面甲种龙牌和6面大龙牌。31面龙牌是为历届去世的理监事成员而设。6面大龙牌没有具体的超度对象，但其中的"广州府上历代祖先之神位""惠州府上历代祖先之神位""肇庆府上历代祖先之神位"3面大龙牌，摆在主祭坛中间

---

　　① 七君子指"恩平李亚保、开平黄义宏、新兴赵亚德、三水梁亚德、高要赵亚女、新兴顾文中、高要谢寿堂"等7人。有关"七君子"，下节还将讨论。

最显著的位置。① 很显然，碧山亭在"万缘胜会"空间布局和祭祀仪式上凸显广惠肇三属，目的是要通过宗教仪式，强调和再界定建立于移民时代的新加坡广惠肇"三属认同"的社群意识。

综上所述，新加坡建国以后碧山亭的社群、社会及国家关注，显示出历经重建与转型艰难挑战的碧山亭与三属宗乡社群在认同形态上的基本特点。

三　21 世纪以来碧山亭的多元认同形态

1998 年碧山亭基本完成重建工作，并在当年 11 月 8 日举办 128 周年纪念与碧山庙重建落成开幕的庆典活动。② 重建后的碧山亭在 21 世纪以来外部世界与新加坡社会变迁的时空环境下继续演化发展。在这一节，笔者主要根据碧山亭出版的半年刊会讯《扬》，具体考察 20、21 世纪之交以来的十数年，碧山亭的运作与多元并存的认同形态。

（一）承继与强化"三属认同"

如上节所述，在碧山亭重建与转型的艰难进程中，延续并强调建构于殖民地时代的"三属认同"，是凝聚广、惠、肇宗乡社群最重要的内在纽带。此一趋势在 21 世纪以来碧山亭的运作中继续被承继与强化，并因应对时空变迁而有了新的形式与内容。

1997 年 5 月，碧山亭以会讯形式出版半年刊《扬》。有关《扬》的出版，据时任碧山亭理事长的何顺结在"创刊献词"中所言："本亭子成立一百二十七年以来，曾出版过特刊，但以会讯形式出版半年刊，尚属首次。"出版《扬》的目的与宗旨为：其一，"以实际行动促进十六会馆与本亭的联系"；其二，"让本亭的历史与精神发扬光大"；其三，弘扬华族儒家思想与文化。此外，也希望借此会讯让"外界了解本亭的近况、活动与新发展"。③ 从 1997 年 5 月至 2017 年 8 月，《扬》已不间断发行了 35 期。

根据《扬》的报道，21 世纪以来碧山亭主要通过内与外两个途径来强

---

① 根据笔者在 1998 年 6 月 20 日至 23 日参与并记录碧山亭举办"万缘胜会"的田野考察。
② 曾玲：《128 周年纪念及碧山庙重建落成开幕庆典盛况》，《扬》第 3 期，广惠肇碧山亭，1999。本文中几处周年的计算均来自碧山亭当局。
③ 何顺结：《创刊献词》，《扬》创刊号，1997 年 5 月。

调与强化广惠肇社群的"三属认同"。

在广惠肇三属内部，碧山亭除了保留与延续殖民地时代与新加坡建国以后的组织结构与运作内容，如"六常务轮值制""同人大会""春秋二祭"等外，自1978年以来，其会务中增加了一项颁发奖助学金与敬老度岁金的内容。敬老度岁金与奖助学金的颁发对象，是三属社团成员及其子女。另一项有助于促进广惠肇宗乡社群"三属认同"的重要会务就是创办半年刊会讯《扬》。

《扬》在创刊时，设立"本亭活动"与"会馆活动"两个栏目，让碧山亭和属下的广、惠、肇16所会馆定期在《扬》中报告会务。自2007年起，《扬》新增"人物介绍""本亭文物""历史回顾""广东文化"等栏目类别，介绍与广惠肇社群相关的历史事件、社团与社团领袖、祖籍原乡历史文化等内容。上述栏目的设置与发表的内容，不仅进一步强化了碧山亭与属下16所会馆的联系，为促进会馆之间的相互了解与交流提供了一个重要平台，亦有助于唤起与强调广惠肇社群共有的历史记忆，进而凝聚与强化广惠肇"三属认同"。

以"广惠肇社群"名义参与跨国的社会文化交流，是碧山亭强调与强化"三属认同"的外部途径。

海外华人社团的跨国活动开始于20世纪70年代末80年代初。新加坡的华人社团紧跟当时时代潮流，在八九十年代也纷纷跨出国门，以宗亲宗乡为文化纽带，展开全球华人社团的恳亲与联谊活动。[①] 相较于新加坡其他宗乡社团，碧山亭参与跨国联谊活动较晚。《扬》的报道显示，从1997年到2002年的8期会讯中，均未见碧山亭跨出国门的会务活动。直到2003年，碧山亭才开始其跨国的社会文化交流。自此以后，频繁的跨国活动成为21世纪以来碧山亭会务运作的一项重要内容。

根据对《扬》内容的整理，在21世纪以来的十数年里，碧山亭的跨国社会文化交流，主要在两个地域展开。其一为包括属下广、惠、肇16所会馆的祖籍原乡在内的广东省。活动的内容除了拜访各级侨联侨办、参观访问外，另一项重要的工作是"回乡寻根"。2006年12月，碧山亭首次组织广

① 曾玲：《认同形态与跨国网络——当代海外华人宗乡社团的全球化初探》，《世界民族》2002年第6期。

惠肇年青一代，到广东省展开七天的寻根访问。①

其二为亚细安区域。《扬》的报道显示，碧山亭在 2003 年首次派出 13 人的代表团出席马来西亚新山广肇会馆 125 周年纪念庆典。② 自此以后，碧山亭与区域的联系与文化交流日益增多，其中尤以紧邻的马来西亚最为频密，以及印度尼西亚、泰国等亚细安国家。与此同时，碧山亭也在新加坡接待来自亚细安各国的"广惠肇会馆""广惠肇公会""广肇会馆""广肇总会"等以及广惠肇属下的社团如"惠州会馆""冈州会馆""增龙总会"等。

除了祖籍地与亚细安区域，21 世纪以来，碧山亭多次组团参与在广东、亚细安区域乃至世界各地举办的"世界广东社团恳亲联谊大会"，进而密切与世界各地广、惠、肇华人社团的经贸文化联系。

碧山亭的上述跨国活动，显示广惠肇是将碧山亭与祖籍地、亚细安区域至世界各地的广、惠、肇华人社团联系在一起的文化纽带与社群认同符号。

（二）以"广惠肇社群"形态融入新加坡

在 21 世纪以来的时空环境下，碧山亭以"广惠肇社群"形态更为主动地参与各项社会文化活动，从而使碧山亭的社会与国家关注有了新的内容。

1. 融入华人社会

主动将其在一个多世纪的奋斗历史，提升到新加坡华人社会精神与文化层面，这是 21 世纪以来碧山亭运作的一项重要内容。

以碧山亭对"七君子"内涵的诠释与处理方式为例。"七君子"是流传在碧山亭和广惠肇社群的一则传说。据传这七人为义士，为碧山亭献出了生命。不过，关于"七君子"为何牺牲，有不同说法。一种说法是，碧山亭最初的坟山是"七君子"与别帮械斗打下来的。另一种说法则认为，当时的广惠肇与别帮发生械斗，"七君子"为保护碧山亭而战死。不过，迄今为止并未有确切的历史记录证实该传说的时间与内容。

"七君子"作为广惠肇社群英雄的身份，是伴随碧山亭在 20 世纪八九十年代的重建而得到确认。如前所述，碧山亭重建后，从坟山时代进入灵厅时代，设立了具有象征"广惠肇三属总坟"意义的"七君子灵厅"，并在之

---

① 《本亭首次组织青年团下乡寻根》，《扬》第 16 期，2008 年 2 月。
② 《本亭代表团十三人出席新山广肇会馆 125 周年纪念》，《扬》第 8 期，2004 年 1 月。

后由碧山亭与属下 16 所会馆进行年复一年的"春秋二祭"。历经这一过程，"七君子"已从往日的传说转变为被正式认定的碧山亭的英雄，进而成为承载新加坡广惠肇社群历史记忆的符号。

"七君子"地位的再提升是在 21 世纪之初。2003 年碧山亭理监事会在公所内为"七君子"建亭立碑，并在当年 11 月的庆祝创立 133 周年纪念活动中，恭请新加坡政府官员曾士生与时任碧山亭理事长的梁少逵先生为"七君子亭"主持揭幕仪式。在致辞中，梁先生以"学习七君子精神"为题发表演讲，他认为"七君子"体现了中华文化传统价值观，呼吁让"七君子"勇于为社会献身的精神永远留存。曾士生则认为"七君子"精神是新加坡华人宗乡会馆宝贵的文化遗产。他勉励华人年青一代应以"七君子"大无畏精神保卫华人社会的文化遗产。[①] 由此可见，通过上述活动，"七君子"不仅承载了广惠肇社群一个多世纪奋斗历程的历史记忆，亦作为华人宗乡社团重要的文化遗产而被提升至华人精神与文化的层面。

走出公所、跨越三属，参与新加坡华人社会的各项活动，是碧山亭 21 世纪会务运作中一项新内容。根据《扬》的报道，碧山亭所参与的，主要是中华总商会、华人宗乡会馆联合总会等举办的各项活动。这些活动多涉及促进新加坡中华语言文化发展与社会的种族宗教和谐等内容。此外，碧山亭也参加广府、客家、福建、潮州等新加坡各方言社团举办的周年纪念等。在碧山亭转型中，2014 年是一个具有象征意义的年份。这一年，为庆祝新加坡建国 50 周年，碧山亭首次打破传统走出公所，在宗乡总会礼堂举办成立 144 周年纪念庆典。为此，《扬》在首页报道了此次庆典的内容，并以"广惠肇碧山亭 144 周年走出碧山"为题，强调首次"走出碧山"举办纪念庆典对碧山亭在新时期的转型所具有的重要意义。[②]

2. 融入碧山社区

在碧山亭一个多世纪的历史发展进程中，虽然从二战到新加坡建国之后已经有明确的社会认同意识，但真正主动参与国家社会文化建设，则始于 21 世纪以来的 20 多年间。

21 世纪以来，促使碧山亭在社会与国家认同上进一步转型的一个重要

---

① 《梁少逵呼吁学习七君子精神》《曾士生部长鼓励年轻人保护文化遗产》，《扬》第 8 期，2004 年 1 月。

② 《广惠肇碧山亭 144 周年走出碧山》，《扬》第 30 期，2015 年 2 月。

因素，是新加坡国家政策与政府官员的积极推动。基于"多元文化与种族和谐"的国策，在新的历史时期，政府从政策制定、经费支持等方面，加大力度鼓励各种族传承与发展自己的语言文化传统，同时以"传统文化遗产"理念，呼吁各种族重视、整理与传承在新加坡本土的发展历史与奋斗精神，并将其作为国家文化建构的重要资源与组成部分。

就碧山亭而言，直接推动其融入所在的碧山社区的是国会议员再努丁。2002年，再努丁以碧山—大巴窑北区国会议员身份首次来到碧山亭。他被这个由华人宗乡社群创办的坟山组织在一个多世纪的发展历程以及碧山亭所保留与呈现出的具有浓郁中华文化与新加坡特色的广府文化色彩所震撼。[①] 在这之后，他于2004年与2008年又两次莅临碧山亭。[②] 2008年这一次，他是以新加坡中区市长的身份，为其辖区内的碧山亭主持该社团翻新工程的开幕仪式。

在再努丁的直接鼓励与支持下，碧山亭从2003年开始对社会开放。这一年，碧山亭积极配合新加坡国家文物局主办的传统文化遗产节活动，拨出上万新元举办历史文化图片展，同时向全社会开放，让包括华族在内的新加坡各种族民众进入碧山亭，通过参观公所内的碧山大庙、古鼎古钟和行政楼的壁画等，了解碧山亭与广惠肇社群的历史与文化。[③] 自此以后，碧山亭已经接待诸多包括政府与民间、华族与非华族等在内的，涉及社会、文化、宗教等各类性质的社团。

碧山亭在向新加坡社会开放的过程中，还主催了一项"碧山文化之旅"的活动。在新加坡中区市镇理事会与碧山镇十个机构的大力支持下，该项活动的成果被编写成《碧山文化之旅手册》，由中区市长再努丁于2009年在碧山亭主持发布仪式，另一位政府官员陈惠华亦在碧山亭主持"碧山文化之旅"的启动仪式。[④]

上述会务运作对于作为广惠肇宗乡社群总机构的碧山亭在认同形态上的进一步转型具有重要的意义。通过开放与主动参与，碧山亭已不再仅是关注

---

① 《本亭接待碧山—大巴窑北区国会议员再努丁先生到访》，《扬》第6期，2003年1月。

② 《2004年11月10日碧山—大巴窑北区国会议员再努丁先生莅临访问》，《扬》第10期，2005年2月；《新加坡中区市长再努丁先生到访》，《扬》第18期，2009年2月。

③ 《2003年3月16日，参与国家文物局文化节展出本亭历史照片及开放大庙壁画及古鼎古钟等供众参观》，《扬》第7期，2003年8月。

④ 《180万元修缮工程竣工亮灯、碧山文化之旅手册发布》《新加坡中区市长再努丁先生演讲》，《扬》第19期，2009年8月；《陈惠华部长主持碧山文化之旅启动仪式》，《扬》第20期，2010年2月。

与社会国家相关的事务，而是将碧山亭的历史视为新加坡社会发展的组成部分，亦将广惠肇宗乡社群文化纳入当代新加坡中市－碧山镇社会文化的建构之中。

结　语

本文所讨论的碧山亭，由南来拓荒的广府、惠州、肇庆移民于 1871 年创立于移民时代的新加坡。从创立迄今的一个多世纪，碧山亭既是坟山组织，处理广惠肇先人的丧葬与祭祀以及相关事务，亦是广惠肇社群的总机构，承担整合与凝聚三属的重要功能。

基于碧山亭是个跨地缘与方言、内部存在多元与多重社群认同的社团组织，殖民地时代的碧山亭以传承自华南原乡的"祖先崇拜"与"坟山崇拜"作为文化纽带，通过"淡化社群认同差异"的组织机构与制度化的坟山管理系统等的运作，在解决三属先人的丧葬与祭祀的同时，亦建构了凝聚与整合广惠肇移民社群的"三属认同"。与此同时，在华人移民社会舞台上出现的坟山组织碧山亭，其作为广惠肇总机构的社群边界也得到确定。

20 世纪七八十年代，为因应建国之后新加坡经济建设的需要，碧山亭结束了一个多世纪的坟山时代，进入国家架构下的灵厅时代。伴随重建与随之而来的转型，碧山亭在社会功能、运作方式等诸方面不断做出调整的同时，其认同形态也随之发生变化。一方面，碧山亭坚持与延续殖民地时代建构的"三属认同"；另一方面，碧山亭也关注新加坡社会与国家的发展。可以说，"三属认同"与"社会国家认同"并存，是新加坡建国后碧山亭与三属宗乡社群在认同形态上的基本特点。

21 世纪以来的 20 多年中，碧山亭的会务运作有了新内容：从会讯《扬》的创刊发行，为"七君子"建亭立碑，将"七君子"的社群意涵提升到华人社会精神文化的层面，到总结与展示碧山亭与广惠肇宗乡社群在一个多世纪的奋斗历史，将其纳入包括华社在内的新加坡社会发展的脉络，主动参与所在的中市－碧山镇的社会文化建构，以及与祖籍原乡、亚细安各国、世界各地的广惠肇社团的跨国社会文化活动等。上述会务运作，显示出 21 世纪以来碧山亭与三属宗乡社群在认同形态上的一些特点。

其一，国家认同下的多元且并行不悖的认同形态。伴随时空演化与社会变迁，自新加坡建国以来的半个多世纪，碧山亭与广惠肇三属宗乡社群的社会国家认同不断增强。与此同时，建构于殖民地时代"三属认同"虽曾面临挑战却未消失，而是伴随时空变迁在国家认同的前提下被承继、强调与强化。可以说，多元且并行不悖，是当代碧山亭与三属宗乡社群在认同形态上的基本特征。

其二，多元认同形态的相互影响与促进。自 20 世纪八九十年代以来，基于政府对华人宗乡社团传承中华传统文化与价值观的鼓励，碧山亭对"三属认同"的强调与强化，有助于促进广惠肇宗乡社群的凝聚与摆脱边缘化的困境。而碧山亭参与新加坡华人社会与国家文化建构的各项活动，不仅增强了碧山亭的社会、国家认同，同时也凸显了其作为广惠肇总机构的社群边界，从而进一步促进了"三属认同"意识的增强。

其三，在新加坡时空变迁脉络下建构与演化的"三属认同"，是新加坡广惠肇宗乡社团展开跨国活动的重要文化纽带，而广惠肇宗乡社团的跨国会务，亦有助于拓展当代新加坡的跨国网络，促进新加坡与亚细安、中国乃至海外华人社会的经贸文化交流。

综上所述，从移民时代具有社群边界的"三属认同"之建构，新加坡建国后"社会国家认同"意识的产生，到当代在国家认同前提下所呈现的多元且并行不悖的认同形态，以"坟山崇拜"为纽带而建立的碧山亭与广惠肇宗乡社群在认同形态上的变迁，是新加坡华人社会建构与演化的一个缩影。本文的研究，为考察南来拓荒的华南移民如何运用传承自祖籍地的中华传统文化在新加坡时空变迁的脉络下实现社群重组与家园再建的历史进程提供了一个有价值的个案。

Social Change and the Construction and Evolution of
Identity Formation in Chinese Clan Associations
—A Study of Kwong Wai Siew Peck San Theng
in Singapore

Zeng Ling

Abstract: Kwong Wai Siew Peck San Theng was founded in 1871 by immigrants from Guangfu（Kwong），Huizhou（Wai），and Zhaoqing（Siew） in the immigrant era of Singapore. For nearly a century and a half since its founding, Peck San Theng has been a cemetery organization, handling funerals, ancestor offerings, and related matters for the Kwong Wai Siew. It is also the main organization of the Kwong Wai Siew community, and has an important function of integrating and cohering the three groups. This paper utilizes various Chinese clan association source materials to investigate the historical process of the construction and evolution of identity formation for the Kwong Wai Siew community and Peck San Theng cemetery, which was established based on "Cemetery Hill Worship" in Singapore from the colonial era to independence. It provides a valuable case study of how immigrant pioneers from the southern part of China, in the context of social change in Singapore over time, used traditional Chinese cultural practices inherited from their ancestral homeland to restructure their community and rebuild their home.

Keywords: Singapore; Kwong Wai Siew Peck San Yheng; Chinese Clan Association; Identity Formation

（执行编辑：杨芹）

海洋史研究（第二十一辑）

2023 年 6 月　第 364~376 页

赶海人：阿联酋迪拜的广东新侨

张应龙[*]

虽然阿拉伯世界在古代就与中国建立了密切的海上联系，广东华侨在近代也走遍世界，但广东人却极少有移居阿拉伯国家的。这种状态在近二三十年来发生变化，广东人在阿拉伯从无到有，从少到多，演绎了粤商走天下的新故事。本文主要以近年作者在阿联酋迪拜的田野调查资料为基础，对阿联酋迪拜的广东新侨做一个粗浅的概述。

侨居迪拜

在阿联酋 1971 年建国之前已经有中国人居住在那里，他们多来自中国西北地区，祖籍多是甘肃省。这些人与当地妇女通婚，其后代已经阿拉伯化，这批人与后来的新侨没有联系。接着还有一批人来自也门和印度。改革开放后，随着中资企业进入阿联酋，到阿联酋的中国人多了起来，至 1988 年中国在迪拜建立总领馆时，迪拜的中国人（含中资企业员工）已有 8000 人左右，[①] 不过其中大多数人不能称为华侨。

20 世纪 90 年代阿联酋大力发展旅游业，浙江、福建、广东等省民众以游客的身份陆续进入阿联酋，到 90 年代末，中国人开始涌进阿联酋。捷足先登的是中资企业的员工，他们对当地情况比较熟悉，觉得阿联酋有不错的

---

* 作者张应龙，暨南大学华侨华人研究院研究员。

① 广东华侨史调研团中国驻迪拜总领馆座谈会记录，2020 年 1 月 4 日，阿联酋迪拜。

发展前景，于是从中资企业跳槽，自寻工作，做生意，留在阿联酋发展。21世纪以后，中国人掀起了进入阿联酋的小高潮，寻找商机是新侨到阿联酋发展的最主要原因，而20、21世纪之交是新侨涌入阿联酋的关键节点。

自从2018年习近平主席访问阿联酋之后，中阿建立了全面战略伙伴关系，中国人入境享有专门通道，受到友善的待遇，阿联酋还宣布在200所学校开展中文教育。所以总的来说，中国人侨居阿联酋的环境相当不错。

广东新侨是在20、21世纪之交来到阿联酋的。2001年，广东潮阳人张钦伟由于俄罗斯生意失败，便转到阿联酋碰碰运气。张钦伟孤身来到迪拜老城黛拉（Deira）的木须巴扎（Murshid Bazar），在那里，他带来的女性内衣样品一下子被抢光。张钦伟没想到那么好卖，马上从老家进货，发到迪拜。用他的话说，那时有多少销多少，好卖得很。迪拜生意的意外火爆，不但让张钦伟很快还清了原先做俄罗斯贸易亏空的80多万元债务，而且赚下不少钱。第二年，他便在迪拜老城黛拉租下一间十平方米左右的店铺，注册一家自己的公司，名叫"好来头"。名字虽然朴实但表达了他心中的梦想，从此踏上在阿联酋的致富之路。接着，他把太太和妹妹等人接到迪拜帮忙，开启"连锁移民模式"。随着生意扩张，从家乡带来的人越来越多，仅张钦伟一人就先后带了五六十个亲朋好友出去，而这些亲朋好友又带亲朋好友出去，从张钦伟这一条线便总共带出去了二三百人。①

迪拜好做生意的消息传回国内之后，到迪拜的人很快多了起来。广东人去迪拜的原因多种多样。第一种是出来寻找机会。广东普宁人陈泽浩2004年在广州一所中专学校毕业后，不愿意回家乡做家族企业，想出来闯世界，刚好这时有公司在上海设点招商到迪拜创业，他家里便替他交了一笔钱，另外花了3万元人民币租下迪拜的一间店铺供他出去之后使用。陈泽浩坦承当时自己不懂做生意，对阿联酋也一无所知，完全是初生牛犊不怕虎。半年后，出国手续办妥，他按约定到集中地点与其他人（总共100人）一起飞到迪拜，那时他才19岁。这100人互相不认识，各按约定时间一起坐飞机到阿联酋，100人当中广东人只有4人，都是潮汕人。他们后来有1人回中国，剩下3人变成当今迪拜的玩具大王、服装大王，称雄迪拜中国商城。陈泽浩回忆说，他到阿联酋时，那里的中国人有2万到3万人，但广东人不足100人，所占的比例很小。第二年，他把弟弟带过来，4年后，开始带亲戚

① 张钦伟口述访问，2020年1月12日，广州市威尼国际酒店。

过来，最多的时候，他家的至亲有 18 个人在阿联酋，而至亲又带他们的亲戚过来，像滚雪球一样越滚越大。① 当生意扩张需要人手时，在肥水不流外人田的思维习惯影响下，他们会优先引进自家弟兄，新人立住脚跟后另立门户，再带人出去，这样的移民模式被一再复制。

第二种是拓展生意。在迪拜的中国人当中，有一大群人是来自深圳的商人，他们主要是深圳华强北经营电子产品的商人。在深圳华强北经营手机批发生意的钟楚典，是广东潮南人，在做生意过程中接触到一些阿联酋客户，敏锐地觉察到阿联酋存在商机。2006 年他带了 1 名翻译到迪拜考察行情，立即观察到迪拜是一个做国际贸易的好地方，经营环境好，市场辐射广，政策宽松，于是当年就到阿联酋设点做生意，然后陆续引进一大批深圳商家到迪拜，形成行业规模，互相支援和拆借。他很自豪地说，迪拜的深圳商人大多数是由他引进的。

第三种是国企员工下海。来自广东茂名的林先生从国企员工转为侨商就是这样的例子。1995 年他大学毕业后到水产公司工作，随公司渔船到也门、阿曼、阿联酋等国捕捞，迪拜是他们公司的基地港，所以对阿联酋情况比较了解。因工作轮换，林先生几年后回到国内工作。因不能忍受国企工作的平淡，他自己出来创业做生意。2008 年，因生意不好，他只身跑到也门闯世界，那时也门的中国人不到 20 人，他是唯一的个体户，其他人是国企员工或者中国医疗队员。也门爆发战乱后，他转到迪拜，经营海产品贸易，从也门、阿曼、迪拜、巴基斯坦一带采购海产，发往东南亚、中国、韩国、斐济等地。国际贸易这个行业的特殊性使他想走"家族企业"的路子，几年前他将侄子带出来，可是"90 后"的侄子无法忍受迪拜的气候以及枯燥的生活，待了三个月就跑回中国，所以他很遗憾至今没能从家乡带出一个人到阿联酋。后来他通过到学校招工的方法来补充人手，先后在广东农工商技术职业学院招了 14 名学生到迪拜为他工作。② 广州人元永佳也是一个例子。他大学毕业后到进出口公司工作，1993 年被派驻迪拜，2003 年中国外贸体制改革，他离开公司，在迪拜创办国际贸易公司，经营建材、灯饰、电子产品和旅游服务等。③

---

① 陈泽浩口述访问，2020 年 1 月 4 日，迪拜龙城。
② 林先生口述访问，2020 年 1 月 3 日，迪拜阿联酋广东商会。
③ 《阿联酋广东商会暨同乡会成立五周年特刊》，2015，第 34 页。

第四种是劳务输出。在迪拜开店的广东新侨都需要帮手，因此都回中国找自己的亲朋好友过来帮忙，然后不久这些亲朋好友自己独立开店，又从中国招一批新的帮工。其实，从国内招收员工到阿联酋成本较高，每人办证加机票大约要2万迪拉姆（1迪拉姆约为1.996元人民币），而阿联酋给的工作签证期限是两年，第一年刚到熟悉工作情况，第二年到期可能不再干了，或者自己去创业。除了个体招人之外，还有单位招人的。2010年10月，阿联酋广东商会与清远市技师学院签订"双百"协议，商会连续三年选拔家庭贫困、品学兼优的毕业生到阿联酋迪拜华商企业就业，共同培养100名学生出国就业，资助100名贫困学生完成学业。① 2010年第一批清远市技师学院毕业生到了迪拜。据介绍，100人最后只有一小部分回到中国，大多数留在迪拜发展。阿联酋广东商会这种从学校直接招人到海外，最后大多数变成新侨的情况在广东新移民当中不是很多。

中国新侨在迪拜主要是经商以及做相关服务工作，如看店、导购、导游等，但没有在当地开设工厂，因为配件跟不上。广东新侨在迪拜的职业主要是创业者和看店人。看店人看了一段时间后就自己出去开店创业，然后又从国内招人过去，滚动式复制致富的故事。所以张钦伟说，带一个人出去，等于走出一条路。

从20、21世纪之交大量广东新侨进入迪拜开始，其间尽管遇到2008年美国金融危机，但阿联酋生意依然红火，广东新侨持续涌进阿联酋，在2015年达到了近二三十年的高峰，之后开始下行。目前在阿联酋的中国人总数大约20万人，以年轻人为主，有来有去，熙熙攘攘。年轻，是阿联酋中国新侨的显著特征。

在阿联酋中国新侨中，广东新侨的人数不如浙江、福建新侨多。2011年时，广东新侨只有几千人，目前有一两万人。在广东新侨当中，潮汕籍新侨约占50%，人数最多，单单迪拜手机市场的潮汕籍新侨就有3000人左右，他们主要来自潮阳、潮南、普宁、澄海这些地方。应该指出的是，广东新侨也包括了"新粤商"，即在广东创业做生意的外省人。

广东新侨持阿联酋签发的工作准证和居留证在阿联酋工作和生活，他们手里拿着中国护照，没有入籍成为华人，是典型的华侨。为什么广东新侨不

---

① 《阿联酋广东商会广东清远扶贫 助学生就业》，中国新闻网，2011年7月1日，http://www.chinanews.com/zgqj/2011/07-01/3151463.shtml。

加入当地国籍、融入当地社会？因为阿联酋不是移民国家，外国人基本不可能加入阿联酋国籍，外国人可以在当地居住，可以延续工作签证。如果与阿联酋人通婚，要在生下小孩后继续住在阿联酋10年以上才有资格申请入籍。在融入当地社会基本无望的情况下，广东新侨冒着酷热在阿联酋打拼的目标就是赚钱，但伊斯兰世界的独特生活规范，与广东新侨的日常生活习惯相差很大。因此，阿联酋广东新侨呈现出的鲜明特征是"侨"和"商"。

批发亚非拉

广东新侨在迪拜经商的活动重点在两个地方：一个是老城黛拉，一个是国际城——龙城。老城黛拉集中了好多个批发市场——黄金街、香料街、服装城、手机城等，不仅广东人在那里做生意，国内的浙江人、福建人和国际上的阿拉伯人、印度人、巴基斯坦人等也在那里做生意。黛拉是道路纵横的老城区，龙城是新建的庞大的室内商场。龙城以零售为主加批发，黛拉以批发为主加零售。

广东新侨在迪拜的生意主要是做服装、玩具、化妆品和手机批发。张钦伟是做内衣起家的，他带的人也多数做服装生意。2002—2010年迪拜的服装生意最旺，张钦伟生意好的时候一年有150个货柜的销量。陈泽浩说在2006年以前迪拜处于卖方市场状态，垃圾货都被扫走，那个时候卖几万到十几万件衣服像在"开玩笑一样"，一天卖一个货柜算是很差的了。2006年以后，中东市场萎缩，服装销售开始比款式比质量，有了竞争。陈泽浩家族多数在做少女装，据说他家的少女装在迪拜生意是最好的。他在龙城有几间店铺，手上有八张营业执照。① 而在迪拜卖玩具和毛衣的是汕头澄海人，东莞大朗本来是毛衣重镇，但最后做不过澄海人。

广东新侨在迪拜扩张生意的过程中，张钦伟起到重要的作用。他发现迪拜服装业的商机，果断在木须巴扎租下一栋楼，为期15年，做成迪拜首个华人服装批发城，这不但方便卖服装，而且产生了集聚效应，形成一个新的服装批发中心。张钦伟接着又在黛拉租楼，做成手机批发城，有180多间商

① 陈泽浩口述访问，2020年1月4日，迪拜龙城。

铺，成为中东最大的手机集散地。①

广东新侨基本掌控了迪拜的手机批发生意。在此之中，来自深圳的钟楚典具有标杆性的意义。钟楚典于 2006 年 10 月来到迪拜，他早在深圳市场时就积累了丰富的手机销售经验。他从 1995 年开始接触手机，次年代理摩托罗拉手机，在深圳华强北和国际电器城都有店铺。2001 年开始做"山寨"手机，然后转做康佳、TCL、西门子等品牌的手机，每天有十几部车专门给各个店铺送货配货，生意很大。2006 年到迪拜时，迪拜只有三家中国人手机店，一家是浙江人开的，两家是福建人开的，他们做的是翻新手机生意。钟楚典落户黛拉后，以迪拜为中心，将手机销售网拓展到中东、非洲其他地区和南美洲。他的公司叫亚锋公司，总部在深圳，香港有公司和仓库，深圳和香港的业务由大儿子和大女儿掌控，他与小女儿坐镇迪拜，南美巴拉圭的公司由小儿子负责。他家海外公司雇用的中国人有三四百人，在迪拜有 20多人，在南美有 100 多人，并在美洲的巴拉圭、美国、智利、玻利维亚、哥伦比亚、墨西哥、巴拿马，非洲的加纳、多哥、尼日利亚、科特迪瓦、肯尼亚，亚洲的泰国、菲律宾、印度尼西亚、越南设点经营，业务量最大的是南美，而卖手机门槛最高的也是南美，利润也最高。钟楚典说，南美的手机生意一般人做不了，经营时差不多要备有三套本钱。2016 年钟楚典转为代理小米手机，取得小米在世界 23 个国家的代理权，年销售额超百亿元人民币。②

更为重要的是，钟楚典到了迪拜之后，先后帮助一二百家广东企业进入迪拜，他不怕同行竞争，声称人多可以成行成市，一起做大。他指出，2009—2013 年迪拜的手机生意最火，每天整个市场的手机销售量达 20 万台。现在迪拜的手机市场，广东新侨占了七成，后来居上，超过福建人和浙江人。来自深圳的潮汕人冯秋钦，2014 年才到迪拜发展，他创立自己的手机品牌欧乐（Oale），在迪拜销量很大，2019 年的销售额达 27 亿元人民币。"他的特点就是重视品牌建设，注重质量，路子越走越宽。"③ 潮汕人陈烁所在的公司在国内做手机配件和电子配件的生产和出口贸易，以前在印度尼西亚和墨西哥设有工厂，2014 年将重心转移到迪拜，已经在非洲设立了三个

---

① 《阿联酋广东商会会长：张钦伟》，搜狐网，2018 年 12 月 24 日，https：//m. huanqiu.com/article/9CaKrnKggLe。

② 钟楚典口述访问，2020 年 1 月 3 日，迪拜阿联酋广东商会。

③ 张钦伟口述访问，2020 年 1 月 12 日，广州市威尼国际酒店。

点，准备开拓非洲市场。① 在迪拜手机市场打拼的广东新侨大多数是从深圳华强北去的，迪拜手机城差不多是"小深圳华强北"。迪拜手机生意在2006—2008年时连垃圾货都好卖，后来就讲究品牌和保修，很多店家开始自己注册牌子，并且按客户要求，要什么功能就配什么功能，三卡四卡都没问题。广东新侨经营自己牌子最好的是欧乐，代理品牌最好卖的是小米和华为，迪拜手机城平均每个店面每个月卖五六千部手机，一部手机能赚五六十元人民币，主要销往中东和非洲。

迪拜服装生意的黄金期是2002—2010年，手机生意的黄金期是2006—2013年，在这黄金期里造就了一批"富豪"。除了这些大生意之外，广东新侨也开始做建材生意，主要为在迪拜的中国国企服务。在阿联酋建筑市场中，中国国企占了七成以上。在建材这个行业以及五金、卫浴、机器设备这些领域，主要是浙江人在做，广东新侨这几年才刚刚进入，目前势头不错。

近二三十年来，阿联酋城市建设高歌猛进，贸易公司如雨后春笋层出不穷，推动了家具行业的发展。来自东莞的新粤商蒙晓勇到迪拜做家具生意已经20多年了，他自己在东莞和顺德设有工厂生产家具，然后运到迪拜卖，除了卖给本地之外，也卖到阿曼和沙特。他的家具主要分两大类，一类是办公家具，一类是家居家具。在2002—2004年时家具特别好卖。以前外国人在迪拜主要是租房，所以选购家具都是比较便宜的，现在迪拜卖商品房了，选配的家具属于中高档。迪拜的商品房出售时都是配好家具的，因此一个住宅区或者一栋写字楼落成使用，就意味着需要一大批家具，所以迪拜的家具销售是可以预期的。阿联酋有一个规定，政府批准工作签证要看办公室里摆多少桌子，一些公司为了多争取工作签证，就尽量在办公室塞进更多的办公桌，尽管没有那么多人。蒙晓勇在龙城的卖场有600平方米，每年的租金有210多万迪拉姆，他的仓库租在沙迦，那里的租金便宜一些。公司员工有20多人，请了一个中国经理和两个中国安装工人，其他都是印巴人。这两年生意差了一些，2019年的营业额大约900万迪拉姆。②

化妆品是广东新侨的主要经营产品。来自潮阳的张海士原在家乡开制衣公司，2007年到迪拜创立嘉丽化妆品综合国际贸易有限公司，并与国内50多家化妆品工厂合作，在迪拜化妆品批发市场设立展销平台，他的公司在中

---

① 陈烁口述访问，2020年1月3日，迪拜阿联酋广东商会。
② 蒙晓勇口述访问，2020年1月4日，迪拜龙城。

东一带有 3000 多个客户，生意很大。① 广东是经济发达的省份，拥有许多专业特色镇和有竞争力的产品，如阳江刀具、中山灯饰等。广东产品为新侨在海外市场拓展事业提供了强有力的支撑。阳江人何湾，原在乌鲁木齐做生意，2000 年到伊朗、阿联酋的迪拜考察一圈后，2003 年在迪拜设立迪拜上星厨业用品国际贸易有限公司，用心打造自有品牌上星刀具，成为迪拜广东最大的刀具贸易商。中山古镇人苏俊华，2010 年到迪拜，创立灯饰公司，成为迪拜经营灯饰和照明的佼佼者。②

　　稍微意外的是，迪拜的中餐馆不多，名义上有几百家，其中中国人做的只有 100 多家，其余是印度人、菲律宾人在经营，这与其他地方中餐馆遍地都是、新侨以餐馆为主要职业的情况很是不同。韶关人张恩梓 2012 年在迪拜开餐厅，高峰期开了 4 家，算是特例。她原来在国内做女性饰品生意，2009 年把生意做到迪拜，最初只是派人经营，2012 年才来迪拜常驻，同年转做餐饮。2015 年她做包装定制，专门为国际品牌做配套。2016 年开始经营建材，从中国进货卖到埃及和沙特，她的生意圈里都是阿联酋本地人。③

　　在迪拜生意场，中国新侨主要由浙江、福建、广东人组成，其中浙江人最多，生意以五金、建材、卫浴、布匹占优，广东人以服装、手机、玩具、化妆品、小家电为主，福建人经营服装、大理石、鞋子、手机等，也经营按摩院。广东新侨的经济实力不错，一些大的商家实际上进军多个行业。张钦伟从服装起家后，生意逐步拓展到会展、百货、旅游、金融、石油、文创等行业，先后成立金泰针织实业有限公司、阿联酋好来头连锁有限公司、中鑫投资发展有限公司、阿联酋金泰集团、光彩实业（香港）有限公司等企业。④

　　2008 年金融危机后，在迪拜经商的欧美商家逐步撤出，中国人便乘机填补真空，带钱到阿联酋投资兴建大型商场。阿联酋广东商会名誉会长、广东电脑商会会长陈芝华带动粤商与阿基曼有关方面合作兴建的阿基曼中国城，长达 1.2 公里，投资 6 亿元，面积 50000 平方米，可容纳 4000 商户。⑤中国城入驻的商户涵盖了电脑等电子产品、建材、家具、服装、珠宝、汽

---

① 《阿联酋广东商会暨同乡会成立五周年特刊》，第 32 页。
② 《阿联酋广东商会暨同乡会成立五周年特刊》，第 31、33 页。
③ 张恩梓口述访问，2020 年 1 月 3 日，迪拜阿联酋广东商会。
④ 《阿联酋广东商会暨同乡会成立五周年特刊》，第 27 页。
⑤ 《广东省侨务访问团抵达阿联酋 调研"走出去"战略》，中国新闻网，2011 年 6 月 27 日，http://www.chinanews.com/zgqj/2011/06-27/3139998.shtml。

配、百货等行业。2012 年 10 月，阿联酋广东商会与阿联酋沙迦王子共同打造的中东地区最全的建材市场——中东·中国建材城批发中心正式开业，算是广东商人国际合作的新尝试。上市公司佛山联塑集团也在迪拜发展，2018年佛山联塑集团旗下星迈黎亚公司，在龙城旁边兴建建筑面积超 15 万平方米的泛家居产品商城，作为线下体验中心，引进"淘宝式"的购物体验。①

值得注意的是，在迪拜的广东新侨企业当中，深圳企业占了相当大的比例。许多深圳企业果断将公司设在迪拜，依靠的就是深圳市对出口商品的退税政策，有这个政策的支持，深圳企业在市场更具有竞争力。深圳市政府的出口退税政策不但推动深圳企业走出去，而且也推动深圳人走出去。

经商环境

迪拜之所以在短时间内崛起，除了有明确的战略方向和务实弹性政策之外，其独特的地理优势也是重要因素。在财富横流、战火纷飞的中东地区，迪拜重点打造自由港，发展自由贸易，笑迎八方客，成为面向中东和非洲的轴心。鳞次栉比的高楼大厦和密密麻麻的国际航空线，记录了迪拜这个国际大都市的成长。中国人到迪拜"掘金"，看中的就是它的经济中心地位。如果仅仅是迪拜本地的市场，毕竟非常有限。在广东新侨眼中，他们到迪拜经商就是为了打开中东和北非其他地区的市场。近些年迪拜的中转功能有所减弱，中国货物直接从广东发到目的地，不用通过迪拜，多少影响了迪拜广东新侨的生意。但是迪拜自有其优势。

广东新侨大多认为迪拜的营商环境很好。"说到做到，办事效率很好，以前阿拉伯人办事不守时，现在好很多。""迪拜是很人性化的，很多事找找人就可以办的。"② 迪拜的经济政策很宽松，在 2018 年之前，迪拜不收税，除了收 5% 的进口税之外，做多少生意都不用纳税，也不用建账。2018年后迪拜开始收 5% 的营业税，结果引起反感，效果不好。非洲人是到迪拜进货的大户，他们不习惯交税。非洲客户不来了，广东新侨就把货物直接发到非洲，迪拜收不到税，商场也没人租了。在迪拜做生意，交易一律用美元，而且都是现金交易，一手交货一手交钱，货币自由汇兑。广东人到了之

---

① 《民营粤企的中东创富经》，《南方日报》2019 年 10 月 28 日。
② 钟楚典口述访问，2020 年 1 月 3 日，迪拜阿联酋广东商会。

后如鱼得水。只是钱赚到手之后，汇回国内有点麻烦。

迪拜在经济管理方面比较简单，没有工商、税务、物价等机构，外国人经商很自由。但是，外国人到迪拜开业做生意，必须找一个当地人做保人。这个保人每担保 1 个企业每年要收 2.5 万迪拉姆费用，有的保人 1 个人保了一二百家企业，每年仅收保费就赚得盆满钵满。保人不参与经营，他代客商办理各种相关手续，如签证、营业执照等，这也省去不懂当地语言的新侨的许多麻烦。此外，中国人到迪拜经商，觉得阿拉伯人做生意不用靠吃吃喝喝来"培养感情"，这个习惯很省事。①

迪拜的社会治安总体上不错，虽然在中国人之中出现过"不法分子"，但没有出现恶性案件，主要是内部矛盾以及收保护费等行为。在迪拜犯罪的成本是很高的，2014 年后迪拜加大管制力度，现在的社会治安是好的。在迪拜的广东新侨走的是正道，对此广东新侨都感到骄傲。

初到迪拜的中国人语言不通，尤其老城黛拉的道路复杂，初来乍到难以辨认，因此中国人就抓住一些"地标"，以此作为聚首会合的地方，其中最著名的数"四只椅"，中国人都知道。它在老城一个交叉路口，四条白色长椅子放在那里，供过往的人们小憩，功能类似我国的凉亭。② 有什么事情要临时交接和短暂聚首，便相约在"四只椅"不见不散，"四只椅"成为中国新侨的共同记忆。

迪拜气候炎热，上班的时间很长。一般是早上十一点开店，下午三点吃中午饭，因天气太热，关门休息到下午五点半再开门，然后一直做到晚上十二点。周五周六是周末放假，这是政府规定的。一般下午五点后生意才好，上午没什么生意，晚上回到家里睡觉都很迟了。周四晚上吃宵夜吃到半夜三四点，周末都在睡觉。阿联酋是伊斯兰国家，没有什么娱乐活动，日复一日，生活非常枯燥，所以在那里的意义就是赚钱。广东新侨工作之余借助网络虚拟世界来充实有点单调的现实世界，而在那里多年的广东侨商其实已经适应阿联酋炎热、单调的生活。

迪拜的中国人大多数是年轻人。他们或者是去创业，或者是被招去看店。在 2010 年时，龙城有 4000 多家店，开店的许多年轻人生下的小孩没地方可以读书。陈泽浩看到这种情况，想方法申请到 1 个营业牌照，在龙城 A

①　张恩梓口述访问，2020 年 1 月 3 日，迪拜阿联酋广东商会。

②　赖泽鑫口述访问，2020 年 1 月 3 日，迪拜阿联酋广东商会。

区与当地人合开 1 家 "华人幼儿园"，有 8 个老师，只有 1 个中国人，其余是印度和菲律宾老师，教中文和英文，有 3 个班级，40—50 个小孩，每月学费 2300—2600 迪拉姆。陈泽浩很自豪地说，到目前为止，他在新侨当中是唯一拥有教育营业执照的中国人。① 张恩梓对办中国武术学校更有兴趣，她引进少林寺教头，投资开办了 1 家武馆——功夫楼，并与迪拜 7 家学校签订协议，由武馆派教练去学校教他们，以保证武馆能持续下去。张恩梓也希望以后能开展其他中华文化项目，如古筝培训等。② 得益于中国与阿联酋的友好关系和迪拜的特殊性，2020 年 9 月 1 日，迪拜海外基础教育中国国际学校正式开学，这是中国教育部在海外设立的第一家中国学校。③

迪拜的中国人也与其他地方一样组织不少社团，据说阿联酋有 50 多个社团组织，但他们都是商会之类的组织，没有成立地域性的同乡会。广东新侨在 2010 年成立了阿联酋迪拜广东商会暨同乡会（现在改名粤商会），隶属于广东省贸促会，会长张钦伟。按章程规定，一般会员单位一届交会费1000 迪拉姆，但会长一届任期要交 20 万迪拉姆，执行会长 10 万迪拉姆，常务副会长 5 万迪拉姆，副会长 3 万迪拉姆，理事 5000 迪拉姆。④ 商会的开支如有不够，由会长、副会长出钱解决。广东商会在帮助企业开拓市场、解决困难等方面都做了大量的工作，目前广东商会会员单位已经发展到 500 多家，其中有的是国内上市公司。2017 年，广东商会帮助超过 100 家广东企业到阿联酋投资。⑤ 从 2016 年开始，迪拜举办春节巡游，迪拜酋长都来参加，迪拜的 33 个中国商会 1 个商会负责搞 1 个游行方阵，广东商会做的花车比较好，有特色，张恩梓的武馆也派出了舞狮队参加巡游。

地处中东的迪拜，其发展不可避免受到周围环境的影响。以前中东没有什么战火的时候，埃及、伊拉克、利比亚、叙利亚、也门、伊朗等都是大客户，可是，后来一个个倒下去，原来拿货量很大的卡塔尔、土耳其、叙利亚，现在也不来了，迪拜的金主没有了。虽然阿联酋没有参与对伊朗的制裁，伊朗可以拿农产品来换商品，但伊朗没有足够的美元来购买其他商品。

① 陈泽浩口述访问，2020 年 1 月 4 日，迪拜龙城。
② 张恩梓口述访问，2020 年 1 月 3 日，迪拜阿联酋广东商会。
③ 该校由杭州市承办，杭州市第二中学领办。采用中国的中小学教材，与国内九年制全日制教育衔接，教师由杭州第二中学派出。
④ 《阿联酋广东商会暨同乡会章程》，《阿联酋广东商会暨同乡会成立五周年特刊》，第 25 页。
⑤ 《民营粤企的中东创富经》，《南方日报》2019 年 10 月 28 日。

　　近几年，阿联酋出口市场持续疲软，迪拜的转口贸易大受影响，从事国际贸易的广东新侨都感觉生意很不好做。2018年1月，有"免税天堂"美称的阿联酋开始对部分商品和服务业征收增值税，此举一方面加重了经商的负担，另一方面也导致了一些老客户的流失，尤其是非洲商人转到其他地方进货，这无疑是雪上加霜。与此同时，迪拜龙城二期风波加剧了中国商人的经济困难。迪拜国际城（龙城）一期本来就很大，但其迪拜老板觉得出租率很高，便修建规模宏大的第二期，许多在龙城第一期做生意的中国新侨，感觉二期有利可图，纷纷租下二期的店面准备炒铺，谁知二期建成后一直招商困难，想炒店面的人欠下一大笔租金，有的无力偿还被抓去坐牢，有的要卖掉国内的房子还债才能脱身回国。此外，迪拜的生活成本很高，老城黛拉寸土寸金，店铺租金很贵。在生意好的时候问题不大，但在钱不太好赚的时候就顶不住了。本来迪拜的人都在等2020迪拜世博会能带来新的发展机会，可是新冠肺炎疫情大流行使打算借助迪拜世博会翻身的希望泡汤，人们只好继续等待，希望世界大环境转好。

结　语

　　阿联酋的经济社会建设成就在世界上堪称奇迹。阿联酋从过去少见中国人到现在有20多万中国人的历史性变化，主要得益于阿联酋政府的开放政策与阿联酋人民的宽容态度。虽然改革开放后广东掀起新一轮移民潮，但移居中东地区的不多，直到20世纪90年代后才出现突破，契机是到那里经商而不是到那里打工，这在广东新移民历史中是比较独特的。在此之中，深圳的技术贸易基础和迪拜国际贸易中心的结合，造就了阿联酋广东新侨事业的辉煌。潮汕新侨无疑在阿联酋广东新侨中占有重要的地位，而潮商在迪拜的服装、玩具、手机市场具有的影响力举足轻重，潮汕新侨在阿联酋的经商传奇为当代海外粤籍华商史写下了浓墨重彩的一笔。

　　阿联酋的人口八成在迪拜，而迪拜的人口九成是外来人，广东人到了阿联酋之后绝大多数集中在迪拜，他们在迪拜有扎实的经济基础，对迪拜新的社会环境有较强的文化适应性。可是，阿联酋的移民政策导致广东新侨很难在当地落地生根。于是，影响广东新侨去留阿联酋的主要因素便是当地经济形势的变化，当经济形势好的时候，广东人带着资金和人力涌入阿联酋，当经济形势不好的时候，有的人选择撤出，有的人

选择坚守。因此，广东新侨在阿联酋的移民活动呈现潮汐般的流动
形态。

Guangdong New Immigrants in Dubai, UAE

Zhang Yinglong

Abstract: At the turn of the 21st century, Guangdong new immigrants in Dubai, United Arab Emirates, began to increase significantly. They are mainly engaged in wholesale and retail business of clothing, mobile phones, cosmetics, etc. and take Dubai as the center, radiating the Middle East, Africa and Latin America. The majority of Guangdong new immigrants are from Chaoshan, who come to Dubai through relatives and business partners. The pulse of personnel flow is closely related to the ups and downs of Dubai's economic situation. Due to the restrictions of UAE immigration policy, it is difficult for foreigners to join UAE nationality and can only maintain the status of resident. The main purpose of Guangdong new immigrants to the UAE is to do business and business services. Therefore, the outstanding characteristics of Guangdong new immigrants in the contemporary UAE are "temporary residence" and "business".

Keywords: Guangdong New Immigrants; Transfer and Wholesale; Dubai; UAE

（执行编辑：吴婉惠）

学术述评

海洋史研究（第二十一辑）

2023 年 6 月　第 379~426 页

什么是海洋史？
英语学界海洋史研究的兴起与发展

韩国巍[*]

从历史的视角出发，海洋不但是人类赖以生存的自然地理空间，也是人类文明交往、物质文化传播的重要媒介。在国外，尤其是英国、荷兰、澳大利亚等西方国家，海洋史研究有着深厚的历史积淀。[①] 即便如此，因时代背景、学术环境、史学动向的不断变化，直至今日，学界对海洋史的概念仍然存在不同理解和界定。目前国内的海洋史研究[②]虽已初见成效，但国内学者

---

[*]　作者韩国巍，东北师范大学历史文化学院博士生。

①　本文是 2021 年 8 月提交给广东历史学会、广东省社会科学院海洋史研究中心联合主办的"2021 海洋广东论坛——庆祝广东历史学会成立七十周年研讨会"暨第四届海洋史青年学者论坛的论文修改版，最初提交日期为 2021 年 8 月 30 日。本文选取的文本范围划定在"英语学界"原因有二：一是海洋史自兴起至今，尽管像国际海洋经济史学会（the International Commission for Maritime History）这样的组织积极号召非英语国家学者参与其中，并试图吸引全球各地的海洋史学者参加国际海洋史大会（International Congresses of Maritime History）这样的会议，但学科内的主要期刊大多以英文发行，从事该领域的研究者主要来自英国、美国、加拿大、澳大利亚等使用英语交流的国家；二是因为个人能力有限，暂时无法阅读西班牙语、葡萄牙语等非英语语种的文献。本文所讨论的英语学界不仅包括主要使用英语交流的英美等国学界，也包括用英文发表或出版论著的其他国家学者。

②　现今国内研究者笔下的"海洋史"通常指的是"Maritime History"，即 1960 年在国外成为独立学科之后的海洋史。Maritime History（或 Oceanic History）一词常见于国外海洋史的官方机构中，例如：国际海洋经济史学会（International Maritime Economic History Association）、澳大利亚海洋史学会（Australian Association for Maritime History）、北美海洋史学会（The North American Society for Oceanic History）等。

针对"海洋史理论与方法"的系统考察力度不够。厘清其概念演变过程，明晰当下英语世界海洋史研究的主要理论与方法，可供我国海洋史学者参考。有鉴于此，本文梳理自 1960 年以来英语世界学者的海洋史研究主要成果，揭示海洋史发展三阶段的概念演变、研究内容、研究视角、研究范畴，探寻其背后的动因，厘清当下英语学界海洋史的研究概况及其学术趋向。

一　什么是海洋史（Maritime History）？

（一）海洋史的概念界定

本文探讨的海洋史（Maritime History）不同于传统史学家笔下"与海洋有关的历史"书写，也并非自然史中"海洋的历史"，而是发端于 19 世纪英国的一个历史学研究领域，秉承与传统史学研究中"陆地视角"相对应的"海洋视角"，是一门成熟的历史学分支学科。[①]

在尚未发展成明确的研究领域之前，早期的海洋史研究与海军史、航海史、帝国史相杂糅。英语世界常见 nautical history、naval history、history of the seas 等名称，用以表达"与海洋有关的历史"。20 世纪 60 年代，国际海洋史委员会陆续在法国、英国成立，海洋史才正式成为历史学的新议题。[②]之所以将该领域命名为海洋史（maritime history），而非大洋史（oceanic history）或海洋历史（sea history），是因为这两种表达似乎都排除了世界范围内的大型内陆水体（河流、湖泊）所发挥的作用，而 maritime 表达的意思十分灵活，指的是与船舶、航运、航海、水手相关，以及生活在海上或与之有关的人员及其活动。[③]但直至 20 世纪 90 年代，国外海洋史学者并没有形成对"什么是海洋史"的统一认识。1989 年弗兰克·布洛泽发表在《大循环》的《从边缘到主流：澳大利亚海洋史发展的机遇与挑战》中谈道：

---

① Malcom Hull, "The Interdisciplinarity of Maritime History from an Australian Perspective," *The International Journal of Maritime History*, vol. 29, no. 2, 2017, pp. 336-343. 目前，英语世界的海洋史在历史研究中扮演两个角色：一是作为一门历史学分支学科；二是作为一种分析框架。本文所说的"海洋史"指的是前者。

② 国际海洋史委员会（International Commission for Maritime History）的宗旨是促进国际海洋史成果的交流、合作、分享，会员以欧洲和美国海洋史专家为主。

③ 详见 John B. Hattendorf ed., "Introduction", *The Oxford Encyclopedia of Maritime History*, 4 vols, Oxford, 2007, p. xviii.

海洋史的主要问题之一是它的名称以及由此产生的一些常见的误解。许多人甚至包括海洋史本领域的研究者，认为海洋史不过是与船只、航海有关的历史，此外再无其他。[①]

同年，刘易斯·费希尔和黑格尔·诺德维克在《国际海洋史期刊》的创刊词中表示海洋史的内涵和研究范畴仍须进一步明确。[②] 说明海洋史的研究范式在20世纪90年代以前还很不成熟。

国外海洋史学者对海洋史的概念做出过多种解释。1989年，《国际海洋史期刊》创始人之一黑尔格·诺德维克指出，海洋史研究的是海洋与人类之间的关系。[③] 在此基础上，大卫·威廉姆斯进一步阐明了人类与海洋关系的变化：18世纪中叶以前，二者关系主要是经济层面的，二战后，这种联系在人类生存环境的影响下得以扩展和重构。[④] 1989年，弗兰克·布洛泽提出"海洋史的定义应该尽可能广泛"，认为"海洋史就是研究人类在海上活动的历史"。[⑤] 1995年，布洛泽根据英语学界海洋史、海军史的研究情况指出"学界必须就海洋史的研究目的达成共识，尤其要将海军史纳入其研究范畴"[⑥]。

进入21世纪后，受到新区域史影响，英语学界的海洋史学者从全球视角审视海洋空间与人类文明的内在关联，继而开辟了一个被称为"新海洋学"[⑦]（the

---

① Frank Broeze, "From the Periphery to the Mainstream: The Challenge of Australia's Maritime History," *The Great Circle*, vol. XI, no. 1, 1989, p. 2.

② Lewis R. Fischer and Helge W. Nordvik, "Editors' Note," *International Journal of Maritime History*, vol. 1, no. 1, 1989, pp. vi–ix.

③ Lewis R. Fischer and Helge W. Nordvik, "Shipping and Trade, 1750–1950: An Introduction," in Fischer and Nordvik, eds., *Shipping and Trade, 1750–1950: Essays in Imernstions*, Maritime Economic History, Pontefract, 1990, p. 5.

④ David Williams, "Humankind and the Sea: The Changing Relationship since the Mid-Eighteenth Century," *The International Journal of Maritime History*, vol. 12, no. 1, June 2010, p. 2.

⑤ Frank Broeze, "From the Periphery to the Mainstream: The Challenge of Australia's Maritime History," *The Great Circle*, vol. XI, no. I, 1989, p. 2.

⑥ Frank Broeze ed., *Maritime History at the Crossroads: A Critical Review of Recent Historiography*. "Introduction," Research in Maritime History, no. 9, Newfoundland: St. John's, 1995, p. xix.

⑦ Peregrine Horden and Nicolas Purcell, "The Mediterranean and 'the New Thalassology'," Forum, *American Historical Review*, June 2006, pp. 722–740.〔英〕佩里格林·霍登、尼古拉斯·珀赛尔：《地中海与"新海洋学"》，姜伊威校，夏继果校，《全球史评论》第9辑，中国社会科学出版社，2015年第31—56页。是国内学者首次将"new thalassology"译为"新海洋学"。"Thalassology"源自希腊语单词"thalassa"（意为"海洋"）和"logos"（意为"研究"）。Thalassology这一跨学科领域涵盖了包括海洋生物学、海洋地质学和大气科学，涉及与海洋有关的各个方面。"New thalassology"即"新的与海洋有关的研究"。

New Thalassology）的新领域。2003 年，爱德华·彼得斯评论霍登和珀塞尔的著作《堕落之海》①，第一次提出了 the New Thalassology 这一领域，认为布罗代尔早在 1949 年就创建了 Thalassology 这个学科。② 《堕落之海》对布罗代尔开启的地中海历史研究进行了回应，展现了从古代到近代地中海及其周边地区的历史风貌，对地中海作为历史学分支学科的概念做了更为深入的阐释，该著作的面世标志着 21 世纪新海洋学的开端。③ 新海洋学批判了传统的文化地理学，打破了塑造传统史学的政治边界。此种研究模式为海洋史乃至大型区域的历史书写开辟了新的研究路径。

　　大体而言，到 21 世纪头 10 年，学界已经基本对"什么是海洋史"达成共识。大卫·威廉姆斯认为，随着时间的推移，人类与海洋的关系在不断变化，并提议在布洛泽提出的"人类利用海洋的六个类别"基础之上，再增加两个类别："海洋环境"和"海洋遗产"维度。④ 海洋史的广阔视野，除了体现在其关注的主题之外，其包容性也存在于空间层面。2010 年，希腊海洋史学家吉琳娜·哈拉菲蒂斯指出："海洋史将地方、区域、国家与国际、全球联系起来，从而使我们有可能对世界上最偏远地区的小人物、日常生活、物质文化交流进行比较研究。"⑤ 2014 年，面对海洋史在探索自身研究范式时不断寻求跨学科研究路径的情况，刘易斯·费希尔表示，"与其继续寻找重塑海洋史的方法，我建议我们遵循布洛泽所指出的方向"⑥，倡导在布洛泽的定义中加入一些内容（史学实践）。⑦ 吉琳娜·哈拉菲蒂斯于

① Peregrine Horden and Nicholas Purcell, *The Corrupting Sea: A Study of Mediterranean History*, London: Blackwell Publishers, 2000.

② Edward Peters, "Quid Nobis cum Pelage? The New Thalassology and the Economic History of Europe," *Journal of Interdisciplinary History*, xxxiv/I, 2003, p. 56.

③ Gelina Harlaftis, "Maritime History or the History of Thalassa'," in G. Harlaftis, N. Karapidakis, K. Sbonias and V. Vaipoulos eds., *The New Ways of History: Developments in Historiography*, London: Tauris Academic Studies, 2010, p. 216.

④ David M. Williams, "Humankind and the Sea: The Changing Relationship Since the Mid-eighteenth Century," *International Journal of Maritime History*, vol. 22, no. 2, 2010, pp. 1-14.

⑤ Gelina Harlaftis, "Maritime History or the History of Thalassa'," in G. Harlaftis, N. Karapidakis, K. Sbonias and V. Vaipoulos eds., *The New Ways of History: Developments in Historiography*, London: Tauris Academic Studies, 2010, p. 220.

⑥ Lewis R. Fischer, "Are We in Danger of Being Left with Our Journals and not Much Else: The Future of Maritime History?" *The Mariner's Mirror*, vol. 97, no. 2, February 2011, p. 367.

⑦ Gelina Harlaftis, "Maritime History: A New Version of the Old Version and the True History of the Sea," *The International Journal of Maritime History*, vol. 32, no. 2, 2020, pp. 383-402.

2020 年发文①对弗兰克·布洛泽在 1989 年对海洋史的定义②表示赞同。同年，大卫·斯塔基在《为什么是海洋史》一文中指出："至少现在的话题已经从探讨'什么是海洋史？'过渡到'为什么是海洋史？'（即海洋史的研究意义与研究价值）了。"③ 表明海洋史学家目前已经对海洋史的定义达成了较为统一的认知——即遵循弗兰克·布洛泽的提法，研究人类与海洋互动的历史，并根据人类与海洋多维度的互动方式，将海洋史研究范畴划分为六个类别。④ 无论是理论构建还是史学实践，海洋史的外延都不断扩大，日益趋向总体史规模。

（二）海洋史的研究范畴

1. 研究视角

海洋视角。传统历史书写大多秉承陆地视角，即"从陆地看海洋"，将海洋视作陆地的边缘，把海上发生的历史事件视为陆地事件的延伸。海洋史视阈下的海洋和陆地关系是开放的、互通的，要求历史学家从海洋对人类影响的多种角度重新审视人类历史进程。

微观视角。从学术层面看来，英语世界海洋史的发展历程中糅合了人类学、考古学、文化地理学、生态学等多学科的研究方法，以及经济史、社会史、文化史、性别史等多个领域的研究视角。早期海洋史关注的对象多为精英阶层，例如：杰出的航海家、海军将领等。随着微观史学的勃兴，海洋史

① Gelina Harlaftis, "Maritime History: A New Version of the Old Version and the True History of the Sea," *The International Journal of Maritime History*, vol. 32, no. 2, 2020, pp. 383-402.
② Frank Broeze, "From the Periphery to the Mainstream: The Challenge of Australia's Maritime History," *The Great Circle*, vol. XI, no. I, 1989, pp. 1-13.
③ David J. Starkey, "Why Maritime History?" *The International Journal of Maritime History*, vol. 32, no. 2, 2020, pp. 376-382.
④ 一是人类利用海洋资源及其底土，关注的重点包括渔业、当地社区的经济和社会生活。二是人类利用海洋运输，海洋作为一种交通媒介承载人和货物，探讨的是沿海城市或港口的发展（包括海上贸易、船舶、航海、海员、岛屿社区、港口城市、船东/航运公司和航运机构等）。三是人类利用海洋进行国家权力的投射，关注的重点在海上商业战争、海盗、海军力量、海军战略和技术、政府政策等方面。四是人类利用海洋进行的科学探索，包括海洋学和气候学的研究，以及各国政府从历史角度出发，结合海洋科学技术制定的现行政策。五是人类利用海洋进行休闲活动，从历史的角度来看，海岸是一个可再生的环境，一个集游泳、冲浪、游艇以及各类海上娱乐于一体的空间。六是将海洋作为一种文化或意识形态的探究，研究海洋在视觉艺术与文学领域中所扮演的角色以及发挥的作用和在国家或民族层面的自我定位及自我觉醒中所发挥的作用。

研究视角开始下移，逐渐关注海上劳工、海上女性、海盗、水手等小人物。

全球视角。上文提到"新区域研究"的发展衍生出了一种海洋史研究的新路径，名为"新海洋学"。受全球史研究范式的影响，20世纪末英语世界的海洋史研究逐渐呈现出"去国家中心"的趋向。跳出民族国家中心和大陆中心的拘囿，把海洋看作一个可观的、完整的、具有主体性和独立性的对象，将海洋（包括盆区）及其相毗邻的大陆部分联合成为一个整体单元（如大西洋世界、太平洋世界、印度洋世界），用"跨边界"（包括国家边界、洲际边界和领域边界）的视角观察、确立和分析海洋在世界历史发展进程中的作用。

2. 研究内容

1989年弗兰克·布洛泽提出的"人类利用海洋的六种类别"划定了海洋史广泛的研究内容，在此基础上，吉琳娜·哈拉菲蒂斯在2020年整理了涵盖所有人类与海洋动态关系的五个方面。[①]

在海上（On the sea）。人类在海水表面的活动，包括海上探险、船舶技术、对海洋结构的探索和发现、商船路线、导航技术、战争或海盗造成的海上暴力、海上货物运输。

在海洋周围（Around the sea）。主要指以海为生的人群，包括海洋社区、港口城市、航运业、造船业、海洋旅游业。

在海中（In the sea）。主要指发掘海洋资源和影响海洋环境的人类活动，如渔场、石油开采、海洋资源、海洋学、沉船、海洋环境。

由海洋所引发（Because of the sea）。主要指因人-海关系而产生而后又改变了海洋历史轨迹的因素。其中包括海洋运输系统（海/陆/河运输、企业家网络、航运市场）、海洋帝国、国际海事机构及其政策。

与海洋有关（About the sea）。探讨海洋文化和遗产以及海洋对艺术和意识形态的启发。海洋激发了"海洋国家"的意识形态，为国家叙事服务。海作为一个意象空间，一直是诗人、小说家和剧作家使用的象征和隐喻手段。

以上五个方面清晰呈现了人类与海洋之间的多重互动关系，同时阐明海洋史研究的内容。海洋史书写的核心，"就是要确定海洋是如何、在何处、

---

① Gelina Harlaftis, "Maritime History: A New Version of the Old Version and the True History of the Sea," *The International Journal of Maritime History*, vol. 32, no. 2, 2020, pp. 383-402.

何时以及为何作为一个动态的媒介，以其永恒的运动和连续性给人类社会带来变革"。①

3. 研究方法

海洋史研究方法有比较研究、跨学科研究等。布洛泽提出的分析框架清晰地表明：海洋史研究是跨学科、多学科交叉的，自然科学和人文科学学科均可以为海洋史提供视角和方法的借鉴。② 1998—2007 年《牛津海洋史百科全书》的编辑团队采纳了布洛泽的倡议。该文集关注主题广泛，其研究方法和书写范式弱化了两种"边界"：一种是区域国家间既有的政治空间、地缘空间划分，另一种是历史学、社会科学（包括经济学、社会学、政治学、考古学、语言学、地理学等）之间的界限。③

当下海洋史关注的对象是人类与海洋之间的相互作用，强调与传统史学研究中秉承的"陆地视角"相对应的"海洋视角"。作为人文社会科学分支的海洋史其实基于海洋又超越海洋，关注以海洋为视角以及由海洋而勾连和引发的复杂的人的世界。在时间段上，英语学界的海洋史研究跳脱出大航海时代的樊篱，将古典时代纳入研究范畴；在空间上，不再拘泥于地中海、大西洋及其沿岸地区，而是转向全球范围内的大型水体及其周边陆地（包括滨海地区、岛屿）。据笔者观察，目前英语学界对海洋史内涵的界定十分广泛，不但延续了早期海洋史研究中的海军史、航海史传统，糅合了人类学、考古学、文化地理学、生态学等多学科的研究方法，同时融入经济史、社会史、全球史、性别史、环境史、文化史等多领域研究视角，其范式越来越趋向"海洋总体史"。

二 根植于海军史、帝国史的传统海洋史（1893—1970）

1989 年，澳大利亚史学家弗兰克·布洛泽指出：海洋史（maritime history）的主要问题之一是它的名称以及由此产生的一些常见的误解。许多

---

① Gelina Harlaftis, "Maritime History: A New Version of the Old Version and the True History of the Sea," *The International Journal of Maritime History*, vol. 32, no. 2, 2020, p. 402.

② Jari Ojala and Stig Tenold, "Maritime History: A Health Check," *International Journal of Maritime History*, vol. 29, no. 2, 2017, pp. 344-354.

③ Gelina Harlaftis, "Maritime History or the History of Thalassa', " in G. Harlaftis, N. Karapidakis, K. Sbonias and V. Vaipoulos, eds., *The New Ways of History: Developments in Historiography*, London: I. B. Tauris Publishers, 2010, p. 211.

人甚至包括海洋史本领域的研究者，认为海洋史不过是与船只、航海有关的历史，此外再无其他，[①]　其原因与国外海军史、帝国史的学术传统关联密切。

（一）传统海洋史研究的兴起与发展

海军史[②]（Naval History）在 19 世纪发端于英国，1893 年海军记录协会（the Navy Records Society）成立。该协会成员多为官僚、国家公职人员，早期关注内容聚焦在海上战役、战船、海洋战略部署层面。约翰·诺克斯·劳顿教授作为海军记录协会的创始人之一，凭借其在海军史领域开创的方法论和强大的影响力，被誉为"英国海军史学科的缔造者"[③]。他为《国家传记词典》（the Dictionary of National Biography）撰写了 900 多个词条，巩固了海军史在学界的地位。劳顿致力于写论文、书评和开展讲座，虽然没有海军战略或海军史的著作传世，却启迪了另一位海军史领域的杰出学者——朱莉安·斯特福德·科贝特。科贝特是海军战略研究专家。1902 年，针对当时英国海军教育体系存在的问题，科贝特在《月刊评论》上发表了 3 篇相关文章，提倡由海军官方机构在陆上为年轻学生开设基本教学课程，学习海军史、海军战略与战术，积极推进海军教育体系的改革。[④]　有鉴于"大部分学习海军史学生对历史上各国或政府曾发布的官方作战指令不够了解"[⑤]，1905 年朱莉安·斯特福德·科贝特主编《作战指令 1530—1816》[⑥]，摘录从英国都铎时期一直到特拉法尔加战役期间的海军上将公文、条约以及参与制定、执行作战指令的政府官员的言论，为从事海军战略战术研究的学者提供资料。科贝特的理论为英国皇家海军提供了一系列的海上战略学说。尽管 19 世纪末 20 世纪初的英国海军史研究初见成色，但是单一国家视角下对海

---

①　Frank Broeze，"From the Periphery to the Mainstream: The Challenge of Australia's Maritime History," *The Great Circle*, vol. 11, no. 1, 1989, p. 1.

②　海军史（Naval history）在国外的发端早于海洋史（Maritime History），在弗兰克·布洛泽等学者的倡导下，现已成为海洋史研究下属的分支领域。

③　Andrew Lambert, *The Foundations of Naval History: John Knox Laughton, the Royal Navy and the Historical Profession*, London: Chatham Publishing, 1999.

④　Julian Stafford Corbett, "Education in the Navy," *The Monthly Review*, March 1902, p. 30.

⑤　"Preface", Julian Stafford Corbett ed., *Fighting Instructions, 1530-1816*, London: Navy Records Society, 1905.

⑥　Julian Stafford Corbett ed., *Fighting Instructions, 1530-1816*, London: Navy Records Society, 1905.

军政策和战略战术的关注以及对精英阶层的过度书写导致海军史逐渐被边缘化。① 1918 年，一战结束后的军事史、海军史研究曾短暂回归大众视野，但其研究范式仍未摆脱前人的窠臼。

1932 年，剑桥大学设立了维尔·哈姆斯沃思海洋史讲席教授（Vere Harmsworth Chair of Naval History），将帝国史纳入海军史课程，赫伯特·里士满（Herbert Richmond）是唯一曾获此职位的海军史学者。帝国史、殖民史或近代欧洲早期探索史（扩张史）研究围绕海洋展开，一切都与航海、海上贸易、奴隶贸易、移民、港口城市的形成、海盗、私掠、航海的发展以及地图和仪器的科学探索、船舶技术、大型海外航运和贸易公司、渔业和海洋社群、水手有关。当时的海洋史虽然尚未成为独立的研究领域，但帝国史的研究路径与其核心关切不谋而合，从而涌现了一批从海洋视角探究"帝国史"的研究成果。哈佛大学海洋历史与事务教授约翰·帕里是代表人物之一，著有《西班牙海上帝国》②《海洋发现》③ 等。另一位是剑桥大学的杰弗里·斯卡梅尔，著有《第一个欧洲海洋帝国（800—1650）》④《欧洲海外扩张（1400—1715）》⑤《航海、水手和贸易（1450—1750）：英国和欧洲海洋与帝国史研究》⑥ 等作品。21 世纪初海洋史研究复兴，加上"新海洋学"的出现，进一步催化了帝国史研究向海洋史靠拢。然而这类成果中的很大一部分是披着海洋史外衣的帝国史研究。正如杰克·格林和菲利普·摩根所说，"一些大西洋史研究只是一种更容易被接受的帝国史"⑦。1945 年后，英国国内大学数量持续增长，海军规模缩减，军事史仍然无法获得学生群体的青睐，20 世纪 60 年代英国的海军史几乎处于"隐形状态"。⑧

① John B. Hattendorf ed. , *Ubi Sumus? The State of Naval and Maritime History*，RI：Newport，1994.

② John Horace Parry，*The Spanish Seaborne Empire*，London：Hutchinson，1966.

③ John Horace Parry，*The Discovery of the Sea*，Berkeley：University of California Press，1981.

④ Geoffrey V. Scammell，*The World Encompassed：The First European Maritime Empires c. 800 - 1650*，London：Methuen，1981.

⑤ Geoffrey V. Scammell，*The First Imperial Age：European Overseas Expansion c. 1400 - 1715*，London：Routledge，1992.

⑥ Geoffrey V. Scammell，*Seafaring，Sailors and Trade 1450-1750：Studies in British and European Maritime and Imperial History*，Aldershot：AshgateVariorum，2003.

⑦ Jack P. Greene，and Philip D. Morgan eds. , *Atlantic History：A Critical Appraisal*，London：Oxford University Press，2009，p. 6.

⑧ John B. Hattendorf，ed. , *Ubi Sumus? The State of Naval and Maritime History*，RI：Newport，1994；Benjamin W. Labaree，"The State of American MaritimeHistory in the 1990s," in Hattendorf，*Ubi Sumus? The State of Naval and Maritime History*，RI：Newport，1994.

与英国上述发展路径相似，美国在 1980 年以前的海洋史研究关注的内容集中在海战、海洋政策、海上探险方面。美国哈佛大学海洋历史与事务教授阿尔比恩是代表人物之一，擅长海军史研究，代表作《海军与海洋史：一部文献史》①，总结了当时海军史领域的主要研究成果。萨缪尔·艾略特·莫里森致力于海战问题研究，1942 年出版了两卷本《海洋上将》②，1958 年著有《美国海军在第二次世界大战中的军事行动》③，叙述了二战中美军将地面部队移交到海上战区实际作战部队之前，在组织和训练军队方面所面临的问题和解决方案。1963 年的《两次海洋战争》④ 等作品均围绕美国海军的战略部署展开。

此时海洋史关注的另一议题是海上探险。美国学者克拉伦斯·哈灵的作品《十七世纪西印度群岛的海盗》⑤《哈布斯堡王朝时期西班牙和印度之间的贸易和航海》⑥关注近代印度洋海域的航海史。劳伦斯·沃斯的《韦拉扎诺的航行》围绕探险家乔瓦尼·达·韦拉扎诺的航海经历展开，用大量篇幅介绍了这次航行的历史动因和技术背景，讨论了北美东海岸的第一位探险家对当时地图绘制业的影响。⑦ 威廉·贝尔·克拉克专注于书写海上"大人物"的传记。他 1938 年的作品《英勇的约翰·巴里，1745—1803，两个战争中的海军英雄的故事》⑧ 1949 年的《无畏的船长：大陆海军的尼古拉斯·比德尔的故事》⑨，以及 1955、1960 年的《乔治·华盛顿的海军：在新英格

① Robert Greenhalgh Albion, *Naval and Maritime History: An Annotated Bibliography*, The Mystic Seaport, Mystic, Connecticut, U. S. A. Paper, 3rd Edition, 1964.

② Samuel Elliot Morrion, *Admiral of the Ocean Sea*, 2 vols, Boston: Little, Brown and Company, 1942.

③ Samuel Eliot Morison, "History of U. S. Naval Operations in World War II," *The Battle of the North Atlantic*, vol. 1, 1958.

④ Samuel Eliot Morison, *The Two Ocean War*, Boston: Little, Brown and Company, 1963.

⑤ Clarence H. Haring, *The Buccaneers in the West Indies in the XVII Century*, Boston: Little, Brown and Company, 1910.

⑥ Clarence H. Haring, *Trade and Navigation between Spain and the Indies in the Time of the Habsburgs*, Boston: Little, Brown and Company, 1918.

⑦ Lawrence C. Wroth, *The Voyages of Giovanni da Verrazzano, 1524 - 1528*, New Haven and London: Yale University Press for the Pierpont Morgan Library, 1970.

⑧ William Bell Clark, *Gallant John Barry, 1745-1803: The Story of a Naval Hero of Two Wars*, New York: The Macmillan Company, 1938.

⑨ William Bell Clark, *Captain Dauntless: The Story of Nicholas Biddle of the Continental Navy*, Baton Rouge: Louisiana State University Press, 1949.

兰水域的舰队的记述》① 《水手克里斯托弗·哥伦布》② 《约翰·保罗·琼斯:一部水手传记》③ 等,都是记录航海家的探险经历或在海战中取得重要胜利的海军将领的英雄事迹的。这些作品时间跨度大,关注对象是社会精英阶层,很少涉及普通民众的日常生活。

20世纪80年代,美国海洋史(海军史)研究遭遇了与60年代英国相同的困境。从事相关研究的学者越来越少,学科划分不够明晰,甚至很多书写海洋史的学者并不认为自己应该被冠以“海洋史学家”的称号。④ 尽管这个议题在博物馆等相关专业范围内还能保持活跃,但此时的海洋史研究已经落后于学界整体的前进步伐。海洋史领域的著作没有出版商承印,有关学术论文没有平台发表,从事海洋史研究的资深学者在高校甚至找不到专业工作。⑤

这与当时英语学界的研究视角、研究内容和研究对象直接相关,当时主要研究者多来自欧美地区的政府机构,研究视角囿于国家和民族的叙事框架,关注的内容是海军问题、海洋战略部署等,很少涉及海上社会文化方面;研究对象是海上“大人物”、社会上层阶级,大部分海洋史作品是有关海军上校的个人传记,对国家海洋政策的分析,以及著名航海英雄的海上事迹;关注的区域主要集中在大西洋、太平洋及其沿岸,关注时段从15世纪到18世纪早期。加上史料发掘不够深入,早期海洋史学家倾向于使用航海日志等经典的官方档案资料。此时的海洋史书写范式同样存在问题,大部分作品对某个历史事件“就事论事”,不善于“以小见大”。在研究某地船只时,通常介绍船舶在不同港口的分布情况及其物理结构与实际功能,很少探讨现象背后的历史动因,如1963年马歇尔的《诺福克船舶》⑥,菲利普·斯

①　William Bell Clark, *George Washington's Navy: Being an Account of His Excellency's Fleet in New England Waters*, Baton Rouge: Louisiana State University Press, 1960.

②　William Bell Clark, *Christopher Columbus, Mariner*, Boston: Little, Brown and Company, 1955.

③　William Bell Clark, *John Paul Jones: A Sailor's Biography*, Boston: Little, Brown and Company, 1959.

④　Gelina Harlaftis, "Maritime History or History of Thalassa," in G. Harlaftis et al. ed., *The New Ways of History*, London: Tauris Academic Studies, 2010, pp. 213-239.

⑤　John B. Hattendorf, "Maritime History Today," *American Historical Association*, https://www.historians.org/publications - and - directories/perspectives - on - history/february - 2012/maritime-history-today, accessed date 08/10/2022.

⑥　M. A. N. Marshall, "Norfolk Ships," *The Mariner's Mirror*, vol. 49, no. 1, 1963.

普拉特《蒸汽船的诞生》，① 艾伦·史蒂文森的《世界范围内的灯塔（1820
年以前）》② 等。

1980 年以前，世界上其他非英语国家和地区的海洋史研究情况参差不
齐，在中国、日本、韩国等东亚国家甚至还未出现"海洋史"这一术语。
韩国涉海事务的相关研究多为韩中关系史、韩日关系史等国际关系史。韩国
早期海洋史研究基本集中在古代船舶、海战、航运、港湾史等方面，理论上
主要围绕"海洋史观"与"东亚地中海论"展开，③ 如尹明喆的《有关东
亚细亚海洋空间的再认识和活用——以东亚地中海模式为中心》。④ 二战前
后，日本学界主要研究东西交涉史、海外发展史。⑤ 近年来滨下武志、川胜
平太、黑田明伸、杉原薰、松浦章、中岛乐章、村上卫、羽田正、石川亮
太、上田信等学者，均致力于对亚洲超国界海域经济的研究。⑥ 中国海洋史
研究最早可追溯到 20 世纪初的海上交通史，20 世纪 80 年代，海洋史研究
才正式重回国内史学研究舞台。⑦ 2000 年以前，史学界通常用"海洋发展
史""海上交通史""海洋文化"等词来概括人类"在海上"或"通过海
洋"进行的一系列活动。直至 2009 年 7 月，"海洋史"一词首次出现在中
国官方机构中，广东省社会科学院成立海洋史研究中心，并出版刊物《海
洋史研究》，致力于全球视野下的海洋史研究，至 2022 年 8 月，已出版 18
辑。2021 年，张小敏的文章回顾了中国海洋史研究的发展历程，⑧ 在此不做
赘述。

1939 年 5 月，瑞典海事协会（Sjöhistoriska Samfundet）在斯德哥尔摩成
立。该协会以"为探索海洋历史（主要是瑞典语）的所有背景和形式做出

---

① H. Philip Spratt, *The Birth of the Steamboat*, London：Charles Griffin & Co. , Ltd. , 1958.
② Alan Stevenson, *The World's Lighthouse before 1820*, London：Oxford University Press, 1959.
③ 〔韩〕河世凤：《近年来韩国海洋史研究概况》，《海洋史研究》第 7 辑，社会科学文献出版
社，2015。
④ 〔韩〕尹明喆：《有关东亚细亚海洋空间的再认识和活用———以东亚地中海模式为中心》，
《东亚细亚古代学》2006 年第 14 期。
⑤ 〔日〕早濑晋三：《作为历史空间的海域世界——近代以来日本的海洋史研究》，《海洋史研
究》第 16 辑，社会科学文献出版社，2020。
⑥ 袁凯琳：《评〔日〕川胜平太：〈文明的海洋史观〉》，《海交史研究》2022 年第 1 期。
⑦ 张小敏：《中国海洋史研究的发展及趋势》，《史学月刊》2021 年第 6 期。
⑧ 张小敏：《中国海洋史研究的发展及趋势》，《史学月刊》2021 年第 6 期。

贡献"为宗旨，[①] 目标是支持和传播与瑞典有关的专业海洋历史研究。翌年，瑞典海事协会出版了刊物 *Sjöhistoriska samfets skrifter* 第 1 期，1946 年更名为《海军论坛》（*Forum navale*），截至 2022 年共出版 79 期，是一份成熟的海洋史杂志。[②]

2015 年，瑞典史学家利奥-穆勒发表题为《"海军论坛"（1940-2015）期刊发展史概述》[③] 的文章，指出在国际上，海洋史（maritim historia）长期以来被定义为海运史（sjökrigshistoria）、海军史（naval history）、或瑞典语中的 marinhistoria（海洋史），研究内容重点反映自 19 世纪初以来现代民族国家的兴起，将海战史置于民族叙事的中心位置，瑞典的海洋历史研究同样遵循这一传统。[④]瑞典海军史学家拉尔斯·埃里克森·沃尔克的研究显示，1939 年以降参与创建海事协会的学者，大多从事海军历史研究，通常围绕"从古斯塔夫瓦萨时代"到"1808—1809 年芬兰战争期间"瑞典海军所做出的贡献。[⑤] 穆勒指出，1940—1960 年《海军论坛》发表的 51 篇稿件，几乎一半可归类为海战史或海军史（24 篇），大多数文章主题涉及海战、海战中的具体行动、海上探险、海事机构等等。[⑥]

（二）海军史（naval history）与海洋史（maritime history）的关系

由于缺少概念界定和理论支撑，20 世纪下半叶海军史、海洋史的关系模糊不清，在较长一段时间内，maritime 意味着除了 naval 之外的一切。[⑦] 这

[①] Protokoll fört vid konstituerande sammanträde med Sjöhistoriska samfundet 3/51939, i Krigsarkivet, Sjöhistoriska samfundets arkiv volym A：1. 转引自 Lars Ericson Wolke, "Sjöhistoriska Samfundets grundande 1939 – några historiografiska och personhistoriska aspekter," *Forum navale* nr 72, s. 103。

[②] Leos Müller, "Forum navale 1940 – 2015, en historiografisk överblick," *Forum navale* nr 72, 2016, s. 131.

[③] Leos Müller, "Forum navale 1940 – 2015, en historiografisk överblick," *Forum navale* nr 72, 2016, s. 130-140.

[④] Leos Müller, "Forum navale 1940 – 2015, en historiografisk överblick," *Forum navale* nr 72, 2016, s. 132.

[⑤] Lars Ericson Wolke, "Sjöhistoriska Samfundets grundande 1939 – några historiografiska och personhistoriska aspekter," *Forum navale* nr 72, s. 102-129.

[⑥] Leos Müller, "Forum navale 1940 – 2015, en historiografisk överblick," *Forum navale* nr 72, s. 135.

[⑦] John B. Hattendorf, "Naval History," *The International Journal of Maritime History*, vol. 26, no. 1, 2014, pp. 104-109.

两种表达的使用问题可以追溯到阿尔比恩《海军史和海洋史》① 的问世。该作品在当时对海洋史领域贡献巨大，但标题却无意中暗示了"海军史"和"海洋史"是两个不同的、相独立的领域。后经阿尔比恩证实，该作品的命名其实是个乌龙事件，也并非其个人观点，"该书第一版的承印商在没有征求他的意见的情况下，自己为这部书命名，从而引发了争论"②。1994—1995 年，有学者对海军史领域的研究展开调查，表明英国、加拿大和美国的海洋史和海军史已经发展成两个独立的领域，③ 而在荷兰④和其他地区则不然。⑤

　　早在 1989 年，弗兰克·布洛泽就呼吁以更广泛的方式重新界定海洋史的概念，⑥ 以消除这种狭隘的二分法，继而将海洋史纳入历史研究的主流。他在 1995 年说：

　　　　第一步，学界必须就海洋史的研究目的达成共识——即研究人类与海洋之间的多重互动。尤其要将海军史纳入其研究范畴，尽管海军史本身与海上经济史、海上社会和文化史，以及海上休闲和体育活动的历史一样，是一个看似合理的独立领域。⑦

① Robert G. Albion, *Naval & Maritime History: An Annotated Bibliography*, 4rth edition revised and expanded, Connecticut: Mystic, 1972.

② John B. Hattendorf, "Naval History," *The International Journal of Maritime History*, vol. 26, no. 1, 2014, pp. 104-109.

③ Gerald E. Panting and Lewis R. Fischer, "Maritime History in Canada: The Social and Economic Factors"; Mark Milner, "The Historiography of the Canadian Navy: The State of the Art"; Benjamin W. Labaree, "The State of American Maritime History in the 1990s"; Kenneth J. Hagan, "Mahan Plus One Hundred: The Current State of American Naval History", in John B. Hattendorf, ed., *Ubi Sumus: The State of Naval and Maritime History*, RI: Newport, 1994, pp. 41, 59, 79, 363, 379.

④ Jaap R. Bruijn, "The Netherlands," in John B. Hattendorf ed., *Ubi Sumus: The State of Naval and Maritime History*, RI: Newport, 1994, p. 227.

⑤ Frank Broeze ed., *Maritime History at the Crossroads: A Critical Review of Recent Historiography*. Research in Maritime History, no. 9, Newfoundland: St. John's, 1995.

⑥ Frank Broeze, "From the Periphery to the Mainstream: the Challenge of Australia's Maritime History," *The Great Circle*, vol. 11, no. 1, 1989, pp. 1-13.

⑦ Frank Broeze, "Introduction," in Frank Broeze ed., *Maritime History at the Crossroads: A Critical Review of Recent Historiography*, Research in Maritime History, no. 9, Newfoundland: St. John's, 1995, p. xix.

在 1989 年创办的《国际海洋史期刊》（以下简称 *IJMH*）中，此前被海军史学家普遍忽视的主题受到关注，可窥见二者关系发生的变化，为海军史研究注入了新鲜血液。奥拉夫·詹森（Olaf U. Janzen）担任书评栏目的编辑期间，*IJMH* 得到了海军史学家和出版商的广泛认可和尊重。① 随着海洋史领域的发展和成熟，*IJMH* 为海军史研究者提供了更宽广的平台，刊布的海军史文章数量逐渐增多，涉及的主题也逐渐多样化。② 30 年间，编辑们逐渐接纳了海军史，并在海军经济、工业和社会史层面，以及海盗、私掠和海上暴力等主题上，找到了海军史与海洋史相重叠的研究旨趣。英语世界中 maritime 一词开始似乎是指除海军史以外的一切，到后来它成为包括海军史

---

① 《国际海洋史期刊》的前 25 卷涉及海军史的版块不多，其中包括第 1 卷举办的题为"海上私掠行为"的论坛（" 'Forum' in Maritime History: Privateering," *International Journal of Maritime History*, vol. 1, no. 2, 1989; David J. Starkey, "Eighteenth Century Privateering Enterprise," *International Journal of Maritime History*, vol. 1, no. 2, 1989, pp. 279–286; Peter Raban, "Channel Island Privateering, 1739-1763," *International Journal of Maritime History*, vol. 1, no. 2, 1989, pp. 287 – 299; Carl E. Swanson, "Privateering in Early America," *International Journal of Maritime History*, vol. 1, no. 2, 1989, pp. 253 – 278. Responses by Swanson, Starkey and Raban, *International Journal of Maritime History*, vol. 1, no. 2, 1989, pp. 300-303.），第 2 卷中 John C. Appleby 撰写关于 17 世纪早期爱尔兰海盗行为的论文（John C. Appleby, "A Nursery of Pirates: The English Pirate Community in Ireland in the Early Seventeenth Century," *International Journal of Maritime History*, vol. 2, no. 1, 1991, pp. 1–27.）。在 1997 年第 9 卷，David Syrett 发表了关于 18 世纪英国粮储局运行章程的文章（David Syrett, "The Victualling Board Charters Shipping, 1739-1748," *International Journal of Maritime History*, vol. 9, no. 1, 1997, pp. 57-67.）。

② 1999 年，随着第 11 卷玛莎·莫里斯关于现代早期英格兰海军绳索采购的文章（Martha Morris, "Naval Cordage Procurement in Early Modern England," *International Journal of Maritime History*, vol. 11, no. 1, 1999, pp. 81-89.）以及巴勃罗·迪亚斯·莫兰聚焦两次世界大战期间德国在西班牙对飞机、潜艇和鱼雷的研究（Pablo Díaz Morlán, "Aeroplanes, Torpedoes and Submarines: German Interests in Spain in the Interwar Period," *International Journal of Maritime History*, vol. 11, no. 2, 1999, pp. 31-59.）的发表，海军史的文章越来越频繁地出现在 IJMH 当中。2001 年，马克·莫里斯撰写关于 19 世纪英美对西印度海盗行为的海军史回应的文章 [Mark C. Hunter, "Anglo-American Political and Naval Response to West Indian Piracy," *International Journal of Maritime History*, vol. 13, no. 1, 2001, pp. 63-93.]。2003 年，圆桌讨论板块围绕 1900—1945 年皇家海军水手的生活展开。（"Sober Men and True: A Roundtable," *International Journal of Maritime History*, vol. 15, no. 1, 2003, p. 177. 与谈者有 Christopher M. Bell, James C. Bradford, B. R. Burg, Richard H. Gimblett, Angus Goldberg, James Goldrick, Paul Halpern, Christopher McKee, Campbell McMurray 和 Michael Partridge。）2005 年，休·刘易斯-琼斯围绕 1891 年展览中的纳尔逊主义及其与海军主义的关系展开研究（Huw W. G Lewis-Jones, "Displaying Nelson: Navalism and 'The Exhibition' of 1891," *International Journal of Maritime History*, vol. 17, no. 1, 2005, pp. 29-67.）。

在内的整个领域的总称。①

此阶段的海洋史叙事角度，往往潜在某种"西方中心主义"史观，其核心是欧洲人主导了近代世界的海洋，进而支配了整个近代世界。西班牙、葡萄牙发起的对外航海探险便是欧洲人掌握世界霸权的开端。传统海洋史书写关注的时段是 15 世纪到 18 世纪，认为海洋对人类历史发展的影响是从大航海时代才开始显现的。然而，大航海时代开启也是殖民主义在全球扩张的开端，传统海洋史关注的时空段线实质上是欧洲的海洋开拓史。笔者在高中时代的历史课本就有一章叫作"地理大发现"，显然是采纳了上述观点。在这种观念下，欧洲人是主动发现的主体，而世界其他地区则是"被发现"的对象——"发现"最终演变成了"支配"。从这种观点来看，欧洲积极地进行海外扩张，最终得以支配世界，但需要注意的是，这并非一开始就注定的必然结果。在欧洲人试图进行海外扩张的时候，世界其他文明圈也都有此意图。尽管欧洲人抢占先机夺得了霸权，但并不意味着近代以来人类文明完全由其独自创造，而是世界各文明圈长久以来素积的成果以及相互传播、融合的结果。

历史处于不断更迭变化之中，21 世纪的今天，世界文明的结构和秩序都在重组。亚洲的经济文化发展达到了自大航海时代以来前所未有的繁荣，影响力不断扩大，世界呈现多中心的前进趋势。此前处于"被主导"地位的各国纷纷要求掌握海洋话语权，主张从本国家（民族）的立场书写海洋史。顺应全球历史发展趋势，传统海洋史的"西方中心主义"解释倾向，无力继续支撑起本学科的发展内核。随着历史学其他学科越来越多地把关注点转向社会文化史，过度重视海军战争的国家视角、单一经济史书写被视为学术发展的桎梏，促使英语学界的海洋史研究开始探索新的方向。

三　以海洋经济社会史为主流的海洋史
研究（1970—1989）

在年鉴学派的影响下，尽管海洋史一直致力于通过跨学科的方法实现

---

① John B. Hattendorf, "Naval History," *The International Journal of Maritime History*, vol. 26, no. 1, 2014, pp. 104-109.

"总体史"的目标,但实际上,在 20 世纪七八十年代,其关注点基本停留在"文化交流和物质交换"上,侧重于海洋经济史和海洋社会史。

20 世纪 60 年代,法国和英国的海洋史并驾齐驱。年鉴学派、巴黎大学和法国《经济与社会史》(French Histoire Economique et Sociale)与《英国经济社会史》保持着公开对话。据埃里克·霍布斯鲍姆称:迈克尔·波斯坦从伦敦经济学院跳槽到剑桥大学担任经济史系主任,是加强法国年鉴学派与英国经济社会史联系的关键。[①] 60 年代初,国际海事委员会(Commission Internationale Maritime)成立于法国,随后国际历史科学委员会将其名称从法文改为英文(the International Commission of Maritime History)。法国海洋史开始关注经济史领域。1962 年,国际海洋史委员会第一任主席、巴黎大学的米歇尔·莫拉特·杜茹尔丹(Michel Mollat du Jourdin)指出,欧洲海洋经济独特的国际性,无疑反映了世界经济的商品生产和流通过程。[②]

与此同时,英国伦敦经济学院和剑桥大学经济社会史的繁荣发展,为海洋史研究奠定了基础,70 年代具有重要意义。1970 年,罗宾·克雷格就任伦敦大学学院历史系教授,讲授经济史和社会史,成为培养下一代海洋史学者的导师。此外,他也是第一本《海洋史杂志》(The Journal of Maritime History)的主编,不同于传统的海军史,该刊专注于商船运输方面的经济和社会问题。1971 年,罗宾·克雷格帮助纽芬兰纪念大学从公共档案馆(the Public Record Office)抢救了大量英国舰队的船员名单,此举为海洋史和国际海洋经济史学会(IMEHA)的发展奠定了基础。

除了伦敦之外,"利物浦学派"(Liverpool School)是英国的另一个海洋史研究中心。作为该学派的代表人物,弗朗西斯·海德[③]主要从事经济史研究。1971 年《利物浦和默西:港口经济史(1700—1970)》关注重点是利物浦通过城市工业和商业规模的扩张,提高了英国与欧洲、美洲、印度之间贸易进出口的总量,强调扩大利物浦腹地以及该城市为海外和沿海贸易建设的各种港口设施的作用。彼得·戴维斯承袭弗朗西斯的传统继续海洋商业史

---

① Eric Hobsbawm, *On History*, New York: The New Press, 1997, p. 179.

② Michel Mollat, Les Sources de l'Histoire Maritime en Europe, du Moyen Age au XVIII siècle, Actes du Quatrième Colloque International d'Histoire Maritime, 20-23, May 1959, Paris, 1962. 转引自 Gelina Harlaftis, "Maritime History or History of Thalassa," in G. Harlaftis et al. ed. , *The New Ways of History*, London: Tauris Academic Studies, 2010, p. 220。

③ Francis E. Hyde, *Liverpool and the Mersey: An Economic History of a Port 1700-1970*, Newton Abbot: David & Charles, 1971.

研究。埃塞克斯大学、格拉斯哥大学、莱斯特大学等紧跟步伐。在莱斯特大学，拉尔夫·戴维斯和大卫·威廉姆斯被视为英国海洋经济社会史的两位创始人。其视角聚焦于各国航运业的发展。1962 年，拉尔夫·戴维斯围绕17—18 世纪英国造船业与航运业的发展状况，探析了国家决策和战争对该产业的影响，认为航运业是英国经济的重要组成部分。① 戈登·杰克逊和大卫·威廉姆斯主编的论文集《航运、技术和帝国主义》② 研究 19 世纪中叶到 1914 年在英国海上力量最强盛时代的造船业和航运业的发展、荷兰在这些行业中所扮演的附属角色以及英荷两国及其殖民帝国之间的航运和贸易。这一时期大卫·威廉姆斯相关研究的重要成果还有《大宗航运》③ 和《海事行业的管理、金融和劳资关系：国际海事史和商业史论文集》④。

20 世纪 70 年代，在 "加拿大大西洋航运项目"（The Atlantic Canada Shipping Project）⑤ 推动下，海洋史研究重心从法国年鉴学派转移到以英国、加拿大和挪威为主的讲英语的历史学家身上，关注内容仍然是海洋经济史和社会史，关注的时间段线是 18 世纪至今。该项目运用计算机对大量历史材料进行定量分析，在当时引起了从事计量经济学研究的经济史学家的注意，如道格拉斯·诺斯和 C. 尼克·哈雷。⑥ 然而，该项目研究成果并未跟随新

---

① Ralph Davis, *The Rise of the English Shipping Industry in the Seventeenth and the Eighteenth Centuries*, 1st edition, London: David & Charles, 1962.

② Gordon Jackson and David M. Williams eds. *Shipping, Technology, and Imperialism: Papers Presented to the Third British-Dutch Maritime History Conference*, Aldershot: Scolar Press, 1996.

③ David M. Williams, "Bulk Passenger Shipping, 1750–1870," in Lewis R. Fischer and Helge W. Nordvik eds., *Shipping and Trade, 1750 - 1950: Essays in International Maritime Economic History*, Yorkshire: Pontefract, 1990.

④ Simon Ville and David Williams eds, *Management, Finance and Industrial Relations in Maritime Industries: Essays in International Maritime and Business History*, RMH no. 6, Newfoundland: St John's, 1994.

⑤ 加拿大大西洋航运项目结合了经济学家、地理学家、海洋历史学家和加拿大地区历史学家的技艺，研究北大西洋的商船队、船东和经济发展、航行模式、大宗贸易、航海劳动力、港口和大都市、移民、向陆和向海经济、州和地区经济发展。详见 Lewis R. Fischer and Eric W. Sager eds., *Merchant Shipping and Economic Development in Atlantic Canada*, Proceedings of the Fifth Conference of the Atlantic Canada Shipping Project, Maritime History Group, Newfoundland: St John's, 1982, 其目标是通过使用纽芬兰大学从英国公共档案局（现在被称为国家档案馆）"继承"的英国舰队船员名单的官方文件，研究、记录和解释 19 世纪到 20 世纪加拿大大西洋航运业的兴衰。

⑥ Eric Sager, *Seafaring Labour: The Merchant Marine of Atlantic Canada, 1820 - 1914*, ON: Kingston, 1989.

经济史和计量经济学的路径，而是沿用了马克思主义和新马克思主义的传统，关注海员及其薪资、海上劳工运动和船上劳工关系等问题，研究"自下而上的历史"。① 研究内容为港口城市、沿海社群、长途贸易、航运路线等，海员、渔民等海上劳工群体也被纳入研究对象。

　　加拿大的纽芬兰纪念大学海洋档案馆（the Maritime Archive of the Memorial University of Newfoundland）几十年内不断产生优秀的海洋史学者，代表性人物刘易斯·费希尔教授是国际海洋经济史协会（IMEHA）和《国际海洋史期刊》（*IJMH*）的创始人之一。1992 年，刘易斯·费希尔主编《北海人民》《北海：海洋劳工社会史文集》《大航海时代的海员市场》②等，研究对象是海员、渔民等海上劳工群体。1999 年费希尔与贾维斯·安德里亚主编《港口和避风港：纪念戈登·杰克逊的港口史论文集》，围绕英国本土的港口展开叙述，将其与北大西洋周围其他地区的港口政策进行了比较研究。2007 年费希尔出版《建立全球和地区的联系：港口的历史视角》，专注于港口史，分个案研究和港口系统研究两部分，其中 6 个案例侧重于 19、20 世纪欧洲、亚洲和澳大利亚的港口，其余 4 篇文章探讨了更广泛的主题，如全球化、技术改造、经济发展中的港口和港口私有化问题。③

　　荷兰和斯堪的纳维亚地区（主要是挪威）是另外两个海洋史研究的重镇。1961 年，荷兰海洋史协会（Nederlanse Vereniging voor Zeegeschiedenis）成立。该协会的主要目标是提高公众对海洋史的兴趣并促进其研究，通过加强科学家与海洋和航运有关的专业人员以及业余爱好者之间的合作来实现这一目标。④ 1961—1981 年，荷兰海洋史协会出版了 43 期名为《通讯》

---

① Eric Sager with Gerald E. Panting, *Maritime Capital*：*The Shipping Industry in Atlantic Canada*，*1820-1914*，Montreal：McGill-Queen's University Press，1990.

② Lewis R. Fischer and Minchinton Walter eds.，*People of the Northern Seas*，Newfoundland：St John's，IMEHA in conjunction with the Association for the History of the Northern Seas，1992；Lewis R. Fischer, et al. eds.，*The North Sea*：*Twelve Essays on Social History of Maritime Labour*，Norway：Stavanger，1992；*The Market for Seamen in the Age of Sail*，RMH no. 7，Newfoundland：St John's，1994.

③ Lewis R. Fischer, and Jarvis Andrian，*Harbours and Havens*：*Essays in Port History in Honour of Gordon Jackson*，Newfoundland：St John's，1999；Tapio Bergholm, Lewis R. Fisher and M. Elisabetta Tonizzi eds.，*Making Global and Local Connections*：*Historical Perspectives on Ports*，RMH no. 35，Newfoundland：St John's，2007.

④ 信息源于荷兰海洋史协会官网，https：//www. zeegeschiedenis. nl/over-ons/，2022 年 9 月 25 日。

（*Mededelingen*）的半年刊。1982 年开始，该刊物更名为《海洋史杂志》（*Tijdschrift voor Zeegeschiedenis*），每半年发行 1 期，截至 2022 年已出版 41 期。该协会的官方网站明确指出海洋史研究范畴远不只是对海战、海军将领和海上探险活动的描述，它还包括渔业、商船航运、造船业、滨海地区等方面的历史。① 荷兰莱顿大学的夏侯·布鲁因是国际海洋史和经济史委员会的重要成员，也是 50 多位海洋史学家的导师（包括已故的 Frank Broeze），其代表作有《海员在荷兰的就业情况（1600—1800）》②《巴达维亚与开普敦之间：荷兰东印度公司的航运模式》③。挪威海洋史的发展很大程度上要归功于黑尔格·诺德维克——国际海洋经济史学会的创始人之一。他与刘易斯·费希尔担任《国际海洋史期刊》的共同主编，1987 年合著文章研究 19 世纪波罗的海的航运业。④ 1990 年，第十届国际经济史大会在比利时鲁汶举行，国际海洋经济史学会正式成立。同年，弗兰克·布洛泽当选为国际海洋史委员会主席，任期为 1990—1995 年。

在瑞典，1940—1980 年，海洋经济史与海军史研究并行。在沿袭早期海军史研究传统的同时，受经济史启发，一些学者开始涉猎瑞典航运和对外贸易的历史。这无疑对解释西欧和瑞典的经济发展及其现代化历程具有重要意义。赫克歇尔（Eli F. Heckscher, 1879—1952）是瑞典第一位经济史教授，并被视为该学科的创始人，⑤ 著有《瑞典商船自古斯塔夫·瓦萨以来的经济史》⑥。此外，赫克歇尔涉猎国际贸易和航运领域，对 18 世纪航运政策的研究做出了重要贡献。奥斯卡·比尤林（Oscar Bjurling, 1907—2001）在隆德（Lund）⑦ 引入了经济史学科，撰写了关于斯科纳早期航运史的综述性

---

① 信息源于荷兰海洋史协会官网，https：//www. zeegeschiedenis. nl/over-ons/，2022 年 9 月 25 日。

② Jaap Bruijn and Els S. van Eyck van Heslinga, "Seamen's Employment in the Netherlands (c.1600-c.1800)," *The Mariner's Mirror*, vol. 70, no. 1, 1984, pp. 7-20.

③ Jaap Bruijn, "Between Batavia and the Cape: Shipping Patterns of the Dutch East India Company," *Journal of Southeast Asian Studies*, vol. 11, no. 2, Sep. , 1980, pp. 251-265.

④ Lewis R. Fischer and Helge W. Nordvik, "Myth and Reality in Baltic Shipping: The Wood Trade to Britain, 1863-1908," *Scandinavian Journal of History*, vol. 1, 1987, pp. 99-116.

⑤ Leos Müller, "Forum navale 1940-2015, en historiografisk överblick," *Forum navale* nr. 72, 2016, s. 132.

⑥ Eli F. Heckscher, *Den svenska handelssjöfartens ekonomiska historia sedan Gustaf Vasa*, Uppsala : Almqvist & Wiksell, 1940.

⑦ 位于瑞典南部斯科讷省。

文章《斯科讷的外国航运 1660—1720——斯科讷商船研究》。1940—1960
年，刊布在《海军论坛》的 51 篇文章中，有 12 篇主题与经济史相关，基
本考察了瑞典的对外贸易和早期航运史。① 这表明在 1940—1960 年，瑞典
经济史视角与方法已经被引入海洋史研究中。1940—1960 年，《海军论坛》
刊布稿件的内容从海军史拓展到海上商业史，研究对象以瑞典本国及其周边
国家为主，研究时段集中在瑞典"帝国时代"（1611—1721），反映了学界
对瑞典帝国时代、霸权主义以及战争史的兴趣。随后的 20 年（1960—1980
年），《海军论坛》发表了 48 篇文章。从主题上看，20 世纪 60 年代和 70 年
代的文章多集中在海军史领域，很少涉及非海军主题。另外，对瑞典帝国时
期的关注似乎有所减弱。1980—2000 年，《海军论坛》杂志共刊发了 54 篇
稿件，海军史继续占据主导地位。② 不过随着研究者关注的时段有所拓展，
从 16 世纪一直到当代，瑞典学界开拓了航运组织、造船厂、技术革新、船
舶导航等一系列问题研究，例如水手群体及其船上生活等，推动了海洋社会
史发展。穆勒的研究显示，21 世纪以前，相较于英语世界，瑞典海洋史研
究的发展是较为杂乱。1940—2000 年，瑞典海军史、海上经济史两个领域
有起伏，但未曾减弱，聚焦海上社会史的作品不多；就关注的时段看，到
20 世纪 70 年代，学界对瑞典"帝国时代"的关注有所减弱——即弱化了海
战史研究。

四　"总体史"趋向：跨学科的海洋史研究（1989 年至今）

1989 年以前的海洋史研究者囿于国家和民族的叙事框架，亦因缺乏及
时有效的交流，无法及时获得其他地区新的学术动态。2014 年，国际海洋
史协会（the International Maritime History Association）会长、澳大利亚海洋
史学家马尔科姆·塔尔（Malcom Tull）从海洋史学科内部出发，分析了海
洋史不断吸纳主流史学的理论与方法、积极进行跨学科研究的原因："许多
历史研究的分支学科所面临的挑战是如何确保自身不断成长，不至于在学界
长期处于默默无闻的状态。一个分支学科可能会经历'能否吸引公众兴趣'

① Leos Müller, "Forum navale 1940 - 2015, en historiografisk överblick, " *Forum navale* nr. 72, 2016, s. 135.
② Leos Müller, "Forum navale 1940 - 2015, en historiografisk överblick, " *Forum navale* nr. 72, 2016, s. 136.

和'如何在学界流行'的周期，因此需要定期重塑学科面貌以稳固其地位。"① 面对全球史、环境史、新文化史等历史研究新领域的出现和兴起，英语学界海洋史研究者不断反思自身存在的问题，探索海洋史未来发展、改变现状的多种可能。② 一个重要标志是 1989 年，《国际海洋史期刊》（The International Journal of Maritime History） 创刊。同年，弗兰克·布洛泽提出"海洋史的定义应该尽可能广泛"，认为"海洋史即人类与海洋互动的历史"，根据人类与海洋多维度的互动方式，他将海洋史的研究范畴划分为六个类别。③ 这一前瞻性的定义深刻影响着此后 30 年海洋史的研究范式，促进了海洋史的跨学科研究。

（一）海上社会文化史

20 世纪 80 年代兴起的"新文化史"，为海洋史学术转型提供了启迪，加速了传统书写范式的更变，出现"文化转向"趋势。④ 80 年代末，海洋史研究视角整体下移，更多关注普通人（渔民、水手）生活和内心世界，而非单一地关注精英阶层；在档案资料的选择利用上也更加多样化，不再限于航海记录、政府档案；同时注重广泛采用跨学科的研究方法，与海洋考古、人类学、地理学等有机结合。研究内容也日益多样化：种族、阶级、性别分析进入海洋史叙事之中，传统的经济史书写加入文化元素；海洋史书写范式从宏观转向微观，越来越接近海洋社会文化史。

1. 海上性别史

90 年代以前，海洋史鲜有关注女性群体。20 世纪六七十年代，国际妇

---

① Malcom Hull, "The Interdisciplinarity of Maritime History From an Australian Perspective," *The International Journal of Maritime History*, vol. 29, no. 2, 2017, p. 336.
② 1986 年，在伯尔尼举行的第九届国际经济史大会上，新的"海洋历史小组"（the New Maritime History Group）成立，旨在建立一个由加拿大的刘易斯·费希尔，挪威的黑尔格·诺德维克，英国的彼得·戴维斯，日本的中川敬一（Keiichiro Nakagawa）领导的新的海洋史国际网络。30 多位与会学者针对海洋史的学科特征及其在历史范畴内所处的位置进行了讨论。指出了海洋史作为历史学分支在发展过程中所面临的主要问题是：许多国家的从业人员分布在不同类型的机构，彼此普遍缺乏交流。为清除这些障碍，中川敬一和彼得·戴维斯提出创办具有国际视野的海洋史刊物的构想。他们说服了国际经济史委员会的执行委员，批准了在第九届国际海洋史大会的流程中加入讨论海洋史的环节。
③ Frank Broeze, "From the Periphery to the Mainstream: The Challenge of Australia's Maritime History," *The Great Circle*, vol. XI, no. I, 1989, pp. 1-13.
④ 参见韩国巍《英美学界海洋史书写的"文化转向"，1989—2018》，硕士学位论文，东北师范大学，2019。

女运动兴起，妇女史研究蓬勃发展，"性别因素"进入海洋史研究领域。但是男性独揽海洋的史观由来已久，西方传统历史学家在谈及 18—20 世纪两性在海洋史上的地位时，惯用"钢铁汉子和阴柔女子"来比拟。1996 年，玛格丽特·克雷顿和丽莎·诺林主编《大西洋世界的性别与航海》，试图客观再现大航海运动中的性别因素，质疑有一种"像木头一样顽固僵硬"的观点，即男性以其"粗犷的雄性气概"而在海洋史中居于主导地位，女性则因其"柔弱"而始终处于无足轻重的外围。① 此种观点固化了海洋史研究中的"性别区隔"，是对海上两性共存历史的简化。大卫·科丁利指出，实际上，19 世纪英美海军、商船船长、随船木匠和厨师等男性船员携妻子出海的现象并不罕见。平时她们是船员子女的保育员，发生战争时又要协助作战的炮手，承担护理伤员的任务。② 鉴于她们在官方档案中经常被忽视，其具体人数无从统计，但是从很多老船员的回忆录或军事法庭的笔录中可知这一群体的存在。苏珊娜·史塔克和乔·斯坦利的研究表明，女性不总是千篇一律地居于船上生活的配角。19 世纪很多商船船长携妻子登船，某些特殊情况下（如船长生病），有些船长的妻子临时接管了船长的职责，甚至在海上"关键时刻"发挥了"关键作用"，当然这只是少数个案。随船出海的女性在绝大多数海上时间中依然处在男权压迫之中。③ 斯普林格（H. Springer）④ 研究了 36 名有过出海经历的船长妻子的日记，提到女性在船上生活情感压抑，与男人发生冲突时保持沉默，以及其他女性的落魄与焦虑。船长妻子随夫登船，固然打破了男性的海洋垄断，但即使是这些地位相对较高的船上女性，其生活的自由度也比不上生活在岸上的海员妻子。海船狭隘的物理空间同样缩窄了原本就不宽松的女性自由空间，放大了她们处于男权压迫下的窘境。

　　随着海洋文学、海上游记以及对海上性别研究的增加，海洋史学家开始

---

① Margaret S. Creighton and Lisa Norling eds., *Iron Men*, *Wooden Women*, *Gender and Seafaring in the Atlantic World*, *1700-1920*, Baltimore: Johns Hopkins University Press, 1996, p. 7.

② David Cordingly, *Women Sailors and Sailors' Women*: *An Untold History*, New York: Random House, 2001, p. 9.

③ Suzanne J. Stark, *Female Tars*: *Women Aboard on the Age of Sail*, Annapolis: Naval Institute Press, 2017; Jo Stanley, *From Cabin "Boys" to Captains*: *250 Years of Women at Sea*, Stroud: The History Press, 2016.

④ Margaret S. Creighton and Lisa Norling eds., *Iron Men*, *Wooden Women*, *Gender and Seafaring in the Atlantic World*, *1700-1920*, Baltimore: Johns Hopkins University Press, 1996.

注意女性海盗群体。《海上的女人》① 试图解决这类研究涉及的两个比较冷门的相关问题：海上旅行人群研究是否可以扩展到社会边缘群体？边缘人物的历史应该采取怎样的记录形式？丽莎贝斯考察了两位加勒比女性海盗邦尼和瑞德，阐释其在帝国边缘以"女扮男装"的方式活动的原因。当时英国做出一系列努力，以铲除加勒比海盗，在利润日益丰厚的殖民地建立新政治秩序，两位女海盗成为殖民地最瞩目的目标，征服她们便象征着征服了殖民地的"反叛"精神。② 马库斯·雷迪克认为，17 世纪海盗群体的崛起，为少数敢于反抗传统性别规范的女性提供了登上历史舞台的契机，"事实上，在 18 世纪和 19 世纪早期革命中，这些女海盗的形象可能成为自由的象征"③。

　　如果说船上杰出女性的历史可能因其时代对英雄形象塑造的需求而有迹可循，那么那些默默无闻地从事捕鱼业的女性的历史便鲜有人知了。玛格丽特·威尔森的著作④关注的就是后者这样生活在冰岛沿海地区的女性群体。通过广泛的档案研究和人类学实地考察，威尔森证实，几个世纪以来，冰岛妇女在该国的渔业中发挥了积极且重要的作用，阐释了始于 19 世纪末 20 世纪初的捕鱼方式和航运技术的变化对女性观念的影响。在《变革之风》中，作者采用人类学的方法，调查了美国华盛顿州和阿拉斯加州的妇女在渔业领域的参与情况。⑤ 海伦·多伊关注 19 世纪英国港口商业活动中女性的作用，在海事部门，"在船只所有权、船舶管理、船舶建造方面，女性的作用一直被低估了"⑥。

① Lizabeth Paravisini-Gebert and Ivette Romero-Cesareo eds. , *Crossing-Dressing on the Margins of Empire: Women Pirates and the Narrative of the Caribbean Discourse*, New York: Palgrave™, 2001.

② Lizabeth Paravisini-Gebert and Ivetthe Romero-Cesareo eds. , *Crossing-Dressing on the Margins of Empire: Women Pirates and the Narrative of the Caribbean Discourse*, p. 80.

③ Margaret S. Creighton and Lisa Norling eds. , *Iron Men, Wooden Women, Gender and Seafaring in the Atlantic World, 1700-1920*, p. 9.

④ Margaret Willson, *Seawomen of Iceland: Survival on the Edge*, Copenhagen: Museum Tuscalanum Press, 2016.

⑤ Charlene J. Allison, Sue-Ellen Jacobs, and Mary Porter, *Winds of Change: Women in Northwest Commercial Fishing*, Seattle: University of Washington Press, 1989.

⑥ Helen Doe, *Enterprising Women and Shipping in the Nineteenth Century*, Woodbridge: Suffolk and Rochester, NY: Boydell Press [www.boydellandbrewer.com], 2009.

值得注意的是，《水手和他们的宠物：20 世纪早期芬兰帆船上的男人和他们的同伴》关注船上的同性恋群体，用性别分析方法揭示该群体在船上的地位、豢养宠物的心态以及情感宣泄的方式。作者指出，这种现象根植于男女关系中的性别等级和权力关系。根据"霸权男性气概"（hegemonic masculinity）理论，上述关系是通过不同的"男性气概"范畴来感知的。①

受新文化史风潮影响，英语学界涌现了许多船上社群的种族、等级、权力关系展开研究的作品。马格努森认为，此前学者对工业资本主义的关注，致使他们忽视了海上的工人阶级。他运用移民、市政、工会和商人的档案记录、个人信件、冰岛劳动人民的采访录音资料，对 1880—1942 年两个冰岛沿海的两个渔镇（Eyrarbakki 和 Stokkseyri）进行研究，分析了冰岛海上无产者的"工人阶级文化构造"及其"工人阶级意识"②，阐释了"隐性阶级"在冰岛历史发展中的动态地位。③ 马库斯·雷迪克的著作《奴隶船：一部人类史》考察三角贸易中黑人奴隶被资本家当作商品买卖，在环境极端恶劣的狭小空间内的悲惨经历。数百名非洲人被锁在奴隶船甲板下，那里堆满了人的尸体和老鼠，混杂着肮脏的排泄物，奴隶们承受着肉体和精神的双重折磨，反映出奴隶船内人性的扭曲和变态。④

乔·斯坦利在《"黑盐"：英国的黑人水手》一文中指出，无数有色人种的历史隐没在浩瀚的海洋史中，海事博物馆也很少见到反映这一群体的展览。因此，默西塞德郡海事博物馆举办的聚焦非洲裔海员历史的名为"黑盐"的展览具有重要意义。⑤ 作为英国乃至英语学界第一个表现海上有色人种真实生活的大型展览，它有助于深入理解英国黑人群体的历史、殖民史和

---

① Sari Mäenpää, "Sailors and Their Pets: Men and Their Companion Animals aboard Early Twentieth-Century Finnish Sailing Ships," *International Journal of Maritime History*, vol. 28, no. 3, 2016, pp. 480-495.

② Finnur Magnusson, *The Hidden Class: Culture and Class in a Maritime Setting, Iceland 1880-1942*, Aarhus: Aarhus University Press, 1990, p. 10.

③ Finnur Magnusson, *The Hidden Class: Culture and Class in a Maritime Setting, Iceland 1880-1942*.

④ Marcus Rediker, *The Slave Ship: A Human History*, London: John Murray [www. john-murray. co. uk], 2007.

⑤ Jo Stanley, "Black Salt: Britain's Black Sailors," *The International Journal of Maritime History*, vol. 30, no. 4, 2018, pp. 747-759.

非洲移民史，为海洋史中的种族研究做出了重要贡献。以雷·科斯特洛①的研究为基础，斯坦利再现了海上有色人种自都铎王朝以来近 500 年的历史，展现了滨海社区对有色人种接纳程度的变化过程。约翰·达雷尔·舍伍德是位海军史学家，探讨了越南战争后期美国海军内部的种族动乱以及政府采取的应对措施。②

围绕威廉·梅洛《纽约码头工人：码头上的阶级和权力》一文，③《国际海洋史期刊》组织了圆桌会议，与谈人探析了纽约和新泽西的技术变革和劳资关系之间的相互作用，随后引出纽约与旧金山和美国西海岸其他港口的比较研究。2018 年，凯特·乔丹从利物浦北部捕鲸贸易中的船长和船员切入，考察了捕鲸业对船长和船员的多方面影响，展现了该行业雇主、雇员与港口城镇间的互动网络。④

瑞典在 17 世纪从一个欧洲北部无足轻重的小国成长为实力雄厚的军事强国，海军力量发挥了关键作用。受制于资金短缺和海军人才匮乏，瑞典另辟蹊径，通过所谓的"分配制度"，从沿海乡镇的社会底层招募农民和贫困人口进入海军接受训练。安娜·萨拉·哈马尔整理分析 1673—1703 年海军法庭的会议记录、召集人名单和信件，围绕瑞典招募海员的"配给制度"（瑞典语：indelningsverket）展开讨论，揭示了这一制度下瑞典海员构建的一种独特的"双面"海洋文化，其理想和价值观有时受欧洲海洋文化影响，有时则显现出源自瑞典农村的社区文化特征。⑤ 这些人大多来自沿海地区的村庄和城镇里的农民家庭，几乎没有航海经验。一旦被征入海军，他们基本上过着两种生活。在夏天，他们是海军军队中的海员，到了冬天，他们则回到岸上继续以农夫、工人和手艺人的身份生活。因此，他们并不完全属于海洋文化，同时代的丹

---

① Ray Costello, *Black Salt: Seafarers of African Descent on British Ships*, Liverpool: Liverpool University Press, 2012.

② John Darrell Sherwood, *"Black Sailor, White Navy": Racial Unrest in the Fleet during the Vietnam War Era*, New York: New York University Press, 2007.

③ Tapio Bergholm, Robert W. Cherny, Colin J. Davis, David de Vries, "Roundtable, Reviews of William J. Mello 'New York Longshoremen: Class and Power on the Docks' with a Response by William J. Mello," *The International Journal of Maritime History*, vol. 22, no. 1, 2010, pp. 293-331.

④ Kate Jordan, "The Captains and Crews of Liverpool's Northern Whaling Trade," *The International Journal of Maritime History*, vol. 22, no. 1, 2010, pp. 185-204.

⑤ Anna Sara Hammar, "How to Transform Peasants into Seamen: The Manning of the Swedish Navy and Double-aced Maritime Culture," *The International Journal of Maritime History*, vol. 27, no. 4, 2015, p. 697.

麦人说他们是"浸泡在盐水中的农夫"①。哈马尔的文章还展示了海员们"既是海员又是农民"的身份认同对海军训练和管理的影响。

艾拉·戴对华盛顿美国国家档案馆（the National Archives in Washington）藏大量 1796—1818 年费城海员的保护证以及 1812—1815 年克佑区档案局的美国战俘资料进行整理挖掘，较为全面地讨论了早期美国水手的文身现象。② 伯格关注同一个主题，他的《美国早期蒸汽船上的水手与文身：菲利普·C. 范·布斯科克日记中的证据，1884—1889》一文通过将船上水手划分为文身和未文身的两个群体，考察这些人的社会背景和个人经历，分析其选择是否文身的原因。伯格指出："文身"是一种身份认同的标志。对于部分人来讲，出海服役不过是为了谋生，他们可以轻松地登陆海军船只，获得文身，在参与一两次巡航后放弃服役。但有些人完全不同，他们对自己的职业有着强烈的情感寄托，一旦获得了船员文身，潜意识中就是与舰船签订了"契约"，墨迹图案永久烙印在身体上，文身成了他们海员身份的象征。可以说，这些海员的个人心态、情感因素促成了他们对海上事业的强烈认同感。③

直到 21 世纪初，瑞典《海军论坛》2001—2014 年所刊发的 65 篇文章，有 41 篇与海军史有关。④ 然而也有一些涉及海上社会文化史（如性别史），反映瑞典海洋史学界与 20 世纪中叶以来的国际学术史同步，关注的主题有所拓展。⑤ 例如比约恩·马腾哈尔（Björn Marten）发表多篇关于海洋绘画的文章。⑥ 2002 年玛利亚·尼曼（Maria Nyman）对水手遗孀的考察。马格

① 这句话在瑞典海军历史学中很常见，但其起源已无法追溯。也许是 17 世纪的丹麦海军上将尼尔斯·尤尔（Nils Juel）首先说的，又或许这句话是海洋史学家自创的。参见 Jan Glete, *Swedish Naval Administration 1521 - 1721: Resource Flows and Organisational Capabilities*, Leiden: Brill, 2010, pp. 580-581。

② Ira Dye, "The Tattoos of Early American Seafarers, 1796-1818," *Proceedings of the American Philosophical Society*, CXXXIII, 1989.

③ B. R. Burg, "Sailors and Tattoos in the Early American Steam Navy: Evidence from the Diary of Philip C. Van Buskirk, 1884-1889," *The International Journal of Maritime History*, vol. 5, no. 2, 1993, p. 173.

④ Leos Müller, "Forum navale 1940-2015, en historiografisk överblick," *Forum navale* nr. 72, 2016, s. 137.

⑤ Leos Müller, "Forum navale 1940-2015, en historiografisk överblick," *Forum navale* nr. 72, 2016, s. 131.

⑥ Björn Marten, "Hyllning till havet. Herman af Sillén-ett konstnärsporträtt," *Forum navale*, nr. 62, 2006, s. 15-36; Longitude tidskrift från de sju haven 1966-1999 i ett konsthistoriskt perspektiv, *Forum navale* nr. 64, 2008, s. 95-122. 转引自 Leos Müller, "Forum navale 1940-2015, en historiografisk överblick," *Forum navale* nr. 72, 2016, s. 137。

努斯·佩尔斯坦（Magnus Perlestam）在 2004 年的文章考察了 17 世纪末军事法庭对男性气质的看法。[1] 瑞典海洋史研究最新的趋势还包括性别视角的考量，如对于水手和男子气概的考察、环境史视角的引入。[2] 利奥·穆勒认为现今的海洋史被定义为处理人类与海洋的关系的学科，这比 1939 年海事协会章程制定时的定义要广泛得多。[3]

2. 海上日常生活史

船—岸生活。基于日记、信件、回忆录、航海日志和当代新闻报道等史料。贝尔德关注大航海时代女性在船上的日常生活，包括一些女性海盗、妓女和女扮男装的水手，以及偶尔担任乘务员甚至船长角色的女性。[4] 由于风帆时代远洋航船航程漫长，为了避免亲人长期分离的痛苦，19 世纪的帆船上经常出现女性的身影，"几乎每个船长身边都有妻子相伴"[5]。19 世纪早期的远洋航船上甚至涌现出了一批女性传教士。[6] 1867 年，来自新不伦瑞克省的 11 岁女孩阿米莉亚·霍尔德在她的日记中写道："今天与以往任何一天都没有什么不同。"[7] 然而，单调的海上生活经常在抵达港口后被船间人员、船岸间人员的频繁走动打破。这种船—船和船—岸的活动，意味着海上女性的存在影响着文化接触和传播的方式。简而言之，贝尔德与贝尔[8]等学者的研究表明，参与海上航行的女性在 19 世纪海上社群之间的文化交流中发挥着重要作用。玛格丽特·林肯的著作《船员的妻子和情妇》致力于研究 18 世纪下半叶海员的伴侣面临多重挑战下的日常生活。此前虽然有许多书籍着重于出海的女性，但杰出的女性海盗和女扮男装群体毕竟无法代表海洋世界中的大多数女性。林肯书中选取的群体更为典型：她们是海员的妻子、身处

[1] Magnus Perlestam, "Ringa prof av behjärtad soldat, Mod, plikt och heder i en marin krigsrätt vid slutet av 1600-talet," *Forum navale* nr. 60, 2004, s. 15-81.

[2] Leos Müller, "Forum navale 1940-2015, en historiografisk överblick," *Forum navale* nr. 72, 2016, s. 137.

[3] Leos Müller, "Forum navale 1940-2015, en historiografisk överblick," *Forum navale* nr. 72, 2016, s. 132.

[4] Donal Baird, *Women at Sea in the Age of Sail*, Halifax, NS: Nimbus Publishing [www.nimbus.ns.ca], 2001.

[5] Donal Baird, *Women at Sea in the Age of Sail*, Halifax, p. 110.

[6] D. G. Bell, "Allowed Irregularities: Women Preachers in the Early 19th-century Maritimes," *Acadiensis*, vol. 15, no. 2, Spring 2001, pp. 3-39.

[7] Donal Baird, *Women at Sea in the Age of Sail*, p. 122.

[8] D. G. Bell, "Allowed Irregularities: Women Preachers in the Early 19th-century Maritimes," *Acadiensis*, vol. 15, no. 2, Spring 2001, pp. 3-39.

异地的伴侣、遗孀和情人。那些因丈夫服役踏上远洋舰船而独自留守在岸上居住的女性在情感上经常感到孤独的同时，在生活上也面临着巨大的经济压力。这些问题普遍存在于涉海生活，但是英国在1750—1815年的战争，导致这一时期的此类问题尤为突出。海军军队招募的海员来自不同地区，社会背景有着显著差异，林肯从海员群体的这一特征入手，考察了在战争时期，面临多重压力下英国社会各个阶层之间的远距离关系。[①]

近年来，学界不仅增加了对海上女性群体的关注，有关船上空间内的等级关系及其日常生活的研究同样层出不穷。罗伯特·李在《海员的都市世界：批判性回顾》[②]中采用文化人类学的方法，探究了传统水手形象的建构与解构的过程，认为他们"堕落的形象"在16世纪之前就已经深深烙印在公众脑海里了，"酒精是他们亲密的伙伴，酗酒是他们的惯有恶习"，认为水手活动的空间局限于码头附近的街道或酒吧、妓院以及其他娱乐场所。[③]在早期民间歌谣和小说里，水手的形象整体而言是负面的，这影响了人们对水手群体的理解和认知。李指出，这种起源于大航海时代的刻板印象，包含着许多政治、经济和宗教因素，以上对海员回归岸上都市生活的描述是片面的、有误的。通过大量史料、数据分析等方法，李还深入考察了海员的岸上生活方式及其婚姻关系、家庭状况，证实上述"刻板印象"的不真实性，从而实现对水手"堕落形象"的解构。此前，许多人认为，航海本质上是属于青年男性的职业，水手的低龄化导致他们性格的不成熟以及离开家庭独立生活经历的缺乏。[④]因为大多数水手年轻且未婚，"他们上岸时不可避免地要寻找女性伴侣"。[⑤]然而李的研究表明，水手在岸上生活的时间十分短

① Margarette Lincoln, *Naval Wives and Mistresses*, London: National Maritime Museum [www. nmm. ac. uk/publishing], 2007.

② Robert Lee, "The Seafarers' Urban World: A Critical Review," *The International Journal of Maritime History*, vol. 25, no. 1, June 2013, pp. 23-64.

③ Elmo Paul Hohman, *Seamen Ashore: A Study of the United Seamen's Service and of Merchant Seamen in Port* New Haven: Yale University Press, 1952, 转引自 Robert Lee, "The Seafarers' Urban World: A Critical Review," *The International Journal of Maritime History*, vol. 25, no. 1, June 2013, p. 24。

④ YrjöKaukiainen, "Finnish Sailors, 1750-1870," in Paul C. van Royen, Jaap R. Bruijn and Jan Lucassen eds., "Those Emblems of Hell?" *European Sailors and the Maritime Labour Market, 1570 - 1870*, Newfoundland: St. John's, 1997, p. 226; and L. H. Powell, *The Shipping Federation: A History of the First Sixty Years, 1890-1950*, London: 52 Leadenhall Street, 1950, p. 56.

⑤ David Cordingly, *Women Sailors and Sailors' Women: An Untold Maritime History*, London: Random House, 2001, p. 182.

暂，海员在岸上活动区域也不局限于水手镇或码头周围。[1] 从 19 世纪中期开始，已婚的海员数量不断增加，蒸汽动力在船舶领域的应用也降低了水手的工作风险、提高了航船的运行速度。由于工作环境相对稳定，水手在结婚之后主观上愿意选择继续从事海上工作，家庭生活亦渐趋稳定。[2] 事实上，海员的家庭和亲缘网络稳定且健康。作者引用了大量实例，包括社会调查结果，证明在结束航行后，大多数海员选择回到家中生活，海员与家庭和亲属网络的联系极为密切，很少参与港口的各种争端。他们被描绘成不负责任的单身青年，很大程度是自私的船东们编造出来的，他们急于限制船员对其家属的一切责任感。[3]

2012 年，谢丽尔·弗瑞编著的《英国海员社会史（1485—1649）》，探究了大航海时代英国水手的船上生活。[4] 该文集由十篇论文构成，主题涉及伊丽莎白时期的海上社区、船员的健康与医疗、退役海员的社会保障制度、水手的妻子和遗孀等。此外，安·斯特兰利用"玛丽·罗斯"号沉船考古证据探析海员的身体特征，詹姆斯·奥尔索普考察英国与西非几内亚沿岸地区小规模海上贸易中的水手，文森特·帕塔里诺研究船上的宗教文化，杰弗里·哈德森从航海社群的视角对格林威治医院建立之前海员的健康和医疗情况进行考察。约翰·阿普尔聚焦 1604 年英国与西班牙战争结束后，英国周边海域海盗激增的现象，都是这方面的代表佳作。

船上饮食。人类创造舟楫，漂洋过海，就形成了独特的海上社会生活。

---

① Richard Woodman, *Blue Funnel Voyage East: A Cargo Ship in the 1960s*, Bebington: Trafalgar Square Publishing, 1988, p. 97.

② Cheryl Fury, "Elizabethan Seamen: Their Lives Ashore," *International Journal of Maritime History*, vol. 5, no. 1, 1998, p. 2; Valerie Burton, "*The Myth of Bachelor Jack: Masculinity, Patriarchy and Seafaring Labour*," in Howell and Twomey eds., *Jack Tar in History Essays in the History of Maritime Life and Labour*, Fredericton: Acadiensis Press, pp. 179-198.

③ Judith Fingard, "'Those Crimps of Hell and Goblins Damned:' The Image and Reality of Quebec's Sailortown Bosses," in Rosemary Ommer and Gerald Panting eds., *Working Men who Got Wet*, Newfoundland: St. John's, 1980, p. 323; Valerie Burton, "The Myth of Bachelor Jack: Masculinity, Patriarchy and Seafaring Labour," in Howell and Twomey eds., *Jack Tar in History: Essays in the History of Maritime Life and Labour*, Fredericton: Acadiensis Press, pp. 179-198; Judith Fingard, *Jack in Port: Sailortowns of Eastern Canada*, Toronto: University of Toronto Press, 1984, p. 94; and John Slader, *The Fourth Service: Merchantmen at War, 1939-1945*, London: Hale, 1994, p. 276.

④ Cheryl A. Fury ed., *The Social History of English Seamen, 1485-1649*, Woodbridge: Boydell Press, 2012.

伴随着海洋文明的拓展，海上社会群体的成长，海上社会生活的内涵不断丰富，外延不断扩大。无论如何，海上社会最基本的构成要素始终是"饮食"，海上食物变化的历史是人类与海洋互动历史的永恒主题。

西蒙·斯伯丁在《海上食物：古代到现代的船上饮食》①　中追溯了从史前时期到 19 世纪不同地区水手的海上食品构成、烹饪方式以及饮食文化。18 世纪远洋航船通常可能几个月都不靠岸，船上的烹饪设施非常简陋，没有制冷系统，只能靠腌渍或烘干才能保存食物。当时的舰船是怎样供养船上数千名人口并维系日常生活的呢？珍妮特·麦克唐纳在《供养纳尔逊的海军：乔治亚时代海上食品的真实故事》②　一文回答了这一问题。研究表明，18 世纪皇家海军船上的饮食甚至要远优于当时岸上的饮食。尽管在冷藏技术和罐装食品出现之前船上很难保存食物，但截至 1800 年，英国舰队已在很大程度上消除了船员患坏血病的隐患，及其他因饮食失调导致的疾病。这要归功于英国粮储局（the Victualling Board），虽然这一官僚机构备受诟病，但它的确发挥了重要作用。该机构负责组织海上肉类食品的制作和包装、啤酒的酿造、海军饼干的烘烤以及海军所有后勤事务，形成与实际需求相匹配的工业规模。一旦船上的食物和饮料受到严格的控制并确保公平分配，船员和海军长官便开始探索其他能够补充其口粮的方法，比如在船上饲养牲畜等。

然而，在谢丽尔·弗瑞看来，16 世纪海员的饮食，往好了说是单调乏味，往坏了说是有害于身体健康。海军上将兼外科医生威廉－克劳斯（William Clowes）指出，伊丽莎白时期海员的食物"腐烂且不健康"，几乎所有海员在船上的饮食都是以咸牛肉、鱼、熏肉、海军饼干、奶酪和啤酒为主食。③ 弗瑞指出，16 世纪海员的饮食无论是质量还是数量都很差劲，这直接威胁了舰船内部的秩序稳定。沙扬·拉拉尼在《海上文化邂逅：现代邮轮业的餐饮》中探究了 20 世纪 70 年代后，以中产阶级为主的客户群数量激增带来的游轮餐食结构变化，论述了邮轮上为游客提供的饮食在多元文化交

① Simon Spalding, *Food at Sea: Shipboard Cuisine from Ancient to Modern Times*, Rowman & Littlefield Publishers, 2015.

② Janet Macdonald, *Feeding Nelson's Navy: The True Story of Food at Sea in the Georgian Era*, London: Frontline Books, 2004.

③ Cheryl A. Fury ed., *The Social History of English Seamen, 1485-1649*, p. 194.

流中的作用。①

　　船上疾病与医疗。医疗社会史是 20 世纪下半叶兴起的史学新分支，然而学界对商船海员的疾病情况研究，在流行病学、医学史、医学社会学等学科的关注，至今仍相当有限。

　　杰弗里·哈德森主编的《英国军事与海军医疗（1600—1830）》② 对现代早期的英国海军和军事医学进行了细致的考察，主题之一是帝国背景下军事医学的发展状况。在战争和英国帝国医学的创建中，阿尔索普回顾了英国海军和帝国医学文献，认为大规模的帝国战争有助于推动医学领域的发展。科普曼围绕 1755—1783 年北美和西印度群岛的英国军队展开研究，分析了海外军事行动中的医学供应，认为军队从业人员在疾病的预防与治疗方面发挥了作用。马克·哈里森的研究表明，英国东印度公司促进了热带医学的发展，并促使从业者意识到医学实验的重要性。第二个主题是英国军队和海军医院的护理和医疗的历史。冯·阿尔尼重点讨论了 17 世纪中期海军军人，特别是士兵的护理情况。菲利普·米尔斯论述了船员的常见病疝气的治疗方法。第三个主题讨论了这一时期的海军医学。帕特里夏·克里明考察 18 世纪英国水手的健康和医疗状况，认为 18 世纪末英国水手的健康状况有明显改善。玛格丽特·林肯认为，公众对海军医学的认知影响人们对海军形象的整体印象。克里斯蒂娜·史蒂文森探讨了军事医学对军事、海军甚至民用医院建设的影响。文集纠正了人们对早期英国海军外科医生"医疗技术拙劣"的刻板印象，对"帝国扩张必然导致医疗和护理技术进步"的观点提出质疑，阐明了军事与海军医学、国家与社会之间的关系，同时指明了未来这一领域的发展方向。

　　19 世纪中期以来，船上生活的回忆录主要由退休的船长撰写。这种文本记录船员在船上的生活百态，但未必关注他们的心理和生理疾病。船上医生撰写的零星的回忆录也几乎不关涉这个话题。戈登·C. 库克在《商船队上的疾病：海员医院协会的历史》一书中，③ 以大量篇幅描述该医疗机构的

① Shayan S. Lallani, "Mediating Cultural Encounters at Sea: Dining in the Modern Cruise Industry," *Journal of Tourism History*, vol. 9, no. 2, 2017, pp. 160-177.
② Geoffrey L. Hudson ed., *British Military and Naval Medicine, 1600-1830*, Amsterdam and New York: Editions Rodopi, 2007.
③ Gordon C. Cook, *Disease in the Merchant Navy: A History of the Seamen's Hospital Society*, Abingdon: Radcliffe Publishing [www. radcliffe-oxford. com], 2007.

重要性，而有关海员的常见疾病——坏血病、梅毒、淋病、肺结核等——篇幅不多，亦未能对海员病情的后续治疗作进一步探究。凯文·布朗的作品《牛痘与坏血病：海上疾病与健康的故事》，① 深入研究英国伦敦的国家档案馆资料，关注中世纪到 21 世纪海上航行的各个时期的"船上疾病与健康"，研究主题包括：跨大西洋航行途中遇到的困难，哥伦布大交换，船上检疫措施，坏血病，船舶医疗保健和海军外科医生、护理和海军医院的质量，豪华游轮设施，高级舱移民所面临的健康危害，奴隶制度和奴隶贩子恐怖的航行。全书体现的主题是"进步"——不仅是医学知识，而且也是社会各个层面的改善。

谢丽尔·弗瑞在《海上医疗与健康》文章中，② 考察了英国海军在船上的饮食、发病率与死亡率、船上疾病、医疗等，海上风暴、船体泄漏、工作事故和伤害等，都对海员的生命安全构成威胁。总体来看，海上的发病率和死亡率因航行的类型和持续时间而有所不同。弗瑞认为，海员发病率受航行的目的地、航程持续时间的影响，要大于船上生活环境（包括饮食、医疗等）的影响。恶劣的饮食条件导致了许多疾病的出现，由于没有新鲜的果蔬供给，船员膳食普遍缺乏维生素 B 和 C。缺乏维生素 B 可能导致海员警惕性下降、精神抑郁甚至瘫痪；维生素 C 的供给不足则会引起坏血病——在海上最常见也是致死率最高的一种疾病。此外，身体缺乏维生素 A 也会引起夜盲症。海上多发病有痢疾、斑疹伤寒、食物中毒、疟疾、黄热病，海员健康还受到诸如黑死病等传统的陆地疾病的威胁。③ 为了解决船上劳动力流失问题，提高航行效率，一些地位较高的海员致力于降低海上发病率。在航船上，疾病、外伤的治疗任务由军官、海员，以及在场的理发师共同承担。④

船上娱乐。乔·斯坦利的《在甲板上踩踏：图像历史中的海上舞蹈》一文，⑤ 通过一系列图像资料，采用了包括文化地理在内的多学科研究方

---

① Kevin Brown, *Poxed and Scurvied: The Story of Sickness and Health at Sea*, Barnsley, South Yorks: Seaforth Publishing, 2011.

② Cheryl A. Fury, "Health and Health Care at Sea," in Cheryl A. Fury ed., *The Social History of English Seamen, 1485-1649*, pp. 193-227.

③ Cheryl A. Fury, "Health and Health Care at Sea," in Cheryl A. Fury ed., *The Social History of English Seamen, 1485-1649*, pp. 209-212.

④ Cheryl A. Fury, "Health and Health Care at Sea," in Cheryl A. Fury ed., *The Social History of English Seamen, 1485-1649*, p. 219

⑤ Jo Stanley, "Hoofing it on Deck: Images of Dancing in the Maritime Past," *The International Journal of Maritime History*, vol. 27, no. 3, 2015, pp. 560-573.

法，将"船舶"作为"被忽视的公共空间"来解释船上舞蹈与岸上舞蹈的差异，以及舞蹈作为一种社会习俗的社会学研究，从而展示舞蹈在船上的作用，探析舞蹈在船上的视觉表现张力。①

作为船上娱乐生活的一部分，近年来海上音乐和歌词成为海洋史学家关注的对象。罗伊·帕尔默的《牛津海上歌谣集》梳理了近百年来船上前甲板歌曲（forebitter songs）从歌词到曲调的流变过程。②《国际海洋史期刊》2017年组织了一次以"海上船歌"为主题的论坛，探讨19世纪晚期以来"海上船歌"及其在音乐文化中地位的变化。围绕这一议题，相关研究回顾了"船歌"音乐流派发展的几个阶段。③2021年，凯伦·杜比选取风帆时代一些有代表性的船歌，按其功能和内容差异，分为如下三个种类。一是拉拽号子（hauling shanties），具体又划分为短程（short-haul）和长程（long-haul or halyard）两种。船员在从事拉拽任务时需要休息。此类歌曲设计之初是为了让船员有时间休息、深呼吸，以便在两次拉绳的间歇期更好地获得抓地力，它们通常在每一行的末尾有一个简短的合唱音。拉拽号子往往是呼唤—回应式的歌曲，由一个船夫领唱，船员们加入问句中，通常在合唱句的最后一个音节拉动绳索。二是翻滚号子（heaving shanties），是为配合需要不断翻滚或推挤的船上工作而诞生的，通常适用于较艰苦的劳动，目的是帮助船员保持正常的劳作节奏、集中注意力或逗船员开心，其内容往往包含较长的诗句，多数是由传统的民谣改编的，常带有很多暗示性的粗俗歌曲，多为即兴创作，其篇幅可根据手头的劳动任务缩短或加长。三是前甲板歌曲/休闲歌曲（Forebitter songs），与前面两种为激励船员劳动而创作的船歌不同，这类歌曲是船上曲目的重要组成部分。船员们结束了一天的工作后，通常在前甲板的生活区演唱。此类歌曲通常由其他船歌改编而成，反过来又被定制为工作歌曲，特别是在绞盘和水泵处演唱。④

---

① Jo Stanley, "Hoofing it on Deck: Images of Dancing in the Maritime Past," *The International Journal of Maritime History*, vol. 27, no. 3, 2015, pp. 560-573.

② Roy Palmer, *The Oxford Book of Sea Songs*, Oxford: Oxford University Press, 1988.

③ Graeme J. Milne, "Revisiting the Sea Shanty: Introduction," *The International Journal of Maritime History*, vol. 29, no. 2, 2017, pp. 367 - 369; Gerry Smyth, "Shanty Singing and the Irish Atlantic: Identity and Hybridity in the Musical Imagination of Stan Hugill," *The International Journal of Maritime History*, vol. 29, no. 2, 2017, pp. 387-406.

④ Karen Dolby, *Sea Shanties: The Lyrics and History of the Sailor Songs*, London: Michael O'Mara Books Limited, 2021.

（二）海洋环境史

1986 年，麦克沃伊出版了《渔民问题》，① 这是有关海洋环境史的第一本重要著作，曾在 1989 年荣获首届环境史年度最佳图书奖。进入 20 世纪 90 年代，海洋史学家戴维·斯塔基、保罗·霍尔姆将环境史引入海洋史研究之中。组织了海洋动物种史项目（the History of Marine Animal Population projects），该项目旨在以历史学维度进行 "海洋生物普查，阐释、评估世界范围内海洋生物的多样性及其分布情况"②，考察过去几个世纪的全球海洋环境史。2001 年，该项目出版阶段性成果《被开发的海域：海洋环境史的新方向》③，探析海域周围人类活动和自然因素对海洋动物种群活动范围的影响。1999 年，泰勒出版的《鲑鱼生产》④ 是海洋环境史的另外一本著作。2006 年，博尔斯特在《海洋环境史的机遇》⑤ 一文中，分析了海洋环境史的重要性，梳理了近 30 年该领域的一些开创性成果，以及可利用的丰富资料，他指出，海洋可能会成为环境史研究的新领域。2008 年《海洋的过去》⑥ 面世，该文集中的作品分别由历史学家、生物学家、生态学家、历史生态学者、海洋考古学家和地质学家撰写，综合了多个学科的研究视角、方法论和叙事模式，呈现了海洋环境史在跨学科方法下的研究成果。《美国历史杂志》于 2013 年 6 月编发了一组环境史的文章。其中海伦·罗兹瓦多夫（Helen Rozwadowski）强调海洋环境史研究的重要性。2013 年《环境史》推

① Arthur Mcevoy, *The Fisherman's Problem: Ecology and Law in the California Fisheries 1850-1980*, Cambridge: Cambridge University Press, 1986.
② Poul Holm, Tim D. Smith, and David Starkey eds., *The Exploited Seas: New Directions for Marine Environmental History*, Research in Maritime History, no. 21, NF: International Maritime Economic History Association [www.mun.ca/mhp/imeha.htm], 2002, p. 215.
③ Poul Holm, Tim D. Smith, and David Starkey eds., *The Exploited Seas: New Directions for Marine Environmental History*, Research in Maritime History, no. 21, NF: International Maritime Economic History Association [www.mun.ca/mhp/imeha.htm], 2002.
④ Joseph E. Taylor III, *Making Salmon: An Environmental History of the Northwest Fisheries Crisis*, Seattle: University of Washington Press [www.washington.edu/uwpress/], 1999.
⑤ W. Jeffrey Bolster, "Opportunities in Marine Environmental History," *Environmental History*, vol. XI, no. 3, 2006, pp. 567-597.
⑥ David J. Starkey, Poul Holm and Michaela Barnard eds., *Oceans Past: Management Insights from the History of Marine Animal Populations*, London and Sterling, VA: Earthscan [www.earthscan.co.uk], 2008.

出了"海洋环境史"专题，刊登的文章多达 10 篇。① 这组文章的撰稿人具有环境史、科学史、建筑史、生态学等多种专业背景，其国别涉及挪威、中东等美国以外的国家和地区，体现了海洋环境史跨学科、跨国别地区的特点。

（三）全球史视域下的海洋史研究

海洋史研究的对象是人类与海洋空间（包括海洋、滨海地区、岛屿，内陆水体）的互动关系。随着海洋空间之于人类重要意义的不断显现，近年来世界各国多个领域的学者积极投入到相关研究当中。

海洋史研究的"空间转向"。20 世纪 80 年代，伴随着世界政治经济格局的聚变，全球史兴起，一度隐没在西方地理大发现历史叙事内的国家和地区开始积极争取海洋话语权。在全球视域下，大西洋不再是历史学家关注的唯一中心，史学家对世界各区域的海洋和大型水体的研究呈现多中心态势，印度洋、太平洋、大西洋、地中海等被划分为独立的历史分析单元。

海洋史研究出现了"空间转向"，其关注范围不再停留于海水表面，而是将海洋视为"互动空间"。与陆地上的政治边界不同，大西洋、印度洋、太平洋等大型水体之间无法精准划分界限。传统海洋史通常将海洋视作人类

---

① Michael Chiarappa and Matthew McKenzie, "New Directions in Marine Environmental History: An Introduction," *Environmental History*, vol. 18, 2013, pp. 3 - 11; Michael J. Chiarappa, "Dockside Landings and Threshold Spaces: Reckoning Architecture's Place in Marine Environmental History," *Environmental History*, vol. 18, 2013, pp. 12 - 28; Brian Payne, "Local Economic Stewards: The Historiography of the Fishermen's Role in Resource Conservation," *Environmental History*, vol. 18, 2013, pp. 29 - 49; Loren McClenachan, "Recreation and the 'Right to Fish' Movement: Anglers and Ecological Degradation in the Florida Keys," *Environmental History*, vol. 18, 2013, pp. 76 - 87; Jennifer Hubbard, "Mediating the North Atlantic Environment: Fisheries Biologists, Technology, and Marine Spaces," *Environmental History*, vol. 18, 2013, pp. 88 - 100; Vera Schwach, "The Sea Around Norway: Science, Resource Management and Environmental Concerns, 1860 - 1970," *Environmental History*, vol. 18, 2013, pp. 101 - 110; Christine Keiner, "How Scientific Does Marine Environmental History Need to Be?" *Environmental History*, vol. 18, 2013, pp. 111 - 120; Poul Holm, Marta Coll, Alison MacDiarmid, Henn Ojaveer and Bo Poulsen, "HMAP Response to the Marine Forum," *Environmental History*, vol. 18, 2013, pp. 121 - 126; T. Robert Hart, "The Lowcountry Landscape: Politics, Preservation, and the Santee-Cooper Project," *Environmental History*, vol. 18, 2013, pp. 127 - 156; Robert Chiles, "Working-Class Conservationism in New York: Governor Alfred E. Smith and 'The Property of the People of the State'," *Environmental History*, vol. 18, 2013, No. 1, pp. 157-183.

物质文化交往的通道，对海洋的关注仅仅停留在海水表面。这种历史叙事中，海洋与陆地（沿海地区）的关系是"两点一线式"的。1999 年，美国杜克大学发起 *Ocean Connect* 项目，将世界上主要海域视作接触区（冲突区），重新构建了一种围绕海表和海洋盆区展开的区域研究，呈现了一片在传统世界地图上基本不可见的历史区域。① 大西洋、印度洋和太平洋以及地中海不再是独立的海洋区域，而是无明确边界的、相互融合并以多种方式相互作用的历史空间。从空间上看，此时海洋史的研究对象包括作为通道的水面，以及沿岸的港口城市和岛屿，同时也包括海盆。这种分析框架要求海洋史学家在关注人类与海洋关系的同时，超越政治上的国家边界以及地理意义上"海岸"的界限，重新审视海洋—海洋、海洋—陆地之间的关系。

　　海洋作为互动空间的概念，要求海洋历史学家的视野超越海陆之间的界限。跨海货物、人员和思想的流通改变了经济发展模式，甚至引发政治变革，可见海上运输的影响不止覆盖海上社群和沿海地社区，并且延伸到了大陆腹地。迈克尔·皮尔森曾指出，任何严格的陆地/海洋界限划分都是错误的二分法，"海洋史学家必须面对这样一个问题：海洋的影响究竟可以延伸到内陆多远？"② 有鉴于此，《国际海洋史期刊》于 2017 年举办了主题为"连通海洋：海洋史的新方法"论坛，③ 其中 5 篇文章以沿海和港口城市为重点，将海洋作为不同文化相遇的区域和社会经济交流的载体进行研究，论述了海洋是如何将人群、物质和思想联系起来的。继而回答如下问题：海洋路线以何种方式将沿海地区和腹地整合到更广泛的互动系统中？港口城市和商人群体在跨洋交换网络的形成中扮演什么角色？环境因素在多大程度上决定政治或经济进程？全球经济变化对个别港口或区域港口系统有何影响？渔民的渔获（金枪鱼、鲱鱼和鳕鱼）、影响商船航线的洋流和风，都是没有边界的。因此，正是这种聚焦"不符合国家、大陆或其他文化和政治边界划

① Martin W. Lewis, and Kären Wigen, "A Maritime Response to the Crisis in Area Studies, " *The Geographical Review*, vol. 89, no. 2, April 1999, p. 165.

② Michael Pearson, *The Indian Ocean*, London: Routledge, 2003, p. 27.

③ Amélia Polónia, Ana Sofia Ribeiro and Daniel Lange, "Connected Oceans: New Pathways in Maritime History," *The International Journal of Maritime History*, vol. 29, no. 1, 2017, pp. 90-95.

分的地理环境中的人类互动"的视角，使得海洋史成为全球史研究的沃土。[1]

围绕"海洋史"与"全球史"（世界史）关系的理论探索。"如何处理海洋史与全球史之间的关系"在学界争论不休。为了巩固海洋史在学界的地位，并使其活跃在公众视野中，一些学者建议将海洋史与一些新潮的历史研究方法结合起来（甚至归入其中），例如北大西洋沿岸的一些学者呼吁把海洋史划入大西洋史研究，凯伦·魏根等甚至用"new oceanic history"[2]一词来描述这种趋势。以因戈·海德布林克为代表的部分海洋史学家，认为海洋史和世界史是"同一枚硬币的两面"，积极呼吁将海洋史引入全球史视角，促使其成为未来全球史研究的核心学科。林肯·潘恩认为海洋史是世界史下属的分支学科，涵盖了造船、海上贸易、海洋探险、人口流动和海军史等主题。[3]此种观点倾向于将海洋史归入全球史（或世界史）研究范畴，主张海洋史与全球史（或世界史）更紧密的合作，甚至视两者"融合"为海洋史最佳的发展路径。[4]

以刘易斯·费希尔为代表的部分学者则认为这一倡议有待商榷。[5]费希尔表示：

> 因戈·海德布林克的许多作品都是在强调海洋史对其他学科研究是"有价值的"，即向其他学科"推销"海洋史，使其成为一个辅助工具。这种迫切希望海洋史获得认可的做法无可厚非，尽管海洋史学家有充分的理由与全球史（世界史）学家合作，但我认为，海洋史仍然是一门独特的历史分支学科。[6]

---

[1] Dominic Sachsenmaier, *Global Perspectives on Global History: Theories and Approaches in a Connected World*, New York: Cambridge University Press, 2011, p. 99.

[2] Karen Wigen, "'Introduction' to AHR Forum 'Oceans of History'," *American Historical Review*, vol. 111, no. 3, 2006, pp. 717-721.

[3] Lincoln Paine, "Introduction," *The Sea and Civilization: A Maritime History of the World*, New York: Alfred A. Knopf, 2013.

[4] 〔美〕因戈·海德布林克：《海洋史：未来全球史研究的核心学科》，张广翔译，《社会科学战线》2016年第9期。

[5] Maria Fusaro and Amélia Polonia eds., *Maritime History as Global History*, Newfoundland: International Maritime Economic History Association, 2010.

[6] Lewis R. Fischer, "The Future Course of Maritime History," *The International Journal of Maritime History*, vol. 29, no. 2, 2017, pp. 355-364.

尽管并非所有的海洋史研究都需要引入全球视角，但是鉴于海洋空间对大规模或全球性物质文化交流的重要影响，海洋史已成为通向全球史的门户，① 是全球史的根基。② 阿米莉亚·波洛尼亚指出，海洋史是通往全球史的通道，但这并不意味着海洋史本质上是全球性或全球化的历史。费希尔认为："海洋史与全球史的一个重要区别是，它既可以具有地方性和国家性的区域特色，也可以广泛到全球性的关注。"③

玛利亚·福萨罗和阿米莉亚·波洛尼亚主编的《作为全球史的海洋史论文集》④ 运用不同的研究方法和理论框架，旨在为当前关于海洋史的研究范围及其与全球史的联系的辩论提供新的见解，书中涵盖了多种主题、不同时间段和地理区域的研究，但内容指向了共同主题——海洋的全球影响。布洛泽认为，海洋史在其最广泛的意义上是全球性的，即"总体史"规模，20 世纪 60 年代年鉴学派的这一设想目前已获得大量证据的支撑。最广义的海洋史通常被理解为一个研究领域，它涵盖了人类利用海洋所需要的、产生的一切因素。⑤ 从这个意义上讲，海洋史不能局限于特定的历史研究领域。相反，它往往跨越其他学科和研究领域的边界，也超越了历史的界限。了解渔业的历史需要研究海洋资源，分析生态系统的可持续性，从而涉及生物学、气候学、生态学和环境科学等学科。⑥ 研究航海或渔业社区需要借助人类学、社会学甚至行为科学的理论和方法。分析海洋人口分布涉及人口学研究。对劳动力市场、竞争模式或国际海上经济霸权的分析，需要借助经济学和政治学视角及其专业知识。海洋学、制图学和水文学也是海洋历史学家的重要工具。仅在历史学科范围内，海洋史涉及的领域包括经济、社会、人口、政治、文化和艺术史，以及海洋在艺术和文学中的表现形

① Amélia Polónia, "Maritime History: A Gateway to Global History?" in Amélia Polónia and Maria Fusaro eds. , *Maritime History as Global History*, Newfoundland: St. John's, 2010, pp. 1–20.

② Daniel Finamore ed. , *Maritime History as World History*, Gainsville: University Press of Florida, 2004, p. 2.

③ Lewis R. Fischer, "The Future Course of Maritime History, " *The International Journal of Maritime History*, vol. 29, no. 2, 2017, p. 358.

④ Maria Fusaro and Amélia Polonia eds. , *Maritime History as Global History*, International Maritime Economic History Association, Newfoundland, 2010.

⑤ Frank Broeze, "From the Periphery to the Mainstream: The Challenge of Australia's Maritime History, " *The Great Circle*, vol. XI, no. 1, 1989, pp. 1–13.

⑥ W. Jeffrey Bolster, "Opportunities in Marine Environmental History," *Environmental History*, vol. XI, no. 3, 2006, pp. 567–597.

式。其他文化表现形式，如宗教和虔诚的实践和信仰，也可以成为海洋史的关注点。

海洋史与新区域史"新海洋学"（the new thalassology）的出现。20 世纪末，美国地理学家、人类学家和文化历史学家从"区域研究"转向对"新海洋学"的关注。这一趋势与 20 世纪末区域/地区研究遭遇的融资危机和"全球主义"的盛行有关。① 20 世纪 90 年代初冷战结束，苏联解体及其势力范围的变化，动摇了区域研究所依附的地缘政治原理，一夜之间，政治边界被重新划分。与此同时，学术界内部对区域研究的质疑与日俱增。美国的传统政治左派的批评者指责"整个区域研究架构是为了促进美国的战略利益而建构的，这使得它在知识和道德层面都受到怀疑"②。文化左派的批评者认为，区域研究归根结底是西方殖民主义的产物。某些主流社会科学家指责区域研究学者陶醉于某个区域的文化特殊性，而不去寻求构建和验证更普遍的、严谨的人类行为和组织模式，③ 甚至致力于区域研究的人也越来越多地批评区域研究框架阻碍了对间隙区域和超区域空间的考察。对这些学者而言，整个区域研究事业已经开始腐化，无法为学界贡献新知。④

面对学界内外的猛烈批评，区域研究者开始探寻新方向。福特基金会（The Ford Foundation）开启了重新构建区域研究的计划，委托芝加哥大学撰写了题为"地区研究区域世界"的白皮书，⑤ 建议研究人员摆脱以往静态的"特征地理学"，朝着"动态地理学"方向发展，这种范式下"区域"的概念是动态和相互联系的。1997 年，福特基金会启动了"跨越边界振

① Martin W. Lewis, and Kären Wigen, "A Maritime Response to the Crisis in Area Studies," *The Geographical Review*, vol. 89, no. 2, April 1999, pp. 161-168.

② Bruce Cumings, "Boundary Displacement: Area Studies and International Studies during and after the Cold War," in Christopher Simpson ed., *Universities and Empire: Money and Politics in the Social Sciences during the Cold War*, New York: New Press, 1998, pp. 159-188.

③ Vicente L. Rafael, "The Cultures of Area Studies in the United States," *Social Text*, vol. 12, no. 4, 1994, pp. 91-111.

④ Martin W. Lewis, and Kären Wigen, "A Maritime Response to the Crisis in Area Studies," *The Geographical Review*, vol. 89, no. 2, April 1999, p. 164.

⑤ Globalization Project, Area Studies: Regional World: A White Paper for the Ford Foundation, Chicago: University of Chicago, Center for International Studies, 1994. 转引自 Martin W. Lewis, and Kären Wigen, "A Maritime Response to the Crisis in Area Studies," *The Geographical Review*, vol. 89, no. 2, April 1999, p. 164。

兴区域研究"新项目。① 福特向美国国内的 30 所大学赞助科研基金，以鼓励高校教师和学生专注以语言为中心，针对特定地点展开跨学科研究。杜克大学题为"海洋连接：跨流域的文化、资本和商品流动"倡议，贯穿"跨越边界"项目的两个阶段。在此背景下，新区域研究逐渐成长起来。

新区域史研究对象的显著特征是规模宏大，跨越了塑造传统历史的政治边界划分，例如东非大裂谷的湖泊或丝绸之路的研究。② 海洋以及滨海地区因其广袤的地理空间、无政治边界的特质成为新区域史关注的对象。学界用 the new thalassology（新海洋学）来表示新区域研究中围绕海洋、湖泊、河流等大型水体及其沿岸地区展开的历史研究，最终目标是完善历史学家构建全球史的方式。2003 年，爱德华·彼得斯在评论霍登和珀塞尔的著作《堕落之海》③ 时，首次提到新海洋学这一表达，认为布罗代尔早在 1949 年就创建了 thalassology 这个学科。④《堕落之海》对布罗代尔开启的地中海历史研究进行了回应，展现了从古代到近代地中海的历史风貌，并对地中海作为学科的概念做了更深入细致的阐释，该著作的面世标志着 21 世纪新海洋学⑤的开端，这一领域承袭了布罗代尔的衣钵，随着 21 世纪全球史的高潮扬帆，同时承载着 20 世纪 90 年代文化史消退的回声。⑥ 2006 年，霍登和珀塞尔合作发表题为《地中海与"新海洋学"》的文章，认为新海洋学重新审视了传统的历史地理学，是一种"新的大规模区域史研究"⑦。霍登和珀赛尔把大型山脉、森林或干旱的荒野（如撒哈拉沙漠）比喻成"虚拟的海洋"，其中一些地理空间与海洋的广袤十分类似。也有一些地理空间周围有

---

① Ford Foundation, Crossing Borders: Revitalizing Area Studies, New York: Ford Foundation, 1999. 转引自 Martin W. Lewis, and Kären Wigen, "A Maritime Response to the Crisis in Area Studies," *The Geographical Review*, vol. 89, no. 2, April 1999, p. 165。

② Horden Nicolas and Purcell Peregrine, "The Mediterranean and 'the New Thalassology'," *American Historical Review*, June 2006, p. 723.

③ Peregrine Horden and Nicholas Purcell, *The Corrupting Sea: A Study of Mediterranean History*, London: The Oxford Press, 2000.

④ Edward Peters, "Quid Nobis cum Pelage? The New Thalassology and the Economic History of Europe," *Journal of Interdisciplinary History*, vol. xxxiv, no. 1, 2003, p. 56.

⑤ 详见 Gelina Harlaftis, Nikos Karapidakis, Kostas Sbonias, VaiosVaiopoulos eds., *The New Ways of History*, London: Tauris Academic Studies, 2010。

⑥ Henk Driessen, "Seascapes and Mediterranean Crossings," *Journal of Global History*, no. 3, 2008, pp. 445-449.

⑦ Peregrine Horden and Nicolas Purcell, "The Mediterranean and 'the New Thalassology'," *American Historical Review*, June 2006, pp. 722-740.

较为密集的人口分布，其特质更像地中海一样的"内陆海"。对现实中的海洋和隐喻中的海洋进行系统的比较，可以提出一种新的、可能达到全球规模的历史研究路径。① 霍登和珀塞尔最后指出："大多数学术著作都是传统的、相对局部的、政治的、社会的或经济的地中海国家的历史，没有直接的更广泛的意义，也很少关注地理或环境因素。"② 2010 年，吉琳娜·哈拉菲蒂斯在《海洋史抑或"海洋的历史"？》一文中回顾了"新海洋学"的史学根源，将其列入海洋史的分支领域，倡导海洋史研究范式向"新海洋学"靠拢。③ 新区域史最大的优势不在于比较研究，而是对远距离互动的研究。④ 新区域史的兴起直接影响了"新海洋学"作为研究领域的出现，此种研究模式为海洋史书写开辟了新路径。受全球史研究范式的影响，20 世纪末英语世界的海洋史研究逐渐呈现出"去国家中心"的趋向。跳出民族国家中心和大陆中心的拘囿，把海洋看作一个可观的、完整的、具有主体性和独立性的对象，将海洋（包括盆区）及其相毗邻的大陆部分联合成为一个整体单元（如大西洋世界、太平洋世界、印度洋世界），用"跨边界"（包括国家边界、洲际边界和领域边界）的视角观察、确立和分析海洋在世界历史发展进程中的作用。

当前，全球视域下海洋史研究的最新成果是剑桥大学出版社推出的全球海洋文明史研究系列丛书。2013 年，凯瑟琳·霍夫曼等学者合著《海上地图的黄金时代》⑤ 梳理了世界航海地图的历史渊源、风格特点以及地图产地的相关历史知识。亨利·鲍文等人合编《英国的海洋帝国》，⑥ 运用比较研

---

① David Abulafia, "Mediterraneans," in William V. Harris, ed., *Rethinking the Mediterranean*, Oxford: Oxford University Press, 1st edition, 2005, pp. 64-93. 关于撒哈拉的论述详见 Abed Bendjelid, "Le Sahara, cette 'autre Me'diterrane'e,'" *Me'diterrane'e*, vol. 99, no. 3-4, 2002, 转引自 Peregrine Horden and Nicolas Purcell, "The Mediterranean and 'the New Thalassology'," *American Historical Review*, June 2006, p. 723。

② Peregrine Horden and Nicolas Purcell, "The Mediterranean and 'the New Thalassology'," *American Historical Review*, June 2006, pp. 722-740.

③ Gelina Harlaftis, "Maritime History or the History of Thalassa," in G. Harlaftis, N. Karapidakis, K. Sbonias and V. Vaipoulos eds., *The New Ways of History: Developments in Historiography*, London: Tauris Academic Studies, 2010, pp. 211-237.

④ 〔英〕佩里格林·霍登、尼古拉斯·珀赛尔：《地中海与"新海洋学"》，姜伊威译，夏继果校，《全球史评论》第 9 辑，商务印书馆，2015，第 55 页。

⑤ Catherine Hofmann et al, *The Golden Age of Maritime Maps: When Europe Discovered the World*, New York: Oxford University Press, 2013.

⑥ Henry V. Bowen, Elizabeth Mancke, John G. Reid eds., *Britain's Oceanic Empire: Atlantic and Indian Ocean Worlds, c. 1550 - 1850*, London and New York: Cambridge University Press [www.cambridge.org], 2012.

究的方法，阐释了大英帝国在大西洋和印度洋世界推行帝国主义制度在法律、商业、外交、军事等方面的共性与差异，从而揭示了影响英帝国扩张进程的因素。阿米蒂奇等编著《海洋史》① 从海洋视角审视人类文明发展的世界历史。该文集收录文章时间跨度大，涵盖空间广阔。史学家追溯了印度洋、太平洋和大西洋以及从北极和波罗的海到中国南海和日本海/韩国东海的历史，关注世界海洋之间的联系与差异，特别关注不同区域的交流和各区块历史变迁的特殊性，表明海洋史是一个根基深厚并充满活力的领域。罗纳德·波《蓝色边疆：清帝国的海洋视野与力量》② 从海洋视角重新审视 18世纪中国清王朝，认为以往将清王朝视作不关注海洋力量的陆地强国的观点简化了清王朝的海洋认知。事实上，与正统观念相反，满族控制的清政府在政治、军事甚至观念上均有意接触海洋，灵活应对海陆边疆的各种挑战，试图融入全球海洋世界并参与了彼时东亚地区海权的争夺。③

在东亚地区，近年海洋史研究的主题日渐多样，内容更加丰富多彩，总体叙事模式从"西方中心主义"到"反西方中心主义"（全球史视角），越来越强调海洋在全球化过程中发挥的作用。韩国海洋史学者姜凤龙的文章《海洋史与世界认知体系》④ 转换以陆地视角为根基的"世界体系论"，建议历史学家把"海洋史"作为分析框架，以海上事件重新划分世界史认知体系，将世界史划分为：地中海时代、印度洋时代、大西洋时代、太平洋时代。

1989 年，《国际海洋史期刊》创办，标志着国际视野下的海洋史研究正式开启，新兴的全球史、新文化史、妇女史等促进了海洋史跨学科研究方法的延续，传统的海洋史议题逐渐转向海洋社会文化史、海洋环境史、海洋史与全球视野，研究视角进一步下移，关注海上女性、有色人种、海盗的社会生活，海军史、海洋经济社会史等与新兴领域并存。弗兰克·布洛泽、吉琳娜·哈拉菲蒂斯等学者不断对海洋史进行定义，海洋史研究呈现出"无所不包"的"整体史"态势。此种规模下的海洋史研究喜忧参半。

---

① David Armitage, Alison Bashford and Sujit Sivasundaram eds., *Oceanic Histories*, London：Cambridge University Press, 2017.
② Ronald Po, *The Blue Frontier：Maritime Vision and Power in the Qing Empire*, Cambridge：Cambridge University Press, 2018.
③ Ronald Po, *The Blue Frontier：Maritime Vision and Power in the Qing Empire*, p. 209.
④ 〔韩〕姜凤龙：《海洋史与世界认知体系》，《海交史研究》2010 年第 2 期。

五 英语学界海洋史研究存在的问题

从布罗代尔到刘易斯·费希尔（Lewis R. Fisher），今天的海洋史研究范式已经发生了诸多改变。作为人文社会科学分支的海洋史其实基于海洋又超越海洋，关注以海洋为视角、由海洋而勾连和引发的复杂的人的世界。

布洛泽在 1989 年提出的"广泛的海洋史定义"得到学界普遍赞同，在史学实践中已积累了为数众多的研究成果，目前海洋史研究可以说达到了"无所不包"的"总体史"规模。尽管如此，海洋史研究的杰出学者刘易斯·费希尔称："海洋史学科的研究范式依然处于摸索阶段，未来海洋史的发展方向仍然是一个颇具争议的话题。"① 海洋史学家因戈·海德布林克认为海洋史的未来是一个"蓝洞"——充满不确定性。②

（一）视角与方法

海洋史的独特之处在于：它既可以具有地方性和国家性的区域特色，也可以具有全球性特征。③ 由于海洋连接着世界上的各个大陆，海洋史具有全球性特征，但滨海社区的人群以海为生，他们长期与某个特定的地方相联系，所以海洋史同样具有地方/区域特征。

从研究视角与方法来看，首先英语学界的海洋史研究在引入其他学科的理论与方法时应更加谨慎。新文化史、妇女史、口述史、全球史等领域的勃兴为海洋史研究注入了新鲜血液，但由于一些研究者对其他人文学科的研究方法掌握不够精到，也出现了相对不成熟的跨学科研究。

其次，大量海洋史作品忽视了所涉及主题的历史背景和历史语境，这是海洋史学科内存在的最普遍也最受人诟病的问题。④ 刘易斯·费希尔对提交给《国际海洋史期刊》的稿件进行定量研究，结果显示因文章缺乏历史背

① Lewis R. Fischer, "The Future Course of Maritime History," *International Journal of Maritime History*, vol. 29, no. 2, 2017, pp. 355-364.

② Ingo Heidbrink, "Closing the 'Blue Hole': Maritime History as a Core Element of Historical Research," *International Journal of Maritime History*, Vol. 29, No. 2, 2017, pp. 325-332.

③ 参见 Gelina Harlaftis and John Theotokas, "European Family Firms in International Business: British and Greek Tramp-shipping Firms," *Business History*, vol. 46, 2004, pp. 219-255。

④ Lewis R. Fischer and Hegle. W. Nordvik, "The Context of Maritime History: The New International Journal of Maritime History," *International Journal of Maritime History*, vol. 1, no. 1, 1989, pp. vi-ix.

景、论证不足导致的拒稿率高达 60%。①

最后，许多海洋史研究缺少"海洋性"。尽管近年兴起的"新海洋学"倡导超越以往固化的地缘政治划分，重新审视海洋对人类历史的塑造作用，且产生了一系列优秀的作品，但目前的许多研究仍拘囿于地区、国家和民族框架，即使冠以海洋之名，也极少探究海洋发挥的作用。此类研究中，海洋通常只是背景，将在海上发生的人类活动视作陆地事件的延伸，本质上仍然是帝国史或区域史（地方史）研究。

（二）对象与内容

从研究内容上看，目前英语学界的海洋史研究在延续此前海军史、海洋经济社会史的基础上，其关注的时段、研究对象、研究方法等都极力外延，研究成果分布在各个领域，如：海洋社会史、海上性别史、海上日常生活史、海洋环境史、全球视野下的海洋史等。看似无所不包的规模实则存在多种问题。

首先，英语学界海洋史研究内容仍然集中在海军史、海洋经济史领域，有关海洋社会史、海洋环境史的研究数量相对较少。

第二，一些海洋史学家就早期海洋史作品中"西方中心主义"的叙事倾向予以纠正，涌现了部分围绕太平洋、印度洋及其沿岸地区展开的研究，但英语学界对 15 世纪之前世界海域的关注不足，重点仍然在大西洋及其沿岸。

第三，新数据库的建立为研究者提供了丰富的一手史料，学界内已经启动一些重要项目来创建在线数据库，特别是针对现代早期以来的航运和贸易方面。比如：20 世纪 70 年代的大西洋航运项目（The Atlantic Canada Shipping Project）。2011 年在巴黎的法国国家档案馆组织的论坛会讨论了包括"Navigocorpus"② 在内的四个主要的数据库项目的内容和结构。如今数据库的建立和应用，令宏观和微观两种研究方法在海洋史研究中成为可能。"虽然这里呈现的数据集中于个人层面，但提供这些数据的人都清楚地认识

① Lewis R. Fischer, "Are We in Danger of Being Left with Our Journals and not Much else: The Future of Maritime History?" *The Mariner's Mirror*, vol. 97, no. 1, February 2011, p. 369.

② Navigocorpus 是由法国国家研究署（French National Research Agency）组织创建的关于航运和海上贸易的数据库，收集的资料来源多元化，提供了大量关于船只建造和航行的资料。该数据库按时间顺序将所有资料来源编码、分类、列表。任何类型的信息（纳税信息、装卸货物信息、商业运营信息、海洋灾害、船舶特征等）都可以快捷方便地找到。

到将个人经验同全球语境联系起来的重要性。"① 通过这种方式，这些数据库可以将计量史学的优势与个案研究独特的切入点结合起来。在海上航运、贸易方面的基础信息数量繁多，但就目前的研究成果来看海洋史学家却没有最大限度地发挥这种资料的相对优势。②

　　第四，文化转向背景下的英语学界海洋史书写，将视野从以往的精英阶层转移到下层民众，甚至是曾经的边缘群体，此种叙事模式关注的是小人物、小历史。研究内容从宏大的海军政策史、海战史、航海史演变为对船上社会、下层民众的日常生活。运用的资料从早期的档案逐渐扩充到口述史料、海员回忆录、日记信件、图像文本。海洋史学家开始关注海上饮食、医疗、音乐舞蹈等娱乐活动，传统海员形象的建构与解构，海盗形象的塑造，性别因素在船上社会、等级方面的影响以及种族因素在航海工作中的体现等等。无论是引入性别史后对于海上女性的再发现，还是日常生活史视角中呈现的海上社会生活，初看起来令人耳目一新，但掩卷细思，难免产生疑惑：这些边缘的、非主流的、微末的历史，对于海洋史学的意义何在？历史学家在探析此类"小历史"中很容易在主观上限制自己的历史视野，对过于具体的个案和现象的研究难免会受到历史碎片化的质疑。如果这些细节不通往区域国别史和世界史上关于文明变迁与文化交往复杂性的理解，那么这些海洋史新知就只能沦为业余的谈资，对于历史学追问"天人之际"和"古今之变"的使命而言，这些海洋史的知识碎片用处甚微。海洋史研究的"碎片化"和后现代性的"解构"立场，其实也是当代西方新史学的病根。正如乔·古尔迪与大卫·阿米蒂奇所言："我们希望复兴的是这样一种历史，它既要延续微观史的档案研究优势，又需要将自身嵌入到更宏大的宏观叙事，后者要采信多种文献数据。"③ 以史为鉴，崛起中的中国海洋史研究，应汲取英语学界新海洋史研究的新见，但更要保持冷静的本土立场和学术理性，处理好海洋史书写中宏大叙事与微观视角相结合的关系。

　　第五，海洋史围绕海上性别展开的研究成果基本集中在一些老生常谈的

---

①　Silvia Marzagalli, "Clio and the Machine: New Database Projects in Maritime History," *International Journal of Maritime History*, vol. XXIV, no. 1, June 2012, pp. 253-256.

②　Lewis R. Fischer, "The Future Course of Maritime History," *The International Journal of Maritime History*, vol. 29, no. 2, 2017, p. 359.

③　〔美〕乔·古尔迪，〔英〕大卫·阿米蒂奇：《历史学宣言》，孙岳译，格致出版社，2017，第 151 页。

话题上，比如船长的妻子、女扮男装的女性等，探究女性在海上世界发挥作用的作品数量不多，对海上男性的自我定位、身份认同等问题的关注不足。很少有学者针对船上空间对性别与权力关系的影响进行研究。

结　语

　　英语学界海洋史研究的学术动向，在相当程度上折射出世界范围内海洋史研究的发展趋势。近 30 年来，海洋史学家积极寻求多学科跨学科研究的途径，将海洋史推向大众，为海洋史研究提供了新的思路和方向。全球视域下的海洋史研究正当其时，并由此衍生出一系列优秀的研究成果。从事相关研究时，仍有许多理论问题亟待解决。如何处理海洋史与全球史的关系是重中之重。最后，作为研究者，在展开海洋史研究之前，不妨思考一下问题的切入点是否具有海洋性？论述过程能否体现人与海洋的动态关系？海洋在建构的叙事中扮演着怎样的角色？需要注意的是，跨学科研究不能将海洋史变成某一热门学科或新兴学科的附属品，而是基于海洋史自身的特征，加入其他学科独特的研究视角。以海洋为立足点，研究"真正的海洋史"，是全世界范围内的海洋史学者最基本的学术任务。

What is Maritime History?
The Rise and Development of Maritime History
Studies in the English-speaking World

Han Guowei

Abstract：The study of Maritime history in the English-speaking world began in Britain in the late 1880s, and it was not until the 1960s that Maritime history successively established its status as a sub-discipline of history in France and Britain. Since its inception, the concept of maritime history has been so vague that many people regard it as a mechanical superimposition of Maritime History, Shipping history, or Naval History. With the emergence of Imperial History studies in the late 19th century, the relationship between the two was once entangled.

Influenced by the international environment under the Cold War and the Rankean historiography within the historical discipline, its research methods had always followed the historical tradition, and its research contents were mainly the history of naval warfare and the history of maritime exchanges. In the early 1970s, the Annals School's commitment to the goal of "general history" opened up an interdisciplinary research path for maritime history. Based on the research paradigm of economic history and social history, Maritime Economic History and Maritime Social History gradually grew up. This dominant trend shifted until the late 1980s: faced with the dual dilemmas within and outside the discipline of maritime history at the time, some maritime historians sought the help of interdisciplinary research methods, that is, combining with the emerging fields of global history, environmental history, and new cultural history and applying their theories and methods to the study of maritime history. In 1989, Frank Broeze's "six categories" of maritime history research based on the multiple ways in which humans interact with the sea further catalyzed the trend toward interdisciplinary studies of maritime history. The study of maritime history today seems to have reached an all-encompassing scale of general history, but at the same time, there is a potential risk of "historical fragmentation".

Keywords: Maritime History; Conceptual Definition; General History of the Sea; Interdisciplinary Studies

（执行编辑：王潞）

海洋史研究（第二十一辑）

2023 年 6 月　第 427~441 页

略论近藤守重《亚妈港纪略稿》

许美祺[*]

16 世纪以来澳门的发展与衍变，不仅是中国史和全球史的大课题，同时也是影响日本历史变动的一个深层因素。澳门地处热带与亚热带季风区的地理分界线，扼守珠江入海口，东西方海上人员与货物在此会集，新思想和新观念也在此碰撞成长。近 500 年来，澳门一直作为货物与思想的玄关活跃于东亚海域世界，日本也深受影响。西洋枪炮推动日本从战国时代走向统一，澳门天主教势力的传教活动也引起日本统治者的警惕，决然禁教逐商，由此开启 17—19 世纪长达 200 余年的"锁国"或称海禁时代。在此意义上，甚至可以说日本与澳门的交往关系奠定了江户时代的大基调。这也说明东亚海域各地区并非孤立存在，相互之间其实存在许多关联。

目前所知日本对澳门资料的专门搜集始于 18 世纪末，最早的成果是近藤守重的《亚妈港纪略稿》（1795—1797 年成稿）。不过，此书作为日本的第一部澳门资料汇编，尚未得到史学界的重视。笔者检索英、日、中三种语文的论文数据库，目力所及只有刘小珊曾就此材料进行探讨。① 刘文比对《澳门记略》②

* 作者许美祺，苏州科技大学社会发展与公共管理学院历史系讲师。

本文为国家社科基金后期资助项目"17—18 世纪日本知识人社会的成长"（项目号：19FSSB021）、苏州科技大学人才引进科研资助项目"16—19 世纪东亚经世学研究"（项目号：332012603）阶段性成果。

① 刘小珊：《近藤守重与〈亚妈港纪略稿〉：兼与〈澳门记略〉之比较》，（澳门）《澳门历史研究》2003 年第 2 期。

② 印光任、张汝霖：《澳门记略》，1751 年首刊。这是我国第一部专门记录澳门的方志类图书。可参见赵春晨《简论〈澳门记略〉及其作者》，《汕头大学学报》1988 年第 Z1 期，第 42—47 页。

和《亚妈港纪略稿》，澄清了前人以为后者乃前者日文译本的误会，并介绍部分《亚妈港纪略稿》关于早期澳门史的记载。这当然是十分重要的开创性工作，不过对于《亚妈港纪略稿》的编纂背景、材料特色、历史意义等项，当时尚未及进行分析。另外，刘文推测《亚妈港纪略稿》成书于近藤担任幕府书物奉行期间（1805—1816）①，应是由于资料所限而出现的小误会。针对上述情况并结合近藤守重年谱等材料，本文对《亚妈港纪略稿》一书的情况做进一步介绍和分析，希望对学术界发掘运用此项资料有所帮助。

一　《亚妈港纪略稿》的编纂背景

日本宽政七年（1795）冬天，② 由浙江乍浦开往长崎的中国商船队送回一批日本漂流民。这些漂流民来自仙台藩，去年（1794）夏天遭遇了海上风难，万幸漂至安南上岸，后经澳门、广东、江西、浙江各地，一路辗转终于回到了日本。③ 但是，他们此时还不能立即回乡，必须暂留长崎等待幕府官员下达行动指令。16—19 世纪日本近世的大部分时间里都厉行"锁国"，严防天主教势力渗入。长崎是海禁体制下日本最大的外国通商港口，幕府的直辖机构长崎奉行所作为处理涉外事务的关键部门，正是日本幕府摒绝外来精神污染的第一道防线。应该如何对待这些涉嫌途经南方危险海域的归国子民，长崎奉行所必须尽快给出恰当的处理意见。

负责审问并搜集相关证据的是时年 24 岁的年轻幕臣近藤守重（1771—1829）④。近藤后来在幕府经营北方虾夷地的过程中表现出色，成为重要的外国问题专家和图书资料专家，是近世日本顶尖的专业学者。不过此时他还只是初出茅庐的文士，担任长崎奉行中川忠英（1753—1830）的助手。在审讯仙台漂流民的过程中，近藤编纂了《安南纪略》和《亚妈港纪略》两部资料汇编。不过这些文稿此后并未刊出，所以仅称《安南纪略稿》和

---

① 刘小珊：《近藤守重与〈亚妈港纪略稿〉：兼与〈澳门记略〉之比较》，（澳门）《澳门历史研究》2003 年第 2 期，第 15 页。

② 漂流民分乘两艘船，具体抵达日期分别是十一月二十二日、十二月十四日。

③ 这些日本漂流民的事迹，可参见笔者此前文章《十八世纪末仙台藩与潮州船员漂流事件》，《苏州科技大学学报》（社会科学版）2020 年第 6 期。

④ 近藤守重，又称重藏，号正斋、升天真人。

《亚妈港纪略稿》。《亚妈港纪略稿》是日本第一部专门针对澳门的资料汇编，对于我国的史地研究也大有意义。通过调查，近藤确认了"亚妈港"（即澳门）的所在方位，也确定这些漂流民曾途经这座幕府深怀忌惮的天主教城市。幕府方面担心他们在此地受到什么不恰当的宗教教唆，因此决定限制他们返乡后的活动范围，所以这些倒霉的漂流民返回仙台藩之后便终身禁足，不得移居它地了。① 不过除此之外并无更严厉的处罚，比起 17 世纪开始海禁之初被驱逐或处死的归国日本人，他们至少幸运地平安回到了故乡。

仙台漂流民跟随来迎的本藩官员从长崎启程返乡的日期是宽政九年（1797）四月二十五日。近藤在长崎任职的时间是宽政七年六月至宽政九年四月②，双方几乎是同时离开的。此前一年（1796），近藤的前长官中川忠英已返回江户升任幕府勘定奉行③兼关东郡代，④ 执掌幕府中央财政部门。近藤返回江户后也继续担任中川的助手，开始涉足财政事务，并因此于宽政十年四月被派出至虾夷地负责建设幕府直辖的行政机构松前奉行所，达成了其一生中最辉煌的两大功业之一。⑤ 在很长一段时间里，近藤都是中川的重要助手，未见两人有何嫌隙。因此 1796—1797 年近藤暂留长崎，可能也是为了彻底妥善地处理漂流民事件而专门留下的。

近藤驻在长崎虽不到两年，但仍在此编纂了大量图书资料。除了上述安南、亚妈港两书，他的业绩还包括奉中川之命访问赴日华商编成的《清俗纪闻》一书、⑥ 向荷兰商人咨询本草和物产而翻译的兰书四五部以及此后收入《外国通书略》中的《外国书翰》两卷，⑦ 可谓是硕果累累。如此优秀的近藤能在幕府要职一展所长，其实也有赖于幕府官僚制改革的时代机遇。

---

① 〔日〕近藤守重：《亚妈港纪略稿》，第 5 页下栏，收录于《近藤正斋全集》第 1 卷（日本国书刊行会，1905），此本为经誊写整理的现代活字印刷本。手写抄本可参见日本国立公文书馆内阁文库藏本（编号 184-0267）。此本所附绘图更为精美完整。两部资料已开放电子版，可分别于日本国立国会图书馆、日本国立公文书馆检索下载。

② 〔日〕村尾元长：《近藤守重事迹考》，第 6 页上栏，收录于《近藤正斋全集》第 1 卷。

③ 勘定奉行为幕府的高级财政官职。

④ 关东郡代为幕府管理关东地区的高级民政官。

⑤ 近藤一生成就很多，学术著作更是汗牛充栋，据说不下 1500 卷。但其代表性功业当属两件，一是开拓虾夷地行政机构之功，二是执掌幕府图书馆、重兴金泽文库并编纂系列书目。

⑥ 此书后以中川忠英的名义刊出（1799），但实际上是近藤的作品。我国近年已有翻译，但恐怕是被原书序言误导，因此仍以中川为作者。〔日〕中川忠英编著《清俗纪闻》，方克、孙玄龄译，中华书局，2006。

⑦ 〔日〕村尾元长：《近藤守重事迹考》，第 6 页上栏。

此前不久的"宽政改革"（1787—1793）过程中，幕府重组了幕臣子弟的教育机构昌平坂学问所，并在此设立名为"学问吟味"的儒学考试制度（1792—1868）。此项考试结果可作为幕府授官的参考，在小范围内发挥了某种程度"科举"的作用。近藤出身于与力之家，属于军职系统的中下级幕臣，但他自小便喜好学问，素有神童之名。在宽政六年（1794）二月举行的第二回"学问吟味"考试中，在 237 名考生中近藤以丙等合格（甲等 5人、乙等 14 人、丙等 28 人，及第人数共 47 名），① 次年便被派往长崎任职，从此以文官身份崭露头角。

此外还有一个不能忽视的时代背景，当时沙皇俄国的扩张在日本北方造成了不小压力。16 世纪中叶后沙皇俄国越过乌拉尔山，借哥萨克骑兵之力于1598 年灭亡了鞑靼人建立的西伯利亚汗国。此后两个世纪间俄国势力在西伯利亚迅速向东扩张，18 世纪后期帝国的触角已抵达太平洋沿岸。1799 年沙皇正式给远东地区的殖民组织"俄美公司"颁发特许状后，俄国在太平洋地区的商业化殖民活动愈加活跃。日本方面敏锐地察觉到了这股来自北方的威胁。早在 18 世纪 80 年代，日本国内知识人和政府便已有所行动。1783 年仙台藩医工藤平助向幕府呈上《赤虾夷风说考》，首次提出俄国南下警告。几经周折后幕府终于在 1786 年派出最上德内探险队进行了官方首次针对虾夷地的调查。1792 年俄国拉克斯曼使团乘舰南下北海道根室，送还漂流民大黑屋光太夫一行，并借机向幕府提出开放日俄通商贸易的要求。当时幕府给予其长崎入港信牌，指示其前往长崎商议。不想俄国使团并未即刻前往，直到 12 年后的1804 年才在列扎诺夫的带领下再次来航，而此次他们收到了日本幕府严厉的正式答复——回绝通商请求。列扎诺夫空手而归，回国后气愤之下先后派舰攻击当时处在日本势力范围内的萨哈林岛（库页岛，日称"桦太"）和择捉岛，试图以武力逼迫日本开放通商。直至沙皇制止其妄动，列扎诺夫方才罢休。总体观之，18 世纪 80 年代至 19 世纪初的约 30 年间，对北方沙俄势力的警戒一直是日本幕府的重要课题。这一时期，日本学者编纂了大量外国史地著作，重点关注北方形势和江户海防。中川许可近藤在 1796 年前后编纂《清俗纪闻》《安南纪略》《亚妈港纪略》三部书籍，正是在俄国使团收到幕府信牌后退去且随时可能造访长崎的这段敏感时期。虽然方向上有差别，但长崎

---

① 橋本昭彦「江戸幕府学問吟味受験者の学習歴：天保改革期以降を中心として」『日本の教育史学』第 32 巻、1989、17 頁。

奉行所对南方海域的信息搜集也形成了补充，使日本对海外世界的认识更加完整和丰富，从动机和结果观之也应属于这股学术潮流的一部分。

总而言之，近藤守重的《亚妈港纪略稿》一书有多层编纂背景，其契机始于 1795 年从南方海域回国的仙台漂流民源三郎一行。为了给出恰当的处理意见，长崎奉行所必须彻查他们是否曾途经澳门这一日本"锁国"体制下的禁忌之地。因此此书首先是为了解决一个实际的行政问题，而此项复杂的调查能够顺利执行，也受益于幕府的官僚制改革成果。宽政改革进程中松平定信在幕臣间设立的"学问吟味"考试制度使近藤这类优秀的文科技术人才得以崭露头角，而在合适的岗位上一展长才。同时此书的诞生也与世界史的变动相关联。18 世纪后期以来沙俄的东方扩张在日本北方造成巨大的海防压力，刺激这一时期日本知识界主动进行海外信息的搜集和编纂工作。《亚妈港纪略稿》等长崎奉行所编纂的三部关于南方海域的调查资料汇编，也应在这一潮流中理解。

二　《亚妈港纪略稿》的资料来源

《亚妈港纪略稿》分为上下两册，有六个章节，内容比较全面。六个章节分别是"地名及交往""书简""物产""风土""地图""杂图"。前四章为文字记录，后两章为图集汇编。在第一章中，近藤简述了当时日本对"亚妈港"（澳门）的综合认识，梳理了两地的重大历史交往事件，并摘抄了相关参考资料。第一章是全书的主要部分，所占篇幅为全书的一半多。第二章收录了日本幕府和诸藩与澳门政府之间的七封公文信件。第三章收录关于澳门商贸物产的两则信息。第四章是近藤根据归国漂流民见闻所做的记录，他们对当地情况有新鲜的了解。第五章是各种澳门地图的汇编，共收录七种地图。第六章是对澳门船只、船旗、漏斗时记、测量道具、当地文字、人物形象等几种图像的汇编。以下是此书采用的资料来源。

（一）日本学者著作

此类图书有 5 种，包括：幕府儒者前辈新井白石（1657—1725）的《采览异言》（1713 年首刊）和《外国通信事略》（时间未详）、① 长崎本地

---

① 此书仅有抄本，多与新井白石其他散篇文章一起收入《五事略》。较好的整理印刷本可参考《新井白石全集》第 3 册（日本图书刊行会 1905—1907 年出版）所收同书。

图书职员田边茂启（1688—1768）穷 30 年心血编成的《长崎志》（又名《长崎实录大成》，1764 年编成）、长崎著名的町人天文学家西川如见（1648—1724）所作《华夷通商考》（1695 年首刊）和《长崎夜话》（1720年成书）。

这些图书主要完成或刊行于 18 世纪初，最晚的一部《长崎志》也是在 18 世纪中期完成的作品。以现代学术生产的节奏来看，近藤当时的参考著作和前人研究未免有些老旧。但是，长崎奉行所已是当时日本最顶尖的外国资讯搜集机构，相信近藤已经接近当时日本学术界所能提供的资料极限。这种窘境或反映了"锁国"状态对日本江户时代涉外研究所造成的不利影响。

（二）中国学者著作

此类图书有 4 种：明代《大明一统志》（1461）、王圻著《续文献通考》（1586）、明清《广东通志》（1535—1822）、清人汪日晖著《水道考》（1763）。明清时期《广东通志》多次编修，有多个版本，无法确定近藤所用是那个时代的版本，但其引文提及的最晚内容为嘉靖三十八年（1559）①，因而极可能是明版，即戴璟修《广东通志初稿》嘉靖十四年刻本，或黄佐纂修《广东通志》嘉靖四十年刻本。

大体来看，近藤所用的中国图书版本整体更加老旧。其中除《水道考》以外基本停留在 17 世纪的明末时期，18 世纪清代新出版的图书资料占比很少。而且，虽然当时清朝人已有新编的官修《续文献通考》（1747），但近藤使用的还是明朝人王圻编纂的老版本。另外前面提到的澳门方志代表《澳门纪略》（1751）也并未出现在近藤的参考书目中。这里一方面可能是长崎奉行所图书馆受"海禁"限制，获取清朝方面的新版图书比较困难；另一方面可能是由于当时日本学界出于"华夷变态"的观念而推崇明朝、贬低清朝，因此未能客观地跟进并采纳同时代清朝人的学术成果。

（三）日本学者所译荷兰地理书

除上述日本和中国学者的地理著作之外，近藤还使用了一些日本学者从荷兰文翻译的西方史地著作，这点尤其值得注意，其表明在 18 世纪末期，

---

① 按：明代郭棐纂修《广东通志》为万历三十年刻本，在嘉靖三十八年之后，近藤所用当非郭棐通志。

日本的幕府有识之士就已经意识到西洋地理书籍的学术价值，积极进行搜集和翻译，且有足够能力提取信息加以利用。

近藤在《亚妈港纪略稿》中参考的日译兰书有 3 种，分别是：《カウランツトルコ》（日语读音为 Kautentsutoruko，具体信息不明）、《ハアレンテイン》（日语读音为 Haarentein，具体信息不明）、《泰西图说》（1789）。

前两部兰书只知日文译名，笔者未能查找到进一步信息，因此所知有限。近藤注释中称这两部书都是荷兰人记"万国之事"的书籍，因此大概原书是荷兰文地理图书。《カウランツトルコ》所载内容不多。其中称"昔百五十年前波尔杜瓦尔人（葡萄牙人）舶来此岛"①，近藤全书认为葡萄牙人进占澳门始自 1517 年，按此时间逻辑，此书的原书应作于 1667 年前后。《ハアレンテイン》一书则信息较丰富，包含对澳门城池布局、政教情况、重大历史事件的详细描述。此书称"公元千五百十七年葡萄牙人初至"②，这一说法也为近藤采纳。书中还有对 18 世纪前期澳门贸易情况的一些描述——"唐船之至咬𠺕吧至妈港，状似交易自由。然此乃受唐帝王之牌所为。今兹唐帝王崩御，皇子即位，又改牌，此乃千七百二十三年。唐船不复至咬𠺕吧，葡人亦不复自亚妈港来咬𠺕吧"③。观其内容，所述应是雍正帝（1722—1735 年在位）登基初年的情况。文中所称的"咬𠺕吧"是爪哇岛大城市巴达维亚，即荷兰东印度公司在远东地区的中枢驻地。康雍之交中国与东南亚的贸易颇有波折。1717—1727 年清廷执行"南洋禁航令"，禁止沿海商人前往南洋。起初澳门亦在禁止之列，但由于在京耶稣会士的斡旋，经两广总督杨琳奏准而特许澳门葡商前往。文中所称之"牌"有可能便是指这一发给澳商的特别许可。一段时期里，澳门因独占南洋贩卖特权而商贸红火。但是好景不长，罗马教廷与清廷的关系因"礼仪之争"而不断恶化，甫登基的雍正帝在 1723 年决心禁教。此后天主教传教士除部分留京人员外，统统都被驱逐至澳门，澳商所获的特许在此氛围下可能也受到了影响。总之，依《ハアレンテイン》所言，1723 年"改牌"后唐船和澳船与巴达维亚的贸易联系一度中断。不过，1727 年南洋禁航令解除后，包括澳门在内的中国沿海商民出洋应再无限制，但是此书中并未进一步提及 1727 年南洋

① 〔日〕近藤守重：《亚妈港纪略稿》，第 7 页上栏。
② 〔日〕近藤守重：《亚妈港纪略稿》，第 7 页下栏。
③ 〔日〕近藤守重：《亚妈港纪略稿》，第 10 页下栏。

贸易恢复后的情况。因此，若《ハアレンテイン》所言不虚，那么其原书的成书时间在 1723—1727 年，至少是 1723 年之后。日本兰学兴起于 18 世纪 70 年代之后，在此之前日本的西洋文献获取条件和翻译技术都还不成熟。因此这两部地理书的原书虽旧，但翻译成日文恐怕距离近藤进行研究工作的1796 年前后并不太久。近藤对这两部兰书的信息非常重视而大段抄录，可见它们在当时的日文知识体系中可能也属于较新的作品。

第三部《泰西图说》（1789）则是当时刚出版不久的日本兰学地理书，但关于澳门的信息很简略，远不及前两书。此书又名《泰西舆地图说》，是一部关于欧洲诸国的地理著作，作者为丹波福知山藩藩主朽木昌纲（1750—1802）。昌纲在政治上无甚成就，但在世界钱币搜集、生活艺术、兰学领域却表现出色。昌纲此著花费 20 余年，参考了多部荷兰文地理书。其中最重要的是《ゼヲガラヒ》（日语读音为 Zeogarahi，应是德语Geographie 之音读），原书是德国学者休伯纳（Johann Hübner，1668—1731）的荷兰文译本。《泰西图说》在江户时代的日本一直被视为关于西欧地理著作的权威。

虽然近藤所引的日本和中国学者地理著作版本较旧，但是这些 18 世纪新近的日译兰书也形成了不错的补充。

（四）公文记录

《亚妈港纪略稿》在材料运用上大量采用了官方法令和记录等档案材料，这也是近藤著作的一大特色。这些材料包括《风说书》、《人别账》、幕府法令、官方书信等，种类丰富、内容翔实，充分表现出长崎奉行所职员在进行海外信息调查时的材料优势和思维特点。

1.《风说书》

主要包含"唐船风说书"和"阿兰陀风说书"，是日本江户幕府搜集海外信息的重要渠道。每逢中国和荷兰商船入港，长崎奉行所便派专人向来船了解其最新的海外见闻，并将记录上交以备检查。日本幕府的这项记录持续多年，是东亚海域史研究的宝贵资料。近藤在书中引用了一则 1667 年的《阿兰陀风说书》，内容是 1666 年广东军队进攻澳门的事件始末。荷兰商船得到的消息是，去年四月一位居住在福建的南洋商人在"福州"与荷兰人做完生意后前往"天川"（即澳门）停靠，葡萄牙人与商业对手荷兰人素有积怨，因而粗暴地驱逐了他。后来商人向福建将军告状，福建方面又向广州反映，于是广州方面在当年秋天试图派人赶走葡萄牙人，以致葡萄牙人乘坐三艘大船落荒而逃。

1666 年确实发生过广东军舰包围澳门并赶走葡萄牙人的事件，但次年两广总督卢兴祖便收取葡萄牙人贿赂而听任其继续留居澳门了。为对付占据台湾的郑成功势力，清朝在 1661 年颁布"迁海令"，下令东南沿海居民内迁 30—50 里以切断郑氏的补给。直至康熙帝剿灭三藩（1681）和台湾郑氏（1683）后清朝方解除海禁。因此 1666 年的广东出兵澳门事件是在"迁界令"发布之初的背景下发生的。但是近藤引用的这则荷兰消息显示，事件的起因（至少在荷兰人的理解中）还掺杂着荷葡两国商人在东亚贸易中积累的长期矛盾，并有多方势力纠合于其间，并不仅是单纯的国内事件。

2. 《人别账》

可理解为日本江户时代的"户籍"，记录普通町人和农民户中的人口和宗教信仰等信息。近藤引用了 1643 年《长崎平户町人别账》的一则记录，户主为川胜屋助右卫门，户中还有妻子和一名少年（未明记是否为养子）。右卫门和妻子都是朝鲜人，在丰臣秀吉侵朝战争中流落至日本，妻子还一度被卖到澳门，两人都曾是天主教徒。少年名为池本小四郎，登记时只有 14 岁，其生父母都曾是天主教徒。小四郎的生母是长崎人，在其 4 岁时病逝；父亲是朝鲜人，也去过澳门，在小四郎 9 岁时因收养"南蛮人之子"（应是小四郎之外的另一孩子）的罪名被驱逐去了澳门（推算是 1638 年）——也就是说，这位父亲与其亲生儿子则自此远隔千里，[①] 很可能再未相见。这个档案文件中的长崎平民小家庭身上浓缩着 16、17 世纪之交东亚海域动荡时代的大背景。

3. 幕府法令

近藤还参考了一些幕府法令，包括：第一件，1687 年发布的法律榜示《谕唐诸人御制札》三条中的第一条；第二件，幕府负责禁教事宜的大目付[②]井上政重（1585—1661）以钦差身份发布的《告谕大明国诸舟主状》，此条法令载于长崎奉行所收藏的四册本《御禁令》一书，未标明时间，但以内容观之，应发布于 1640 年日本烧死 70 名澳门来使后不久；第三件，为 1654—1685 年幕府发布的 9 封《觉书》，相当于内部备忘录，也具有法令性

---

① 准确地说，平户至澳门的直线距离约 2000 公里。
② 大目付为幕府的最高监察官。

质。这些《觉书》的制作时间分别是 1654 年 1 封、1656 年 1 封、1658 年 1 封、1662 年 2 封、1685 年 4 封，均是与澳门船相关的文件。

4. 官方书信

近藤参考的官方书信共有 7 封，包括：早期幕府和萨摩藩发往澳门方面的包括林罗山（1583—1657）为幕府起草的 1612 年《谕阿妈港》《寄阿妈港父老》《谕阿妈港诸老》《答南蛮舶主》等 4 封；日本禅僧南浦文之（1555—1620）为萨摩藩藩主岛津义弘（1535—1619）起草的《萨摩守义弘答南蛮船主书》《答南蛮四国老书》等 2 封；1640 年的幕府书信《诛耶苏邪徒谕阿妈港》。

5. 零散记录

近藤还引用了一些零散记录，如第三章"物产"便主要引用了一份只有五六页的零散文件，标题是《日本长崎至异国渡海之凑口船路积》，制作时间为 1637 年。

总体来看，近藤引用的法令和记录等官方档案还是比较充实的，种类也比较丰富，这在一定程度上弥补了书籍材料的不足。但是这些官方文件都是为处理当时事件而产生的材料，在材料的种类和内容上有局限，多为 17 世纪前期围绕基督教禁令所发的公文。虽然有助于近藤厘清幕府对澳门政策的基本态度和历史由来，但对于了解 18 世纪末同时代的澳门情势恐怕帮助有限。

（五）漂流民口述见闻

日本与澳门已百余年未曾往来，新鲜的信息难以获得。因而除文献材料之外，近藤也将漂流民源三郎等人口述的见闻纳入了记录范围。这些记载集中在全书第四章《风土记》，分为节序、地形、人物、宫室、饮食、生产、寺社、草木、鸟兽、方言十个部分。

当中记载了不少有趣的观察，对研究 18 世纪澳门民俗或有所帮助。比如，源三郎称在七月十三日夜里当地人会在家门口燃点线香，并燃放烟花（应是珠三角一带居民"过鬼节"即过中元节的习俗）。又如，他还观察到澳门人与荷兰人长相颇为相似，身高肤白，只是头发和眼珠为黑色。当地建筑很漂亮，建有二层覆瓦小屋，使用带玻璃罩的蜡烛灯，会使用贝壳筑墙（应是珠三角特色的"蚝壳墙"）。当地大船有 14 艘，共设 28 名船长专门从事通商贸易。广东、安南、莫卧儿、马尼拉等地都有人民来此居住。广东人在此种田为生；印度人居住在船上，其船样式与澳门船无异。此处看不到佛像和佛事，只见船上挂着玻璃画框装裱的精美人像或象牙制成的小像（所言应是耶稣像）。当地种稻，有牛、马、犬、野牛、家猪。方言部分则记录数字、单位、日月、大小、水火、粮食、船长、狗、衣服的发音。

源三郎对澳门实地情况的观察和记忆的质量都很不错，颇能抓住重点，并且描述准确。近藤得以高质量地完成此书，一大部分也有赖于源三郎这样优秀日本水手的得力协助。

（六）图集

地图和杂图是近藤《亚妈港纪略稿》的一大亮点。这些图来自汉籍、兰书、译司家藏等处，摹画细致、准确生动，一部分甚至堪称精美。

1. 地图

共 7 种 10 张。近藤从各个渠道汇集一批当时高质量的中国东南沿海地图，特别是其中的澳门附近水道图、市区城防图、俯瞰图取自兰书，是罕见的亮点。这些地图按书中顺序包括：①《长崎立山府库所藏图》1 张；②《唐译司薛生所藏图》1 张；③《大明一统志所载图》1 张；④《广东通志所载图》3 张；⑤《康熙御撰舆地图》1 张；⑥《荷兰甲必丹所写图》1 张；⑦《ハアレンテイン所载图》2 张。其中①仅描绘海岸线及标识港口位置，观其形式应是对西洋航海图的摹写和翻译，对从宁波至柬埔寨的沿岸地形描绘尤其精细。②③④皆是传统中国地图画法，地形和方位的表达都很抽象，主要能起到标识地名的大致相对位置的作用。⑤较前几种更为准确，应来自康熙委托西洋传教士编订的《皇舆全览图》（1718），近藤称之"甚细密"。⑥最为细致准确，是近藤询问荷兰商馆长时对方抄写送来的地图，图上各处岛屿形状更接近实际，且带有航线指引，并用日语片假名标注读音，或出自荷兰航海图。⑤和⑥集中描画澳门附近、广州以南的珠江下游三角洲地形和水道分布，较①至④的范围为小。而⑦的两张图是澳门城市全图，范围进一步缩小。从①到⑦，近藤将这些来源各异的地图由大至小排列，逐渐聚焦于澳门，顺序显出清晰的逻辑。

2. 杂图

共 10 幅图，涉及事项比较广泛，包括《天川船之图》、《船旗图》、《沙漏图》、《测量木尺图》、《测量绳轴图》、《储水桶图》、《挂画图》（可能是耶稣圣像画）、《文字图》、《绅士与随从图》、《教士图》。除《挂画图》的形象有些难以辨认，其他各图描画皆形象生动，应是出自漂流民源三郎之手，从中可见当时日本人观察澳门人物和事物的侧重点。总体来看，近藤和源三郎对航海工具、澳门男性和传教士的形象有较多关注，估计其首要目的是用于辨识船只的出发地。

总体观之，近藤的《亚妈港纪略稿》呈现出一种着眼于实际问题、注重文献证据、广泛采集口述资料和图像资料的编纂风格。他搜集的资料相当广泛，包括日人著作、汉文著作、荷兰地理书、公文记录、漂流民口述记录、地图、杂图等多种，全面覆盖自澳门与日本接触以来至当时的两个多世纪，其中对西洋图书、政府档案、口述材料、图像的运用更与现代史学的材料意识若合符节，体现出超前的学术眼光。近藤在长崎奉行所的工作只是初出茅庐的尝试，而此时形成的编纂风格也应用到了其后《边要分界图考》（1804）等作品之中。

三　18 世纪末幕臣近藤守重的澳门认识

近藤对澳门的认识集中体现在《亚妈港纪略稿》的第一章。虽然受海禁之限，日本与澳门断绝往来已超过 150 年，但总体来看，他综合各类材料得到的认识还是相当敏锐的。比如，他清楚地意识到澳门此地并非自古显名之地，而是新近才被地理图书收录——"是等南陲细岛，昔日不显，今世始人图书"①。澳门诞生于大航海时代开启后东西方商贸势力的交流之中，确实是一座 16 世纪才出现的新兴城市。他也正确描述了澳门的地理方位、相对于日本的位置、主要的通商伙伴及建城简史。

日本对澳门有多种称呼，除"亚妈港"之外，又称"天川"（日语读音：Amakawa）、"天河"（Makawa）、"玛瑺"（Makou）②。仙台漂流民回国之初，其实并不确定自己途经何地。他们只自述在安南着陆、途经"妈港"后至广州，并不知道所经是禁忌之地。近藤随即询问赴日华商，华商声称不知。他又询问荷兰商馆长，商馆长也回答说荷兰人不去妈港所以不了解，只是从书中抄了一张地图送来。最后是近藤按照漂流民所说方位，详细比对地图并再三质问，这才确认源三郎等人经过的"妈港"即是

---

① 〔日〕近藤守重：《亚妈港纪略稿》，第 4 页上栏。
② 〔日〕近藤守重：《亚妈港纪略稿》，第 1 页上栏。

"天川"这个危险的渊薮，① 并断定"妈港"乃"之满刺加"（不明，可能是苏门答腊岛）这一旧说是不正确的。② 这个过程中各方可能都有刻意隐瞒的成分，以至近藤光是为弄清地名就颇费了一番周折。日本近世海禁体制在消息人士中造成的寒蝉效应于此可见一斑。

关于日本对澳门的旧称"天川"，近藤做了一番考证。对于澳门地名起源研究可能是值得注意的。他发现"天川"称法在《广东通志》《广东新语》《西洋考》《续文献通考》《广东水道考》等中国汉籍里是没有的，所以他认为可能是日本人特有的称呼。不过，他又发现《康熙皇舆全览图》中新会一带的水面被记作"天河海"，且16世纪末至17世纪初该地发给日本的公文里自称"西域奉行天川港知府事"，所以他进一步推测"天河"可能是当时本地人对珠江下游入海口一带海域的称呼，日本海员也学来了而写作"天川"。③ 如此说来，现在广州市"天河"区的由来说不定也与此有关。

不过，近藤的研究出发点仍是保守的。作为一名幕府官员，严格防范"邪教"传入仍是其编纂此书的主要目的。他花了大量篇幅追溯170多年前江户幕府针对澳门颁布的禁教法令，梳理日本和澳门之间的早期交往历史，思考重点仍是维护这一"锁国"祖法。所以近藤此书虽有不少新的因素，但其根本仍是旧的作品。可是，在这旧传统的延续之中，一些新的动向也确实出现了。

结　语

近藤守重的《亚妈港纪略稿》作为日本第一部专门针对澳门的资料汇编，对于澳门史、日本史、区域海洋史研究均有相当的史料价值。1795年从南方归国的仙台漂流民是一个关键契机。如何对待这些涉嫌踏足禁忌之地的日本人成为一个问题。近藤作为长崎奉行所官员须提出恰当的处理方案，为此必须彻底调查幕府法令和澳门情况以供决策参考。他广泛搜集兰书、公文、口述见闻、地图和杂图等各类材料，精选重点信息，弄清了复杂的地名问题，厘清了这些漂流民的行踪，出色地完成了任务。这项工作也成为18、

---

① 〔日〕近藤守重：《亚妈港纪略稿》，第5页下栏。
② 〔日〕近藤守重：《亚妈港纪略稿》，第5页下栏，对《采览异言》的注释。
③ 〔日〕近藤守重：《亚妈港纪略稿》，第3页下栏。

19 世纪之交日本搜集海外信息大工程的一部分，增进了日本幕府对于其南方海洋关键区域的了解。

由于宗教因素，澳门对于近世日本而言是讳莫如深的地方。18 世纪末的日本知识人开始敢于触碰这个禁忌之地，相对理性地解决实际行政问题，本身也预示了一种新动向。也许只有当基督教与日本神道教、佛教、民间信仰等宗教间的神权之争不再成为动摇社会根基的根本矛盾，日本社会才能彻底摆脱"近世"，从而走入理性的"现代"吧。但这一过程的大进展，恐怕得等到二战后日本昭和天皇发布《人间宣言》（1946）而彻底摆脱"现人神"光环之后。正如同东亚海域社会的其他种种变迁一般，这也并非一蹴而就的过程。

A Primary Analysis on *Manuscript of Macao's Brief History* of Kondō Jūzō

Xu Meiqi

Abstract：*Manuscript of Macao's Brief History* of Kondō Jūzō was the first compilation of materials specifically aimed at Macao during the Edo period in Japan. Which was finished at his turn of office as an assistant to Nagasaki administration at the end of the 18th century, also is of great historical value for the studies on maritime history, as well as both Macao and Japan's history. Kondō's book should be compiled around 1796. A direct purpose was to provide a decision-making reference for the resettlement of Gensaburo and his fellows, these people from Sendai domain survived from a shipwreck last year and just returned from the southern ocean of Japan. And it was also one of Japan's world information gathering work in response to the pressure of Czarist Russia's expansion. Kondō collected a variety of materials, including Japanese and Chinese geography books, also latest translations of Dutch geography books, Japanese official documents, as well as survivals' oral confessions, a series of maps and miscellaneous pictures. With these materials, he was finally able to figure out that the place Sendai fellows had passed by was Macau (also called Amakawa, Makawa, Macou in Japanese), leading to a brilliant accomplish for this assignment. Kondō's example also shows how fresh wind could be brought to clerical administration as new style shogunate bureaucrats joined in, who were selected by a new Confucianism examination recently set in Kansei's Reformation in late the 18th century.

Keywords：Nagasaki；Macao，Shogunate Bureaucrat；Shipwreck Survival；Translated Dutch Geography Book

（执行编辑：徐素琴）

海洋史研究（第二十一辑）

2023 年 6 月　第 442~452 页

福建民间造船濒危绝技
调查报告

刘芝凤　林江珠　范嘉伟[*]

　　20 世纪 70 年代中期以后，全国政策性取缔木质船，普及钢板船（民间称"铁壳船"），民间木帆船造船技术迅速消失。据笔者近 10 余年的调查，近 40 年来，我国民间造船工艺濒临失传，普遍面临后继无人的局面，境况堪忧。

　　宋人吕颐浩谓："海舟以福建船为上，广东、西船次之，温、明州船又次之。"[①]"福船"成为中国古代三大古船之首，船只坚固，适航性与耐波性强，这源于它的先进技术和船舶安全性能的创新。本文以福建民间传统造船技艺的抢救性调研与保护为例，采用文献与田野考察、口述采访相结合的办法，尽可能多收集传统典型船型的制作工艺、船舶特点，揭示传统造船技艺在现代化冲击下日趋衰微乃至濒临灭绝的窘境，说明抢救、保护传统海洋文化遗产的紧迫性、必要性，以期引起社会各界的关注与重视，希望更多的学者加入海洋文化遗产的抢救与保护行列之中。

---

[*]　作者刘芝凤，南通大学海洋文化资源研究院院长、教授；林江珠，厦门理工学院影视与传播学院副教授；范嘉伟，台湾世新大学新闻传播学院博士研究生。

　　本文为国家社科基金冷门绝学项目"海洋遗产：闽台民间造船绝技抢救与传承研究"（项目号：19VJX158）、国家社科基金重大项目"中国东南海洋史研究·造船史"（项目号：19ZDA189）研究成果。

① 福建省政协文史和学习委员会、福建省炎黄文化研究会编《福建海上丝绸之路·福州卷》，福建人民出版社，2020，第 78 页。

一 闽南的造船工匠

下面是我们在闽南调研获得的一些情况，在相当程度上反映了福建地区传统造船业及其制造技艺不容乐观的境况。

泉州西方村。20世纪50年代前，全村从18岁至80岁的男人，八成从事造船，但是时下无一人继承造船技术。

闽侯县方庄。明清以来传统的造船村。方氏族谱记载，方庄方氏造船传承已有16代（方家自己说有25代），时下60岁以上的工匠还有5人，继续造船的只有方化建堂兄弟3人，其他2位超过90岁；60岁以下的有五六位，10余年来学习龙舟制造，保留了一些传统造船技术。

惠安小岞镇。20世纪50年代以前，全村有一半以上人员造船，现今尚有70岁以上的老师傅20余位会造船，是当下全国老工匠最多的村，其中洪玉生为第7代家族传承人。其他师傅至少为第4代或第5代，无职业性的传承人。

泉州丰泽区蟳埔村。40年前有多家造船大师傅，现仅有黄氏。黄氏第3代传承人黄河留、黄乌锥、黄国华等5兄弟，及第4代传承人黄阔。1985—1995年，是乡镇造船企业改制的过渡期，其间阿阔和父亲一辈五兄弟，均独立起灶，建寮造船，一个船寮1年承接建造10余条渔船，仅黄氏家族1年就建造渔船60余艘，加上蟳埔村其他船寮，1年建造的渔船有上百艘。黄秀宝（阿阔）53岁，父亲黄河留（80岁），是黄氏造船第3代传承人中的老大。黄河留的父亲（第2代传承人）去世早，由于母亲不愿意分家，黄河留5兄弟及姐妹中，老大当家。阿阔是长房唯一男丁，从小跟父亲承担家族生计，下海打鱼抓蟹，背着造船工具，跟随父亲四处修船造船，是全家族20余人生活的经济保障。阿阔为文盲，不会绘图，家传的船图口诀从小死记硬背，印记在脑子里，跟父亲一样，东家只要说想要造多少石的船，他就知怎么建。

漳州海澄月港。郑氏第六代传承人郑水土的侄儿郑海明，40余岁，是为数不多的60岁以下的造船传承人。近几年才开始跟其叔学造仿古木帆船，技术尚未完全成熟，尚未具备独立制造木帆船的能力。

漳州月港造船在闽台地区与泉州蟳埔村的知名度相近，以制造货船（运输船）闻名。郑氏先人原姓王，元代以后，泉州港口因堵塞改变航道，加之明代因海盗倭寇而实行封海政策，许多泉州制造大商船的工匠和渔民，随着漳州月港的兴起红火而迁移到月港谋生，王氏工匠也随迁漳州月港。王氏造船第三代传承人王添财儿女多，有求于当地郑氏，郑氏无儿，王氏遂将儿子王文庆过继给郑氏为子，改姓郑文庆。郑文庆将制造木帆船技术带到郑家，继续造船。之后第五代郑两招、第六代郑水土，均是父子传承。第七代郑海星，为叔侄传承。郑海星因近年生意不好做，在技术非遗逐步得到政府和社会的重视之下，改行跟叔父学民间造船技术。

二　泉州蟳埔螃蟹船

螃蟹船是一种近海捕捞船，其造船技术、船型、建造程序完整地继承了古代福船的精华和步骤。泉州丰泽区蟳埔村螃蟹船最具特色，是福建沿海民间造船技艺的典型。

蟳埔村位于福建省泉州市丰泽区东海街道晋江出海口，古代有鹧鸪码头，地处海湾，暗礁多，是螃蟹、虾、蛤蛎等理想的栖息之地。数百年前，此地大牡蛎一只长达30余厘米（见图1）。至20世纪末，一艘7米左右长的小舢板船，搭载10—12人出海一趟，渔获少则五六百斤，多则一千多斤。

图1　蟳埔海边捞沙船从海底打捞出的古牡蛎壳，最长的有30余厘米

资料来源：笔者拍。

在老泉州人的记忆中，每到冬季，满街都能看到头戴簪花的蟳埔妇女，挑着螃蟹，向街坊兜售，卸掉大蟹钳的冬蟹和被折断的蟹钳分开卖，蟹钳特别便宜，是泉州人难以忘怀的往事。据说因蟳埔村螃蟹年年大丰收，每网都能捕获满满的螃蟹，可螃蟹互相缠夹，影响装卸，所以要卸掉蟹钳，加快卸货，以便再次出海，久而久之在蟳埔村形成一种习俗。①

蟳埔抓蟹船因渔业需要而产生，近海捕捞的抓蟹船，一般船长 6.5—8米，宽 2.1 米左右，深 0.6 米左右。若往稍远的泉州湾、台湾海峡捕捞的抓蟹船较大，船长可达 12—13 米。黄氏螃蟹船在 20 世纪 30—40 年代，是闽台渔村四乡百里求购的船。这种螃蟹船何时出现年代不详。据黄家第 3 代、第 4 代传人追忆，后人推算，黄细炎应生于 1911 年前后；按闽南民间造船传承大多于十三四岁开始跟父亲或师傅从削木头开始，三五年可独立造船推算，黄细炎创作"螃蟹船"应该在 20 岁以后，改良后具备黄氏特点的螃蟹船约有 90 年历史。

阿阔螃蟹船，是按泉州传统近海抓蟹船 1∶1 比例复原建造，又称"螃蟹船"，根据当地蟹多、船小载重大、船上捕捞人多的特点，在传统舢板船结构上进行创新改造成专能性舢板船。2020 年 12 月 26 日，阿阔开工建造一艘螃蟹船（见图 2），2021 年正月十五竣工，来自全省宁德、福州、泉州、漳州民间造船大师傅现场评审，认为这艘螃蟹船可代表福建民间造船的全套传统工艺。

图 2　黄秀宝（阿阔）用传统工具依照传承技术制造传统抓蟹船（林江珠拍摄）

图 3　黄秀宝（阿阔）抓蟹船

---

① 黄秀宝口述，杨育锥整理。

这艘螃蟹船长 6.9 米，大稳长 6.35 米，头禁营为甲半宽 0.72 米全宽 1.44 米（甲深 0.62 米）；含檀营为甲半宽 0.96 米全宽 1.92 米（甲深 0.6 米）；大肚营为甲半宽 1.07 米全宽 2.14 米（甲深 0.6 米）；尾（后母）营为甲半宽 1 米全宽 2 米（甲深 0.75 米）。龙骨长 3.7 米，头禁营全宽 1.44 米，含檀营宽 1.92 米，大肚营宽 2.14 米，尾营宽 2 米，甲深 0.6 米。

甲深，指船甲板到底部的深度。甲半宽，是指船宽的一半。盖板就是甲板上的盖板，营是指部位。比如尾营，指的是船尾部的那块空间。头禁营又叫"内镜营"，指桅杆方向往船头的第一个舱。含檀营又叫亚班营，安装主桅与大桅夹。大肚营又叫"中堵营"，是船中间最宽的地方。大稳指船两侧水线处半圆形贯穿艏艉的构件。舷侧外没有盖板，只有甲板上才有舱盖板。①

表 1　造船工程部位工序及尺寸

单位：米

工序顺号	工程部位、工序流程名称	尺寸及备注	序号	工程部位、工序流程名称	尺寸及备注
1	龙骨	长 3.70 米	11	舱口盖板	
2	营壁板		12	桅杆	长 6.80 米
3	水底板		13	帆	头帆、中帆
4	大稳材	长 6.35 米	14	椗	
5	舷侧板		15	舵	
6	龙须材		16	油漆	
7	甲板材		17	橹	
8	捻缝	桐油+蛎壳粉+棕丝	18	彩绘	泥鳅、吉祥鸟、关刀背、八卦图等
9	水波板		19	择日祭祀	选择吉日祭祀，确认须回避属相
10	舷侧盖板		20	下水	选择当日吉时下水①

注：①每艘船祭祀和下水的吉时各不相同，且每次活动会有指定的某些属相的人不能参与，"吉时"和"属相"，都不是固定的。

黄氏螃蟹船具有其他舢板船不同的特点，为泉州及闽南地区渔民抓蟹最理想的船只，主要表现在以下几个方面。

---

① 作者在本稿修改中与黄秀宝（造船师傅）和厦门杨育锥师傅多次探讨，得出此段解释。

①"头小尾大",为方便抓蟹人多船小的特征,螃蟹船尾部较正常的舢板船稍宽大,做饭在船头,抓蟹操作在船尾。一般7—8米的船,要容纳10—12人。

②中桅(主桅)比一船舢船的中桅前移10%—20%。这是黄氏根据实践经验而做出的大胆改革。因抓蟹船小人多,且全部集中在船后营工作,如果中桅不前移,会造成头轻尾重,甚至出现后翻事故。因此,黄氏将抓蟹船的中桅往前挪了20—30厘米,前桅后人,达到船体平衡。

③桅高、帆大。一般船的桅高是船长的80%以内,超高容易发生危险。黄阔螃蟹船船桅高度与一般螃蟹船长基本一致,船长6.9米,船宽2.20米,桅高达6.8米,超出正常高度1米多。由于黄阔螃蟹船比较稳定地在入海口的河面上、沿海5.6海里的区域内捕捞,摇橹扬帆,借力给力恰到好处。船上使用的帆布,是闽南传统使用的著莨粉多次染色制成的,具有不褪色、防水的性能。

④黄氏抓蟹船人性化建造,实用性强。在船后营沿口装有一块"风西板"(挡风板),另有一边开5个排水孔(三角形)。"风西板"可左右拆除安装,专门为挡海水,休息时挡风雨。网坠用古老的中间穿孔的陶方块垒缀串成。浮标木质制作。

⑤船舱使用远洋船的水密隔舱,增加安全性能。闽南沿海各地都有舢板,结构大同小异,有一个共性就是没有甲板,捕捞作业或航行中,人站在舱底板上,一旦舱内进水就会有危险。考虑到安全因素,黄氏抓蟹船设有甲板、舱盖,自然形成了水密隔舱,安全系数提高。所以这种船型广泛被渔民接受,沿用近百年,直到动力机器普及,才退出历史舞台。

⑥船型固定。船舢板以100℃的沸水反复浇淋,一般3寸板在热开水淋过4—5遍后变软,再用人力将船舢板推贴在大稳上,用铁钉固定。

图4 黄阿阔进行船型固定

三　泉州牵罾船

"牵罾船"又名"漏尾船"，是台湾海峡两岸主要的捕捞和运输工具，一般用两条渔船拖网在海里围网捕捞。据泉州小岞木牵罾船造船第七代传承人、造船大师傅洪玉生回忆，数代以前的师傅，至少在清中期就建造牵罾船。清代至民国，福建带网的木牵罾船一网可得 80—100 石（8000—10000 斤）渔获。20 世纪 80 年代，牵罾船捕捞收获好时仍然可以达到几十石，少则一二石。随着铁壳船普及，至 1988 年，福建最后一对木帆牵罾船在泉州结束使命。

牵罾船是两艘船拖一张网的作业，捕捞海底层鱼类，该船的龙骨是合艚的结构，吃水深，抗风能力强，航速快，特征和其他船型不一样。牵罾船可双船作业，也可单船作业，还可运输，功能多样。

牵罾船作业方式因季节变化而有所不同：在冬季九月至次年正月，两艘船同时拖网捕鱼作业，每艘船船舱须装载压舱石 5 吨左右，才出海捕鱼。在春季，二月至四月为淡季，转业运输货物，如贩运大米、大豆、海盐等。以泉州为例，南航线泉州至广州，北航线泉州至上海，单船运输作业。在夏季，五月至八月，单船作业，南下到广东沿海、澎湖岛海域钓鱿鱼。

泉州牵罾船的结构，一般的漏尾渔船，总长 21.17 米，满载水线 14.05 米，型宽 4.72 米，型深 1.24 米，吃水 0.9 米，龙骨长 12.60 米，排水量 29.60 吨。

四　漳州海澄商船

漳州海澄月港自宋代起就是闽南海上贸易、造船中心之一。明永乐元年（1403）以后，郑和与同行的正使太监、闽南籍人王景弘等下西洋，在福建沿海征集远洋船和补给物资，促进本地造船业发展。隆庆改元以后，月港辟为福建唯一对外开放的口岸。月港为海港，位于厦门湾的湾澳处，有天然避风之功能，又与大海琼天碧海相连，是天然的大船造船基地。明代张燮《东西洋考》记载，漳泉一带民间造船"舟大者广以三丈五六尺，长十余丈，小者广二丈，长约七八丈"①。这里"洋船多以百计，少亦不下六七十

---

① 张燮：《东西洋考》，谢方点校，中华书局，1981，第 170—171 页。

只。列艘云集，且高且深"①。繁荣的海上贸易使地方委官在税收上采取以船阔尺寸收税的特殊计税方法。

据海澄月港第六代造船大师傅、65岁的郑水土介绍，他家祖上造的三桅木帆船可送货1000—1400担（70吨左右），爷爷、父亲造过如此大的送货船。郑水土自小跟随父亲，走村串户修船、造船，大字不识一箩筐，但家传的传统工具、传统技艺融入骨髓，图在脑中，积累造船经验50年。郑家六代人，传承远洋商船造船技艺，目前郑水土和侄儿继续操持这份行当。

厦门翔安海边停泊有一艘仿古三桅商船，长17.6米，宽4.8米，是典型的月港送货船，又称出货船，由台湾退休老人、70岁高龄的黄凌霄出资，郑水土师傅用传统工具、技术建造。该船龙骨8.4米，船深1.5米，船长17.6米，吃水1.2米，头舱1.5米，头桅9.8米，二舱（大桅的舱）1.5米，中桅12.5米，三舱（中舱）1.5米，尾桅4米，尾井舱2米，后舱（甲板上的舱）1.3米，中尾后总高1.7米，两条水线为1.5米，淡水舱1.5米。《厦门日报》报道，黄凌霄老人建造这艘仿古商船，原想从澎湖出发，沿着马可·波罗当年的足迹，将仿古船开到意大利，因新冠肺炎疫情的影响，2020年建好后，无法出境，停在厦门。

2022年2月26日，漳州龙海区普贤码头有一艘仿古福船"中青100"下水（见图5）。该仿古福船也是郑水土所造，总长14.2米，总宽4.8米，可承载12人。船身画着闽南传统纹饰，船头绘有"福虎生威"图纹，寓意着乘风破浪、一帆风顺。该船计划经香港、澳门、三亚、三沙，沿中南半岛到新加坡，走马六甲海峡经印度洋抵达斯里兰卡，来回航程8000多海里（约14816公里）。②

五　宁德（闽东）丹阳船

宁德位于福建省东北沿海闽东地区，北毗浙江，东临东海，南接省会福州。是福建省城福州的出海口，其造船业历史悠久。宋人周麟之《造海船》描述为："北人鞍马是长技，南人涛濑如坦途。"丹阳船是福船的主要船种，

---

① 张燮：《东西洋考》，第137页。
② 王琳雅：《仿古福船"中青100"扬帆下水》，《闽南日报》（数字报）2022年2月28日，第1版。

图 5　仿古福船 "中青 100"

俗称担子船，"担子" 取二意：一是福州方言 "担子" 的谐音为 "丹阳"，因而得名；二是古时船上货运以 "石"（担）为计量单位。在闽东沿海分布较广、数量较多的货运木帆船，以福安丹阳船底板纵、中后部上凹、首尾上翘、呈平缓曲线形似扁担为船型形象塑造的典型。近现代仍用于闽、浙、粤沿海货运。

宁德福安造船厂郑文祥师傅以 20 世纪 60 年代设计并组织建造的毛旦丹阳船为原型，设计了闽台丹阳船模型，从结构到选材，均与实船无异、舾装齐全，真实再现了闽东造船师高超的技艺和智慧，其工艺流程为：安放龙骨（分头、中、尾龙骨，俗称 "定稳"）—安装横梁舱壁（主要包括 "一井""合南""中旦""母墙""尾墙" 等五个水密隔舱舱壁与龙骨对接）—安装龙旁（龙骨两侧的底板）—安装走马（走马一般有四道，自上而下分第一走马、第二走马、第三走马、第四走马）—安装 "水翼"（也称 "水蛇"）和龙秋、尾花—制作甲板、舷波—捻缝工程—配装船帆系统工程（包括桅杆、帆杆、帆、帆绳、滑轮，俗称 "猴头"）—配装舵系（包括舵杆、舵叶）—工属具配装（包括前后锚车、锚、系缆桩、尾灯、凤尾旗等）—生活属具配装。

丹阳船设计巧妙，船型优美，长、宽、高比例协调，外观线条流畅；做工精细，涵盖水密隔舱技术、舵系技术、帆系技术、工属具技术等在船体设计中；坚固实用，大多用于近海货运，其船体结构坚固、抗风能力强，且航速快、灵活，适合福建沿海地貌。

结　语

20 世纪 80 年代以后，渔船向动力机轮发展，造船材料随着政策调换成钢铁用材，民间木壳帆船正式退出历史舞台，这是历史的进步，也有利于保护森林环境。然而传统造船工艺是中华民族辉煌历史的一部分，是海洋文明的重要代表，不能因此丧失。曾经的民间造船业与制造技艺，是沿海地区的日常生计，是造就"船上社会"、帆船时代海洋航运与贸易、海盗与海商活动、海洋地域社会各种关系的基础性因素，抢救、研究与传承民间造船技艺与文化记忆，具有独特重要的学术研究价值和现实意义。期待社会各界重视保护传统海洋文化遗产，在现代化进程中传承海洋文明，活化利用优秀传统文化。

Investigation Report on Endangered Skills of Fujian Folk Shipbuilding

Liu Zhifeng, Lin Jiangzhu, Fan Jiawei

Abstract：Chinese traditional shipbuilding technology, originated from folk shipbuilding, is an indispensable part of China in the history of world maritime civilization. However, with the process of modernization, in the history of world navigation, there were hundreds of ships sailing east to open the East Asia route more than 1000 years earlier than the new European route, and thousands of ships sailing across the ocean more than 90 years earlier than the new European route. The shipbuilding technology that traveled through Asia, East Africa and Europe, and circled half of the world, was brilliant for thousands of years, declined for 40 years, and was almost endangered and quickly disappeared in the history of Chinese marine civilization. Especially, Fu Chuan, which represents the first of

China's three ancient ships, has no successors. It is imperative to rescue the memory heritage of China's endangered sailing ship manufacturing.

Keywords：Folk Civil Shipbuilding; The Endangered Craft; Rescue and Research

（执行编辑：王一娜）

海洋史研究（第二十一辑）

2023 年 6 月　第 453~466 页

厦门湾青屿灯塔考察报告

伍伶飞　黎佳韵[*]

近代中国交通地理的研究，有一个重要方向是对交通线路的高精度复原。以不同时期、不同类型、不同线路、不同运输段的交通复原为基础，可以更准确地对运费、运量以及货物与人群的流向等进行分析和估算，由此从交通的角度更合理地解释近代中国的经济发展水平和经济地理变迁。目前来看，陆地和河流交通的研究成果较为丰富，铁路、邮路、公路以及内河航运等线路的复原和研究均已取得一系列标志性成果。作为近代交通体系向海上的延伸部分，有学者开始对海上航路的复原进行研究，然相比于内陆各种交通类型研究，特别是越来越多的基于地理信息系统的研究，海上交通研究的精度则稍显不足。一方面，受气候条件、海洋环境和海岸地理条件的影响，海上交通线路更具复杂性，复原难度更大；另一方面，虽然传统的"航海针经"、"更路簿"和近代大量出现的"水路志"等对海上交通线路的文字描述资料均甚丰富，然而高精度复原对资料和方法的科学性提出了更高的要求。

在近代中国海岸，以海关为代表的相关机构建立起了以灯塔为中心的系统的航行安全基础设施，而已有研究对于灯塔等海上航行安全基础设施的关注及其在海上交通线路复原中可能扮演的角色尚未进行充分的讨论。基于此

---

*　作者伍伶飞，厦门大学历史与文化遗产学院副教授；黎佳韵，厦门大学历史系本科生。

本文系国家社科基金青年项目"近代中国航标历史地理研究"（项目号：20CZS059）阶段性研究成果。

出发点，本次考察选取福建省厦门和漳州之间海域的青屿灯塔作为对象，在
搜集和整理近代海关出版物、近代报刊等资料中相关历史文献的基础上，对
青屿灯塔进行实地考察。本文通过对历史文献记录与实地情况的对比分析以
及灯塔等级、灯光射程等信息重新认识青屿灯塔在近代厦门港及东南沿海航
线中的地位，确认青屿灯塔的坐标、作用以及其各项附属设施的相对位置。
在此基础上，也试图以此为近代中国灯塔的考察与研究提供某种形式的
案例。

一　青屿灯塔的建造历史与空间位置

　　青屿，在近代海关出版物中对应的英文一般为 Tsingseu Island，清代属
于海澄县，位于厦门外港，与大担、二担、三担、四担、五担并列排开。青
屿面积较小，无淡水资源，也缺少农作物种植的条件，故自古代至近代，岛
上并无常住居民。但从构建港口航行安全体系的角度而言，位于厦门港主航
道南侧的青屿十分重要。

　　1868 年，船钞部成立，海务工作以助航设备特别是灯塔的建设为重点。
1869—1895 年，通商口岸开辟非常集中，新关由于缺乏助航设备，航行不
便，引起外商不满，助航设备的兴建迫在眉睫。在此 7 年间修建了大量灯
塔，青屿灯塔便是建造于这个时期。[1] 青屿灯塔的出现，与 1863 年建立的
大担岛灯塔灯光照射效果不佳有着密切关系。[2] 实际上，早在 1870 年，于
厦门外港建设新灯塔以替代大担岛灯塔的计划就已经提上日程。[3] 最初海关
是打算选择与青屿临近、属于同安县的赤屿（或赤礁，即 Chih Seu，《中国
沿海灯塔志》中文版称为"日屿"，[4] 但海关所处的各版本地名录中均作
"赤屿或赤礁"[5]）进行建设，后综合各种因素，这座新灯塔最终选址青屿

---

① 陈诗启：《中国近代海关海务部门的设立和海务工作的设施》，《近代史研究》1986 年第
6 期。

② Marine Department：Lights，1875 - Reports，Shanghai：Statistical Department of the Inspectorate
General of Customs，1875，p. 31.

③ "Tonnage Dues：Application of." (1870 年 12 月 31 日第 25 号通令)，中华人民共和国海关
总署办公厅编《中国近代海关总税务司署通令全编》第 1 卷，中国海关出版社，2013，第
362 页。

④ 〔英〕班思德：《中国沿海灯塔志》，李廷元译，上海海关总税务司署统计科，1932，第 123 页。

⑤ Names of Places on the China Coast and the Yangtze River，Second Issue，Shanghai：Statistical
Department of the Inspectorate General of Customs，1889，p. 8.

图 1　青屿灯塔（摄于 2020 年 12 月 29 日）

北坡。青屿灯塔于 1875 年在英国人韩得善（D. M. Henderson）的主持下建成，具有近代灯塔的典型性特征。作为中国东南沿海现存年代最早的灯塔之一，青屿灯塔是扼守由外港进入内港的重要屏障。该灯塔 1875 年亮灯后，厦门关税务司在致总税务司的报告中即表示，青屿灯塔某种程度上已完全取代了大担岛灯塔。自建成以来，青屿灯塔历尽风霜与战火，完好保存至今。2005 年，青屿灯塔被列为第五批市级文物保护单位，2013 年成为福建省文物保护单位。

　　2020 年 12 月 29 日上午，考察小组一行人从厦门市东渡码头出发，乘船抵达青屿岛，参观了青屿灯塔。青屿灯塔位于青屿岛北坡，塔身呈八角形，饰以红白相间的竖条纹，周围有一圈金属链条围栏。塔顶呈半球状，上有避雷针。灯塔周围共三块石碑，东侧两块，西侧一块。最东侧的石碑主要提供了灯塔本身的信息，是厦门航标区所立，上刻碑文："青屿灯塔，一八七五年建造，是厦门港的重要导航标志，位置：北纬 24°21′52″8N，东经

图 2　最东侧石碑（摄于 2020 年 12 月 29 日）

118°07′30″2E。灯质闪（4）白 12 秒，标高 101 米，灯高 414 米，射程 16 浬。"这些具体的经纬度位置、高度、灯光射程等信息与历史记载稍有出入。1889 年《通商各关警船灯浮桩总册》（以下简称《航标总册》，英文名 *List of the Chinese Lighthouses, Light-vessels, Buoys, and Beacons*）记载为 24°21′58″1N，118°13′30″E；灯光距海面 130 英尺，塔高 33 英尺；晴朗天气下，白光 15 英里，红光 8 英里。[1]《1875 年航路标志报告》（英文名 *Marine Department: Lights, 1875-Reports*）的记载为灯光距海面 130 英尺，塔高 20 英尺。[2] 数据虽有出入，但差距并不大，有可能是由于使用不同测量方式带来的误差。

---

[1]　*List of the Chinese Lighthouses, Light-vessels, Buoys, and Beacons*, Shanghai: Statistical Department of the Inspectorate General of Customs, 1889, p. 8.

[2]　"China Customs Papers No. 6," *Marine Department: Lights, 1875-Reports*, p. 31.

图 3　东侧石碑正面、背面（摄于 2020 年 12 月 29 日）

其余两块石碑是文物保护碑。东侧石碑为厦门市人民政府于 2006 年 2 月 15 日所立，正面刻文："青屿灯塔，二○○五年十一月经本政府公布为第五批市级文物保护单位。"背面刻文："青屿灯塔平面呈八角形，砖石结构，塔高十米，始建于清光绪元年（一八七五年），厦门海关税务司建造。该灯塔是我国东南沿海现存年代最早的灯塔之一，具有较高的文物价值。保护范围：建筑本体向东、西、南、北四面各外延三十米为界。"西侧石碑为福建省人民政府所立，2013 年 1 月 28 日公布青屿灯塔为福建省级文物保护单位，2014 年 12 月立碑。

二　青屿灯塔的内部结构与周边环境

灯塔的门在塔身西侧，是一扇仅容一人通过的金属门。门框由砖石砌成，正上方刻有 "1875 D. M. Henderson Engineer" 的字样，意为该灯塔是 1875 年由时任总工程师的韩得善所建造。塔身的南侧和北侧上各有一扇小窗，同样有砖石砌成的框。

从门口走进去，塔身内空间十分逼狭，有螺旋式楼梯围绕一根中柱而上，通向灯机室。塔内墙皮皲裂卷边，十分斑驳。这也许与灯塔本身存在时间较长有关，也许与灯塔所处的温暖潮湿的局部小气候有关。台阶较陡，上下通行稍有困难。上台阶后到达灯机室，即镜机所在的地方，空间狭窄，仅

图 4　西侧石碑（摄于 2020 年 12 月 29 日）

图 5　灯塔门框（摄于 2020 年 12 月 29 日）

容一两人并立。据工作人员介绍，现在使用的镜机是美国泰兰公司（Tideland Signal）的 TRB-400 旋转灯机，由透镜和太阳能板组成，射程可达 24 海里，是现在国际上最先进的灯机。灯机设置的旋转速度是 20 秒旋转一周，快慢可以调节。灯机能感应周围环境的光线，白天光线强时并不发光，晚上光线暗时才发光。灯机室有门通向室外，外面是狭窄的环形过道，有一圈金属扶手。这个过道的主要用途是清洗灯笼外侧的玻璃。据工作人员介绍，灯笼需要定期清洗，灯笼的玻璃是专门为户外使用所打造的，非常牢固，具有防腐蚀、防盐碱、防大风的功能。

图 6　镜机（摄于 2020 年 12 月 29 日）

历史上的青屿灯塔，对于有效照亮厦门外港发挥着重要作用。历史记载中，它的镜机等级为四等灯，灯光种类为定光灯，有红白两色。它的灯光能够覆盖到西北方的浅滩（Taipan Shoal）和东南方的九节礁及其周围危险之处。① 灯光

① *Marine Department：Light*，*1875-Report*，p. 31.

烛力随着灯具更新而增加：始建时灯塔装置贮油灯，配以二芯"道特式"灯头，白色弧光烛力960枝，红色弧光烛力530枝；至宣统元年（1909）改装煤油蒸汽灯，配以35毫米白炽纱罩；民国18年（1929）又将旧式棉胶质纱罩撤销，而以"自燃式"纱罩代之，白光烛力增至8000枝，红光3000枝。[①] 关于灯塔在雾天的使用，自1900年起，《航标总册》在备注栏进行了说明：灯塔的值事人如果在浓雾天气听到了铃声、雾号、汽笛或其他表明有船只靠近的声音，将会开一枪；如果仍然听到船只发出正在航行的信号，将会在4分钟后重复开枪。[②]

青屿灯塔的灯光范围从几处记载中很难得出定论。《中国沿海灯塔志》的记载为"一白二红弧形定光灯，而为指示各处险滩之用，惟向大陆周径九十度方面，并不放光"。1875年《航路标志报告》的记载为，从北偏东1°至北偏西57°为红光，从北偏西57°自西而南到南偏东50°为白光，南偏东50°至南偏东89°为红光，剩下的90°范围不发光。这些文字描述，自1875年以后便不曾改动。然而这与自1901年起，《航标总册》所绘制的灯塔示意图中的灯光范围有所不同，且此后年份的示意图中青屿灯塔的灯光范围也沿用了1901年的版本。1901年距离灯塔始建已有20余年之久，此前年份的示意图中并未体现灯光范围，也不曾有青屿灯塔调整灯光范围的记载，对灯光范围的文字描述也始终一致，一时难下结论。

灯塔外围有松树等高大的树木，树木下有壕沟。西侧有一块空地，空地周围杂草丛生，隐约看到有小路向西延伸；灯塔背后西北方向有石阶向下延伸，像是可以通向海边。但由于灯塔及其附属设施以外的地方属于限制参观区域，所以考察小组只能在灯塔周围察看、活动，没能前往以上两处察看。据《中国丛报》（*Chinese Repository*）记载，灯塔的西北方有登岸码头，码头有石阶连接，可以通向山顶，我们猜想这段石阶是通向山顶石阶的一部分。[③]

至于西侧空地及南侧的一小块区域，这里原本应是灯塔配套设施的建筑所在地。据1889年《航路标志报告》（英文名*Reports on Lights, Buoys, and Beacons, for the Year 1889*）中青屿灯塔的平面图（见图10），这块空地上原

---

① 〔英〕班思德（T. R. Banister）：《中国沿海灯塔志》，李廷元译，第120页。

② *List of the Chinese Lighthouses, Light-vessels, Buoys, and Beacons*, p. 13.

③ *Chinese Repository*, Vol. XII, *From January to December*, 1843, Canton, 1843, p. 123.

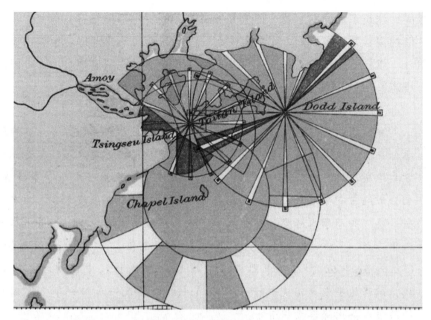

图 7　1901 年青屿灯塔（Tsingseu Island）灯光范围示意

资料来源：*List of the Chinese Lighthouses*，*Light-vessels*，*Buoys*，*and Beacons*。

图 8　灯塔背后台阶（摄于 2020 年 12 月 29 日）

有两座建筑，西侧一座，南侧一座。西侧建筑中有办公室、灯塔主任的房间、灯塔贮存室、本地灯塔值事人房间、厨房各一间，灯塔主任的房间下有储煤间，建筑东北角有水箱，西侧是家禽饲养间。南部建筑有储存室、苦力间、储油室、茅房各一间。东侧有炮台一座，东南方有火药库，南侧山坡上有旗杆。旗杆下有一段被毁的旧堡垒城墙。① 关于这段城墙遗址，《中国沿海灯塔志》中的记载如下：

> 据当地居民相传，清初郑成功曾在该岛建筑要塞一处，并于岛巅树警标一具，以备敌人攻击或有警时，作为通知厦门之用。然细察灯站上方之炮垒旧址，建筑之期，似不甚远，盖以围墙系用泥灰与介壳所筑，未必历经三百年之久，尚屹然犹存也。至该岛西南端隐蔽之处，亦有炮垒一座，四周草木丛生，可做掩护，故其遗址，尤为完整。据道光二十三年二月（一八四三年三月）英文《中国汇报》（即《中国丛报》Chinese Repository，在《中国沿海灯塔志》中又称《中国汇报》）所载，该两炮垒或为道光二十一二年（一八四〇及一八四一年）间保护厦门防御英国海军之用者也。②

图9 青屿炮台遗址

资料来源：《中国沿海灯塔志》，第122页。

---

① *Reports on Lights, Buoys, and Beacons, for the Year 1889*, Shanghai: Statistical Department of the Inspectorate General of Customs, 1889, p. 76.

② 〔英〕班思德：《中国沿海灯塔志》，李廷元译，第123页。

　　同年该报还记载，青屿灯塔的西侧、南侧、东侧各有一处炮垒，建于树丛中的隐蔽之处，但至 1841 年 8 月，仍处于尚未完工的状态。① 道光二十一二年间，厦门确有包括青屿在内的一系列的防御性工程建设，1841 年 9 月，闽浙总督颜伯焘奏报称，面对英军的威胁"决意常川驻扎厦门，并即会督文武，前往浯屿、青屿、大小担逐一履勘，处处皆可设险。迅即督令该道刘耀椿，委员赶办各处炮台，甫经竣工"②。这两种说法似乎可以印证城墙遗址的由来。

三　青屿灯塔设施的规模与特色

　　历史上的青屿灯塔具有规模小、设施少、维持状况良好的特点，这几个特点相互关联。就规模而言，据 1889 年《航路标志报告》，当时厦门关区装配四等灯的灯塔有青屿灯塔、表角灯塔（Cape of Good Hope Light-station）和渔翁岛灯塔（Fisher Island），规模更小的仅有一座装配六等灯的鹿屿灯塔（Sugar Loaf Island），其余灯塔均装配一等灯。规模小的特点在存储物资上也有呈现，与同等级的渔翁岛灯塔相比，1889 年青屿灯塔在各类主要照明物资贮藏上的开销为 9.66 美元，而渔翁岛灯塔则为 17.15 元；1887 年青屿灯塔该类开销为 8.20 美元，而渔翁岛灯塔为 20.49 美元。在燃料的开销上，1889 年青屿灯塔消耗煤 86.45 担，木柴 6.20 担，共 67.99 美元；渔翁岛消耗煤 95 担，木柴 26.90 担，共 89.13 美元。③ 物资消耗少，一定程度上也可以反映规模小的特点。

　　再以设施来看，从图例可见，青屿灯塔的设施共 15 类，且每类设施仅有一处；而同样等级的渔翁岛灯塔，共 22 类设施，有的同类设施有两到三处，甚至有猪舍、庭院、花园等；等级较低的鹿屿灯塔，设施种类虽不及青屿灯塔多，却也有 14 类，且有两间家禽饲养间，厨房更有三间之多。就这两项特点而言，规模小自然可以成为设施少的原因之一，然而考察其他方面，设施少也可能有别的原因。例如，灯塔值事人员少，不需要更多设施；抑或建设的平地狭窄。据《中国沿海灯塔志》称，"岛畔突出之坡，开凿使平，灯站即建于上"④。青

① "Survey of Amoy Harbor, March 1843," *Chinese Repository*, Vol. XII, *From January to December, 1843*, Canton, 张西平主编《中国丛报》（*Chinese Repository*）第 12 册，广西师范大学出版社，2008，第 128 页。
② 《颜伯焘奏：一八四一年八月二十五日英军第三次进攻厦门的经过》，福建师范大学历史系、福建地方史研究室编《鸦片战争在闽、台史料选编》，福建人民出版社，1982，第 140 页。
③ *Reports on Lights, Buoys, and Beacons, for the Year 1889*, pp. 61-64.
④ 〔英〕班思德：《中国沿海灯塔志》，李廷元译，第 120 页。

屿灯塔的所在地原是山坡，为了建设灯塔而凿平，可用于建设的平地面积有限，配套设施的建设也许受此影响。这与考察小组实地探访之所见相符。从登上青屿岛到抵达灯塔之间的路途，多为坡地或台阶，只有灯塔周围有较为平整的地面，1889 年青屿灯塔的平面图上亦呈现了抵达灯塔处需要经过的台阶。

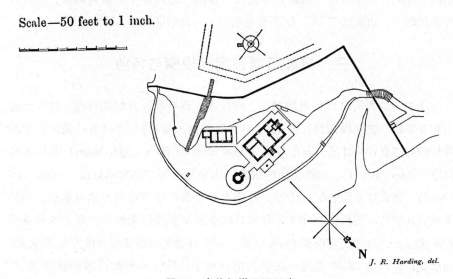

Scale—50 feet to 1 inch.

J. R. Harding, del.

图 10　青屿灯塔平面示意

资料来源：*Reports on Lights，Buoys，and Beacons，for the Year 1889*，p. 76。

至于维持状况，青屿灯塔的维持时间长、灯光稳定主要有两大体现。其一是维护物资和清洁物资的贮存少、消耗少，当然，这也与规模小的特点有关；同时，人员长期稳定也是表现之一，如《中国沿海灯塔志》提到一位名为李吉的灯塔管理员，其从青屿亮灯（1875）起在此工作至光绪三十一年（1905），连续在该灯塔工作长达 41 年，这有助于相关业务的稳定性和延续性。[①] 另一体现则更为直接，据 1889 年《航路标志报告》，青屿灯塔在 1889 年仅有两条房屋屋顶的横梁需要更换，因为被白蚁蛀蚀，此外并无其他需要维护之处，可见其总体状况良好。对青屿灯塔情况的总结是，"这座灯站秩序井然，一如既往"，这是状况良好这一特点的直观体现。[②] 青屿灯

①　〔英〕班思德：《中国沿海灯塔志》，李廷元译，第 123 页。
②　*Reports on Lights，Buoys，and Beacons，for the Year 1889*，Shanghai：Statistical Department of the Inspectorate General of Customs，1889，p. 55.

塔也曾受自然灾害破坏。1917 年台风，青屿灯塔受灾严重；1918 年大地震，青屿灯塔亦有受损。① 然而经历了如此百年风霜的洗礼，青屿灯塔仍保存完好，今时今日的我们得以参观，更是这一特点的体现。

结　语

灯塔是航路标识的主要部分，在航运中发挥着重要的作用。关于灯塔，部分已有的研究是从灯塔管理机构的视角出发进行考察。随着海上交通线路复原对精度要求的提高，需要的是更细致、更实际的考察视角。对于一艘航行于江海中的船只而言，其所重点关心的不是灯塔由谁建设、归谁管理和维护，而是灯塔是否在适合的位置、是否有适当的光照保障船只从出发地到目的地的航行安全。② 对灯塔进行实地考察的意义便在于此。从具体的灯塔着手，能更好地理解海上航行活动中如何进行航路选择，对海上交通运输体系有进一步认识。青屿灯塔是东南沿海区域的重要航路标识，通过对这类灯塔的考察，可以重新认识相关灯塔在近代中国航运网络乃至近代交通体系中的功能和地位，确认考察灯塔的坐标以及其各项附属设施的相对位置。由此，对灯塔的研究为接下来系统还原港口航运实态和复原海上交通线路提供基础和思路，具有不可忽视的意义。

Outward Leading to Sea and Inward Connecting to Harbour: Investigation Report on the Tsingseu Lighthouse in Xiamen Bay

Wu Lingfei, Li Jiayun

Abstract: From the perspective of high-precision restoration of modern maritime traffic routes, this study selects the Tsingseu lighthouse between Xiamen and Zhangzhou, and makes a field investigation on the Tsingseu lighthouse on the

---

① 〔英〕班思德：《中国沿海灯塔志》，李廷元译，第 123 页。
② 伍伶飞：《"西风已至"：近代东亚灯塔体系及其与航运格局关系研究》，厦门大学出版社，2021，自序，第 1 页。

basis of collecting and sorting out the relevant historical documents in modern customs publications, modern newspapers and other materials. Through the comparative analysis of historical literature records and field conditions, and through the information of Lighthouse order and light range, we can rediscover the position of Tsingseu lighthouse in modern Xiamen Harbour and southeast coastal routes, and confirm the coordinates of Tsingseu lighthouse and the relative position of its ancillary facilities. This investigation and research on the Tsingseu lighthouse provides a model for the following series of investigation and Research on the lighthouse, and also prepares a reference case for the high-precision restoration of modern maritime traffic routes.

Keywords: Unpublished Chinese Maritime Customs Historical Materials; Historical Geography; Marine Department; Navigation Mark

（执行编辑：林旭鸣）

海洋史研究（第二十一辑）

2023 年 6 月　第 467~484 页

守护海岸之光

——灯塔世家的第三代守塔人口述

全秋红[*]

缘　起

灯塔是为船舶安全服务的助航设施中的一种，在漫长的历史中，它的建设从民间自发逐渐向政府主导过渡。近代在海关总税务司赫德的主持下，以船钞作为建设经费，引进外国灯塔设备，使灯塔建设走向了有序化、规模化。与此相关的航道和港口管理也都得到空前加强，进而极大促进了航运安全，实现了赫德使商人"经营方便，而且以此增加营业，而营业增加的结果将使帝国国库充实"的目的。[①] 学界对于近代灯塔的建设管理、经费问题、等级辨析、防护等有一些探讨，[②] 但目前国内已有研究对于守塔人的关

---

* 作者全秋红，华中师范大学近代史研究所博士研究生。

本文系 2020 年度国家社科基金青年项目"近代中国航标历史地理研究"（项目号：20CZS059）的阶段性成果。

① 〔美〕理查德·J. 司马富、约翰·K. 费正清、凯瑟琳·F. 布鲁纳编《赫德与中国早期现代化：赫德日记（1863—1866）》，陈绛译，中国海关出版社，2005，第 61 页。

② 〔英〕班思德：《中国沿海灯塔志》，李廷元译，上海总税务司署统计科印行，1933；陈诗启：《中国史问题初探》，中国展望出版社，1987；叶嘉霖主编《中国航标史》，广州市新闻出版局，2000；陈诗启：《中国近代海关史》，人民出版社，2002；〔英〕毕克思：《石碑山——灯塔阴影里的生与死》，孙立新、石运瑞译，孙立新、吕一旭主编《"殖民主义与中国近代社会"国际学术会议论文集》，人民出版社，2009；伍伶飞：《"西风已（转下页注）

注不多。国外对于守塔人的研究主要有埃莉诺·德·怀尔（Elinor de Wire）的《光之守护者》（*Guardians of the Lights*），①该书是研究美国守塔人较为详细的著作，对于了解这个群体的各个侧面具有重要意义。此外，勒诺·斯科马尔（Lenore Skomal）的《灯塔看守之女》（*The Lighthouse Keeper's Daughter*）重点写了一个守塔人的历史。② 该书从著名的第一个有正式任命的女性守塔人的个人生命史角度出发，反映了与之关联的美国社会及纽波特地区美国女权主义的发展历史、灯塔管理制度和技术的嬗变，对于了解守塔人的日常生活有重要作用。埃里克·杰·多林《辉煌信标：美国灯塔史》③，是一部美国灯塔的发展史，对于了解美国灯塔的起源、制度、建造、人物、技术等具有重要意义，其中对于守塔人群体也有论述。

近代灯塔规模化地建立起来后，从事灯塔工作的群体不容忽视，他们是灯塔发光背后的关键因素。《美国哈佛大学图书馆藏未刊中国旧海关史料（1860—1949）》记载，1874 年，灯塔值事洋员有 39 人，其中守灯船的有 6 人，看守灯塔的有 33 人。④ 灯塔值事中关于中国员工的记载最早见于 1881 年中国各口贸易报告，报告显示其有 49 人，是灯塔上的低级职员，在新关题名录的记载之外，灯塔设计图中有为小工留置的房间，叶氏第一代守塔人应属于小工。此后这个群体人数迅速增加，华洋灯塔值事总和达到 200 人左右。⑤ 但是目前文献中对于

（接上页注②）至"：近代东亚灯塔体系及其与航运格局关系研究》，厦门大学出版社，2021；江涛：《近代中国海关助航仪器购买的程序探析——以购买灯塔为例》，《黑龙江史志》2011 年第 17 期；张雪峰：《近代海关与海务》，《大经贸》2011 年第 7 期；张耀华：《中国近代海关之航标》，《上海：海与城的交融》，中国航海博物馆第三届国际学术研讨会论文，2012；伍伶飞：《船钞的收与支：近代关税史的一个侧面》，《中国经济史研究》2017 年第 6 期；伍伶飞：《近代东亚灯塔分级指标辨析》，《海洋史研究》第 11 辑，社会科学文献出版社，2017；伍伶飞：《近代长江中下游灯塔体系及其防护》，《云南大学学报》（社会科学版）2017 年第 2 期；张诗丰：《晚清海关大巡船的沿海灯塔防卫职能研究》，《海关与经贸研究》2018 年第 4 期；伍伶飞、吴松弟：《产业政策与航运格局：以近代日本灯塔事业为中心》，《复旦学报》（社会科学版）2019 年第 1 期；李芳：《晚清灯塔建设与管理》，硕士学位论文，华中师范大学，2011；江涛：《近代福建沿海助航标志探析》，硕士学位论文，福建师范大学，2012。

① Elinor De Wire, *Guardians of the Lights*, Florida：Pineapple Press, 1995.

② Lenore Skomal, *The Lighthouse Keeper's Daughter*, Connecticut：Globe Requot Press, 2010.

③ 〔美〕埃里克·杰·多林：《辉煌信标：美国灯塔史》，冯璇译，社会科学文献出版社，2020。

④ 吴松弟整理《美国哈佛大学图书馆藏未刊中国旧海关史料（1860—1949）》第 213 册，广西师范大学出版社，2014，第 33 页。

⑤ 除新关题名录登记在册的华洋灯塔值事人外，还有从灯塔附近地区招募的本地人作为灯塔上的小工。

以上人群的日常生活记载较少，本文通过对浙东海域灯塔世家的第三代守塔人叶中央的口述采访，试图一定程度上增进对守塔人工作生活和情感的了解。

叶中央，1940 年出生于浙江省嵊泗县，其祖父叶来荣、父亲叶阿岳均为灯塔看守，5 岁时父亲丧生大海，1959 年参加工作，成为叶家第三代守塔人，辗转看守浙东海域唐脑、白节、花鸟、半洋、小板等多座灯塔，1971 年春节前妻子带着女儿在去灯塔途中，不幸遇难。1987 年被授予中国海员工会首届金锚奖，1988 年被授予全国"五一"劳动模范奖章，1989 年被国务院授予全国"五一劳动模范"称号。他先后受到邓小平、江泽民、胡锦涛等国家领导人的接见，2000 年于宁波航标处花鸟山灯塔主任岗位退休。他看守灯塔 41 年，儿子、孙子也先后成为第四代、第五代守塔人，叶家看守浙东海域灯塔百余年。为行文方便，以下以第一人称记录其口述部分。

一　灯塔世家

我的爷爷叫叶来荣，他是在嵊泗县（嵊泗列岛）下面一个小的乡村里出生的，就在海边，他爸爸妈妈就生活在这个地方。这的人大多都是渔民，爷爷之前就是捕鱼的渔民，他的兄弟姐妹也是捕鱼的，爷爷的兄弟姐妹中就他一个人去灯塔工作了，他小时候基本上没有上过学，我记得他的文化程度比较差一点。我知道灯塔落成的时间和他出生的时间差不多。当时我们嵊泗县边上建造了两个灯塔，其中一个就是白节山灯塔，[①] 离我们家乡很近，是 1883 年英国人建的，灯塔建成之后呢，过了一段时间就开始招人了，他们到这边来，当时就是在附近的海岛上招人，都是上海海关招收的，招收工人也都是他们管，那个时候选人上去守灯塔的条件不是很严，但也是要挑的，他那个条件比较简单，身体要健康。[②] 海关招收职工，招好了以后不是直接

① 位于舟山市嵊泗县境内白节山上。"灯塔位置：在白节山南端山脊之上，即北纬三十度三十六分五十六秒，东经一百二十二度二十五分五秒；灯塔情形：三等透镜替光灯，每一分钟红白二光各闪一次，烛力各七万五千枝，晴时二十二里内均可望见，光绪九年（1883年）始燃，宣统二年（1910年）及民国十八年修改；构造形状：塔圆外饰红白二色横纹；该塔乃系指示船只行驶白节门（或称白节海峡）之用者也。"见〔英〕班思德《中国沿海灯塔志》，李廷元译，第 200 页。
② 海关招考要求应考者年富力强。内班年龄限制在 19—23 岁，外班不超过 30 岁，均应未婚。内班应试须受过普通高等教育者，必须考英语、算术、地理，在中国招考则增考近代语文，体格检查有疾病者不予录用。外班不重学术试验，以健康及品德为主。陈霞飞主编《中国海关密档——赫德、金登干函电汇编（1874—1907）》第 1 卷，中华书局，1996，第12页。

上灯塔的，是要去上海培训一段时间，上海海关告诉你这个灯塔是怎么使用的等等。我爷爷就是这样被招上去的。就近可以招人的就近招，就近招不了就上海派过来，当时像溧泗县被招上去的，跟爷爷一起的还有两个，其余的人都是各个地方的，上海的、外地的都有，不都是一个地方的。

那个时候呢，建灯塔之前海面上礁石很多，英国人建灯塔的时候不是为了附近捕鱼的钓鱼船，从上海到日本有一条专门的航道，还有从上海到台湾的航线，他们都是做过测量的，测量好航道在哪里就把灯塔建在哪里。有了这个白节山灯塔之后，来往的那些渔船，那些船只发生的事故，当然是少一些了，周围的渔船晚上就可以看见灯塔，就安全了，但灯塔主要还是为上海外面的港口和这些轮船服务的。

二 祖辈的守塔生活

爷爷 20 多岁被招上去之后主要干的工作就是看守灯塔，看灯塔发光正常与否。那个时候看守灯塔的工作其实也很简单的，主要就是晚上的时候及时把灯点亮，早上太阳出来以后把灯关掉，平时打扫周围的卫生，保养和维修机器。每天除了做日常的工作之外，白天也是要值班的，要观察海洋上面的情况，看发生什么事情，还有轮船过来过去都需要登记。那时候每天的工作很有序的，一般早上 8 点钟要开始工作。灯塔上的领导会给你一些工作，做清洁保养，擦机器和灯塔，这些是基本每天都要干的，安排的工作干完了就没事了，下午一般没什么大的事情，就休息，这是普通的看守人员的情况，上海海关的人基本上都要在灯塔上面，不管是到谁管了。上午 8 点钟到12 点钟是一个班，中午 12 点钟到下午 5 点钟是一个班，下午 5 点钟到晚上9 点钟是一个班，下面是三个小时一班，一直到 7 点。其他没事的时候可以睡觉，爷爷在岛上的时候，每天做哪些日常工作，会用小本记录下来。

爷爷当时在灯塔上没有职务，就是一般的灯塔工，我知道灯塔上有个外国人是白俄罗斯人，他是在灯塔上当领导的，[①] 管日常的工作，称“主任”，平时工作的话也不都是讲俄罗斯话的，大家都是讲英语的，他们在工作中交

---

① “德国人撤走后，人员构成中最大的变化是俄国人来了，他们后来成为主宰（1939 年达到受雇人数的 10/27）。”〔英〕毕克思：《石碑山——灯塔阴影里的生与死》，孙立新、石运瑞译，孙立新、吕一旭主编《“殖民主义与中国近代社会”国际学术会议论文集》，第20 页。

流的时候基本都是用简单的英语介绍的。那时候上海海关是英国人管的，海关的领导是英国人，下面的工作人员都是中国人。① 灯塔上做普通工作的都是中国人，有八个人在上面。那个白俄罗斯人有休假的话，就回去，然后到其他灯塔，就不回来了，上面再派一个过来或者灯塔上的担任领导，一般是上海的人多一些。②

爷爷那时候灯塔是烧煤油的（煤油灯），煤油灯燃烧产生的烟会直接排出去，不会留在灯塔里面。灯芯不需要修剪，如果坏了就重新换一个，③ 那个时候灯塔上没什么机器，就一个灯，灯塔部件是以铜制为主，坏的很少，上锈也比较少。工作上的东西，比如煤油、灯芯、镜头，每个灯塔都会送的，有储备，一般坏的或需要换的，海关会给你送过来。沿海台风天气很多，小时候和爷爷在灯塔上的时候，台风雷雨天气比较多，不过那个房子很牢固，一般的风吹不动它，也有风太大把瓦片吹掉的，吹坏了以后及时告诉海关，它会送材料、送人过来给你修的。除了房屋，灯塔坏了的情况也有，一般的小修小补，有的灯坏了，有母灯（备用的灯），在它的基础上换一个，自己能修的可以自己修，修不好的，上海海关派人过来修，但这太麻烦了。④ 爷爷那个时候工作没穿过统一的服装，好像这方面也没有规定吧，老百姓穿什么就是什么。爷爷在灯塔上的时候，灯塔上没有设气象观测的，等

---

① 根据近代历年中国沿海及内河航路标识总册及新关题名录记载，灯塔处下的灯塔值事人分洋员和华员，其中洋员职位等级高于华员。赫德力图把海关管理成一个国际性的机构，"海关成立之初，各员实无权利可言。各员之所以能保持海关职位，其一盖因海关办事成效卓著，遂使中国政府相信海关有继续保留价值，再因海关成员之多国籍，为列强诸国所欢迎。以往十年，即海关成立后之第一个十年中，资历只作次要之考虑因素，而个人之办事成效、特长与国籍乃首要因素"。黄胜强主编《旧中国海关总税务司署通令选编》第1卷，中国海关出版社，2003，第81页。

② 灯塔处下灯塔值事中洋员国籍众多，前期以英国人占大多数，以1884年数据为例，比重近40%。吴松弟整理《美国哈佛大学图书馆藏未刊中国旧海关史料（1860—1949）》，第232册，第554—559页。

③ 此处与文献记载存在出入，灯具管理说明中记载灯芯需要修剪，在第一次燃烧后需要用小刷子或绒布将烧焦的部分去掉，以保证光亮。中华人民共和国海关总署办公厅、中国海关学会编《海关总署档案馆藏未刊中国旧海关出版物（1860—1949）》第14册，中国海关出版社，2017，第49页。

④ 海关规定海关大巡船定期巡视灯塔灯船，管驾官航经每一处灯塔或灯船应与之联络，如与上次经过时相隔已逾一月，管驾官应携同管轮一名登临灯塔检查，由管轮作相应检修，由管驾官记录检查结果。黄胜强主编《旧中国海关总税务司署通令选编》第1卷，第200页。

到我上灯塔以后才有这个东西。①

海岛就是礁石比较多，即使是有灯塔，附近也有一些小船沉了或碰到礁石翻了，这种情况你也没船，游不过去，就没办法，小船从海上过来，向灯塔靠拢的话，就可以把小船救起来，灯塔正常发光，这样的事很少很少发生，除非有大风把小船刮掉了。灯塔上发生的比较大的事情就是 1949 年春节的时候，太平轮那个事故就是发生在那个岛上，②那时候我就和奶奶一起在那，我爷爷就在灯塔上值班。那个时候灯塔上偷盗破坏的情况基本上没有，一般人是不会去搞这些事的，渔民都知道需要灯塔照亮。海洋上有些海盗，是小海盗不是大海盗，他不会到灯塔那里面去的，他就是拿钱，也不会要灯塔，灯拿去也没用，卖也卖不掉，海关查得很严，有海盗，一抓就抓到，跑不掉的。

爷爷那个时候在灯塔上用的东西，一些蔬菜粮食、生活用品，还有一些烧的煤油，当时是上海海关用补给船送过来的，每一次送物资的时候，领导都会上去看看灯塔的情况，视察一下，规定是 40 天去一次。③每次补给之前，爷爷他们在岛上有什么工作上和个人生活上需要的都可以给他们写信，只要你需要都可以给你买回来，不限什么东西可以买什么东西不可以买。因为时间太长了，要一个多月，就会把物资存放在白节灯塔对面的小岛上，就是溧泗县（县委所在地在这个地方），那儿有村庄有居民，然后海关出钱租一条小船定期给我们送过来，有时候一个星期，有时候十几天。送的时候会来灯塔看看，问问有什么情况，如果有什么需要也可以向他们说。上海海关

---

① 中国海关于 1869 年起附设测候所，为中国设气象台之始。鉴于外国商船在中国沿海常常遇到礁石险滩和恶劣气候，赫德认为在放置灯塔的同时应设气象台站。当时中国沿海及内河各口海关，南起广州，北至牛庄，分布于南北二十个纬度、东西十个经度的范围之内，坐落地点很适合作为观察气象的网点。各海关附设的测候所就在赫德的倡议下建立起来。但当时仅只是购置仪器设备，并无专人管理。黄胜强主编《旧中国海关总税务司署通令选编》第 1 卷，第 95 页。

② 太平轮事件，发生于 1949 年 1 月 27 日，中联轮船公司的太平轮因超载且夜间航行，在舟山群岛的白节山附近与一艘载 2700 吨煤炭及木材的建元轮相撞沉没，船上 932 人遇难。"关于两轮之失事地点，据江海关海务科公告，谓建元沉没于白节山及半洋山之间，太平则沉没于白节山灯塔之东南方约四里半附近。"《两沉轮下落不明，整日搜索无结果，勘察轮留驻海上将继续搜索》，《申报》（上海）1949 年 2 月 2 日，第 4 版。

③ 灯塔灯船巡视是一项常规工作，海务处成立后，港务长配备了船只，在其辖区水域进行日常监督管理，巡船被用来发放灯塔看守工资、运送物资等补给工作，一个补给巡视航次，一般需要六个星期。《长江上的木帆船》，转引自长江航道史编委会编《长江航道史》，人民交通出版社，1993，第 139 页。

每次把东西送过来以后，我们把需要的东西写封信再让小船送出去，上海海
关收到信之后就会把物资准备好，然后到了40天的时候就会用一条专门的
船送到灯塔上来。平时在灯塔上吃一些鱼啊、淡菜（一种贝类海鲜）啊等
等，这些海关都会送的，不用去岛外买，如果自己有需要就去外面买。一些
简单的蔬菜他们会种的也种，白节灯塔会种的有，其他灯塔有的有，有的没
有。靠近村庄的灯塔有的是海关送过来，可以种的自己也种。在灯塔上吃水
有井水，下雨天也会接水。灯塔上没有专门做饭的，都是自己做的，我爷爷
那个时候是烧煤做饭的。[①]

爷爷也不是一直在白节山灯塔，他后来也到过其他灯塔，上海那有个大
戢灯塔，[②] 佘山灯塔他也去过，[③] 还有半洋灯塔，[④] 这些灯塔里离家最近的
就是白节山灯塔，到半洋灯塔去基本上也是很近的，跟白节差不多。去大
戢山，去佘山就算离家远的，佘山是最远的。爷爷他自己不喜欢离开白节
灯塔，因为这里离家里近很方便，还有其他的人也希望到白节灯塔的，海
关那边领导也不能听你的，领导会给他调动工作地点，但在那些外面远的
灯塔没待几年，我知道的时候他已经调回来了。爷爷基本上是在半洋、白
节两个灯塔，在白节山灯塔工作的时间更长一点。那个时候守灯塔的话是
常年都在岛上，灯塔上八个人组成一个班子，是可以轮流休息的，谁需要
休息就可以轮，一年大概可以休息40天，休息的人下去，其他人在岛上

---

① 近代灯塔辅助设施较为齐全，除灯塔主体结构外，一般灯塔还配置厨房、猪舍、鸡圈、厕
　　所、储藏室等辅助设施。中华人民共和国海关总署办公厅、中国海关学会编《海关总署档
　　案馆藏未刊中国旧海关出版物（1860—1949）》第28册，第129—151页。

② "在大戢山顶东端之上，即北纬三十度四十八分三十七秒，东经一百二十二度十分十六秒；
　　灯光情形：三等透镜闪光灯，每三秒又百分之七十五闪白光一次，烛力二十七万枝，晴时
　　二十三又十分之七里内均可望见，同治八年（1869年）始燃，光绪二十六年（1900年）
　　及民国十九年修改；构造形状：塔圆色白。"见〔英〕班思德《中国沿海灯塔志》，李廷元
　　译，第205页。

③ "灯塔位置：在佘山之巅，即北纬三十一度二十五分二十四秒，东经一百二十二度十四分
　　十九秒；灯光情形：二等透镜连闪灯，每十五秒钟连续急闪白光二次，烛力七十万枝，晴
　　时二十二里内均可望见。同治十年（1871年）始燃，光绪二十五年（1899年）、宣统二年
　　（1910年）及民国二年修改。构造形状：塔圆色黑。"见〔英〕班思德《中国沿海灯塔
　　志》，李廷元译，第220页。

④ "半洋山位于白节门之中，去白节山灯塔西北偏西约三里，体积微小，地势甚低，光绪三
　　十年（1904年）建成，用以标示该方位所在，且该山灯光若与大戢山灯光成为一线时，
　　即为白节门内之航行正路。该塔镜机为六等，烛力原为一百四十枝，民国二十一年改置电
　　石灯，每一分钟自动闪光四十次，烛力增为四百五十枝。"见〔英〕班思德《中国沿海灯
　　塔志》，李廷元译，第203页。

值班。爷爷不是灯塔上唯一的灯塔工，那个时候灯塔上的工作人员有八个人，同时在灯塔上是六个人左右，六个人不是一个地方的，灯塔上休息是轮换的，一般是下去两个，一个或最多三个，保证塔上总有五个到六个人。休息完不会回到这个灯塔上，到其他灯塔去，其他灯塔上也是在轮换的，其他灯塔上也有要休息的，你去顶替他，所以去休息的这个人，休息回来不一定在这个灯塔了。爷爷不一样，泗的这个灯塔，因为离家很近，所以他一般不会休假的，① 因为休假的话下次回来就不一定在这个灯塔上了，就可能到其他灯塔去了。② 平时我没看到，也没听过有人上灯塔来培训。一般参加工作了以后，要去上海报到，看需要什么东西，分到哪里去，海关把有关的事项给你说，培训一下、照个相做一些工作证、登个记。他们一般喜欢到离家近、方便的地方，休假的时候喜欢调动的可以去上海跟海关说一说，像我爷爷他也不喜欢调动，领导叫到哪里去就到哪里去，③ 上海恐怕去得很少。爷爷在灯塔上工作的时候，工资每个月是固定的，都是上海海关送过来的，一个月大概五六块钱的银圆。奶奶跟爷爷的话基本上都是在一起的，我爷爷工作的地方离下面的小村（我奶奶就在那个地方）不远。因为白节灯塔离家乡很近嘛，走走就可以回家，他不打报告回家的话领导也不会不让他干。爷爷他休息的时候就坐船直接从灯塔上到他们在嵊泗岛的家里，那时候小船要四个小时。原来有竹划船，现在机动船更快了。休假回到家就没什么事情可干，捕鱼、在家休息或者和奶奶种一些地，再接着回去灯塔工作。

爷爷退休大概是在 1956 年、1957 年这个时期，我知道的爷爷那些同事的后代没有在灯塔上工作的。我 1959 年上的灯塔，这个时候他已经退休在家了，退休的时候他 60 岁，退休了之后就回到白节灯塔下面的小村庄，跟奶奶一起，种种地瓜、蔬菜等。他的身体很好，到 1971 年身体突然不好了，没多久就去世了。爷爷做这份工作还是比较开心的，因为岛上面都是渔民，守灯塔这个工作比渔民还是要高一个档次。

---

① 海关人员工作七年后长假返程，可报销本人及家庭（妻、子女 3 名、仆人 1 名）返程路费之半。超重行李费、旅馆费及小费不包括在内。黄胜强主编《旧中国海关总税务司署通令选编》第 1 卷，第 87 页。

② 休假是近代守塔人在各灯塔间流动的主要因素，常为一个月。

③ 口岸间人员调动，自动要求调动需要自付开支，近代灯塔处下华员值事工资较低，小工的待遇应更低，调动会增加额外开支。黄胜强主编《旧中国海关总税务司署通令选编》第 1 卷，第 87 页。

三　父辈的灯塔悲剧

爷爷和奶奶下面一代算上我父亲是四个孩子，有三个儿子，一个女儿，女儿在家里做家庭妇女，我爷爷的第二个儿子是在海岛上捕鱼的，鱼多起来他就要拿到外面去卖的，还有一个儿子是做生意的。那个时候，我爷爷在灯塔上，我们跟着奶奶，我的爷爷跟他的孩子们很少在一起，我父亲那一辈的几个孩子，他们小时候多点少点都上过学的，这几个孩子中父亲是灯塔工人，因为他是排行老大，下面的孩子还小，父亲上过学，上到小学。那时候我爷爷他还在灯塔上，想让父亲也去灯塔上工作，招人的时候父亲和母亲在家里，爷爷就让他去了，父亲他工作在白节灯塔。我的母亲是一个家庭妇女，有时我们家也去灯塔待，海关有规定，家属在灯塔里待三个月是最多最多了，不能超过三个月，不然他就撵你下来，不让你在那了，母亲在家里没事做，到了第一个月就回来，我们还小呢，她也待不了太久。

我5岁的时候跟爷爷一起去灯塔，在这之前跟父亲母亲一起，父亲母亲的家和爷爷奶奶的家都是在我们嵊泗县这一个地方，都在一起。我5岁的时候父亲去世了，当时遇上台风天，我父亲守塔时，看到一艘补给船要进港避风，我父亲去帮忙，就被卷进海里了。在这之后因为母亲是家庭妇女，没有地方可以去挣钱，主要是在家做一些农活，我就一直跟着爷爷生活，我跟他一起在灯塔上的时候我的年龄比较小。这些孩子里我是老大，下一个是妹妹，父亲去世的时候她3岁，后来出嫁了就做家庭妇女，再下面一个老三是弟弟，父亲去世的时候他1岁。父亲去世后家里的经济来源是爷爷资助一点，我5岁到10岁跟爷爷在灯塔上的时候，就帮爷爷种种地瓜种种菜，白节灯塔有地可以种蔬菜，平时跟在爷爷后面，他让我拿个什么东西我就帮他拿，和他一直在一起。跟爷爷一起的时候觉得爷爷这个守塔的工作也不错，以后可以上灯塔跟爷爷一起工作。那时候农村也没什么其他工作，如果没有文化的话就只能捕鱼。爷爷那时候会跟我说，让我好好读书，以后跟爷爷一样干灯塔工作。爷爷希望父亲还有我都干灯塔工作，他有这个想法的，即使是后来父亲遇难后。当时他对于这件事是很难过的，但也还是希望我干灯塔工作，因为干哪个工作都有危险的。10岁以后我就回家了，开始上学，我们住的地方有个小学，家里经济条件比较困难，小学读了两年，那时候主要就是上语文课和数学课，两年也学不了太多东西，学校离家里很近，放寒暑假的时候我去爷爷那里。我不读书了之后，就帮母亲做一些家务，种地、养鹅、养鸡、养猪，做些家务，照顾弟弟妹妹，因为家里还要生活。十三四岁的时候，因为继父是理发的，所以大概从 14 岁到 18 岁是跟着他学理发，之后家里又生了两个弟弟一个妹妹，一共有六个孩子。后来让弟弟读书，我参加工作了，供他一直读到高中，我们这里读高中也是最高的一级了，大学就不读了。高中以后，因为我们是农村，都是捕鱼的，弟弟在家里就去生产队捕鱼，后来生产队发展，他的文化程度比较高，生产队就让他开机器，与普通捕鱼的还是不一样。

四　第三代守塔人

我是 1959 年开始去灯塔上工作，那时候我 19 岁，正赶上"大跃进"，就感觉这个"大跃进"轰轰烈烈的，因为妈妈就在家里，继父是理发的，所以当时是一起吃大锅饭，其他劳动他们不用去参加。爷爷给我报名了以后大概一个月的时间，机关领导就过来让我们上灯塔去了，那个时候是部队管灯塔，就先过去报到，跟我们说说灯塔上什么情况，要注意些什么，然后就上灯塔去了。那个时候跟我一起上去的还有另外两个人，都是灯塔职工的子弟，一个是家里三代干灯塔工，一个是两代干灯塔工，那个时候灯塔职工的后代去做灯塔工比其他人要容易些，我们那个地方那个时候对灯塔工这个工作很认可的，金饭碗嘛，能进海关里面去就相当于金饭碗拿到了，我们这里是小地方，农村都是捕鱼的，那这个工作就比捕鱼好多啦，家里没什么工作，到灯塔上去就是找到好工作了。因为从小跟爷爷在灯塔上，对灯塔很熟悉，在家里的时候，家里比较困难，帮母亲什么都干，玩的很少，去灯塔上对我来说反而轻松了，上去工作很适应，很开心。我 1959 年上去的是唐脑灯塔，[①] 那个灯塔很小，比白节山灯塔小多了，最开始工作的时候，没什么培训，就到灯塔上去慢慢学习，主要干的工作就还是灯塔上那些手头的工作，灯塔保养、清洁、值班。我上灯塔之后干的那些日常的工作，跟上两代

---

① "灯塔位置：在洋山群岛内唐脑山西巅之上，即北纬三十度三十五分三十八秒，东经一百二十一度五十七分五十三秒；灯光情形：四等透镜电石闪光灯，每三秒钟闪放红白二光各一次，烛力二千五百枝，晴时十五里内可见白光，八里内可见红光，光绪卅三年（1907年）始燃，民国四年及五年修改；构造形状：灯置于白色屋顶之上。"〔英〕班思德：《中国沿海灯塔志》，李廷元译，第 253 页。

人比起来，具体的也没什么变化，也还是他们干的这些活儿，还是早上 8 点钟上班，然后上午主要是做一些机器的清洁保养工作，中午、下午没有什么大的事情就可以休息一下，基本上就是这样。到了值班的时候要值班，值班就是几个人分成几班，从早上 8 点到中午 12 点是一个班，中午 12 点到下午 5 点是一个班，下午 5 点到晚上 9 点是一个班，然后晚上 9 点到第二天早上 7 点，三个小时一班，三个小时一班。灯塔上没有什么其他重活儿，就是补给船来的时候要挑东西，把煤油挑到灯塔上，40 天挑一次，数量不是很多，从小船到灯塔几百米的距离，来回三四趟就能挑完。因为灯塔上都是年轻人，海上潮湿的空气对身体的影响体现不出来，但腰酸背疼、关节痛是会有的。

　　灯塔突然出点问题，像机器故障，突然不亮的情况是比较正常的，经常会有，一般我们自己修理能恢复好，恢复不了就有备用的灯，修不好的话就叫小船把它换回去了。大概是在 1953 年之后灯塔都是用柴油机发电的，我上去的时候设备、灯器都换了，跟我爷爷那个时候是不一样的，我爷爷那个时候就一个煤油灯就可以了，我上去的时候有机器了，有发电设备这些比较新的东西了。当时单位领导鼓励下面的职工来学习这些新机器的操作技术，学习业务知识，起码灯塔上这些业务是要掌握的。对我来讲，因为我没有文化，就去学业务，业务书每个灯塔都有的，文化书学起来有困难，就拿来当业务书读。我在灯塔上的时候，实在不行可以问老职工，一些业务知识字太多了自己也不好意思了，下来灯塔了就去买个字典上去查。平时上面对我们也有些培训，教使用机器设备，要到机关去参加，第一次培训是去舟山，之后就是去宁波，灯塔上交通不方便，培训时间一般最多两三个月，各个灯塔都去一些人，不去的就继续工作。培训不是很多，教一些基本的东西，主要是机器的知识、保养修理这些。主要还是靠自己慢慢地学，灯塔上的机器你值班的时候就可以修，就对着业务书学，要学好的话还是要动点脑子，如果每坏一个小零件或者缺一个小配件都要海关过来送的话，那太远了，成本太高了，所以要自己学这些知识。你参加工作要知道每个机器零件是干什么的，要保证灯塔发光，这是最基本的工作，也是最大的工作。灯塔上机器故障这种情况是经常发生的，灯塔上使用的柴油发电机，本身也容易出现故障，雷电天气很容易影响到灯塔工作，因为灯塔很高，打雷容易打到灯塔，如果遇到这种紧急情况，灯塔不能发光要向上汇报，打雷打坏了有备用的零件，灯塔上有三套发电机，这一套打坏了还有两套，机器打坏了就比较麻烦，打坏的零件能换的就换，如果换不了，灯塔不亮的话就要把备用的机器设备拿出来。大雾天气的话有雾号，我第一次上去的唐脑灯塔就有雾号，很远就可以听到，它的声音跟大轮船发出的声音差不多，但比大轮船的声音要大，雾号不是每个灯塔都有的，花鸟、鱼腥脑灯塔有，白节灯塔我当时时上去还没有，后来是有那个雾炮，五分钟放一炮，不管有没有船都要放。我爷爷那个时候大雾天气也是放雾炮，我听到过他们放。没有雾号、雾炮的情况下大雾天气就没有办法了，很早的时候还有一个灯塔在大雾天气是敲锣（铜钟）的，很大的锣（铜钟），几分钟敲一下作为一个信号。

总体来说在灯塔上工作我觉得是不忙的，灯塔上也没啥大的工作，就是机器设备、灯器的清洁保养。除了工作，在灯塔上其他的娱乐活动就是灯塔工人会一起喝喝酒，打打牌，① 也没人组织过其他的娱乐活动，几个人打打牌，你喜欢你可以干，还可以钓鱼，爷爷那时候会钓鱼，钓鱼在灯塔附近就可以钓，不用划船再往出走，但不要让海关知道，上海海关他不希望你搞这些事，是不允许的。② 上海海关在培训的时候或者上灯塔来看的时候会强调的，说这些活动的危险性，他也不希望你在灯塔上发生什么事，他有规定的。1980 年以前在灯塔上钓鱼是可以的，我们还是跑到海边去钓鱼的，这是经常有的。但是领导不希望你去钓鱼，因为那很孤单的小岛上，你去钓鱼发生什么事情的话很难应付，你摔一跤啊没有医生可以给你治，所以不让我们到海边去。到 1980 年尤其是 1983 年以后，我们单位原来由部队管移交到由交通部管，交通部管它的规章制度比较多，比较严，所以就不让我们到海边去钓鱼了，我们也不去了，除了钓鱼就没什么其他的爱好了，灯塔上也没有其他事情可以做，地方太小了，也没有其他副业可以做，能种点菜就不错了。

我们一般是 1 年到 2 年调休一次，灯塔（上要）保证（有）几个人，你调休以后回家休息，其他人就顶上，当你休息完了以后你去上班的时候又

---

① 近代灯塔人员管理严禁聚赌，要求分班值守灯塔。在灯塔的维护管理上，海务巡工司和总工程师每年要定期对灯塔进行巡检，海关违规违法行为中也包括懒散、不遵守时刻、疏忽大意、酗酒等。违反者将受到相应处理。中华人民共和国海关总署办公厅、中国海关学会编《海关总署档案馆藏未刊中国旧海关出版物（1860—1949）》第 14 册，第 40 页；黄胜强主编《旧中国海关总税务司署通令选编》第 1 卷，第 90 页。
② 总税务司通令中规定上司应对员工负责，不论上班下班，外班人员居住处发生之种种事情，更应由总巡，或由税务司总巡所委之官员，随时察看，以制止酗酒、闹事、赌牌等令人失控之放纵行为。但因灯塔地处偏僻，所受约束或较小。黄胜强主编《旧中国海关总税务司署通令选编》第 1 卷，第 269 页。

到上海海关去报到一下，看他给你分到哪里去，休假回来不一定在之前工作的灯塔。除了唐脑灯塔，我还去过小板灯塔、① 半洋灯塔、白节山灯塔。在白节山灯塔待得最久，待了 25 年，我是 1971 年到白节灯塔的，一直到 1996 年，这段时间都在白节灯塔，后来去花鸟灯塔待了 3 年就退休了，② 2000 年的时候退休，那时候我 60 岁，一般退休都在这个年龄。

五　灯塔上的政治、思想文化活动

爷爷那一辈到我这一辈是有政权变化，不管是过去的国民党还是新中国成立后的共产党，对我们灯塔都是很重视的，新中国成立之初，灯塔有些地方解放了，有些地方还没解放，解放了就马上有解放军接管，没解放的国民党也不会给你弄掉的，基本上没有什么大的变动，不管有人管还是没人管，都是要保证灯是亮着的。新中国成立后当时工厂里有师傅带徒弟，我们在灯塔上这个师徒制是没有规定的，我们这就几个人，我们心目中那些老职工应该是我们的师傅，有什么事情请教他们。

1966—1976 年，"文化大革命"的时候，因为灯塔上我们也不生产什么东西，就保证灯塔发亮就可以了，其他的像工厂、生产队的我们这都没有的。我们还属于部队管，是部队的基层职工，由海军管理，其他地方上这些活动我们都没有参加，像批斗这些灯塔上是没有的，跟灯塔也没什么关系，其他灯塔上也是没有的，部队受这个影响还是比较小的。

那个时候在灯塔上的思想学习活动，像学习毛泽东思想，这个是经常有的，要是没有的话你的思想不知跑哪里去了，我们单位领导给我们规定一个星期有一次学习，大概一个上午，我们把印的毛泽东著作发下来，其他还有发下来的我们都要学习，这些学习活动一个星期最起码有一次。我们灯塔上

---

① 又名小龟山灯塔，该塔用以指示小板门（亦称黄星门）。"灯塔位置：在小龟山之巅，即北纬三十度十二分四十二秒又十分之二，东经一百二十二度三十五分二十秒又十分之一；灯光情形：三等透镜闪光灯，每三十秒钟闪白光一次，烛力十三万五千枝，晴时二十二里内均可望，见光绪九年（1883 年）始燃，宣统二年（1910 年）及民国十八年修改；构造形状：塔圆色黑。"〔英〕班思德：《中国沿海灯塔志》，李廷元译，第 190 页。

② "灯塔位置：在花鸟山东北角之上，即北纬三十度五十一分四十一秒又十分之四，东经一百二十二度四十分十六秒又十分之六；灯光情形：头等透镜闪光灯，每十五秒钟闪白光一次，烛力七十四万枝，晴时二十四里内均可望见，同治九年（1870 年）始燃，民国五年修改；构造形状：塔圆上段饰以黑色下段白色。"〔英〕班思德：《中国沿海灯塔志》，李廷元译，第 212 页。

有几个职工，那么我们就一起把那些著作念一念，讨论讨论，不要求发言，也没有开展一些批评、树立典型这样的一些活动，主要还是学习一些毛泽东思想。后来毛泽东去世了之后，那个毛泽东思想的书还在，我们还是接着学，毛泽东后来还有邓小平，就是国家领导人发表一些意见拿过来我们都要学，我们那时候在灯塔上工作没有什么宣传口号，就是一些经济口号，部队喊什么我们就喊什么。1959 年上了灯塔之后，那个时候号召的是人民当家做主，但我们灯塔也很小，我们也没想当领导，我们普通职工就是想着把我们具体日常的工作做好，把应该做的事情做好。

那个时候在灯塔上没有什么文化上的学习活动，领导也没作要求，我们也没具体地组建，我们就是看看书就行了。灯塔上的文化活动也组织不起来，因为文化程度不一样，有小学毕业的，有我这样读了两年书的，所以这根据每个人个人情况来，文化书灯塔上都有，初中、高中都有，我看不懂，有些人看得懂，对我来讲，我还是以业务为主，把文化书、业务书一起读。

六　灯塔带来的荣耀与延续

我是 1989 年评上劳模的，那个时候我在的单位里面就我一个人评上了劳模，能评上这个劳模大概是因为我在灯塔上时间比较长，工作中表现也还可以，家庭里发生了一些事情，但我仍然坚持下来了，最苦的时候我也坚持下来了。能评上劳模那当然是一件很光荣的事情，那是国家对我们工作的肯定，是单位对我的工作能力、工作经验，还有个人一些肯坚持、肯吃苦的品质有了很大的肯定。评上劳模之后，单位里会号召向我学习，那个时候单位、工厂里面，谁被评上劳模之后，就会组织大家向劳模同志学习，会请去作一些讲话，分享一些工作经验。我当时在浙江省宁波市，市政府也很重视，因为劳模数量不多，我是其中一个。劳模们到各个单位去分享、发言，有些单位需要的话邀请你去讲一下。当时有很多单位、厂里的同志坐在下面，我去发言，我主要讲了在灯塔上的贡献、工作的贡献、生活的贡献、灯塔上具体的情况。当时在浙江省宁波市这样的活动还是比较多的，加起来大概一共去了 50 多个单位吧，有机关、企业单位还有事业单位，在这个单位讲了，其他的单位又会邀请你去，这是由宁波市政府推动的，他推动各单位向市政府要这些资料，市政府再把我推去给他们演讲。在灯塔上本身是很孤单的，就四五个人、五六个人，这样一来的话，我经常可以到其他地方去走走看看，跟大家互相学习，事情就多了，周围活动也多了，生活比以前更充实了。

那时候评上劳模之后，每个月工资也会有增加，这个是有规定的。评上劳模以后，单位都会加一些工资，农民劳模或者是其他劳模，国家都有一定奖励的，因为我们是单位，所以没有劳模奖金。一些农民，没有单位的，国家就会给他一些奖金，有单位的就给你加一些工资。我评上劳模之后每个月工资增加了18块钱。

评上劳模后，再回到灯塔上，身边的同事更加尊重自己了，不过我认为干什么事情你干得好，不是你一个人的事情，是大家的事情。所以我认为这也是大家干的，没有大家，我一个人是完成不了的，在我们那个时候，集体的荣誉很重要的。

我前后去过北京4次，当时有国家领导人接见劳模的，我第一次去是在1989年9月29号，就是国庆节的前两天，那个时候邓小平还在，他还没退休，邓小平主席他们在人民大会堂里接见我们，那一次人最多，是接见全国的劳模。邓小平接见我们的时候讲话主要是鼓励大家，对国家做一些有益的事情，让全国人民一起努力。其他几次去北京，国家领导人也都接见，江泽民、胡锦涛这些领导人我都见过，接见的时候也主要是鼓励大家，后来庆祝建国59年、69年都去了，后来都是作为省级劳模去参加的。那个时候被领导人接见了回到单位之后，都要汇报，每次都有，到北京去参加一些什么活动，回单位了都要向单位汇报，还要向职工汇报，单位领导和下面的职工也都很重视我，评上劳模之后家乡里知道的人也是很尊重的。

我后来像父亲一样成为灯塔工人，像父亲兄弟姐妹的后代的话大多是做小买卖，他们对我这个工作是有羡慕的，因为他们没有正式的工作。我有一个男孩，两个女孩。

儿子小时候接受教育的时候我也会跟他讲一些我在灯塔上的事情，但不是很多，他们也平时也看得到，这个灯塔上的事情也没有什么多讲的。我跟他们接触的时间也不是很多，他们上学了以后就没什么多的接触，休假的时候回去待在一起，其他的也没什么接触，那个时候他们上学的时候就是他们的外婆照顾他们，1971年的时候开始，7岁和9岁的孩子都是外婆带的，带到他们长大，直到后来成家立业。我长期在灯塔上，没有那么多时间陪他们，他们总体来讲还是理解的。1971年的时候妻子带着两个女儿来岛上，途中船翻了，妻子和小女儿就遇难了，外婆对他们很好，我心里很愧疚，但是没办法，是工作的需要。生活还是要生活，工作还是要工作，我的大部分生活还是以工作为重。我跟孩子们在一起的时间很少，开始的时候一年是 20 天，后来休息时间增加，一年只有一个月的休假能在家跟孩子待在一起，也没有母亲带他们，这对孩子来讲也是很大的事情，所以我对孩子很愧疚，但我这两个孩子他们比较听话。我的儿子也在灯塔上工作，基本上就跟我差不多，他小时候到灯塔里去跑跑看看，对灯塔也很了解，后来地方上也没什么固定的工作，他长大了就去灯塔上工作，因为灯塔是一个很好的单位。总的来看，因为我们是农村，有一个单位还是比较牢靠的。我的孙子也是在灯塔上工作，后面的两代都在灯塔上工作，我看到这样当然是很开心的，因为这是我个人的一些梦想，我爷爷、父亲两代都是灯塔工，都不错，我自己也是灯塔工，下面两代我想让我的儿子、孙子干灯塔工，这个是我的意向，可以有个传承，其他单位也有这种传承，不过我们在灯塔上生活会比较艰苦一些。

后来改革开放对我们的生活影响还是比较大的，原来灯塔上条件很艰苦，什么东西都没有，原来电话、冰箱这些都没有，改革开放了以后，生活还是这个生活，但是有了很大变化。灯塔上冰箱、电视、电话、网都有了，我们就方便了，可以跟家里通电话，原来是没有的，灯塔上的灯器、生活也随着国家的经济发展在不断发展。

小　结

从灯塔世家第三代守塔人的口述来看，灯塔上的工作整体来说是较为轻松的，尤其是与守塔人在上灯塔前所干的工作相比，每天日常的工作单一重复，三代人的日常工作并无大的变化，以保证灯亮为中心。由于灯塔上人员少，受到环境、交通和工作的限制，处于现代文明的边缘，日常娱乐活动以打牌、喝酒、钓鱼为主。政治变动、社会活动对灯塔人员的影响较小，这种沉寂的生活就像灯塔顶端发出的光亮一样，不论风雨，不论周围有多少光影交错，它却总是明亮又孤独地照向远方，向海洋上漂浮不定的人群发出来自大陆的第一个信号。但从纵向来看，由于灯塔设备、技术的近代化和管理的制度化，尤其是 20 世纪 50 年代机器设备的更新以及 80 年代交通运输部接管灯塔后，守塔人面临着掌握新技术、接受培训、文化学习、被规章制度约束趋强的挑战。

从这个家庭前三代守塔的大致经历来看，尽管三代人里有三位亲人因为这份工作而丧生，但活着的几代人都坚持做守塔人，这其中的原因大概是守灯塔在以捕鱼务农为业的当地社会里算是一份正式工作，较渔民来讲，是一个阶层的提升，带来了心理上的满足感，而且近代海关的优厚待遇使得海关工作素有"金饭碗"之称，① 从老人口述海关的物资供给也可看出，灯塔工作人员的日常所需都由海关定期配送，且无名目种类的限制，也有定期的休假，对于叶氏家庭来说，由于工作地点离家较近，以及第三代守塔人在父亲去世后童年生活的繁重负担，这份工作的优越性更加凸显。

近代灯塔的产生基础是 19 世纪光学理论、玻璃化学和工业革命后现代机器工业的巨大发展，它凝结了当时世界上几个行业领域最为先进的成果，也是传统的学徒制和家庭作坊转向以科学原理为基础的具有专业素质的工程师队伍所产生的成就，毫无疑问，它是现代文明的凝聚。但是由于隔绝的环境，大陆边缘的灯塔和人群很少走入人们的视线中，整个社会在物质和科技上的急速发展开始影响现代文明边缘的守塔人的日常生活，第三代是转折点，叶氏家族的第四代和第五代守塔人已经充分感受到这种变化。与此同时，前几代因为灯塔工作所遭遇的丧失亲人的痛苦也成为这个家族特殊的印记。这种家族的传承、丧亲之痛下对工作的坚持带来了新时代国家级的荣誉以及宣传媒体的关注，他们的头顶不再只有菲涅耳透镜发出的光，还有媒体的长镜头，往日的苦难也仿佛变成了一个光环，他们带着光环和最普通的灯塔职工一起工作，二者强烈的对比有如前几代是海关的金饭碗，但到了第五代是编制外的合同工。

如今，灯塔越来越多地变成了无人看守，也许有朝一日，守塔人会成为一个历史上的职业。

The Light that Guards the Shore
—Dictation by the Third Generation of Lighthouse Keepers

Quan Qiuhong

Abstract：As the navigational aid facility, lighthouses have experienced a

---

① 黄胜强主编《旧中国海关总税务司署通令选编》第 1 卷，第 85 页。

process from the traditional folk fund-raising and sporadic establishment to the large-scale establishment by the government systematically in modern times. In modern times, the number and technology of lighthouses in China were greatly improved under the guidance of the government. The keepers are important support behind the light of lighthouses, of whom the number increased steadily, including native and foreign staff in modern times. It found that the lighthouse itself was a convergence of modern science and engineering technology through oral interview to domestic lighthouse family combined with literature investigation. However, due to the few people on the lighthouse, with the restrictions of environment, transportation and so on, the life and daily work of keepers are repetitive, monotonous and dangerous. Moreover, this degree weakened with the development of material civilization in the whole society. Social and political activities had little influence on the keepers in modern times. Nevertheless, the lighthouse became one of the primary targets in the war. The degree on brightness and shadow of this job in the lighthouse family's dictation is closely related to the publicity and media exposure of the family.

Keywords: Lighthouse Keeper; Dictation; The Lighthouses

（执行编辑：林旭鸣）

后　记

多年来，海洋史研究一直受到国际学界重视，多学科交叉、跨学科融合成为学术发展的一个潮流。虽然仍不断有学者在追问、在思考或努力解说诸如"海洋史是什么"一类的问题，但是不影响他们对海洋史研究的持续关注与热情投入，不少与海洋史相关的学科，都出现不同程度的"海进"现象，与海洋史多方"结亲"——例如从传统的海洋地理、经济、贸易、外交、海防、文化、宗教等领域，到海洋物种、资源、环境、气候、法律、文学、艺术、考古乃至疾疫等领域，产生不少"你中有我、我中有你"的新兴涉海边缘学科和分支领域，不断扩展海洋史学"大家庭"。

本辑文章多方面体现了海洋史学之发展特点。专题论文 17 篇，内容包括以下四个方面。一是亚洲海域贸易史研究。首先是从印尼海域的古代沉船考古发现中探索中古以降东南亚三佛齐地区远距离国际贸易与商品结构，审视其在印度洋—南海两大贸易圈的枢纽地位；其次是对中国宋朝珠江口湾区西岸贸易航路的重要界标"㶉洲"的考察以及研究清代广东贸易中的"本港船""本港行"制度演变与南海"互市"的关系，进而从海上物质与文化交流的视角，考察明中叶至清初中国外销瓷的输出对欧洲异域地理学"视觉中国"构建及其转变的影响；以近代飞剪船与鸦片、茶叶贸易为中心，讨论上海港开埠初期远洋运输方式与贸易形态。此外，以 19 世纪前期港口的城市图画，分析西人对开埠前后上海的认知及其知识缺陷，为长时段研究中西交流史上"上海形象"的源流提供重要的溯源起点。二是涉海地图与空间概念史研究。从文明交流与互鉴角度，通过考察明清之际耶稣会传教士卜弥格所绘中国地图集分省图稿，揭示该图与利玛窦中文世界地图的关系和异同以及在近代早期中西地图文化交流史上所占的特殊地位。此外对朝鲜王朝对海洋知识的认知、朝鲜人对中国海洋的了解、日本海洋测绘的近代化等问题，都作了相当精到的研究。本专题还以西人绘制的清代广州与澳门之间的《水道图》和《水途即景》图册资料，结合中国文献，厘清了省河西路"上省下澳"的水路航线及其管理制度，并探讨了相关的引水制度、珠江口西路"内海防"军事防御体系，填补了清代珠江口水域交通与海上防御研究的薄弱环节。三是海洋技术与知识史研究，重点讨论了近代望楼、灯塔等航标设施建设，《航标总册》等航海指引的造册，揭示出 19 世纪以来中西航海知识系统的相遇交流与互相融合；此外考察了清代出洋人士对外国气象台的观察及其在知识与观念上的认知、东沙岛气象台建设与海疆设施近代化实践，以及海南岛民间更路的数字人文解读。四是海外华族研究。首先是对新加坡广惠肇华人碧山亭的考察，分析三属华人以"坟山认同"为纽带建构宗乡社群认同的移民社会治理机制的演变过程；其次是对当代阿联酋迪拜的广东新侨的商业移民活动的考察，并对其作了相当细致的考究分析。本辑学术述评共 5 篇，详尽介绍了 20 世纪 60 年代以来英语学界海洋史研究在学科概念、海军史、帝国史、海洋经济社会史、跨学科的海洋史等领域的发展历程，以及总体史、跨学科、全球史等相关视野，提出以海洋为本位的"真正的海洋史"的前瞻性思考；本组述评还介绍了近代日本学者近藤守重著《亚妈港纪略稿》一书，汇集了多位学者关于闽南地区民间造船、厦门湾灯塔的田野考察报告和三代守塔人的口述资料，相当珍贵。

　　总的来说，本辑文章内容丰富，挖掘利用了中外各种文献史料与图像资料，涉及面广泛，在海洋史与艺术史、知识史等学科交集中有深度的融合研究，颇多收获，体现了海洋史本位下多学科交叉融合的思维取态与方法取向，不同程度上展现了"什么是海洋史"之类理论及实践问题。

李庆新

2023 年 3 月 3 日

征稿启事

《海洋史研究》（*Studies of Maritime History*）是广东省社会科学院海洋史研究中心主办的学术辑刊，每年出版两辑，由社会科学文献出版社（北京）公开出版，为中国历史研究院资助学术集刊、中国社会科学研究评价中心"中文社会科学引文索引（CSSCI）"来源集刊、中国社会科学评价研究院"中国人文社会科学期刊 AMI 综合评价"集刊核心期刊、社会科学文献出版社 CNI 名录集刊。

广东省社会科学院海洋史研究中心成立于 2009 年 6 月，以广东省社会科学院历史研究所为依托，聘请海内外著名学者担任学术顾问和客座研究员，开展与国内外科研机构、高等院校的学术交流与合作，致力于建构一个国际性海洋史研究基地与学术交流平台，推动中国海洋史研究。本中心注重海洋史理论探索与学科建设，以华南区域与南中国海海域为重心，注重海洋社会经济史、海上丝绸之路史、东西方文化交流史，海洋信仰与宗教传播，海洋考古与海洋文化遗产等重大问题研究，建构具有区域特色的海洋史研究体系。同时，立足历史，关注现实，为政府决策提供理论参考与资讯服务。为此，本刊努力发表国内外海洋史研究的最近成果，反映前沿动态和学术趋向，诚挚欢迎国内外同行赐稿。

凡向本刊投寄的稿件必须为首次发表的论文，请勿一稿两投。请直接通过电子邮件方式投寄，并务必提供作者姓名、机构、职称和详细通信地址。

编辑部将在接获来稿两个月内向作者发出稿件处理通知，其间欢迎作者向编辑部查询。

来稿统一由本刊学术委员会审定，不拘语种，正文注释统一采用页下脚注，优秀稿件不限字数。

本刊刊载论文已经进入"知网"、发行进入全国邮局发行系统、征稿加入中国社会科学院全国采编平台，相关文章版权、征订、投稿事宜按通行规则执行。

来稿一经采用刊用，即付稿酬，并赠送该辑 2 册。

本刊编辑部联络方式：

广东省广州市天河区天河北路 618 号广东社会科学中心 B 座 13 楼　邮政编码：510635

广东省社会科学院　海洋史研究中心

电子信箱：hysyj2009@163.com

联系电话：86-20-38803162

Manuscripts

Since 2010 the *Studies of Maritime History* has been issued per year under the auspices of the Centre for Maritime History Studies, Guangdong Academy of Social Sciences. It is indexed in CSSCI (Chinese Social Science Citation Index).

The Centre for Maritime History was established in June 2009, which relies on the Institute of History to carry out academic activities. We encourage social and economic history of South China and South China Sea, maritime trade, overseas Chinese history, maritime archeology, maritime heritage and other related fields of maritime research. The Studies of *Maritime History* is designed to provide domestic and foreign researchers of academic exchange platform, and published papers relating to the above.

The *Studies of Maritime History* welcomes the submission of manuscripts, which must be first published. Guidelines for footnotes and references are available upon request. Please specify the following on the manuscript: author's English and Chinese names, affiliated institution, position, address and an English or Chinese summary of the paper.

Please send manuscripts by e-mail to our editorial board. Upon publication, authors will receive 2 copies of publications, free of charge. Rejected manuscripts are not be returned to the author.

The articles in the *Studies of Maritime History* have been collected in CNKI. The journal has been issued by post office. And the contributions have been incorporated into the National Collecting and Editing Platform of the Chinese

Academy of Social Sciences. All the copyright of the articles, issue and contributions of the journal obey the popular rule.

Manuscripts should be addressed as follows:

Editorial Board *Studies of Maritime History*

Centre for Maritime History Studies

Guangdong Academy of Social Sciences

510635, No. 618 Tianhebei Road, Guangzhou, P. R. C.

E-mail: hysyj2009@ 163. com

Tel: 86-20-38803162

图书在版编目（CIP）数据

　　海洋史研究 . 第二十一辑 / 李庆新主编 . --北京：
社会科学文献出版社，2023.6
　　ISBN 978-7-5228-2126-9

　　Ⅰ.①海…　Ⅱ.①李…　Ⅲ.①海洋-文化史-世界-
丛刊　Ⅳ.①P7-091

　　中国国家版本馆 CIP 数据核字（2023）第 129832 号

　　地图审图号：琼 S（2023）103 号

海洋史研究（第二十一辑）

主　　编 / 李庆新

出 版 人 / 冀祥德
责任编辑 / 宋月华
文稿编辑 / 王亚楠
责任印制 / 王京美

出　　版 / 社会科学文献出版社·人文分社（010）59367215
　　　　　　地址：北京市北三环中路甲 29 号院华龙大厦　邮编：100029
　　　　　　网址：www.ssap.com.cn
发　　行 / 社会科学文献出版社（010）59367028
印　　装 / 三河市东方印刷有限公司

规　　格 / 开　本：787mm×1092mm　1/16
　　　　　　印　张：31　字　数：539 千字
版　　次 / 2023 年 6 月第 1 版　2023 年 6 月第 1 次印刷
书　　号 / ISBN 978-7-5228-2126-9
定　　价 / 268.00 元

读者服务电话：4008918866